LEON WELICZKER

Mathematische Vorschule für Ingenieure und Naturforscher

Eine Anleitung zum selbständigen mathematischen Denken und zur Handhabung der mathematischen Lösungsmethoden

Mit 96 Abbildungen

MÜNCHEN 1950
VERLAG VON R. OLDENBOURG

Satz und Druck: C. Brügel & Sohn, Ansbach.
Buchbinderarbeiten: R. Oldenbourg, Graphische Betriebe GmbH., München.

Inhaltsverzeichnis

I. TEIL

II. TEIL

Aufgaben-Übersicht

I. Gelöste Aufgaben

II. Nichtgelöste Aufgaben

Vorwort

Wenn ein junger Mathematiker bei Abschluß seines Studiums ein Buch über Mathematik vorlegt, so bedarf es einiger Worte der Begründung.

Das Manuskript ist aus Aufzeichnungen entstanden, die während des Studiums selbst gemacht wurden und in denen alle Erfahrungen aus dieser Zeit verwertet sind. Der Verfasser hat kennengelernt, wie schwer es ist, aus der umfangreichen Literatur immer das Richtige herauszufinden, wie oft dann auch dieses nicht weiterhalf, weil das eine Mal Beispiele ohne Ergebnis, das andere Mal Ergebnisse ohne den Werdegang angeführt waren. Beispiele ohne Ergebnisse erlauben dem Studierenden aber nicht, das eigene Resultat zu prüfen, Beispiele mit Ergebnissen, aber ohne Darstellung des dazwischenliegenden Weges, führen leicht zu Irrtümern. Mit seiner Arbeit glaubt nun der Verfasser, in besonderem Maße zur Überwindung dieser Schwierigkeiten beitragen zu können.

Er war bestrebt zu zeigen, welche Möglichkeiten die Behandlung mit Determinanten und Matrizen gibt. Besonders sei auf die noch selten in Lehrbüchern behandelten, für den Techniker sehr wichtigen Hamiltonschen Matrizen aufmerksam gemacht. Das Hornische Schema wurde auf Division eines Polynoms n-Grades durch ein Polynom n-Grades, wie auch auf Multiplikation eines Polynoms n-Grades mit einem Polynom n-Grades verallgemeinert.

Durch Ziffern bei den Formeln auf die dazugehörigen Aufgaben hinzuweisen, mußte leider aus drucktechnischen Gründen unterbleiben. Das Inhaltsverzeichnis der Aufgaben am Anfang des Buches wird diesen Mangel wieder etwas ausgleichen. Im Sachregister ist neben den fettgedruckten Ziffern auf die Textseiten hingewiesen, auf denen der jeweilige Begriff zu finden ist; daneben stehen die Seitenzahlen der dazugehörigen Aufgaben. Ein Anhang enthält wichtige Tabellen und kurze biographische Notizen.

Auf Wunsch des Verlages wurde von dem schrägen Bruchstrich Gebrauch gemacht. Um Mißverständnisse zu vermeiden, sind an vielen Stellen Klammern gesetzt, die nach der Klammernregel entfallen könnten.

Hinweise auf stehengebliebene Fehler und Anregungen zur Verbesserung des Buches werden dankbar entgegengenommen.

Abschließend möchte der Verfasser nicht versäumen, allen zu danken, die ihm bei seinem Vorhaben behilflich waren, an erster Stelle Herrn Prof. Dr. Kowalewski, der den Anstoß zur Veröffentlichung gab, Herrn Prof. Dr. L. Föppl, der ihm den Weg zum Studium ebnete, sowie den Herren Prof. Dr. Heinhold, Dr. Seebach, seinem Studienkameraden Sztajnfeld, Herrn Kirschmer und Herrn Dr. Lehr, der die Zeichnungen angefertigt hat. Schließlich gebührt besonderer Dank dem Verlag, der trotz der gegenwärtig schwierigen Lage alles darangesetzt hat, das Buch möglichst schnell herauszubringen.

München 1949.

Leòn Weliczker

Mathematische Vorschule für Ingenieure und Naturforscher

I. TEIL

§ 1. Zahlen, Veränderliche und Funktionen

Das ursprünglich Gegebene sind die ganzen Zahlen $0, 1, 2, 3, \ldots$ „Die ganzen Zahlen hat der liebe Gott gemacht. Alles andere ist Menschenwerk", ist ein schöner Ausspruch des berühmten Mathematikers Leopold Kronecker. Man muß aber hinzufügen, daß dieses Menschenwerk trotzdem sehr wichtig ist. Der erste Schritt zur Erweiterung des Bereichs der natürlichen Zahlen war die Einführung der negativen Zahlen $-1, -2, -3, \ldots$

Der zweite Schritt bestand darin, daß man die positiven und negativen Brüche einführte, wie z. B. $\frac{3}{2}$ oder $-\frac{5}{7}$. Zähler und Nenner eines solchen Bruches sind ganze Zahlen. Haben diese einen gemeinsamen Teiler, so kann man den Bruch kürzen, z. B. $\frac{12}{14} = \frac{6}{7}$. Ganze Zahlen und Brüche bilden den Bereich oder Körper der **rationalen Zahlen.** Summe, Differenz, Produkt und Quotient rationaler Zahlen sind wieder rationale Zahlen. Nur ist es verboten, durch 0 zu dividieren.

Schon in der Elementarmathematik treten Probleme auf, deren Lösung mit Hilfe der rationalen Zahlen nicht möglich ist. Will man z. B. die quadratische Gleichung $x^2 = 2$ lösen, so zeigt sich, daß es keine Rationalzahl gibt, deren Quadrat gleich 2 ist. Würde man in der Geometrie nur Strecken zulassen, die sich durch rationale Zahlen messen lassen, so gäbe es kein Quadrat vom Inhalt 2. Man könnte auch sagen, daß die Diagonale eines Quadrats von der Seitenlänge 1 keine Länge hätte. Will man solche unbequemen Ausnahmefälle vermeiden, so ist man gezwungen, den Bereich der rationalen Zahlen nochmals zu erweitern und nicht-rationale oder, wie man sagt, **irrationale Zahlen** zuzulassen, die zwischen den Rationalzahlen liegen, obwohl diese eine überall dichte Menge bilden insofern, als es zwischen zwei Rationalzahlen r_1 und r_2 unbegrenzt viele Rationalzahlen gibt. Zunächst liegt $r_3 = (r_1 + r_2)/2$, das arithmetische Mittel aus r_1 und r_2, zwischen r_1 und r_2. Wenn $r_1 < r_2$ ist, so hat man $r_1 < r_3 < r_2$. Ist r_4 das arithmetische Mittel aus r_1 und r_3, r_5 das aus r_3 und r_2, so hat man $r_1 < r_4 < r_3 < r_5 < r_2$. Zwischen je zwei benachbarten r kann man wieder das arithmetische Mittel einschalten und so unbegrenzt fortfahren.

Es gibt also tatsächlich zwischen r_1 und r_2 unbegrenzt viele Rationalzahlen. Und doch müssen wir noch die Irrationalzahlen dazwischen einschalten. Eine Irrationalzahl läßt sich überhaupt nur in der Weise festlegen, daß man weiß, welche Rationalzahlen größer und welche kleiner als die betreffende Irrationalzahl sind. Betrachten wir wieder die Gleichung $x^2 = 2$, so läßt sich nachweisen, daß jeder positive Bruch p/q entweder die Eigenschaft $(p/q)^2 > 2$ oder die

Eigenschaft $(p/q)^2 < 2$ hat. Niemals kann, wie schon erwähnt wurde, $(p/q)^2 = 2$ oder $p^2 = 2q^2$ sein. Das hat schon der griechische Mathematiker Pythagoras gewußt, der wohl als erster die große Entdeckung machte, daß man mit Rationalzahlen nicht alle Probleme lösen kann. Der Beweis, daß in $p^2 = 2q^2$ eine Unmöglichkeit steckt, wird so geführt: Man kann durch das Kürzungsverfahren den Bruch p/q von vorneherein so einrichten, daß p und q teilerfremd sind, d. h. keinen gemeinsamen Teiler haben. Da man nun aus $p^2 = 2q^2$ ersieht, daß p^2 durch 2 teilbar, also eine gerade Zahl ist, so muß auch p gerade sein, weil die Quadrate der ungeraden Zahl 1, 3, 5, ..., also die Zahlen 1, 9, 25, sämtlich ungerade sind. Man kann daher setzen $p = 2p_1$. Dann folgt aber aus $p^2 = 2q^2$ oder $4p_1^2 = 2q^2$ oder $2p_1^2 = q^2$ sofort, daß auch q eine gerade Zahl ist, $q = 2q_1$. Demnach hätten p und q den gemeinsamen Teiler 2, während wir es doch durch Kürzung des Bruches p/q so eingerichtet haben, daß sie teilerfremd sind. Es ist also tatsächlich $p^2 = 2q^2$ etwas Unmögliches. Die positiven Brüche p/q haben also entweder die Eigenschaft $(p/q)^2 > 2$ oder die Eigenschaft $(p/q)^2 < 2$. Im ersten Falle sind sie zur Auflösung der Gleichung $x^2 = 2$ zu groß, im zweiten Falle zu klein. *Zwischen der unteren Klasse der zu kleinen und der oberen Klasse der zu großen Rationalzahlen wird die Irrationalzahl liegen, die die Gleichung $x^2 = 2$ erfüllt.* Diese Irrationalzahl wäre dann mit $\sqrt{2}$ zu bezeichnen.

Erfassen können wir das Irrationale nur mit Hilfe des Rationalen, natürlich nur approximativ. Wir wollen im Falle $\sqrt{2}$ ein solches Verfahren der approximativen Erfassung kurz darlegen. Ist r irgendeine positive Rationalzahl, so kann man feststellen, daß r und $r_1 = \frac{r+2}{r+1}$ verschiedenen Klassen angehören, daß also $r^2 - 2$ und $r_1^2 - 2$ verschiedene Zeichen haben. Man findet tatsächlich

$$r_1^2 - 2 = -\frac{r^2 - 2}{(r+1)^2}.$$

Bildet man nun weiter $r_2 = \frac{r_1 + 2}{r_1 + 1}$, $r_3 = \frac{r_2 + 2}{r_2 + 1}$ ..., so erhält man lauter Rationalzahlen, die abwechselnd oberhalb und unterhalb $\sqrt{2}$ liegen. Wenn man sich eine Größe denkt, die nacheinander die Werte $r, r_1, r_2, r_3, \ldots$ annimmt oder, wie man auch sagt, die Folge $r, r_1, r_2, r_3, \ldots$ durchläuft, so pendelt diese Größe um $\sqrt{2}$ herum. Die Schwingungen, die sie dabei ausführt, nehmen beständig ab. Es ist nämlich, wenn man $r_{n+1} - r_n$ und $r_n - r_{n-1}$ vergleichen will,

$$r_{n+1} - r_n = \frac{r_n + 2}{r_n + 1} - r_n = \frac{2 - r_n^2}{r_n + 1} = \frac{r^2_{n-1} - 2}{(r_{n-1} + 1)(2r_{n-1} + 3)},$$

$$r_n - r_{n-1} = \frac{2 - r^2_{n-1}}{r_{n-1} + 1},$$

also

$$\frac{r_{n+1} - r_n}{r_n - r_{n-1}} = -\frac{1}{2r_{n-1} + 3}.$$

Das Minuszeichen bestätigt nochmals das Hinundher der Schwingungen. Andererseits sieht man, daß jede Schwingung kleiner ist als ein Drittel der vorhergehenden. Nun haben schon die alten griechischen Mathematiker erkannt, daß eine Größe schließlich unter jeden Grad der Kleinheit herabsinkt, wenn man fortgesetzt mehr als die Hälfte (hier sogar mehr als zwei Drittel) von ihr fortnimmt.

Was bedeutet dieses Herabsinken unter jeden Grad der Kleinheit? In strenger mathematischer Formulierung bedeutet es folgendes: Ist ε irgendeine vorgegebene positive Zahl, sie mag so klein sein, wie sie wolle, dann wird jene der fortgesetzten Verstümmelung unterworfene Größe schließlich kleiner werden und kleiner bleiben als ε. Das muß für jedes positive ε gelten.

Jetzt wollen wir noch zeigen, wie man die von den alten Griechen gemachte Feststellung bestätigen kann. Es genügt, sich von ihrer Richtigkeit in dem Falle zu überzeugen, daß die dem Verfahren unterworfene Größe, die man gleich 1 setzen kann, jedesmal auf die Hälfte reduziert wird. Ist es weniger als die Hälfte, dann wird die Behauptung um so mehr (a fortiori) gelten.

Wie kann man nun zeigen, daß in der Folge $1, \frac{1}{2}, \frac{1}{2^2}, \frac{1}{2^3}, \ldots$ von einer bestimmten Stelle an alle Glieder kleiner als ε sind? Hier, wo es sich um eine absteigende Folge handelt, genügt es festzustellen, daß $1/2^n$ schließlich kleiner wird als ε. Daß es dann auch kleiner bleibt als ε, versteht sich von selbst. Es kommt also lediglich darauf an, zu zeigen, daß sich jedem positiven ε ein Exponent n zuordnen läßt, der die Ungleichung $1/2^n < \varepsilon$ verwirklicht. Wäre immer $1/2^n \geqq \varepsilon$, so hätte man, da die Potenzen $2^1, 2^2, 2^3, \ldots$ oder $2, 4, 8, \ldots$ größer sind als die entsprechenden Glieder der Folge $1, 2, 3, \ldots$, also $2^n > n$, um so mehr $1/n > \varepsilon$, also $n\,\varepsilon < 1$. Das würde aber soviel bedeuten wie $n < 1/\varepsilon$, während doch n eine an keine Schranke gebundene ganze Zahl ist.

Die hier über $1/2^n$ gemachte Feststellung pflegt man so auszudrücken, daß man sagt, *$1/2^n$ strebt dem Grenzwert Null zu, konvergiert nach Null*, wenn n die Folge 1, 2, 3, ... durchläuft. Man schreibt

$$\lim (1/2^n) = 0. \quad (n = 1, 2, 3, \ldots).$$

lim (gesprochen limes) ist die Abkürzung des lateinischen Wortes für Grenze. Wenn wir zu der Folge $r, r_1, r_2, r_3, \ldots$ zurückkehren, so können wir jetzt sagen, daß $\lim (r_n - r_{n-1}) = 0$ ist. Da man sich beim Durchlaufen der Folge abwechselnd oberhalb und unterhalb $\sqrt{2}$ befindet, also $\sqrt{2}$ zwischen r_{n-1} und r_n liegt, so wird erst recht $\lim (r_n - \sqrt{2}) = 0$ sein. Der Unterschied zwischen r_n und $\sqrt{2}$ strebt also dem Grenzwert Null zu. In solchem Falle sagt man, daß r_n nach $\sqrt{2}$ konvergiert, und schreibt $\lim r_n = \sqrt{2}$.

Geht man z. B. aus von der Rationalzahl $r = 1$, die der unteren Klasse angehört, weil ihr Quadrat kleiner als 2 ist, so findet man

$$r_1 = \frac{r+2}{r+1} = \frac{3}{2}, \quad r_2 = \frac{r_1+2}{r_1+1} = \frac{7}{5}, \quad r_3 = \frac{r_2+2}{r_2+1} = \frac{17}{12} \text{ usw.}$$

1, 7/5, ... sind kleiner als $\sqrt{2}$, dagegen 3/2, 17/12, ... größer als $\sqrt{2}$. Durch Fortsetzung des Verfahrens können wir $\sqrt{2}$ in immer engere Schranken einschließen. Diese Art der approximativen Erfassung einer Irrationalzahl (Einschließung zwischen zwei Schranken) ist besonders zweckmäßig.

Nach Einführung der Irrationalzahlen ist man in der Lage, jede geometrische Größe durch eine Zahl auszudrücken. Die rationalen und irrationalen Zahlen werden unter der Benennung **reelle Zahlen** zusammengefaßt.

Als **Veränderliche** bezeichnet man eine Größe x, die entweder frei veränderlich ist und alle möglichen reellen Werte annehmen kann oder aber alle Werte eines Intervalls a . . . b. In letzterem Falle ist sie den Bedingungen $a \leqq x \leqq b$ unterworfen. Es kann auch sein, daß sie nur der Bedingung $a \leqq x$ oder nur der Bedingung $x \leqq b$ unterliegt. Dann spricht man von den Intervallen $a \ldots \infty$ (a bis unendlich) und $-\infty \ldots b$ ($-$ unendlich bis b). Bei einer freien Veränderlichen könnte man sagen, daß sie sich im Intervall $-\infty \ldots \infty$ bewegt.

Eine Größe, die an einen festen Wert gebunden ist, heißt eine **Konstante.**

Wenn eine zweite Veränderliche y derart an x gebunden ist, daß jedem x-Wert eines Intervalls ein bestimmter y-Wert entspricht, so sagt man, y sei eine **Funktion** von x, und schreibt

$$y = f(x). \quad (y \text{ gleich } f \text{ von } x)\,.$$

Wenn noch eine andere derartige Abhängigkeit zu betrachten ist, also etwa auch z eine Funktion von x ist, so wird man zu ihrer Bezeichnung einen anderen Buchstaben benutzen. Man wird z. B. schreiben $z = g(x)$. Jedes Naturgesetz bezieht sich auf eine funktionale Abhängigkeit zwischen Veränderlichen. Bei konstanter Temperatur ist das Volumen eines Gasquantums eine Funktion des Drucks. Die Stromstärke ist (nach dem Ohmschen Gesetz) eine Funktion des Widerstandes. Auch in der Geometrie begegnen uns fortwährend funktionale Beziehungen. Oberfläche und Volumen einer Kugel sind Funktionen des Radius.

Es gibt auch Funktionen mehrerer Veränderlicher. z ist eine Funktion von x, y, wenn jedem Wertsystem x, y ein bestimmter z-Wert entspricht. Manchmal unterliegt das Wertsystem x, y noch irgendeiner Beschränkung. Das Volumen eines Gasquantums ist eine Funktion von Druck und Temperatur. Die Stromstärke ist eine Funktion der elektromotorischen Kraft und des Widerstandes. Volumen und Mantel eines Rotationskegels sind Funktionen des Grundradius und der Höhe.

§ 2. Anschauliche Darstellung der Funktionen

Zur bildlichen Darstellung einer Funktion $y = f(x)$ bedient man sich eines rechtwinkligen **Achsensystems** (vgl. Fig. 1). Das sind zwei zueinander senkrechte Gerade Ox, Oy, die man x-Achse und y-Achse nennt. Auf jeder ist durch einen Pfeil die positive Richtung markiert. Am bequemsten ist es, nur die positiven Hälften der Achsen zu zeichnen, die negativen, wenn nötig, punktiert. Es ist üblich, die positiven Richtungen so zu wählen, daß die positive Hälfte der zweiten Achse aus der positiven Hälfte der ersten durch Linksdrehung um 90° entsteht. In unseren Figuren ist die x-Achse horizontal, ihre positive Richtung weist nach rechts. Die positive Richtung der y-Achse weist nach oben.

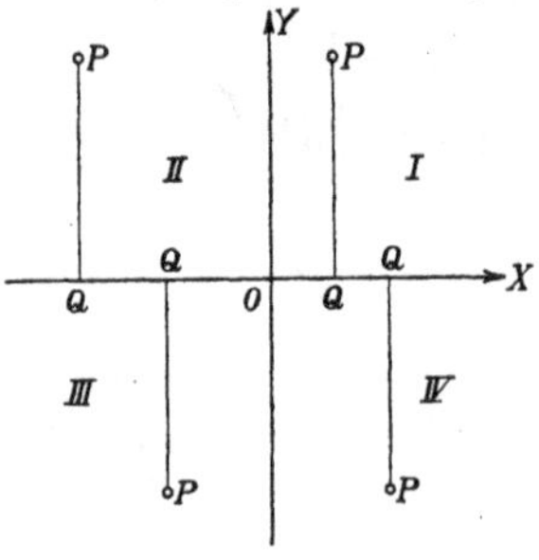

Fig. 1

Jeder Punkt P der Ebene hat eine **Abszisse x** und eine **Ordinate y.** Beide zusammen nennt man seine **rechtwinkligen Koordinaten,** auch **cartesische Koordi-**

naten nach Descartes (Cartesius), der 1637 in seiner „Géométrie" diese Kennzeichnung der Punkte durch Abszisse und Ordinate einführte und damit der Begründer der analytischen Geometrie wurde. Man fällt von P aus das Lot PQ. Dann ist die Abszisse x die mit einem Vorzeichen versehene Länge der Strecke OQ, und zwar mit dem Zeichen $+$, wenn Q rechts, mit dem Zeichen $-$, wenn Q links von O liegt. Die Ordinate y ist die mit einem Vorzeichen versehene Länge der Strecke QP, und zwar mit dem Zeichen $+$, wenn P oberhalb, mit dem Zeichen $-$, wenn P unterhalb der x-Achse liegt. Die Achsen, auch **Koordinatenachsen** genannt, teilen die Ebene in vier **Quadranten,** in Fig. 1 mit I, II, III, IV numeriert. Die Zeichen der Koordinaten sind aus folgender Tabelle ersichtlich:

	I	II	III	IV
x	+	—	—	+
y	+	+	—	—

Auf der x-Achse ist überall $y = 0$. Durch diese Gleichung wird die x-Achse gekennzeichnet, ebenso die y-Achse durch $x = 0$, der Anfangspunkt O durch $x = 0$, $y = 0$.

Jedem geordneten Zahlenpaar x, y, bestehend aus einer ersten Zahl x und einer zweiten Zahl y, entspricht ein Punkt P der Ebene, dessen Abszisse gleich x und dessen Ordinate gleich y ist. Die Zahlenpaare werden also durch die Punkte einer Ebene dargestellt, die einzelnen Zahlen x durch die Punkte einer Geraden, der x-Achse.

Um nun das cartesische Bild der Funktion $y = f(x)$ zu erhalten, müßte man alle Punkte der Ebene markieren, deren Koordinaten $x, f(x)$ lauten. Man kann dies nur für eine gewisse Anzahl von x-Werten durchführen, die man so dicht, wie es nötig erscheint, wählen wird. Dann läßt sich die Bildkurve der Funktion mittels eines Kurvenlineals zeichnen. Praktisch handelt es sich immer nur um angenäherte Darstellungen.

Die Bildkurve der Funktion $ax + b$, wobei a und b Konstanten bedeuten, ist eine gerade Linie, die Bildkurve von $ax^2 + bx + c$ eine Parabel, deren Achse parallel zur y-Achse verläuft. Die Bildkurve eines Polynoms n-ten Grades

$$a_0 x^n + a_1 x^{n-1} + \ldots + a_n,$$

wobei $a_0, a_1, \ldots, a_n$ Konstanten bedeuten, bezeichnet man als **Newtonsche Parabel n-ter Ordnung.** Solche Polynome werden vielfach benutzt, um eine komplizierte Funktion $f(x)$ angenähert darzustellen. Man wählt die Konstanten $a_0, a_1, \ldots, a_n$ so, daß das Polynom an den Stellen $x_0, x_1, \ldots, x_n$ mit $f(x)$ übereinstimmt, daß also die Gleichungen

$$\begin{aligned} a_0 x_0^n + a_1 x_0^{n-1} + \ldots + a_n &= f(x_0), \\ a_0 x_1^n + a_1 x_1^{n-1} + \ldots + a_n &= f(x_1), \\ \cdots\cdots\cdots\cdots\cdots \\ a_0 x_n^n + a_1 x_n^{n-1} + \ldots + a_n &= f(x_n) \end{aligned}$$

erfüllt sind. Man hat hier $n + 1$ **lineare Gleichungen** mit $n + 1$ Unbekannten a_0, $a_1, \ldots, a_n$ vor sich. Solche Gleichungssysteme von allgemeiner Art werden mit Hilfe der Determinanten behandelt, die wir bald kennenlernen werden. Im vorliegenden Falle läßt sich die Auflösung auf Grund der besonderen Beschaffenheit des Systems sehr leicht durchführen. Man kann direkt ein

Polynom n-ten Grades hinschreiben, das die obigen $n+1$ Bedingungen erfüllt. Es lautet:

$$\frac{(x-x_1)\,(x-x_2)\ldots(x-x_n)}{(x_0-x_1)\,(x_0-x_2)\ldots(x_0-x_n)}\cdot f(x_0)$$

$$+\frac{(x-x_0)\,(x-x_2)\ldots(x-x_n)}{(x_1-x_0)\,(x_1-x_2)\ldots(x_1-x_n)}\cdot f(x_1)$$

$$\cdots\cdots\cdots$$

$$+\frac{(x-x_0)\,(x-x_1)\ldots(x-x_{n-1})}{(x_n-x_0)\,(x_n-x_1)\ldots(x_n-x_{n-1})}\cdot f(x_n)\,.$$

Die Faktoren, mit denen hier $f(x_0), f(x_1), \ldots, f(x_n)$ versehen sind, nennt man die **Lagrangeschen Grundpolynome**. Wir wollen sie mit

$$L_0(x), L_1(x), \ldots, L_n(x)$$ bezeichnen.

Offenbar ist

$$\begin{aligned} L_0(x_1) &= L_0(x_2) = \ldots = L_0(x_n) = 0,\ L_0(x_0) = 1,\\ L_1(x_0) &= L_1(x_2) = \ldots = L_1(x_n) = 0,\ L_1(x_1) = 1,\\ &\cdots\cdots\\ L_n(x_0) &= L_n(x_1) = \ldots = L_n(x_{n-1}) = 0,\ L_n(x_n) = 1. \end{aligned}$$

Hierauf beruht es, daß das Polynom

$$L(x) = \sum_{v=0}^{n} L_v(x) f(x_v)$$

die gewünschten Eigenschaften $L(x_v) = f(x_v)$ hat. Man nennt $L(x)$ das **Lagrangesche Näherungspolynom** von $f(x)$ mit den Grundpunkten $x_0, x_1, \ldots, x_n$. Dieses Näherungspolynom ist das einzige Polynom n-ten oder niedrigeren Grades, das an den Stellen $x_0, x_1, \ldots, x_n$ mit $f(x)$ übereinstimmt. Gäbe es noch ein zweites derartiges Polynom, etwa $L^*(x)$, so wäre $L(x) - L^*(x)$ ein Polynom n-ten oder niedrigeren Grades, das an den $n+1$ Stellen $x_0, x_1, \ldots, x_n$ verschwindet. Die Gleichung $L(x) - L^*(x) = 0$ hätte also mehr Wurzeln, als ihr Grad beträgt. Das ist aber unmöglich.

Hiervon überzeugt man sich auf folgende Weise: Es liege z. B. ein Polynom p-ten Grades vor

$$P(x) = x^p + c_1 x^{p-1} + \ldots + c_p,$$

dessen Höchstkoeffizienten wir gleich 1 gesetzt haben. Ist x_0 eine Wurzel dieses Polynoms, also $P(x_0) = 0$, so kann man schreiben

$$P(x) = x^p - x_0^p + c_1(x^{p-1} - x_0^{p-1}) + \ldots + c_{p-1}(x - x_0).$$

Hier kann man sich nun auf die bekannten Beziehungen stützen

$$\begin{aligned} x^2 - x_0^2 &= (x - x_0)(x + x_0),\\ x^3 - x_0^3 &= (x - x_0)(x^2 + x x_0 + x_0^2),\\ &\cdots\cdots\\ x^p - x_0^p &= (x - x_0)(x^{p-1} + x^{p-2} x_0 + \ldots + x_0^{p-1}) \end{aligned}$$

und erhält dann

$$P(x) = (x - x_0)[x^{p-1} + (x_0 + c_1) x^{p-2} x \ldots + (x_0^{p-1} + c_1 x_0^{p-2} + \ldots + c_{p-1})].$$

Man sieht, daß $P(x)$ durch $x - x_0$ teilbar ist. Der Quotient ist das Polynom $(p-1)$-ten Grades

$$P_1(x) = x^{p-1} + (x_0 + c_1) x^{p-2} + \ldots + (x_0^{p-1} + c_1 x_0^{p-2} + \ldots + c_{p-1}).$$

Hat nun $P(x) = (x - x_0) P_1(x)$ noch eine von x_0 verschiedene Wurzel x_1, so folgt aus $(x_1 - x_0) P_1(x_1) = 0$ offenbar $P_1(x_1) = 0$. Daher wird $P_1(x) =$

$(x - x_1) P_2(x)$ sein und $P_2(x)$ ein Polynom $(p-2)$-ten Grades $x^{p-2} + \ldots$ Für $P(x)$ gilt die Darstellung $P(x) = (x - x_0)(x - x_1) P_2(x)$. Treten noch weitere neue Wurzeln $x_2, x_3, \ldots$ hinzu, so kommt man schließlich zu

$$P(x) = (x - x_0)(x - x_1) \ldots (x - x_{p-1}),$$

und $P_p(x)$ ist gleich 1. Jetzt sieht man deutlich, daß es außer $x_0, x_1, \ldots, x_{p-1}$ keine weitere Wurzel mehr geben kann. *Ein Polynom kann nicht mehr Wurzeln haben, als der Grad beträgt*; daher muß in unserer obigen Betrachtung $L(x) - L^*(x)$ lauter verschwindende Koeffizienten haben. $L^*(x)$ muß mit $L(x)$ völlig übereinstimmen.

Den Quotienten zweier Polynome $\dfrac{P(x)}{Q(x)}$ nennt man eine **rationale Funktion.**

Als algebraische Funktion von x bezeichnet man y, wenn es mit x verknüpft ist durch eine algebraische Gleichung

$$P_0(x)\, y^n + P_1(x)\, y^{n-1} + \ldots + P_n(x) = 0,$$

wobei $P_0(x), P_1(x), \ldots, P_n(x)$ irgendwelche Polynome sind. Z. B. ist $y = \sqrt{x^2 + 1}$ eine algebraische Funktion, da $y^2 - (x^2 + 1) = 0$ ist.

§ 3. Die Exponentialfunktion

Leibniz war der erste, der die Exponentialfunktion in die Mathematik einführte. a^n hat, wenn $n = 1, 2, 3, \ldots$ ist, eine einfache Bedeutung. Es ist das Produkt aus n Faktoren a. Unter a denken wir uns eine positive Größe. Sind p und q positive ganze Zahlen, so gilt demnach die Gleichung $a^p a^q = a^{p+q}$. Macht man die Festsetzungen $a^{-n} = 1/a^n$ und $a^0 = 1$, so besteht das Gesetz $a^p a^q = a^{p+q}$ für alle ganzzahligen Werte von p und q. Die Exponentialfunktion $f(x) = a^x$ wird nun für beliebige rationale x mittels der **Funktionalgleichung** definiert:

$$f(x_1) f(x_2) = f(x_1 + x_2).$$

Hieraus folgt sofort

$$f(x_1) f(x_2) \ldots f(x_n) = f(x_1 + x_2 + \ldots + x_n).$$

Setzt man $x_1 = x_2 = \ldots = x_n = m/n$, wobei m ebenfalls eine positive ganze Zahl ist, so ergibt sich

$$[f(m/n)]^n = f(m) = a^m.$$

Hieraus erkennt man, daß $f(m/n) = \sqrt[n]{a^m}$ sein muß. Damit ist $f(x)$ für alle positiven rationalen x-Werte erklärt. Für die negativen ergibt sich die Erklärung aus $f(x) f(-x) = f(o) = 1$.

Daß jetzt für beliebige rationale Werte x_1, x_2 wirklich die Gleichung $f(x_1) f(x_2) = f(x_1 + x_2)$ gilt, ist leicht zu erkennen. Man kann x_1, x_2 mit gemeinsamem Nenner n in der Form schreiben

$$x_1 = m_1/n, \quad x_2 = m_2/n.$$

n ist eine positive ganze Zahl, m_1 und m_2 beliebige ganze Zahlen.

Man hat dann $\qquad f(x_1) = \sqrt[n]{a^{m_1}}, \quad f(x_2) = \sqrt[n]{a^{m_2}}, \qquad$ also

$$f(x_1)\, f(x_2) = \sqrt[n]{a^{m_1}}\, \sqrt[n]{a^{m_2}} = \sqrt[n]{a^{m_1} \cdot a^{m_2}} = \sqrt[n]{a^{m_1+m_2}} = a^{(m_1+m_2)/n} = f(x_1 + x_2).$$

Wie steht es nun mit der Erklärung von a^x für irrationale x? Wir wollen fortan $a > 1$ annehmen. Für $a = 1$ ist nämlich $a^x = 1$ für alle rationalen x-Werte und wird dann auch für irrationale x-Werte gleich 1 zu setzen sein. Für $a < 1$

ist bei rationalem x offenbar $a^x \cdot (1/a)^x = 1$ und daher $a^x = (1/a)^{-x}$, so daß man statt a^x nunmehr $(1/a)^{-x}$ zu betrachten hat.

Sind r und s zwei Rationalzahlen und $r < s$, so hat man

$$a^s = a^r \cdot a^{s-r} > a^r ,$$

weil a^{s-r} auf Grund der Voraussetzung $a > 1$ größer als 1 ist. $s - r$ ist ein positiver Bruch m/n und $a^{m/n}$ oder $\sqrt[n]{a^m}$ offenbar größer als 1. Liegt nun ein irrationales x vor, so zerfallen die Rationalzahlen in zwei Klassen. Die untere Klasse besteht aus allen Rationalzahlen r, die kleiner als x sind, die obere aus allen Rationalzahlen s, die größer als x sind. Da $r < s$ ist, so wird auch $a^r < a^s$ sein. Für a^x wird die naheliegende Festsetzung gemacht, daß es zwischen den a^r und den a^s liegt, daß also $a^r < a^x < a^s$ sein soll.

Es muß noch untersucht werden, ob sich zwischen alle a^r und alle a^s wirklich nur ein einziger Wert a^x einschalten läßt.

Wir greifen zwei spezielle r und s heraus, etwa r_1 und s_1, und bilden die **arithmetische Reihe** $r_1, r_1 + h, \ldots, r_1 + (n-1)\,h, s_1,$ wobei $h = (s_1 - r_1)/n$ sein soll. In dieser Reihe wird es ein erstes Glied $s_n = r_1 + \mu h$ geben, das wie s_1 in die obere Klasse fällt, während $r_n = r_1 + (\mu - 1)\,h$ wie r_1 zur unteren Klasse gehört. a^x wird dann zwischen a^{r_n} und a^{s_n} liegen, $a^{r_n} < a^x < a^{s_n}$.

Die beiden einschließenden Werte unterscheiden sich um

$$a^{r_1 + (\mu - 1)h}\,(a^h - 1)\,, \text{ also um weniger als } \quad a^{s_1}\,(a^h - 1)\,.$$

Wir werden durch diese Betrachtung dazu geführt, uns mit $a^h - 1$ zu beschäftigen. Setzen wir $a^{s_1 - r_1} = A$, so wird mit Rücksicht auf $h = (s_1 - r_1)/n$

$$a^h - 1 = A^{1/n} - 1\,.$$

Offenbar ist $A > 1$. Wir werden nachher zeigen, daß $\lim\,(A^{1/n} - 1) = 0$ wird, wenn n die Folge 1, 2, 3, . . . durchläuft. Hat man sich hiervon überzeugt, so folgt $\lim\,(a^{s_n} - a^{r_n}) = 0$, und a^x ist dann der gemeinsame Grenzwert der Folgen $a^{r_1}, a^{r_2}, a^{r_3}, \ldots$ und $a^{s_1}, a^{s_2}, a^{s_3}, \ldots$

Daß wirklich $A^{1/n} - 1$ nach Null konvergiert, wenn n nacheinander die Werte 1, 2, 3, . . . annimmt, erkennt man auf folgende Weise:

Schreibt man $$A^{1/n} - 1 = \frac{A - 1}{A^{\frac{n-1}{n}} + A^{\frac{n-2}{n}} + \ldots + 1}$$

und bedenkt, daß die n Summanden des Nenners größer als 1 und kleiner als A sind, so ergibt sich $\quad (A - 1)/n\,A < A^{1/n} - 1 < (A - 1)/n\,.$

Hiermit ist $A^{1/n} - 1$ zwischen zwei Größen eingeschlossen, die dem Grenzwert Null zustreben, und muß daher das Limesschicksal dieser beiden teilen.

Nachdem wir wissen, daß a^x die einzige Zwischenzahl zwischen allen a^r und allen a^s ist, wenn r und s rational sind und $r < x < s$, hat es keine Schwierigkeit zu zeigen, daß die Beziehung $a^{x_1} \cdot a^{x_2} = a^{x_1 + x_2}$ ganz allgemein gilt. Ebenso überzeugt man sich von der Allgemeingültigkeit der Beziehung

$$(a^{x_1})^{x_2} = a^{x_1 x_2}.$$

Wir wollen noch eine Bemerkung über die Größe $A^{1/n} - 1$ machen $(A > 1)$. Sie konvergiert, wie wir wissen, nach Null, wenn n die Folge 1, 2, 3, . . . durchläuft. Wir können noch eine Aussage machen über die Art, wie dieses nach

Null-Konvergieren erfolgt. Zu diesem Zweck vergleichen wir $A^{1/n} - 1$ mit der ebenfalls nach Null konvergierenden Größe $1/n$. Es wird sich zeigen, daß der Quotient beider Größen, also $n(A^{1/n} - 1)$, einem von Null verschiedenen Grenzwert zustrebt. Auf Grund dieser Feststellung pflegt man zu sagen, daß $A^{1/n} - 1$ in derselben Weise nach Null konvergiert wie 1/n. Setzen wir $u_n = n(A^{1/n} - 1)$, so ist es zweckmäßig, zunächst die Differenz $u_n - u_{n+1}$ zu betrachten. Wenn wir $A^{\frac{1}{n(n+1)}} = B_n$ setzen, so ist

$$u_n = n(B_n^{n+1} - 1) = (B_n - 1)(n + n B_n + \ldots + n B_n^{n-1} + n B_n^n),$$

$$u_{n+1} = (n+1)(B_n^n - 1) = (B_n - 1)(n + 1 + (n+1) B_n + \ldots + (n+1) B_n^{n-1}).$$

Hieraus folgt $u_n - u_{n+1} = (B_n - 1)(n B_n^n - 1 - B_n - \ldots - B_n^{n-1})$.

Da $B_n > 1$, so ist $1 + B_n + \ldots + B_n^{n-1}$ kleiner als $n B_n^n$, also $u_n - u_{n+1} > 0$. Hieraus geht hervor, daß $u_1, u_2, u_3, \ldots$ eine absteigende Folge ist. Alle Glieder dieser Folge sind positiv. Weil wir schon wissen, daß $A^{1/n} - 1 > (A - 1)/nA$ ist, so können wir sagen, daß immer $u_n > (A - 1)/A$ bleibt. Damit ist für die absteigende Folge $u_1, u_2, u_3, \ldots$ eine positive untere Schranke gewonnen. Alle Rationalzahlen, die zwischen 0 und $(A - 1)/A$ liegen, werden ebenfalls untere Schranken für $u_1, u_2, u_3, \ldots$ sein. Es gibt aber auch Rationalzahlen, die nicht als untere Schranken dieser Folge in Frage kommen, z. B. alle Rationalzahlen, die größer als u_1, d. h. größer als $A - 1$ sind. Jedenfalls ist klar, daß hier eine Einteilung aller positiven Rationalzahlen in zwei Klassen vorliegt, wie wir sie bei $\sqrt{2}$ kennenlernten. Rationalzahlen, die als untere Schranken der Folge $u_1, u_2, u_3, \ldots$ dienen können, sind natürlich immer kleiner als solche, die nicht dafür in Frage kommen. Jene bilden die untere, diese die obere Klasse der hier vorliegenden Einteilung, die man einen **Dedekindschen Schnitt** nennt. Es kann sein, daß in der oberen Klasse eine kleinste oder in der unteren eine größte Zahl vorkommt. Von ihr sagt man dann, daß sie den Schnitt hervorbringt oder als Trennungszahl dient. Ist keins von beiden der Fall, so gibt es zwischen den beiden Klassen eine Irrationalzahl, die angesichts des Fehlens einer rationalen Trennungszahl die Rolle der Trennungszahl übernimmt. Diese Trennungszahl g ist offenbar die größte untere Schranke der Folge $u_1, u_2, u_3, \ldots$ Dieses g läßt sich zwischen zwei Rationalzahlen r, s von beliebig kleiner Differenz einschließen.

Ist s größer als g, so hat s nicht mehr die Eigenschaften einer unteren Schranke. Es gibt ein u_μ, das unterhalb s liegt. Dasselbe gilt dann, weil die Folge der u_n absteigt, auch von $u_{\mu+1}, u_{\mu+2}, \ldots$ Daraus sieht man, daß die Differenz $u_n - g$ schließlich unter jeden Kleinheitsgrad herabsinkt und dabei bleibt, so daß wir sagen können, daß $\lim u_n = g$ ist. Da stets $u_n > (A - 1)/A$, so wird auch $g \geqq (A - 1)/A$ sein. Nachdem wir uns von der Existenz dieses Grenzwertes g überzeugt haben, können wir aus $\lim [n(A^{1/n} - 1)] = g$ verschiedene Schlüsse ziehen. Offenbar ist g eine Funktion von A, so daß wir schreiben können $g = g(A)$. Zunächst ist diese Funktion nur für den Fall $A > 1$ erklärt.

Offenbar ist $g(1) = 0$. Im Falle $0 < A < 1$ können wir $A = 1/A_1$ setzen und haben dann $A_1 > 1$. Ferner können wir schreiben

$$n(A^{1/n} - 1) = -n \frac{(A_1^{1/n} - 1)}{A_1^{1/n}}.$$

Dieser Wert unterscheidet sich von

$$n\,(A_1^{1/n} - 1) \text{ um } \quad n\,(A_1^{1/n} - 1)\cdot\frac{A_1^{1/n} - 1}{A_1^{1/n}}\,.$$

Da $A_1^{1/n} > 1$ und $n\,(A_1^{1/n} - 1) < A_1 - 1$ ist, liegt diese Größe zwischen 0 und $(A_1 - 1)\,(A_1^{1/n} - 1)$, konvergiert also nach Null. Daher ist im Falle $0 < A < 1$

$$\lim_{n\to\infty} [n\,(A^{1/n} - 1)] = -g\,(1/A).$$

Die Funktion $g\,(A)$ ist jetzt also für alle positiven Werte von A erklärt. Jeder positive Wert A kann in der Form 10^α dargestellt werden, wobei α der Logarithmus von A ist, wie man ihn angenähert in den Logarithmentafeln findet (z. B. in den Tafeln von Schlömilch).

Setzt man $A = 10^\alpha$, so wird $n\,(A^{1/n} - 1) = n\,(10^{\alpha/n} - 1) = (n/\alpha)\,(10^{\alpha/n} - 1)\,\alpha$. Der Faktor $(n/\alpha)\,(10^{\alpha/n} - 1)$ strebt, wie wir sehen werden, dem Grenzwert $g\,(10)$ zu. Es gibt nämlich in der Folge 1, 1/2, 1/3, ... zwei aufeinanderfolgende Glieder $1/N$ und $1/(N+1)$, zwischen denen α/n liegt, und man kann dann schreiben

$$N\,(10^{\frac{1}{N+1}} - 1) < \frac{n}{\alpha}\,(10^{\frac{\alpha}{n}} - 1) < (N+1)\,(10^{\frac{1}{N}} - 1)\,.$$

Offenbar ist nun $(N+1)\,(10^{1/N} - 1) = N\,(10^{1/N} - 1) + (10^{1/N} - 1)$, also, da der zweite Bestandteil nach Null konvergiert,

$$\lim_{n\to\infty} [(N+1)\,(10^{1/N} - 1)] = g\,(10)\,,$$

ferner $\quad N\,(10^{\frac{1}{N+1}} - 1) = (N+1)\,(10^{\frac{1}{N+1}} - 1) - (10^{\frac{1}{N+1}} - 1)\,,\quad$ also

$\lim\limits_{n\to\infty} [N\,(10^{\frac{1}{N+1}} - 1)] = g\,(10)$. Daher wird auch $\lim \left[\frac{n}{\alpha}\,(10^{\frac{\alpha}{n}} - 1)\right] = g\,(10)$ sein.

Damit ist folgendes Resultat gewonnen:

$$g\,(A) = \alpha\,g\,(10) = g\,(10)\,\mathit{log}\,A\,,$$

wobei log A den Logarithmus von A zur Basis 10 bezeichnet.

Wenn man statt 10 eine andere Basis einführt, so kann man den Ausdruck $g\,(A)$ so vereinfachen, daß er ein Logarithmus ohne jeden Faktor wird. Wir wollen die Basis, die diese Vereinfachung bewirkt, mit e bezeichnen. Setzt man

$$e = 10^{\frac{1}{g\,(10)}}\,, \quad \text{so wird} \quad e^{g\,(10)\log A} = 10^{\log A} = A\,.$$

Man sieht, daß $g\,(10)\,\mathit{log}\,A$ der Logarithmus von A zur Basis e ist. Die Logarithmen zur Basis e werden **natürliche Logarithmen** genannt. *e ist die Basis der natürlichen Logarithmen.* Man pflegt den natürlichen Logarithmus von A mit $\mathit{ln}\,A$ zu bezeichnen (ln = logarithmus naturalis). Wir wissen jetzt also, daß

$$\lim_{n\to\infty} [n\,(A^{1/n} - 1)] = \mathit{ln}\,A\,.$$

Wenn h irgendeine **Nullfolge** $h_1, h_2, h_3, \ldots$ durchläuft ($\lim h_n = 0$) — es braucht nicht gerade die Folge 1, 1/2, 1/3, zu sein —, so ist ebenfalls

$$\lim_{n\to\infty} \left[\frac{A^h - 1}{h}\right] = \mathit{ln}\,A\,.$$

Für den Fall positiver h_n kann man dies, wie oben bereits geschehen, mittels Einschließung von h_n zwischen $1/(N+1)$ und $1/N$ beweisen. Bei negativen h wird man schreiben $\frac{A^h - 1}{h} = \frac{A^{-h} - 1}{-h\,A^{-h}}$. Dieser Wert unterscheidet sich von $(A^{-h}-1)/-h$ um $[(A^{-h}-1)/-h]\cdot[(A^{-h}-1)/A^{-h}]$, also um weniger als $[(A^{-h}-1)/-h](A^{-h}-1)$, weil $A^{-h}>1$ ist. Der erste Faktor konvergiert nach $\ln A$, der zweite nach Null. Damit ist bewiesen, daß $(A^h-1)/h$ auch dem Grenzwert $\ln A$ zustrebt, wenn h durch negative Werte nach Null konvergiert. Daß diese Limesbeziehung auch dann noch besteht, wenn h eine gemischte Nullfolge durchläuft, die sowohl positive als auch negative Glieder aufweist, ist leicht zu erkennen.

Von der Zahl e wissen wir bis jetzt nur, daß sie den Wert $10^{\frac{1}{g(10)}}$ hat, wobei $g(10)=\lim\,[n(10^{1/n}-1)]$ ist. Wir wissen ferner, daß $n(10^{1/n}-1)$ absteigend jenem Grenzwert zustrebt. Die Größe

$$v_n=\frac{n(10^{1/n}-1)}{10^{1/n}}=n(1-10^{-1/n})$$

hat, wie wir ebenfalls wissen, denselben Grenzwert wie $n(10^{1/n}-1)$. Man kann sich überzeugen, daß v_n diesem Grenzwert aufsteigend zustrebt. Um v_n mit v_{n+1} zu vergleichen, setzen wir $10^{-\frac{1}{n(n+1)}}=c_n$. Offenbar ist dann $0<c_n<1$.

Nun wird $\quad v_n=n(1-c_n^{n+1})=(1-c_n)(n+n\,c_n+\ldots+n\,c_n^n)$

$$v_{n+1}=(n+1)(1-c_n^n)=(1-c_n)(n+1+(n+1)\,c_n+\ldots+(n+1)\,c_n^{n-1}),$$

also $\quad v_{n+1}-v_n=(1-c_n)(1+c_n+\ldots+c_n^{n-1}+n\,c_n^n)$.

Da c_n^n kleiner ist als jedes der n Glieder $1, c_n, \ldots, c_n^{n-1}$, so hat man tatsächlich $v_{n+1}>v_n$.

Nachdem wir dies festgestellt haben, können wir sagen, daß $g(10)$ folgenden Ungleichungen genügt

$$n(10^{1/n}-1)>g(10)>\frac{n(10^{1/n}-1)}{10^{1/n}},$$

woraus sich ergibt:

$$\frac{1}{n(10^{1/n}-1)}<\frac{1}{g(10)}<\frac{10^{1/n}}{n(10^{1/n}-1)}.$$

Da $e=10^{\frac{1}{g(10)}}$ ist, so kann man schließen

$$\frac{1}{10^{n(10^{1/n}-1)}}<e<\frac{10^{1/n}}{10^{n(10^{1/n}-1)}}.$$

Setzt man $10^{1/n}-1=h$, so konvergiert h nach Null. Die obigen Ungleichungen nehmen dann folgende Gestalt an:

$$(1+h)^{1/h}<e<(1+h)^{1+\frac{1}{h}}.$$

Die beiden einschließenden Größen differieren um $(1+h)^{1/h}\cdot h$, d. h. um weniger als $e\cdot h$. Daher ist

$$\boxed{\lim_{h\to\infty}[(1+h)^{1/h}]=e}\quad(\lim h=0)$$

und natürlich auch $\quad\lim_{h\to\infty}[(1+h)^{1/h+1}]=e$.

Auch wenn h durch negative Werte der Null zustrebt, bleibt die Limesrelation $\lim[(1+h)^{1/h}=e$ erhalten. Es sei $h=-k$ und $k>0$. Dann kann man schreiben

$$(1+h)^{\frac{1}{h}}=(1-k)^{-\frac{1}{k}}=\left[1+\frac{k}{1-k}\right]^{\frac{1}{k}}=\left[1+\frac{k}{1-k}\right]^{\frac{1-k}{k}+1}.$$

Das ist ein Ausdruck von der Form $(1+h_1)^{\frac{1}{h_1}+1}$, wobei $h_1 = k/(1-k)$, gleichzeitig mit k nach Null konvergiert. Wir wissen bereits, daß dann e als Grenzwert herauskommt.

Läßt man h die spezielle Nullfolge 1, 1/2, 1/3, ... durchlaufen oder die Nullfolge — 1, —1/2, —1/3, . . ., so ergibt sich

$\lim\left[\left(1+\frac{1}{n}\right)^n\right] = e,$	$\lim\left[\left(1-\frac{1}{n}\right)^{-n}\right] = e.$

$(n = 1, 2, 3, \ldots)$

$$e = \mathbf{2{,}718281828}\ldots$$

Die Exponentialfunktion e^x wird als die natürliche Exponentialfunktion bezeichnet. Ihr Bild ist in Fig. 2 zu sehen.

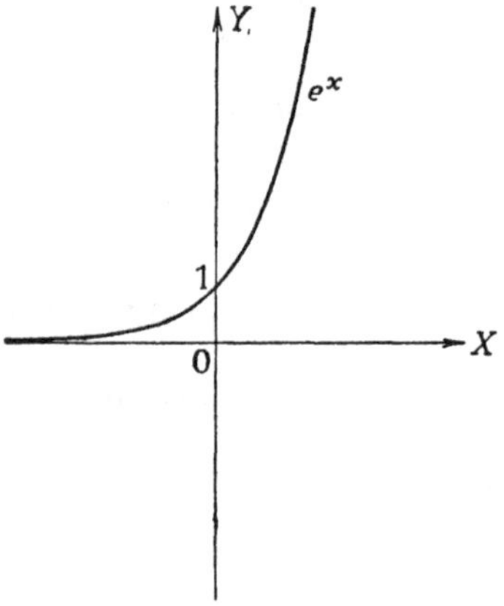

Fig. 2

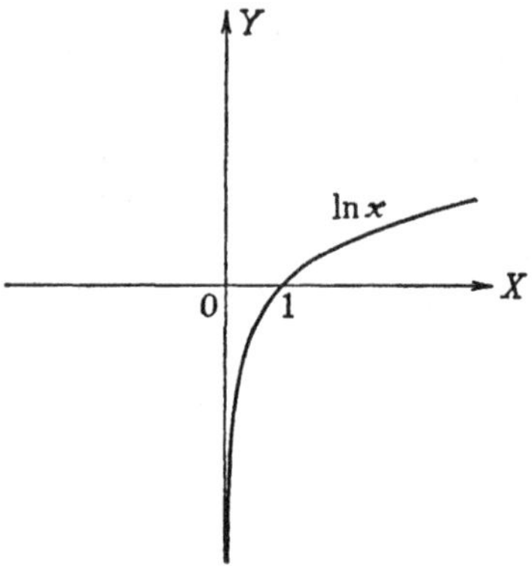

Fig. 3

Wenn $x = e^y$ ist, so schreibt man $y = ln\,x$. Das Bild dieser logarithmischen Kurve sieht man in Fig. 3.

Bezüglich der Logarithmus-Funktion sei noch folgendes bemerkt.

Ist ${}^a\log x = y$ der Logarithmus von x zur Basis a, also $x = a^y$, so kann man, da $a = e^{ln\,a}$ ist, schreiben $x = e^{y\,ln\,a}$ und sieht dann, daß $ln\,x = y\,ln\,a$ ist, also

$$\boxed{{}^a log\, x = \frac{ln\,x}{ln\,a}\,.}$$

Wenn man z.B. von $ln\,x$ zu $={}^{10}\log x$ übergehen will, so muß man $ln\,x$ den Faktor

$$1/\ln 10 = \mathbf{0{,}434296}\ldots$$

beigeben. Dagegen muß man ${}^{10}\log x$ mit

$$\mathbf{\ln 10 = 2{,}302\,585}\ldots$$

multiplizieren, um zu $ln\,x$ zu gelangen. Es seien noch die Rechnungsgesetze

$\log(u \cdot v) = \log u + \log v\,,$
$\log(u/v) = \log u - \log v\,,$
$\log(u^n) = n \log u\,.$

vermerkt. Bei den Logarithmen zur Basis 10, den Briggsschen Logarithmen,

ist $\log 1 = 0$, $\log 0{,}1 = -1$,
$\log 10 = 1$, $\log (0{,}01) = -2$,
$\log 100 = 2$, $\log (0{,}001) = -3$ usw.

Die Logarithmus-Funktion ist nur für positive Werte der Veränderlichen erklärt.

Wenn man überhaupt nur weiß, daß die Logarithmen zur Basis a proportional sind zu den natürlichen Logarithmen, so kann man den Faktor, um den sie sich unterscheiden, leicht bestimmen. Es sei ${}^a\log x = k \, ln \, x$. Dann braucht man, um den Faktor k zu finden, nur zu bedenken, daß ${}^a\log a = 1$ sein muß, weil $a^1 = a$ ist. Die Basis hat stets den Logarithmus 1. Dann ergibt sich sofort, wenn man $x = a$ setzt, $1 = k \, ln \, a$, also $k = 1/ln \, a$ und ${}^a \log x = ln \, x/ln \, a$.

Wenn man zwei positive Zahlen a_1 und a_2 hat, so ist

$$a_1 \log a_2 \cdot a_2 \log a_1 = 1,$$

weil $a_1 \log a_2 = ln \, a_2/ln \, a_1$ und $a_2 \log a_1 = ln \, a_1/ln \, a_2$.

Die Logarithmen wurden zur Vereinfachung des Rechnens eingeführt durch den Schweizer Jobst Bürgi und den schottischen Lord John Neper, der 1614 eine Beschreibung seiner Logarithmentafel herausgab. Die Basis 10 wurde durch den Oxforder Professor Henry Briggs eingeführt. Der Hauptvorteil beim Rechnen mit Logarithmen ist die Verwandlung von Multiplikationen und Divisionen in Additionen und Subtraktionen. Potenzieren und Radizieren werden gemäß der Formel $\log (u^n) = n \log u$ vereinfacht. Im Zeitalter der Rechenmaschinen hat sich die Bedeutung dieses arithmetischen Werkzeugs stark vermindert.

§ 4. Trigonometrische Funktionen

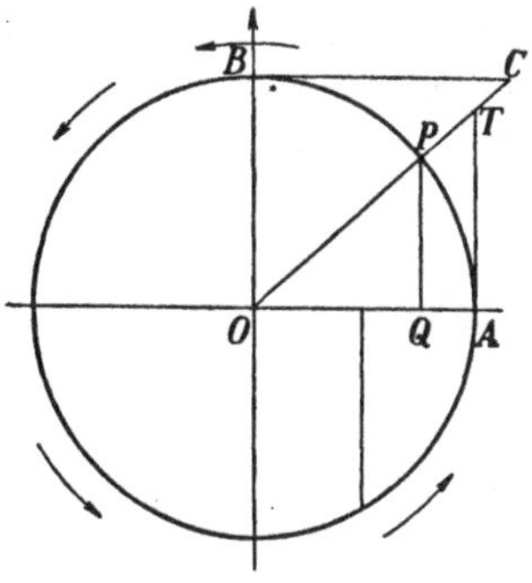

Fig. 4

Fig. 4 stellt den Einheitskreis dar (Kreis vom Radius 1 um den Anfangspunkt O). Ist α eine positive Zahl, so kann man vom Punkte A aus nach links herum einen Bogen AP abtragen, dessen Länge gleich α ist. Nimmt man eine negative Zahl α, so kann man von A aus nach rechts herum einen Bogen AP von der Länge $-\alpha$ abtragen. Bögen, die nach links herum gehen, werden, wie man sieht, positiv, solche, die rechts herum gehen, negativ gerechnet. Der Bogen $\pi/2$ entspricht dem rechten Winkel 90^0, der Bogen π dem Winkel 180^0, der Bogen 2π dem Winkel 360^0. Der Winkel 1^0 hat das Bogenmaß $\pi/180$, der Winkel g^0 das Bogenmaß $(\pi \, g)/180$. Im Falle $g = 180/\pi$ Grad wird das Bogenmaß gleich 1. Dieser Winkel ist gleich $57^0 \, 17' \, 44{,}8''$. In den trigonometrischen Tafelwerken findet man Tabellen, die den Übergang vom Gradmaß zum Bogenmaß und umgekehrt ermöglichen. Jeder Zahl α, sie mag positiv oder negativ sein, entspricht ein Bogen AP auf dem Einheitskreis. Der Bogen beginnt im Punkte A mit den Koordinaten 1,0 und geht nach links herum (Richtung des Pfeils in Fig. 4), wenn α positiv, und rechts herum, wenn α negativ ist. Der Endpunkt P dieses der Zahl α entsprechenden Bogens AP hat zwei Koordinaten OQ und QP, die als **Cosinus** und **Sinus** von α definiert werden. Man schreibt dafür cos α und sin α. Hieraus folgt sofort $\cos^2 \alpha + \sin^2 \alpha = 1$. Die positive Abszissenachse geht von O nach A, die positive Ordinatenachse entsteht aus ihr durch Linksdrehung um 90°. Außer dem Cosinus und Sinus kommen noch zwei andere trigonometrische Funktionen vor, die man **Tangens** und **Cotangens** nennt und mit tan α und cot α bezeichnet. Vielfach schreibt man auch tg α und cotg α. Diese Funktionen sind durch die Gleichungen

$$\tan \alpha = \frac{\sin \alpha}{\cos \alpha}, \qquad \cot \alpha = \frac{\cos \alpha}{\sin \alpha}$$

definiert, aus denen man entnimmt

$$\boxed{\tan \alpha \cot \alpha = 1\,.}$$

In Fig. 4 ist $AT = \tan \alpha$, $BC = \cot \alpha$.

Vorzeichen der trigonometrischen Funktionen in den vier Quadranten

	0°—90°	90°—180°	180°—270°	270°—360°
sin	+	+	—	—
cos	+	—	—	+
tan	+	—	+	—
cot	+	—	+	—

Wenn man die Koordinatenachsen um 90° nach links herum dreht, so geht die positive x-Achse über in die positive y-Achse, die positive y-Achse in die negative x-Achse. Der Punkt P mit den Koordinaten x, y geht, wenn er diese Drehung mitmacht, in einen neuen Punkt P_1 über, dessen Koordinaten in bezug auf die gedrehten Achsen nach wie vor x, y lauten. Da aber die neuen Achsen mit der positiven y-Achse und der negativen x-Achse identisch sind, so hat der neue Punkt in bezug auf die alten Achsen die Koordinaten $-y$, x. Die Wirkung einer Linksdrehung um 90° ist also die, daß der Punkt $P(x, y)$ übergeht in den Punkt $P_1(x_1, y_1)$, wobei

$$x_1 = -y, \quad y_1 = x$$

ist. Wenn nun P der Endpunkt des Bogens $AP = \alpha$ auf dem Einheitskreise ist, so wird P_1 der Endpunkt des Bogens $AP_1 = \alpha + \pi/2$ sein.

Die Koordinaten von P lauten aber $\cos \alpha$, $\sin \alpha$, die von P_1 also $\cos(\alpha + \pi/2)$, $\sin(\alpha + \pi/2)$. Nach den obigen Gleichungen zwischen x, y und x_1, y_1 ist daher

$$\boxed{\cos\left(\alpha + \frac{\pi}{2}\right) = -\sin \alpha\,,} \qquad \boxed{\sin\left(\alpha + \frac{\pi}{2}\right) = \cos \alpha\,.}$$

Hieraus folgt

$$\boxed{\cos(\alpha + \pi) = -\sin\left(\alpha + \frac{\pi}{2}\right) = -\cos \alpha\,,}$$

$$\boxed{\sin(\alpha + \pi) = \cos\left(\alpha + \frac{\pi}{2}\right) = -\sin \alpha}$$

und weiter

$$\boxed{\cos\left(\alpha + \frac{3\pi}{2}\right) = -\cos\left(\alpha + \frac{\pi}{2}\right) = \sin \alpha\,,}$$

$$\sin\left(\alpha+\frac{3\pi}{2}\right)=-\sin\left(\alpha+\frac{\pi}{2}\right)=-\cos\alpha$$

und schließlich

$$\cos(\alpha+2\pi)=\sin\left(\alpha+\frac{\pi}{2}\right)=\cos\alpha\,,$$

$$\sin(\alpha+2\pi)=-\cos\left(\alpha+\frac{\pi}{2}\right)=\sin\alpha\,.$$

Die beiden letzten Gleichungen sind eine Selbstverständlichkeit. Man sagt auf Grund derselben: **Cosinus und Sinus sind periodische Funktionen mit der Periode 2π.**

Auf Grund von $\cos(\alpha+\pi)=-\cos\alpha$, $\sin(\alpha+\pi)=-\sin\alpha$ ist

$$\tan(\alpha+\pi)=\tan\alpha\,,\quad \cot(\alpha+\pi)=\cot\alpha\,.$$

Tangens und Cotangens haben also die Periode π.

Aus $\cos(\alpha+\pi/2)=-\sin\alpha$, $\sin(\alpha+\pi/2)=\cos\alpha$ folgt ferner

$$\tan\left(\alpha+\frac{\pi}{2}\right)=-\cot\alpha\,,\quad \cot\left(\alpha+\frac{\pi}{2}\right)=-\tan\alpha\,,$$ d. h.

$$\tan\left(\alpha+\frac{\pi}{2}\right)=-\frac{1}{\tan\alpha}\,,\quad \cot\left(\alpha+\frac{\pi}{2}\right)=-\frac{1}{\cot\alpha}\,.$$

Würde man die Richtung der positiven y-Achse umkehren, so müßten die positiven α nach rechts herum, die negativen nach links herum auf dem Einheitskreis von A aus aufgetragen werden. Der Punkt P, dem vorher der Bogen $AP=\alpha$ entsprach, gehört nachher zum Bogen $-\alpha$. Seine Koordinaten, die vorher x, y lauteten, sind nachher x, $-y$. Andererseits lauteten sie zuerst $\cos\alpha$, $\sin\alpha$, und nachher lauten sie $\cos(-\alpha)$, $\sin(-\alpha)$. Daher gelten die Gleichungen $$\cos(-\alpha)=\cos\alpha\,,\quad \sin(-\alpha)=-\sin\alpha\,.$$

Man sagt auf Grund dieser Beziehungen: **Cosinus ist eine gerade, Sinus eine ungerade Funktion.** Es ergibt sich nun sofort

$$\cos\left(\frac{\pi}{2}-\alpha\right)=-\sin(-\alpha)=\sin\alpha\,,$$

$$\sin\left(\frac{\pi}{2}-\alpha\right)=\cos(-\alpha)=\cos\alpha\,,$$

$\pi/2-\alpha$ nennt man das **Komplement** von α. Cosinus ist entstanden aus „Complementi sinus." Aus obigen Gleichungen folgt

$$\tan(-\alpha)=-\tan\alpha\,,\quad \cot(-\alpha)=-\cot\alpha\,.$$

Tangens und Cotangens sind also ungerade Funktionen.

Die Additionstheoreme

Wir betrachten einen Punkt P des Einheitskreises, der zu dem Bogen $AP=\alpha$ gehört. Seine Koordinaten in bezug auf die Achsen OA, OB (vgl. Fig. 5) lauten $\cos\alpha$, $\sin\alpha$. Nun wollen wir die Achsen um β drehen. Der Punkt P soll diese Drehung mitmachen. Der Punkt A gewinnt durch die Drehung β die Koordinaten $\cos\beta$, $\sin\beta$, der Punkt B die Koordinaten $\cos(\pi/2+\beta)$, $\sin(\pi/2+\beta)$ d. h. $-\sin\beta$, $\cos\beta$, der Punkt P die Koordinaten $\cos(\alpha+\beta)$, $\sin(\alpha+\beta)$. Die neuen Lagen der Punkte A, B, P nennen wir A_1, B_1, P_1. In bezug auf die Achsen OA_1, OB_1 hat P_1 dieselben Koordinaten $\cos\alpha$, $\sin\alpha$, wie P in bezug auf OA, OB. Wenn wir von P_1 auf die Achsen OA_1, OB_1 die Lote P_1Q_1, P_1R_1 fällen, so können wir von O nach P_1 gelangen, indem wir zuerst von O nach Q_1 gehen und dann von Q_1 nach P_1. Beim Übergang von O zu A_1 treten die Koordinatenänderungen $\cos\beta$, $\sin\beta$ ein. Da OQ_1 sich von OA_1 um den Faktor $\cos\alpha$ unterscheidet, so entstehen beim Übergang von O zu Q_1 die Änderungen $\cos\alpha\cdot\cos\beta$, $\cos\alpha\sin\beta$. Beim Übergang von Q_1 zu P_1 treten dieselben Koordinatenänderungen ein wie beim Übergang von O zu R_1. Diese Änderungen unterscheiden sich von denen, die der Übergang von O zu B_1 hervorbringt, um den Faktor $\sin\alpha$.

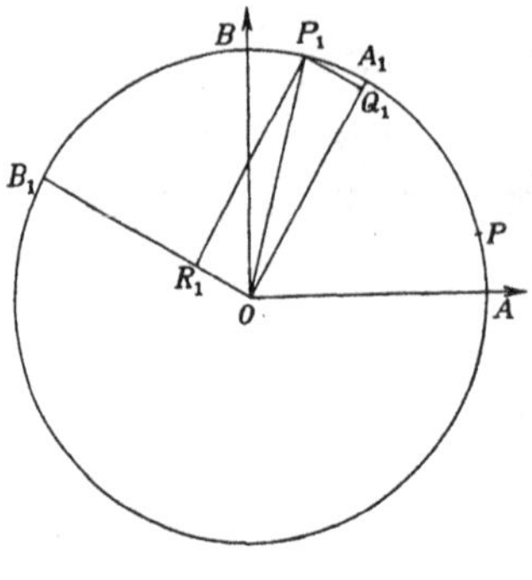

Fig. 5

Da letztere Änderungen $-\sin\beta$, $\cos\beta$ lauten, so entstehen beim Übergang von O zu R_1, also auch beim Übergang von Q_1 zu P_1, die Änderungen $-\sin\alpha\sin\beta$, $\sin\alpha\cos\beta$. In O haben wir die Koordinaten 0,0. Diese ändern sich, wenn wir zu Q_1 übergehen, um $\cos\alpha\cos\beta$, $\cos\alpha\sin\beta$ und, wenn wir weiter von Q_1 zu P_1 übergehen, um $-\sin\alpha\sin\beta$, $\sin\alpha\cos\beta$. Daher lauten die Koordinaten des Punktes P_1, die gleich $\cos(\alpha+\beta)$, $\sin(\alpha+\beta)$ sind, $\cos\alpha\cos\beta-\sin\alpha\sin\beta$, $\cos\alpha\sin\beta+\sin\alpha\cos\beta$. Man hat also, was auch α und β sein mögen,

$$\boxed{\cos(\alpha+\beta)=\cos\alpha\cos\beta-\sin\alpha\sin\beta\,,}$$

$$\boxed{\sin(\alpha+\beta)=\sin\alpha\cos\beta+\cos\alpha\sin\beta\,.}$$

Das sind die **Additionstheoreme** des Sinus und Cosinus. Daraus folgen die Additionstheoreme des Tangens und Cotangens durch Division, und zwar wird

$$\boxed{\tan(\alpha+\beta)=\frac{\tan\alpha+\tan\beta}{1-\tan\alpha\tan\beta}\,,}\qquad \boxed{\cot(\alpha+\beta)=\frac{\cot\alpha\cot\beta-1}{\cot\alpha+\cot\beta}\,.}$$

Mittels der imaginären Einheit $i=\sqrt{-1}$ lassen sich die Additionstheoreme des Cosinus und Sinus in die Gleichung

$$\boxed{\cos(\alpha+\beta)+i\sin(\alpha+\beta)=(\cos\alpha+i\sin\alpha)(\cos\beta+i\sin\beta)}$$

zusammenziehen (**Moivresche Formel**). Beim Ausmultiplizieren muß man $i^2=-1$ berücksichtigen.

Wichtige Einzelwerte der trigonometrischen Funktionen

	0	$\pi/4$	$\pi/2$	$3\pi/4$	π	$5\pi/4$	$3\pi/2$	$7\pi/4$	30^0	60^0	120^0	150^0
sin	0	$1/\sqrt{2}$	1	$1/\sqrt{2}$	0	$-1/\sqrt{2}$	-1	$-1/\sqrt{2}$	$1/2$	$(1/2)\sqrt{3}$	$(1/2)\sqrt{3}$	$1/2$
cos	1	$1/\sqrt{2}$	0	$-1/\sqrt{2}$	-1	$-1/\sqrt{2}$	0	$1/\sqrt{2}$	$(1/2)\sqrt{3}$	$1/2$	$-1/2$	$-(1/2)\sqrt{3}$
tan	0	1	∞	-1	0	1	∞	-1	$1/\sqrt{3}$	$\sqrt{3}$	$-\sqrt{3}$	$-1/\sqrt{3}$
cot	∞	1	0	-1	∞	1	0	-1	$\sqrt{3}$	$1/\sqrt{3}$	$-1/\sqrt{3}$	$-\sqrt{3}$

Hiernach ist z. B.

$$\tan\left(\frac{\pi}{4}+\alpha\right)=\frac{1+\tan\alpha}{1-\tan\alpha}\,,\qquad \cot\left(\frac{\pi}{4}+\alpha\right)=\frac{\cot\alpha-1}{\cot\alpha+1}\,.$$

Indem man $\alpha = (\alpha+\beta)/2 + (\alpha-\beta)/2$ und $\beta = (\alpha+\beta)/2 - (\alpha-\beta)/2$ setzt, findet man nach den Additionstheoremen

$$\sin\alpha+\sin\beta = 2\sin\frac{\alpha+\beta}{2}\cos\frac{\alpha-\beta}{2}\,.$$

Hieraus durch Verwandlung von β in $-\beta$ oder auch direkt

$$\sin\alpha-\sin\beta = 2\sin\frac{\alpha-\beta}{2}\cos\frac{\alpha+\beta}{2}\,.$$

Ebenso findet man

$$\cos\alpha+\cos\beta = 2\cos\frac{\alpha+\beta}{2}\cos\frac{\alpha-\beta}{2}\,,$$

$$\cos\alpha-\cos\beta = -2\sin\frac{\alpha+\beta}{2}\sin\frac{\alpha-\beta}{2}\,.$$

Setzt man für α ein $\pi/2+\alpha$, so erhält man

$$\cos\beta-\sin\alpha = 2\cos\left(\frac{\pi}{4}+\frac{\alpha+\beta}{2}\right)\cos\left(\frac{\pi}{4}+\frac{\alpha-\beta}{2}\right)\,,$$

$$\cos\beta+\sin\alpha = 2\sin\left(\frac{\pi}{4}+\frac{\alpha+\beta}{2}\right)\sin\left(\frac{\pi}{4}+\frac{\alpha-\beta}{2}\right)\,.$$

Setzt man $\alpha=\beta$, so liefern die beiden letzten Formeln

$$\cos\alpha-\sin\alpha=\sqrt{2}\cos\left(\frac{\pi}{4}+\alpha\right)\,,\qquad \cos\alpha+\sin\alpha=\sqrt{2}\sin\left(\frac{\pi}{4}+\alpha\right)\,.$$

Die Produkte $\sin\alpha\cos\beta$, $\cos\alpha\cos\beta$, $\sin\alpha\sin\beta$ lassen sich in folgender Weise darstellen:

$$\sin\alpha\cos\beta = 1/2\,[\sin(\alpha+\beta)+\sin(\alpha-\beta)]\,,$$

$$\cos\alpha\cos\beta = 1/2\,[\cos(\alpha+\beta)+\cos(\alpha-\beta)]\,,$$

$$\sin\alpha\sin\beta = 1/2\,[\cos(\alpha-\beta)-\cos(\alpha+\beta)]\,.$$

Summe und Differenz zweier Tangens- oder Cotangenswerte drücken sich so aus:

$$\tan\alpha+\tan\beta=\frac{\sin(\alpha+\beta)}{\cos\alpha\ \cos\beta}\,,\qquad \tan\alpha-\tan\beta=\frac{\sin(\alpha-\beta)}{\cos\alpha\ \cos\beta}\,,$$

Summe und Differenz eines Tangens- und eines Cotangenswertes in folgender Weise:

$$\cot\alpha+\tan\beta=\frac{\cos(\alpha-\beta)}{\sin\alpha\ \cos\beta}\,,\qquad \cot\alpha-\tan\beta=\frac{\cos(\alpha+\beta)}{\sin\alpha\ \cos\beta}\,.$$

Für $\beta = \alpha$ ergibt sich

$$\boxed{\cot\alpha + \tan\alpha = 2/\sin 2\alpha\,, \quad \cot\alpha - \tan\alpha = 2\cot 2\alpha\,.}$$

Wir erwähnen noch die leicht beweisbaren Formeln

$$\boxed{\sin(\alpha+\beta)\sin(\alpha-\beta) = \sin^2\alpha - \sin^2\beta = \cos^2\beta - \cos^2\alpha\,,}$$

$$\boxed{\cos(\alpha+\beta)\cos(\alpha-\beta) = \cos^2\alpha - \sin^2\beta = \cos^2\beta - \sin^2\alpha\,.}$$

Aus der Moivreschen Formel

$$\boxed{\cos(\alpha+\beta) + i\sin(\alpha+\beta) = (\cos\alpha + i\sin\alpha)(\cos\beta + i\sin\beta)}$$

ergibt sich durch Multiplikation mit $\cos\gamma + i\sin\gamma$

$$\cos(\alpha+\beta+\gamma) + i\sin(\alpha+\beta+\gamma) =$$
$$= (\cos\alpha + i\sin\alpha)(\cos\beta + i\sin\beta)(\cos\gamma + i\sin\gamma)\,.$$

Allgemein gilt die Gleichung

$$\boxed{\cos(\alpha_1+\alpha_2+\ldots+\alpha_n) + i\sin(\alpha_1+\alpha_2+\ldots+\alpha_n) =}$$
$$\boxed{= (\cos\alpha_1 + i\sin\alpha_1)(\cos\alpha_2 + i\sin\alpha_2)\ldots(\cos\alpha_n + i\sin\alpha_n)\,.}$$

Dies ist die allgemeine Moivresche Formel. Läßt man alle α zusammen fallen, so ergibt sich

$$\boxed{\cos n\alpha + i\sin n\alpha = (\cos\alpha + i\sin\alpha)^n\,.}\;{}^{*)}$$

Im Falle $n = 2$ erhält man

$$\boxed{\cos 2\alpha = \cos^2\alpha - \sin^2\alpha\,, \quad \sin 2\alpha = 2\cos\alpha\sin\alpha\,,}$$ also

$$\boxed{\tan 2\alpha = \frac{2\tan\alpha}{1-\tan^2\alpha}\,, \quad \cot 2\alpha = \frac{\cot^2\alpha - 1}{2\cot\alpha}\,.}$$

Benutzt man noch die Beziehung $\cos^2\alpha + \sin^2\alpha = 1$, so ergibt sich

$$\boxed{\cos^2\alpha = (1/2)(1+\cos 2\alpha)\,, \quad \sin^2\alpha = (1/2)(1-\cos 2\alpha)\,, \quad \tan\alpha = \sqrt{\frac{1-\cos 2\alpha}{1+\cos 2\alpha}}\,.}$$

Bemerkt sei noch, daß $(\cos\alpha \pm \sin\alpha)^2 = 1 \pm 2\cos\alpha\sin\alpha = 1 \pm \sin 2\alpha$ ist, also

$$\boxed{\cos\alpha \pm \sin\alpha = \sqrt{1 \pm \sin 2\alpha}\,.}$$

Auf Grund der obigen Formeln kann man $\sin\alpha$ und $\cos\alpha$ durch $\tan\alpha/2 = u$ in folgender Weise ausdrücken:

$$\boxed{\cos\alpha = \frac{1-u^2}{1+u^2}\,, \quad \sin\alpha = \frac{2u}{1+u^2}\,,} \qquad \left(u = \tan\frac{\alpha}{2}\right).$$

*) Man beachte, daß in einer Gleichung zwischen komplexen Zahlen die reellen Teile übereinstimmen müssen, ebenso die imaginären aus $a + ib = c + id$ folgt $a = c$ und $b = d$.

Für $n = 3$ liefert die Moivresche Formel $\cos 3\alpha + i \sin 3\alpha = (\cos\alpha + i\sin\alpha)^3 = \cos^3\alpha - 3\cos\alpha\,\sin^2\alpha + i\,(3\cos^2\alpha\,\sin\alpha - \sin^3\alpha)$, also

$$\boxed{\cos 3\alpha = \cos^3\alpha - 3\cos\alpha\,\sin^2\alpha\,,} \qquad \boxed{\sin 3\alpha = 3\cos^2\alpha\,\sin\alpha - \sin^3\alpha\,.}$$

Ersetzt man in der ersten Gleichung $\sin^2\alpha$ durch $1 - \cos^2\alpha$, in der zweiten $\cos^2\alpha$ durch $1 - \sin^2\alpha$, so ergibt sich

$$\boxed{\cos 3\alpha = 4\cos^3\alpha - 3\cos\alpha\,,} \qquad \boxed{\sin 3\alpha = 3\sin\alpha - 4\sin^3\alpha\,.}$$

Für $n = 4$ liefert die Moivresche Formel $\cos 4\alpha + i\sin 4\alpha = (\cos\alpha + i\sin\alpha)^4 = \cos^4\alpha - 6\cos^2\alpha\,\sin^2\alpha + \sin^4\alpha + i\,(4\cos^3\alpha\,\sin\alpha - 4\cos\alpha\,\sin^3\alpha)$, also

$$\boxed{\cos 4\alpha = \cos^4\alpha - 6\cos^2\alpha\,\sin^2\alpha + \sin^4\alpha\,,}$$

$$\boxed{\sin 4\alpha = 4\cos^3\alpha\,\sin\alpha - 4\cos\alpha\,\sin^3\alpha\,.}$$

Ersetzt man in der ersten Gleichung $\sin^2\alpha$ durch $1 - \cos^2\alpha$, also $\sin^4\alpha$ durch $1 - 2\cos^2\alpha + \cos^4\alpha$, so ergibt sich

$$\boxed{\cos 4\alpha = 8\cos^4\alpha - 8\cos^2\alpha + 1\,.}$$

Verbindet man hiermit $\cos 2\alpha = 2\cos^2\alpha - 1$, so entsteht folgende Gleichung:

$$\boxed{\cos^4\alpha = 1/8\,(\cos 4\alpha + 4\cos 2\alpha + 3)\,.}$$

§ 5. Die Arcusfunktionen

Wenn $x = \sin y$ ist, so schreibt man

$$y = \operatorname{arc}\sin x \quad (\text{Arcus sinus } x),$$

d. h. y ist ein Bogen, dessen Sinus den Wert x hat. Ebenso wird man im Falle $x = \cos y$ oder $x = \tan y$ oder $x = \cot y$ schreiben

$$y = \operatorname{arc}\cos x \quad \text{oder} \quad y = \operatorname{arc}\tan x \quad \text{oder} \quad y = \operatorname{arc}\cot x.$$

Um diese Funktionen, welche als die Umkehrungen der trigonometrischen Funktionen anzusehen sind, eindeutig festzulegen, muß man für den Bogen y ein Intervall vorschreiben. Beim arc sin und arc tan nimmt man das Intervall $-\pi/2$ bis $\pi/2$, beim arc cos und arc cot das Intervall 0 bis π. Wir stellen die genauen Erklärungen der Arcusfunktionen nochmals zusammen:

$$\boxed{\begin{array}{llll} y = \operatorname{arc}\sin x & \text{bedeutet} & x = \sin y \text{ und} & -\pi/2 \leqq y \leqq \pi/2\,, \\ y = \operatorname{arc}\cos x & \quad ,, & x = \cos y \;\; ,, & 0 \leqq y \leqq \pi\,, \\ y = \operatorname{arc}\tan x & \quad ,, & x = \tan y \;\; ,, & -\pi/2 \leqq y \leqq \pi/2\,, \\ y = \operatorname{arc}\cot x & \quad ,, & x = \cot y \;\; ,, & 0 \leqq y \leqq \pi\,. \end{array}}\;{}^{*)}.$$

Bei arc sin x und arc cos x ist x auf das Intervall -1 bis 1 beschränkt.

*) Die Einführung der Intervalle für y hat nur den Zweck, daß die Eindeutigkeit der Umkehrung garantiert ist. Die Intervalle könnten also um π verschoben werden.

§ 6. Cartesische Bilder der trigonometrischen und der Arcusfunktionen

Wenn man aus weichem Material einen Rotationszylinder vom Radius 1 herstellt, ihn mit hauchdünnem Papier mehrfach fest umwickelt und dann unter 45° Neigung gegen die Achse mit einem scharfen Messer durchschneidet, so zeigt der Rand des auf die Ebene ausgebreiteten Papiers die Sinuskurve. In Fig. 6 sieht man das cartesische Bild der Sinusfunktion. Der Bogen x wird als Abszisse aufgetragen, der Funktionswert $\sin x$ als Ordinate y. Auf ähnliche Weise entstehen die Bilder der Funktionen Cosinus, Tangens und Cotangens, die in Fig. 7, Fig. 8, Fig. 9 zu sehen sind.

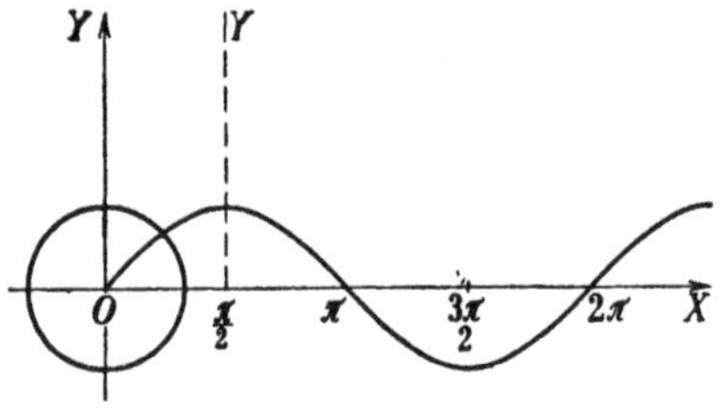

Fig. 6

Die Beziehung $\sin(\pi/2 + x) = \cos x$ zeigt, daß die Ordinate der Cosinuskurve an der Stelle x gleich ist der Ordinate, die bei der Sinuskurve an der Stelle $x + \pi/2$, also um $\pi/2$ weiter nach rechts, auftritt. Schiebt man also die Sinuskurve (parallel zur x-Achse) um $\pi/2$ nach links, so hat man die Cosinuskurve vor sich. Aus $\tan(\pi/2 + x) = -\cot x$ ersieht man, daß die Cotangenskurve aus der Tangenskurve auf folgende Weise erhalten wird: Man schiebt zuerst die Tangenskurve um $\pi/2$ nach links und klappt dann noch die Figur um die x-Achse herum (spiegelt sie an der x-Achse).

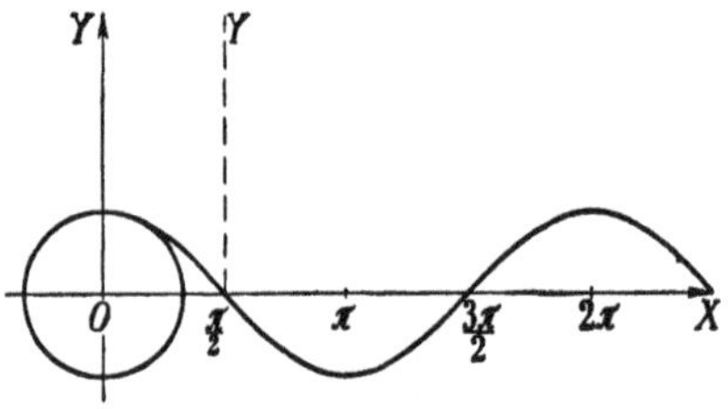

Fig. 7

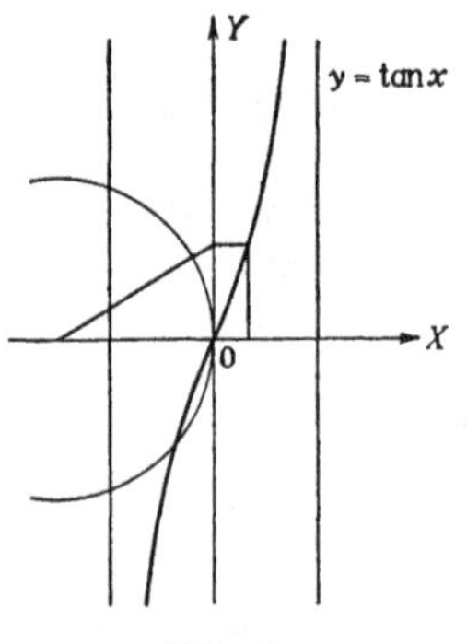

Fig. 8

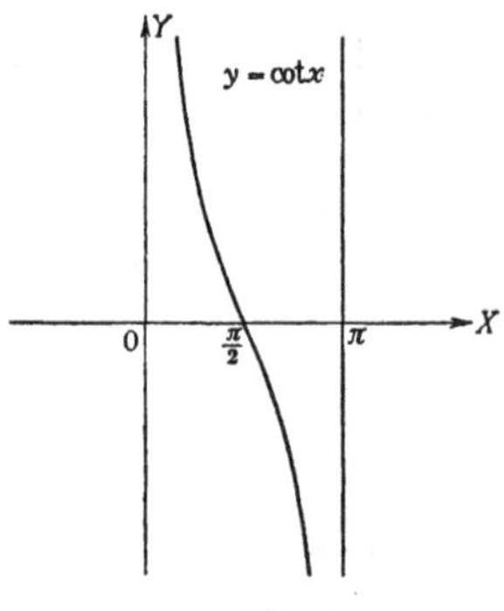

Fig. 9

Die Bilder der Arcusfunktionen sind in Fig. 10, Fig. 11, Fig. 12, Fig. 13 zu sehen. Man erhält sie dadurch, daß man die Achsen ihre Rollen vertauschen läßt.

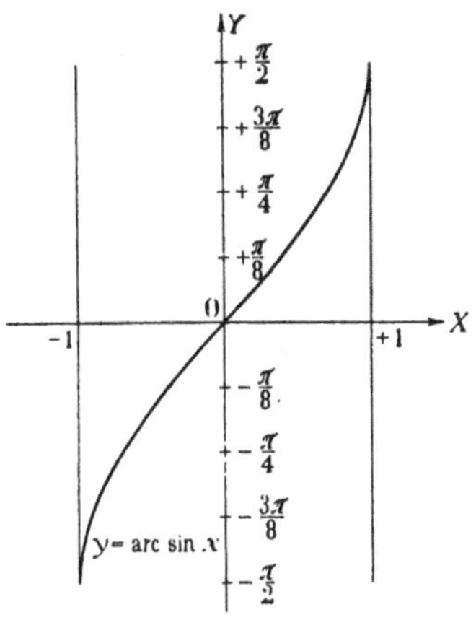

Fig. 10

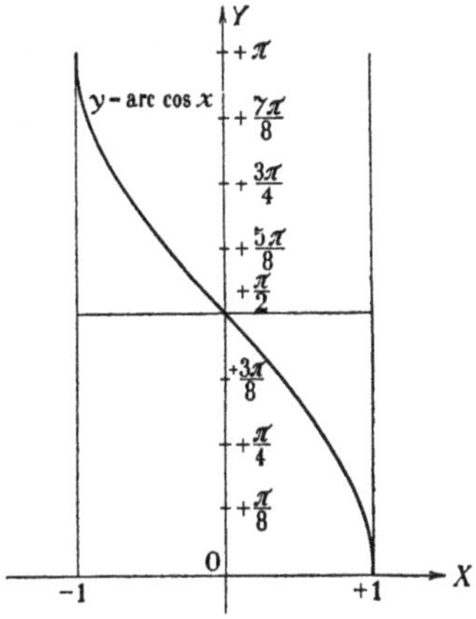

Fig. 11

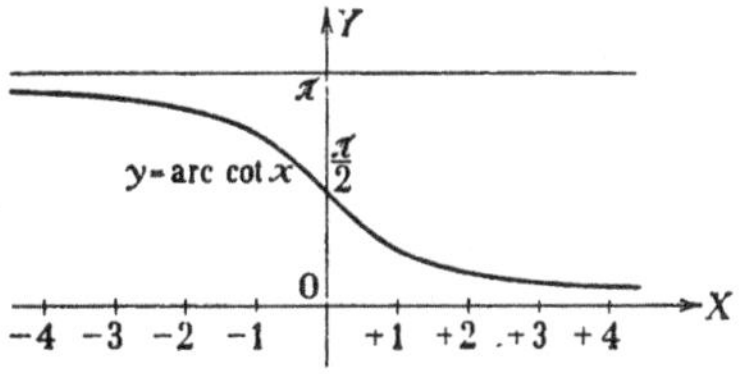

Fig. 12

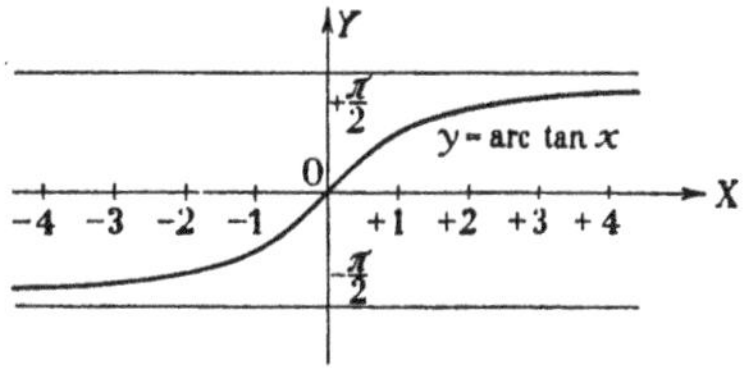

Fig. 13

§ 7. Hyperbelfunktionen

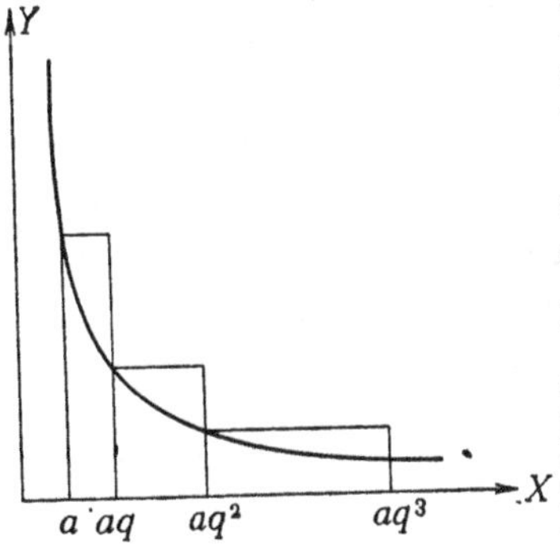

Fig. 14

In Fig. 14 sieht man einen Teil der Kurve $y = c^2/x$*), die als **gleichseitige Hyperbel** bezeichnet wird. Der fehlende Teil liegt im dritten Quadranten und entsteht aus dem in Fig. 14 angegebenen Teil dadurch, daß man x, y durch $-x$, $-y$ ersetzt (Spiegelung am Anfangspunkt).

Wir betrachten die Fläche, die unten durch die x-Achse, oben durch die Hyperbel und links und rechts durch zwei Ordinaten der Hyperbel begrenzt wird. Man nennt diese Fläche das über $a \ldots b$ stehende **Hyperbelsegment.**

Wenn man zwischen a und $b = aq^n$ die Abszissen $aq, \ldots, aq^{n-1}$ einschaltet (in Fig. 14 ist $n = 3$), so gehören zu den Abszissen $a, aq, \ldots, aq^{n-1}, b$ die Ordinaten $c^2/a, c^2/aq, \ldots, c^2/aq^{n-1}, c^2/b$.
Das betrachtete Hyperbelsegment zerfällt in n Teilsegmente. Offenbar ist das über $aq^{v-1} \ldots aq^v$ stehende Segment größer als das Rechteck.

$$(aq^v - aq^{v-1})\frac{c^2}{aq^v} = \frac{c^2(q-1)}{q}$$ und kleiner als $$(aq^v - aq^{v-1})\frac{c^2}{aq^{v-1}} = c^2(q-1).$$

---

*) Wir beschränken uns auf Hyperbeln, die im ersten und dritten Quadranten liegen. Daher im Zähler c^2. An sich könnte es sein c/x. (c jede beliebige Konst., d. h. auch negative.)

Für das über $a \ldots b$ stehende Hyperbelsegment S ergibt sich hieraus folgende Einschließung:

$$\frac{c^2 n (q-1)}{q} < S < c^2 n (q-1) .$$

Die einschließenden Größen unterscheiden sich um $\frac{c^2 n (q-1)}{q} \cdot (q-1)$, also um weniger als S · $(q-1)$. Aus der ersten Ungleichung läßt sich entnehmen

$$c^2 n (q-1) < q S \quad \text{oder, da } q S = (q-1) S + S \text{ ist,}$$

$$(c^2 n - S)(q-1) < S, \qquad \text{d.h.} \qquad 0 < q-1 < S/(c^2 n - S) .$$

Wenn also n die Folge 1, 2, 3, . . . durchläuft, so strebt $q-1$ dem Grenzwert Null zu. Da $q = (b/a)^{1/n}$ ist, so hätten wir dies auch aus früheren Feststellungen entnehmen können. Die beiden Größen, zwischen welche S eingeschlossen ist, haben also eine nach Null konvergierende Differenz, streben somit beide dem Grenzwert S zu. Insbesondere ist $S = c^2 \lim_{n \to \infty} [n (q-1)]$, d.h.

$$\boxed{S = c^2 \ln (b/a) .}$$

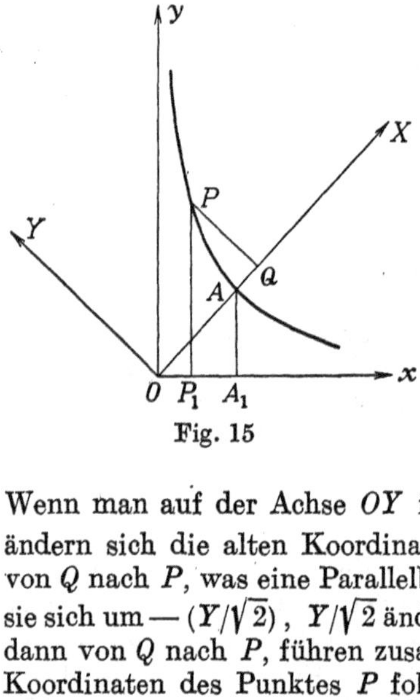

Fig. 15

In Fig. 15 ist A der Punkt mit den Koordinaten c, c. Er wird als **Scheitel** der Hyperbel bezeichnet. Wir wollen das Achsensystem Ox, Oy so drehen, daß die x-Achse durch den Scheitel hindurchgeht, also um 45⁰ nach links herum. Die neuen Achsen nennen wir OX, OY. Wie hängen die Koordinaten X, Y eines Punktes P in bezug auf die neuen Achsen mit den alten Koordinaten x, y zusammen ? Wenn man auf der Achse OX in positiver Richtung den Weg 1 beschreibt, so ändern sich die alten Koordinaten beide um $1/\sqrt{2}$. Wenn man von O nach Q übergeht, werden sie sich also um $X/\sqrt{2}, X/\sqrt{2}$ ändern. Wenn man auf der Achse OY in positiver Richtung den Weg 1 beschreibt ändern sich die alten Koordinaten um $-(1/\sqrt{2})$ und $1/\sqrt{2}$. Geht man also von Q nach P, was eine Parallelbewegung zur Achse OY bedeutet, so werden sie sich um $-(Y/\sqrt{2})$, $Y/\sqrt{2}$ ändern. Die beiden Wege, zuerst von O nach Q, dann von Q nach P, führen zusammen von O nach P. Daher lauten die alten Koordinaten des Punktes P folgendermaßen:

$$x = (X - Y)/\sqrt{2}, \quad y = (X + Y)/\sqrt{2} .$$

Die Gleichung xy $= c^2$ verwandelt sich in

$$X^2 - Y^2 = 2 c^2.$$

Das ist die Gleichung der gleichseitigen Hyperbel in bezug auf die neuen Achsen, die man auch die **Achsen der Hyperbel** nennt, während die alten Achsen ihre **Asymptoten** heißen. Der in der Figur aufgezeichnete Hyperbelast liegt im ersten und vierten Quadranten der neuen Achsen und ist durch $X > o$ gekennzeichnet. Der andere Ast entsteht aus ihm durch Verwandlung von X in $-X$, also durch Spiegelung an der Achse OY.

Wir wollen nunmehr die Einheitshyperbel betrachten, die durch die

Gleichung $\boxed{X^2 - Y^2 = 1}$ gekennzeichnet wird. Es muß also $c = 1/\sqrt{2}$ gesetzt werden.

Der Hyperbelsektor OAP, begrenzt durch die beiden Geraden OA, OP und durch den Hyperbelbogen AP, ist, wie eine einfache Überlegung zeigt, gleich dem Hyperbelsegment $P_1 A_1 A P$. Fügt man nämlich zu diesem Segment das Dreieck $OP_1 P$ hinzu und zieht dann das Dreieck $OA_1 A$ ab, so erhält man den Hyperbelsektor OAP. Die beiden hierbei mitwirkenden Dreiecke sind aber flächengleich, weil auf Grund der Hyperbelgleichung $XY = c^2$ die Gleichung $OA_1 \cdot A_1A = OP_1 \cdot P_1P$ besteht.

Für den Hyperbelsektor ergibt sich also, wenn wir uns erinnern, daß das Hyperbelsegment durch

$$c^2 \, ln\,(c/x) = c^2 \, ln\,(y/c) \text{ gemessen wird und } c = 1/\sqrt{2},$$

$$\text{ferner } y = (X + Y)/\sqrt{2} \text{ ist, der Ausdruck } 1/2 \, ln\,(X + Y)\,.$$

Bezeichnet man den doppelten Hyperbelsektor mit u, so wird demnach sein $u = ln\,(X + Y)$, mithin $X + Y = e^u$, $X - Y = e^{-u}$, weil $(X + Y)\,(X - Y) = 1$ sein muß. Man hat also

$$\boxed{X = \frac{e^u + e^{-u}}{2}}\,, \qquad \boxed{Y = \frac{e^u - e^{-u}}{2}}\,.$$

In Fig. 16 sieht man den Einheitskreis, dessen Gleichung $\boxed{X^2 + Y^2 = 1}$ lautet, und die Einheitshyperbel $\boxed{X^2 - Y^2 = 1 \mid (X > 0)}$ nebeneinander. In beiden Figuren ist der zu dem Punkte P gehörige Sektor OAP schraffiert. Ist u der Kreisbogen AP, so ist der Kreissektor OAP gleich $u/2$, also u der doppelte Kreissektor. Die Koordinaten des Punktes P lauten $\cos u$ und $\sin u$. Bei der Einheitshyperbel lauten die Koordinaten des Punktes P, wie wir gefunden haben $(e^u + e^{-u})/2$, $(e^u - e^{-u})/2$. Diese beiden Funktionen werden wegen der Analogie zu $\cos u$ und $\sin u$ als **hyperbolischer Cosinus** und **hyperbolischer Sinus** bezeichnet (lateinisch Cosinus und Sinus hyperbolicus). Als Symbole benutzt man $\mathfrak{Cos}\, u$ und $\mathfrak{Sin}\, u$ (mit deutschen Buchstaben geschrieben). Wenn der Punkt P unterhalb der Achse OX liegen würde, müßte man den Sektor OAP negativ rechnen, damit die Gleichungen $X = \mathfrak{Cos}\; u$, $y = \mathfrak{Sin}\; u$ bestehen bleiben. Diese Gleichungen geben eine Parameterdarstellung der Einheitshyperbel $X^2 - Y^2 = 1$. Wenn u von $-\infty$ bis ∞ geht, beschreibt der Punkt X, Y den Hyperbelast von unten nach oben.

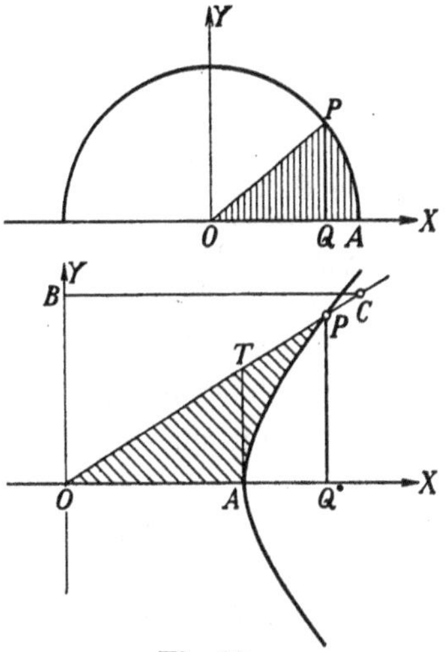

Fig. 16

Neben $\mathfrak{Cos}\; u$, $\mathfrak{Sin}\; u$ werden noch $\mathfrak{Tan}\; u = \mathfrak{Sin}\; u/\mathfrak{Cos}\; u$, $\mathfrak{Cot}\; u = \mathfrak{Cos}\; u/\mathfrak{Sin}\; u$ eingeführt. Man nennt diese Funktionen den **hyperbolischen Tangens** und **hyperbolischen Cotangens** (lateinisch Tangens und Cotangens hyperbolicus). Alle vier Funktionen werden als **Hyperbelfunktionen** bezeichnet. Die Ausdrücke $(e^u + e^{-u})/2$, $(e^u - e^{-u})/2$ zeigen, daß

$$\boxed{\mathfrak{Cof}\,(-u) = \mathfrak{Cof}\,u\,,} \qquad \boxed{\mathfrak{Sin}\,(-u) = -\,\mathfrak{Sin}\,u}$$

ist, also $\mathfrak{Cof}\,u$ eine gerade, $\mathfrak{Sin}\,u$ eine ungerade Funktion und daher $\mathfrak{Tan}\,u$ und $\mathfrak{Cot}\,u$ beide ungerade

$$\boxed{\mathfrak{Tan}\,(-u) = -\,\mathfrak{Tan}\,u\,,} \qquad \boxed{\mathfrak{Cot}\,(-u) = -\,\mathfrak{Cot}\,u\,.}$$

In Fig. 16 ist $OQ = \mathfrak{Cof}\,u$, $QP = \mathfrak{Sin}\,u$, $AT = \mathfrak{Tan}\,u$, weil $OA = 1$. Trägt man auf der Y-Achse $OB = 1$ ab und zieht durch B die Parallele BC zur x-Achse bis zum Schnitt mit OP, so ist $BC = \mathfrak{Cot}\,u$.

Wenn u von $-\infty$ bis ∞ geht, so nimmt $\mathfrak{Cof}\,u$ von 0 bis ∞ zu, $\mathfrak{Sin}\,u$ von $-\infty$ bis ∞, ferner $\mathfrak{Tan}\,u$ von -1 bis 1, während $\mathfrak{Cot}\,u$ zuerst von -1 bis $-\infty$ und dann von ∞ bis 1 abnimmt.

Aus den Gleichungen

$$\boxed{\mathfrak{Cof}\,u = \frac{e^u + e^{-u}}{2}\,,} \qquad \boxed{\mathfrak{Sin}\,u = \frac{e^u - e^{-u}}{2}}$$

entnimmt man, wenn ε die positive oder negative Einheit bedeutet, $\varepsilon = 1$ oder $\varepsilon = -1$,

$$\boxed{\mathfrak{Cof}\,u + \varepsilon\,\mathfrak{Sin}\,u = e^{\varepsilon u}\,.}$$

Multipliziert man diesen Ausdruck mit dem gleichartigen

$$\boxed{\mathfrak{Cof}\,v + \varepsilon\,\mathfrak{Sin}\,v = e^{\varepsilon v}\,,}$$

so ergibt sich

$$\boxed{(\mathfrak{Cof}\,u + \varepsilon\,\mathfrak{Sin}\,u)\,(\mathfrak{Cof}\,v + \varepsilon\,\mathfrak{Sin}\,v) = e^{\varepsilon(u+v)}\,.}$$

Andererseits ist aber $\mathfrak{Cof}\,(u+v) + \varepsilon\,\mathfrak{Sin}\,(u+v) = e^{\varepsilon(u+v)}$. Daher muß folgende Gleichung bestehen:

$$\boxed{\mathfrak{Cof}\,(u+v) + \varepsilon\,\mathfrak{Sin}\,(u+v) = (\mathfrak{Cof}\,u + \varepsilon\,\mathfrak{Sin}\,u)\,(\mathfrak{Cof}\,v + \varepsilon\,\mathfrak{Sin}\,v)\,,}$$

die das Analogon der Moivreschen Formel

$$\cos(u+v) + i\sin(u+v) = (\cos u + i\sin u)\,(\cos v + i\sin v)$$

ist und ebenfalls als **Moivresche Formel** bezeichnet wird.

Durch Ausmultiplizieren findet man

$$\boxed{\mathfrak{Cof}\,(u+v) = \mathfrak{Cof}\,u\,\mathfrak{Cof}\,v + \mathfrak{Sin}\,u\,\mathfrak{Sin}\,v\,,}$$

$$\boxed{\mathfrak{Sin}\,(u+v) = \mathfrak{Cof}\,u\,\mathfrak{Sin}\,v + \mathfrak{Sin}\,u\,\mathfrak{Cof}\,v\,.}$$

In Anbetracht der Geradheit von $\mathfrak{Cof}$ und der Ungeradheit von $\mathfrak{Sin}$ folgt weiter

$$\boxed{\mathfrak{Cof}\,(u-v) = \mathfrak{Cof}\,u\,\mathfrak{Cof}\,v - \mathfrak{Sin}\,u\,\mathfrak{Sin}\,v\,,}$$

$$\boxed{\mathfrak{Sin}\,(u-v) = \mathfrak{Sin}\,u\,\mathfrak{Cof}\,v - \mathfrak{Cof}\,u\,\mathfrak{Sin}\,v\,.}$$

Man hätte diese Relationen auch aus

$$\mathfrak{Cof}\,u + \varepsilon\,\mathfrak{Sin}\,u = e^{\varepsilon u}, \quad \mathfrak{Cof}\,v - \varepsilon\,\mathfrak{Sin}\,v = e^{-\varepsilon v}$$

durch Multiplikation gewinnen können. Die Formel für $\mathfrak{Cof}\,(u-v)$ verwandelt sich im Falle $u = v$ in die grundlegende Beziehung

$$\boxed{\mathfrak{Cof}^2\,u - \mathfrak{Sin}^2\,u = 1\,,}$$

die auch unmittelbar aus dem Zusammenhang mit der Hyperbel $X^2 - Y^2 = 1$ hervorgeht.

Aus den beiden Formeln für $\mathfrak{Cof}\,(u+v)$ und $\mathfrak{Sin}\,(u+v)$, die man die **Additionstheoreme** von $\mathfrak{Cof}$ und $\mathfrak{Sin}$ nennt, ergibt sich

$$\boxed{\mathfrak{Tan}\,(u+v)=\frac{\mathfrak{Tan}\,u+\mathfrak{Tan}\,v}{1+\mathfrak{Tan}\,u\,\mathfrak{Tan}\,v}}\,,\qquad \boxed{\mathfrak{Cot}\,(u+v)=\frac{1+\mathfrak{Cot}\,u\,\mathfrak{Cot}\,v}{\mathfrak{Cot}\,u+\mathfrak{Cot}\,v}}\,.$$

In Anbetracht der Ungeradheit von $\mathfrak{Tan}$ und $\mathfrak{Cot}$ folgt sofort

$$\boxed{\mathfrak{Tan}\,(u-v)=\frac{\mathfrak{Tan}\,u-\mathfrak{Tan}\,v}{1-\mathfrak{Tan}\,u\,\mathfrak{Tan}\,v}}\,,\qquad \boxed{\mathfrak{Cot}\,(u-v)=\frac{1-\mathfrak{Cot}\,u\,\mathfrak{Cot}\,v}{\mathfrak{Cot}\,u-\mathfrak{Cot}\,v}}\,.$$

Multipliziert man n Ausdrücke von der Form $\mathfrak{Cof}\,u+\varepsilon\,\mathfrak{Sin}\,u$, so ergibt sich die **allgemeine Moivresche Formel**

$$\boxed{(\mathfrak{Cof}\,u_1+\varepsilon\,\mathfrak{Sin}\,u_1)(\mathfrak{Cof}\,u_2+\varepsilon\,\mathfrak{Sin}\,u_2)\ldots(\mathfrak{Cof}\,u_n+\varepsilon\,\mathfrak{Sin}\,u_n)=}$$
$$\boxed{=\mathfrak{Cof}\,(u_1+u_2+\ldots+u_n)+\varepsilon\,\mathfrak{Sin}\,(u_1+u_2+\ldots+u_n)\,.}$$

Hieraus entnimmt man, wenn $u_1, u_2, \ldots, u_n$ alle gleich u gesetzt werden

$$\boxed{(\mathfrak{Cof}\,u+\varepsilon\,\mathfrak{Sin}\,u)^n=\mathfrak{Cof}\,n\,u+\varepsilon\,\mathfrak{Sin}\,n\,u\,.}$$

Im Falle $n=2$ liefert diese Formel

$$\boxed{\mathfrak{Cof}^2\,u+\mathfrak{Sin}^2\,u=\mathfrak{Cof}\,2\,u}\qquad \boxed{2\,\mathfrak{Cof}\,u\,\mathfrak{Sin}\,u=\mathfrak{Sin}\,2\,u}$$

und, wenn man die Grundbeziehung $\mathfrak{Cof}\,^2u-\mathfrak{Sin}\,^2u=1$ benutzt,

$$\boxed{\mathfrak{Cof}^2\,u=\frac{\mathfrak{Cof}\,2\,u+1}{2}}\,,\qquad \boxed{\mathfrak{Sin}^2\,u=\frac{\mathfrak{Cof}\,2\,u-1}{2}}\,.$$

Im Falle $n=3$ erhält man

$$\boxed{\mathfrak{Cof}^3\,u+3\,\mathfrak{Cof}\,u\,\mathfrak{Sin}^2\,u=\mathfrak{Cof}\,3\,u\,,}\qquad \boxed{3\,\mathfrak{Cof}^2\,u\,\mathfrak{Sin}\,u+\mathfrak{Sin}^3\,u=\mathfrak{Sin}\,3\,u\,.}$$

Ersetzt man in der ersten Gleichung $\mathfrak{Sin}^2\,u$ durch $\mathfrak{Cof}^2\,u-1$, so ergibt sich

$$\boxed{4\,\mathfrak{Cof}\,^3u-3\,\mathfrak{Cof}\,u=\mathfrak{Cof}\,3\,u\,.}$$

Ebenso findet man, wenn in der zweiten Gleichung $\mathfrak{Cof}^2\,u$ durch $1+\mathfrak{Sin}^2\,u$ ersetzt wird,

$$\boxed{4\,\mathfrak{Sin}^3\,u+3\,\mathfrak{Sin}\,u=\mathfrak{Sin}\,3\,u\,.}$$

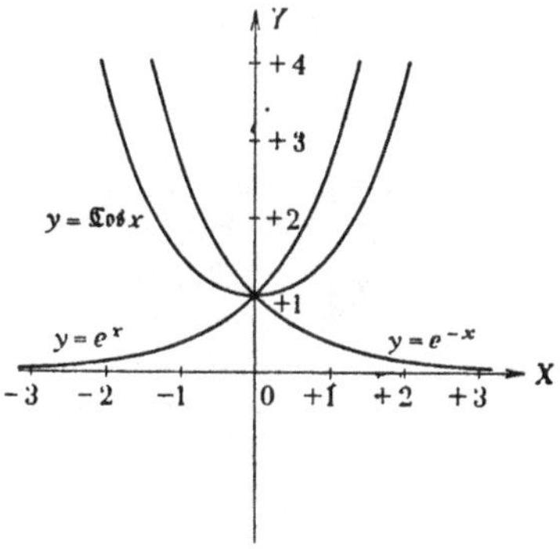

Fig. 17

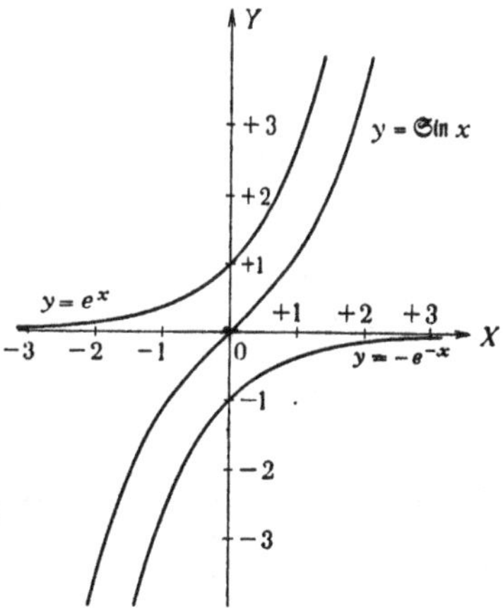

Fig. 18

Die Formel für cos $3u$ lautet genau so, wie die für Cos $3u$. Es ist nämlich, wie man aus $(\cos u + i \sin u)^3 = \cos 3u + \sin 3u$ entnimmt,

$$4 \cos^3 u - 3 \cos u = \cos 3u .$$

Dagegen ist $$3 \sin u - 4 \sin^3 u = \sin 3u .$$

In Fig. 17, 18, 19 und 20 sieht man die bildlichen Darstellungen der Funktionen Cos x, Sin x, Tan x, Cot x.

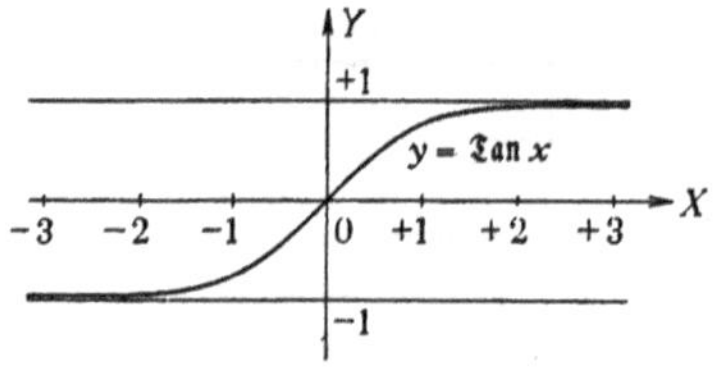

Fig. 19

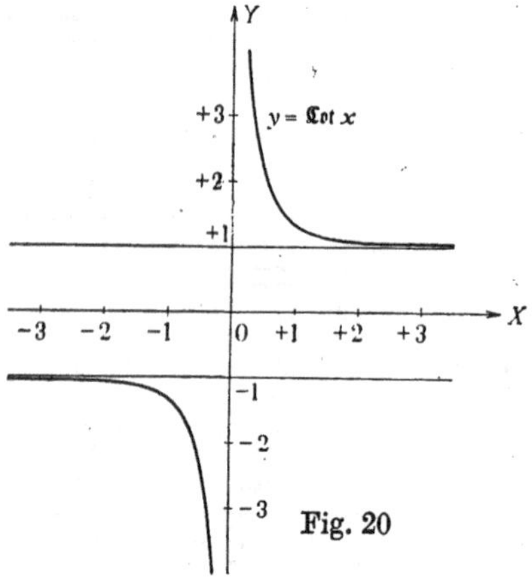

Fig. 20

§ 8. Area-Funktionen

Ist $x =$ Sin y, so schreibt man $y =$ Ar Sin x (gelesen: y gleich Area Sinus x). Area ist das lateinische Wort für Fläche, und zwar ist diese Fläche ein doppelter Hyperbelsektor. Man müßte, um den zu x gehörigen Funktionswert y zu finden, in Fig. 16 den Hyperbelpunkt P aufsuchen, dessen Ordinate den Wert x hat. Der doppelte Inhalt des Hyperbelsektors OAP wäre dann der Funktionswert y. Bei Ar Sin x kann x frei zwischen $-\infty$ und ∞ variieren.

Ist $x =$ Cos y, so schreibt man $y =$ Ar Cos x (gelesen: y gleich Area Cosinus x). Da Cos immer $\geqq 1$ ist, so hat Ar Cos x nur im Intervall $1 \ldots \infty$ einen Sinn. Da zu jedem Cos zwei entgegengesetzt gleiche Hyperbelsektoren gehören (wegen der Geradheit des Cosinus), so wird man, um die Erklärung von Ar Cos x eindeutig zu machen, noch fordern, daß $y \geqq 0$ sein soll. Es bedeutet also $y =$ Ar Cos x dasselbe wie die beiden Aussagen

$$x = \text{Cos}\, y, \quad y \geqq 0 .$$

Ist $x =$ Tan y, so schreibt man $y =$ Ar Tan x (gelesen: y gleich Area Tangens x). Da Tan y von -1 bis 1 geht, wenn y von $-\infty$ bis ∞ zunimmt, so hat Ar Tan x nur im Intervall $-1 \ldots 1$ einen Sinn. Ist $x =$ Cot y, so schreibt man $y =$ Ar Cot x (gelesen: y gleich Area Cotangens x). Wenn der doppelte Hyperbelsektor, hier also y, von $-\infty$ bis 0 geht, so nimmt, wie wir schon wissen, Cot y, also x, von -1 bis $-\infty$ ab. Geht y dann weiter von 0 bis ∞, so nimmt x von ∞ bis 1 ab. Ar Cot x hat also nur einen Sinn, wenn $x \leqq -1$ oder $x \geqq 1$ ist, also kurz gesagt, außerhalb des Intervalls $-1 \ldots 1$.

In Fig. 21, Fig. 22, Fig. 23, Fig. 24 sieht man die Bilder der Funktionen Ar Sin, Ar Cos, Ar Tan, Ar Cot. Man nennt diese Funktionen die **inversen Hyperbelfunktionen** oder auch die **hyperbolischen Area-Funktionen.**

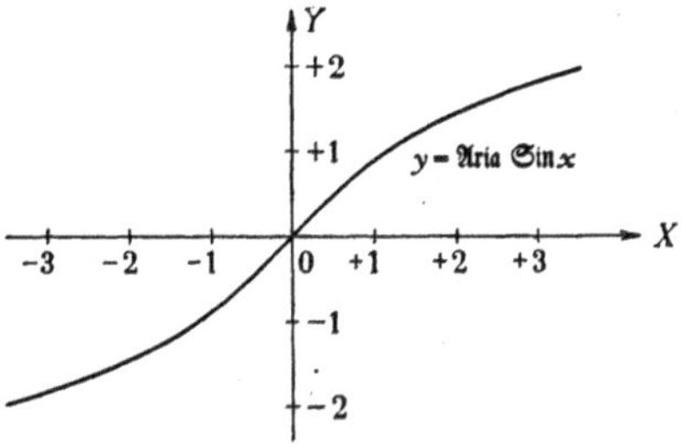

Fig. 21

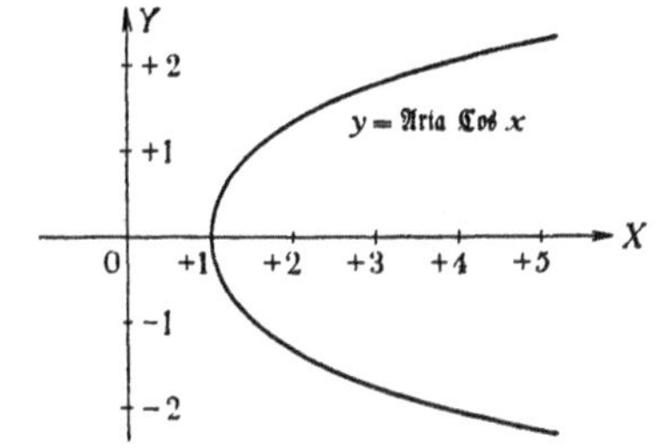

Fig. 22

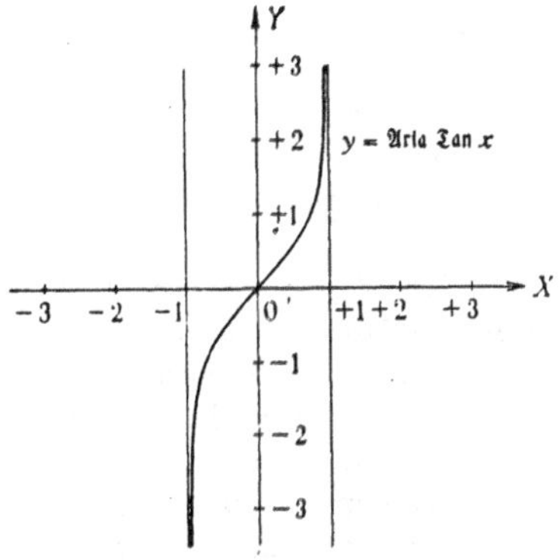

Fig. 23

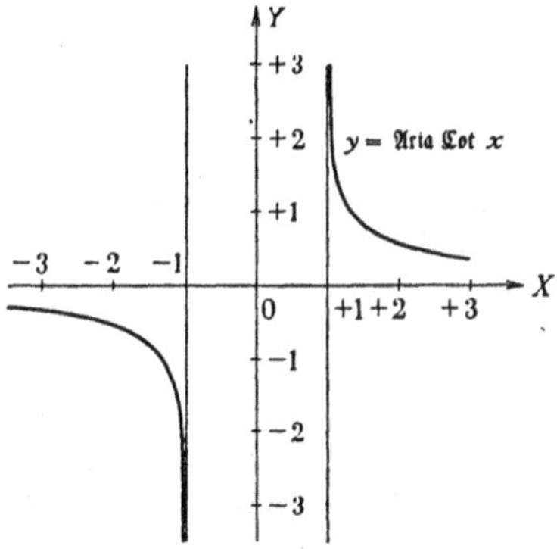

Fig. 24

Da $y = \mathfrak{Ar}\,\mathfrak{Sin}\, x$ dasselbe bedeutet wie $x = \mathfrak{Sin}\, y$, so hat man

$$x = (e^y - e^{-y})/2 \qquad \text{oder} \qquad e^{2y} - 2\,x\,e^y - 1 = 0\,.$$

e^y genügt also dieser quadratischen Gleichung, die man auch in der Form $(e^y - x)^2 = x^2 + 1$ schreiben kann, woraus folgt $e^y = x + \sqrt{x^2 + 1}$. Die andere Wurzel der quadratischen Gleichung würde lauten $x - \sqrt{x^2 + 1}$. Da sie negativ ist, während e^y nur positive Werte annimmt, so kommt sie hier nicht in Frage. Man sieht, daß

$$\boxed{\mathfrak{Ar}\,\mathfrak{Sin}\, x = ln\,(x + \sqrt{x^2 + 1})} \qquad \text{ist.}$$

Im Falle $y = \mathfrak{Ar}\,\mathfrak{Cof}\, x$ ist $x = (e^y + e^{-y})/2\,, \quad y \geqq 0\,.$

Man findet hier $e^{2y} - 2\,x\,e^y + 1 = 0$ oder $(e^y - x)^2 = x^2 - 1$. Da $x \geqq 1$ ist, so findet man weiter $\boxed{e^y = x + \sqrt{x^2 - 1}\,.}$

Die andere Wurzel $x - \sqrt{x^2 - 1}$ gibt mit dieser das Produkt 1, ist also kleiner als 1 und kommt, da $y \geqq 0$ sein soll, nicht in Betracht. Man hat demnach

$$\boxed{\mathfrak{Ar}\,\mathfrak{Cof}\, x = ln\,(x + \sqrt{x^2 - 1})\,.}$$

Im Falle $y = \mathfrak{Ar}\,\mathfrak{Tan}\, x$ ist $x = \mathfrak{Tan}\, y$, also

$$x = \frac{e^y - e^{-y}}{e^y + e^{-y}}\,, \qquad \text{d. h.} \qquad e^{2y} = \frac{1 + x}{1 - x}\,.$$

Wir wissen, daß x im Intervall $-1 \ldots 1$ liegt. Daher ist die rechte Seite positiv, und man kann schließen

$$\boxed{\mathfrak{Ar}\,\mathfrak{Tan}\, x = \frac{1}{2}\, ln\left(\frac{1+x}{1-x}\right).}$$

Im Falle $y = \mathfrak{Ar}\,\mathfrak{Cot}\, x$ hat man

$$x = \frac{e^y + e^{-y}}{e^y - e^{-y}}, \qquad \text{d. h.} \qquad e^{2y} = \frac{x+1}{x-1}.$$

Da x außerhalb des Intervalls $-1 \ldots 1$ liegt, so ist die rechte Seite positiv, und man kann schließen

$$\boxed{\mathfrak{Ar}\,\mathfrak{Cot}\, x = \frac{1}{2}\, ln\left(\frac{x+1}{x-1}\right).}$$

Damit sind die hyperbolischen Area-Funktionen auf die Funktion Logarithmus zurückgeführt. Daher wurden sie in älteren Darstellungen der höheren Mathematik vielfach gar nicht verwendet.

Alle bisher besprochenen Funktionen und auch ihre Zusammensetzungen werden als **elementare Funktionen** bezeichnet. Zwei Funktionen f und g zusammensetzen oder hintereinanderschalten bedeutet, daß man die beiden Abhängigkeiten $y = f(x)$ und $z = g(y)$ betrachtet. Man kann in solchem Falle auch schreiben $z = g[f(x)]$. Ist z. B. $y = \cos x$, $z = ln\, y$, so wird $z = ln \cos x$. Für die Logarithmen der trigonometrischen Funktionen gibt es Tafeln, die man von der Schule her kennt, und zwar handelt es sich da um die Logarithmen zur Basis 10.

§ 9. Andere Darstellungen der Funktionen

Neben der Darstellung der Funktionen durch ihre cartesischen Bilder gibt es noch andere Arten, diese Funktionen anschaulich zu erfassen. Zunächst ist zu bemerken, daß neben den cartesischen Koordinaten noch unbegrenzt viele andere Koordinatensysteme bestehen. Liegt nun eine Funktion $y = f(x)$ vor, so kann man unter x und y die beiden Koordinaten in irgendeinem solchen System verstehen und erhält dann ebenfalls eine bildliche Darstellung der Funktion, die von der cartesischen Darstellung verschieden ist und ebenfalls wertvoll sein kann.

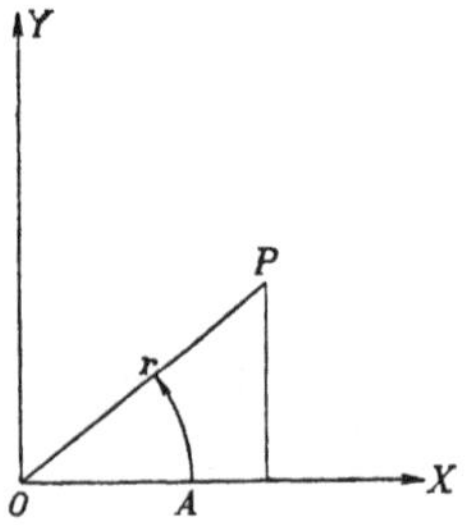

Fig. 25

Sehr häufig werden Polarkoordinaten verwendet. Sie hängen mit den cartesischen Koordinaten x, y in folgender Weise zusammen: aus dem Pythagoräischen Lehrsatz ergibt sich (vgl. Fig. 25), wenn man mit r die Entfernung des Punktes P vom Anfangspunkt bezeichnet, $r^2 = x^2 + y^2$, also $r = \sqrt{x^2 + y^2}$. Das ist die erste Polarkoordinate des Punktes P, der **Radiusvektor.** Um die positive x-Achse in die Lage OP zu bringen, ist eine gewisse Drehung erforderlich. Diese wird gemessen durch den Weg, den der Punkt A bei der Drehung beschreibt ($OA = 1$). Als Maß der Drehung gilt die positive oder negative Weglänge, je nachdem die Drehung nach links oder nach rechts herum erfolgt. So ist

z. B. $\pi/2$ die Drehung, welche die positive x-Achse in die positive y-Achse überführt. Ist nun φ die Drehung, welche die positive x-Achse in die Lage OP bringt, so nennt man φ die zweite Polarkoordinate des Punktes P. Sie wird als die **Amplitude** oder der **Arcus** von P bezeichnet. r und φ sind die Polarkoordinaten des Punktes P. Der Punkt mit den Koordinaten x/r, y/r hat offenbar die Polarkoordinaten 1, φ. Nach der früher gegebenen Definition des Cosinus und Sinus ist $x/r = \cos\varphi$, $y/r = \sin\varphi$. Daher besteht zwischen Polarkoordinaten und cartesischen Koordinaten folgender Zusammenhang:

$$\boxed{X = r\cos\varphi\,,\quad Y = r\sin\varphi\,.}$$

Manchmal wird auch mit einer anderen Erklärung der Polarkoordinaten gearbeitet. φ sei die Drehung, welche die x-Achse in die Gerade OP überführt, ohne daß Wert darauf gelegt wird, daß die positive x-Achse in die Richtung OP kommt. Wenn φ die Amplitude von P im bisherigen Sinne ist, so würde man sagen können, daß sowohl die Drehung φ als auch die Drehung $\varphi + \pi$ die x-Achse in die Gerade OP überführt. Natürlich ist es in beiden Fällen erlaubt, noch einige volle Umdrehungen nach links oder rechts hinzuzufügen, also ein positives oder negatives Vielfaches von 2π. Dadurch wird am Endergebnis nichts geändert. Wenn man die Amplitude in dieser neuen Weise erklärt hat, wird die erste Polarkoordinate r als die Abszisse des Punktes P auf der gedrehten x-Achse definiert. Während früher r positiv war, kann es jetzt auch negativ sein. Kurz gesagt ist $-r$, φ derselbe Punkt wie r, $\varphi + \pi$. Man sieht das auch sofort aus den Gleichungen $x = r\cos\varphi$, $y = r\sin\varphi$, wenn man sich an $\cos(\varphi + \pi) = -\cos\varphi$, $\sin(\varphi + \pi) = -\sin\varphi$ erinnert.

Wenn man die Exponentialfunktion in Polarkoordinaten betrachtet, also $r = a^{\varphi}$ setzt, so ergibt sich als Bild eine Kurve (vgl. Fig. 26), die man als **logarithmische Spirale** bezeichnet. In der Figur ist $a > 1$ angenommen. Interessant ist es, die Wirkung einer Drehung um O auf diese Kurve zu betrachten. Die Drehung δ bewirkt, daß alle Amplituden den Zuwachs δ erhalten. Der Punkt r, φ geht über in den Punkt, dessen Polarkoordinaten r_1, φ_1 sich so ausdrücken:

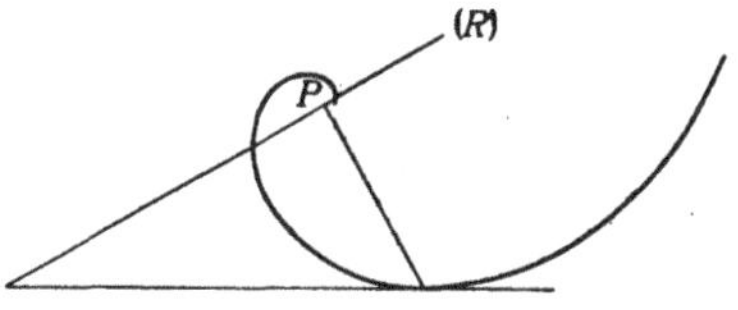

Fig. 26

$$r_1 = r,\quad \varphi_1 = \varphi + \delta\,.$$

Da $r = a^{\varphi}$ war, so wird $r_1 = a^{-\delta}a^{\varphi_1}$ sein. Dasselbe Ergebnis würde man erreichen, wenn man $r_1 = a^{-\delta}r$, $\varphi_1 = \varphi$ setzt, wenn man also die Amplituden ungeändert läßt und die Radienvektoren mit dem konstanten Faktor $a^{-\delta}$ versieht. Diese Operation nennt man eine **Streckung** von O aus, auch im Falle $\delta > 0$, wo eigentlich eine Kontraktion oder Schrumpfung vorliegt. Man sieht, daß bei der logarithmischen Spirale jede Drehung um den Punkt O, den man den **Pol** der Spirale nennt, mit einer gewissen Streckung von O aus äquivalent ist. Wenn man die Spirale auf eine Pappscheibe aufzeichnet und diese um eine durch O senkrecht zur Ebene gerichtete Achse rotieren läßt, so hat man den Eindruck, daß die Kurve anschwillt oder schrumpft, je nach dem Drehungssinn.

Wenn man den Kreis vom Durchmesser 1, wie er in Fig. 27 zu sehen ist, durch eine Polargleichung darstellt, wobei als x-Achse OA dient, so ist, da der

Winkel OPA ein rechter ist, $r = \cos \varphi$. Als Bildkurve des Cosinus in Polarkoordinaten kann also der Kreis vom Durchmesser 1 gelten. Derselbe Kreis ist die Bildkurve des Sinus, wenn man als x-Achse eine Tangente des Kreises benutzt (vgl. Fig. 28).

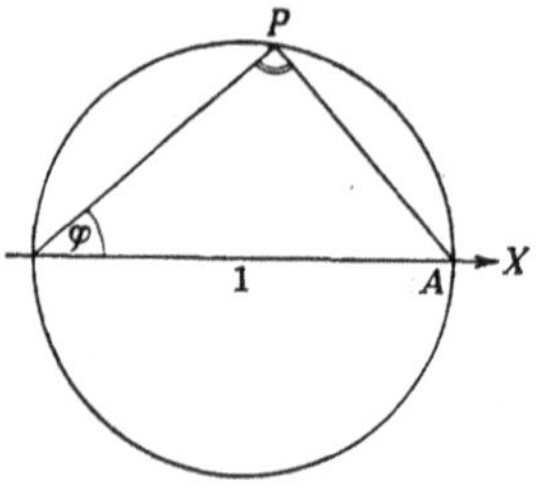

Fig. 27

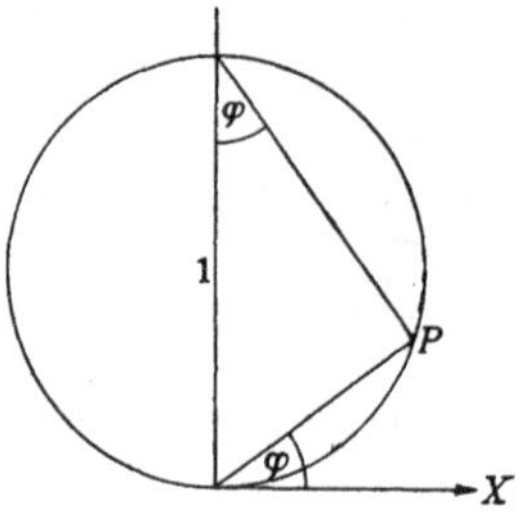

Fig. 28

§ 10. Skalendarstellung der Funktionen

Vom cartesischen Bild der Funktion $y = f(x)$ gelangt man zur sogenannten Skalendarstellung auf folgende Weise: man fällt von den Kurvenpunkten P_1, P_2, P_3, ... die Lote P_1Q_1, P_2Q_2, P_3Q_3, ... auf die y-Achse. Die Kurvenpunkte werden so gewählt, daß ihre Ordinaten y_1, y_2, y_3, ... eine arithmetische Reihe bilden ($y_2 - y_1 = y_3 - y_2 = \ldots$). An jedem der Punkte $Q_1, Q_2, Q_3, \ldots$ wird die Abszisse des entsprechenden Kurvenpunktes notiert (vgl. Fig. 29).

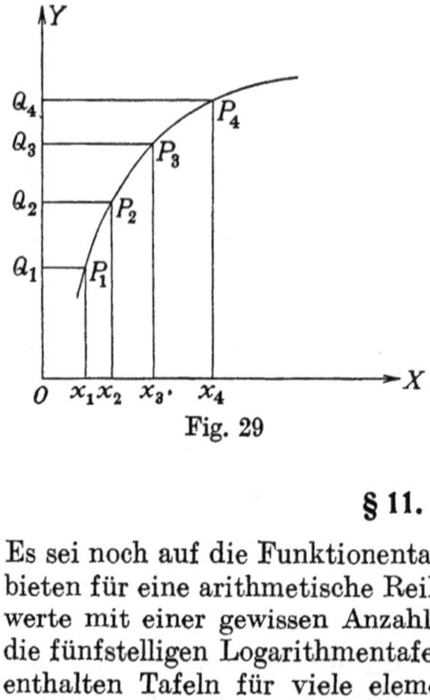

Fig. 29

Der Ordinatenwert braucht nicht notiert zu werden, weil OQ_1, OQ_2, OQ_3, ..., gleich den Ordinaten sind. Diese mit Zahlenwerten besiedelte y-Achse ist das, was man die **Skala** der Funktion $f(x)$ nennt. Solche Skalendarstellungen liegen beim logarithmischen Rechenschieber vor, einem viel benutzten, sehr praktischen Rechenhilfsmittel des Ingenieurs.

§ 11. Funktionentafeln

Es sei noch auf die Funktionentafeln hingewiesen. Solche Tafeln oder Tabellen bieten für eine arithmetische Reihe von x-Werten die zugehörigen Funktionswerte mit einer gewissen Anzahl richtiger Dezimalen. Man erinnere sich an die fünfstelligen Logarithmentafeln. Die Funktionentafeln von Jahnke-Emde enthalten Tafeln für viele elementare und höhere Funktionen und bieten daneben auch graphische Darstellungen. Tabellen sind insofern wertvoller als graphische Darstellungen, als sie eine größere Genauigkeit erreichen können. Man kann z. B. statt einer fünfstelligen eine siebenstellige Logarithmentafel zur Hand nehmen. Es gibt auch solche mit noch viel mehr Dezimalen.
In dem unter dem Namen „Hütte“ bekannten Taschenbuch des Ingenieurs sind im ersten Band Tabellen vieler wichtiger Funktionen zu finden.

§ 12. Einiges über Determinanten und analytische Geometrie

Man kam auf die Determinanten bei der Auflösung von Systemen linearer Gleichungen. Die Unbekannten werden mit x_1, x_2, ..., x_n bezeichnet. Eine einzelne lineare Gleichung mit einer Unbekannten hat die Form $ax = b$, wobei a und b gegebene Zahlen sind. Ein System von n linearen Gleichungen mit n Unbekannten sieht so aus:

$$\begin{aligned} a_{11}x_1 + a_{12}x_2 + \ldots + a_{1n}x_n &= b_1, \\ a_{21}x_1 + a_{22}x_2 + \ldots + a_{2n}x_n &= b_2, \\ \ldots\ldots\ldots\ldots\ldots\ldots \\ a_{n1}x_1 + a_{n2}x_2 + \ldots + a_{nn}x_n &= b_n. \end{aligned}$$

Zur Bezeichnung der Koeffizienten, d. h. der Faktoren der x, sind hier Doppelindices benutzt. Der erste Index zeigt an, um welche Gleichung es sich handelt, der zweite fällt mit dem Index der betreffenden Unbekannten zusammen. Alle Koeffizienten a_{rs} $(r, s = 1, 2, \ldots, n)$ sind bekannte Größen, ebenso die rechten Seiten der Gleichungen $b_1, b_2, \ldots, b_n$. Die mit einem solchen Gleichungssystem verknüpfte Aufgabe besteht darin, alle Lösungen zu ermitteln, d. h. alle Wertsysteme $x_1, x_2, \ldots, x_n$, die den Gleichungen des Systems Genüge leisten. Man bezeichnet das obige Gleichungssystem als **homogen,** wenn die Größen $b_1, b_2, \ldots, b_n$ alle verschwinden. Sonst heißt es **inhomogen.**

Wir wollen zunächst den Fall $n = 2$ erörtern und hierbei etwas andere Bezeichnungen benutzen. Wir schreiben nämlich

$$a_1 x + b_1 y + c_1 = 0, \qquad a_2 x + b_2 y + c_2 = 0.$$

Was ist der geometrische Sinn einer Gleichung von der Form $ax + by + c = 0$, wenn wir x, y als rechtwinklige Koordinaten betrachten? Wir wollen diese Frage etwas ausführlicher besprechen. Wenn man auf einer Geraden drei Punkte P_1, P_2, P annimmt, von denen die beiden ersten festliegen, während der dritte auf der Geraden frei beweglich ist, so sind die Strecken P_1P_2 und P_1P parallel, entweder gleich oder entgegengesetzt gerichtet. Im ersten Fall wollen wir unter P_1P/P_1P_2 das positive, im zweiten Falle das negative Längenverhältnis der beiden Strecken verstehen und diese Größe als **Streckenquotienten** bezeichnen. Wenn P sich auf der Geraden bewegt, so nimmt der Streckenquotient alle möglichen positiven und negativen Werte an. Man pflegt zu sagen, daß P die Gerade durchläuft, wenn der Streckenquotient von $-\infty$ bis ∞ zunimmt. Geht der Streckenquotient von 0 bis 1, so beschreibt P die Strecke P_1P_2. Setzt man $\quad P_1P/P_1P_2 = t, \quad$ so ist durch t die Lage des Punktes P auf der Geraden vollkommen bestimmt. Wenn man nun von P_1, P_2, P die Lote P_1Q_1, P_2Q_2, PQ auf die x-Achse fällt, so läßt sich leicht feststellen, daß $\dfrac{P_1P}{P_1P_2} = \dfrac{Q_1Q}{Q_1Q_2}$ ist. Andererseits erkennt man sofort, daß $\dfrac{Q_1Q}{Q_1Q_2} = \dfrac{x - x_1}{x_2 - x_1}$ ist, wenn x_1, x_2, x die Abszissen der drei Punkte P_1, P_2, P bezeichnen.

Man hat also $\quad \dfrac{x - x_1}{x_2 - x_1} = t \quad$ oder $\quad x = x_1 + t(x_2 - x_1)$.

Ebenso ist natürlich $\quad y = y_1 + t(y_2 - y_1)$.

Beide Gleichungen geben eine Parameterdarstellung der betrachteten Geraden.

Wenn x, y sich durch einen Parameter t in der Form

$$x = x_0 + At, \quad y = y_0 + Bt$$

ausdrücken, so beschreibt der Punkt x, y beim Variieren von t eine Gerade. Setzt man nämlich $x_1 = x_0$, $y_1 = y_0$ und $x_2 = x_0 + A$, $y_2 = y_0 + B$, so hat man die früheren Gleichungen für x, y vor sich. Auszuschließen ist der Fall

$A = B = O$, weil dann die Punkte x_1, y_1 und x_2, y_2 zusammenfallen. Man hat in diesem Falle $x = x_0$, $y = y_0$. Es liegt also ein fester Punkt vor.

Betrachtet man t als die Zeit, so stellen die Gleichungen $x = x_0 + At$, $y = y_0 + Bt$ eine gleichförmige Bewegung dar; d. h. eine geradlinige Bewegung, die so beschaffen ist, daß in gleichen Zeiten gleiche Strecken durchlaufen werden. Wenn t den Zuwachs 1 erhält, so ändern sich x und y um A und B. Diese Größen nennt man die **Geschwindigkeitskomponenten.** Durch x_0, y_0 ist die Anfangslage des Punktes x, y gegeben, da für $t = o$ offenbar $x = x_0$, $y = y_0$ wird.

Wenn der Punkt x, y die Gerade durchläuft, deren Parameterdarstellung hier vorliegt, so besteht fortwährend eine bestimmte Relation zwischen x und y, nämlich die Relation $$Ay - Bx = Ay_0 - Bx_0.$$

Sie hat die Form $ax + by + c = 0$, wobei a, b, c Konstanten sind.

Ist umgekehrt eine solche Gleichung zwischen x und y gegeben, wobei man das gleichzeitige Verschwinden von a und b ausschließen muß, so wird diese Gleichung, wie die folgende Überlegung zeigt, von allen Punkten einer gewissen Geraden erfüllt und nur von ihnen. Man nennt die Gleichung deshalb die Gleichung dieser Geraden.

Setzt man $A = b$ und $B = -a$ und wählt x_0, y_0 so, daß $Bx_0 - Ay_0 = c$ wird, d. h. $ax_0 + by_0 + c = 0$, so erscheint die Gleichung $ax + by + c$ in der Form $Ay - Bx = Ay_0 - Bx_0$ und kann als Eliminationsergebnis von $x = x_0 + At$, $y = y_0 + Bt$ aufgefaßt werden. Die Befriedigung der Gleichung $ax_0 + by_0 + c = 0$ kann, da a und b nicht beide gleich Null sind, so durchgeführt werden, daß man im Falle $a \neq 0$ setzt $x_0 = -(c/a)$, $y_0 = 0$, im Falle $a = 0$, $b \neq 0$ aber $x_0 = 0$, $y_0 = -(c/b)$.

Wenn man $A = b$ und $B = -a$ als die Koordinaten eines Punktes R betrachtet, so ist OR parallel zu der Geraden $ax + by + c = 0$, die mit der Geraden $x = x_0 + At$, $y = y_0 + Bt$ zusammenfällt. Läßt man nämlich t um 1 zunehmen, so erfahren die Koordinaten x, y dieselben Änderungen A, B wie beim Durchlaufen der Strecke OR von O nach R. Auf der Geraden ist hiermit eine bestimmte Richtung ausgezeichnet (in Fig. 30 durch Pfeile angedeutet). Die Gerade ist, wie man zu sagen pflegt, orientiert. Es wird vorteilhaft sein, sich einen schmalen Fluß zu denken, der auf der Geraden in Richtung der Pfeile fließt. Die Punkte der Ebene liegen dann, soweit sie nicht der Geraden angehören, teils auf dem linken, teils auf dem rechten Ufer des Flusses.

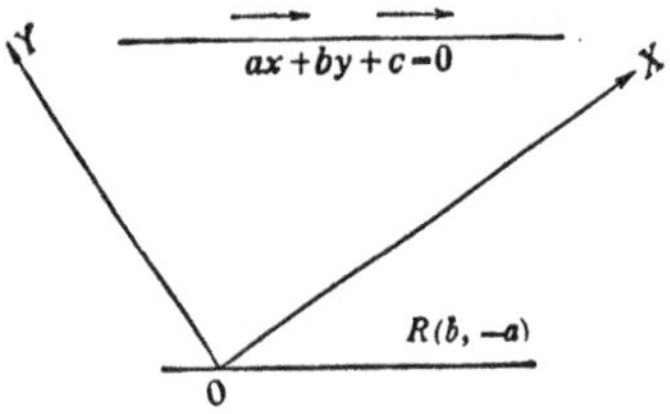

Fig. 30

Will man wissen, welchen Winkel die orientierte Gerade mit der x-Achse bildet, d. h. genauer gesagt, welcher Drehung ϑ man die positive x-Achse unterwerfen muß, damit sie die Richtung der orientierten Geraden annimmt, so braucht man nur zu bedenken, daß OR diese Richtung angibt und R die Koordinaten b und $-a$ hat. Man wird dann sofort sagen, daß R die Polarkoordinaten $\sqrt{a^2 + b^2}$ und ϑ hat, und folgende Gleichungen niederschreiben:
$$\cos\vartheta = b/\sqrt{a^2 + b^2}, \quad \sin\vartheta = -a/\sqrt{a^2 + b^2}.$$

Die Richtung, die von einem Punkte x_1, y_1 der Geraden senkrecht zu ihr in das linke Ufer eindringt, wird offenbar durch $\vartheta + \pi/2$ gekennzeichnet. Schreitet man von x_1, y_1 aus in dieser Richtung etwa um q fort, so kommt man zu einem Punkt x, y des linken Ufers, dessen Koordinaten lauten

$$x = x_1 + q \cdot \cos\left(\vartheta + \frac{\pi}{2}\right), \quad y = y_1 + q \sin\left(\vartheta + \frac{\pi}{2}\right).$$

Er hat von der Geraden den Abstand q. Wenn man von x_1, y_1 in entgegengesetzter Richtung fortschreitet, kommt man nach dem rechten Ufer. In den obigen Gleichungen müssen dann die zweiten Summanden mit dem Zeichen — versehen werden oder man muß, was dieselbe Wirkung hat, q in $-q$ verwandeln. Wenn man die Abstände von der Geraden auf dem rechten Ufer negativ rechnet, so bleiben die Gleichungen ungeändert, gelten also auf beiden Ufern der Geraden: Da $\cos(\vartheta + \pi/2) = -\sin\vartheta$, $\sin(\vartheta + \pi/2) = \cos\vartheta$ ist, so kann man jene Gleichungen in folgender Form schreiben:

$$x = x_1 + \frac{q\,a}{\sqrt{a^2 + b^2}}, \quad y = y_1 + \frac{q\,b}{\sqrt{a^2 + b^2}}.$$

Hieraus folgt mit Rücksicht auf $\qquad ax_1 + by_1 + c = 0$

$$ax + by + c = q\sqrt{a^2 + b^2}, \qquad \text{also}$$

$$\boxed{q = \frac{ax + by + c}{\sqrt{a^2 + b^2}},}$$

eine sehr wichtige Beziehung. Man findet hier den Abstand des Punktes x, y von der orientierten Geraden, indem man den Ausdruck $ax + by + c$ durch $\sqrt{a^2 + b^2}$ dividiert. Die Abstände werden auf dem linken Ufer positiv, auf dem rechten Ufer negativ angegeben. Die Orientierung der Geraden erfolgt in der Weise, daß sie von dem Punkte x_1, y_1 nach dem Punkte $x_1 + b$, $y_1 - a$ hinweist. Insbesondere hat der Anfangspunkt ($x = 0$, $y = 0$) von der orientierten Geraden den Abstand $c/\sqrt{a^2 + b^2}$. Man kann also sofort aus dem Vorzeichen von c erkennen, ob er auf dem linken oder auf dem rechten Ufer liegt, sofern c nicht gleich Null ist. Dies ist eine viel einfachere Orientierungsregel als die frühere. Nehmen wir z. B. die Gerade, welche die beiden Punkte 1,0 und 0,1 verbindet und die Gleichung $x + y - 1 = 0$ hat (die offenbar von beiden Punkten erfüllt wird). Da $c = -1$ ist, so sieht man, daß der Anfangspunkt auf dem rechten Ufer liegt. Damit ist sofort die Orientierung der Geraden gewonnen. Sie entspricht den in Fig. 31 angebrachten Pfeilen. Nach der ursprünglichen Regel muß sie, da hier $a = 1$, $b = 1$ ist, vom Punkte x_1, y_1 nach $x_1 + 1$, $y_1 - 1$ hinweisen, also von 0,1 zu 1,0, was tatsächlich zutrifft. Schreibt man die Gleichung der Geraden $ax + by + c = 0$ in der Form

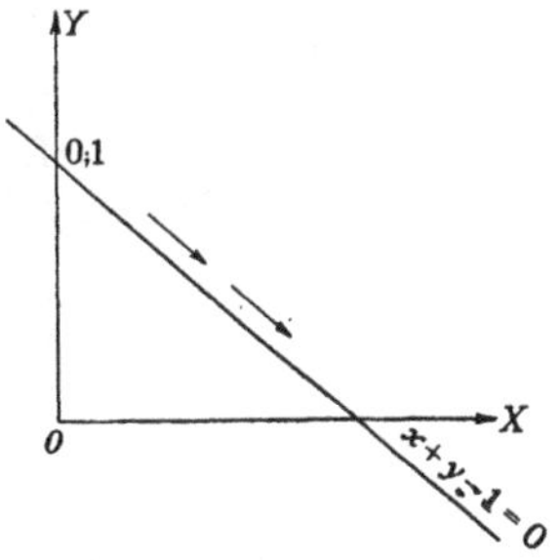

Fig. 31

$$\frac{ax + by + c}{\sqrt{a^2 + b^2}} = 0, \qquad \text{so hat die linke Seite ohne}$$

Anbringung eines Faktors eine geometrische Bedeutung. Sie stellt, wenn x, y ein beliebiger Punkt ist, den Abstand dieses Punktes von der Geraden dar, und zwar positiv auf dem linken, negativ auf dem rechten Ufer. Man nennt obige Gleichungsform die **Hessesche Normalform.** Multipliziert man die Gleichung der Geraden mit -1, so kehrt sich die Orientierung der Geraden um, weil der Punkt R, der vorher die Koordinaten b, $-a$

hatte, nachher die Koordinaten $-b$, a aufweist und OR die Pfeilrichtung auf der Geraden $ax + by + c = 0$ bestimmt.

Kehren wir jetzt zu unserem Problem

$$a_1 x + b_1 y + c_1 = 0, \qquad a_2 x + b_2 y + c_2 = 0$$

zurück. Dieses Problem hat einen einfachen geometrischen Sinn. Die Gleichungen stellen zwei Geraden dar, und es soll ein Punkt x, y gefunden werden, der beide Gleichungen erfüllt, also beiden Geraden angehört. Es handelt sich demnach um den Schnittpunkt der beiden Geraden. Wir wissen, daß ein solcher besteht und eindeutig bestimmt ist, wenn die Geraden nicht parallel sind. Andererseits ist uns jetzt bekannt, daß die Gerade $ax + by + c = 0$ parallel zu einer Strecke OR ist, deren Endpunkt die Koordinaten b, $-a$ hat. Parallelismus wird also bei den beiden hier vorliegenden Geraden eintreten, wenn die Punkte R_1 und R_2 mit den Koordinaten b_1, $-a_1$ und b_2, $-a_2$ auf derselben Geraden durch O liegen. Dies ist der Fall, wenn b_1, $-a_1$ und b_2, $-a_2$ proportional sind, Parallelismus tritt also ein, wenn $a_1 b_2 - b_1 a_2 = 0$ ist. Jedenfalls wissen wir jetzt, daß im Falle $a_1 b_2 - b_1 a_2 \neq 0$ die beiden Geraden nicht parallel sind, also einen Schnittpunkt haben, dessen Koordinaten die Gleichungen des vorliegenden Systems erfüllen und ihre einzige Lösung darstellen.

Man kann das Problem auch ohne geometrische Deutung rein analytisch erledigen. Aus

$$a_1 x + b_1 y + c_1 = 0, \qquad a_2 x + b_2 y + c_2 = 0$$

folgt, wenn man diese Gleichungen mittels der Faktoren b_2 und $-b_1$ zusammenfaßt,

$$(a_1 b_2 - b_1 a_2)\, x + (c_1 b_2 - b_1 c_2) = 0\,.$$

Faßt man sie mittels der Faktoren $-a_2$ und a_1 zusammen, so ergibt sich

$$(a_1 b_2 - b_1 a_2)\, y + (a_1 c_2 - c_1 a_2) = 0\,.$$

Hieraus folgt nun

$$x = \frac{b_1 c_2 - c_1 b_2}{a_1 b_2 - b_1 a_2}\,, \quad y = \frac{c_1 a_2 - a_1 c_2}{a_1 b_2 - b_1 a_2}\,.$$

Wenn wir die linken Seiten der ursprünglichen Gleichungen mit f_1 und f_2 bezeichnen, so sind wir von $f_1 = 0$, $f_2 = 0$ zu $b_2 f_1 - b_1 f_2 = 0$, $-a_2 f_1 + a_1 f_2 = 0$ übergegangen. Aus diesen beiden Gleichungen findet man durch Zusammenfassen mittels der Faktoren a_1 und b_1 bzw. a_2 und b_2 offenbar $(a_1 b_2 - b_1 a_2)\, f_1 = 0$ $(a_1 b_2 - b_1 a_2)\, f_2 = 0$, also mit Rücksicht auf $a_1 b_2 - b_1 a_2 \neq 0$ wieder $f_1 = 0$, $f_2 = 0$.

Der Weg, den wir gegangen sind, läßt sich also umkehren. Die Ausdrücke, die im Zähler und Nenner von x, y auftreten, sind **zweireihige Determinanten.**

Man schreibt

$$a_1 b_2 - b_1 a_2 = \begin{vmatrix} a_1 & b_1 \\ a_2 & b_2 \end{vmatrix}$$

und nennt $a_1 b_2 - b_1 a_2$ die Determinante der **Matrix** $\begin{pmatrix} a_1 & b_1 \\ a_2 & b_2 \end{pmatrix}$. Matrix bedeutet soviel wie Verzeichnis oder Zusammenstellung. Die Glieder a_1, b_2 bilden die erste, die Glieder b_1 und a_2 die zweite Diagonale dieser Matrix. Die Determinante ist, wie man sieht, die Differenz zweier Produkte, und zwar muß man zuerst die Glieder der ersten Diagonale, die von links oben nach rechts unten geht, miteinander multiplizieren und dann die Glieder der zweiten Diagonale. Vom ersten Produkt ist das zweite abzuziehen.

Mittels des Determinantensymbols kann man nun die Lösung des hier vorliegenden Gleichungssystems in folgender Form schreiben:

$$x = \frac{\begin{vmatrix} b_1 & c_1 \\ b_2 & c_2 \end{vmatrix}}{\begin{vmatrix} a_1 & b_1 \\ a_2 & b_2 \end{vmatrix}}, \qquad y = -\frac{\begin{vmatrix} a_1 & c_1 \\ a_2 & c_2 \end{vmatrix}}{\begin{vmatrix} a_1 & b_1 \\ a_2 & b_2 \end{vmatrix}}.$$

Man kann auch sagen, daß x, y, 1 proportional sind zu

$$\begin{vmatrix} b_1 & c_1 \\ b_2 & c_2 \end{vmatrix}, \quad -\begin{vmatrix} a_1 & c_1 \\ a_2 & c_2 \end{vmatrix}, \quad \begin{vmatrix} a_1 & b_1 \\ a_2 & b_2 \end{vmatrix}.$$

Wenn in dem vorliegenden Gleichungssystem alles andere unsichtbar wird und nur a_1, b_1, c_1 und a_2, b_2, c_2 stehenbleiben, so ergibt sich folgendes Bild:

$$\begin{matrix} a_1 & b_1 & c_1 \\ a_2 & b_2 & c_2 \end{matrix}.$$

Man nennt das die Matrix des Gleichungssystems. Es ist eine Matrix mit zwei Zeilen und drei Spalten. Streicht man die erste Spalte oder die zweite oder die dritte Spalte, so entstehen die drei quadratischen Matrizen

$$\begin{pmatrix} b_1 & c_1 \\ b_2 & c_2 \end{pmatrix}, \quad \begin{pmatrix} a_1 & c_1 \\ a_2 & c_2 \end{pmatrix}, \quad \begin{pmatrix} a_1 & b_1 \\ a_2 & b_2 \end{pmatrix}.$$

Nimmt man ihre Determinanten mit abwechselnden Zeichen, so erhält man gerade jene drei Größen, die proportional zu x, y, 1 sind.

Man kann das hiermit gewonnene Ergebnis auch in folgender Weise formulieren: Wenn die beiden homogenen Gleichungen

$$a_1 x + b_1 y + c_1 z = 0, \qquad a_2 x + b_2 y + c_2 z = 0$$

vorliegen und die zweireihigen Determinanten der Matrix $\begin{matrix} a_1 & b_1 & c_1 \\ a_2 & b_2 & c_2 \end{matrix}$ nicht alle verschwinden, so sind x, y, z proportional zu diesen Determinanten, die man aber mit abwechselnden Zeichen nehmen muß. Es wird also sein

$$x : y : z = \begin{vmatrix} b_1 & c_1 \\ b_2 & c_2 \end{vmatrix} : -\begin{vmatrix} a_1 & c_1 \\ a_2 & c_2 \end{vmatrix} : \begin{vmatrix} a_1 & b_1 \\ a_2 & b_2 \end{vmatrix}.$$

Wenn alle drei Determinanten gleich Null sind, so kann man hiermit nichts anfangen. Ist irgendeine der sechs Größen a, b, c ungleich Null, so läßt sich durch Umbenennung der Unbekannten und etwaige Vertauschung der beiden Gleichungen der Fall $a_1 \neq 0$ herbeiführen und aus $a_1 b_2 - b_1 a_2 = 0$ und $a_1 c_2 - c_1 a_2 = 0$ schließen:

$$a_2 = \frac{a_2}{a_1} a_1, \quad b_2 = \frac{a_2}{a_1} b_1, \quad c_2 = \frac{a_2}{a_1} c_1.$$

a_2, b_2, c_2 sind also proportional zu a_1, b_1, c_1, d. h. die zweite Gleichung entsteht aus der ersten durch Anbringung des Faktors a_2/a_1. Sie enthält gegenüber der ersten Gleichung keine neue Aussage über x, y, z. Wenn alle sechs Größen a, b, c gleich Null wären, hätte man überhaupt keine Angabe über x, y, z zur Verfügung.

Wenn man $x_1 = r_1 \cos \varphi_1$, $y_1 = r_1 \sin \varphi_1$, $x_2 = r_2 \cos \varphi_2$, $y_2 = r_2 \sin \varphi_2$ setzt, so wird nach der Formel für $\sin(\varphi_2 - \varphi_1)$

$$\boxed{\begin{vmatrix} x_1 & y_1 \\ x_2 & y_2 \end{vmatrix} = r_1 r_2 \sin(\varphi_2 - \varphi_1).}$$

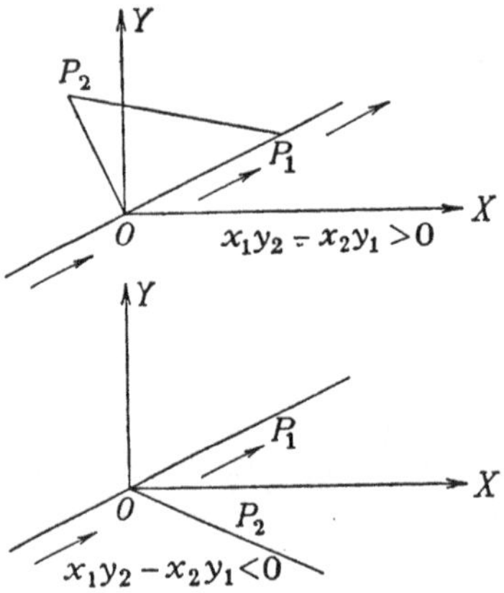

Fig. 32

x_1, y_1 seien die Koordinaten des Punktes P_1, ebenso x_2, y_2 die des Punktes P_2. Die Determinante gibt offenbar den doppelten Inhalt des Dreiecks $OP_1 P_2$, und zwar positiv oder negativ, je nachdem OP_2 auf dem linken oder rechten Ufer von OP_1 liegt, wobei man sich diese Strecke als Teil eines in der Richtung von O nach P_1 fließenden geradlinigen Stromes denken muß. In Fig. 32 sind die beiden Möglichkeiten veranschaulicht.

Wir kommen jetzt zu dem Problem dreier linearer Gleichungen mit drei Unbekannten. Wir schreiben es zunächst in folgender Form:

$$a_1 x + b_1 y + c_1 z = d_1 ,$$
$$a_2 x + b_2 y + c_2 z = d_2 ,$$
$$a_3 x + b_3 y + c_3 z = d_3 .$$

Im Falle zweier Gleichungen mit zwei Unbekannten haben wir durch Zusammenfassung der Gleichungen mittels geeigneter Multiplikatoren die eine Unbekannte eliminiert, so daß nur eine übrigblieb, die dann unmittelbar berechnet werden konnte. Hier werden wir versuchen, zwei Unbekannte zu eliminieren, so daß ebenfalls nur eine übrigbleibt. Wir fassen die drei Gleichungen mittels der Multiplikatoren $\lambda_1, \lambda_2, \lambda_3$ zusammen und wählen diese Multiplikatoren so, daß z. B. y und z herausfallen. Das wird geschehen, wenn $\lambda_1, \lambda_2, \lambda_3$ folgende Gleichungen erfüllen:

$$\lambda_1 b_1 + \lambda_2 b_2 + \lambda_3 b_3 = 0, \qquad \lambda_1 c_1 + \lambda_2 c_2 + \lambda_3 c_3 = 0 ,$$

und das Ergebnis wird lauten

$$(\lambda_1 a_1 + \lambda_2 a_2 + \lambda_3 a_3)\, x = \lambda_1 d_1 + \lambda_2 d_2 + \lambda_3 d_3.$$

Nach unseren Feststellungen über zwei lineare homogene Gleichungen mit drei Unbekannten können wir, um unser Ziel zu erreichen,

$$\lambda_1 = \begin{vmatrix} b_2 & b_3 \\ c_2 & c_3 \end{vmatrix}, \quad \lambda_2 = -\begin{vmatrix} b_1 & b_3 \\ c_1 & c_3 \end{vmatrix}, \quad \lambda_3 = \begin{vmatrix} b_1 & b_2 \\ c_1 & c_2 \end{vmatrix}$$

setzen. Es wird dann für x folgende Gleichung gelten:

$$\left\{ a_1 \begin{vmatrix} b_2 & b_3 \\ c_2 & c_3 \end{vmatrix} - a_2 \begin{vmatrix} b_1 & b_3 \\ c_1 & c_3 \end{vmatrix} + a_3 \begin{vmatrix} b_1 & b_2 \\ c_1 & c_2 \end{vmatrix} \right\} x = d_1 \begin{vmatrix} b_2 & b_3 \\ c_2 & c_3 \end{vmatrix} - d_2 \begin{vmatrix} b_1 & b_3 \\ c_1 & c_3 \end{vmatrix} + d_3 \begin{vmatrix} b_1 & b_2 \\ c_1 & c_2 \end{vmatrix} .$$

Ersetzt man in dem Faktor von x die zweireihigen Determinanten durch ihre Ausdrücke, so ergibt sich

$$D = a_1 b_2 c_3 + a_2 b_3 c_1 + a_3 b_1 c_2 - a_1 b_3 c_2 - a_2 b_1 c_3 - a_3 b_2 c_1.$$

Jeder der sechs Bestandteile ist ein Produkt aus einem Faktor a, einem Faktor b und einem Faktor c. Die Indizes sind voneinander verschieden und stellen jedesmal eine Permutation von 1, 2, 3 dar. Die sechs Permutationen von 1, 2, 3 zerfallen in zwei gleich große Klassen, die der geraden und die der ungeraden Permutationen. Gerade heißt eine Permutation, wenn sie aus der Hauptpermutation 1, 2, 3, die selbst auch als gerade Permutation gilt, durch zwei einfache Vertauschungen oder Transpositionen (Auswechslungen zweier Elemente) entsteht, ungerade, wenn sie sich durch eine Transposition gewinnen läßt. Vertauscht man in 1, 2, 3 die Elemente 2, 3 oder 1, 2 oder 1, 3, so entstehen die ungeraden Permutationen 1, 3, 2 oder 2, 1, 3 oder 3, 2, 1. Wo sie auftreten, ist, wie man in dem Ausdruck D sieht, das Minuszeichen angebracht. 2, 3, 1 entsteht aus 1, 2, 3 dadurch, daß man zuerst 1 und 2 vertauscht und in der so erhaltenen Permutation 2, 1, 3 noch 1 und 3. Ebenso entsteht 3, 1, 2 aus 1, 2, 3 dadurch, daß man zuerst durch Vertauschung von 1 und 2 zu 3, 2, 1 übergeht, und dann durch Vertauschung von 1 und 2 zu 3, 1, 2. Diese beiden Permutationen 2, 3, 1 und 3, 1, 2 bilden mit 1, 2, 3 zusammen die Klasse der geraden Permutation. Wo sie erscheinen, steht in dem Ausdruck D das Pluszeichen. D ist eine dreireihige Determinante und wird durch

$$\begin{vmatrix} a_1 & b_1 & c_1 \\ a_2 & b_2 & c_2 \\ a_3 & b_3 & c_3 \end{vmatrix}$$

bezeichnet. Eine bequeme Regel zur Berechnung dieser Determinante ist folgende: Man erweitere die Matrix der a, b, c nach rechts, indem man die erste und zweite Spalte nochmals dazuschreibt. Dadurch ergibt sich

$$\begin{array}{ccccccccc} a_1 & & b_1 & & c_1 & & a_1 & & b_1 \\ & \searrow & & \times & & \times & & \swarrow & \\ a_2 & & b_2 & & c_2 & & a_2 & & b_2 \, . \\ & \swarrow & & \times & & \times & & \searrow & \\ a_3 & & b_3 & & c_3 & & a_3 & & b_3 \end{array}$$

Nun bilde man die durch ausgezogene Striche angedeuteten Produkte, also $a_1 b_2 c_3$, $a_3 b_1 c_2$, $a_2 b_3 c_1$ und gebe ihnen das Zeichen $+$. Darauf bilde man die durch punktierte Linien angedeuteten Produkte, also $a_3 b_2 c_1$, $a_1 b_3 c_2$, $a_2 b_1 c_3$ und gebe ihnen das Zeichen $-$. Alles zusammen ist die Determinante D. Da $\lambda_1 d_1 + \lambda_2 d_2 + \lambda_3 d_3$ aus $\lambda_1 a_1 + \lambda_2 a_2 + \lambda_3 a_3$ dadurch entsteht, daß man statt a überall d schreibt, so kann man die für x gewonnene Gleichung in der Form schreiben:

$$x \cdot \begin{vmatrix} a_1 & b_1 & c_1 \\ a_2 & b_2 & c_2 \\ a_3 & b_3 & c_3 \end{vmatrix} = \begin{vmatrix} d_1 & b_1 & c_1 \\ d_2 & b_2 & c_2 \\ d_3 & b_3 & c_3 \end{vmatrix} .$$

Ist nun $D \neq 0$, so folgt hieraus

$$x = \begin{vmatrix} d_1 & b_1 & c_1 \\ d_2 & b_2 & c_2 \\ d_3 & b_3 & c_3 \end{vmatrix} : \begin{vmatrix} a_1 & b_1 & c_1 \\ a_2 & b_2 & c_2 \\ a_3 & b_3 & c_3 \end{vmatrix} .$$

Um y zu berechnen, muß man drei Multiplikatoren μ_1, μ_2, μ_3 benutzen, welche die Gleichungen

$$\mu_1 a_1 + \mu_2 a_2 + \mu_3 a_3 = 0, \qquad \mu_1 c_1 + \mu_2 c_2 + \mu_3 c_3 = 0$$

erfüllen. Es ergibt sich dann

$$(\mu_1 b_1 + \mu_2 b_2 + \mu_3 b_3)\, y = \mu_1 d_1 + \mu_2 d_2 + \mu_3 d_3 .$$

Setzt man
$$\mu_1 = -\begin{vmatrix} a_2 & a_3 \\ c_2 & c_3 \end{vmatrix}, \quad \mu_2 = \begin{vmatrix} a_1 & a_3 \\ c_1 & c_3 \end{vmatrix}, \quad \mu_3 = -\begin{vmatrix} a_1 & a_2 \\ c_1 & c_2 \end{vmatrix},$$

so wird der Faktor von y gleich D, und die rechte Seite der für y gewonnenen Gleichung entsteht aus D dadurch, daß man statt b überall d schreibt. Es ergibt sich also

$$y = \begin{vmatrix} a_1 & d_1 & c_1 \\ a_2 & d_2 & c_2 \\ a_3 & d_3 & c_3 \end{vmatrix} : \begin{vmatrix} a_1 & b_1 & c_1 \\ a_2 & b_2 & c_2 \\ a_3 & b_3 & c_3 \end{vmatrix} .$$

Um schließlich z zu gewinnen, muß man drei Multiplikatoren ν_1, ν_2, ν_3 verwenden, welche die Gleichungen

$\nu_1 a_1 + \nu_2 a_2 + \nu_3 a_3 = 0\,, \qquad \nu_1 b_1 + \nu_2 b_2 + \nu_3 b_3 = 0$ erfüllen.

Es ergibt sich dann $(\nu_1 c_1 + \nu_2 c_2 + \nu_3 c_3)\, z = \nu_1 d_1 + \nu_2 d_2 + \nu_3 d_3\,.$

Setzt man
$$\nu_1 = \begin{vmatrix} a_2 & a_3 \\ b_2 & b_3 \end{vmatrix}, \quad \nu_2 = -\begin{vmatrix} a_1 & a_3 \\ b_1 & b_3 \end{vmatrix}, \quad \nu_3 = \begin{vmatrix} a_1 & a_2 \\ b_1 & b_2 \end{vmatrix},$$
so wird der Faktor von z gleich D, und die rechte Seite entsteht aus D dadurch, daß man statt c überall d schreibt. Es ergibt sich also
$$z = \begin{vmatrix} a_1 & b_1 & d_1 \\ a_2 & b_2 & d_2 \\ a_3 & b_3 & d_3 \end{vmatrix} : \begin{vmatrix} a_1 & b_1 & c_1 \\ a_2 & b_2 & c_2 \\ a_3 & b_3 & c_3 \end{vmatrix}.$$
Im Falle $D \neq 0$ hat also das hier betrachtete Gleichungssystem nur eine Lösung. x, y, z sind Quotienten von dreireihigen Determinanten. Im Nenner steht die Determinante D, die man auch die Determinante des Gleichungssystems nennt.

Die Matrix dieser Determinante bleibt stehen, wenn man in dem Gleichungssystem alles unsichtbar macht bis auf die Koeffizienten a, b, c. Die Zähler der drei für x, y, z gewonnenen Brüche entstehen aus dem Nenner dadurch, daß man im Falle x die erste Spalte der Nennerdeterminante durch die Spalte der d ersetzt, im Falle y die zweite, im Falle z die dritte. Man nennt diese Vorschrift zur Gewinnung von x, y, z die **Cramersche Regel.** Dieselbe Regel gilt nach unsern früheren Darlegungen bei linearen Gleichungssystemen mit zwei Unbekannten.

Wir wollen für die dreireihige Determinante D das kurze Symbol $(a\,b\,c)$ einführen. Dann ergibt sich für die *Cramersche Regel* folgende kürzere Schreibung:
$$x = \frac{(d\,b\,c)}{(a\,b\,c)}\,, \quad y = \frac{(a\,d\,c)}{(a\,b\,c)}\,, \quad z = \frac{(a\,b\,d)}{(a\,b\,c)}\,.$$
Man kann an dem ausführlichen Ausdruck von D leicht feststellen, daß sich D in $-D$ verwandelt, wenn man zwei Buchstaben, b mit c oder a mit c oder a mit b, vertauscht. Dies läßt sich auch so formulieren:

Die Determinante multipliziert sich mit -1, *wenn man zwei Spalten auswechselt.*

Ferner ist sofort zu erkennen, daß sich D in $\lambda\, D$ verwandelt, wenn man alle a oder alle b oder alle c mit dem Faktor λ versieht. Im Falle $\lambda = -1$ wird also D in $-D$ übergehen. Wenn man von den Eigenschaften der Determinanten nur diese beiden kennt, so kann man über das homogene System
$$\begin{aligned} a_1 x + b_1 y + c_1 z + d_1 u &= 0, \\ a_2 x + b_2 y + c_2 z + d_2 u &= 0, \\ a_3 x + b_3 y + c_3 z + d_3 u &= 0 \end{aligned}$$
folgendes aussagen: Wenn nicht alle dreireihigen Determinanten der Matrix
$$\begin{matrix} a_1 & b_1 & c_1 & d_1 \\ a_2 & b_2 & c_2 & d_2 \\ a_3 & b_3 & c_3 & d_3 \end{matrix}$$
verschwinden, so sind x, y, z, u proportional zu $(b\,c\,d)$, $-(a\,c\,d)$, $(a\,b\,d)$, $-(a\,b\,c)$, also zu den dreireihigen Determinanten der Matrix, mit abwechselnden Zeichen genommen.

Der allgemeine Determinantenbegriff

Nun könnte man zur Behandlung eines inhomogenen linearen Systems mit vier Unbekannten und vier Gleichungen übergehen und es nach der Multiplikatorenmethode behandeln. Dadurch kommt man zu den vierreihigen Determinanten und wird feststellen, daß die Cramersche Regel weiter ihre Geltung bewahrt. Wir ziehen es aber vor, gleich den allgemeinen Determinantenbegriff zu erklären.

Es liege eine quadratische Matrix vor

$$\begin{pmatrix} a_{11} & a_{12} & \ldots & a_{1n} \\ a_{21} & a_{22} & \ldots & a_{2n} \\ \cdot & \cdot & \cdot & \cdot \\ a_{n1} & a_{n2} & \ldots & a_{nn} \end{pmatrix}.$$

Das in der r-ten Zeile und s-ten Spalte stehende Element ist mit a_{rs} bezeichnet. Der erste Index gibt die Zeile, der zweite die Spalte an, in welcher das Element steht. Als Determinante dieser Matrix wird ein Ausdruck bezeichnet, der sich in besonderer Weise aus den n^2 Elementen aufbaut. Er ist die Summe *aller* Produkte von der Form $a_{1s_1}\, a_{2s_2} \ldots a_{ns_n}$, wobei $s_1, s_2, \ldots s_n$, eine Permutation von 1, 2, ..., n bedeutet. Jedes solche Produkt erhält noch das Zeichen $+$ oder $-$, je nachdem $s_1, s_2, \ldots s_n$ eine gerade oder eine ungerade Permutation ist, was wir nachher noch erklären werden. Wenn man dieses Zeichen mit *sgn* $(s_1, s_2, \ldots, s_n)$ bezeichnet (gelesen Signum $s_1, s_2, \ldots, s_n$) und für die Determinante das Symbol

$$\begin{vmatrix} a_{11} & a_{12} & \ldots & a_{1n} \\ a_{21} & a_{22} & \ldots & a_{2n} \\ \cdot & \cdot & \cdot & \cdot \\ a_{n1} & a_{n2} & \ldots & a_{nn} \end{vmatrix}$$

anwendet, so ist

$$\begin{vmatrix} a_{11} & a_{12} & \ldots & a_{1n} \\ a_{21} & a_{22} & \ldots & a_{2n} \\ \cdot & \cdot & \cdot & \cdot \\ a_{n1} & a_{n2} & \ldots & a_{nn} \end{vmatrix} = \Sigma\, sgn\,(s_1, s_2, \ldots, s_n)\, a_{1s_1}\, a_{2s_2} \ldots a_{ns_n}.$$

Die Summation erstreckt sich über alle Permutationen $s_1, s_2, \ldots, s_n$ von 1, 2, ..., n. Wie viele solche Permutationen, also wie viele Determinantenglieder es gibt, ist leicht festzustellen. Die Permutation $s_1, s_2, \ldots, s_n$ kann entweder mit 1 oder mit 2 usw. oder schließlich mit n beginnen. Für s_1 bestehen also n Möglichkeiten. Für s_2 gibt es aber, nachdem s_1 gewählt ist, nur $n - 1$ Möglichkeiten. Sind s_1 und s_2 gewählt, so gibt es für s_3 nur noch $n - 2$ Möglichkeiten. So geht es weiter. Schließlich bleibt für s_n, nachdem $s_1, s_2, \ldots, s_{n-1}$ gewählt sind, nur eine einzige Möglichkeit. Diese Überlegung zeigt, daß es im ganzen $n\,(n-1) \ldots 1$ Permutationen von 1, 2, ..., n gibt. Dieses Produkt der n ersten Zahlen wird mit $n!$ bezeichnet (gelesen n-Fakultät). Mit Hilfe dieser Fakultätszahlen läßt sich nebenbei bemerkt auch die Anzahl aller Kombinationen p-ter Klasse, die man aus 1, 2, ..., n bilden kann, ausdrücken. Eine solche Kombination ist eine Gruppe von p Gliedern aus der Reihe 1, 2, ..., n, wobei es auf die Reihenfolge nicht ankommt. Schreibt man jede solche Kombination in allen möglichen Reihenfolgen, so entstehen die Variationen p-ter Klasse. Jede Kombination liefert $p!$ Variationen. Die Anzahl der Variationen p-ter Klasse von n Elementen ist leicht durch folgende Überlegung zu bestimmen. Für die Besetzung der ersten Stelle in einer solchen Variation gibt es n Möglichkeiten, für die Besetzung der zweiten Stelle bleiben dann, da ein Element bereits verbraucht ist, noch $n-1$ Möglichkeiten, für die der dritten Stelle $n-2$ usw., schließlich für die Besetzung der p-ten Stelle noch $n-(p-1)$ Möglichkeiten. Es gibt also $n(n-1)\ldots(n-p+1)$ Variationen p-ter Klasse von n Elementen. Da jede Kombination p-ter Klasse $p!$ Variationen geliefert hat, so gibt es $\frac{n(n-1)\ldots(n-p+1)}{1\cdot 2\ldots p}$ Kombinationen p-ter Klasse von n Elementen. Diese Zahl wird mit $\binom{n}{p}$ bezeichnet (gelesen n über p). Wenn man im Zähler und Nenner die Faktoren $n-p, \ldots, 1$ hinzufügt, so kann man schreiben

$$\binom{n}{p}=\frac{n!}{p!\,(n-p)!}.$$

Um diese Formel auch für $p=n$, wo $\binom{n}{p}=1$ wird, aufrecht zu erhalten, muß man $0!=1$ festsetzen. Für $p=0$ wird dann die rechte Seite ebenfalls gleich 1. Man setzt daher fest, daß $\binom{n}{0}=1$ sein soll.

Wenn man das Produkt $(1+x_1)(1+x_2)\ldots(1+x_n)$ ausrechnet, so ergibt sich $1+\Sigma x_r+\Sigma x_r x_s+\ldots+x_1 x_2\ldots x_n$.
$\Sigma x_r x_s$ ist die Summe aller Produkte aus zwei verschiedenen x, ebenso das nächste Glied $\Sigma x_r x_s x_t$ die Summe aller Produkte aus drei verschiedenen x usw. Man kann annehmen, $r<s<t<\ldots$ Diese Gesetzmäßigkeit läßt sich durch den Schluß von n auf $n+1$ bestätigen. Der Fall $n=1$ bedarf keiner Erörterung. Gilt die Gesetzmäßigkeit für n Faktoren, so ist leicht zu zeigen, daß sie auch für $n+1$ Faktoren in Kraft bleibt. Der für n Faktoren geltende Ausdruck multipliziert sich mit $1+x_{n+1}$. Es tritt also zu ihm folgendes hinzu:

$$x_{n+1}+\Sigma x_r x_{n+1}+\Sigma x_r x_s x_{n+1}+\ldots+x_1 x_2\ldots x_n x_{n+1},$$

wobei die Indizes $r, s, \ldots$ auf den Spielraum $1, 2, \ldots, n$ beschränkt sind und $r<s<t<\ldots$ ist. Man sieht, daß tatsächlich die Gesetzmäßigkeit auch für $n+1$ Faktoren bestehen bleibt.

Läßt man alle n Werte $x_1, x_2, \ldots, x_n$ zusammenfallen, so ergibt sich

$$(1+x)^n=1+\binom{n}{1}x+\binom{n}{2}x^2+\ldots+x^n$$

oder kürzer geschrieben $$(1+x)^n=\sum_{v=0}^{n}\binom{n}{v}x^v.$$

Wenn man beiderseits mit z^n multipliziert, so kann man schreiben

$$(z+zx)^n=\sum_{v=0}^{n}\binom{n}{v}z^{n-v}(zx)^v$$

oder mit anderen Bezeichnungen

$$\boxed{(a+b)^n=\sum_{v=0}^{n}\binom{n}{v}a^{n-v}b^v.}$$

Das ist der berühmte **binomische Lehrsatz.** Man kann ihn auch in folgender Form schreiben:

$$\boxed{\frac{(a+b)^n}{n!}=\sum_{v=0}^{n}\frac{a^{n-v}}{(n-v)!}\,\frac{b^v}{v!}.}$$

Wegen des Zusammenhanges mit dem binomischen Lehrsatz nennt man die Zahlen $\binom{n}{p}$ Binomialkoeffizienten. Schreibt man sie für $n = 0, 1, 2, 3, \ldots$ nieder, so entsteht das berühmte **Pascalsche Dreieck.**

$$\begin{array}{cccccc}
1 \\
1 & 1 \\
1 & 2 & 1 \\
1 & 3 & 3 & 1 \\
1 & 4 & 6 & 4 & 1 \\
1 & 5 & 10 & 10 & 5 & 1 \\
. & . & . & . & . & . & .
\end{array}$$

Am Rande stehen links und rechts lauter Einser. Jede andere Zahl ist die Summe zweier benachbarter Zahlen der darüberstehenden Zeile: *)

$$\begin{array}{ccc}
\binom{n}{p} & \text{——} & \binom{n}{p+1} \\
 & & | \\
 & & \binom{n+1}{p+1} .
\end{array}$$

Tatsächlich ist

$$\frac{(n+1)\,n\ldots(n-p+1)}{1\cdot 2\ldots(p+1)} = \frac{n\ \ :\ldots(n-p)}{1\cdot 2\ldots(p+1)} + \frac{n\ldots(n-p+1)}{1\cdot 2\ldots p},$$

wie man leicht bestätigt, indem man den zweiten Summanden auf den Nenner $(p+1)!$ bringt. Man kann die Beziehung $\binom{n+1}{p+1} = \binom{n}{p} + \binom{n}{p+1}$ auch dadurch gewinnen, daß man $\Sigma \binom{n}{v} x^v$ mit $1 + x$ multipliziert, wodurch sich dann $\sum_{v=0}^{n} \binom{n}{v} x^v + \sum_{v=0}^{n} \binom{n}{v} x^{v+1} = \sum_{\mu=0}^{n+1} \binom{n+1}{\mu} x^\mu$ ergibt; x^{p+1} hat links den Koeffizienten $\binom{n}{p+1} + \binom{n}{p}$ und rechts den Koeffizienten $\binom{n+1}{p+1}$.

Kehren wir nach dieser Zwischenbetrachtung zurück zur Definition der n-reihigen Determinante, so können wir jetzt sagen, daß es $n!$ Determinantenglieder gibt. Zu jeder der $n!$ Permutationen $s_1, s_2, \ldots s_n$, von $1, 2, \ldots, n$ gehört ein Determinantenglied, nämlich

$$sgn\,(s_1, s_2, \ldots, s_n)\ a_{1s_1} a_{2s_2} \ldots a_{ns} \ .$$

$sgn\,(s_1, s_2, \ldots, s_n)$ muß man gleich $+1$ oder -1 setzen, je nachdem $s_1, s_2, \ldots, s_n$ eine gerade oder eine ungerade Permutation ist. Als gerade oder ungerade wird die Permutation $s_1, s_2, \ldots, s_n$ bezeichnet, je nachdem sie aus der Grundanordnung $1, 2, \ldots, n$ durch eine gerade oder ungerade Anzahl von Transpositionen hervorgeht. Eine Transposition besteht in der Auswechselung zweier Elemente.

Man könnte sich also nach dem Vorgange von Leibniz die Entstehung der n-reihigen Determinante so denken, daß man von dem sogenannten Haupt-

*) Nehmen wir z. B. die sechste Zeile, in welcher die Koeffizienten von $(a + b)^5$ auftreten, so ist 5 die Summe von 1 und 4, 10 die Summe von 4 und 6 usw.

glied $a_{11}\, a_{22} \ldots a_{nn}$ ausgeht, die ersten Indizes unberührt läßt, aber in der Reihe der zweiten Indizes fortgesetzt Transpositionen ausführt und jedesmal, wenn eine Transposition erfolgt ist, das Zeichen ändert. Man muß sich so einrichten, daß man hierbei für die zweiten Indizes immer neue Permutationen erhält, und solange fortfahren, bis alle Permutationen erschöpft sind.

Es entstehen hier hauptsächlich zwei Fragen. Erstens muß untersucht werden, ob man durch fortgesetzte Anwendung von Transpositionen wirklich die ganze Reihe der $n!$ Permutationen von $1, 2, \ldots, n$ herstellen kann. Nehmen wir an, daß für $n - 1$ Elemente diese Möglichkeit bereits festgestellt ist. Dann kann man mit Hilfe von Transpositionen, die mit $2, 3, \ldots, n$ vorzunehmen sind, zunächst die Reihe aller $(n - 1)!$ Permutationen herstellen, die mit 1 anfangen. In der letzt erhaltenen braucht man dann nur 1 mit 2 auszuwechseln, um eine mit 2 beginnende Permutation zu gewinnen. Aus dieser läßt sich dann mit Hilfe von Transpositionen die Reihe aller $(n - 1)!$ Permutationen gewinnen, die mit 2 anfangen. In der letzten dieser Permutationen wird man dann 2 mit 3 auswechseln, um zu den mit 3 beginnenden Permutationen zu gelangen. Mehr braucht nicht gesagt zu werden. Im Falle $n = 2$ gelangt man von 1, 2 durch Auswechslung von 1 und 2 zu 2, 1 und hat damit bereits alle Permutationen erschöpft. Im Falle $n = 3$ wird man nach der obigen Vorschrift verfahren und dadurch folgende Reihe gewinnen:

| 1, **2**, **3** | **1**, 3, **2** | 2, **3**, **1** | **2**, 1, **3** | 3, **1**, **2** | 3, 2, 1 | .

Jedesmal sind die beiden Elemente, durch deren Auswechslung die folgende Permutation gewonnen wird, fett gedruckt.

Im Falle $n = 4$ würde man zunächst die mit 1 beginnenden Permutationen bilden, indem man an 1 die Permutationen von 2, 3, 4 in der oben für 1, 2, 3 gegebenen Leibnizschen Anordnung anfügt. Dadurch erhält man

| 1, 2, **3**, **4** | 1, **2**, 4, **3** | 1, 3, **4**, **2** | 1, **3**, 2, **4** | 1, 4, **2**, **3** | **1**, 4, 3, **2** | .

Nun vertauscht man in der letzten Permutation 1 und 2 und kommt dadurch zu 2, 4, 3, 1. Jetzt werden von 4, 3, 1 ausgehend die Permutationen dieser drei Elemente in der Leibnizschen Anordnung aufgeschrieben. Dadurch ergibt sich | 2, 4, **3**, **1** | 2, **4**, 1, **3** | 2, 3, **1**, **4** | 2, **3**, 4, **1** | 2, 1, **4**, **3** | **2**, 1, **3**, 4 | .

Durch Auswechslung von 2 und 3 in der letzten Permutation findet man 3, 1, 2, 4 und muß nun mit 1, 2, 4 die Leibnizsche Reihe der Permutationen von 1, 2, 4 beginnen. Dadurch ergibt sich

| 3, 1, **2**, **4** | 3, **1**, 4, **2** | 3, 2, **4**, **1** | 3, **2**, 1, **4** | 3, 4, **1**, **2** | **3**, **4**, 2, 1 | .

Durch Auswechslung von 3 und 4 in der letzten Permutation kommt man zu 4, 3, 2, 1 und muß nun die Leibnizsche Anordnung aller Permutationen der drei Elemente 3, 2, 1 bilden. Dadurch ergibt sich

| 4, 3, **2**, **1** | 4, **3**, 1, **2** | 4, 2, **1**, **3** | 4, **2**, 3, **1** | 4, 1, **3**, **2** | 4, 1, 2, 3 | .

Damit sind die 4! Permutationen von 1, 2, 3, 4 in die Leibnizsche Anordnung gebracht.

Die Leibnizsche Anordnung der $n!$ Permutationen von $1, 2, \ldots, n$ ist so beschaffen, daß benachbarte Permutationen durch eine Transposition zusammenhängen. Das p-te Reihenglied geht also aus dem ersten, d. h. aus $1, 2, \ldots, n$, durch $p - 1$ Transpositionen hervor, stellt also eine gerade oder ungerade Permutation dar, je nachdem p ungerade oder gerade ist. Man kann hieraus schließen, daß es $n!/2$ gerade und $n!/2$ ungerade Permutationen gibt.

Eine zweite Frage ist aber noch zu klären. Man kann von $1, 2, \ldots, n$ zu der Permutation $s_1, s_2, \ldots, s_n$ auf verschiedenen Wegen durch Transpositionen gelangen. Wenn man zuerst das Element a_1 herausgreift, das noch nicht am gewünschten Platze steht, und es mit dem dort befindlichen Element auswechselt, so ist wenigstens schon dieses Element a_1 richtig untergebracht. Nun sucht man ein zweites Element a_2 auf, das sich noch nicht an der gewünschten Stelle befindet, und bringt es durch eine Transposition an seinen Platz. Nach höchstens $n - 1$ solchen Schritten werden alle Elemente an ihren vorgeschriebenen Plätzen stehen. Man sieht aber selbst bei diesem systematischen Verfahren, daß noch Willkürlichkeiten darin stecken. Es bleibt freigestellt, in welcher Reihenfolge man die Elemente an ihre Plätze bringt.

Wir wollen nun annehmen, daß man auf zwei Wegen von $1, 2, \ldots, n$ durch Transpositionen zu $s_1, s_2, \ldots, s_n$ gelangt ist, einmal mit Hilfe der Transpositionen $T_1, \ldots, T_p$, das andere Mal mit Hilfe der Transpositionen $S_1, \ldots, S_q$. Wäre es nicht möglich, daß eine der Zahlen p, q gerade, die andere ungerade ist? Wenn man bedenkt, daß die Transpositionen $S_q, \ldots, S_1$, in dieser Reihenfolge in Wirkung gesetzt, von $s_1, s_2, \ldots, s_n$ zu $1, 2, \ldots, n$ zurückführen, so kann man sagen, daß man durch sukzessive Anwendung von $T_1, \ldots, T_p, S_q, \ldots, S_1$ von $1, 2, \ldots, n$ zu $1, 2, \ldots, n$ zurückgelangt. Dabei wäre $p + q$ die Anzahl der in Wirkung tretenden Transpositionen ungerade. Ist so etwas möglich?

Wenn man zwei Elemente a und b, zwischen denen μ andere Elemente $c_1, \ldots, c_\mu$ stehen, auswechseln will, so kann man dies dadurch erreichen, daß man zuerst von

$$a, c_1, c_2, \ldots, c_\mu, b$$

durch Vertauschung der benachbarten Elemente a, c_1 zu

$$c_1, a, c_2, \ldots, c_\mu, b$$

übergeht, weiter durch Vertauschung der Nachbarn a und c_2 zu

$$c_1, c_2, a, \ldots, c_\mu, b$$

usw., bis man schließlich zu $\quad c_1, c_2, \ldots, c_\mu, a, b \quad$ gelangt.

Das waren bisher μ Nachbarvertauschungen. Nun folgt die Vertauschung der Nachbarn a und b, die zu $c_1, c_2, \ldots, c_\mu, b, a$ führt. Dann wird b sukzessiv mit $c_\mu, \ldots, c_1$ ausgewechselt und durch diese μ Nachbarvertauschungen $b, c_1, c_2, \ldots, c_\mu, a$ gewonnen. Man ersieht hieraus, daß die Auswechslung von a und b, über μ Zwischenelemente hinweg, durch $2\mu + 1$ Nachbarvertauschungen bewirkt werden kann.

Jede der $p + q$ Transpositionen $T_1, \ldots, T_p, S_q, \ldots, S_1$ läßt sich durch eine ungerade Anzahl von Nachbarvertauschungen ersetzen, T_1 durch $2\mu_1 + 1, \ldots,$ schließlich S_1 durch $2\mu_{p+q} + 1$.

Im ganzen sind das $2(\mu_1 + \ldots + \mu_{p+q}) + (p + q)$ Nachbarvertauschungen, also eine ungerade Anzahl, da $p + q$ ungerade sein soll.

Die oben gestellte Frage läuft also auf folgende hinaus: Ist es möglich, daß eine u n g e r a d e A n z a h l aufeinanderfolgender N a c h b a r v e r t a u s c h u n g e n von $1, 2, \ldots, n$ wieder zu $1, 2, \ldots, n$ zurückführt? In dieser Form ist die Frage leichter zu beantworten als vorher, wo es sich um eine ungerade Anzahl beliebiger Transpositionen handelte.

Man achte auf ein bestimmtes Element, z. B. auf n. Unter den in Wirkung tretenden Nachbarvertauschungen $N_1, \ldots, N_k$, deren Anzahl k ungerade ist, gibt es solche, an denen n beteiligt ist, und solche, die nichts mit n zu tun haben. Jede Nachbarvertauschung, an der n beteiligt ist, verschiebt dieses Element um eine Stelle nach rechts oder links. Eine Nachbarvertauschung, die mit n nichts zu tun hat, übt keine Verschiebung auf dieses Element aus. Da n schließlich an seinem alten Platz stehen soll, muß es ebensooft nach links wie nach rechts verschoben werden. Daher muß die Anzahl der Nachbarvertauschungen, an denen n beteiligt ist, gerade sein. Diese Nachbarvertauschungen lassen die Ordnung der übrigen $n - 1$ Elemente unberührt. Nur die andern, deren Anzahl ungerade ist, wirken auf diese $n - 1$ Elemente umordnend ein, aber so, daß schließlich die alte Ordnung wiederkehrt. Nehmen wir an, daß für $n - 1$ Elemente bereits die Unmöglichkeit festgestellt ist, durch eine ungerade Anzahl von Nachbarvertauschungen zur alten Ordnung zurückzugelangen, so ist durch obige Überlegung dieselbe Unmöglichkeit für n Elemente bewiesen. Bei zwei Elementen 1, 2, wo es nur die beiden Anordnungen 1, 2 und 2, 1 gibt und nur eine Nachbarvertauschung, kommt man durch fortgesetzte Anwendung dieser Vertauschung von 1, 2 zu 2, 1, dann wieder zu 1, 2 usw. und nur durch eine gerade Anzahl solcher Schritte von 1, 2 zu 1, 2 zurück.

Hiermit ist nun die Klasseneinteilung der $n!$ Permutationen von $1, 2, \ldots, n$ in gerade und ungerade auf eine sichere Basis gestellt, wir wollen diese Permutationen in Leibnizscher Anordnung mit $P_1, P_2, \ldots, P_{n!}$ bezeichnen, wobei jedes P_μ aus $P_{\mu-1}$ durch eine Transposition entsteht, also P_μ aus P_1 durch $\mu - 1$ Transpositionen hervorgeht. P_1 ist die Grundanordnung $1, 2, \ldots, n$, die zu den geraden Permutationen gerechnet wird. Es sind dann also $P_1, P_3, \ldots, P_{n!-1}$ die geraden und $P_2, P_4, \ldots, P_{n!}$ die ungeraden Permutationen. Man kann von jedem P_μ zu jedem P_ν ($\mu > \nu$) durch $\mu - \nu$ Transpositionen gelangen. Sind P_ν und P_μ Permutationen derselben Klasse, also ν und μ beide ungerade oder beide gerade, so ist $\nu - \mu$ eine gerade Zahl. Gehören P_ν und P_μ verschiedenen Klassen an, ist also eine der beiden Zahlen ν, μ gerade, die andere ungerade, so wird $\nu - \mu$ eine ungerade Zahl sein.

Permutationen derselben Klasse hängen demnach stets durch eine gerade Anzahl von Transpositionen zusammen, Permutationen verschiedener Klassen durch eine ungerade.

Ein einfaches Mittel zur Feststellung des Klassencharakters einer Permutation ist die Abzählung der **Fehlstände** oder **Inversionen.** In der Grundpermutation $1, 2, \ldots, n$ ist von zwei herausgegriffenen Zahlen immer die links stehende kleiner als die rechts stehende. In jeder andern Permutation $s_1, s_2, \ldots, s_n$ kommt es vor, daß $s_\mu > s_\nu$ ist, obwohl $\mu < \nu$. Man sagt dann, daß s_μ, s_ν einen Fehlstand bilden.

Bei allen geraden Permutationen ist die Anzahl der Fehlstände gerade, bei allen ungeraden Permutationen ungerade.

Man kann dies dadurch beweisen, daß man prüft, in welcher Weise eine Nachbarvertauschung auf die Anzahl der Fehlstände einwirkt. Alles, was links von den beiden Nachbarn, ebenso alles, was rechts von ihnen liegt, bleibt an seinem Platz. Ebensowenig ändert sich etwas an der gegenseitigen Lage eines links (rechts) von den Nachbarn befindlichen Elements und einem der beiden auszuwechselnden Nachbarn.

Durch eine Nachbarvertauschung ändert sich also die Anzahl der Fehlstände um 1. War sie gerade, so wird sie nachher ungerade sein und umgekehrt. Da es in $1, 2, \ldots, n$ oder P_1 keinen Fehlstand gibt und der Übergang von P_0 zu P_1

durch eine Transposition also durch ungerade Anzahl von Nachbarvertauschungen bewirkt wird, so muß P_1 eine ungerade Anzahl von Fehlständen aufweisen, P_2, das nächste Glied der Leibnizschen Permutationenreihe, wieder eine gerade Anzahl usw.

Zurückführung der n-reihigen Determinanten auf $(n-1)$-reihige.

Wir wissen, daß die Determinante der n^2 Größen a_{rs} gleich

$$\Sigma\, sgn\, (s_1, s_2, \ldots, s_n)\, a_{1s_1} a_{2s_2} \ldots a_{ns_n}$$

ist. Die Summation erstreckt sich über alle Permutationen $s_1, s_2, \ldots, s_n$ der n Indizes $1, 2, \ldots, n$, und $sgn\, (s_1, s_2, \ldots, s_n)$ muß durch $+1$ oder -1 ersetzt werden, je nachdem $s_1, s_2, \ldots, s_n$ eine gerade oder ungerade Permutation ist. Jedes der $n!$ Determinantenglieder enthält aus jeder Zeile einen Faktor, ebenso aus jeder Spalte. Würde man die Elemente der p-ten Zeile mit $x_1, x_2, \ldots, x_n$ bezeichnen, so könnte man durch Zusammenfassen aller Glieder, die mit demselben x behaftet sind, die Determinante auf folgende Form bringen:

$$A_1 x_1 + A_2 x_2 + \ldots + A_n x_n.$$

Man nennt einen solchen Ausdruck eine **Linearform** in $x_1, x_2, \ldots, x_n$. Die Determinante ist also, als Funktion der Elemente der p-ten Zeile betrachtet, eine Linearform dieser Elemente. Welchen Wert hat der Koeffizient von x_q? Als Element der p-ten Zeile wird $x_q = a_{pq}$ sein. Das Determinantenglied $sgn\, (s_1, s_2, \ldots, s_n)\, a_{1s_1} a_{2s_2} \ldots a_{ns_n}$ wird nur dann mit a_{pq} behaftet sein, wenn $s_p = q$ ist. Wenn man in der Reihe $1, 2, \ldots, n$ das Glied p streicht, so bleiben $n-1$ Glieder übrig, die wir der Reihe nach mit $p_1, p_2, \ldots, p_{n-1}$ bezeichnen wollen, ebenso bleiben nach Streichung von q die Glieder $q_1, q_2, \ldots, q_{n-1}$ übrig. Das betrachtete Determinantenglied läßt sich dann so schreiben

$$a_{pq} \cdot sgn\, (s_1, s_2, \ldots, s_n)\, a_{p_1 q'_1}, \ldots, a_{p_{n-1} q'_{n-1}} \cdot$$

Hierbei ist $q'_1, \ldots, q'_{n-1}$ eine Permutation von $q_1, \ldots, q_{n-1}$, nämlich die Permutation, welche von $s_1, s_2, \ldots, s_n$ stehenbleibt, wenn man $s_p = q$ streicht. Wir müssen jetzt fragen, ob $q'_1, \ldots, q'_{n-1}$ eine gerade oder ungerade Permutation von $q_1, \ldots, q_{n-1}$ ist.

Um diese Frage auf bequeme Weise zu lösen, können wir in folgender Weise vorgehen: Wir bringen in $1, 2, \ldots, n$ und in $s_1, s_2, \ldots, s_n$ die Nummer q an die erste Stelle, ohne die Anordnung der übrigen Glieder zu stören. Dazu werden wir q jedesmal sukzessiv die links befindlichen Nummern überspringen lassen. Da q in $1, 2, \ldots, n$ die $q-1$ Nummern $1, \ldots, q-1$ und in $s_1, \ldots, s_n$, wo $s_p = q$ ist, die $p-1$ Nummern $s_1, \ldots, s_{p-1}$ sukzessiv überspringen muß, sind im ersten Falle $q-1$, im zweiten $p-1$ Nachbarvertauschungen erforderlich. Hiernach können wir nun sagen, daß

$$sgn\, (s_1, s_2, \ldots, s_n) = (-1)^{p-1}\, sgn\, (q, q'_1, \ldots, q'_{n-1}),$$

$sgn\, (q, q_1, \ldots, q_{n-1}) = (-1)^{q-1}$ sein wird. Geht nun $q_1, \ldots, q_{n-1}$ durch k Transpositionen in $q'_1, \ldots, q'_{n-1}$ über, so hat man

$$sgn\, (q, q'_1, \ldots, q'_{n-1}) = (-1)^k\, sgn\, (q, q_1, \ldots, q_{n-1}), \qquad \text{mithin}$$

$$sgn\, (s_1, s_2, \ldots, s_n) = (-1)^{p+q}\, sgn\, (q'_1, \ldots, q'_{n-1}),$$

weil $sgn\, (q'_1, \ldots, q'_{n-1}) = (-1)^k$ und $(-1)^{p-1+q-1} = (-1)^{p+q}$ ist.

Die Summe aller mit a_{pq} behafteten Glieder der n-reihigen Determinante lautet hiernach

$$a_{pq} \cdot (-1)^{p+q} \Sigma\, sgn\,(q'_1, \ldots, q'_{n-1})\, a_{p_1 q'_1}, \ldots, a_{p_{n-1} q'_{n-1}}, \qquad \text{oder}$$

$$a_{pq} \cdot (-1)^{p+q} \begin{vmatrix} a_{p_1 q_1} \ldots a_{p_1 q_{n-1}} \\ \cdot\ \cdot\ \cdot\ \cdot\ \cdot\ \cdot\ \cdot\ \cdot \\ a_{p_{n-1} q_1} \ldots q_{p_{n-1} q_{n-1}} \end{vmatrix}.$$

Die hier auftretende $(n - 1)$-reihige Determinante entsteht aus der n-reihigen

$$\begin{vmatrix} a_{11} \ldots a_{1n} \\ \cdot\ \cdot\ \cdot\ \cdot \\ a_{n1} \ldots a_{nn} \end{vmatrix}$$

dadurch, daß man die p-te Zeile und die q-te Spalte streicht, also Zeile und Spalte des Elements a_{pq}.

Man erinnere sich, daß $p_1, \ldots, p_{n-1}$ aus $1, \ldots, n$ durch Streichung von p entsteht, ebenso $q_1, \ldots, q_{n-1}$ aus $1, 2, \ldots, n$ durch Streichung von q.

Diese $(n - 1)$-reihige Determinante

$$\begin{vmatrix} a_{p_1 q_1} \ldots a_{p_1 q_{n-1}} \\ \cdot\ \cdot\ \cdot\ \cdot\ \cdot\ \cdot\ \cdot\ \cdot\ \cdot \\ a_{p_{n-1} q_1} \ldots a_{p_{n-1} q_{n-1}} \end{vmatrix},$$

die nach Streichung der Zeile und Spalte des Elements a_{pq} in der n-reihigen Determinante übrigbleibt, nennt man die zu a_{pq} gehörige **Unterdeterminante** oder auch das **Komplement** von a_{pq}. Gibt man ihr das Vorzeichen $(-1)^{p+q}$, so erhält man den Faktor, mit welchem a_{pq} in der n-reihigen Determinante behaftet ist.

Dieser Faktor heißt das **algebraische Komplement** von a_{pq}. Das Beiwort algebraisch soll auf das Vorzeichen $(-1)^{p+q}$ hindeuten. Bei a_{pp} ist dieses Vorzeichen $+1$. Jedesmal, wenn p oder q um 1 zunimmt oder abnimmt, wechselt das Vorzeichen. Man kann das Vorzeichen jedesmal bequem dadurch gewinnen, daß man von a_{11} bis zu a_{1q} horizontal abwechselnd $+, -, +, -, \ldots$ zählt und von a_{1q} bis zu a_{pq} vertikal in derselben Weise fortfährt, z. B. im Falle $p = 3$, $q = 5$ und im Falle $p = 3, q = 4$:

$$\begin{matrix} + & - & + & - & + \\ & & & & - \\ & & & & + \end{matrix} \quad , \quad \begin{matrix} + & - & + & - \\ & & & + \\ & & & - \end{matrix}$$

Noch einfacher ist es, die Zählung mit a_{pp} zu beginnen und horizontal Schritt für Schritt (nach links oder rechts) bis a_{pq} zu gehen, bei jedem Schritt das Zeichen wechselnd.

Man bezeichnet das algebraische Komplement von a_{pq} in einer n-reihigen Determinante A allgemein mit A_{pq}. Da jedes der $n!$ Glieder von A einen Faktor aus der p-ten Zeile und ebenso einen Faktor aus der q-ten Spalte aufweist, so wird

$$A = a_{p1} A_{p1} + \ldots + a_{pn} A_{pn} \quad \text{und} \quad A = a_{1q} A_{1q} + \ldots + a_{nq} A_{nq}$$

sein. Die Glieder von A zerfallen in n Gruppen, je nachdem sie aus der p-ten Zeile den Faktor a_{p1} oder $a_{p2} \ldots$ oder a_{pn} enthalten, ebenso in n Gruppen, je nachdem sie der q-ten Spalte den Faktor a_{1q} oder $a_{2q} \ldots$ oder a_{nq} entnehmen.

Man nennt diese Darstellung die Entwicklung der Determinante A nach der p-ten Zeile oder q-ten Spalte.

Durch diese Entwicklung wird die n-reihige Determinante auf $(n - 1)$-reihige Determinanten zurückgeführt.

Im Fall $n = 3$ ist diese Zurückführung uns schon begegnet.

Man kann die Zurückführung n-reihiger auf $(n-1)$-reihige Determinanten benutzen, um Determinantensätze mit Hilfe des Schlusses von n auf $n+1$ zu beweisen, Sätze, die man bei zweireihigen Determinanten unmittelbar als richtig erkennen kann.

Eine Matrix transponieren bedeutet, daß man die Zeilen als Spalten und die Spalten als Zeilen schreibt oder die Matrix um die Hauptdiagonale herumklappt, d. h. um die von links oben nach rechts unten führende Diagonale.

Die Matrizen $\begin{pmatrix} a_1 & b_1 \\ a_2 & b_2 \end{pmatrix}$, $\begin{pmatrix} a_1 & a_2 \\ b_1 & b_2 \end{pmatrix}$ hängen in dieser Weise zusammen. Die Zeilen der einen sind die Spalten der andern. Durch Herumklappung um die Hauptdiagonale a_1, b_2 geht die eine in die andere über.

Hier gilt nun offenbar der Satz, daß zwei solche Matrizen dieselbe Determinante $a_1 b_2 - b_1 a_2$ haben.

Gilt dieser Satz allgemein? Wenn wir die n-reihige Determinante A betrachten und wieder mit $k_1, \ldots, k_{n-1}$ das bezeichnen, was von $1, 2, \ldots, n$ nach Streichung der Nummer k übrigbleibt, so ist in A das Element a_{pq} mit dem Faktor

$$(-1)^{p+q} \begin{vmatrix} a_{p_1 q_1} & \cdots & a_{p_1 q_{n-1}} \\ \cdot & \cdot & \cdot \\ a_{p_{n-1} q_1} & \cdots & a_{p_{n-1} q_{n-1}} \end{vmatrix}$$

behaftet.

Um nun zu beweisen, daß die Determinante einer n-reihigen Matrix sich nicht ändert, wenn man die Matrix transponiert, kann man so verfahren. Man entwickelt die Determinante der ursprünglichen Matrix nach der ersten Zeile und findet

$$\begin{vmatrix} a_{11} & a_{12} & \cdots & a_{1n} \\ a_{21} & a_{22} & \cdots & a_{2n} \\ \cdot & \cdot & \cdot & \cdot \\ a_{n1} & a_{n2} & \cdots & a_{nn} \end{vmatrix} = \sum_{k=1}^{n} (-1)^{k+1} a_{1k} \begin{vmatrix} a_{2k_1} & \cdots & a_{2k_{n-1}} \\ \cdot & \cdot & \cdot \\ a_{nk_1} & \cdots & a_{nk_{n-1}} \end{vmatrix}.$$

Die Determinante der transponierten Matrix entwickelt man nach der ersten Spalte und erhält

$$\begin{vmatrix} a_{11} & a_{21} & \cdots & a_{n1} \\ a_{12} & a_{22} & \cdots & a_{n2} \\ \cdot & \cdot & \cdot & \cdot \\ a_{1n} & a_{2n} & & a_{nn} \end{vmatrix} = \sum_{k=1}^{n} (-1)^{k+1} a_{1k} \begin{vmatrix} a_{2k_1} & \cdots & a_{nk_1} \\ \cdot & \cdot & \cdot \\ a_{2k_{n-1}} & \cdots & a_{nk_{n-1}} \end{vmatrix}.$$

Nehmen wir an, daß der Satz für $(n-1)$-reihige Determinanten bereits als richtig erkannt ist, so hat man

$$\begin{vmatrix} a_{2k_1} & \cdots & a_{2k_{n-1}} \\ \cdot & \cdot & \cdot \\ a_{nk_1} & \cdots & a_{nk_{n-1}} \end{vmatrix} = \begin{vmatrix} a_{2k_1} & \cdots & a_{nk_1} \\ \cdot & \cdot & \cdot \\ a_{2k_{n-1}} & \cdots & a_{nk_{n-1}} \end{vmatrix}.$$

Dann folgt aber offenbar

$$\begin{vmatrix} a_{11} & a_{12} & \cdots & a_{1n} \\ a_{21} & a_{22} & \cdots & a_{2n} \\ \cdot & \cdot & \cdot & \cdot \\ a_{n1} & a_{n2} & \cdots & a_{nn} \end{vmatrix} = \begin{vmatrix} a_{11} & a_{21} & \cdots & a_{n1} \\ a_{12} & a_{22} & \cdots & a_{n2} \\ \cdot & \cdot & \cdot & \cdot \\ a_{1n} & a_{2n} & \cdots & a_{nn} \end{vmatrix}.$$

Da der Satz nun für $n = 2$ gilt, kann man schließen, daß er für $n = 3$, weiter für $n = 4$ gilt usw.

Man nennt den hiermit bewiesenen Satz den **Umklappungssatz.** Auf Grund dieses Satzes kann man etwas für die Zeilen einer Determinante Bewiesenes unmittelbar auf die Spalten übertragen.

Bei zweireihigen Determinanten ist unmittelbar zu erkennen, daß die Determinante zum entgegengesetzten Wert übergeht, wenn man die beiden Zeilen vertauscht. Man hat nämlich nach der Ausrechnungsregel

$$\begin{vmatrix} a_1 & b_1 \\ a_2 & b_2 \end{vmatrix} = a_1 b_2 - b_1 a_2, \quad \begin{vmatrix} a_2 & b_2 \\ a_1 & b_1 \end{vmatrix} = a_2 b_1 - b_2 a_1,$$

$$\begin{vmatrix} a_2 & b_2 \\ a_1 & b_1 \end{vmatrix} = - \begin{vmatrix} a_1 & b_1 \\ a_2 & b_2 \end{vmatrix}.$$

Will man diesen Satz von $(n-1)$-reihigen auf n-reihige Determinanten übertragen, so wird man die n-reihige Determinante, in welcher die p-te und die q-te Zeile vertauscht werden sollen, nach der k-ten Zeile entwickeln, wobei k von p und q verschieden ist. In dieser Entwicklung treten $(n-1)$-reihige Determinanten auf, bei denen man schon weiß, daß die Vertauschung zweier Zeilen lediglich einen Zeichenwechsel mit sich bringt. So tritt also auch bei der n-reihigen Determinante nur ein Zeichenwechsel ein. Mit Rücksicht auf den Umklappungssatz gilt dies auch bei Vertauschung zweier Spalten. Man nennt diesen Satz über die Wirkung einer Zeilen- oder Spaltenvertauschung den **Vertauschungssatz**. Eine naheliegende, aber doch wichtige Folgerung dieses Satzes ergibt sich, wenn man den Fall betrachtet, daß in einer Determinante A zwei Zeilen (oder Spalten) übereinstimmen. Dann ergibt sich bei Auswechslung dieser übereinstimmenden Zeilen (Spalten) offenbar wieder A. Andrerseits besagt der Vertauschungssatz, daß $-A$ herauskommen muß. Es bleibt also nichts anderes übrig, als daß $A = -A$, also $A = 0$ ist.

Wenn man mit $x_1, x_2, \ldots, x_n$ die Elemente der p-ten Zeile der Determinante A bezeichnet, so ist, wie wir wissen, $A = A_1 x_1 + \ldots + A_n x_n$. Dabei sind $A_1, \ldots, A_n$ die zu $x_1, \ldots, x_n$ gehörigen algebraischen Komplemente. Da A_q bis aufs Vorzeichen die Determinante ist, die aus A durch Streichung der p-ten Zeile und der q-ten Spalte entsteht, so bauen sich die Faktoren $A_1, \ldots, A_n$ aus den Elementen der andern Zeilen auf und haben mit der p-ten Zeile nichts zu tun. Wenn man also die p-te Zeile, die bisher $x_1, x_2, \ldots, x_n$ lautete, in $\lambda x_1, \lambda x_2, \ldots, \lambda x_n$ verwandelt, so wird A in $A_1 \cdot \lambda x_1 + \ldots + A_n \cdot \lambda x_n$ übergehen, d. h. in λA. Die Determinante multipliziert sich demnach mit λ, wenn man alle Elemente einer Zeile (oder einer Spalte) mit dem Faktor λ versieht. Man nennt diesen Satz den **Faktorensatz.** Insbesondere ist eine Determinante, die eine Zeile mit lauter Nullen aufweist, gleich Null, was sich auch direkt durch Entwicklung nach dieser Zeile ergibt. Man kann den Faktorensatz auch so formulieren: Sind alle Elemente einer Determinantenzeile (oder -spalte) mit dem Faktor λ behaftet, so kann man diesen Faktor vor die Determinante ziehen.

Stehen in der p-ten Zeile einer n-reihigen Determinante A die Summen $x_1 + y_1, x_2 + y_2, \ldots, x_n + y_n$, so zerfällt

$$A = A_1 (x_1 + y_1) + \ldots + A_n (x_n + y_n)$$

in die beiden Summanden $A_1 x_1 + \ldots + A_n x_n$, $A_1 y_1 + \ldots + A_n y_n$.

Diese Summanden sind selbst n-reihige Determinanten, und zwar ergeben sie sich aus A, indem man das eine Mal von den Summen $x_\nu + y_\nu$ nur die ersten, das zweite Mal nur die zweiten Bestandteile stehen läßt. Dieser Satz wird als **Zerlegungssatz** bezeichnet. Man kann ihn auch umgekehrt auffassen als Satz über die Vereinigung zweier n-reihiger Determinanten mit $n-1$ übereinstimmenden Zeilen zu einer einzigen n-reihigen Determinante. Wenn $y_1, y_2, \ldots, y_n$ sich von den Elementen $z_1, z_2, \ldots, z_n$ der q-ten Zeile der Determinante A um einen Faktor λ unterscheiden, wobei q natürlich von p verschieden sein muß, so ist $A_1 y_1 + \ldots + A_n y_n = \lambda (A_1 z_1 + \ldots + A_n z_n)$ und $A_1 z_1 + \ldots + A_n z_n$ eine Determinante mit zwei übereinstimmenden Zeilen, also gleich Null. Hiermit ist der sogenannte **Umformungssatz** gewonnen, der natürlich auch für die Spalten gilt: Wenn man in der Determinante A zu den Elementen $a_{p1}, \ldots, a_{pn}$ der p-ten Zeile die mit λ multiplizierten Elemente einer andern Zeile $a_{q1}, \ldots, a_{qn}$ addiert, so daß in der p-ten Zeile nunmehr die Ausdrücke $a_{p1} + \lambda a_{q1}, \ldots, a_{pn} + \lambda a_{qn}$ stehen, so ist die so gewonnene Determinante immer noch gleich A.

Durch diese Umformung kann man Nullen in eine Zeile von A hineinbringen. Wenn man durch mehrfache Anwendung $n-1$ Nullen in eine Zeile hineingebracht hat, so reduziert sich die Entwicklung nach dieser Zeile auf ein einziges Glied. Umformungssatz und Faktorensatz kommen z. B. zur Geltung, wenn es sich um die Berechnung der dreireihigen **Vandermondeschen** Determinante

$$V_3 = \begin{vmatrix} 1 & 1 & 1 \\ x_1 & x_2 & x_3 \\ x_1^2 & x_2^2 & x_3^2 \end{vmatrix}$$

handelt. Man ziehe unter Anwendung des Umformungssatzes für $\lambda = -1$ von der dritten Spalte die zweite und dann noch von der zweiten die erste ab. Dadurch ergibt sich

$$V_3 = \begin{vmatrix} 1, & 0, & 0 \\ x_1, & x_2 - x_1, & x_3 - x_2 \\ x_1^2, & x_2^2 - x_1^2, & x_3^2 - x_2^2 \end{vmatrix}.$$

Entwickelt man nach der ersten Zeile, so kommt man auf

$$V_3 = \begin{vmatrix} x_2 - x_1, & x_3 - x_2 \\ x_2^2 - x_1^2, & x_3^2 - x_2^2 \end{vmatrix}.$$

Hier kann man nach dem Faktorensatz aus der ersten Spalte den Faktor $x_2 - x_1$, aus der zweiten den Faktor $x_3 - x_2$ herausziehen und findet auf diese Weise

$$V_3 = (x_2 - x_1)(x_3 - x_2) \begin{vmatrix} 1 & 1 \\ x_2 + x_1, & x_3 + x_2 \end{vmatrix}.$$

Zieht man in der zweireihigen Determinante von der zweiten Spalte die erste ab, so wird sie gleich $\begin{vmatrix} 1 & 0 \\ x_2 + x_1, & x_3 - x_1 \end{vmatrix} = x_3 - x_1.$

Im ganzen hat sich also ergeben $\quad V_3 = (x_2 - x_1)(x_3 - x_1)(x_3 - x_2).$

V_3 ist also das Differenzenprodukt der Größen x_1, x_2, x_3, wobei immer der Subtrahend den niedrigeren Index hat.

$$\text{Bei } V_n = \begin{vmatrix} 1 & 1 \ldots\ldots & 1 \\ x_1 & x_2 \ldots\ldots & x_n \\ \ldots & \ldots & \ldots \\ x_1^{n-1} & x_2^{n-1} \ldots & x_n^{n-1} \end{vmatrix}$$

kann man die Berechnung ähnlich durchführen. Noch einfacher ist folgender Weg. Man bilde das Polynom

$$(x - x_1)(x - x_2) \ldots (x - x_{n-1}) = x^{n-1} + c_1 x^{n-2} + \ldots + c_{n-1}$$

und bezeichne es mit $P(x)$. Nach dem Umformungssatz bleibt V_n ungeändert, wenn man zur letzten Zeile die vorletzte, multipliziert mit c_1, die drittletzte, multipliziert mit c_2, addiert usw., schließlich die erste, multipliziert mit c_{n-1}. In der letzten Zeile steht nach dieser Umformung $P(x_1)$, $P(x_2), \ldots, P(x_{n-1})$, $P(x_n)$, also $0, 0, \ldots, 0, (x_n - x_1)(x_n - x_2) \ldots (x_n - x_{n-1})$. Entwickelt man nun nach der letzten Zeile, in der nur das letzte Glied nicht gleich Null ist, und bedenkt, daß dieses Glied in der n-ten Zeile und der n-ten Spalte steht und somit sein algebraisches Komplement mit Rücksicht auf $(-1)^{n+n} = 1$ mit dem Komplement zusammenfällt, so findet man

$$V_n = (x_n - x_1)(x_n - x_2) \ldots (x_n - x_{n-1}) V_{n-1}.$$

Da $V_2 = x_2 - x_1$ ist, so ergibt sich durch fortgesetzte Anwendung obiger Rekursionsformel

$$\begin{aligned} V_n = {} & (x_2 - x_1) \\ & (x_3 - x_1)(x_3 - x_2) \\ & \ldots\ldots\ldots\ldots \\ & (x_n - x_1)(x_n - x_2) \ldots (x_n - x_{n-1}). \end{aligned}$$

V_n ist also das Differenzenprodukt der Größen $x_1, x_2, \ldots, x_n$, wobei immer der Subtrahend den kleineren Index hat. Alle $n(n-1)/2$ Differenzen kommen in diesem Produkt vor. Da die Determinante V_n bei Auswechslung zweier Spalten in $-V_n$ übergeht, so hat das Differenzenprodukt ebenfalls die Eigenschaft, bei Auswechslung zweier x den entgegengesetzten Wert anzunehmen. Das läßt sich auch direkt am Differenzenprodukt bestätigen. Wenn man $x_1, x_2, \ldots, x_n$ auf alle möglichen Arten vertauscht, so nimmt das Differenzenprodukt nur zwei entgegengesetzt gleiche Werte an. Eine solche Funktion nennt man **alternierend.** Das Quadrat des Differenzenproduktes behält bei allen Vertauschungen der x immer denselben Wert, es ist eine symmetrische Funktion der x.

Komplementäre Minoren und Laplacescher Determinantensatz.

Wenn man in einer n-reihigen Determinante A nur die Elemente stehen läßt, die sich in den Zeilen $p_1, \ldots, p_k$ und den Spalten $q_1, \ldots, q_k$ befinden ($p_1 < \ldots < p_k$, $q_1 < \ldots < q_k$) und alle andern streicht, so entsteht die k-reihige Determinante

$$M_k = \begin{vmatrix} a_{p_1 q_1} & \ldots & a_{p_1 q_k} \\ \ldots & \ldots & \ldots \\ a_{p_k q_1} & \ldots & a_{p_k q_k} \end{vmatrix}.$$

Man nennt sie eine k-reihige **Unterdeterminante** oder einen k-reihigen **Minor** von A. Sind $p_{k+1} \ldots p_n$ und $q_{k+1} \ldots q_n$ die Zahlen, die in der Reihe $1, 2, \ldots, n$ nach Streichung von $p_1, \ldots, p_k$, bzw. $q_1 \ldots, q_k$ stehen bleiben, so ist

$$M_{n-k} = \begin{vmatrix} a_{p_{k+1} q_{k+1}} & \ldots & a_{p_{k+1} q_n} \\ \ldots & \ldots & \ldots \\ a_{p_n q_{k+1}} & \ldots & a_{p_n q_n} \end{vmatrix}$$

ein $(n-k)$-reihiger Minor von A. Beide Minoren heißen zueinander **komplementär,** jeder das **Komplement** des anderen.

Wenn man die Zeile p_1 sukzessiv mit ihren $p_1 - 1$ Vorgängerinnen vertauscht, darauf die Zeile p_2 mit ihren $p_2 - 2$ Vorgängerinnen usw., schließlich die Zeile p_k mit ihren $p_k - k$ Vorgängerinnen, so erscheinen die Zeilen von A in der neuen Reihenfolge $p_1, \ldots, p_k, p_{k+1}, \ldots, p_n$.

Vertauscht man jetzt noch die Spalte q_1 mit ihren $q_1 - 1$ Vorgängerinnen, darauf die Spalte q_2 mit ihren $q_2 - 2$ Vorgängerinnen usw., schließlich die Spalte q_k mit ihren $q_k - k$ Vorgängerinnen, so nehmen die Spalten von A die neue Reihenfolge an: $\quad q_1, \ldots, q_k, q_{k+1}, \ldots, q_n$.

Die Determinante A hat sich bei dieser Umordnung der Zeilen und Spalten verwandelt in:

$$A^* = \begin{vmatrix} a_{p_1 q_1} & \ldots & a_{p_1 q_k} & a_{p_1 q_{k+1}} & \ldots & a_{p_1 q_n} \\ \cdot & \cdot & \cdot & \cdot & \cdot & \cdot \\ a_{p_k q_1} & \ldots & a_{p_k q_k} & a_{p_k q_{k+1}} & \ldots & a_{p_k n} \\ a_{p_{k+1} q_1} & \ldots & a_{p_{k+1} q_k} & a_{p_{k+1} q_{k+1}} & \ldots & a_{p_{k+1} q_n} \\ \cdot & \cdot & \cdot & \cdot & \cdot & \cdot \\ a_{p_n q_1} & \ldots & a_{p_n q_k} & a_{p_n q_{k+1}} & \ldots & a_{p_n q_n} \end{vmatrix}.$$

Da jede Auswechslung zweier Zeilen oder Spalten nur einen Zeichenwechsel bewirkt und im ganzen

$$(p_1 - 1) + (p_2 - 2) + \ldots + (p_k - k) + (q_1 - 1) + (q_2 - 2) + \ldots + (q_k - k),$$

also $\quad \sum_{\varkappa=1}^{k} (p_\varkappa + q_\varkappa) - 2(1 + 2 + \ldots + k) \quad$ solche Auswechslungen erfolgt sind, so hat man

$$A^* = A\,(-1)^{\sum_{\varkappa=1}^{k} (p_\varkappa + q_\varkappa)}.$$

Je nachdem die Summe aller Zeilen- und aller Spaltenindizes von M_k gerade oder ungerade ist, wird $A^* = A$ oder $A^* = -A$ sein.

Wir wollen nun zunächst A^* betrachten. Die $n!$ Glieder von A^* haben folgendes Aussehen:

$$sgn\,(s_1, \ldots, s_n)\; a_{p_1 s_1} \ldots a_{p_k s_k}\; a_{p_{k+1} s_{k+1}} \ldots a_{p_n s_n}.$$

$s_1, \ldots, s_n$ durchläuft alle $n!$ Permutationen von $q_1, \ldots, q_n$. Unter diesen Gliedern greifen wir nun alle diejenigen heraus, bei denen $s_1, \ldots, s_k$ eine Permutation von $q_1, \ldots, q_k$ und $s_{k+1}, \ldots, s_n$ eine Permutation von $q_{k+1}, \ldots, q_n$ ist. Das sind $k!\,(n-k)!$ Glieder. Wenn nun $s_1, \ldots s_k$ aus $q_1, \ldots, q_k$ durch ϱ und $s_{k+1}, \ldots, s_n$ aus $q_{k+1}, \ldots, q_n$ durch σ Transpositionen entsteht, so kommt man durch $\varrho + \sigma$ Transpositionen von $q_1, \ldots, q_n$ zu $s_1, \ldots, s_n$. Man hat also

$$sgn\,(s_1, \ldots, s_n) = sgn\,(s_1, \ldots, s_k)\; sgn\,(s_{k+1}, \ldots, s_n),$$

und jene $k!(n-k)!$ Glieder von A^* erscheinen als Produkte von folgender Art

$$sgn\,(s_1, \ldots, s_k)\, a_{p_1 s_1} \ldots, a_{p_k s_k}\; sgn\,(s_{k+1}, \ldots, s_n)\, a_{p_{k+1} s_{k+1}} \ldots a_{p_n s_n}.$$

Ihre Summe ist das Produkt der beiden Determinanten M_k und M_{n-k}, weil $s_1, \ldots, s_k$ alle Permutationen von $q_1, \ldots, q_k$ durchläuft und $s_{k+1}, \ldots, s_n$ alle Permutationen von $q_{k+1}, \ldots, q_n$.

Man erkennt auf diese Weise, daß die $k!\,(n-k)!$ Glieder des ausgerechneten Produkts $M_k M_{n-k}$ zugleich Glieder der Determinante A^* sind. Gibt man noch das Zeichen $(-1)^{\Sigma (p_\varkappa + q_\varkappa)}$ hinzu $(\varkappa = 1, \ldots, k)$, so kann man sagen, daß uns

$$(-1)^{\Sigma (p_\varkappa + q_\varkappa)}\; M_k M_{n-k}$$

$k!\,(n-k)!$-Glieder von A liefert. Hält man nun $p_1, \ldots, p_k$ fest und läßt $q_1, \ldots, q_k$ alle $\binom{n}{k}$ Kombinationen k-ter Klasse durchlaufen, die man aus $1, 2, \ldots, n$ bilden kann, so entstehen $\binom{n}{k}$ Gruppen von je $k!\,(n-k)!$ Gliedern der Determinante A, und je zwei Gruppen enthalten kein gemeinsames Glied.

Da, wie wir wissen, $\binom{n}{k} = \frac{n!}{k!\,(n-k)!}$ ist, so erhält man im ganzen $n!$ verschiedene Glieder von A, d. h. überhaupt alle Glieder. Es ist mit anderen Worten $A = \Sigma M_k M^*_{n-k}$, wenn wir $M_{n-k} \cdot (-1)^{\Sigma (p_\varkappa + q_\varkappa)} = M^*_{n-k}$ setzen. Dieses mit dem Zeichen $(-1)^{\Sigma (p_\varkappa + q_\varkappa)}$ versehene Komplement M_{n-k} von M_k nennt man das **algebraische Komplement** und bezeichnet es mit M^*_{n-k}. Was wir hier gewonnen haben, ist einer der berühmtesten und wichtigsten Determinantensätze. Laplace hat ihn in seiner Mécanique céleste aufgestellt. In Worte gefaßt lautet er wie folgt:

Wenn man k Zeilen (Spalten) einer n-reihigen Determinante A ins Auge faßt und jede ihnen entnommene k-reihige Determinante mit ihrem algebraischen Komplement multipliziert, so ist die Summe dieser $\binom{n}{k}$ Produkte gleich A.

Im Falle $k = 1$ ist dies der uns schon bekannte Satz von der Entwicklung einer Determinante nach einer Zeile (Spalte). Eine einreihige Determinante hat nur ein Element und ist gleich diesem Element.

Wenn man zwei verschiedene Systeme von k Zeilen der n-reihigen Determinante A betrachtet, neben den Zeilen $p_1, \ldots, p_k$ noch die Zeilen $p_1', \ldots, p_k'$, so ist klar, daß eine Determinante mit mindestens zwei übereinstimmenden Zeilen herauskommt, wenn man die Zeile p_1 durch die Zeile p_1' ersetzt, die Zeile p_2 durch die Zeile p_2' usw., schließlich die Zeile p_k durch die Zeile p_k'. Bezeichnet man die k-reihigen Determinanten in den Zeilen $p_1', \ldots, p_k'$ mit M_k', so wird nach Laplace $\Sigma M_k' M^*_{n-k} = 0$ sein. Das sind, wenn man bedenkt, daß $p_1, \ldots, p_k$ jede von $p_1', \ldots, p_k'$ verschiedene Kombination sein kann, $\binom{n}{k} - 1$ Gleichungen für die $\binom{n}{k}$ Größen M_k'. Zu ihnen tritt noch hinzu die Gleichung $\Sigma M_k' M'^*_{n-k} = A$, die sich ergibt, wenn $p_1', \ldots, p_k'$ und $p_1, \ldots, p_k$ zusammenfallen. Im Falle $k = 1$, wo $M_k = a_{pq}$ und $M_{n-k} = A_{pq}$ ist, lauten diese $\binom{n}{k}$ Gleichungen

$$\sum_q a_{p'q} A_{pq} = 0 \; (p' \neq p), \quad \sum_q a_{p'q} A_{p'q} = A .$$

Entsprechendes gilt natürlich für die Spalten. $\sum_q a_{p'p} A_{pq}$ entsteht aus $A = \sum_q a_{pq} A_{pq}$ dadurch, daß man $a_{p1}, \ldots, a_{pn}$ durch $a_{p'1}, \ldots, a_{p'n}$ ersetzt, wodurch man im Falle $p' \neq p$ eine Determinante mit zwei übereinstimmenden Zeilen erhält, die also gleich Null sein muß.

Auflösung linearer Gleichungssysteme.

Wenn man obige Relationen zwischen den a_{pq} und A_{pq} kennt, so bereitet die Auflösung eines linearen Gleichungssystems keinerlei Schwierigkeit. Man erhält aus

$$a_{11} x_1 + \ldots + a_{1n} x_n = b_1 ,$$
$$\ldots\ldots\ldots\ldots$$
$$a_{n1} x_1 + \ldots + a_{nn} x_n = b_n$$

durch Zusammenfassung mittels der Faktoren $A_{1s}, \ldots, A_{ns}$

$$A x_s = b_1 A_{1s} + \ldots + b_n A_{ns} .$$

Die rechte Seite entsteht aus der Determinante $A = a_{1s} A_{1s} + \ldots + a_{ns} A_{ns}$ dadurch, daß man die s-te Spalte durch $b_1, \ldots, b_n$ ersetzt. x_s ist im Falle $A \neq 0$ gleich dieser abgeänderten Determinante, dividiert durch A. Damit sind wir wieder zur Cramerschen Regel gelangt.

Jetzt sind wir auch in der Lage, die Frage nach den Lösungen eines beliebigen Systems homogener Gleichungen zu erledigen. Es sei vorgelegt ein System von m homogenen Gleichungen mit n Unbekannten $x_1, \ldots, x_n$, also ein System von folgender Art:

$$\begin{aligned} a_{11} x_1 + a_{12} x_2 + \ldots + a_{1n} x_n &= 0, \\ a_{21} x_1 + a_{22} x_2 + \ldots + a_{2n} x_n &= 0, \\ \cdot \quad \cdot \quad \cdot \quad \cdot \quad \cdot \quad \cdot \quad \cdot \quad \cdot \quad & \cdot \quad \cdot \\ a_{m1} x_1 + a_{m2} x_2 + \ldots + a_{mn} x_n &= 0. \end{aligned}$$

In der Matrix dieses Gleichungssystems, d. h. in der Matrix

$$\begin{matrix} a_{11} & a_{12} & \ldots & a_{1n} \\ a_{21} & a_{22} & \ldots & a_{2n} \\ \cdot & \cdot & \cdot & \cdot \\ a_{m1} & a_{m2} & \ldots & a_{mn} \end{matrix}$$

gibt es einreihige, zweireihige, ..., schließlich n-reihige oder m-reihige Determinanten, je nachdem $m \geqq n$ oder $m \leqq n$ ist. Wir achten nur auf diejenigen, die von Null verschieden sind, und wählen unter ihnen eine möglichst vielreihige. Ist k ihre Reihenzahl, so sagt man, die Matrix der a_{rs} habe den **Rang** k. Es gibt also, wenn die Matrix den Rang k hat, in ihr eine von Null verschiedene k-reihige, aber keine von Null verschiedene $(k + 1)$-reihige Determinante. Durch Umordnung der Gleichungen und Umnumerierung der Unbekannten können wir erreichen, daß

$$D = \begin{vmatrix} a_{11} & \ldots & a_{1k} \\ \cdot & \cdot & \cdot \\ a_{k1} & \ldots & a_{kk} \end{vmatrix} \neq 0$$

ist. Wir wollen die linken Seiten der Gleichungen, die **Linearformen** in $x_1, \ldots, x_n$ sind, mit $f_1, \ldots, f_m$ bezeichnen und unter der Annahme $k < m$ die $k + 1$ Formen

$$\begin{aligned} f_1 &= a_{11} x_1 \ \ldots \ a_{1n} x_n\,, \\ \cdot \quad & \cdot \quad \cdot \quad \cdot \quad \cdot \\ f_k &= a_{k1} x_1 \ \ldots \ a_{kn} x_n\,, \\ f_p &= a_{p1} x_1 \ \ldots \ a_{pn} x_n \end{aligned}$$

betrachten, wobei p eine der Zahlen $k + 1, \ldots, m$ ist. Wenn wir die Determinante

$$\begin{vmatrix} a_{11} & \ldots & a_{1k} & f_1 \\ \cdot & \cdot & \cdot & \cdot \\ a_{k1} & \ldots & a_{kk} & f_k \\ a_{p1} & \ldots & a_{pk} & f_p \end{vmatrix}$$

betrachten, so ist leicht zu erkennen, daß sie gleich Null ist. Nach dem Zerlegungssatz und Faktorensatz setzt sie sich aus den n Summanden

$$x_q \begin{vmatrix} a_{11} & \ldots & a_{1k} & a_{1q} \\ \cdot & \cdot & \cdot & \cdot \\ a_{k1} & \ldots & a_{kk} & a_{kq} \\ a_{p1} & \ldots & a_{pk} & a_{pq} \end{vmatrix} \quad (q = 1, \ldots, n)$$

zusammen.

Ist $q = 1, 2, \ldots, k$, so hat die $(k + 1)$-reihige Determinante, mit der hier x_q multipliziert erscheint, zwei übereinstimmende Spalten, ist also gleich Null. Ist $q = k + 1, \ldots, n$, was nur im Falle $k < n$ in Frage kommt, so ist die

Determinante ebenfalls gleich Null, und zwar deshalb, weil es in der Matrix des Gleichungssystems keine von Null verschiedene $(k+1)$-reihige Determinante gibt. Auf alle Fälle ist also die Summendeterminante gleich Null. Entwickelt man sie nach der letzten Spalte, so ergibt sich eine Gleichung von der Form

$$D_1 f_1 + \ldots + D_k f_k + D f_p = 0\,.$$

Dabei sind $D_1, \ldots, D_k, D$ die mit gewissen Zeichen versehenen k-reihigen Determinanten der Matrix

$$\begin{matrix} a_{11} & \ldots & a_{1k} \\ \cdot & \cdot & \cdot \\ a_{k1} & \ldots & a_{kk} \\ a_{p1} & \ldots & a_{pk}\,, \end{matrix}$$

insbesondere ist D die Determinante, von der wir wissen, daß sie ungleich Null ist. So können wir also schreiben

$$f_p = c_1 f_1 + \ldots + c_k f_k\,,$$

wobei $c_1, \ldots, c_k$ die konstanten Werte $-\frac{D_1}{D}, \ldots, -\frac{D_k}{D}$ haben. Es zeigt sich also, daß im Falle $k < m$ die $m - k$ Linearformen $f_{k+1}, \ldots, f_m$ lineare Verbindungen der Formen $f_1, \ldots, f_k$ sind. Man kann diese Feststellung auch so formulieren: Wenn die Matrix eines Systems linearer Formen den Rang k hat, so sind die Formen des Systems lineare Verbindungen von k Grundformen.

Diese Grundformen selbst sind linear unabhängig. Es kann in der Tat zwischen $f_1, \ldots, f_k$ keine Beziehung von der Form $C_1 f_1 + \ldots + C_k f_k = 0$ bestehen mit konstanten Koeffizienten, die nicht alle null sind. Da hier $x_1, \ldots, x_n$ beliebige Werte haben dürfen, so könnte man z. B. setzen $x_1 = D_{\varkappa 1}, \ldots, x_k = D_{\varkappa k}$ $(\varkappa = 1, \ldots, k)$ und im Falle $k < n$ alle übrigen x gleich Null. $D_{\varkappa 1}, \ldots, D_{\varkappa k}$ sind die algebraischen Komplemente von $a_{\varkappa 1}, \ldots, a_{\varkappa k}$ in der Determinante D. Gibt man $x_1, \ldots, x_n$ die genannten Werte, so werden $f_1, \ldots, f_k$ alle gleich Null, mit alleiniger Ausnahme von $f_\varkappa$, das den von Null verschiedenen Wert D erhält. Somit muß $C_\varkappa = 0$ sein, und da $\varkappa = 1, \ldots, k$ gesetzt werden kann, hat die zwischen $f_1, \ldots, f_k$ angenommene lineare Beziehung lauter verschwindende Koeffizienten, d. h. es gibt zwischen $f_1, \ldots, f_k$ keine solche Beziehung.

Nach dieser Feststellung können wir sagen, daß das lineare homogene Gleichungssystem $f_1 = 0, \ldots, f_m = 0$ sich auf $f_1 = 0, \ldots, f_k = 0$ reduziert. Die anderen im Falle $k < m$ noch vorhandenen Gleichungen folgen aus diesen k Gleichungen, stellen also ihnen gegenüber keine neuen Aussagen dar. Die Lösungen des Systems $f_1 = 0, \ldots, f_m = 0$ sind identisch mit den Lösungen des Systems $f_1 = 0, \ldots, f_k = 0$. Um diese zu ermitteln, können wir uns auf die Cramersche Regel stützen. Wir schreiben die Gleichungen $f_1 = 0, \ldots, f_k = 0$, unter der Voraussetzung $k < n$, in der Form

$$\begin{aligned} a_{11} x_1 + \ldots + a_{1k} x_k &= -a_{1,k+1} x_{k+1} - \ldots - a_{1n} x_n\,, \\ \cdots\cdots & \cdots\cdots \\ a_{k1} x_1 + \ldots + a_{kk} x_k &= -a_{k,k+1} x_{k+1} - \ldots - a_{kn} x_n\,. \end{aligned}$$

Fassen wir sie mittels der Faktoren $D_{1\varkappa}, \ldots, D_{k\varkappa}$ zusammen, so ergibt sich

$$\begin{aligned} D x_\varkappa = &-(a_{1,k+1} D_{1\varkappa} + \ldots + a_{k,k+1} D_{k\varkappa})\, x_{k+1} - \ldots - \\ &-(a_{1n} D_{1\varkappa} + \ldots + a_{kn} D_{k\varkappa})\, x_n\,. \quad (\varkappa = 1, \ldots, k)\,. \end{aligned}$$

Man kann also $x_{k+1}, \ldots, x_n$ beliebig wählen und erhält dann, weil $D \neq 0$ ist, aus obigen Gleichungen $x_1, \ldots, x_k$.

Wenn man in obigen Formeln eine der Größen $x_{k+1}, \ldots, x_n$ gleich 1 und die andern gleich Null setzt, so liefern sie eine spezielle Lösung des vorliegenden linearen homogenen Gleichungssystems. Die so gewonnenen $n - k$ Grundlösungen haben folgendes Aussehen:

$$\begin{matrix} \overset{(1)}{x_1} \ldots \overset{(1)}{x_k} \, 1 \ldots 0 \, , \\ \cdot \; \cdot \; \cdot \; \cdot \; \cdot \; \cdot \; \cdot \; \cdot \\ \overset{(k)}{x_1} \ldots \overset{(k)}{x_k} \, 0 \ldots 1 \, . \end{matrix}$$

Jede Lösung $x_1, \ldots, x_n$ des Systems ergibt sich aus diesen Grundlösungen durch Zusammenfassung mittels der Faktoren $x_{k+1}, \ldots, x_n$. Die Grundlösungen selbst sind linear unabhängig. Man kann aus ihnen das Wertsystem $0, \ldots, 0$ nur dann als lineare Verbindung erhalten, wenn man lauter verschwindende Multiplikatoren verwendet.

Hiermit ist folgender grundlegende Satz gewonnen: Wenn ein lineares homogenes Gleichungssystem mit n Unbekannten den Rang k hat (d. h. seine Matrix vom Range k ist), so lassen sich im Falle $k < n$ alle Lösungen aus $n - k$ Grundlösungen linear aufbauen. Die Grundlösungen selbst sind linear unabhängig.

Im Falle $k = n$ ergibt die obige Betrachtung, daß alle x gleich Null sein müssen. Es gilt demnach der Satz:

Ein System von n linearen homogenen Gleichungen mit n Unbekannten ergibt dann und nur dann eine nicht aus lauter Nullen bestehende Lösung, wenn die Determinante verschwindet.

Multiplikationssatz der Determinanten.

Das Produkt zweier n-reihiger Determinanten

$$A = \begin{vmatrix} a_{11} & \ldots & a_{1n} \\ \cdot & \cdot & \cdot \\ a_{n1} & \ldots & a_{nn} \end{vmatrix}, \quad B = \begin{vmatrix} b_{11} & \ldots & b_{1n} \\ \cdot & \cdot & \cdot \\ b_{n1} & \ldots & b_{nn} \end{vmatrix}$$

läßt sich durch folgende $2n$-reihige Determinanten ausdrücken:

$$AB = \begin{vmatrix} a_{11} & \ldots & a_{n1} & c_{11} & \ldots & c_{1n} \\ \cdot & \cdot & \cdot & \cdot & \cdot & \cdot \\ a_{1n} & \ldots & a_{nn} & c_{n1} & \ldots & c_{nn} \\ 0 & \ldots & 0 & b_{11} & \ldots & b_{1n} \\ \cdot & \cdot & \cdot & \cdot & \cdot & \cdot \\ 0 & \ldots & 0 & b_{n1} & \ldots & b_{nn} \end{vmatrix} .$$

Entwickelt man diese $2n$-reihige Determinante nach den n ersten Spalten unter Anwendung des Laplaceschen Satzes, so kommt tatsächlich AB heraus. Die Größen c_{rs} können nach Belieben gewählt werden. Wir wollen sie aber so annehmen, daß

$$C = \begin{vmatrix} c_{11} & \ldots & c_{1n} \\ \cdot & \cdot & \cdot \\ c_{n1} & \ldots & c_{nn} \end{vmatrix} \neq 0$$

ist. Dann hat das Gleichungssystem

$$\begin{matrix} c_{11} x_1 \ldots c_{1n} x_n = - a_{s1} \, , \\ \cdot \; \cdot \; \cdot \; \cdot \; \cdot \; \cdot \; \cdot \; \cdot \\ c_{n1} x_1 \ldots c_{nn} x_n = - a_{sn} \end{matrix} \qquad (s = 1, \ldots, n)$$

eine Lösung, die wir, um die Abhängigkeit von s hervorzuheben, mit $k_{s1}, \ldots, k_{sn}$ bezeichnen wollen. Wenn man nun in der $2n$-reihigen Determinante zur s-ten

Spalte die mit $k_{s1}, \ldots, k_{sn}$ multiplizierten n letzten Spalten addiert und dies für $s = 1, \ldots, n$ durchführt, so behält die Determinante AB ihren Wert AB, nimmt aber andrerseits folgende Gestalt an:

$$\begin{vmatrix} 0 & \ldots & 0 & c_{11} & \ldots & c_{1n} \\ \cdot & \cdot & \cdot & \cdot & \cdot & \cdot \\ 0 & \ldots & 0 & c_{n1} & \ldots & c_{nn} \\ \Sigma k_{1\mu} b_{1\mu}, & \ldots, & \Sigma k_{n\mu} b_{1\mu}, & b_{11} & \ldots & b_{1n} \\ \cdot & \cdot & \cdot & \cdot & \cdot & \cdot \\ \Sigma k_{1\mu} b_{n\mu}, & \ldots, & \Sigma k_{n\mu} b_{n\mu}, & b_{n1} & \ldots & b_{nn} \end{vmatrix}.$$

Auf diese Determinante kann man wieder den Laplaceschen Satz anwenden und sie nach den n ersten Zeilen entwickeln. In ihnen gibt es nur eine von Null verschiedene n-reihige Determinante, nämlich C. Um ihr algebraisches Komplement zu erhalten, muß man das Komplement mit $(-1)^\sigma$ multiplizieren, wobei σ die Summe der Zeilenindizes $1, 2, \ldots, n$ und der Spaltenindizes $n + 1$, $n + 2, \ldots, 2n$ von C bedeutet. Offenbar ist, wenn man die Summe der Zeilenindizes in der Form $1 + 2 + \ldots + n$ und die Summe der Spaltenindizes in der Form $2n + (2n - 1) + \ldots + (n + 1)$ schreibt (die Summanden absteigend geordnet), $\sigma = n(2n + 1)$ und daher $(-1)^\sigma = (-1)^n$. Somit ergibt sich, falls man es überdies so einrichtet, daß $C = (-1)^n$ wird,

$$AB = \begin{vmatrix} \Sigma k_{1\mu} b_{1\mu}, & \ldots, & \Sigma k_{n\mu} b_{1\mu} \\ \cdot & \cdot & \cdot \\ \Sigma k_{1\mu} b_{n\mu}, & \ldots, & \Sigma k_{n\mu} b_{n\mu} \end{vmatrix}.$$

Man hat auf diese Weise das Produkt der beiden n-reihigen Determinanten A, B wieder als n-reihige Determinante dargestellt.

Setzt man alle c_{rs} mit ungleichen Indizes gleich Null und sonst $c_{rr} = -1$, so wird, wie wir fordern, $C = (-1)^n$. Die für $k_{s1}, \ldots, k_{sn}$ geltenden Gleichungen nehmen die einfache Form $k_{s1} = a_{s1}, \ldots, k_{sn} = a_{sn}$ an.

Es ist also $k_{sr} = a_{sr}$ und

$$AB = \begin{vmatrix} \Sigma a_{1\mu} b_{1\mu}, & \ldots, & \Sigma a_{1\mu} b_{n\mu} \\ \cdot & \cdot & \cdot \\ \Sigma a_{n\mu} b_{1\mu}, & \ldots, & \Sigma a_{n\mu} b_{n\mu} \end{vmatrix}.$$

Wie schon oben bei der Determinante A haben wir auch hier von dem Umklappungssatz Gebrauch gemacht. Wir wollen dieses Ergebnis in ausführlicher Form schreiben. Dann lautet es

$$\begin{vmatrix} a_{11} & \ldots & a_{1n} \\ \cdot & \cdot & \cdot \\ a_{n1} & \ldots & a_{nn} \end{vmatrix} \cdot \begin{vmatrix} b_{11} & \ldots & b_{1n} \\ \cdot & \cdot & \cdot \\ b_{n1} & \ldots & b_{nn} \end{vmatrix} = \begin{vmatrix} \Sigma a_{1\mu} b_{1\mu}, & \ldots, & \Sigma a_{1\mu} b_{n\mu} \\ \cdot & \cdot & \cdot \\ \Sigma a_{n\mu} b_{1\mu}, & \ldots, & \Sigma a_{n\mu} b_{n\mu} \end{vmatrix}.$$

Das ist der **Multiplikationssatz der Determinanten.** In der Produktdeterminante steht in der r-ten Zeile und s-ten Spalte die Summe $a_{r1} b_{s1} + \ldots + a_{rn} b_{sn}$, die sich aus der r-ten Zeile von A und der s-ten Zeile von B in einfacher Weise aufbaut. Die Glieder $a_{r1}, \ldots, a_{rn}$ werden mit $b_{s1}, \ldots, b_{sn}$ multipliziert und diese Produkte addiert.

Man nennt das die Zusammensetzung oder Faltung dieser beiden Zeilen.

Man findet also die r-te Zeile der Produktdeterminante, indem man die r-te Zeile von A sukzessiv mit den Zeilen von B zusammensetzt. Mit Rücksicht auf den Umklappungssatz könnte man ebensogut das Produkt AB in der Weise bilden, daß man die Zeilen von A mit den Spalten von B oder die Spalten von A mit den Zeilen von B oder die Spalten von A mit den Spalten von B, zusammensetzt.

Multipliziert man z. B. die Vandermondesche Determinante mit sich selbst, so ergibt sich folgende Darstellung für das Quadrat des Differenzenprodukts der Größen $x_1, x_2, \ldots, x_n$:

$$\begin{vmatrix} s_0, s_1, \ldots, s_{n-1} \\ s_1, s_2, \ldots, s_n \\ \cdot\ \cdot\ \cdot\ \cdot\ \cdot\ \cdot\ \cdot \\ s_{n-1}, s_n, \ldots, s_{2n-2} \end{vmatrix}.$$

Dabei ist
$$s_\mu = x_1^\mu + x_2^\mu + \ldots + x_n^\mu,$$
also die μ-te Potenzsumme der Größen $x_1, x_2, \ldots, x_n$. Damit ist das Quadrat des Differenzenprodukts, von dem wir wissen, daß es eine symmetrische Funktion von $x_1, x_2, \ldots, x_n$ ist, durch eine Determinante dargestellt, deren Elemente sogar schon symmetrische Funktionen sind.

Daß die Determinante P der n^2 Elemente $p_{rs} = a_{r1} b_{s1} + \ldots + a_{rn} b_{sn}$ gleich dem Produkt aus der Determinante A der a_{rs} und der Determinante B der b_{rs} ist, kann man auch mittels des Zerlegungssatzes und des Faktorensatzes nachweisen. Unter wiederholter Anwendung des Zerlegungssatzes läßt sich die Determinante P in eine Summe von n^n Determinanten folgender Art zerlegen:

$$\begin{vmatrix} a_{1\sigma_1} b_{1\sigma_1}, a_{1\sigma_2} b_{2\sigma_2}, \ldots, a_{1\sigma_n} b_{n\sigma_n} \\ a_{2\sigma_1} b_{1\sigma_1}, a_{2\sigma_2} b_{2\sigma_2}, \ldots, a_{2\sigma_n} b_{n\sigma_n} \\ \cdot\ \cdot\ \cdot\ \cdot\ \cdot\ \cdot\ \cdot\ \cdot\ \cdot\ \cdot\ \cdot\ \cdot \\ a_{n\sigma_1} b_{1\sigma_1}, a_{n\sigma_2} b_{2\sigma_2}, \ldots, a_{n\sigma_n} b_{n\sigma_n} \end{vmatrix}.$$

$\sigma_1, \sigma_2, \ldots, \sigma_n$ durchlaufen unabhängig voneinander die Werte $1, 2, \ldots, n$. Nach dem Faktorensatz kann man aus der ersten Spalte obiger Determinante den Faktor $b_{1\sigma_1}$, aus der zweiten den Faktor $b_{2\sigma_2}, \ldots$, schließlich aus der n-ten Spalte den Faktor $b_{n\sigma_n}$ herausziehen. Es ergibt sich auf diese Weise

$$P = \Sigma \begin{vmatrix} a_{1\sigma_1}\ a_{1\sigma_2} \ldots a_{1\sigma_n} \\ a_{2\sigma_1}\ a_{2\sigma_2} \ldots a_{2\sigma_n} \\ \cdot\ \cdot\ \cdot\ \cdot\ \cdot\ \cdot\ \cdot \\ a_{n\sigma_1}\ a_{n\sigma_2} \ldots a_{n\sigma_n} \end{vmatrix} b_{1\sigma_1} b_{2\sigma_2} \ldots b_{n\sigma_n}.$$

Da eine Determinante mit übereinstimmenden Spalten gleich Null ist, so können wir diejenigen Indexgruppen $\sigma_1, \sigma_2, \ldots, \sigma_n$ fortlassen, in denen es Wiederholungen gibt. Wir brauchen also nur über die sämtlichen Permutationen $\sigma_1, \sigma_2, \ldots, \sigma_n$ von $1, 2, \ldots, n$ zu summieren. Entsteht nun $\sigma_1, \sigma_2, \ldots, \sigma_n$ aus $1, 2, \ldots, n$ durch eine gerade Anzahl von Transpositionen, so wird die Determinante der $a_{r\sigma_s}$ gleich A sein, weil sie aus A durch eine gerade Anzahl von Spaltentranspositionen hervorgeht und eine jede solche Transposition nur einen Zeichenwechsel bewirkt. Ist zur Überführung von $1, 2, \ldots, n$ in $\sigma_1, \sigma_2, \ldots, \sigma_n$ eine ungerade Anzahl von Transpositionen erforderlich, so wird die Determinante der $a_{r\sigma_s}$ gleich $-A$ sein. Wir stützen uns hierbei auf den Vertauschungssatz. Auf alle Fälle können wir schreiben:

$$\begin{vmatrix} a_{1\sigma_1}\ a_{1\sigma_2} \ldots a_{1\sigma_n} \\ a_{2\sigma_1}\ a_{2\sigma_2} \ldots a_{2\sigma_n} \\ \cdot\ \cdot\ \cdot\ \cdot\ \cdot\ \cdot\ \cdot \\ a_{n\sigma_1}\ a_{n\sigma_2} \ldots a_{n\sigma_n} \end{vmatrix} = A\, sgn\, (\sigma_1, \sigma_2, \ldots, \sigma_n)$$

und
$$P = A\, \Sigma\, sgn\, (\sigma_1, \sigma_2, \ldots, \sigma_n)\, b_{1\sigma_1} b_{2\sigma_2} \ldots b_{n\sigma_n} = AB.$$

Wenn man zwei nicht quadratische Matrizen betrachtet

$$\begin{pmatrix} a_{11} & a_{12} & \dots & a_{1n} \\ a_{21} & a_{22} & \dots & a_{2n} \\ \cdot & \cdot & \cdot & \cdot \\ a_{m1} & a_{m2} & \dots & a_{mn} \end{pmatrix} \text{ und } \begin{pmatrix} b_{11} & b_{12} & \dots & b_{1n} \\ b_{21} & b_{22} & \dots & b_{2n} \\ \cdot & \cdot & \cdot & \cdot \\ b_{m1} & b_{m2} & \dots & b_{mn} \end{pmatrix} \quad (m \gtrless n),$$

so kann man durch Zusammensetzung der a-Zeilen mit den b-Zeilen die m^2 Größen $p_{rs} = a_{r1} b_{s1} + \dots + a_{rn} b_{sn}$ und ihre Determinante P bilden. Ist $m > n$, so kann man durch Anfügen von Nullspalten beide Matrizen zu quadratischen ausgestalten, ohne daß die p_{rs} sich ändern. Die Determinante P ist gleich dem Produkt der Determinanten A und B dieser quadratischen Matrizen. Weil es in A und B Spalten mit lauter Nullen gibt, sind A und B beide gleich Null, folglich auch P. Wie ist es nun im Falle $n > m$, wo also mehr Spalten als Zeichen vorhanden sind? Hier kann man auf Grund des Zerlegungssatzes, des Faktorensatzes und des Vertauschungssatzes schließlich schreiben

$$P = \Sigma \begin{vmatrix} a_{1s_1} & a_{1s_2} & \dots & a_{1s_m} \\ a_{2s_1} & a_{2s_2} & \dots & a_{2s_m} \\ \cdot & \cdot & \cdot & \cdot \\ a_{ms_1} & a_{ms_2} & \dots & a_{ms_m} \end{vmatrix} \begin{vmatrix} b_{1s_1} & b_{1s_2} & \dots & b_{1s_m} \\ b_{2s_1} & b_{2s_2} & \dots & b_{2s_m} \\ \cdot & \cdot & \cdot & \cdot \\ b_{ms_1} & b_{ms_2} & \dots & b_{ms_m} \end{vmatrix}.$$

$s_1, s_2, \dots, s_m$ durchläuft alle $\binom{n}{m}$ Kombinationen von $1, 2, \dots, n$ zur m-ten Klasse ($s_1 < s_2 < \dots < s_m$).

Man nennt P das **Produkt der beiden rechteckigen Matrizen**. Wie man sieht, kann dieses Produkt dadurch gewonnen werden, daß man jede m-reihige Determinante der einen Matrix mit der entsprechenden Determinante der anderen Matrix multipliziert und die Summe dieser $\binom{n}{m}$ Produkte bildet.

Z. B. gilt, wenn man zwei Matrizen mit zwei Zeilen und drei Spalten betrachtet,

$$\begin{pmatrix} a_1 & a_2 & a_3 \\ b_1 & b_2 & b_3 \end{pmatrix} \text{ und } \begin{pmatrix} c_1 & c_2 & c_3 \\ d_1 & d_2 & d_3 \end{pmatrix},$$

folgende schon von Lagrange aufgestellte Identität:

$$\begin{vmatrix} \Sigma a_v c_v, & \Sigma a_v d_v \\ \Sigma b_v c_v, & \Sigma b_v d_v \end{vmatrix} = \begin{vmatrix} a_2 & a_3 \\ b_2 & b_3 \end{vmatrix} \begin{vmatrix} c_2 & c_3 \\ d_2 & d_3 \end{vmatrix} + \begin{vmatrix} a_1 & a_3 \\ b_1 & b_3 \end{vmatrix} \begin{vmatrix} c_1 & c_3 \\ d_1 & d_3 \end{vmatrix} + \begin{vmatrix} a_1 & a_2 \\ b_1 & b_2 \end{vmatrix} \begin{vmatrix} c_1 & c_2 \\ d_1 & d_2 \end{vmatrix}.$$

§ 13. Das Rechnen mit Matrizen

Wenn man durch Gleichungen von der Form

$$\begin{aligned} x_1 &= a_{11} y_1 + a_{12} y_2 + \dots + a_{1n} y_n, \\ x_2 &= a_{21} y_1 + a_{22} y_2 + \dots + a_{2n} y_n, \\ &\dots\dots\dots\dots\dots \\ x_n &= a_{n1} y_1 + a_{n2} y_2 + \dots + a_{nn} y_n \end{aligned}$$

von $x_1, x_2, \dots, x_n$ zu $y_1, y_2, \dots, y_n$ übergeht, so nennt man das eine **lineare Transformation.** Diese Transformationen kommen in allen möglichen Zweigen der Mathematik vor. Um ein ganz einfaches Beispiel hervorzuheben, sei bemerkt, daß die rechtwinkligen Koordinaten eine lineare Transformation erfahren, wenn man das Achsensystem einer Drehung ϑ um den Anfangspunkt unterwirft. Ferner erwähnen wir, daß außer den rechtwinkligen kartesischen

Koordinaten oft auch schiefwinklige benutzt werden. Die Achsen bilden dann nicht mehr einen rechten Winkel. Sind diese Achsen $O\mathfrak{x}$, $O\mathfrak{y}$ um ϑ_1 und ϑ_2 gegen die x-Achse geneigt, und zieht man durch einen Punkt P der Ebene Parallelen zu den Achsen, so entstehen zwei Schnittpunkte P_1 und P_2 auf den Achsen $O\mathfrak{x}$ und $O\mathfrak{y}$. Die Koordinaten $\mathfrak{x}$, $\mathfrak{y}$ des Punktes P in bezug auf $O\mathfrak{x}$, $O\mathfrak{y}$ sind dann die Längen der Strecken OP_1 und OP_2, jede noch versehen mit einem Vorzeichen, je nachdem die Strecke der positiven oder der negativen Achsenrichtung folgt. Der Punkt P_1 hat dann die rechtwinkligen Koordinaten $\mathfrak{x} \cos \vartheta_1$, $\mathfrak{x} \sin \vartheta_1$, der Punkt P_2 die rechtwinkligen Koordinaten $\mathfrak{y} \cos \vartheta_2$, $\mathfrak{y} \sin \vartheta_2$. Um von O nach P zu gelangen, muß man zuerst die Strecke OP_1 durchlaufen (vgl. Fig. 33), wobei sich die rechtwinkligen Koordinaten, die zuerst 0,0 waren, um $\mathfrak{x} \cos \vartheta_1$, $\mathfrak{x} \sin \vartheta_1$ ändern, dann muß man die Strecke P_1P durchlaufen, die die gleiche Länge und gleiche Richtung hat wie OP_2, so daß die rechtwinkligen Koordinaten sich noch ein zweites Mal ändern, und zwar um $\mathfrak{y} \cos \vartheta_2$, $\mathfrak{y} \sin \vartheta_2$. Daher werden die Koordinaten von P lauten:

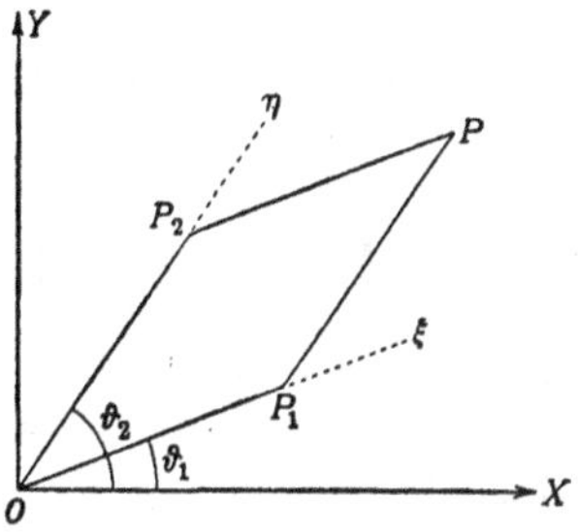

Fig. 33

$$x = \mathfrak{x} \cos \vartheta_1 + \mathfrak{y} \cos \vartheta_2, \quad y = \mathfrak{x} \sin \vartheta_1 + \mathfrak{y} \sin \vartheta_2.$$

Man sieht, daß der Übergang von x, y zu $\mathfrak{x}$, $\mathfrak{y}$ durch eine lineare Transformation vermittelt wird. Sind $O\mathfrak{x}$, $O\mathfrak{y}$ ebenfalls rechtwinklige Achsen und entsteht die positive $\mathfrak{y}$-Achse durch Linksdrehung um 90^0 aus der positiven $\mathfrak{x}$-Achse, so ist $\vartheta_2 = \vartheta_1 + \frac{\pi}{2}$, also $\cos \vartheta_2 = -\sin \vartheta_1$ und $\sin \vartheta_2 = \cos \vartheta_1$. Lassen wir noch den Index bei ϑ_1 fort, so ergeben sich für den Übergang zum gedrehten Achsensystem folgende Formeln:

$$\boxed{x = \mathfrak{x} \cos \vartheta - \mathfrak{y} \sin \vartheta, \qquad y = \mathfrak{x} \sin \vartheta + \mathfrak{y} \cos \vartheta,}$$

die man auch sofort dadurch gewinnen kann, daß man mit Polarkoordinaten arbeitet. P hat in beiden Achsensystemen denselben Radiusvektor r und in bezug auf $O\mathfrak{x}$, $O\mathfrak{y}$ und Ox, Oy die Amplituden φ und $\varphi + \vartheta$. Aus

$$x = r \cos(\varphi + \vartheta) = r \cos \varphi \cos \vartheta - r \sin \varphi \sin \vartheta,$$
$$y = r \sin(\varphi + \vartheta) = r \cos \varphi \sin \vartheta + r \sin \varphi \cos \vartheta$$

und $\mathfrak{x} = r \cos \varphi$, $\mathfrak{y} = r \sin \varphi$ ergeben sich unmittelbar die obigen Formeln. Die linearen Transformationen haben folgende Eigenschaft: Wenn der Übergang von $x_1, x_2, \ldots, x_n$ zu $y_1, y_2, \ldots, y_n$ durch eine lineare Transformation T_a und der Übergang von $y_1, y_2, \ldots, y_n$ zu $z_1, z_2, \ldots, z_n$ durch eine lineare Transformation T_b vermittelt wird, so sind $x_1, x_2, \ldots, x_n$ und $z_1, z_2, \ldots, z_n$ durch eine lineare Transformation T_c verknüpft. Macht man nämlich in T_a die Einsetzungen

$$\begin{aligned} y_1 &= b_{11} z_1 + b_{12} z_2 + \ldots + b_{1n} z_n, \\ y_2 &= b_{21} z_1 + b_{22} z_2 + \ldots + b_{2n} z_n, \\ &\ldots\ldots\ldots\ldots\ldots \\ y_n &= b_{n1} z_1 + b_{n2} z_2 + \ldots + b_{nn} z_n, \end{aligned}$$

so werden $x_1, x_2 \ldots, x_n$ Linearformen in $z_1, z_2, \ldots, z_n$, und zwar erhält man in $x_r = a_{r1} y_1 + a_{r2} y_2 + \ldots + a_{rn} y_n$ das Glied mit z_s offenbar dadurch, daß man $y_1, y_2, \ldots, y_n$ durch $b_{1s} z_s, b_{2s} z_s, \ldots, b_{ns} z_s$ ersetzt. Es wird also, wenn man

$$a_{r1} b_{1s} + a_{r2} b_{2s} + \ldots + a_{rn} b_{ns} = c_{rs} \qquad \text{setzt,}$$
$$x_r = c_{r1} z_1 + c_{r2} z_2 + \ldots + c_{rn} z_n,$$

so daß T_c lautet

$$\begin{aligned} x_1 &= c_{11} z_1 + c_{12} z_2 + \ldots + c_{1n} z_n\,, \\ x_2 &= c_{21} z_1 + c_{22} z_2 + \ldots + c_{2n} z_n\,, \\ &\ldots\ldots\ldots\ldots \\ x_n &= c_{n1} z_1 + c_{n2} z_2 + \ldots + c_{nn} z_n\,. \end{aligned}$$

Man nennt diese Eigenschaft, daß zwei lineare Transformationen, nacheinander ausgeführt, die gleiche Wirkung haben wie eine einzige lineare Transformation, die **Gruppeneigenschaft** und sagt, daß die linearen Transformationen eine Gruppe bilden.

Eine lineare Transformation ist vollkommen gekennzeichnet durch ihre **Koeffizientenmatrix.** Man pflegt solche Matrizen durch große deutsche Buchstaben zu bezeichnen und die Matrizen einzuklammern, schreibt also

$$\mathfrak{A} = \begin{pmatrix} a_{11} & \ldots & a_{1n} \\ . & . & . \\ a_{n1} & \ldots & a_{nn} \end{pmatrix}, \quad \mathfrak{B} = \begin{pmatrix} b_{11} & \ldots & b_{1n} \\ . & . & . \\ b_{n1} & \ldots & b_{nn} \end{pmatrix}, \quad \mathfrak{C} = \begin{pmatrix} c_{11} & \ldots & c_{1n} \\ . & . & . \\ c_{n1} & \ldots & c_{nn} \end{pmatrix}.$$

Im vorliegenden Falle nennt man $\mathfrak{C}$ das Produkt von $\mathfrak{A}$ und $\mathfrak{B}$ in dieser Reihenfolge und schreibt $\mathfrak{C} = \mathfrak{A} \cdot \mathfrak{B}$.

Hiermit ist gemeint, daß die Gleichungen $c_{rs} = a_{r1} b_{1s} + \ldots + a_{rn} b_{ns}$ bestehen. c_{rs} ist also die Zusammensetzung der r-ten Zeile des ersten mit der s-ten Spalte des zweiten Faktors. Wenn man mit A, B, C die Determinanten der Matrizen $\mathfrak{A}$, $\mathfrak{B}$, $\mathfrak{C}$ bezeichnet, so ist $C = AB$.

Eine Gleichung zwischen zwei Matrizen $\mathfrak{K}$ und $\mathfrak{M}$ bedeutet, daß jedes Element k_{rs} von $\mathfrak{K}$ gleich dem entsprechenden Element m_{rs} von $\mathfrak{M}$ ist. In der Gleichung $\mathfrak{K} = \mathfrak{M}$ sind also die n^2 Gleichungen $k_{rs} = m_{rs}$ zusammengefaßt.

An dem Beispiel

$$\mathfrak{K} = \begin{pmatrix} 1 & 0 & 0 & \ldots & 0 \\ 1 & 1 & 0 & \ldots & 0 \\ 0 & 0 & 0 & \ldots & 0 \\ . & . & . & . & . \\ 0 & 0 & 0 & \ldots & 0 \end{pmatrix}, \quad \mathfrak{M} = \begin{pmatrix} 1 & 1 & 0 & \ldots & 0 \\ 0 & 1 & 0 & \ldots & 0 \\ 0 & 0 & 0 & \ldots & 0 \\ . & . & . & . & . \\ 0 & 0 & 0 & \ldots & 0 \end{pmatrix}, \quad \text{wo}$$

$$\mathfrak{K}\mathfrak{M} = \begin{pmatrix} 1 & 1 & 0 & \ldots & 0 \\ 1 & 2 & 0 & \ldots & 0 \\ 0 & 0 & 0 & \ldots & 0 \\ . & . & . & . & . \\ 0 & 0 & 0 & \ldots & 0 \end{pmatrix}, \quad \mathfrak{M}\mathfrak{K} = \begin{pmatrix} 2 & 1 & 0 & \ldots & 0 \\ 1 & 1 & 0 & \ldots & 0 \\ 0 & 0 & 0 & \ldots & 0 \\ . & . & . & . & . \\ 0 & 0 & 0 & \ldots & 0 \end{pmatrix}$$

ist, sieht man, daß nicht immer $\mathfrak{K}\mathfrak{M} = \mathfrak{M}\mathfrak{K}$ ist. Die Multiplikation der Matrizen ist nicht kommutativ, pflegt man zu sagen. Als Summe der beiden Matrizen $\mathfrak{A}$ und $\mathfrak{B}$ wird die Matrix definiert, deren Glieder $a_{rs} + b_{rs}$ lauten. Man bezeichnet diese Summe mit $\mathfrak{A} + \mathfrak{B}$. Ebenso wird die Differenz $\mathfrak{A} - \mathfrak{B}$ als diejenige Matrix erklärt, die aus den Elementen $a_{rs} - b_{rs}$ besteht. Ferner bezeichnet man mit $k\,\mathfrak{A}$ oder $\mathfrak{A}\,k$ die Matrix der Elemente ka_{rs}. Man multipliziert also eine Matrix mit einer Zahl k, indem man alle Elemente der Matrix mit dem Faktor k versieht.

Die Matrizen, in deren Hauptdiagonale lauter gleiche Zahlen stehen, während alle übrigen Elemente gleich Null sind, bilden eine Sonderklasse. Summe, Differenz und Produkt zweier solcher Matrizen ist wieder eine Matrix derselben Art. Stehen in der Hauptdiagonale der einen Matrix lauter a, in der Hauptdiagonale der andern lauter b, so ist die Hauptdiagonale der Summe mit $a + b$, die der Differenz mit $a - b$, die des Produkts mit $a \cdot$ b besetzt. Hierdurch wird man veranlaßt, die Matrix $\begin{pmatrix} a & 0 & \dots & 0 \\ 0 & a & \dots & 0 \\ . & . & . & . \\ 0 & 0 & \dots & a \end{pmatrix}$ mit a zu identifizieren. Damit wird die Bezeichnung $k\,\mathfrak{A}$ oder $\mathfrak{A}\,k$ für die Matrix der ka_{rs} gerechtfertigt. Die Matrix a kann in der Form $a\,\mathfrak{E}$ geschrieben werden, wobei $\mathfrak{E}$ die Matrix ist, deren Hauptdiagonale aus lauter Einsern besteht, während alle andern Elemente gleich Null sind. Diese Matrix $\begin{pmatrix} 1 & 0 & \dots & 0 \\ 0 & 1 & \dots & 0 \\ . & . & . & . \\ 0 & 0 & \dots & 1 \end{pmatrix}$,

auch **Einheitsmatrix** genannt, bewirkt, wenn man sie als Faktor vor oder hinter eine andere Matrix stellt, keinerlei Änderung. Ist die Determinante A einer Matrix $\mathfrak{A}$ ungleich Null, so gibt es zu $\mathfrak{A}$ eine reziproke Matrix, die mit $\mathfrak{A}$ in irgendeiner Reihenfolge multipliziert die Einheitsmatrix ergibt und mit $\mathfrak{A}^{-1}$ bezeichnet wird. Ist A_{rs} das algebraische Komplement von a_{rs} in der Determinante A, so lautet die reziproke Matrix zu

$$\mathfrak{A} = \begin{pmatrix} a_{11} & a_{12} & \dots & a_{1n} \\ a_{21} & a_{22} & \dots & a_{2n} \\ . & . & . & . \\ a_{n1} & a_{n2} & \dots & a_{nn} \end{pmatrix},$$

wie man leicht bestätigt,

$$\mathfrak{A}^{-1} = \begin{pmatrix} \frac{A_{11}}{A} & \frac{A_{21}}{A} & \dots & \frac{A_{n1}}{A} \\ \frac{A_{12}}{A} & \frac{A_{22}}{A} & \dots & \frac{A_{n2}}{A} \\ . & . & . & . \\ \frac{A_{1n}}{A} & \frac{A_{2n}}{A} & \dots & \frac{A_{nn}}{A} \end{pmatrix}.$$

Auf diese Matrix kommt man sofort, wenn man die Gleichungen der zu $\mathfrak{A}$ gehörigen linearen Transformation nach der Cramerschen Regel auflöst, also die Umkehrung der linearen Transformation T_a aufsucht. Nur im Falle $A \neq 0$ gibt es eine solche Umkehrung. Man bezeichnet sie mit T_a^{-1}. Die Umkehrung von T_a^{-1} ist wieder T_a.

§ 14. Die komplexen Zahlen $a + bi$

Unter den zweireihigen Matrizen $\begin{pmatrix} a_{11} & a_{12} \\ a_{21} & a_{22} \end{pmatrix}$ gibt es außer den Matrizen $\begin{pmatrix} a & 0 \\ 0 & a \end{pmatrix}$, die wir mit den Zahlen a identifizieren, noch eine andere wichtige Sonderklasse. Diese Sonderklasse besteht aus allen Matrizen der Form $\begin{pmatrix} a, & -b \\ b, & a \end{pmatrix}$.

Die Elemente der Hauptdiagonale sind gleich, die der Nebendiagonale entgegengesetzt gleich. Offenbar ist hier

$$\begin{pmatrix} a_1, & -b_1 \\ b_1, & a_1 \end{pmatrix} \pm \begin{pmatrix} a_2, & -b_2 \\ b_2, & a_2 \end{pmatrix} = \begin{pmatrix} a_1 \pm a_2, & -(b_1 \pm b_2) \\ b_1 \pm b_2, & a_1 \pm a_2 \end{pmatrix},$$

$$\begin{pmatrix} a_1, & -b_1 \\ b_1, & a_1 \end{pmatrix} \begin{pmatrix} a_2, & -b_2 \\ b_2, & a_2 \end{pmatrix} = \begin{pmatrix} a_1 a_2 - b_1 b_2, & -(a_1 b_2 + b_1 a_2) \\ a_1 b_2 + b_1 a_2, & a_1 a_2 - b_1 b_2 \end{pmatrix}.$$

Man sieht, daß Addition, Subtraktion und Multiplikation nicht aus der Sonderklasse herausführen. Außerdem springt hier die Kommutativität der Multiplikation in die Augen.

Wir werden die Matrix $\begin{pmatrix} a & 0 \\ 0 & a \end{pmatrix}$ mit der Zahl a identifizieren und auch so bezeichnen, insbesondere $\begin{pmatrix} 1 & 0 \\ 0 & 1 \end{pmatrix}$ mit 1. Offenbar ist nun, wenn wir noch für $\begin{pmatrix} 0, & -1 \\ 1, & 0 \end{pmatrix}$ das Symbol i einführen, $\begin{pmatrix} a, & -b \\ b, & a \end{pmatrix} = \begin{pmatrix} a & 0 \\ 0 & a \end{pmatrix} + \begin{pmatrix} 0 & -b \\ b & 0 \end{pmatrix} = a + bi$; denn a ist die Matrix $\begin{pmatrix} a & 0 \\ 0 & a \end{pmatrix}$ und bi die Matrix $\begin{pmatrix} 0, & -b \\ b, & 0 \end{pmatrix}$. Beide ergeben tatsächlich die Summe $\begin{pmatrix} a, & -b \\ b, & a \end{pmatrix}$. Die Matrix i hat folgende Eigenschaft:

$$i^2 = \begin{pmatrix} 0, & -1 \\ 1, & 0 \end{pmatrix} \begin{pmatrix} 0, & -1 \\ 1, & 0 \end{pmatrix} = \begin{pmatrix} -1, & 0 \\ 0, & -1 \end{pmatrix} = -1\,.$$

Wir kommen hier also von einem höheren Gesichtspunkt aus auf die **komplexen Zahlen** $a + bi$, zu deren Einführung man bereits in der elementaren Algebra bei der Behandlung von Gleichungen zweiten Grades genötigt ist.

Während man die reellen Zahlen zur zahlenmäßigen Kennzeichnung der Punkte einer Geraden benutzen kann, die als **Zahlenlinie** bezeichnet wird, kann man die komplexen Zahlen $x + yi$ oder $x + iy$ mit den Punkten einer Ebene, der sogenannten **Zahlenebene**, verknüpfen, einfach in der Weise, daß man x, y als die rechtwinkligen Koordinaten eines Punktes dieser Ebene betrachtet. Die komplexen Zahlen sind sozusagen als Ansiedler auf dieser Ebene untergebracht. Die Zahl $x + yi$ wohnt an der Stelle mit den Koordinaten x, y. Man kann den reellen Zahlen und ebenso den komplexen Zahlen auch andere Siedlungsgebiete zuweisen. Z. B. kann man um den Anfangspunkt der Zahlenlinie einen Kreis beschreiben und auf diesem Kreise den Punkt oberhalb der Zahlenlinie, den obersten Punkt H, herausgreifen. Verbindet man H mit irgendeinem Punkte P der Zahlenlinie, wo die Zahl x wohnt, so schneidet HP den Kreis außer in H noch in einem zweiten Punkte P_1. Wenn man nun jede Zahl x von P nach P_1 umsiedelt, so sind die reellen Zahlen auf dem Kreise (Zahlenkreis) untergebracht. Nur der Punkt H hat keine Bewohnerin. Man könnte als Bewohnerin dieses Punktes die Zahl ∞ einführen. Ähnlich kann man die komplexen Zahlen $x + iy$ von der Zahlenebene auf eine **Zahlenkugel** umsiedeln. Um den Anfangspunkt, der von der Zahl 0 bewohnt ist, beschreibe man eine Kugel und wähle oberhalb der Zahlenebene auf dieser Kugel den höchstliegenden Punkt H. Verbindet man ihn mit einem Punkt P der Zahlenebene, wo die Zahl $x + iy$ wohnt, so schneidet HP die Kugel außer in H noch in einem zweiten Punkte P_1. Wenn man $x + iy$ von P nach P_1 umsiedelt, so sind die komplexen Zahlen auf der Zahlenkugel untergebracht. Nur der Punkt H hat keine Bewohnerin. Man könnte als Bewohnerin dieses Punktes die Zahl ∞ einführen.

Da wir neben den rechtwinkligen Koordinaten x, y noch die Polarkoordinaten zur Verfügung haben, die mit ihnen, wie uns bekannt, durch die Gleichungen $x = r \cos \varphi$, $y = r \sin \varphi$ zusammenhängen, so läßt sich die komplexe Zahl $x + iy$ auch in der Form schreiben $\boxed{r(\cos\varphi + i \sin\varphi)}$. Man nennt $r = \sqrt{x^2 + y^2}$ den **absoluten Betrag** der komplexen Zahl $x + iy$ und benutzt dafür das Symbol $|x + iy|$, gelesen: „Betrag von $x + iy$“. Die zweite Polarkoordinate nennt man die **Amplitude** oder den **Arcus** von $x + iy$ und schreibt dafür $arc\,(x + iy)$, gelesen: „Arcus von $x + iy$". Multipliziert man die beiden komplexen Zahlen $r_1 (\cos \varphi_1 + i \sin \varphi_1)$, $r_2 (\cos \varphi_2 + i \sin \varphi_2)$, so ergibt sich

$$\boxed{r_1 r_2 [\cos (\varphi_1 + \varphi_2) + i \sin (\varphi_1 + \varphi_2)]}.$$

Es multiplizieren sich also die absoluten Beträge, während die Arcusse sich addieren.

Bezeichnet man die beiden komplexen Zahlen mit z_1 und z_2, so ist also

$$|z_1 z_2| = |z_1| \, |z_2|, \quad \operatorname{arc} (z_1 z_2) = \operatorname{arc} z_1 + \operatorname{arc} z_2 .$$

Man beachte, daß der Arcus einer komplexen Zahl nichts eindeutig Bestimmtes ist, daß man vielmehr zu ihm ein beliebiges Vielfaches von 2π addieren kann. In einer Gleichung zwischen Arcussen müßte genau genommen noch immer auf einer Seite $2k\pi$ hinzugefügt werden.

Wenn die komplexe Zahl $z = x + iy = r (\cos \varphi + i \sin \varphi)$ nicht gleich Null ist, ihr Wohnort, oder wie man auch sagt, ihr Bildpunkt, nicht mit dem Anfangspunkt zusammenfällt, so gibt es zu z eine reziproke Zahl z^{-1}, die mit ihr das Produkt 1 liefert. Offenbar ist $z^{-1} = (1/r) (\cos \varphi - i \sin \varphi)$. Diese komplexe Zahl hat den absoluten Betrag $1/r$ und den Arcus $-\varphi$. Die beiden Arcusse φ und $-\varphi$ von z und z^{-1} geben die Summe Null, die beiden absoluten Beträge r und $1/r$ das Produkt 1, so daß tatsächlich $z z^{-1} = 1$ herauskommt. Allgemein ist im Fall $z_1 \neq 0$ der Quotient $\frac{z_2}{z_1}$ oder das Produkt $z_2 z_1^{-1}$ gleich

$$\boxed{\frac{r_2}{r_1} \left\{ (\cos (\varphi_2 - \varphi_1) + i \sin (\varphi_2 - \varphi_1) \right\}}.$$

Beim Dividieren dividieren sich also die absoluten Beträge, während sich die Arcusse subtrahieren.

Wichtig ist noch die Ungleichung $|z_1 + z_2| \leqq |z_1| + |z_2|$, die besagt:

Der absolute Betrag einer Summe ist nie größer als die Summe der Beträge.*)

Die linke Seite ist gleich $\sqrt{(x_1 + x_2)^2 + (y_1 + y_2)^2}$,

die rechte Seite gleich $\sqrt{x_1^2 + y_1^2} + \sqrt{x_2^2 + y_2^2}$.

Um zu wissen, welche von beiden Zahlen die größere ist, erhebe man beide ins Quadrat. Nach der Formel $p^2 - q^2 = (p + q)(p - q)$ haben, wenn p und q beide positiv sind, $p^2 - q^2$ und $p - q$ dasselbe Zeichen. Die Quadrate der beiden obigen Ausdrücke lauten nun

$$(x_1 + x_2)^2 + (y_1 + y_2)^2 = x_1^2 + x_2^2 + y_1^2 + y_2^2 + 2 (x_1 x_2 + y_1 y_2)$$

und
$$x_1^2 + y_1^2 + x_2^2 + y_2^2 + 2 \sqrt{x_1^2 + y_1^2} \sqrt{x_2^2 + y_2^2} .$$

Läßt man die übereinstimmenden Bestandteile fort, so bleibt im ersten Falle stehen $2 r_1 r_2 \cos (\varphi_1 - \varphi_2)$, im zweiten $2 r_1 r_2$.

*) Bei dieser Gelegenheit möchte ich folgenden von mir aufgestellten Satz erwähnen, der sich auf n reelle oder komplexe Zahlen bezieht:

$$\sqrt{A_1 \bar{A}_1} + \ldots + \sqrt{A_n \bar{A}_n} = |A_1| + \ldots + |A_n| > \sqrt{A_1 \bar{A}_1 + \ldots + A_n \bar{A}_n} .$$

Dabei ist $\bar{A}$ bei reellem A gleich A, bei komplexem A die zu A konjugierte Zahl, also $\bar{A} = a - ib$, wenn $A = a + ib$, so daß $|A| = |\bar{A}|$. Der Beweis ergibt sich durch Quadrieren. Im Falle $n = 2$ besagt der Satz, daß die Hypotenuse kleiner ist als die Kathetensumme.

Da der Cosinus zwischen —1 und 1 liegt, so ist $2 r_1 r_2 \cos (\varphi_1 - \varphi_2) \leqq 2 r_1 r_2$. Daher muß auch vorher auf der linken Seite die kleinere Größe gestanden haben, wenn nicht beide gleich waren, was nur im Falle $\cos (\varphi_1 - \varphi_2) = 1$, also $\varphi_1 = \varphi_2$ bis auf Vielfache von 2π zutrifft, wenn nicht r_1 oder r_2 verschwindet. Es ist also, so können wir jetzt sagen, stets $|z_1 + z_2| < |z_1| + |z_2|$ und nur dann $|z_1 + z_2| = |z_1| + |z_2|$, wenn eine der Zahlen z_1 oder z_2 verschwindet oder, falls dies nicht zutrifft, beide sich um einen positiven Faktor unterscheiden.

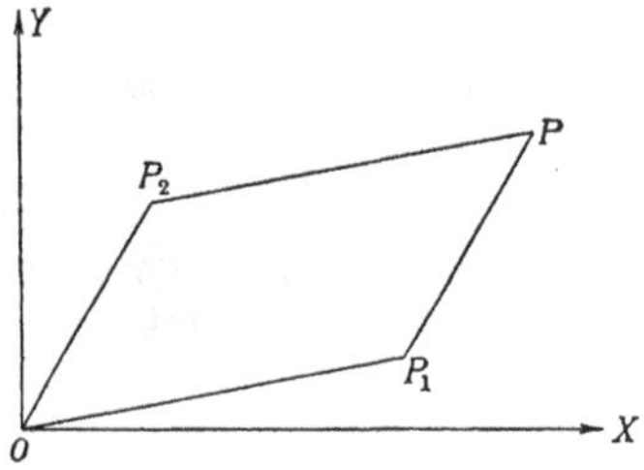

Fig. 34

Die Addition der komplexen Zahlen hat eine einfache geometrische Bedeutung. Sind P_1 und P_2 die Wohnorte von z_1 und z_2, so erhält man den Wohnort P der Zahl $z_1 + z_2$, wenn man O, P_1, P_2 zu einem Parallelogramm ergänzt (vgl. Fig. 34).

Dies beruht darauf, daß beim Durchlaufen der Strecke P_1P dieselben Koordinatenänderungen eintreten wie beim Durchlaufen von OP_2, d. h. die Änderungen x_2, y_2. Daher wird der Punkt P die Koordinaten $x_1 + x_2$, $y_1 + y_2$ haben, so daß er tatsächlich der Bildpunkt von $z_1 + z_2$ ist. Die Ungleichung $|z_1 + z_2| \leqq |z_1| + |z_2|$ besagt, daß in dem Dreieck OP_1P die Seite OP nicht größer ist als die Summe der beiden andern Seiten, die gerade Verbindung zwischen zwei Punkten also kürzer als die gebrochene Verbindungslinie OP_1 und P_1P. Nur wenn P_1 auf die Strecke OP fällt, sind beide gleichlang.

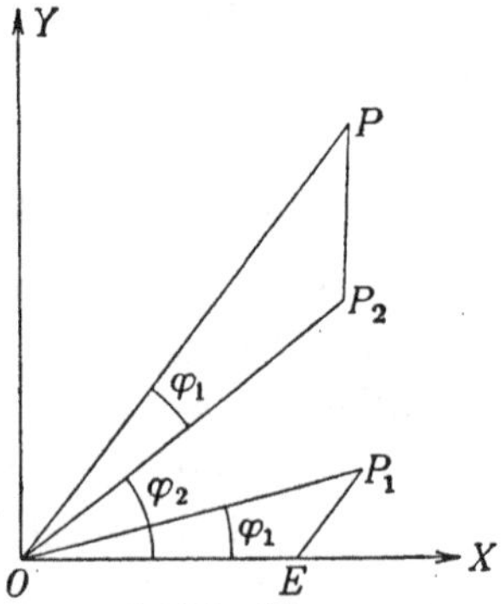

Fig. 35

Auch für die Multiplikation gibt es eine einfache geometrische Deutung. In Fig. 35 ist P der Bildpunkt von $z_1 z_2$. E ist der Bildpunkt der Zahl 1. Da P den Arcus $\varphi_1 + \varphi_2$ hat und den absoluten Betrag $r_1 r_2$, sind die Dreiecke OEP_1 und OP_2P ähnlich. Dadurch ist die Lage von P bestimmt.

Über die Deutung der Subtraktion und Division brauchen wir kein Wort zu verlieren. Nur eins sei bemerkt: Ist r die Länge P_1P oder OP_2 (vgl. Fig. 34) und φ der Winkel, um den P_1P oder OP_2 gegen die positive x-Achse geneigt ist, so hat man, da $z - z_1 = z_2$ ist, $z - z_1 = r(\cos\varphi + i \sin\varphi)$. Der absolute Betrag einer Differenz $z - z_1$ ist also gleich der Entfernung der Punkte z_1 und z, der Arcus die Neigung der Strecke $z_1 \ldots z$ gegen die x-Achse.

Um eine kleine Anwendung der komplexen Zahlen zu geben, wollen wir die n-ten **Einheitswurzeln** bestimmen. Das sind die n Wurzeln der Gleichung $z^n = 1$. Setzt man $z = r(\cos\varphi + i\sin\varphi)$, so muß

$$\boxed{r^n (\cos n\varphi + i \sin n\varphi) = 1}$$

sein, also $r = 1$ und $n\varphi = 2m\pi$.

Man findet durch Einsetzen von $m = 0, 1, \ldots, n-1$ die n Werte

$$1, \cos\frac{2\pi}{n} + i\sin\frac{2\pi}{n}, \ldots, \cos\frac{(n-1)\,2\pi}{n} + i\sin\frac{(n-1)\,2\pi}{n}.$$

Ihre Bildpunkte sind die Ecken eines dem Einheitskreis einbeschriebenen regulären n-Ecks. Bei dem Problem der Kreisteilung (Konstruktion des regulären n-Ecks) muß man, wie Gauß es getan hat, mit den n-ten Einheitswurzeln operieren. Gauß gelang es, den ersten Schritt über die Ergebnisse der antiken Geometer hinaus zu tun, indem er zeigte, daß man das reguläre 17-Eck mit Zirkel und Lineal konstruieren kann. Er war damals ein neunzehnjähriger Student.

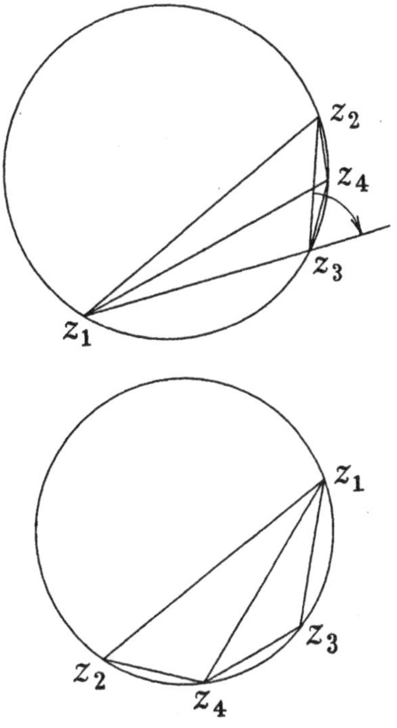

Fig. 36

Sehr bequem läßt sich mit Hilfe der komplexen Zahlen ein Kreisbogen darstellen. Durch 3 Punkte z_1, z_2, z_3 ist ein Kreis bestimmt, wobei wir auch die Gerade (als Kreis mit unendlichem Radius) mit zu den Kreisen rechnen. Wir betrachten auf diesem Kreis den Bogen z_1, z_3, z_2, welchem z_3 angehört, und durchlaufen ihn von z_1 über z_3 nach z_2. Man könnte z_1 den Anfangspunkt, z_2 den Endpunkt des Kreisbogens nennen. Mit $r_{\alpha\beta}$ bezeichnen wir die Entfernung der Punkte z_α, z_β, mit $\vartheta_{\alpha\beta}$ die Neigung der Strecke $z_\alpha \ldots z_\beta$ gegen die positive x-Achse. Dann ist, wie wir wissen,

$$z_\beta - z_\alpha = r_{\alpha\beta}(\cos\vartheta_{\alpha\beta} + i\sin\vartheta_{\alpha\beta})\,.$$

Nach dieser Formel kann man schreiben

$$\frac{z_3 - z_1}{z_2 - z_3} = \frac{r_{13}}{r_{23}}(\cos\alpha + i\sin\alpha)\,,$$

wobei $\alpha = \vartheta_{13} - \vartheta_{32}$ ist. In Fig. 36 ist α durch einen gekrümmten Pfeil markiert. Man sieht direkt die Drehung α, welche die Richtung $z_3 \ldots z_2$ in die Richtung $z_1 \ldots z_3$ überführt. Nach dem Satz vom Peripheriewinkel behält α seinen Wert, wenn z_3 den betrachteten Kreisbogen durchläuft. Dagegen ändert sich der positive Faktor r_{13}/r_{23}. In Fig. 36 liegt der Punkt z_4 auf dem Bogenstück $z_3 \ldots z_2$. Wenn man den Kreisbogen von z_1 nach z_2 hin durchläuft, kommt man also zuerst nach z_3, dann nach z_4. Man kann sich nun überzeugen,

daß $$\frac{r_{14}}{r_{24}} > \frac{r_{13}}{r_{23}} \quad \text{ist, oder} \quad r_{14}r_{23} > r_{13}r_{24}\,.$$

Links steht das Produkt der Diagonalen des Sehnenvierecks z_1, z_2, z_4, z_3. Nach dem Satz des Ptolomäus ist aber dieses Produkt gleich der Summe der Produkte je zweier Gegenseiten, d. h. es besteht die Gleichung

$r_{14}r_{23} = r_{13}r_{24} + r_{12}r_{34}$, so daß tatsächlich $r_{14}r_{23} > r_{13}r_{24}$ ist. Wenn z_3 den Kreisbogen von z_1 nach z_2 hin beschreibt, so nimmt demnach r_{13}/r_{23} beständig zu, und zwar von 0 bis ∞.

Es sei nun z irgendein Punkt des Kreisbogens z_1, z_3. z_2. Seine Entfernungen von z_1 nach z_2 nennen wir r_1 und r_2. Es ist dann

$$\frac{z - z_1}{z_2 - z} = \frac{r_1}{r_2}(\cos\alpha + i\sin\alpha) \qquad \text{und daher} \qquad \frac{z - z_1}{z_2 - z} : \frac{z_3 - z_1}{z_2 - z_3} = \frac{r_1}{r_2} : \frac{r_{13}}{r_{23}}\,.$$

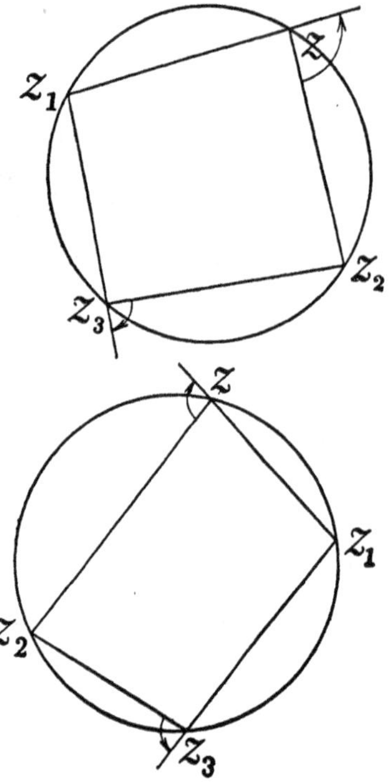

Fig. 37

Setzt man $\frac{z - z_1}{z_2 - z} = \frac{z_3 - z_1}{z_2 - z_3}\, t$ und läßt den reellen Parameter t von 0 bis ∞ zunehmen, so beschreibt der Punkt z den Kreisbogen z_1, z_3, z_2. Für $t = 1$ fällt z mit z_3 zusammen. t ist der Quotient $r_1/r_2 : r_{13}/r_{23}$, also das Entfernungsverhältnis des Punktes z von z_1 und z_2, dividiert durch das Entfernungsverhältnis des Punktes z_3.

Wenn man annimmt (vgl. Fig. 37), daß z dem Ergänzungsbogen zu z_1, z_3, z_2 angehört, so ändert sich der Winkel α. Er nimmt den aus Fig. 37 ersichtlichen Wert an und unterscheidet sich von α um π, so daß $\frac{z - z_1}{z_2 - z}$ gleich $-(r_1/r_2)(\cos\alpha + i\sin\alpha)$ ist. Hiernach wird, wenn wir dieselbe Formel wie vorher aufschreiben, $t = -(r_1/r_2 : r_{13}/r_{23})$. Wenn wir also t von $-\infty$ bis 0 zunehmen lassen, so beschreibt z den Ergänzungsbogen von z_2 nach z_1 gehend. z durchläuft also den ganzen Kreis z_1, z_3, z_2, z_1, wenn t von 0 bis ∞ und dann von $-\infty$ bis 0 geht. Längs des Bogens z_1, z_3, z_2 ist t positiv, längs des Ergänzungsbogens negativ. Beim Überschreiten der Stelle z_2 springt der Parameter von ∞ nach $-\infty$.

§ 15. Hamiltonsche Matrizen, Quaternionen und Vektoren

Unter den vierreihigen Matrizen

$$\begin{pmatrix} a_{11} & a_{12} & a_{13} & a_{14} \\ a_{21} & a_{22} & a_{23} & a_{24} \\ a_{31} & a_{32} & a_{33} & a_{34} \\ a_{41} & a_{42} & a_{43} & a_{44} \end{pmatrix}$$

gibt es eine berühmte Sonderklasse, innerhalb welcher man Additionen, Subtraktionen, Multiplikationen und Divisionen vornehmen kann, wobei im Falle der Division noch eine Einschränkung besteht.

Diese Sonderklasse besteht aus allen Matrizen folgender Struktur: *)

$$\mathfrak{A} = \begin{pmatrix} a_0, & -a_1, & -a_2, & -a_3 \\ a_1, & a_0, & -a_3, & a_2 \\ a_2, & a_3, & a_0, & -a_1 \\ a_3, & -a_2, & a_1, & a_0 \end{pmatrix}.$$

*) Die Bauregel dieser Matrix läßt sich leicht merken. Wenn man von links oben die erste Spalte durchläuft, dann die letzte Zeile, dann die letzte Spalte nach oben hin und schließlich die erste Zeile nach links hin, so erhält man $a_0, a_1, a_2, a_3, a_2, a_1, a_0, a_1, a_2, a_3, a_2, a_1$. Der Index steigt abwechselnd auf und ab. Außerdem beachte man, daß in der ersten oder Hauptdiagonale überall der erste Index 0 auftritt, in der letzten oder Neben-

Man nennt sie **Hamiltonsche Matrizen.** Wenn man $\mathfrak{A}$ mit der Matrix

$$\mathfrak{B} = \begin{pmatrix} b_0, & -b_1, & -b_2, & -b_3 \\ b_1, & b_0, & -b_3, & b_2 \\ b_2, & b_3, & b_0, & -b_1 \\ b_3, & -b_2, & b_1, & b_0 \end{pmatrix}$$

zur Summe oder Differenz verbindet, so ergibt sich

$$\mathfrak{A} \pm \mathfrak{B} = \begin{pmatrix} (a_0 \pm b_0), & -(a_1 \pm b_1), & -(a_2 \pm b_2), & -(a_3 \pm b_3) \\ (a_1 \pm b_1), & (a_0 \pm b_0), & -(a_3 \pm b_3), & (a_2 \pm b_2) \\ (a_2 \pm b_2), & (a_3 \pm b_3), & (a_0 \pm b_0), & -(a_1 \pm b_1) \\ (a_3 \pm b_3), & -(a_2 \pm b_2), & (a_1 \pm b_1), & (a_0 \pm b_0) \end{pmatrix},$$

also wieder eine Hamiltonsche Matrix. Ebenso ist auch das Produkt der Matrizen $\mathfrak{A}\mathfrak{B}$ eine Hamiltonsche Matrix. Man findet tatsächlich für $\mathfrak{A}\mathfrak{B}$ folgende Matrix:

$$\begin{pmatrix} a_0 b_0 - a_1 b_1 - a_2 b_2 - a_3 b_3, & -a_0 b_1 - a_1 b_0 - a_2 b_3 + a_3 b_2, & -a_0 b_2 + a_1 b_3 - a_2 b_0 - a_3 b_1, & -a_0 b_3 - a_1 b_2 + a_2 b_1 - a_3 b_0 \\ a_1 b_0 + a_0 b_1 - a_3 b_2 + a_2 b_3, & -a_1 b_1 + a_0 b_0 - a_3 b_3 - a_2 b_2, & a_1 b_2 - a_0 b_3 - a_3 b_0 + a_2 b_1, & -a_1 b_3 + a_0 b_2 + a_3 b_1 + a_2 b_0 \\ a_2 b_0 + a_3 b_1 + a_0 b_2 - a_1 b_3, & -a_2 b_1 + a_3 b_0 + a_0 b_3 + a_1 b_2, & -a_2 b_2 - a_3 b_3 + a_0 b_0 - a_1 b_1, & -a_2 b_3 + a_3 b_2 - a_0 b_1 - a_1 b_0 \\ a_3 b_0 - a_2 b_1 + a_1 b_2 + a_0 b_3, & -a_3 b_1 - a_2 b_0 + a_1 b_3 - a_0 b_2, & -a_3 b_2 + a_2 b_3 + a_1 b_0 + a_0 b_1, & -a_3 b_3 - a_2 b_2 - a_1 b_1 + a_0 b_0 \end{pmatrix}.$$

Das ist eine Matrix von der Form

$$\mathfrak{C} = \begin{pmatrix} c_0, & -c_1, & -c_2, & -c_3 \\ c_1, & c_0, & -c_3, & c_2 \\ c_2, & c_3, & c_0, & -c_1 \\ c_3, & -c_2, & c_1, & c_0 \end{pmatrix},$$

wobei c_0, c_1, c_2, c_3 mit a_0, a_1, a_2, a_3 und b_0, b_1, b_2, b_3 in folgender Weise zusammenhängen:

$$\begin{aligned} c_0 &= a_0 b_0 - a_1 b_1 - a_2 b_2 - a_3 b_3, \\ c_1 &= a_1 b_0 + a_0 b_1 - a_3 b_2 + a_2 b_3, \\ c_2 &= a_2 b_0 + a_3 b_1 + a_0 b_2 - a_1 b_3, \\ c_3 &= a_3 b_0 - a_2 b_1 + a_1 b_2 + a_0 b_3 . \end{aligned}$$

Man sieht sofort, daß die Multiplikation nicht kommutativ ist. Bei Vertauschung der Buchstaben a und b bleibt zwar c_0 ungeändert, aber nicht c_1, c_2, c_3, in denen die Bestandteile $a_1 b_0 + a_0 b_1$, $a_2 b_0 + a_0 b_2$, $a_3 b_0 + a_0 b_3$ diese Auswechslung der Buchstaben a und b vertragen, während die andern Bestandteile $a_2 b_3 - a_3 b_2$, $a_3 b_1 - a_1 b_3$, $a_1 b_2 - a_2 b_1$ alternieren, d. h. die entgegengesetzten Werte annehmen.

Da das Produkt $\mathfrak{A}\mathfrak{B}$ nicht kommutativ ist, so gibt es hier zwei Arten der Division, je nachdem in der Gleichung $\mathfrak{A}\mathfrak{B} = \mathfrak{C}$ die Matrix $\mathfrak{B}$ oder die Matrix $\mathfrak{A}$ gesucht wird. Sind $\mathfrak{A}$ und $\mathfrak{C}$ gegeben und wird $\mathfrak{B}$ gesucht, so muß man die oben

---

diagonale überall der letzte Index 3. Hinsichtlich der Zeichen genügt es, sich zu merken, daß in der ersten Zeile außer a_0 alles mit Minus behaftet ist und von a_1 in der Diagonalrichtung nach rechts unten ebenfalls überall Minus steht. Außerdem muß man nur noch wissen, daß in jeder Zeile außer der ersten nur ein Minuszeichen vorkommt und in jeder Spalte (außer der ersten) zwei Minuszeichen, daher muß nur noch a_2 in der letzten Zeile das Minuszeichen erhalten.

für c_0, c_1, c_2, c_3 angegebenen Gleichungen nach b_0, b_1, b_2, b_3 auflösen. Die Determinante dieser Gleichungen lautet

$$\begin{vmatrix} a_0, & -a_1, & -a_2, & -a_3 \\ a_1, & a_0, & -a_3, & a_2 \\ a_2, & a_3, & a_0, & -a_1 \\ a_3, & -a_2, & a_1, & a_0 \end{vmatrix}.$$

Sie ist die Determinante der Hamiltonschen Matrix $\mathfrak{A}$. Wenn man sie auf Grund des Laplaceschen Satzes nach den beiden ersten Zeilen entwickelt, so muß man jede der sechs Determinanten

$$\begin{vmatrix} a_0, & -a_1 \\ a_1, & a_0 \end{vmatrix}, \begin{vmatrix} a_0, & -a_2 \\ a_1, & -a_3 \end{vmatrix}, \begin{vmatrix} a_0, & -a_3 \\ a_1, & a_2 \end{vmatrix}, \begin{vmatrix} -a_1, & -a_2 \\ a_0, & -a_3 \end{vmatrix}, \begin{vmatrix} -a_1, & -a_3 \\ a_0, & a_2 \end{vmatrix}, \begin{vmatrix} -a_2, & -a_3 \\ -a_3, & a_2 \end{vmatrix}$$

mit ihrem algebraischen Komplement multiplizieren, also mit dem Komplement unter Beigabe eines Zeichens. Dieses ist jedesmal $(-1)^{r_1+r_2+s_1+s_2}$, wobei r_1, r_2 die Zeilenindizes (hier 1 und 2) und s_1, s_2 die Spaltenindizes der zweireihigen Determinante sind, deren algebraisches Komplement man sucht. Die Spaltenindizes lauten der Reihe nach 1, 2; 1, 3; 1, 4; 2, 3; 2, 4; 3, 4. Addiert man r_1, r_2, s_1, s_2 unter Fortlassung gerader Bestandteile, auch in der Summe, so findet man 0, 1, 0, 0, 1, 0.

Die Komplemente

$$\begin{vmatrix} a_0, & -a_1 \\ a_1, & a_0 \end{vmatrix}, \begin{vmatrix} a_3, & -a_1 \\ -a_2, & a_0 \end{vmatrix}, \begin{vmatrix} a_3, & a_0 \\ -a_2, & a_1 \end{vmatrix}, \begin{vmatrix} a_2, & -a_1 \\ a_3, & a_0 \end{vmatrix}, \begin{vmatrix} a_2, & a_0 \\ a_3, & a_1 \end{vmatrix}, \begin{vmatrix} a_2, & a_3 \\ a_3, & -a_2 \end{vmatrix}$$

sind also der Reihe nach mit 1, —1, 1, 1, —1, 1 zu multiplizieren. Somit sind die Determinanten

$$a_0^2 + a_1^2,\ a_1 a_2 - a_0 a_3,\ a_0 a_2 + a_1 a_3,\ a_0 a_2 + a_1 a_3,\ a_0 a_3 - a_1 a_2,\ -a_2^2 - a_3^2$$

zu multiplizieren mit

$$a_0^2 + a_1^2,\ a_1 a_2 - a_0 a_3,\ a_0 a_2 + a_1 a_3,\ a_0 a_2 + a_1 a_3,\ a_0 a_3 - a_1 a_2,\ -a_2^2 - a_3^2 .$$

Die Determinante der Hamiltonschen Matrix $\mathfrak{A}$ hat also folgenden Wert

$$(a_0^2 + a_1^2)^2 + (a_1 a_2 - a_0 a_3)^2 + (a_0 a_2 + a_1 a_3)^2 + (a_0 a_2 + a_1 a_3)^2 +$$
$$+ (a_1 a_2 - a_0 a_3)^2 + (a_2^2 + a_3^2)^2 = (a_0^2 + a_1^2 + a_2^2 + a_3^2)^2 .$$

Da wir a_0, a_1, a_2, a_3 als reelle Zahlen voraussetzen, so ist die Determinante nur gleich Null, wenn alle a verschwinden, also die Matrix $\mathfrak{A}$ aus lauter Nullen besteht. Nur in diesem Falle ist es unmöglich, $\mathfrak{B}$ so zu bestimmen, daß $\mathfrak{A}\,\mathfrak{B} = \mathfrak{C}$ wird, es müßte denn $\mathfrak{C}$ ebenfalls aus lauter Nullen bestehen. Sucht man in der Gleichung $\mathfrak{A}\mathfrak{B} = \mathfrak{C}$ bei gegebenem $\mathfrak{B}$ und $\mathfrak{C}$ den Faktor $\mathfrak{A}$, so muß man die für c_0, c_1, c_2, c_3 angegebenen Gleichungen nach a_0, a_1, a_2, a_3 auflösen. Die Determinante des Gleichungssystems lautet dann

$$\begin{vmatrix} b_0, & -b_1, & -b_2, & -b_3 \\ b_1, & b_0, & b_3, & -b_2 \\ b_2, & -b_3, & b_0, & b_1 \\ b_3, & b_2, & -b_1, & b_0 \end{vmatrix}.$$

Wenn man in der Determinante der Hamiltonschen Matrix $\mathfrak{B}$ statt b_1, b_2, b_3 einsetzt $-b_1, -b_2, -b_3$ und dann noch die erste Zeile sowie die erste Spalte der so gewonnenen Determinante mit -1 multipliziert, so entsteht die hier vorliegende Determinante, die somit den Wert $(b_1^2 + b_2^2 + b_3^2 + b_4^2)^2$ hat. Auch hier finden wir, daß die Division durchführbar ist, sobald nicht alle b

verschwinden. Man kann nach den Rechnungsregeln für Matrizen die Hamiltonsche Matrix $\mathfrak{A}$ in folgender Weise als Summe schreiben:

$$a_0 \begin{pmatrix} 1&0&0&0\\ 0&1&0&0\\ 0&0&1&0\\ 0&0&0&1 \end{pmatrix} + a_1 \begin{pmatrix} 0&-1&0&0\\ 1&0&0&0\\ 0&0&0&-1\\ 0&0&1&0 \end{pmatrix} + a_2 \begin{pmatrix} 0&0&-1&0\\ 0&0&0&1\\ 1&0&0&0\\ 0&-1&0&0 \end{pmatrix} + a_3 \begin{pmatrix} 0&0&0&-1\\ 0&0&-1&0\\ 0&1&0&0\\ 1&0&0&0 \end{pmatrix}.$$

Die Einheitsmatrix ist, wie schon früher erklärt wurde, mit 1 zu identifizieren. Setzt man ferner

$$\mathfrak{i}_1 = \begin{pmatrix} 0&-1&0&0\\ 1&0&0&0\\ 0&0&0&-1\\ 0&0&1&0 \end{pmatrix}, \qquad \mathfrak{i}_2 = \begin{pmatrix} 0&0&-1&0\\ 0&0&0&1\\ 1&0&0&0\\ 0&-1&0&0 \end{pmatrix}, \qquad \mathfrak{i}_3 = \begin{pmatrix} 0&0&0&-1\\ 0&0&-1&0\\ 0&1&0&0\\ 1&0&0&0 \end{pmatrix},$$

so wird
$$\mathfrak{A} = a_0 + a_1 \mathfrak{i}_1 + a_2 \mathfrak{i}_2 + a_3 \mathfrak{i}_3 .$$

Zwischen den Grundmatrizen $\mathfrak{i}_1$, $\mathfrak{i}_2$, $\mathfrak{i}_3$ bestehen folgende Relationen:

$$\mathfrak{i}_1^2 = -1, \; \mathfrak{i}_2^2 = -1, \; \mathfrak{i}_3^2 = -1,$$
$$\mathfrak{i}_2 \mathfrak{i}_3 = -\mathfrak{i}_3 \mathfrak{i}_2 = \mathfrak{i}_1, \qquad \mathfrak{i}_3 \mathfrak{i}_1 = -\mathfrak{i}_1 \mathfrak{i}_3 = \mathfrak{i}_2, \qquad \mathfrak{i}_1 \mathfrak{i}_2 = -\mathfrak{i}_2 \mathfrak{i}_1 = \mathfrak{i}_3 .$$

Man kann $\mathfrak{A}$ als höhere komplexe Zahl auffassen und hat dann eine Hamiltonsche Quaternion vor sich. a_0 bezeichnet man als den skalaren, $a_1 \mathfrak{i}_1 + a_2 \mathfrak{i}_2 + a_3 \mathfrak{i}_3$ als den vektoriellen Bestandteil dieser Quaternion. Der skalare Bestandteil ist eine Zahl. Der vektorielle Bestandteil kann, wenn man im Raume drei rechtwinklige Achsen Ox, Oy, Oz zugrunde legt, durch eine Strecke veranschaulicht werden, die aus OP durch irgendeine Parallelverschiebung (Translation) entsteht. O ist der Anfangspunkt, P der Punkt mit den Koordinaten a_1, a_2, a_3. Man nennt eine solche Strecke, die nur nach Größe und Richtung festliegt, einen **Vektor.** Der Endpunkt wird gewöhnlich mit einer Pfeilspitze versehen.

Die Vektoren entstehen aus den Hamiltonschen Quaternionen durch Nullsetzen des skalaren Bestandteils. Multipliziert man die beiden Vektoren

$$a_1 \mathfrak{i}_1 + a_2 \mathfrak{i}_2 + a_3 \mathfrak{i}_3 , \quad b_1 \mathfrak{i}_1 + b_2 \mathfrak{i}_2 + b_3 \mathfrak{i}_3$$

nach der Multiplikationsregel der Quaternionen, so ergibt sich die Quaternion

$$-(a_1 b_1 + a_2 b_2 + a_3 b_3) + (a_2 b_3 - a_3 b_2)\, \mathfrak{i}_1 + (a_3 b_1 - a_1 b_3)\, \mathfrak{i}_2 + (a_1 b_2 - a_2 b_1)\, \mathfrak{i}_3 .$$

Der vektorielle Bestandteil, der auch als Determinante in der Form

$$\begin{vmatrix} \mathfrak{i}_1 & \mathfrak{i}_2 & \mathfrak{i}_3 \\ a_1 & a_2 & a_3 \\ b_1 & b_2 & b_3 \end{vmatrix}$$

geschrieben werden kann, heißt in der Vektorrechnung das **vektorielle Produkt** oder **äußere Produkt** der beiden Vektoren. Dieses Produkt ist nicht kommutativ, sondern alternierend, d. h. es multipliziert sich mit -1, wenn man die beiden Vektoren vertauscht. Der skalare Bestandteil ist kommutativ. Er wird in der Vektorrechnung ohne das Minuszeichen als **skalares Produkt** oder **inneres Produkt** der beiden Vektoren bezeichnet.

Man wählt die positiven Hälften der Koordinatenachsen gewöhnlich so, daß sie in der Reihenfolge Ox, Oy, Oz so zueinander liegen wie der rechte Arm, der linke Arm (beide ausgestreckt) und die Kopfrichtung oder wie das rechte Bein, das linke Bein und der Oberkörper eines Menschen (im Sitzen) oder wie der Daumen, der Zeigefinger und der Mittelfinger der rechten Hand (alle drei ausgestreckt). Wenn man sich als Teil der positiven z-Achse einen Menschen denkt, der seine Füße im Anfangspunkt O hat, so geht für ihn die positive x-Achse durch eine Vierteldrehung nach links in die positive y-Achse über. Man nennt ein solches Achsensystem ein **Rechtssystem** und überträgt diese Benennung auch auf drei Strecken OA, OB, OC, die einen gemeinsamen Anfangspunkt haben und nicht in einer Ebene liegen. Daß sie paarweise aufeinander senkrecht stehen, ist nicht notwendig. Liegen die Strecken so zueinander wie der Daumen, der Zeigefinger und der Mittelfinger der linken Hand, so spricht man von einem **Linkssystem.**

Wenn wir ein rechtwinkliges Achsensystem zugrunde legen (Fig. 38) und P_1 und P_2 die Koordinaten x_1, y_1, z_1 und x_2, y_2, z_2 haben, so werden die Vektoren OP_1 und OP_2 durch $x_1 \mathfrak{i} + y_1 \mathfrak{j} + z_1 \mathfrak{k}$ und $x_2 \mathfrak{i} + y_2 \mathfrak{j} + z_2 \mathfrak{k}$ dargestellt. $\mathfrak{i}, \mathfrak{j}, \mathfrak{k}$ sind die früher von uns mit $\mathfrak{i}_1, \mathfrak{i}_2, \mathfrak{i}_3$ bezeichneten Grundvektoren. OP oder $x \mathfrak{i} + y \mathfrak{j} + z \mathfrak{k}$ fällt mit $\mathfrak{i}$ oder $\mathfrak{j}$ oder $\mathfrak{k}$ zusammen, wenn x, y, z die Werte 1, 0, 0 oder 0, 1, 0 oder 0, 0, 1 annehmen, wenn also P auf der positiven x-Achse oder auf der positiven y-Achse oder auf der positiven z-Achse in der Entfernung 1 von O liegt. In Fig. 38 sind diese drei Einheitsvektoren $\mathfrak{i}, \mathfrak{j}, \mathfrak{k}$ (Vektoren von der Länge 1) hervorgehoben. Sie können, wenn man sie von O ausgehen läßt, als Ersatz für die Achsen Ox, Oy, Oz dienen. Als Summe zweier Vektoren (Quaternionen mit verschwindendem Skalarbestandteil) gilt nach den früheren Erklärungen der Vektor

$$(x_1 + x_2)\,\mathfrak{i} + (y_1 + y_2)\,\mathfrak{j} + (z_1 + z_2)\,\mathfrak{k}\,.$$

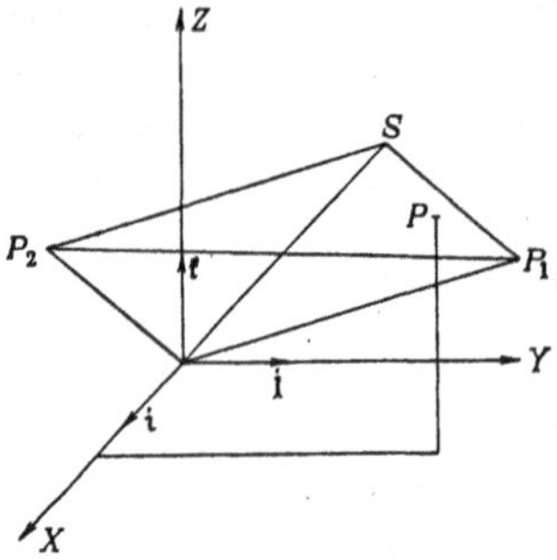

Fig. 38

In Fig. 38 ist OS dieser Summenvektor. Wenn man vom Punkte P_1 mit den Koordinaten x_1, y_1, z_1 nach S (der vierten Ecke des durch O, P_1, P_2 bestimmten Parallelogramms) fortschreitet längs der Strecke $P_1 S$, die eine Parallelverschiebung von OP_2 ist, so erfahren die Koordinaten des beweglichen Punktes dieselben Änderungen wie beim Durchlaufen der Strecke OP_2, also die Änderungen x_2, y_2, z_2, weil ja O die Koordinaten 0, 0, 0 hat. Daher hat S die Koordinaten $x_1 + x_2$, $y_1 + y_2$, $z_1 + z_2$. Vektoren addieren sich also nach der Parallelogrammregel. Man könnte auch sagen, daß man, wenn die beiden Vektoren durch die Strecken $A_1 B_1$ und $A_2 B_2$ dargestellt werden, z. B. $A_2 B_2$ durch Translation in die Lage $B_1 C_1$ bringen muß, worauf dann der Anfangspunkt mit dem Endpunkt der ersten Strecke zusammenfällt. Hat man auf solche Weise die Vektoren zu einem Streckenzug vereinigt, so geht der Summenvektor vom Anfangspunkt A_1 zum Endpunkt C_1 des Streckenzuges. Die Regel gilt auch für mehr als zwei Summanden und führt bei Abänderung ihrer Reihenfolge immer zu demselben Summenvektor. Die Strecke $P_1 P_2$ repräsentiert die Differenz der beiden Vektoren OP_2 und OP_1, weil OP_2 vom Anfang zum Ende des Streckenzuges $OP_1 P_2$ führt. Daher ist $P_1 P_2$ der Vektor $(x_2 - x_1)\,\mathfrak{i} + (y_2 - y_1)\,\mathfrak{j} + (z_2 - z_1)\,\mathfrak{k}$. Nennt man x, y, z die Koordinaten des Vektors $x\mathfrak{i} + y\mathfrak{j} + z\mathfrak{k}$, so sind die Koordinaten des Vektors $P_1 P_2$ die Koordinaten des Endpunktes P_2, vermindert um die des Anfangspunktes P_1. In Fig. 38 sieht man OP zerlegt in die drei Summanden OR, RQ, QP, die parallel zu den Achsen laufen und daher mit $x\mathfrak{i}$, $y\mathfrak{j}$, $z\mathfrak{k}$ identisch sind. Nennt man r die Länge des Vektors OP, so ist, wie sich aus der Figur ablesen läßt,

$$\boxed{x^2 + y^2 + z^2 = r^2,}$$

also das Längenquadrat eines Vektors gleich der Quadratsumme seiner Koordinaten. Bezeichnet man die Entfernung der beiden Punkte P_1, P_2, d. h. die Länge des Vektors $P_1 P_2$, mit d, so wird

$$(x_2 - x_1)^2 + (y_2 - y_1)^2 + (z_2 - z_1)^2 = d^2 .$$

Nach dem aus der Schulmathematik bekannten Cosinussatz ist, wenn wir die Längen OP_1 und OP_2 mit r_1, r_2 bezeichnen, und den Winkel $P_1 OP_2$ mit ϑ,

$$d^2 = r_1^2 + r_2^2 - 2 r_1 r_2 \cos \vartheta .$$

Setzt man für d^2, r_1^2, r_2^2 ihre Ausdrücke durch x_1, y_1, z_1 und x_2, y_2, z_2 ein, so ergibt sich die grundlegende Beziehung

$$x_1 x_2 + y_1 y_2 + z_1 z_2 = r_1 r_2 \cos \vartheta .$$

Das innere Produkt der Vektoren OP_1, OP_2 hat hiernach eine einfache geometrische Bedeutung. Es ist gleich dem Produkt der Vektorlängen mal dem Cosinus des von ihnen eingeschlossenen Winkels ϑ. Ist ϑ ein spitzer Winkel, so hat das innere Produkt einen positiven Wert, ist ϑ ein stumpfer Winkel, so hat es einen negativen Wert. Ist der Winkel ϑ ein rechter, so wird $\cos \vartheta = 0$, mithin

$$x_1 x_2 + y_1 y_2 + z_1 z_2 = 0 .$$

Dies ist also die **Orthogonalitätsbedingung** für zwei Vektoren.

Die zwischen den Grundvektoren $\mathfrak{i}, \mathfrak{j}, \mathfrak{k}$ (früher $\mathfrak{i}_1, \mathfrak{i}_2, \mathfrak{i}_3$ genannt) bestehenden Relationen $\mathfrak{i}_2 \mathfrak{i}_3 = \mathfrak{i}_1$, $\mathfrak{i}_3 \mathfrak{i}_1 = \mathfrak{i}_2$, $\mathfrak{i}_1 \mathfrak{i}_2 = \mathfrak{i}_3$, aus denen man sieht, daß der skalare Bestandteil jedesmal gleich Null ist, besagen, daß die inneren Produkte dieser Vektoren verschwinden. Dies steht mit ihrer Orthogonalität im Einklang. Die Relationen $\mathfrak{i}_1 \mathfrak{i}_1 = -1$, $\mathfrak{i}_2 \mathfrak{i}_2 = -1$, $\mathfrak{i}_3 \mathfrak{i}_3 = -1$, zeigen, daß jeder mit sich selbst multipliziert -1 ergibt, so daß die inneren Produkte der Vektoren mit sich selbst gleich 1 sind. Die Vektoren $\mathfrak{i}, \mathfrak{j}, \mathfrak{k}$ sind in der Tat Einheitsvektoren.

Die Koordinaten eines Vektors $x \mathfrak{i} + y \mathfrak{j} + z \mathfrak{k}$ sind offenbar gleich den inneren Produkten, die er mit $\mathfrak{i}, \mathfrak{j}, \mathfrak{k}$ bildet. Nennt man α, β, γ die Winkel, die der Vektor mit den positiven Koordinatenachsen bildet, so lauten diese inneren Produkte nach der für das innere Produkt gegebenen geometrischen Deutung $r \cos \alpha$, $r \cos \beta$, $r \cos \gamma$. Es ist also

$$x = r \cos \alpha , \quad y = r \cos \beta , \quad z = r \cos \gamma .$$

Man nennt r, α, β, γ die **räumlichen Polarkoordinaten** des Punktes P, wenn OP der betrachtete Vektor ist, der den Namen **Ortsvektor** von P trägt. Da $r^2 = x^2 + y^2 + z^2$ sein muß, besteht zwischen den drei Cosinussen, die als **Richtungscosinusse** von OP bezeichnet werden, die Beziehung

$$\cos^2 \alpha + \cos^2 \beta + \cos^2 \gamma = 1 .$$

Setzt man in die Formel für das innere Produkt für x_1, y_1, z_1 und x_2, y_2, z_2 die Ausdrücke in Polarkoordinaten ein, so ergibt sich

$$\cos \vartheta = \cos \alpha_1 \cos \alpha_2 + \cos \beta_1 \cos \beta_2 + \cos \gamma_1 \cos \gamma_2 .$$

Die Multiplikation eines Vektors mit einer Zahl k bedeutet im Falle $k > 0$, daß die Länge des Vektors ohne Richtungsänderung mit k multipliziert wird, im Falle $k < 0$, daß die Länge den Faktor $-k$ erhält und zudem die Richtung umgekehrt wird. Man überzeugt sich leicht, daß sich hierbei die Koordinaten des Vektors mit k multiplizieren.

Vektoren werden gewöhnlich mit großen und kleinen deutschen Buchstaben bezeichnet. Das innere Produkt von $\mathfrak{V}_1$ und $\mathfrak{V}_2$ wird meist durch das Symbol $(\mathfrak{V}_1 \mathfrak{V}_2)$ bezeichnet. Graßmann liest das innere Produkt so: $\mathfrak{V}_1$ in $\mathfrak{V}_2$. Für das äußere Produkt wendet man das Symbol $[\mathfrak{V}_1 \mathfrak{V}_2]$ an, nach Graßmann gelesen $\mathfrak{V}_1$ mal $\mathfrak{V}_2$. Nachdem wir bereits im Besitze der Koordinatenausdrücke dieser Produkte sind

$$(\mathfrak{V}_1 \mathfrak{V}_2) = x_1 x_2 + y_1 y_2 + z_1 z_2, \quad [\mathfrak{V}_1 \mathfrak{V}_2] = \begin{vmatrix} \mathfrak{i} & \mathfrak{j} & \mathfrak{k} \\ x_1 & y_1 & z_1 \\ x_2 & y_2 & z_2 \end{vmatrix},$$

ist leicht festzustellen, daß die von den Zahlen her uns bekannten Rechnungsregeln in Geltung bleiben. Eine Ausnahme bildet nur der alternierende Charakter des äußeren Produktes, der sich in der Formel $[\mathfrak{V}_2 \mathfrak{V}_1] = -[\mathfrak{V}_1 \mathfrak{V}_2]$ ausspricht und mit dem Vertauschungssatz bei Determinanten zusammenhängt.

Obwohl wir an späterer Stelle noch auf die Vektorrechnung zurückkommen, sei schon hier ein Wort über die geometrische Bedeutung des äußeren Produktes gesagt. Das äußere Produkt $[\mathfrak{V}_1 \mathfrak{V}_2]$ ist ein Vektor mit den Koordinaten $y_1 z_2 - z_1 y_2$, $z_1 x_2 - x_1 z_2$, $x_1 y_2 - x_2 y_1$. Das sind die algebraischen Komplemente von $\mathfrak{i}$, $\mathfrak{j}$, $\mathfrak{k}$ in der Determinante, die $[\mathfrak{V}_1 \mathfrak{V}_2]$ darstellt. Will man nun $[\mathfrak{V}_1 \mathfrak{V}_2]$ mit $\mathfrak{V}_1$ zum inneren Produkt vereinigen, so muß man x_1, y_1, z_1 mit diesen algebraischen Komplementen multiplizieren und die Produkte addieren. Genau dasselbe ergibt sich, wenn man in jener Determinante $\mathfrak{i}$, $\mathfrak{j}$, $\mathfrak{k}$ durch x_1, y_1, z_1 ersetzt. Dann entsteht aber eine Determinante mit zwei übereinstimmenden Zeilen, die also gleich Null ist. Man erkennt auf diese Weise, daß $[\mathfrak{V}_1 \mathfrak{V}_2]$ senkrecht auf $\mathfrak{V}_1$ steht, ebenso natürlich auf $\mathfrak{V}_2$. Wir wissen aber noch nicht, nach welcher Seite der Vektor $[\mathfrak{V}_1 \mathfrak{V}_2]$ gerichtet ist und welche Länge er hat. Um dies zu ergründen, müssen wir eine kleine Hilfsbetrachtung anstellen. Wir wollen die Koordinatendeterminante der drei Vektoren OP_1, OP_2, OP_3 betrachten und sie mit $D(\mathfrak{V}_1, \mathfrak{V}_2, \mathfrak{V}_3)$ bezeichnen. Wenn man P_1 parallel zur Ebene O, P_2, P_3 verschiebt, so addiert sich zu $\mathfrak{V}_1$ ein Bestandteil von der Form $\lambda_2 \mathfrak{V}_2 + \lambda_3 \mathfrak{V}_3$, da wir jede solche Verschiebung aus einer Verschiebung parallel zu $\mathfrak{V}_2$ und einer zweiten Verschiebung parallel zu $\mathfrak{V}_3$ zusammensetzen können. An die Stelle von $\mathfrak{V}_1$ tritt der Vektor $\mathfrak{V}_1^* = \mathfrak{V}_1 + \lambda_2 \mathfrak{V}_2 + \lambda_3 \mathfrak{V}_3$ mit den Koordinaten $x_1^* = x_1 + \lambda_2 x_2 + \lambda_3 x_3$, $y_1^* = y_1 + \lambda_2 y_2 + \lambda_3 y_3$, $z_1^* = z_1 + \lambda_2 z_2 + \lambda_3 z_3$.

In der Determinante

$$D(\mathfrak{V}_1, \mathfrak{V}_2, \mathfrak{V}_3) = \begin{vmatrix} x_1 & y_1 & z_1 \\ x_2 & y_2 & z_2 \\ x_3 & y_3 & z_3 \end{vmatrix}$$

wird bei Ersetzung von $\mathfrak{V}_1$ durch $\mathfrak{V}_1^*$ offenbar zur ersten Zeile das λ_2-fache der zweiten und das λ_3-fache der dritten Zeile addiert. Nach dem Umformungssatz wird also $D(\mathfrak{V}_1^*, \mathfrak{V}_2, \mathfrak{V}_3) = D(\mathfrak{V}_1, \mathfrak{V}_2, \mathfrak{V}_3)$ sein. Natürlich gilt Entsprechendes für den zweiten oder dritten Vektor. Bezeichnet man andererseits mit $[\mathfrak{V}_1 \mathfrak{V}_2 \mathfrak{V}_3]$ das positive oder negative Volumen des durch OP_1, OP_2, OP_3 bestimmten Blockes (vgl. Fig. 39), je nachdem $\mathfrak{V}_1$, $\mathfrak{V}_2$, $\mathfrak{V}_3$ ein Rechtssystem oder ein Linkssystem bilden, so wird auch $[\mathfrak{V}_1^* \mathfrak{V}_2 \mathfrak{V}_3] = [\mathfrak{V}_1 \mathfrak{V}_2 \mathfrak{V}_3]$ sein, denn bei der hier vorgenommenen Verschiebung des Punktes P_1 bleibt der Charakter des Tripels OP_1, OP_2, OP_3 erhalten und behält auch der Block sein Volumen, da die Basis O, P_2, P_3 (Fig. 39) sich nicht ändert, ebensowenig die Höhe (das von P_1 auf die Basis gefällte Lot), weil ja P_1 parallel zur Basis verschoben wird. Entsprechendes gilt für den zweiten oder dritten Vektor. Hat man nun zwei Vektorentripel OP_1, OP_2, OP_3 und OQ_1, OQ_2, OQ_3, so kann man von OP_1, OP_2, OP_3 aus durch dreimalige Abänderung je eines Vektors in der oben erklärten Weise von OP_1, OP_2, OP_3 zuerst zu OQ_1', OP_2, OP_3, dann zu OQ_1', OQ_2', OP_3 und schließlich zu OQ_1', OQ_2', OQ_3' übergehen und sich dabei so einrichten, daß OQ_1' parallel zu OQ_1, ferner OQ_2' parallel zu OQ_2 und schließlich OQ_3' parallel zu OQ_3 wird. Man hat dann, wenn OQ_1', OQ_2', OQ_3' mit $\mathfrak{B}_1' \mathfrak{B}_2' \mathfrak{B}_3'$ bezeichnet werden,

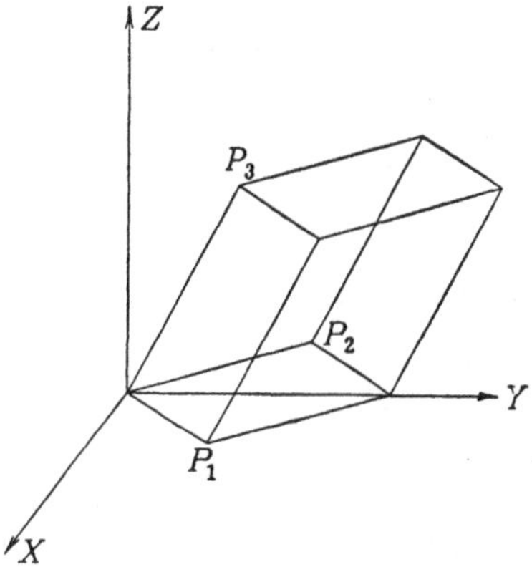

Fig. 39

$$D(\mathfrak{B}_1', \mathfrak{B}_2', \mathfrak{B}_3') = D(\mathfrak{B}_1, \mathfrak{B}_2, \mathfrak{B}_3)$$
$$[\mathfrak{B}_1' \mathfrak{B}_2' \mathfrak{B}_3'] = [\mathfrak{B}_1 \mathfrak{B}_2 \mathfrak{B}_3]$$

und $\mathfrak{B}_1' = k_1 \mathfrak{W}_1$, $\mathfrak{B}_2' = k_2 \mathfrak{W}_2$, $\mathfrak{B}_3' = k_3 \mathfrak{W}_3$, wobei $\mathfrak{W}_1, \mathfrak{W}_2, \mathfrak{W}_3$ die Vektoren OQ_1, OQ_2, OQ_3 sind. Jetzt sieht man sofort mittels des Faktorensatzes, daß

$$D(\mathfrak{B}_1', \mathfrak{B}_2', \mathfrak{B}_3') = k_1 k_2 k_3 D(\mathfrak{W}_1 \mathfrak{W}_2 \mathfrak{W}_3)$$

ist. Ebenso ist aber auch $[\mathfrak{B}_1' \mathfrak{B}_2' \mathfrak{B}_3'] = k_1 k_2 k_3 [\mathfrak{W}_1 \mathfrak{W}_2 \mathfrak{W}_3]$.

Wenn man nämlich einen der drei Vektoren $\mathfrak{W}_1, \mathfrak{W}_2, \mathfrak{W}_3$ mit einem positiven Faktor k versieht, so ändert er nur seine Länge und behält seine Richtung, wodurch der Charakter des Tripels nicht beeinflußt wird. Die beiden anderen Vektoren bilden nach wie vor die Basis des Blockes, während die Höhe offenbar ebenso wie jener eine Vektor $\mathfrak{W}$ den Faktor k erhält. Ist k negativ, so multipliziert man die Länge dieses Vektors mit dem positiven Faktor $-k$, wodurch zunächst $[\mathfrak{W}_1 \mathfrak{W}_2 \mathfrak{W}_3]$ den Faktor $-k$ erhält. Dann aber muß noch die Richtung umgekehrt werden, wobei sich der Charakter des Tripels ändert, so daß man das Volumen, das bei diesem zweiten Schritt ungeändert bleibt, mit -1 multiplizieren muß. Im ganzen ist also zu $[\mathfrak{W}_1 \mathfrak{W}_2 \mathfrak{W}_3]$ der negative Faktor k hinzugetreten. Aus der obigen Feststellung folgt nun

$$\frac{[\mathfrak{B}_1 \mathfrak{B}_2 \mathfrak{B}_3]}{D(\mathfrak{B}_1, \mathfrak{B}_2, \mathfrak{B}_3)} = \frac{[\mathfrak{W}_1 \mathfrak{W}_2 \mathfrak{W}_3]}{D(\mathfrak{W}_1, \mathfrak{W}_2, \mathfrak{W}_3)}.$$

Läßt man nun $\mathfrak{W}_1, \mathfrak{W}_2, \mathfrak{W}_3$ mit den Grundvektoren $\mathfrak{i}$, $\mathfrak{j}$, $\mathfrak{k}$ zusammenfallen, die ein Rechtssystem bilden und einen Block vom Volumen 1 bestimmen, während ihre Koordinatendeterminante

$$\begin{vmatrix} 1 & 0 & 0 \\ 0 & 1 & 0 \\ 0 & 0 & 1 \end{vmatrix}$$

ebenfalls gleich 1 ist, so erkennt man, daß

$$[\mathfrak{B}_1 \mathfrak{B}_2 \mathfrak{B}_3] = D(\mathfrak{B}_1 \mathfrak{B}_2 \mathfrak{B}_3)$$

ist. Damit haben wir festgestellt, daß die Koordinatendeterminante das positive oder negative Blockvolumen angibt, je nachdem $\mathfrak{B}_1, \mathfrak{B}_2, \mathfrak{B}_3$ ein Rechtssystem oder ein Linkssystem ist.

Mit diesem Hilfsmittel in der Hand können wir die schon begonnene geometrische Deutung des äußeren Produktes $[\mathfrak{B}_1, \mathfrak{B}_2]$ zu Ende führen. Wir errichten auf der Ebene O, P_1, P_2 der Vektoren OP_1, OP_2 einen Einheitsvektor OP, den wir mit $\mathfrak{N}$ bezeichnen und so wählen, daß $\mathfrak{V}_1$, $\mathfrak{V}_2$, $\mathfrak{N}$ ein Rechtssystem bilden. Dann können wir auf alle Fälle setzen $[\mathfrak{V}_1 \mathfrak{V}_2] = k\,\mathfrak{N}$. Bilden wir nun das innere Produkt dieses Vektors mit $\mathfrak{N}$, so ergibt sich auf der rechten Seite, da $(\mathfrak{N}\mathfrak{N}) = 1$ ist, der Wert k. Andererseits entsteht $(\mathfrak{N}\,[\mathfrak{V}_1 \mathfrak{V}_2])$ dadurch, daß man in der Determinante, die uns $[\mathfrak{V}_1 \mathfrak{V}_2]$ angibt, $\mathfrak{i}, \mathfrak{j}, \mathfrak{k}$ durch die Koordinaten des Vektors $\mathfrak{N}$ ersetzt, so daß $D\,(\mathfrak{N}\,\mathfrak{V}_1\,\mathfrak{V}_2)$ oder $D\,(\mathfrak{V}_1\,\mathfrak{V}_2\,\mathfrak{N})$ herauskommt, also das positive Volumen des durch OP_1, OP_2, ON bestimmten Blockes, der die Höhe 1 hat. Somit wird k positiv sein und gleich dem Inhalt des Parallelogramms, das OP_1 und OP_2 bestimmen, andererseits aber auch gleich der Länge des Vektors $[\mathfrak{V}_1 \mathfrak{V}_2]$. Da $[\mathfrak{V}_1 \mathfrak{V}_2]$ sich von $\mathfrak{N}$ um einen positiven Faktor unterscheidet, so bilden $\mathfrak{V}_1$, $\mathfrak{V}_2$ $[\mathfrak{V}_1 \mathfrak{V}_2]$ ein Rechtssystem. Das erwähnte Parallelogramm hat den Inhalt $r_1 r_2 \sin \vartheta$, wobei r_1, r_2 die Längen von OP_1 und OP_2 sind und ϑ der eingeschlossene Winkel. Neben die Formel für das innere Produkt $(\mathfrak{V}_1 \mathfrak{V}_2) = r_1 r_2 \cos \vartheta$ stellt sich also die Formel

$$[\mathfrak{V}_1 \mathfrak{V}_2] = \mathfrak{N}\, r_1 r_2 \sin \vartheta$$

für das äußere Produkt. Multipliziert man die Vektoren als Quaternionen, so ergibt sich $$[\mathfrak{V}_1 \mathfrak{V}_2] = -r_1 r_2 \cos \vartheta + \mathfrak{N}\, r_1 r_2 \sin \vartheta\,.$$
Würde man die Richtung von $\mathfrak{N}$ umkehren, so müßte man zur Kompensation ϑ durch $-\vartheta$ ersetzen. Man könnte also folgende Regel aufstellen: $\mathfrak{N}$ sei ein senkrecht zu OP_1 und OP_2 errichteter Einheitsvektor. Wenn man $\mathfrak{N} = ON$ personifiziert, d. h. als einen Menschen betrachtet, der seine Füße in O, seinen Kopf in $\mathfrak{N}$ hat, so sieht diese Person die Drehung ϑ, die OP_1 in die Richtung OP_2 bringt, entweder nach links oder nach rechts herum erfolgen. Wird im ersten Falle ϑ positiv, im zweiten negativ gerechnet, so ist $[\mathfrak{V}_1 \mathfrak{V}_2] = \mathfrak{N}\, r_1 r_2 \sin \vartheta$, wie man auch $\mathfrak{N}$ orientiert hat.

Sind $\mathfrak{V}_1$, $\mathfrak{V}_2$ Einheitsvektoren, also $r_1 = r_2 = 1$, so lautet das Quaternionenprodukt von $\mathfrak{V}_1$ und $\mathfrak{V}_2$: $$\mathfrak{V}_1 \mathfrak{V}_2 = -\cos \vartheta + \mathfrak{N} \sin \vartheta\,.$$
Interessant ist hier das gemeinsame Auftreten der beiden trigonometrischen Grundfunktionen.

§ 16. Differentialrechnung

Die Differentialrechnung wurde in der zweiten Hälfte des 17. Jahrhunderts gleichzeitig von Newton und Leibniz erfunden. Newton operiert mit kinematischen Vorstellungen. Er betrachtet eine veränderliche Größe y, die er eine Fluente (fließende Größe, quantitas fluens) nennt, und achtet auf die Geschwindigkeit ihres Fließens, die sogenannte Fluxion. Leibniz zeichnet die zu einer Funktion gehörige Bildkurve $f(x)$ und stellt für sie das **Tangentenproblem**. Das Steigungsmaß der Tangente ist sein Differentialquotient. Er ist das Analogon der Newtonschen Fluxion.

In Figur 40 sieht man die Bildkurve der Funktion $y = f(x)$. Erteilt man der unabhängigen Veränderlichen den Zuwachs $\triangle x = h$ ($\triangle$ soll an Differenz erinnern), so erfährt die abhängige Veränderliche y den Zuwachs (man sagt auch das Inkrement) $$\triangle y = f(x + h) - f(x)\,.$$

Vergleicht man $\triangle y$ mit $\triangle x$, so erhält man den Differenzenquotienten (das Zuwachsverhältnis) $\frac{\triangle y}{\triangle x} = \frac{f(x+h) - f(x)}{h}$.

Er ist das Steigungsmaß oder kurz die Steigung der Sekante $P P_1$. Es kann sein, daß bei unendlicher Verkleinerung von h der Differenzenquotient einen Grenzwert hat, daß also, geometrisch gesprochen, die Sekante einer Grenzlage $P T$ zustrebt, falls P_1 längs der Kurve nach P hinrückt. Wenn dem so ist, so nennt man diesen Grenzwert die Ableitung von $f(x)$ und gebraucht dafür die Bezeichnung $f'(x)$, gelesen: f Strich x oder f Strich von x. Die Ableitung ist also definiert durch

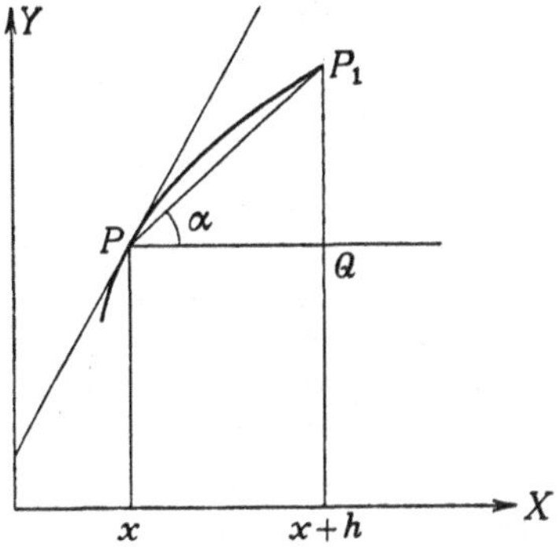

Fig. 40

$$f'(x) = \lim_{h \to 0} \frac{f(x+h) - f(x)}{h}.$$

Der Zusatz $h \to 0$ bedeutet, daß h nach Null konvergiert. Man könnte auch ohne die Silbe „lim" schreiben $\frac{f(x+h) - f(x)}{h} \to f'(x) \quad (h \to 0)$.

Die Grenzlage $P T$ der Sekante $P P_1$ bezeichnet man als die Tangente der Kurve im Punkte P. Weiß man, daß sie die Steigung (man sagt auch den Anstieg) $f'(x)$ hat, so kann man die Gleichung der Tangente hinschreiben. Man bezeichne mit $\mathfrak{x}$, $\mathfrak{y}$ die laufenden Koordinaten, d. h. die Koordinaten eines Punktes, der sich auf der Tangente bewegt. Dann hat, wie wir wissen, die Tangente, weil sie eine Gerade ist, eine Gleichung von der Form $\mathfrak{y} = A\mathfrak{x} + B$. Die Steigung einer solchen Geraden ist $\triangle \mathfrak{y} / \triangle \mathfrak{x} = A$. Da nun die Steigung der Tangente gleich der Ableitung $f'(x)$ oder kurz y' ist, so können wir schreiben $A = y'$.

Ferner wissen wir, daß die Tangente durch den Punkt P hindurchgeht, dessen Koordinaten x, y also die Gleichung $\mathfrak{y} = A\mathfrak{x} + B$ erfüllen müssen. Daher muß $y = Ax + B$ sein, also $B = y - Ax = y - xy'$. Somit lautet die Gleichung der Tangente

$$\boxed{\mathfrak{y} = \mathfrak{x} y' + (y - x y')} \quad \text{oder} \quad \boxed{\mathfrak{y} - y = (\mathfrak{x} - x)\, y'.}$$

Die Bestimmung der Tangente, das sogenannte Tangentenproblem, ist also erledigt, sobald man die Ableitung $f'(x)$ berechnet hat. Daher nannte Leibniz seine Differentialrechnung, über die er 1684 in einer kurzen Abhandlung die erste Mitteilung machte, eine neue Tangentenmethode. In früheren Zeiten galt es als eine respektable Leistung, wenn ein Geometer für irgendeine wichtige Kurve eine Tangentenkonstruktion herausfand. Durch die Differentialrechnung wurden alle diese Tangentenkonstruktionen auf die Grundaufgabe zurückgeführt, eine Funktion zu differenzieren, d. h. ihre Ableitung zu bestimmen.

Leibniz hat in seiner Abhandlung vom Jahre 1684 einige Differentiationsregeln ohne Beweis angegeben, die man ihm zu Ehren als **Leibnizsche Regeln** bezeichnet. Um sie zu beweisen, braucht man einige naheliegende Grenzwertsätze, die so lauten:

1. Der Grenzwert einer Summe (Differenz) ist gleich der Summe (Differenz) der Grenzwerte, d. h. aus $\lim u = u_0$ und $\lim v = v_0$ folgt $\lim (u + v) = u_0 + v_0$, also $\lim (u + v) = \lim u + \lim v$, ebenso $\lim (u - v) = u_0 - v_0 = \lim u - \lim v$.
2. Der Grenzwert eines Produktes ist gleich dem Produkt der Grenzwerte, d. h. aus $\lim u = u_0$ und $\lim v = v_0$ folgt $\lim (uv) = u_0 v_0$, also $\lim (uv) = \lim u \cdot \lim v$.
3. Der Grenzwert eines Quotienten u/v ist gleich dem Quotienten der Grenzwerte, vorausgesetzt, daß $\lim v \neq 0$ ist, d. h. aus $\lim u = u_0$, $\lim v = v_0$ folgt $\lim (u/v) = u_0/v_0$, also $\lim (u/v) = \lim u/\lim v$, vorausgesetzt, daß der Nenner des letzten Bruches nicht gleich Null ist.

Über den Beweis dieser Sätze sei folgendes bemerkt: Eine Limesrelation wie $\lim u = u_0$ ist immer gleichbedeutend mit $\lim (u - u_0) = 0$; letztere Aussage bedeutet, daß $u - u_0$ schließlich seinem Betrage nach kleiner wird und bleibt als ein beliebig vorgelegtes positives ε.

Ist nun $\lim u = u_0$ und $\lim v = v_0$, so werden schließlich folgende Ungleichungen erfüllt sein und bleiben:

$$-\frac{\varepsilon}{2} < u - u_0 < \frac{\varepsilon}{2}\,; \qquad -\frac{\varepsilon}{2} < v - v_0 < \frac{\varepsilon}{2}\,;$$

daraus folgt $-\varepsilon < (u \pm v) - (u_0 \pm v_0) < \varepsilon$, d. h. $\lim (u \pm v) = u_0 \pm v_0$.

Um zu erkennen, daß aus $\lim u = u_0$, $\lim v = v_0$ folgt $\lim (uv) = u_0 v_0$, muß man sich mit der Differenz $uv - u_0 v_0$ beschäftigen, die sich in der Form $(u - u_0) v_0 + (v - v_0) u_0 + (u - u_0)(v - v_0)$ schreiben läßt. Wenn man eine nach Null konvergierende Größe mit einer Konstanten multipliziert, so bleibt ihre Eigenschaft, nach Null zu konvergieren, erhalten. Der Fall, daß die Konstante gleich Null ist, bedarf keiner Erörterung. Ist die Konstante ungleich Null, so kann man ihr Hinzutreten als Faktor so deuten, daß eine andere Maßeinheit eingeführt und, wenn die Konstante negativ ist, noch die positive Richtung auf die Zahlenlinie umgekehrt wird. Beide Operationen sind natürlich ohne Einfluß auf das Verhalten der nach Null konvergierenden Größe. Hiernach ist klar, daß die beiden ersten Bestandteile von $uv - u_0 v_0$, also $(u - u_0) v_0$ und $(v - v_0) u_0$, der Null zustreben. Was nun $(u - u_0)(v - v_0)$ anbetrifft, so liegen beide Faktoren schließlich zwischen $-\varepsilon$ und ε, ihr Produkt also zwischen $-\varepsilon^2$ und ε^2, also zwischen $-\varepsilon$ und ε, da wir ohne weiteres $\varepsilon < 1$ annehmen können. Alle drei Bestandteile von $uv - u_0 v_0$ streben also der Null zu, folglich auch ihre Summe, da der Satz vom Grenzwert einer Summe sich offenbar durch wiederholte Anwendung auf jede endliche Anzahl von Summanden überträgt. Damit haben wir bewiesen, daß $uv - u_0 v_0$ nach Null konvergiert, also $\lim (uv) = u_0 v_0$ ist. Der Satz überträgt sich durch mehrfache Anwendung auf jede endliche Anzahl von Faktoren. Um zu erforschen, ob u/v nach u_0/v_0 hinstrebt, wenn $v_0 \neq 0$ ist, bilden wir die Differenz beider Brüche und schreiben

$$\frac{u}{v} - \frac{u_0}{v_0} = \frac{uv_0 - vu_0}{vv_0} = \frac{(u - u_0) v_0 - (v - v_0) u_0}{vv_0}\,.$$

Da v schließlich zwischen $v_0 + \varepsilon$ und $v_0 - \varepsilon$ liegt, also auf alle Fälle auch zwischen $v_0 - (v_0/2)$ und $v_0 + (v_0/2)$, d. h. zwischen $v_0/2$ und $3\,v_0/2$, so wird sich vv_0 schließlich zwischen $v_0^2/2$ und $3\,v_0^2/2$ befinden und $1/vv_0$ zwischen $2/v_0^2$ und $2/3v_0^2$, also der obige Quotient zwischen

$$\frac{2}{v_0}(u - u_0) - \frac{2\,u_0}{v_0^2}(v - v_0) \qquad \text{und} \qquad \frac{2}{3\,v_0}(u - u_0) - \frac{2\,u_0}{3\,v_0^2}(v - v_0)\,.$$

Beide Größen konvergieren nach Null, so daß auch die eingeschlossene Größe demselben Limesschicksal verfällt. Damit haben wir bewiesen, daß im Falle $v_0 \neq 0$ die Limesrelation $\lim\,(u/v) = u_0/v_0$ gilt.

Nachdem wir nunmehr über den Grenzwert einer Summe und Differenz eines Produktes und eines Quotienten Bescheid wissen, lassen sich die vier Leibnizschen Differentiationsregeln ohne Schwierigkeit beweisen.

Wenn die Ableitungen $f'(x)$, $g'(x)$ existieren, so ist

$$\lim \frac{\triangle f}{\triangle x} = f'(x), \lim \frac{\triangle g}{\triangle x} = g'(x)\,. \qquad (\triangle x \to 0)$$

Andererseits hat man offenbar

$$\triangle (f \pm g) = \triangle f \pm \triangle g\,, \qquad \frac{\triangle (f \pm g)}{\triangle x} = \frac{\triangle f}{\triangle x} \pm \frac{\triangle g}{\triangle x}\,.$$

Da die rechte Seite nach $f'(x) \pm g'(x)$ konvergiert, wenn $\triangle x$ der Null zustrebt, so existiert also die Ableitung von $f(x) \pm g(x)$, und man hat, kurz geschrieben,

$$(f \pm g)' = f' \pm g'\,.$$

Damit sind die beiden ersten Leibnizschen Regeln, Summen- und Differenzenregel, gewonnen, die in Worte gefaßt so lauten:

Die Ableitung einer Summe (Differenz) ist gleich der Summe (Differenz) der Ableitungen.

Für das Produkt fg lautet der Differenzenquotient

$$\frac{(f + \triangle f)(g + \triangle g) - fg}{\triangle x}\,.$$

Er zerlegt sich in die drei Summanden

$$f\frac{\triangle g}{\triangle x}\,,\; g\frac{\triangle f}{\triangle x}\,,\; \frac{\triangle f}{\triangle x} \cdot \frac{\triangle g}{\triangle x} \cdot \triangle x\,,$$

die im Falle $\triangle x \to 0$ den Grenzwerten fg', gf', $f' \cdot g' \cdot 0$ zustreben, so daß die Summe nach $fg' + gf'$ konvergiert. Es existiert also die Ableitung von fg, und man hat

$$(fg)' = fg' + gf'\,,$$

womit die dritte Leibnizsche Regel, die Produktregel, gewonnen ist. Auch diese Regel überträgt sich durch wiederholte Anwendung auf jede endliche Anzahl von Faktoren. Z. B. ist, wenn $f'(x)$, $f_2'(x)$, $f_3'(x)$ existieren,

$$(f_1 f_2 f_3)' = (f_1 f_2)' f_3 + (f_1 f_2) f_3'$$

und weiter

$$(f_1 f_2 f_3)' = f_1' f_2 f_3 + f_1 f_2' f_3 + f_1 f_2 f_3'\,.$$

Man sieht, wie hier der Differentiationsstrich die Faktorenreihe entlang wandert. Ganz ebenso wird es bei n Faktoren sein. Wenn alle Faktoren $f_1, \ldots, f_n$ in f zusammenfallen, so ergibt sich offenbar

$$\boxed{(f^n)' = nf^{n-1} f'\,.}$$

Zur vierten Leibnizschen Regel, der Quotientenregel, übergehend, bemerken wir, daß der Differenzenquotient von f/g so lautet:

$$\frac{1}{\triangle x}\left(\frac{f+\triangle f}{g+\triangle g}-\frac{f}{g}\right)=\frac{g\frac{\triangle f}{\triangle x}-f\frac{\triangle g}{\triangle x}}{g\left(g+\frac{\triangle g}{\triangle x}\cdot\triangle x\right)}.$$

Der Zähler hat im Falle $\triangle x \to 0$ den Grenzwert $gf' - fg'$, der Nenner, dessen zweiter Faktor nach $g + g' \cdot 0$, also nach g, konvergiert, den Grenzwert g^2. Somit existiert, falls $g \neq 0$ ist, die Ableitung $(f/g)'$, und man hat

$$\boxed{\left(\frac{f}{g}\right)' = \frac{gf' - fg'}{g^2}}\,.$$

Man könnte auch schreiben $\left(\frac{f}{g}\right)' = \frac{1}{g^2}\cdot\begin{vmatrix} f' & g' \\ f & g \end{vmatrix}$.

Die hier auftretende zweireihige Determinante, deren erste Zeile aus den Ableitungen der Funktionen der zweiten Zeile besteht, nennt man die **Wronskische Determinante** von f und g. Diese Wronskische Determinante, durch g^2 dividiert, gibt die Ableitung von f/g. Man kann die Leibnizsche Quotientenregel auch so in Worte kleiden: Um die Ableitung von f/g zu gewinnen, multipliziere man den Nenner mit der Ableitung des Zählers und subtrahiere von diesem Produkt den Zähler, multipliziert mit der Ableitung des Nenners. Die gewonnene Differenz dividiere man noch durch das Quadrat des Nenners. Kürzer kann man die Regel auch in folgender Form aussprechen: **Nenner mal Ableitung des Zählers minus Zähler mal Ableitung des Nenners: das Ganze dividiert durch das Quadrat des Nenners.**

Eine Funktion, die immer eigensinnig ihren Wert festhält, also eine Konstante, hat offenbar den Differenzenquotienten Null, also auch die Ableitung Null. Es ist also, wenn wir diese Konstante mit C bezeichnen, $\boxed{(C)' = 0\,.}$

Eine zweite Funktion, die wir auch unmittelbar differenzieren können, ist die Funktion $f(x) = x$. Hier hat man $\triangle f(x) = \triangle x$, also $\frac{\triangle f(x)}{\triangle x} = 1$, mithin $f'(x) = 1$. Es ist, so könnte man auch sagen, $\boxed{(x)' = 1\,.}$

Wenn man diese beiden Feststellungen gemacht hat, so kann man, unter Heranziehung der Leibnizschen Regeln, schon allerhand Differentiationen durchführen. Ist n eine positive ganze Zahl, so hat man nach der Leibnizschen Produktregel, weil $(x)' = 1$ ist,

$$\boxed{(x^n)' = nx^{n-1}\,.}$$

Die Ableitung einer solchen Potenz wie x^n wird also in der Weise gewonnen, daß man den Exponenten n zum Faktor degradiert und als neuen Exponenten $n - 1$ einsetzt. Z. B. ist $(x^3)' = 3\,x^2$.

Da eine Konstante C die Ableitung Null hat, so ist nach der Leibnizschen Produktregel $(cx^n)' = c'\,x^n + c\,(x^n)' = c\,(x^n)'$, also

$$\boxed{(c\,x^n)_{\prime} = c\,n\,x^{n-1}\,.}$$

Allgemein hat man $(cf)' = cf'$. Ein konstanter Faktor bleibt bei der Differentiation einfach stehen. Nimmt man die Summenregel hinzu, so ergibt sich, wenn $c_0, c_1, \ldots, c_n$ konstante Faktoren sind,

$$\boxed{(c_0 x^n + c_1 x^{n-1} + \ldots + c_{n-1} x + c_n)' = nc_0 x^{n-1} + (n-1) c_1 x^{n-2} + \ldots + c^{n-1}.}$$

Das ist die Differentiationsregel für Polynome. Die Ableitung ist wieder ein Polynom, und zwar von einem um 1 niedrigeren Grade.

Eine rationale Funktion $R(x)$ ist, wie wir wissen, der Quotient zweier Polynome $P(x)$ und $Q(x)$. Nach der Quotientenregel hat man

$$R'(x) = \left(\frac{P(x)}{Q(x)}\right)' = \frac{Q(x)\,P'(x) - P(x)\,Q'(x)}{Q^2(x)}.$$

Man sieht aus diesem Ergebnis, daß die Ableitung einer rationalen Funktion wieder eine rationale Funktion ist. Bemerkt sei noch, daß

$$\left(\frac{ax+b}{cx+d}\right)' = \frac{(cx+d)\,a - (ax+b)\,c}{(cx+d)^2}, \quad \text{also} \quad \boxed{\left(\frac{ax+b}{cx+d}\right)' = \frac{ad-bc}{(cx+d)^2}} \quad \text{ist.}$$

$ad - bc$ oder $\begin{vmatrix} a & b \\ c & d \end{vmatrix}$ nennt man die Determinante der linear gebrochenen Funktion $(ax+b)/(cx+d)$. Die Ableitung ist also gleich dieser Determinante, dividiert durch das Quadrat des Nenners.

Wenn n eine positive ganze Zahl ist, so kann man die Ableitung von $x^{-n} = 1/x^n$ nach der Leibnizschen Quotientenregel $(u/v)' = (vu' - uv')/v^2$ berechnen. Man braucht nur $u = 1$, $v = x^n$, also $u' = 0$, $v' = n\,x^{n-1}$ einzusetzen und findet dann

$$\left(\frac{1}{x^n}\right)' = -\frac{nx^{n-1}}{x^{2n}} = -\frac{n}{x^{n+1}}, \quad \text{also} \quad (x^{-n})' = (-n)\,x^{-n-1}.$$

Man sieht hieraus, daß die Regel $(x^n)' = nx^{n-1}$, die wir schon für $n = 0, 1, 2, 3, \ldots$ kennen, auch für $n = -1, -2, -3, \ldots$ gilt, also für jeden ganzzahligen Wert von n. Später werden wir sehen, daß sie einen noch viel größeren Geltungsbereich hat.

§ 17. Differentiation der Exponentialfunktion und der Hyperbelfunktionen

Bei der Exponentialfunktion $y = a^x$ (a ist eine positive Zahl) hat man, wenn $\triangle x = h$ gesetzt wird, $\dfrac{\triangle y}{\triangle x} = \dfrac{a^{x+h} - a^x}{h} = a^x \cdot \dfrac{a^h - 1}{h}$.

Charakteristisch ist hier das Zerfallen des Differenzenquotienten in zwei Faktoren, deren einer nur von x, der andere nur von h abhängt. Wir wissen von früher (vgl. Seite 24), daß $\lim (a^h - 1)/h = \ln a$ ist $(h \to 0)$.

Also folgt $\boxed{(a^x)' = a^x \ln a.}$ Insbesondere ist $\boxed{(e^x)' = e^x.}$

Die Funktion e^x ist also gleich ihrer Ableitung. Ist c irgendeine Konstante, die wir zunächst ungleich Null voraussetzen, so hat $y = e^{cx}$ den Differenzenquotienten $\dfrac{\triangle y}{\triangle x} = \dfrac{e^{c(x+h)} - e^{cx}}{h} = e^{cx} \cdot \dfrac{e^{ch} - 1}{h}$.

Man kann nun schreiben $\dfrac{e^{ch} - 1}{h} = c \cdot \dfrac{e^{ch} - 1}{ch}$.

Da mit h auch ch der Null zustrebt, so hat man

$$\lim \frac{e^{ch}-1}{ch} = 1\,, \quad \text{und daher} \quad \lim \frac{e^{ch}-1}{h} = c\,, \quad \text{mithin} \quad (e^{cx})' = c e^{cx}\,.$$

Für $c = 0$ bleibt die Gleichung auch noch bestehen, da $e^0 = 1$ wird und die Ableitung 0 hat. Für $c = -1$ findet man $(e^{-x})' = -e^{-x}$.
Jetzt sind wir ohne weiteres in der Lage, die Hyperbelfunktionen zu differenzieren. Aus

$$\mathfrak{Cof}\,x = \frac{e^x + e^{-x}}{2}\,, \qquad \mathfrak{Sin}\,x = \frac{e^x - e^{-x}}{2}$$

folgt sofort

$$(\mathfrak{Cof}\,x)' = \frac{e^x - e^{-x}}{2}\,, \qquad (\mathfrak{Sin}\,x)' = \frac{e^x + e^{-x}}{2}\,,$$

also

$$\boxed{(\mathfrak{Cof}\,x)' = \mathfrak{Sin}\,x}\,, \qquad \boxed{(\mathfrak{Sin}\,x)' = \mathfrak{Cof}\,x}\,.$$

Jede der beiden Funktionen $\mathfrak{Cof}$ und $\mathfrak{Sin}$ hat also die andere zur Ableitung. Die Ableitungen von $\mathfrak{Tan}\,x$ und $\mathfrak{Cot}\,x$ findet man mit Hilfe der Leibnizschen Quotientenregel. Man schreibt:

$$(\mathfrak{Tan}\,x)' = \left(\frac{\mathfrak{Sin}\,x}{\mathfrak{Cof}\,x}\right)' = \frac{\mathfrak{Cof}\,x\,(\mathfrak{Sin}\,x)' - \mathfrak{Sin}\,x\,(\mathfrak{Cof}\,x)'}{(\mathfrak{Cof}\,x)^2}\,.$$

Setzt man für die Ableitungen ihre Werte ein, so ergibt sich

$$\boxed{(\mathfrak{Tan}\,x)' = \frac{\mathfrak{Cof}^2\,x - \mathfrak{Sin}^2\,x}{\mathfrak{Cof}^2\,x}}\,, \quad \text{also} \quad \boxed{(\mathfrak{Tan}\,x)' = 1 - \mathfrak{Tan}^2\,x}$$

oder, wenn man die Relation $\mathfrak{Cof}^2 - \mathfrak{Sin}^2 = 1$ benutzt, $\boxed{(\mathfrak{Tan}\,x)' = \frac{1}{\mathfrak{Cof}^2\,x}}$.

Ebenso ergibt sich mit der Quotientenregel

$$(\mathfrak{Cot}\,x)' = \left(\frac{\mathfrak{Cof}\,x}{\mathfrak{Sin}\,x}\right)' = \frac{\mathfrak{Sin}\,x\,(\mathfrak{Cof}\,x)' - \mathfrak{Cof}\,x\,(\mathfrak{Sin}\,x)'}{(\mathfrak{Sin}\,x)^2}\,,$$

also

$$(\mathfrak{Cot}\,x)' = \frac{\mathfrak{Sin}^2\,x - \mathfrak{Cof}^2\,x}{\mathfrak{Sin}^2\,x}\,,$$

das heißt $\boxed{(\mathfrak{Cot}\,x)' = 1 - \mathfrak{Cot}^2\,x}$ oder $\boxed{(\mathfrak{Cot}\,x)' = -\frac{1}{\mathfrak{Sin}^2\,x}}$.

§ 18. Differentiation der trigonometrischen Funktionen

Um $y = \sin x$ zu differenzieren, muß man den Differenzenquotienten bilden. Er lautet

$$\frac{\triangle y}{\triangle x} = \frac{\sin(x+h) - \sin x}{h}\,.$$

Nun ist, wie wir wissen, $\sin(x+h) = \sin x \cos h + \cos x \sin h$,

also

$$\frac{\triangle y}{\triangle x} = -\sin x\,\frac{1-\cos h}{h} + \cos x\,\frac{\sin h}{h}\,.$$

Da $1 - \cos h = 2\sin^2\frac{h}{2}$ ist, so kann man schreiben

$$\frac{1-\cos h}{h} = \frac{2\sin^2\frac{h}{2}}{h} = \frac{h}{2}\cdot\left(\frac{\sin\frac{h}{2}}{\frac{h}{2}}\right)^2\,.$$

Wir werden uns also hauptsächlich mit $(\sin h)/h$ zu beschäftigen haben. Dabei können wir, weil die Umwandlung von h in $-h$ keine Änderung mit sich bringt, h größer 0 annehmen. Dieses h müssen wir nach Null konvergieren lassen, weil ja unser Ziel ist, den Grenzwert von $\triangle y/\triangle x$ für den Fall $h \to 0$ zu ermitteln.

Nehmen wir zuerst an, daß $h = (2\pi)/n$ ist und der Übergang zum Grenzwert 0 dadurch zustande kommt, daß n die Folge 1, 2, 3, ... durchläuft. Wir werden am besten $(2\pi)/n = h_n$ setzen. h wird dann die Werte $h_1, h_2, h_3, \ldots$ annehmen. Archimedes hat bei seiner Kreismessung erkannt, daß die Kreisfläche der Grenzwert des einbeschriebenen regulären n-Ecks ist. Wenn man vom regulären n-Eck zum regulären $2n$-Eck übergeht, so treten zum Flächeninhalt a_n des regulären n-Ecks n gleichschenklige Dreiecke hinzu, wie es Fig. 41 für den Fall $n = 3$ veranschaulicht. Jedes dieser Dreiecke ist kleiner als das Kreissegment, in welchem es als Teil enthalten ist. Andrerseits ist es gleich dem halben, in der Figur angedeuteten Rechteck, dem wiederum das Kreissegment als Teil angehört. Das Dreieck ist also größer als die Hälfte des Kreissegmentes. Die Differenz Kreisfläche minus n-Eck setzt sich aus solchen Kreissegmenten zusammen. Von dieser Differenz wird also beim Übergang von n zu $2n$ mehr als die Hälfte fortgenommen. Wir haben schon einmal erwähnt (Seite 17), daß die alten Griechen klar erkannt haben, welche Wirkung entsteht, wenn man von einer Größe fortgesetzt mehr als die Hälfte fortnimmt. Sie wußten, daß man hierdurch jeden beliebigen Grad der Kleinheit erreichen, also ein Konvergieren zu Null erzwingen kann. So war es ohne weiteres klar, daß die Folge $a_4, a_8, a_{16}, \ldots$ dem Inhalt des Kreises zustrebt. Ist n nicht gerade eine Potenz der 2, so wird es zwei benachbarte Potenzen $2^p, 2^{p+1}$ geben, zwischen denen n enthalten ist, und es wird dann $a_{2^p} < a_n < a_{2^{p+1}}$ sein.

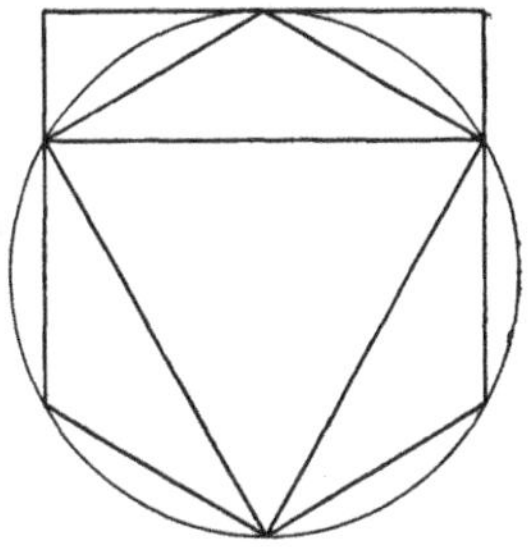

Fig. 41

Da nun a_{2^p} und $a_{2^{p+1}}$ beide der Kreisfläche zustreben, so wird auch die zwischen ihnen eingeschlossene Größe a_n dies tun. Bezeichnet man, wenn der Radius gleich 1 ist, die Kreisfläche mit π, so wird also $\lim a_n = \pi$ sein.

Auf diesem Wege hat Archimedes die Zahl π annähernd bestimmt. a_n setzt sich, wie Fig. 41 für $n = 6$ zeigt, aus n Dreiecken zusammen, deren Basis 1 und deren Höhe $\sin(2\pi/n)$ ist, so daß man hat

$$a_n = \frac{n}{2} \sin \frac{2\pi}{n}.$$

Setzt man, wie oben gesagt, $\frac{2\pi}{n} = h_n$, so wird also $\frac{a_n}{\pi} = \frac{\sin h_n}{h_n}$.

Da $\frac{a_n}{\pi}$ nach 1 konvergiert, so sehen wir, daß $\lim \left(\frac{\sin h_n}{h_n}\right) = 1$ ist.

Durchläuft das positiv gedachte h nicht gerade die Folge $h_1, h_2, h_3, \ldots$, sondern irgendeine andere Nullfolge, so wird es immer zwei benachbarte Glieder h_n, h_{n+1} geben, zwischen denen h enthalten ist, und wenn h der Null zustrebt, so wird n über alle Grenzen wachsen. Aus

$$h_{n+1} < h < h_n \left(\frac{1}{h_n} < \frac{1}{h} < \frac{1}{h_{n+1}}\right) \text{ folgt nun } \frac{\sin h_{n+1}}{h_n} < \frac{\sin h}{h} < \frac{\sin h_n}{h_{n+1}}.$$

Die einschließenden Größen lauten, da $h_n = (2\pi)/n$, $h_{n+1} = 2\pi/(n+1)$ ist,

$$\frac{h_{n+1}}{h_n} \cdot \frac{\sin h_{n+1}}{h_{n+1}} = \frac{n}{n+1} \cdot \frac{\sin h_{n+1}}{h_{n+1}} \quad \text{und} \quad \frac{h_n}{h_{n+1}} \cdot \frac{\sin h_n}{h_n} = \frac{n+1}{n} \cdot \frac{\sin h_n}{h_n}.$$

In jedem dieser Produkte hat nicht nur der zweite, sondern auch der erste Faktor den Grenzwert 1, weil $\frac{n}{n+1} = 1 - \frac{1}{n+1}$, $\frac{n+1}{n} = 1 + \frac{1}{n}$ ist.
Die einschließenden Größen haben somit beide den Grenzwert 1, dem daher auch $(\sin h)/h$ im Falle $h \to 0$ zustrebt. Weiß man aber, daß

$$\lim \left(\frac{\sin h}{h}\right) = 1 \quad \text{ist } (h \to 0), \text{ so folgt}$$

$$\lim \left(\frac{1 - \cos h}{h}\right) = \lim \left[\frac{h}{2}\left(\frac{\sin \frac{h}{2}}{\frac{h}{2}}\right)^2\right] = 0,$$

weil die drei Faktoren $\frac{h}{2}$, $\frac{\sin \frac{h}{2}}{\frac{h}{2}}$, $\frac{\sin \frac{h}{2}}{\frac{h}{2}}$ des rechts auftretenden Produktes den Grenzwerten 0, 1, 1, zustreben. Jetzt folgt, wenn wir zum Differenzenquotienten des Sinus zurückkehren, sofort

$$\boxed{(\sin x)' = \cos x}\,.$$

Bei $y = \cos x$ finden wir den Differenzenquotienten

$$\frac{\Delta y}{\Delta x} = \frac{\cos(x + h) - \cos x}{h}$$

und können mit Rücksicht auf $\cos(x + h) = \cos x \cos h - \sin x \sin h$ schreiben

$$\frac{\Delta y}{\Delta x} = -\cos x \cdot \frac{1 - \cos h}{h} - \sin x \cdot \frac{\sin h}{h},$$ woraus sich jetzt unmittelbar ergibt

$$\boxed{(\cos x)' = -\sin x}\,.$$

Mit Rücksicht auf die uns bekannten Formeln

$$\cos\left(x + \frac{\pi}{2}\right) = -\sin x, \quad \sin\left(x + \frac{\pi}{2}\right) = \cos x$$

können wir die beiden hier gewonnenen Differentiationsergebnisse auch so schreiben:

$$\boxed{(\cos x)' = \cos\left(x + \frac{\pi}{2}\right),} \boxed{(\sin x)' = \sin\left(x + \frac{\pi}{2}\right).}$$

Die Ableitung wird also jedesmal durch die um $\pi/2$ weiter rechts liegende Ordinate der Bildkurve dargestellt.
Mittels der Leibnizschen Quotientenregel findet man nun

$$(\tan x)' = \left(\frac{\sin x}{\cos x}\right)' = \frac{\cos x\,(\sin x)' - \sin x\,(\cos x)'}{(\cos x)^2} = \frac{\cos^2 x + \sin^2 x}{\cos^2 x},$$

also $\boxed{(\tan x)' = 1 + \tan^2 x}$ oder $\boxed{(\tan x)' = \frac{1}{\cos^2 x}}$.

Ebenso wird sein $(\cot x)' = \left(\frac{\cos x}{\sin x}\right)' = \frac{\sin x (\cos x)' - \cos x (\sin x)'}{(\sin x)^2}$;

$(\cot x)'$ ist daher gleich $-\frac{\sin^2 x + \cos^2 x}{\sin^2 x}$,

also $\boxed{(\cot x)' = -1 - \cot^2 x}$ oder $\boxed{(\cot x)' = -\frac{1}{\sin^2 x}}$.

§ 19. Das Differential

Wenn $f'(x)$ existiert, so wird $\frac{f(x+h) - f(x)}{h} = f'(x) + \alpha$ sein,

wobei α gleichzeitig mit h der Null zustrebt. Setzt man wieder $f(x) = y$ und $h = \triangle x$, $f(x+h) - f(x) = \triangle y$, so kann man schreiben

$$\boxed{\triangle y = f'(x) \triangle x + \alpha \triangle x}\,.$$

Der dem Zuwachs $\triangle x$ entsprechende Funktionszuwachs $\triangle y$ zerfällt, wie man sieht, in zwei Bestandteile. Der erste Bestandteil $f'(x) \triangle x$ ist das sogenannte *Differential* von $f(x)$ und wird nach dem Vorgange von Leibniz in der ganzen Welt mit $df(x)$ oder dy bezeichnet. Der andere Bestandteil, der wegen des nach Null strebenden Faktors α stärker nach Null konvergiert als $\triangle x$, stellt den Unterschied zwischen Differenz und Differential, also zwischen $\triangle y$ und dy dar. Wenn man neben der Kurve $\mathfrak{y} = f(\mathfrak{x})$ die Tangente $\mathfrak{y} = \mathfrak{x} y' + (y - xy')$ betrachtet, so ändert sich beim Übergange von $\mathfrak{x} = x$ zu $\mathfrak{x} = x + \triangle x$ oder $\mathfrak{x} = x + h$ die Ordinate im ersten Falle um $f(x+h) - f(x)$, also um $\triangle y$, im zweiten Falle um $y' h$, also um dy. In Fig. 42 ist $QP_1 = \triangle y$, $QT = dy$. Man sieht, daß man von $\triangle y$ zu dy gelangt, wenn man nicht auf der Kurve, sondern auf der Tangente fortschreitet, so daß die Abszisse den Zuwachs h erhält.

Aus der Definitionsgleichung des Differentials $dy = f'(x) \triangle x$ oder $dy = f'(x) h$ ersieht man, daß im Falle $f(x) = x$, wo $f'(x) = 1$ ist, $dx = h$ wird. Daher kann man sagen, daß das Inkrement $\triangle x = h$ das Differential der speziellen Funktion $f(x) = x$ ist, und kann h oder $\triangle x$ durch dx ersetzen.

Dann wird $dy = f'(x)\,dx$ und $f'(x) = \frac{dy}{dx}$.

Die Ableitung $f'(x)$ erscheint hier als Quotient zweier (zu demselben Inkrement h gehöriger) Differentiale oder, wie man kurz sagt, als Differentialquotient.

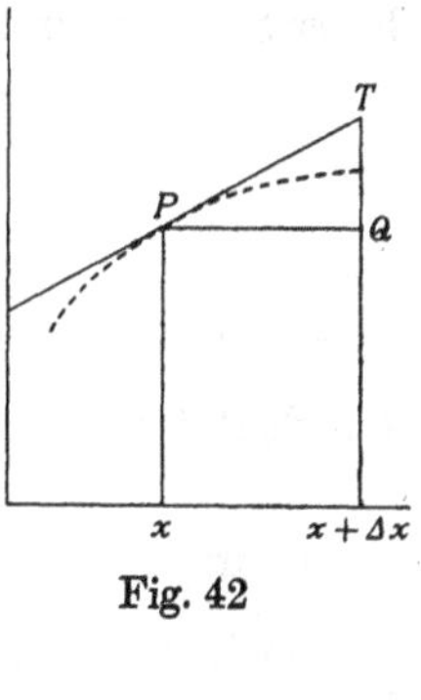

Fig. 42

§ 20. Kinematische Darstellung der Ableitungen und Differentiale

Wenn man x als die von irgendeinem Anfang gerechnete Zeit betrachtet und sich auf der Zahlenlinie einen Punkt P denkt, der immer zur Zeit x die Abszisse $f(x)$ hat, so hat man eine kinematische Deutung der Funktion $f(x)$ vor sich. In dem Intervall von x bis $x + h$ ist P von der Stelle $f(x)$ zur Stelle $f(x+h)$ gelangt, $f(x+h) - f(x)$ gibt in Länge und Richtung den während des Zeitraumes x bis $x + h$ durchlaufenen Weg an. Der Quotient $[f(x+h) - f(x)]/h$,

Weg durch Zeit, wird als die mittlere Geschwindigkeit bezeichnet. Als Geschwindigkeit zur Zeit x betrachtet man in der Kinematik (Bewegungslehre) den Grenzwert der mittleren Geschwindigkeit für ein nach Null strebendes h.

Die Geschwindigkeit ist also gleich der Ableitung $f'(x)$.

Wenn $f'(x)$ einen konstanten Wert c hat, spricht man von einer gleichförmigen Bewegung. Liegt irgendeine Bewegung vor, so kann man sich denken, daß der Punkt P im Augenblick x plötzlich aufhört, sich dem Bewegungsgesetz $f(x)$ zu fügen, und seine augenblickliche Geschwindigkeit $f'(x)$ festhält. Mit ihr würde er, weil bei einer gleichförmigen Bewegung der Quotient aus Weg und Zeit immer denselben Wert hat, in der Zeit x bis $x + h$ den Weg $f'(x)\,h$ durchlaufen. Das ist gerade das Differential $df(x)$. Das Differential $df(x)$ tritt an die Stelle der Differenz $\triangle f(x)$, wenn man im Augenblick x zu einer gleichförmigen Bewegung übergeht unter Festhaltung der gerade vorhandenen Geschwindigkeit. Es liegt hier, so kann man sagen, die Tendenz zugrunde, etwas Kompliziertes durch etwas Einfaches zu ersetzen, wie bei Leibniz die krumme Linie durch die Gerade ersetzt wurde. Später werden wir vom Stetigkeitsbegriff reden und diese Ersetzung von $\triangle f(x)$ durch $df(x)$ noch unter einem anderen Gesichtspunkt betrachten. Schon jetzt können wir sagen, daß alle unsere Sinneswahrnehmungen dem Gesetz der Schwelle unterliegen. Alles, was unterhalb einer gewissen Größe liegt, die man Schwelle nennt, wird überhaupt nicht wahrgenommen. Es tritt nicht über die Schwelle des Bewußtseins. Auf Grund dieses Schwellengesetzes erscheint uns ein kleines Stück einer krummen Linie tatsächlich als geradlinig, ein kleiner Abschnitt einer Bewegung als gleichförmige Bewegung. Man hat es auch so ausgedrückt: Im kleinen ist alles linear.

Hierdurch werden uns die Grundbegriffe der Differentialrechnung durch unsere natürliche Veranlagung nahegelegt. Leibniz pflegte zu sagen, daß eine Kurve ein Polygon mit sehr vielen, sehr kleinen Seiten sei. Wenn man eine dieser Seiten nach beiden Seiten verlängert, so hat man die Tangente vor sich.

§ 21. Der Stetigkeitsbegriff

Alle differenzierbaren Funktionen haben eine gemeinsame Eigenschaft, die man als Stetigkeit (Kontinuität) bezeichnet. Wenn die Ableitung $f'(x)$ existiert, so bedeutet dies, daß

$$\lim \frac{f(x+h) - f(x)}{h} = f'(x) \qquad (h \to 0) \quad \text{ist.}$$

Dann wird

$$f(x+h) - f(x) = h \cdot \frac{f(x+h) - f(x)}{h} \qquad \text{nach } 0 \cdot f'(x),$$

also nach 0 konvergieren. Dies bedeutet, daß das Inkrement der Funktion gleichzeitig mit dem Inkrement der Veränderlichen nach Null konvergiert. Weniger streng könnte man sagen: Wenn x sich unmerklich ändert, geschieht dasselbe bei $f(x)$.

Man hat in älteren Zeiten geglaubt, daß auch umgekehrt aus der Stetigkeit die Differenzierbarkeit folge. Z. B. gab Ampère einen Beweis für diesen Satz, der natürlich auf einem Trugschluß beruhte.

Der 1848 verstorbene böhmische Mathematiker und Philosoph Bolzano konstruierte eine Funktion $f(x)$, die überall (d. h. für alle Werte von x) stetig, aber nirgends differenzierbar ist. Mehrere Jahrzehnte später gab Weierstraß ein zweites Beispiel für eine solche Funktion. Wenn man x als Zeit und die Bolzanosche Funktion $f(x)$ als Abszisse eines beweglichen Punktes betrachtet, so würde er eine stetige Bewegung ausführen, bei der es in keinem Zeitpunkt eine Geschwindigkeit gibt.

Stetigkeit bedeutet, um es zu wiederholen, daß aus $h \to 0$ folgt $\triangle f(x) \to 0$, d. h. $f(x+h) - f(x) \to 0$. Auf Grund dieser Erklärung ist leicht einzusehen, daß aus der Stetigkeit von $f(x)$, $g(x)$ die Stetigkeit von $f(x) + g(x)$, $f(x) - g(x)$, $f(x) \cdot g(x)$ und $f(x)/g(x)$ folgt, wobei im Falle des Quotienten noch $g(x) \neq 0$ zu fordern ist.

Bolzano hat zuerst bewiesen: *Eine stetige Funktion $f(x)$ läßt beim Übergang von einem Wert zu einem anderen keinen Zwischenwert aus.*

Ist $f(a) = A$, $f(b) = B$ und C ein Zwischenwert zwischen A und B, so gibt es zwischen a und b ein c mit der Eigenschaft $f(c) = C$. Bolzanos Beweis beruht auf einem eigentümlichen Verfahren, das man als **Intervallschachtelung** bezeichnet. Man nimmt die Mitte zwischen a und b, also $(a+b)/2$. Dann wird C zwischen $f(a)$ und $f\left(\frac{a+b}{2}\right)$ liegen oder, wenn dies nicht der Fall sein sollte, zwischen $f\left(\frac{a+b}{2}\right)$ und $f(b)$. Im ersten Falle soll das Intervall $a_1 \ldots b_1$ mit $a \ldots (a+b)/2$, im zweiten mit $(a+b)/2 \ldots b$ zusammenfallen. Während zuerst C zwischen $f(a)$ und $f(b)$ lag, befindet es sich jetzt zwischen $f(a_1)$ und $f(b_1)$, und $a_1 \ldots b_1$ ist eine Hälfte (möglichst die linke) von $a \ldots b$. Der zweite Schritt des Bolzanoschen Schachtelungsverfahrens beruht in dem Übergang von $a_1 \ldots b_1$ zu einer Hälfte $a_2 \ldots b_2$, die so beschaffen ist, daß $f(a_2)$ und $f(b_2)$ den Wert C einschließen. Das Verfahren geht unbegrenzt weiter, es möchte denn in der Mitte irgendeines dieser Intervalle $a_n \ldots b_n$ zufällig $f\left(\frac{a_n+b_n}{2}\right) = C$ sein. Dann hätten wir aber schon eine Stelle c mit der Eigenschaft $f(c) = C$ gefunden. Tritt dieser Fall nicht ein, so haben wir eine Folge von Intervallen $a \ldots b$, $a_1 \ldots b_1$, $a_2 \ldots b_2, \ldots$ vor uns, wo jedes eine Hälfte des vorausgegangenen ist. Es gibt dann eine und nur eine Stelle c, die in allen diesen Intervallen enthalten ist, und zwar ist c der gemeinsame Grenzwert der aufsteigenden Folge $a, a_1, a_2, \ldots$ und der absteigenden Folge $b, b_1, b_2, \ldots$ Aus $\lim a_n = c$, $\lim b_n = c$ folgt wegen der Stetigkeit $\lim f(a_n) = f(c)$ und $\lim f(b_n) = f(c)$. Da C zwischen $f(a_n)$ und $f(b_n)$ liegt, muß $C = f(c)$ sein.

Mit Hilfe des Bolzanoschen Schachtelungsverfahrens läßt sich auch der Satz von Weierstraß beweisen: *Eine im ganzen Intervall stetige Funktion $f(x)$ hat einen größten und einen kleinsten Wert.*

Dabei ist es von wesentlicher Bedeutung, daß $f(x)$ auch an den Grenzen des Intervalls stetig ist. Der Beweis beruht auf folgender Überlegung. In einer der beiden Intervallhälften $a \ldots (a+b)/2$ und $(a+b)/2 \ldots b$ wird $f(x)$ zu ebenso hohen Werten aufsteigen wie im ganzen Intervall $a \ldots b$. Wäre dem nicht so, dann gäbe es in $a \ldots b$ einen Funktionswert $f(x_1)$, der alle $f(x)$ in $a \ldots (a+b)/2$ übertrifft und ebenso einen Funktionswert $f(x_2)$, der alle $f(x)$ in $(a+b)/2 \ldots b$ überbietet. Der größere der beiden Werte $f(x_1)$, $f(x_2)$ wäre dann größer als sämtliche $f(x)$ in $a \ldots b$, während er doch selbst ein solches $f(x)$ ist.

Nachdem man dies festgestellt hat, steht der Weg für die Herstellung einer Bolzanoschen Intervallfolge offen. $a_1 \ldots b_1$ sei eine Hälfte von $a \ldots b$, in welcher $f(x)$ zu ebenso hohen Werten aufsteigt wie in $a \dots b$. Ferner sei $a_2 \dots b_2$ eine Hälfte von $a_1 \dots b_1$ mit derselben Eigenschaft usw. Die Bolzanosche Folge $a \dots b$, $a_1 \dots b_1$, $a_2 \dots b_2, \dots$ konvergiert nach einem Punkt c, und dort liegt gerade der größte aller Werte $f(x)$. Daß es in $a \dots b$ wirklich keinen größeren Funktionswert als $f(c)$ gibt, erkennt man auf folgende Weise: Ist $f(x_0)$ irgendein in $a \dots b$ vorkommender Funktionswert, so gibt es in $a_1 \dots b_1$ eine Stelle x_1, wo $f(x_1) \geqq f(x_0)$ ist, in $a_2 \dots b_2$ eine Stelle x_2, wo $f(x_2) \geqq f(x_1)$ ist usw. Da x_n durch a_n und b_n zum Grenzwert c mitgerissen wird, weil es dem Intervall $a_n \dots b_n$ angehört, und wegen der Stetigkeit aus $\lim x_n = c$ folgt $\lim f(x_n) = f(c)$, so ist $f(c)$ der Grenzwert der aufsteigenden Folge $f(x_0), f(x_1), f(x_2), \dots$ und daher $f(x_0) \leqq f(c)$.

Da $-f(x)$ ebenso wie $f(x)$ stetig ist, so gibt es unter den Funktionswerten $-f(x)$ einen größten $-f(c^*)$. Aus $-f(x) \leqq -f(c^*)$ folgt dann $f(c^*) \leqq f(x)$ für alle x in $a \dots b$, d. h. $f(c^*)$ ist der kleinste aller Werte $f(x)$.

Eine weitere Eigenschaft der stetigen Funktionen, die man ebenfalls mit Hilfe der Bolzanoschen Schachtelung beweist, ist folgende: *Wird ein positives ε gegeben, so kann man das Intervall $a \dots b$ derart in Teile zerlegen, daß in jedem Teilintervall die Funktionswerte um weniger als ε differieren.*

Wäre bei irgendeinem besonderen ε, etwa ε_0, eine solche Zerlegung unmöglich, so müßte bei mindestens einer der beiden Hälften $a \dots (a+b)/2$ und $(a+b)/2 \dots b$ dieselbe Unmöglichkeit bestehen. Ließe sich jedes dieser Halbintervalle in gewünschter Weise zerlegen, so wäre damit eine Zerlegung des ganzen Intervalls gewonnen, die das Verlangte bietet. Es wird also in $a \dots b$ eine Hälfte $a_1 \dots b_1$ geben, bei der es mit ε_0 ebensowenig glückt wie in $a \dots b$. Ebenso wird es dann in $a_1 \dots b_1$ eine Hälfte $a_2 \dots b_2$ geben, die die gleiche Schwierigkeit bietet, usw. Ist c die Stelle, auf welche die so gewonnene Bolzanosche Folge hinkonvergiert, so entsteht ein Widerspruch. Wenn man irgendeine Zerlegung von $a_n \dots b_n$ vornimmt, so wird es immer ein Teilintervall und in diesem zwei Funktionswerte $f(x_n)$, $f(x_n^*)$ geben, die mindestens um ε_0 differieren, so daß $f(x_n^*) - f(x_n) \geqq \varepsilon_0$ ist. Da x_n und x_n^* durch a_n und b_n nach dem Grenzwert c mitgerissen werden, so strebt $f(x_n^*) - f(x_n)$ wegen der Stetigkeit nach $f(c) - f(c)$, d. h. nach Null, während es doch andererseits nicht unter ε_0 herabsinkt. Damit ist die behauptete Eigenschaft bewiesen. Man kann sie auch in etwas anderer Weise formulieren. Wenn $f(x)$ in $a \dots b$ einschließlich der Grenzen stetig ist, so läßt sich jedem positiven ε ein positives δ zuordnen derart, daß unter der Bedingung $|x^* - x| < \delta$ stets $|f(x^*) - f(x)| < \varepsilon$ ist. Die Einschließung einer Größe durch senkrechte Striche deutet an, um daran zu erinnern, daß ihr a b s o l u t e r B e t r a g gemeint ist. Wie wir gezeigt haben, läßt sich das Intervall a ... b so zerlegen, daß in jedem Teilintervall die Funktionswerte um weniger als eine vorgegebene positive Größe, sagen wir $\varepsilon/2$, differieren. Ist nun δ kleiner als die Länge des kleinsten Teilintervalls, so werden x und x^* im Falle $|x^* - x| < \delta$, wenn sie nicht beide demselben Teilintervall zugehören, in benachbarten Teilintervallen enthalten sein. Liegen sie beide in demselben Teilintervall, so wird sogar $|f(x^*) - f(x)| < \varepsilon/2$ sein.

Fallen sie in benachbarte Teilintervalle, die in x^{**} zusammenstoßen, so ist $|f(x^{**}) - f(x)| < \varepsilon/2$, $|f(x^*) - f(x^{**})| < \varepsilon/2$, woraus dann mit Rücksicht auf $|A + B| \leqq |A| + |B|$ sofort folgt $|f(x^*) - f(x)| < \varepsilon$.

§ 22. Der Mittelwertsatz der Differentialrechnung

$f(x)$ sei im Innern des Intervalls a ... b differenzierbar und an den Grenzen a und b jedenfalls stetig. Die Stetigkeit im Inneren von $a \ldots b$ braucht nicht besonders gefordert zu werden. Sie ist durch die Differenzierbarkeit garantiert. Wir wollen nun zunächst annehmen, daß $f(a) = f(b) = 0$ ist, und zeigen, daß es zwischen a und b eine Stelle c gibt, wo $f'(c) = 0$ ist. Zwischen zwei Nullstellen der Funktion, so können wir sagen, liegt unter den gemachten Voraussetzungen sicher eine Nullstelle der Ableitung.

Der Beweis dieses nach Rolle benannten Satzes wird am einfachsten mit Hilfe des Weierstraßschen Satzes vom größten und kleinsten Funktionswert geführt. Es gibt unter allen Werten $f(x)$ im Intervall a ... b einen größten $f(c)$ und einen kleinsten $f(c^*)$. Wenn c und c^* beide mit a und b zusammenfielen, wären $f(c)$ und $f(c^*)$ beide gleich Null und daher $f(x)$ im ganzen Intervall gleich Null. Da eine Konstante die Ableitung Null hat, so wäre überall $f'(x) = 0$, der Rollesche Satz also bestätigt. Nehmen wir an, daß dieser Fall nicht vorliegt. Dann wird also wenigstens eine der beiden Stellen c, c^* ins Innere des Intervalles $a \ldots b$ fallen. Indem man nötigenfalls von $f(x)$ zu $-f(x)$ übergeht, kann man bewirken, daß der größte Wert im Innern des Intervalls angenommen wird, also c zwischen a und b liegt. Nehmen wir an, daß dieser Fall vorliegt. Ist h eine positive Größe, klein genug, damit auch $c - h$ und $c + h$ wie c zwischen a und b liegen, so werden die Ungleichungen

$f(c+h) - f(c) \leqq 0\,,\; f(c-h) - f(c) \leqq 0$ bestehen, aus denen folgt

$$\frac{f(c+h) - f(c)}{h} \leqq 0\,, \quad \frac{f(c-h) - f(c)}{-h} \geqq 0\,.$$

Die beiden hier auftretenden Differenzenquotienten konvergieren, wenn h der Null zustrebt, nach $f'(c)$, weil $f(x)$ im Innern von $a \ldots b$ differenzierbar sein soll. Da nun aber der eine nie positiv, der andere nie negativ ist, so bleibt nichts anderes übrig, als daß $f'(c) = 0$ ist. Wenn nämlich eine Größe einem positiven (negativen) Grenzwert zustrebt, so muß sie schließlich dessen Zeichen annehmen und behalten.

Rolle hat seinen Satz hauptsächlich auf Polynome angewandt. Man kann zum Beispiel mit Hilfe dieses Satzes folgendes aussagen: Hat eine Gleichung dritten Grades $f(x) = a_0 x^3 + a_1 x^2 + a_2 x + a_3 = 0$ drei reelle Wurzeln x_1, x_2, x_3 $(x_1 < x_2 < x_3)$, so liegt zwischen x_1 und x_2, ebenso zwischen x_2 und x_3 eine Wurzel der Gleichung $f'(x) = 3\,a_0 x^2 + 2\,a_1 x + a_2 = 0$.

Aus dem Rolleschen Satz wird ein wichtiges Theorem der Differentialrechnung gewonnen, der sogenannte Mittelwertsatz. Bei ihm braucht nicht mehr $f(a) = f(b) = 0$ zu sein. Um diesen Satz herzuleiten, betrachten wir die Sehne des über $a \ldots b$ liegenden Bogens der Kurve $y = f(x)$. Die Gleichung dieser Sehne lautet $Y = \dfrac{b-x}{b-a} f(a) + \dfrac{x-a}{b-a} f(b)\,.$

Man sieht, daß dies die Gleichung einer Geraden ist und daß für $x = a$, wie gewünscht, $Y = f(a)$ herauskommt, für $x = b$ aber $Y = f(b)$. Der Unterschied zwischen Kurven- und Sehnenordinate, also

$F(x) = f(x) - \dfrac{b-x}{b-a} f(a) - \dfrac{x-a}{b-a} f(b)\,,$ ist eine Funktion, die für $x = a$

und $x = b$ verschwindet. Wenn $f(x)$ im Innern von $a \ldots b$ differenzierbar und an den Intervallgrenzen stetig ist, so erfüllt $F(x)$ alle Bedingungen des Rolleschen Satzes. Daher gibt es zwischen a und b eine Stelle c, wo die Ableitung

$$F'(x) = f'(x) - \frac{f(b) - f(a)}{b - a} \quad \text{verschwindet, so daß} \quad \frac{f(b) - f(a)}{b - a} = f'(c)$$

ist. Der zu $a \ldots b$ gehörige Differenzenquotient ist also gleich einem inneren Wert der Ableitung. Geometrisch bedeutet dies, daß es auf dem über $a \ldots b$ liegenden Kurvenbogen eine Stelle gibt, wo die Tangente parallel zur Sehne des Bogens läuft. Denkt man an die kinematische Auffassung von $f(x)$, wobei x die Zeit und $f(x)$ die Abszisse eines beweglichen Punktes zur Zeit x bedeutet, so ist der Differenzenquotient die mittlere Geschwindigkeit im Zeitintervall $a \ldots b$. Der Mittelwertsatz besagt, daß in diesem Zeitintervall ein Zeitpunkt c existiert, in welchem die Geschwindigkeit $f'(c)$ mit der mittleren Geschwindigkeit zusammenfällt.

Bezeichnet man einen der beiden Werte a, b mit x, den anderen mit $x + h$, so kann man $c = x + \vartheta h$ setzen, wobei ϑ zwischen 0 und 1 liegt. Die Formel des Mittelwertsatzes lautet dann

$$\boxed{\frac{f(x + h) - f(x)}{h} = f'(x + \vartheta h)\,.} \qquad (0 < \vartheta < 1)\,.$$

Man muß hierbei beachten, daß $\dfrac{f(b) - f(a)}{b - a} = \dfrac{f(a) - f(b)}{a - b}$ ist.

§ 23. Der Fundamentalsatz der Integralrechnung

Schon jetzt wollen wir ein wenig von der *Integralrechnung* sprechen. Während die Differentialrechnung bei gegebenem $f(x)$ die Ableitung $f'(x)$ zu ermitteln lehrt, sucht die Integralrechnung von $f'(x)$ zu $f(x)$ zurückzugelangen. Man hat also eine Funktion $\varphi(x)$ und sucht $\Phi(x)$ so zu bestimmen, daß $\Phi'(x) = \varphi(x)$ wird. $\Phi(x)$ nennt man eine **Stammfunktion** oder ein **Integral** von $\varphi(x)$. Wir werden später sehen, daß jede stetige Funktion eine Stammfunktion hat. Wie weit ist nun die Stammfunktion $\Phi(x)$ durch $\varphi(x)$ bestimmt? Diese wichtige Frage läßt sich mit Hilfe des Mittelwertsatzes beantworten. Ist $\Phi_1(x)$ ebenso wie $\Phi(x)$ eine Stammfunktion von $\varphi(x)$, so folgt aus $\Phi_1'(x) = \varphi(x)$ und $\Phi'(x) = \varphi(x)$ sofort $\Phi_1'(x) - \Phi'(x) = 0$ oder $(\Phi_1 - \Phi)' = 0$. Wenn aber eine Funktion $F(x)$ eine verschwindende Ableitung hat, sagen wir in dem Intervall a ... b, und man greift zwei Stellen x_1 und x_2 aus diesem Intervall heraus, so gibt es nach dem Mittelwertsatz eine Zwischenstelle c,

so daß $\dfrac{F(x_2) - F(x_1)}{x_2 - x_1} = F'(c)$ ist, also gleich Null, weil $F(x)$ in $a \ldots b$ eine verschwindende Ableitung haben soll. Es folgt somit $F(x_1) = F(x_2)$, d. h. die Funktionswerte $F(x)$ sind untereinander gleich, $F(x)$ ist eine Konstante C. Umgekehrt hat jede Konstante die Ableitung Null.

Die Konstanten sind also die einzigen Funktionen mit verschwindender Ableitung.

Aus der oben erhaltenen Gleichung $(\Phi_1 - \Phi)' = 0$ folgt somit $\Phi_1(x) = \Phi(x) + C$. Man kann dieses wichtige Ergebnis so aussprechen: Ist $\Phi(x)$ eine Stammfunktion von $\varphi(x)$, so läßt sich jede andere Stammfunktion in der Form $\Phi(x) + C$

darstellen. Wie man auch die Konstante C wählen mag, immer wird $\Phi(x) + C$ eine Stammfunktion von $\varphi(x)$ sein, weil $(\Phi + C)' = \Phi' = \varphi$ ist. Man nennt diesen Satz den **Fundamentalsatz** der Integralrechnung. Als kleine Anwendung sei folgendes erwähnt: Eine Bewegung mit konstanter Geschwindigkeit $f'(x) = c$ hat immer ein lineares Bewegungsgesetz. Da nämlich cx die Ableitung c hat, so muß $f(x) = cx + C$ sein. Man sieht, daß aus der Konstanz der Geschwindigkeit die der mittleren Geschwindigkeit folgt. Beide haben denselben Wert c.

§ 24. Differentiation der Umkehrfunktionen

In der Liste der von uns differenzierten Funktionen fehlen noch die Umkehrungen der trigonometrischen und Hyperbelfunktionen, sowie die Umkehrung der Exponentialfunktion, der Logarithmus.

Wenn wir z. B. die Funktion $y = \operatorname{arc} \sin x$ betrachten, so läßt sich die hier vorliegende Beziehung zwischen x und y ebensogut durch die Gleichung $x = \sin y$ ausdrücken. Da es unendlich viele Bögen mit dem Sinus x gibt, haben wir noch die Bedingung aufgestellt, daß y dem Intervall $-(\pi/2) \ldots \pi/2$ angehören soll.

Wir wissen, daß die Ableitung $y'(x)$ der Grenzwert von $\triangle y/\triangle x$ bei nach Null konvergierendem $\triangle x$ ist. Nun hat man:

$$\frac{\triangle y}{\triangle x} = 1 : \frac{\triangle x}{\triangle y} = 1 : \frac{\triangle \sin y}{\triangle y}.$$

Läßt man nun $\triangle y$ nach Null konvergieren, so wird

$$\lim_{y \to 0} \frac{\triangle \sin y}{\triangle y} = \cos y. \quad \text{Es wird also} \quad \lim \frac{\triangle y}{\triangle x} = \frac{1}{\cos y}, \quad \text{d. h.}$$

$$\boxed{(\operatorname{arc} \sin x)' = \frac{1}{\sqrt{1 - x^2}}.}$$

Die Wurzel ist positiv zu nehmen, da y zwischen $-(\pi/2)$ und $\pi/2$ liegt, also $\cos y > 0$ ist.

Genau ebenso findet man im Falle $y = \operatorname{arc} \cos x$, also $x = \cos y$,

$$\boxed{(\operatorname{arc} \cos x)' = -\frac{1}{\sin y} = -\frac{1}{\sqrt{1 - x^2}}.}$$

Hier wird y auf das Intervall $0 \ldots \pi$ beschränkt, so daß $\sin y > 0$, die Wurzel also positiv zu nehmen ist. Im Falle $y = \operatorname{arc} \tan x$, also $x = \tan y$, hat man

$$\boxed{(\operatorname{arc} \tan x)' = \frac{1}{1 + \tan^2 y} = \frac{1}{1 + x^2}.}$$

Im Falle $y = \operatorname{arc} \cot x$, also $x = \cot y$,

$$\boxed{(\operatorname{arc} \cot x)' = -\frac{1}{1 + \cot^2 y} = -\frac{1}{1 + x^2}.}$$

Betrachten wir nun die Funktion $y = \mathfrak{Ar}\,\mathfrak{Sin}\, x$, die Umkehrung von $x = \mathfrak{Sin}\, y$,

so wird hier $\boxed{(\mathfrak{Ar}\,\mathfrak{Sin}\, x)' = \frac{1}{\mathfrak{Cof}\, y} = \frac{1}{\sqrt{x^2 + 1}}}$, da $\mathfrak{Cof}^2\, y - \mathfrak{Sin}^2\, y = 1$ ist. Die Wurzel muß man positiv nehmen, da $\mathfrak{Cof}\, y > 0$ ist. Im Falle $y = \mathfrak{Ar}\,\mathfrak{Cof}\, x$, also $x = \mathfrak{Cof}\, y$, findet man

$$\boxed{(\mathfrak{Ar}\,\mathfrak{Cof}\, x)' = \frac{1}{\mathfrak{Sin}\, y} = \frac{1}{\sqrt{x^2 - 1}}}\,.$$

Die Wurzel ist positiv zu nehmen, weil wir früher vereinbart haben, daß $y \geqq 0$ sein soll.

Nun kommen wir zu $y = \mathfrak{Ar}\,\mathfrak{Tan}\, x$, $x = \mathfrak{Tan}\, y$. Da ergibt sich

$$\boxed{(\mathfrak{Ar}\,\mathfrak{Tan}\, x)' = \frac{1}{1 - \mathfrak{Tan}^2\, y} = \frac{1}{1 - x^2}}\,.$$

Hier hat man, da $\mathfrak{Tan}\, y$ an die Grenzen -1 und 1 gebunden ist, $x^2 < 1$. Bei $y = \mathfrak{Ar}\,\mathfrak{Cot}\, x$, also $x = \mathfrak{Cot}\, y$, kommt man zu

$$\boxed{(\mathfrak{Ar}\,\mathfrak{Cot}\, x)' = \frac{1}{1 - \mathfrak{Cot}^2\, y} = \frac{1}{1 - x^2}}\,.$$ Hier ist aber $x^2 > 1$.

Schließlich haben wir noch ein Wort über die Differentiation des Logarithmus zu sagen. Ist $x = e^y$, so schreibt man, wie uns schon bekannt, $y = \ln x$. Hier findet man

$$\boxed{(\ln x)' = \frac{1}{e^y} = \frac{1}{x}}\,.$$

$\log^a x$ unterscheidet sich von $\ln x$ um den Faktor $1/\ln a$, weil für $x = a$ der Logarithmus zur Basis a gleich 1 wird, und die Logarithmen beim Übergang zu einer anderen Basis alle denselben Faktor erhalten. Daher wird

$$\boxed{(\log^a x)' = \frac{1}{x \ln a}}\,.$$

§ 25. Die Kettenregel

Unter einer Kette von Funktionen versteht man folgendes: z_1 ist eine Funktion von z_2, z_2 eine Funktion von $z_3, \ldots$, schließlich z_{n-1} eine Funktion von z_n. Infolgedessen ist z_1 eine Funktion von z_n. Wenn nun die $n - 1$ Funktionen $z_1(z_2), z_2(z_3), \ldots z_{n-1}(z_n)$ differenzierbar sind, so zeigt sich, daß auch $z_1(z_n)$ eine Ableitung hat, und zwar besteht die Beziehung

$$\boxed{z_1'(z_n) = z_1'(z_2)\, z_2'(z_3) \ldots z_{n-1}'(z_n)\,.}$$

Die Ableitung von z_1 nach z_n ist das Produkt aus den Ableitungen der $n - 1$ Funktionen, die die vorliegende Funktionenkette bilden. Dieses wichtige Differentiationsgesetz nennt man die **Kettenregel**. Es genügt, den Fall $n = 3$ zu betrachten, also den Fall einer zweigliedrigen Kette. z ist eine Funktion von y, y eine Funktion von x, also z durch Vermittlung von y eine Funktion von x. Man könnte hier von einer indirekten oder mittelbaren Abhängigkeit sprechen, im Vergleich zu der direkten oder unmittelbaren Abhängigkeit, wie sie im Falle $n = 2$ vorliegt.

Wenn die Ableitungen $y'(x)$ und $z'(y)$ existieren, so hat man

$$\triangle y = y'(x) \triangle x + \alpha \triangle x\,,$$

wobei α gleichzeitig mit $\triangle x$ der Null zustrebt. Ferner ist

$$\triangle z = z'(y) \triangle y + \beta \triangle y\,.$$

Da $\triangle y$ mit $\triangle x$ nach Null konvergiert, so wird gleichzeitig auch β der Null zustreben. Sollte zufällig einem besonderen $\triangle x$ ein verschwindendes $\triangle y$ entsprechen, so hindert uns nichts, in solchen Fällen $\beta = 0$ zu setzen. Setzt man in der zweiten Gleichung für $\triangle y$ seinen Ausdruck ein, so ergibt sich

$$\triangle z = y'(x)\, z'(y) \triangle x + [\alpha\, z'(y) + \beta\, y'(x) + \alpha\,\beta] \triangle x\,.$$

Hieraus ist zu entnehmen $\dfrac{\triangle z}{\triangle x} = y'(x)\, z'(y) + \gamma$,

wobei $\gamma = \alpha\, z'(y) + \beta\, y'(x) + \alpha\,\beta$

gleichzeitig mit $\triangle x$ nach Null konvergiert. Es existiert also der Grenzwert von $\triangle z/\triangle x$, d. h. $z'(x)$, und man hat

$$\boxed{z'(x) = y'(x)\, z'(y)\,.}$$

Das Differential von $z(x)$ ist, wie wir wissen, das Produkt $z'(x) \triangle x$. Aus der letzten Gleichung ergibt sich $dz(x) = z'(y)\, y'(x) \triangle x$.

Nun ist aber $y'(x) \triangle x$ nichts anderes als das Differential $dy(x)$. Somit hat man

$$\boxed{dz(x) = z'(y)\, dy(x)\,.}$$

Das Differential von $z(y)$ lautet also $z'(y)\, dy$, genau so, als ob y die unabhängige Veränderliche wäre.

Kennt man diese von Leibniz ausgesprochene Eigenschaft des Differentials, so braucht man die Kettenregel nicht. Sobald man mit Ableitungen und nicht mit Differentialen arbeitet, ist die Kettenregel unentbehrlich. Wenn x positiv ist, so kann man x^n bei beliebigem n durch die Gleichung erklären:

$$x^n = e^{n\ln x}\,.$$

Wendet man die Kettenregel an, so ergibt sich $(x^n)' = e^{n\ln x}(n\ln x)' = \dfrac{n}{x}\, e^{n\ln x}$

Setzt man im Nenner $x = e^{\ln x}$, so bekommt man $ne^{(n-1)\ln x}$ oder nx^{n-1}, also

$$\boxed{(x^n)' = nx^{n-1}\,.}$$

Man sieht, daß die Differentiationsregel für x^n, die bisher nur für ganzzahlige Werte von n bewiesen war, für beliebige Werte von n gilt. Die Annahme $x > 0$ mußten wir machen, damit $\ln x$ einen Sinn hatte.

§ 26. Die höheren Ableitungen und Taylors Theorem

Die Ableitung von $f'(x)$ wird mit $f''(x)$ bezeichnet und heißt die zweite Ableitung von $f(x)$. Allgemein ist die n-te Ableitung von $f(x)$ als die Ableitung der $(n-1)$-ten Ableitung definiert: $f^{(n)}(x) = [f^{(n-1)}(x)]'$.

Bei $f(x) = e^x$ hat man, wie uns bekannt, $f'(x) = e^x$, also auch $f''(x) = e^x$ usw. Alle Ableitungen sind hier gleich e^x. Die Ableitung von e^{cx} lautet nach der Kettenregel ce^{cx}, die zweite Ableitung also $c^2 e^{cx}$ usw., allgemein die n-te Ableitung $c^n e^{cx}$.

Die Ableitung von $\cos x$ lautet $-\sin x$ oder $\cos\left(x + \frac{\pi}{2}\right)$, die von $\sin x$ lautet $\cos x$ oder $\sin\left(x + \frac{\pi}{2}\right)$, mittels der Kettenregel ergeben sich hieraus als zweite Ableitungen von $\cos x$ und $\sin x$ die Ausdrücke $\cos\left(x + 2 \cdot \frac{\pi}{2}\right)$, $\sin\left(x + 2 \cdot \frac{\pi}{2}\right)$ usw. schließlich als n-te Ableitungen:

$$\boxed{(\cos x)^{(n)} = \cos\left(x + n \cdot \frac{\pi}{2}\right)}\ , \quad \boxed{(\sin x)^{(n)} = \sin\left(x + n \cdot \frac{\pi}{2}\right).}$$

Die sukzessiven Ableitungen von $x^n/n!$ lauten, wenn n eine positive ganze Zahl ist,

$$\frac{x^{n-1}}{(n-1)!},\ \frac{x^{n-2}}{(n-2)!},\ \ldots,\ 1\,.$$

Alle höheren Ableitungen sind gleich Null.

Die höheren Ableitungen treten in einem wichtigen Theorem auf, das zuerst von Johann Bernoulli und später von Taylor gefunden wurde. $f(x)$ habe in dem Intervall $a \ldots b$, dessen Grenzen mit dazugerechnet werden, Ableitungen bis zur n-ten Ordnung. Wir wollen ein Polynom $P(x)$ des $(n-1)$-ten Grades suchen, das an der Stelle $x = a$ mit $f(x)$ bis hinauf zur $(n-1)$-ten Ableitung übereinstimmt. Es sollen also die Gleichungen bestehen

$$P(a) = f(a)\,,\ P'(a) = f'(a)\,,\ \ldots,\ P^{(n-1)}(a) = f^{(n-1)}(a)\,.$$

Wenn man dieses Polynom in der Form

$P(x) = c_0 + c_1(x-a) + c_2(x-a)^2 + \ldots + c_{n-1}(x-a)^{n-1}$ ansetzt, so ergibt sich

$$\begin{aligned} P'(x) &= c_1 + 2c_2(x-a) + \ldots + (n-1)\,c_{n-1}(x-a)^{n-2}\,,\\ P''(x) &= 2c_2 + \ldots + (n-1)(n-2)\,c_{n-1}(x-a)^{n-3}\,,\\ &\ldots\ldots\ldots\ldots\ldots\ldots\\ P^{(n-1)}(x) &= (n-1)(n-2)\ldots 1\ c_{n-1}\,. \end{aligned}$$

Setzt man hier $x = a$, so bleibt jedesmal nur das erste Glied stehen, und die oben gestellten Forderungen führen zu

$$c_0 = f(a),\ c_1 = f'(a),\ 2\cdot 1\,c_2 = f''(a),\ \ldots,\ (n-1)(n-2)\ldots 1\,c_{n-1} = f^{(n-1)}(a)\,.$$

Das gesuchte Polynom lautet demnach

$$\boxed{P(x) = f(a) + \frac{x-a}{1!}f'(a) + \frac{(x-a)^2}{2!}f''(a) + \ldots + \frac{(x-a)^{n-1}}{(n-1)!}f^{(n-1)}(a)\,.}$$

Man nennt dieses Polynom das **Taylorsche Polynom $(n-1)$-ten Grades** an der Stelle a. Ihm entspricht als Bildkurve eine Parabel $(n-1)$-ten Grades, von der man sagt, daß sie an der Stelle $x = a$ mit der Bildkurve von $f(x)$ eine Berührung $(n-1)$-ten Grades hat. Man sollte diese Parabel die Taylorsche Schmiegungsparabel $(n-1)$-ten Grades nennen. Die Taylorsche Schmiegungsparabel ersten Grades ist die Tangente der Kurve $f(x)$ an der Stelle $x = a$. Die Gleichung dieser Tangente lautet tatsächlich, wie wir schon wissen, $y = f(a) + (x-a)f'(a)$. Wir haben hier nur etwas andere Bezeichnungen als früher, was aber unwesentlich ist. Als Taylorscher Lehrsatz wird in der Differentialrechnung eine Aussage über den Unterschied zwischen $f(x)$ und $P(x)$ bezeichnet. Cauchy, der große französische Geometer, einer der Organisatoren des mathematischen Unterrichtes an der berühmten École Polytechnique in Paris, hat ein einfaches Verfahren zur Behandlung der Differenz $f(x) - P(x)$ gefunden. Er betrachtete diese Differenz, die in ausführlicher Schreibung lautet

$$f(x) - f(a) - \frac{x-a}{1!}f'(a) - \frac{(x-a)^2}{2!}f''(a) - \ldots - \frac{(x-a)^{n-1}}{(n-1)!}f^{(n-1)}(a)\,,$$

als Funktion $\varphi(a)$ von a, indem er den irgendwo im Innern von $a \ldots b$ liegenden Wert x festhielt. Bildete er dann $\varphi'(a)$, wobei die Glieder

$$\frac{x-a}{1!} f'(a), \frac{(x-a)^2}{2!} f''(a), \ldots \frac{(x-a)^{n-2}}{(n-2)!} f^{(n-2)}(a), \frac{(x-a)^{n-1}}{(n-1)!} f^{(n-1)}(a)$$

nach der Leibnizschen Produktregel und die ersten Faktoren nach der Kettenregel zu behandeln sind, so ergab sich, weil alles andere sich forthebt,

$$\varphi'(a) = -\frac{(x-a)^{n-1}}{(n-1)!} f^n(a).$$

Der tiefere Grund, weshalb sich hier alles bis auf ein einziges Glied forthebt, liegt in Newtons Theorie der höheren Differenzenquotienten, auf die hier einzugehen aber viel zu weit führen würde. Vgl. Aufgabe 102.

Nun ist der weitere Verlauf der Betrachtung folgender: Wir greifen zwischen a und x einen Wert x_0 heraus und wenden auf die Differenz $\varphi(x) - \varphi(x_0)$ den Mittelwertsatz $\varphi(x) - \varphi(x_0) = (x - x_0)\, \varphi'(x_1)$ an, wobei x_1 ein gewisser uns unbekannter Zwischenwert zwischen x_0 und x ist. Da offenbar $\varphi(x) = 0$ ist, so reduziert sich obige Gleichung nach Einsetzung des für φ' gefundenen Ausdrucks auf

$$\varphi(x_0) = \frac{(x-x_0)(x-x_1)^{n-1}}{(n-1)!} f^{(n)}(x_1)$$

oder in ausführlicher Schreibung

$$f(x) = f(x_0) + \frac{x-x_0}{1!} f'(x_0) + \ldots + \frac{(x-x_0)^{n-1} f^{(n-1)}(x_0)}{(n-1)!} + \\ + \frac{(x-x_0)(x-x_1)^{n-1}}{(n-1)!} f^{(n)}(x_1),$$

wobei x_1 zwischen x_0 und x liegt.

Man nennt $\frac{(x-x_0)(x-x_1)^{n-1}}{(n-1)!} f^{(n)}(x_1)$ das **Cauchysche Restglied.**

Es gibt uns den Unterschied zwischen $f(x)$ und dem für die Stelle x_0 gebildeten Taylorschen Polynom $(n-1)$-ten Grades, leider behaftet mit der in x_1 steckenden Unbestimmtheit. Wir wissen von x_1 nur, daß es irgendwo zwischen x_0 und x liegt. x_0 können wir nachträglich wieder mit a identifizieren, nachdem wir jetzt a nicht mehr als Variable zu betrachten haben.

Lagrange hat dem Restglied eine andere, noch einfachere Form gegeben. Um diesen Lagrangeschen Ausdruck zu finden, muß man eine Verallgemeinerung des Mittelwertsatzes benutzen. Wenn im Intervall a ... b die Funktionen $f_1(x)$ und $f_2(x)$ die Voraussetzungen des Mittelwertsatzes erfüllen, und man bildet die Determinante

$$F(x) = \begin{vmatrix} f_1(x), & f_2(x), & 1 \\ f_1(a), & f_2(a), & 1 \\ f_1(b), & f_2(b), & 1 \end{vmatrix},$$

so erfüllt sie die Voraussetzungen des Rolleschen Satzes. Es wird also zwischen a und b eine Stelle c geben, wo $F'(c) = 0$ ist. Denkt man sich die Determinante nach der ersten Zeile entwickelt, so entsteht ein Ausdruck von der Form $Af_1(x) + Bf_2(x) + C$, dessen Ableitung $Af_1'(x) + Bf_2'(x)$ dadurch entsteht, daß man $f_1(x)$, $f_2(x)$ und 1, die bei A, B, C stehenden Faktoren, durch $f_1'(x)$, $f_2'(x)$ und 0 ersetzt. Hiernach ist

$$F'(x) = \begin{vmatrix} f_1'(x), & f_2'(x), & 0 \\ f_1(a), & f_2(a), & 1 \\ f_1(b), & f_2(b), & 1 \end{vmatrix},$$

und unser Ergebnis $F'(c) = 0$ spricht sich in folgender Gleichung aus:

$$\begin{vmatrix} f_1'(c), & f_2'(c), & 0 \\ f_1(a), & f_2(a), & 1 \\ f_1(b), & f_2(b), & 1 \end{vmatrix} = 0\,.$$

Die Berechnung der Determinante vereinfacht sich mittels des Umformungssatzes, indem man von der dritten die zweite Zeile abzieht. Es ergibt sich dann durch Entwicklung nach der letzten Spalte

$$\begin{vmatrix} f_1'(c) & , f_2'(c) \\ f_1(b) - f_1(a), & f_2(b) - f_2(a) \end{vmatrix} = 0\,.$$

Ist $f'_2(x)$ im Innern von $a \ldots b$ nirgends gleich Null, so kann auch $f_2(b) - f_2(a)$ nicht gleich Null sein, weil es sonst nach dem einfachen Mittelwertsatz zwischen a und b eine Nullstelle von $f_2'(x)$ geben würde. Sobald man also weiß, daß solche Nullstellen nicht vorhanden sind, kann man schreiben

$$\frac{f_1(b) - f_1(a)}{f_2(b) - f_2(a)} = \frac{f_1'(c)}{f_2'(c)}\,.$$

Das ist der verallgemeinerte Mittelwertsatz.

Kehren wir nun zu der oben betrachteten Funktion $\varphi(a)$ zurück und nehmen als zweite Funktion $\psi(a) = \frac{(x-a)^n}{n!}$ hinzu, so können wir die Gleichung $\varphi(x) - \varphi(x_0) = (x - x_0)\,\varphi'(x_1)$ ersetzen durch

$$\frac{\varphi(x) - \varphi(x_0)}{\psi(x) - \psi(x_0)} = \frac{\varphi'(x_1)}{\psi'(x_1)}\,.$$

Da $\varphi(x) = \varphi(x) = 0$ und $\varphi'(a) = -\frac{(x-a)^{n-1}}{(n-1)!} f^n(a)$, $\psi'(a) = -\frac{(x-a)^{n-1}}{(n-1)!}$

ist, so wird $$\varphi(x_0) = \frac{(x-x_0)^n}{n!} f^{(n)}(x_1)\,.$$

x_1 ist wieder ein uns unbekannter Zwischenwert zwischen x_0 und x. In ausführlicher Schreibung lautet die obige Gleichung

$$f(x) = f(x_0) + \frac{x - x_0}{1!} f'(x_0) + \ldots + \frac{(x-x_0)^{n-1}}{(n-1)!} f^{(n-1)}(x_0) + \frac{(x-x_0)^n}{n!} f^{(n)}(x_1)\,.$$

$$(x_1 \text{ zwischen } x_0 \text{ und } x)\,.$$

Das ist die Taylorsche Formel mit dem Lagrangeschen Restglied. Würde man zum Taylorschen Polynom n-ten Grades übergehen, so käme das Glied $(x - x_0)^n/n! \cdot f^{(n)}(x_0)$ hinzu. Hiervon unterscheidet sich das Lagrangesche Restglied dadurch, daß $f^{(n)}(x_0)$ durch $f^{(n)}(x_1)$ ersetzt ist. Beim Cauchyschen Restglied steht im Nenner nicht $n!$, sondern $(n-1)!$. Die hierdurch entstehende Vergrößerung wird dadurch wettgemacht, daß von den n-Faktoren, die in $(x - x_0)^n$ zusammengefaßt sind, $n - 1$ durch $x - x_1$, also etwas Kleineres ersetzt sind. *Übrigens ist x_1 im Cauchyschen Restglied natürlich nicht derselbe Zwischenwert wie im Lagrangeschen.* Da x_1 zwischen x_0 und x liegt, kann man setzen $x_1 = x_0 + \vartheta\,(x - x_0)$. Dabei ist ϑ ein Wert zwischen 0 und 1.

Wenn nämlich ϑ von 0 bis 1 zunimmt, geht $x_0 + \vartheta\,(x - x_0)$ von x_0 bis x.

Setzt man diesen Ausdruck für x_1 ein, so lautet

das Lagrangesche Restglied $\boxed{\dfrac{(x-x_0)^n}{n!} f^{(n)}[x_0 + \vartheta(x-x_0)]}\,,$

das Cauchysche Restglied $\boxed{\dfrac{(x-x_0)^n(1-\vartheta)^n}{(n-1)!} f^{(n)}[x_0 + \vartheta(x-x_0)]\,.}$

Der gewöhnliche Mittelwertsatz ist ein Spezialfall des Taylorschen Theorems, und zwar der Spezialfall $n = 1$.

Charles Sturm hat in seinem Cours d'analyse einen anderen Beweis des Taylorschen Theorems gegeben, der daran anknüpft, daß die Funktion

$$F(x) = f(x) - f(a) - \frac{x-a}{1\cdot!} f'(a) - \ldots - \frac{(x-a)^{n-1}}{(n-1)!} f^{(n-1)}(a)$$

für $x = a$ nebst ihren $n - 1$ ersten Ableitungen verschwindet. Dieselbe Eigenschaft hat $G(x) = \dfrac{(x-a)^n}{n!}$. Nach dem verallgemeinerten Mittelwertsatz kann er dann schreiben

$$\frac{F(x)}{G(x)} = \frac{F(x)-F(a)}{G(x)-G(a)} = \frac{F'(x_1)}{G'(x_1)}\,, \qquad (x_1 \text{ zwischen } a \text{ und } x)$$

$$\frac{F'(x_1)}{G'(x_1)} = \frac{F'(x_1)-F'(a)}{G'(x_1)-G'(a)} = \frac{F''(x_2)}{G''(x_2)}\,, \qquad (x_2 \text{ zwischen } a \text{ und } x_1)$$

$$\frac{F^{(n-1)}(x_{n-1})}{G^{(n-1)}(x_{n-1})} = \frac{F^{(n-1)}(x_{n-1})-F^{(n-1)}(a)}{G^{(n-1)}(x_{n-1})-G^{(n-1)}(a)} = \frac{F^{(n)}(x_n)}{G^{(n)}(x_n)} \qquad (x_n \text{ zwischen } a \text{ und } x_{n-1}).$$

Da die n-te Ableitung eines Polynoms $(n-1)$-ten Grades gleich Null ist, so hat man $F^{(n)}(x) = f^{(n)}(x)$. Man findet also, da außerdem $G^{(n)}(x) = 1$ ist,

$$\frac{F(x)}{G(x)} = f^{(n)}(x_n)\,, \quad \text{d. h.}$$

$$f(x) = f(a) + \frac{x-a}{1!} f'(a) + \ldots + \frac{(x-a)^{n-1}}{(n-1)!} f^{(n-1)}(a) + \frac{(x-a)^n}{n!} f^{(n)}(\xi)\,,$$

wobei wir statt x_n die Bezeichnung ξ gewählt haben. ξ liegt zwischen a und x. Ist $f(x)$ ein Polynom $(n-1)$-ten Grades, so fällt das Restglied fort. Das Polynom ist mit dem Taylorschen Polynom identisch.

Im Spezialfall $a = 0$ lautet die Taylorsche Formel

$$f(x) = f(0) + \frac{x}{1!} f'(0) + \ldots + \frac{x^{n-1}}{(n-1)!} f^{(n-1)}(0) + \frac{x^n}{n!} f^{(n)}(\vartheta x)\,.$$

ϑ muß zwischen 0 und 1 liegen, damit $\xi = \vartheta x$ zwischen 0 und x fällt. Diese Formel wird als **Maclaurinsche Formel** bezeichnet. Nehmen wir als Beispiel die Exponentialfunktion $f(x) = e^x$, deren sämtliche Ableitungen ebenfalls gleich e^x sind, so daß $f(0), f'(0), \ldots, f^{(n-1)}(0)$ alle gleich 1 werden. In diesem Falle lautet die obige Formel

$$e^x = 1 + \frac{x}{1!} + \ldots + \frac{x^{n-1}}{(n-1)!} + \frac{x^n e^{\vartheta_n x}}{n!}\,. \qquad (0 < \vartheta_n < 1)$$

Der Index n bei ϑ soll hervorheben, daß ϑ bei wachsendem n nicht festbleibt. Erteilt man x einen positiven Wert r, so ist das Restglied positiv und daher

$$1 + \frac{r}{1!} + \ldots + \frac{r^{n-1}}{(n-1)!} < e^r\,.$$

Läßt man p die Werte $1, 2, 3, \ldots$ annehmen, so wird beim Übergang von p zu $p + 1$ zu $r^p/p!$ der Faktor $r/(p + 1)$ hinzutreten, also ein Faktor kleiner als 1, sobald $r < p + 1$ ist. Auf alle Fälle wird also $r^p/p!$ schließlich beständig abnehmen. Bliebe es immer noch größer als ein gewisses positives ε, so könnte $1 + (r/1) + \ldots + r^{n-1}/(n-1)!$ nicht immer kleiner als e^r sein. Durch genügende Vergrößerung von n ließen sich nämlich beliebig viele Summanden beschaffen, die alle größer als ε sind. Hat man aber k solche Summanden, so müßte doch $k\,\varepsilon < e^r$, also $k < \frac{1}{\varepsilon}\, e^r$ sein, wodurch dem k eine Schranke auferlegt wäre. Diese einfache Überlegung zeigt, daß $\lim \left(\frac{r^n}{n!}\right) = 0$.

Da nun, wenn wir $|x| = r$ setzen, $\left|\frac{x^n e^{\vartheta_n x}}{n!}\right| < \frac{r^n e^r}{n!}$ ist, so folgt, daß der Unterschied zwischen e^x und $1 + (x/1) + \ldots + x^{n-1}/(n-1)!$ nach Null konvergiert, daß also $\lim \left(1 + \frac{x}{1!} + \ldots + \frac{x^{n-1}}{(n-1)!}\right) = e^x$ ist.

Man schreibt in solchem Falle

$$\boxed{e^x = 1 + \frac{x}{1!} + \frac{x^2}{2!} + \ldots}$$

und sagt, daß die rechts stehende unendliche Reihe die Summe e^x hat. $1 + \frac{x}{1!} + \ldots + \frac{x^{n-1}}{(n-1)!}$, die Summe der n ersten Reihenglieder, wird als die n-te Partialsumme bezeichnet. Diese n-te Partialsumme strebt hier also dem Grenzwert e^x zu. Man nennt eine unendliche Reihe, bei der die n-te Partialsumme bei unbegrenzt zunehmendem n einem Grenzwert zustrebt, konvergent und betrachtet jenen Grenzwert als die Summe der Reihe. Nicht konvergente oder, wie man sagt, divergente Reihen, sind in früheren Zeiten als mathematisches Hilfsmittel benutzt worden. Erst durch Cauchy wurden sie ausgeschaltet, Wenn man zeigen kann, daß das Restglied der Taylorschen Formel bei wachsendem n der Null zustrebt, ist man berechtigt zu schreiben:

$$f(x) = f(a) + \frac{x-a}{1!} f'(a) + \frac{(x-a)^2}{2!} f''(a) + \ldots$$

Diese Reihe wird als Taylorsche Reihe und im Falle $a = 0$ als Maclaurinsche Reihe bezeichnet. Wir wissen, daß die n-te Ableitung von $\cos x$ und $\sin x$ lautet $\cos\left(x + \frac{n\pi}{2}\right)$ bzw. $\sin\left(x + \frac{n\pi}{2}\right)$. Die Restglieder der Maclaurinschen Formel für $\cos x$ oder $\sin x$ lauten also

$$\frac{x^n \cos\left(\vartheta_n x + \frac{n\pi}{2}\right)}{n!}, \quad \frac{x^n \sin\left(\vartheta_n x + \frac{n\pi}{2}\right)}{n!}.$$

Da Cosinus und Sinus zwischen -1 und 1 liegen, so sind die Restglieder, wenn $|x| = r$ gesetzt wird, ihrem Betrage nach kleiner als $r^n/n!$, konvergieren also mit wachsendem n nach Null. Damit ist gezeigt, daß folgende Gleichungen gelten:

$$\boxed{\cos x = \sum_0^\infty \frac{x^n}{n!} \cos\frac{n\pi}{2},} \qquad \boxed{\sin x = \sum_0^\infty \frac{x^n}{n!} \sin\frac{n\pi}{2},}$$

wobei wir uns zwecks kürzerer Schreibung des Summenzeichens Σ bedienen.

Da $\cos \frac{n\pi}{2}$ und $\sin \frac{n\pi}{2}$ die Werte 1, 0, — 1, 0, 1, 0, — 1, ... und 0, 1, 0, — 1, 0, 1, 0, ... annehmen, wenn n die Folge 1, 2, 3, ... durchläuft, so lauten die obigen Gleichungen in ausführlicher Fassung

$$\boxed{\cos x = 1 - \frac{x^2}{2!} + \frac{x^4}{4!} - \ldots,} \qquad \boxed{\sin x = x - \frac{x^3}{3!} + \frac{x^5}{5!} - \ldots}$$

Man nennt Reihen von der Form $a_0 + a_1 x + a_2 x^2 + \ldots$ **Potenzreihen.** Wir haben hier festgestellt, daß sich e^x, $\cos x$, $\sin x$ in solche Potenzreihen entwickeln lassen und diese Entwicklungen für beliebige Werte von x gelten. Auch bei den Hyperbelfunktionen $\mathfrak{Cof}\, x$ und $\mathfrak{Sin}\, x$ ergibt sich, daß sie für jeden Wert von x durch ihre Maclaurinsche Reihe dargestellt werden. Man hat also:

$$\boxed{\mathfrak{Cof}\, x = 1 + \frac{x^2}{2!} + \frac{x^4}{4!} + \ldots,} \qquad \boxed{\mathfrak{Sin}\, x = x + \frac{x^3}{3!} + \frac{x^5}{5!} + \ldots}$$

In anderen Fällen zeigt sich, daß die Darstellung durch die Maclaurinsche Reihe nur in einem gewissen Intervall gilt. Nehmen wir z. B. die Funktion $f(x) = 1/(1-x)$, so lauten ihre sukzessiven Ableitungen

$$f'(x) = \frac{1}{(1-x)^2},\; f''(x) = \frac{2}{(1-x)^3},\; f'''(x) = \frac{2 \cdot 3}{(1-x)^4} \ldots$$

Die Maclaurinsche Reihe hat also folgendes Aussehen: $1 + x + x^2 + \ldots$
Man kann hier auch ohne Betrachtung des Restgliedes erkennen, daß nur im Falle $|x| < 1$, also im Innern des Intervalls $-1 \ldots 1$, die Gleichung $\frac{1}{1-x} = 1 + x + x^2 + \ldots$ gelten kann, und zwar deshalb, weil die Reihe sonst überhaupt nicht konvergent ist. Für $x = 1$ z. B. hat die n-te Partialsumme den Wert n, wächst also mit n über alle Grenzen. Erst recht gilt dies für den Fall $x > 1$. Hier kann also von einem Grenzwert der n-ten Partialsumme keine Rede sein. Im Falle $x = -1$ lauten die Partialsummen 1, 0, 1, 0, ... Auch hier ist von einem Grenzwert keine Rede. Ist $x < -1$ und setzt man $x = -r$, so wird $r > 1$ sein. Die Partialsummen mit geradem Index lauten

$$-(r-1),\; -(r-1)(1+r^2),\; -(r-1)(1+r^2+r^4),\ldots$$

Sie sind alle negativ und ihre Beträge größer als $r-1$, $2(r-1)$, $3(r-1)$, ..., so daß diese Partialsummen nach $-\infty$ hinstreben.
Die Partialsummen mit ungeradem Index lauten im Falle $x = -r$

$$1,\; 1 + (r-1)\,r,\; 1 + (r-1)(r+r^3),\ldots$$

Sie sind alle positiv und ihre Beträge größer als 1, $1 + (r-1)$, $1 + 2(r-1)$, ..., so daß diese Partialsummen nach ∞ hinstreben. Auch hier ist also von einem Grenzwert der Partialsummen keine Rede.
Die Reihe $1 + x + x^2 + \ldots$ ist, wie sich gezeigt hat, nur im Innern des Intervalls $-1 \ldots 1$ konvergent. Wir werden also fortan $|x| < 1$ annehmen. Setzen wir $\frac{1}{1-x} = 1 + x + \ldots + x^{n-1} + R_n$, so ergibt sich sofort, durch Multiplikation mit $1-x$, $R_n = \frac{x^n}{1-x}$.
Hier kann man eine ähnliche Überlegung anstellen wie bei e^x. Wenn x zwischen 0 und 1 liegt, ist $R_n > 0$, also $1 + x + x^2 + \ldots + x^{n-1} < \frac{1}{1-x}$.

x^p nimmt bei wachsendem p beständig ab. Es muß dabei unter jeden Grad der Kleinheit herabsinken. Bliebe es stets größer als ein gewisses positives ε, so wären in obiger Gleichung alle n Glieder der linken Seite größer als ε, und es müßte dann $n\,\varepsilon$ kleiner als $1/(1-x)$ sein, d. h. $n < 1/\varepsilon\,(1-x)$, während doch n die Werte 1, 2, 3, . . . annimmt und an keine Schranke gebunden ist. Somit können wir schließen, daß $\lim x^n = 0$ ist, und diese Relation gilt auch, wenn x zwischen 0 und -1 liegt. Dann können wir aber schließen, daß im Falle $|x| < 1$ das Restglied R_n der Null zustrebt, und dürfen schreiben

$$\boxed{\frac{1}{1-x} = 1 + x + x^2 + \ldots\ldots (|x| < 1)\,.}$$

Wir haben oben festgestellt, daß die Reihe zu konvergieren aufhört, sobald die Bedingung $|x| < 1$ nicht mehr erfüllt ist. Die linke Seite hat nur dann keinen Sinn, wenn $x = 1$ ist. Sonst ist sie überall sinnvoll, während die rechte Seite nur unter der Bedingung $|x| < 1$ eine Bedeutung hat. Allgemeiner ist, wenn c eine beliebige Konstante bedeutet,

$$\boxed{\frac{c}{1-x} = c + cx + cx^2 + \ldots}$$

$c + cx + cx^2 + \ldots$ wird als geometrische Reihe bezeichnet.

Wir wollen noch ein Beispiel für die Maclaurinsche Entwicklung besprechen, und zwar die Entwicklung von $\operatorname{arc\,tan} x$. Wir kennen die Bedeutung dieses Symbols und wissen, daß es den Bogen zwischen $-(\pi/2)$ und $\pi/2$ bezeichnet, dessen Tangens gleich x ist. Will man für $f(x) = \operatorname{arc\,tan} x$ die Maclaurinsche Reihe aufstellen, so muß man sich die Werte $f(0), f'(0), f''(0), \ldots$ verschaffen. Zunächst ist $f'(x) = 1/(1 + x^2)$. Hieraus würde man durch fortgesetztes Differenzieren $f''(x), f'''(x), \ldots$ usw. finden. Die Ausdrücke dieser Ableitungen werden aber sehr bald recht kompliziert. Man kann sich hier auf eine berühmte, Leibnizsche Formel für die n-te Ableitung des Produktes zweier Funktionen u, v stützen. Durch fortgesetztes Differenzieren fand Leibniz

$$\boxed{\begin{aligned} (uv)' &= u'v + uv'\,, \\ (uv)'' &= u''v + 2\,u'v' + uv'' \\ &\ldots\ldots\ldots\ldots \end{aligned}}$$

und bemerkte sofort die Ähnlichkeit dieser Formeln mit

$$\begin{aligned} (a+b)^1 &= a + b\,, \\ (a+b)^2 &= a^2 + 2\,ab + b^2 \\ &\ldots\ldots\ldots\ldots \end{aligned}$$

Daß die Übereinstimmung der Koeffizienten ein allgemeines Gesetz ist, wird durch den Schluß von n auf $n+1$ bewiesen. Man weiß dann, daß allgemein

$$\boxed{(uv)^{(n)} = u^{(n)}\,v + \binom{n}{1} u^{(n-1)}\,v' + \binom{n}{2} u^{(n-2)}\,v'' + \ldots}$$

ist. Die Reihe bricht von selbst mit dem Gliede $uv^{(n)}$ ab. Da nun, im Falle $f(x) = \operatorname{arc\,tan} x$, $f'(x)(1 + x^2) = 1$ ist, so ergibt sich durch Bildung der n-ten Ableitung

$$f^{(n+1)}(x)\cdot(1 + x^2) + \binom{n}{1} f^{(n)}(x)\cdot 2\,x + \binom{n}{2} f^{(n-1)}(x)\cdot 2 = 0\,.$$

Hieraus gewinnt man für $x = 0$

$$f^{(n+1)}(0) + n\,(n-1)\,f^{(n-1)}(0) = 0\,. \qquad (n = 2, 3, \ldots)$$

Da nun $f'(0) = 1$ ist, so folgt

$$f^{(3)}(0) = -1 \cdot 2 f'(0) = -2\,!\,,$$
$$f^{(5)}(0) = -3 \cdot 4 f'''(0) = 4\,!\,,$$
$$\cdots\cdots\cdots\cdots$$

Da $f''(x)(1 + x^2) + f'(x) \cdot 2x = 0$, also $f''(0) = 0$ ist, so sind nach der zwischen $f^{(n+1)}(0)$ und $f^{(n-1)}(0)$ gefundenen Beziehung auch $f^{(4)}(0)$, $f^{(6)}, \ldots$ alle gleich Null, ebenso wie $f(0)$. Somit lautet die Maclaurinsche Reihe der Funktion arc tan x

$$\boxed{\frac{x}{1} - \frac{x^3}{3} + \frac{x^5}{5} - \ldots}$$

Es fragt sich jetzt nur, wann diese Reihe die Summe arc tan x hat. Setzt man

$$\boxed{\operatorname{arc\,tan} x = \frac{x}{1} - \frac{x^3}{3} + \ldots + (-1)^{n-1} \frac{x^{2n-1}}{2n-1} + r_n(x)\,,}$$

so kann man über $r_n(x)$ folgendes aussagen:

Zunächst ist $r_n(0) = 0$. Ferner ergibt sich durch Differentiation

$$\boxed{\frac{1}{1+x^2} = 1 - x^2 + \ldots + (-1)^{n-1} x^{2n-2} + r_n'(x)\,.}$$

Dadurch, daß man die Ableitung $r_n'(x)$ kennt, ist $r_n(x)$ bis auf eine additive Konstante bestimmt. Weiß man überdies, daß $r_n(0) = 0$ ist, so wird dadurch auch noch die additive Konstante festgelegt. Aus obiger Gleichung findet man nun, durch Multiplikation mit $1 + x^2$, $r_n'(x) = (-1)^n \dfrac{x^{2n}}{1+x^2}$.

Wenn man auf $r_n(x)$ und $\varrho_n(x) = (-1)^n \dfrac{x^{2n+1}}{2n+1}$ den verallgemeinerten Mittelwertsatz anwendet, so ergibt sich, da $r_n(0)$, $\varrho_n(0)$ beide verschwinden und $\varrho_n'(x) = (-1)^n x^{2n}$ ist,

$$\frac{r_n(x)}{\varrho_n(x)} = \frac{r_n(x) - r_n(0)}{\varrho_n(x) - \varrho_n(0)} = \frac{1}{1+\xi^2}\,.$$

ξ liegt zwischen 0 und x. Man hat hiernach $r_n(x) = \dfrac{(-1)^n x^{2n+1}}{(2n+1)(1+\xi^2)}$.

Im Falle $|x| \leqq 1$ kann man schließen, daß $|r_n(x)| < \dfrac{1}{2n+1}$ ist, also $\lim r_n(x) = 0$, mithin

$$\boxed{\operatorname{arc\,tan} x = \frac{x}{1} - \frac{x^3}{3} + \frac{x^5}{5} - \ldots} \qquad (|x| \leqq 1)\,.$$

Im Falle $|x| > 1$ stellt man zunächst fest $|r_n(x)| > \dfrac{|x|^{2n+1}}{(2n+1)(1+x^2)}$.

Setzt man $|x| = 1 + k$, so ist $k > 0$, und man kann mit Rücksicht auf $(1+k)^{2n+1} = 1 + (2n+1)k + \dfrac{(2n+1)2n}{2\,!} k^2 + \ldots$ sagen, daß

$$|x|^{2n+1} > n(2n+1)k^2 \quad \text{ist, also} \quad |r_n(x)| > \frac{nk^2}{1+x^2}\,.$$

$r_n(x)$ nimmt, wie man sieht, bei wachsendem n beliebig große Beträge an. Da es außerdem mit $(-1)^n$ behaftet ist, so wechselt es beständig sein Zeichen. Von einem Konvergieren nach Null ist also nicht die Rede. Da die Differenz $\operatorname{arc\,tan} x - r_n(x)$ gleich der n-ten Partialsumme der Reihe $x/1 - x^3/3 + x^5/5 - \ldots$ ist, so strebt diese Partialsumme im Falle $|x| > 1$ keinem Grenzwert zu, so daß von Konvergenz keine Rede sein kann.

Die Gleichung $\operatorname{arc\,tan} x = \frac{x}{1} - \frac{x^3}{3} + \frac{x^5}{5} - \ldots$ gilt also, solange $|x| \leqq 1$ ist. Sobald diese Bedingung nicht erfüllt ist, hört auch die Reihe zu konvergieren auf.

Da $\tan(\pi/4) = 1$ ist, hat man $\pi/4 = \operatorname{arc\,tan} 1$, also

$$\boxed{\frac{\pi}{4} = 1 - \frac{1}{3} + \frac{1}{5} - \ldots}$$

Diese Reihe ist aber für die Berechnung der Zahl π wenig brauchbar. Euler hat die Idee gefaßt, $\pi/4$ in zwei Teile α und β zu zerlegen, so daß $\tan\alpha = 1/a$ und $\tan\beta = 1/b$ ist, a und b ganze Zahlen. Jeden dieser Summanden kann man wieder in zwei Teile zerlegen, deren Tangens ein Bruch mit dem Zähler 1 ist. Wenn $\tan\varphi = 1/p$ ist (p eine ganze Zahl), so kann man $\varphi = \varphi_1 + \varphi_2$ setzen und es so einrichten, daß $\tan\varphi_1 = 1/p_1$, $\tan\varphi_2 = 1/p_2$ ist. Nach der Formel für $\tan(\varphi_1 + \varphi_2)$ muß zwischen den drei ganzen Zahlen folgende Relation bestehen: $\frac{1}{p} = \frac{(1/p_1) + (1/p_2)}{1 - (1/p_1)\cdot(1/p_2)} = \frac{p_1 + p_2}{p_1 p_2 - 1}$,

d. h. $p_1 p_2 - p(p_1 + p_2) = 1$ oder $(p_1 - p)(p_2 - p) = p^2 + 1$.

Man muß hiernach, um p_1, p_2 zu finden, $p^2 + 1$ in zwei Faktoren m_1 und m_2 zerlegen und dann $p_1 - p = m_1$, $p_2 - p = m_2$ setzen. Es ist also, kurz gesagt,

$$p_1 = p + m_1,\quad p_2 = p + m_2,\quad p^2 + 1 = m_1 m_2.$$

Im Fall $p = 1$ wird $p^2 + 1 = 2$. Hier gibt es nur die Zerlegung $2 = 1 \cdot 2$, d. h. man muß $m_1 = 1$, $m_2 = 2$ setzen, also $p_1 = 2$, $p_2 = 3$. Hiermit ist die Eulersche Zerlegung $\boxed{\frac{\pi}{4} = \operatorname{arc\,tan}\frac{1}{2} + \operatorname{arc\,tan}\frac{1}{3}}$ gewonnen, wonach

$$\boxed{\frac{\pi}{4} = \left(\frac{1}{1\cdot 2} - \frac{1}{3\cdot 2^3} + \frac{1}{5\cdot 2^5} - \ldots\right) + \left(\frac{1}{1\cdot 3} - \frac{1}{3\cdot 3^3} + \frac{1}{5\cdot 3^5} - \ldots\right)}$$

Es handelt sich hier um sogenannte *alternierende Reihen vom Leibnizschen Typus*. Alternierend heißt eine Reihe, wenn ihre Glieder abwechselnd positiv und negativ sind. Der Leibnizsche Typus liegt vor, wenn der Betrag des allgemeinen Gliedes mit wachsendem Index abnimmt. Wenn man in einer solchen Reihe $u_1 - u_2 + u_3 - \ldots$ (u_n positiv und $u_n > u_{n+1}$) die Partialsummen $s_1 = u_1$, $s_2 = u_1 - u_2$, $s_3 = u_1 - u_2 + u_3, \ldots$ bildet und die zugehörigen Punkte auf der Zahlenlinie aufsucht, so entsteht ein Bild, wie es die Figur 43 wiedergibt. Wenn man die Folge der Partialsummen $s_1, s_2, s_3, \ldots$ durchläuft, so vollziehen sich immer kleiner werdende Schwingungen. Die Partialsummen mit geradem Index, also $s_2, s_4, s_6, \ldots$, bilden eine aufsteigende Folge, die mit un-

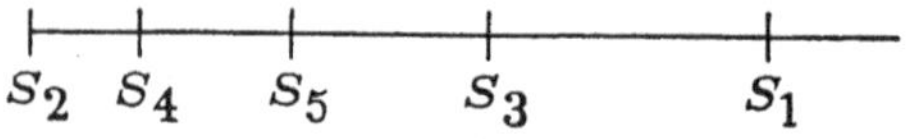

Fig. 43

geradem Index, also $s_1, s_3, s_5, \ldots$, eine absteigende Folge. *Jedes Glied der ersten Folge ist kleiner als jedes Glied der zweiten Folge.* Auf alle Fälle strebt die Folge $s_2, s_4, s_6, \ldots$ einem Grenzwert s, die Folge $s_1, s_3, s_5, \ldots$ einem Grenzwert S zu. Die Reihe $u_1 - u_2 + u_3 - \ldots$ *ist dann und nur dann konvergent,* wenn s mit S zusammenfällt, d. h. $\lim (s_n - s_{n-1}) = 0$, also $\lim u_n = 0$ ist.

Eine alternierende Reihe vom Leibnizschen Typus ist also dann und nur dann konvergent, wenn das allgemeine Reihenglied dem Grenzwert Null zustrebt.

$\lim u_n = 0$ ist für eine solche Reihe die notwendige und hinreichende Konvergenzbedingung. Der gemeinsame Grenzwert der aufsteigenden Folge $s_2, s_4, s_6, \ldots$ und der absteigenden Folge $s_1, s_3, s_5, \ldots$ ist die Summe der Reihe. Diese Summe ist größer als alle s_{2n} und kleiner als alle s_{2n-1}, liegt also immer zwischen zwei aufeinanderfolgenden Partialsummen.

Wenn man die Summation mit einem Reihengliede abbricht, so weiß man, daß der Fehler ein Bruchteil des nächstfolgenden Reihengliedes ist. Als Fehler einer Angabe wird immer das betrachtet, was man zu ihr als Korrektur hinzufügen muß, um das Richtige zu erhalten. Es ist beim Rechnen besonders zweckmäßig, wenn man in der Lage ist, eine Fehlerschätzung zu machen, d. h. zu sagen, daß der Fehler höchstens so und so groß ist. Daher sind alternierende Reihen vom Leibnizschen Typus ein bequemes Rechenmittel, freilich nur dann, wenn u_n sehr rasch nach Null konvergiert.

Will man $\operatorname{arc\,tan} \frac{1}{2}$ noch weiter zerlegen, so muß man in der oben angeführten Betrachtung $p = 2$ setzen. Es wird dann $p^2 + 1 = 5$. Man kann hier nur die Zerlegung $5 = 1.5$ vornehmen. So hat man also

$$\operatorname{arc\,tan} \frac{1}{2} = \operatorname{arc\,tan} \frac{1}{3} + \operatorname{arc\,tan} \frac{1}{7}, \quad \text{mithin} \quad \pi/4 = 2 \operatorname{arc\,tan} \frac{1}{3} + \operatorname{arc\,tan} \frac{1}{7}.$$

Sehr zweckmäßig ist eine Berechnungsweise der Zahl π, die von einem Bogen α mit dem Tangens $\frac{1}{5}$ ausgeht. Aus $\tan \alpha = \frac{1}{5}$ folgt $\tan 2\alpha = \frac{5}{12}$, $\tan 4\alpha = \frac{120}{119}$.

Man sieht, daß $\tan 4\alpha$ schon größer als $\pi/4$ ist. Rechnet man $\tan (4\alpha - (\pi/4))$ oder $\left(\frac{120}{119} - 1\right) : \left(\frac{120}{119} + 1\right)$ aus, so findet man $\frac{1}{239}$, also wieder einen Bruch mit dem Zähler 1.

Man kann also sagen $4\alpha - (\pi/4) = \operatorname{arc\,tan} \frac{1}{239}$ und, da $\alpha = \operatorname{arc\,tan} \frac{1}{5}$ ist,

$$\boxed{\frac{\pi}{4} = 4 \operatorname{arc\,tan} \frac{1}{5} - \operatorname{arc\,tan} \frac{1}{239}}$$

oder

$$\boxed{\begin{aligned} \frac{\pi}{4} = 4 &\left(\frac{1}{1 \cdot 5} - \frac{1}{3 \cdot 5^3} + \frac{1}{5 \cdot 5^5} - \ldots\right) \\ &- \left(\frac{1}{1 \cdot 239} - \frac{1}{3 \cdot 239^3} + \frac{1}{5 \cdot 239^5} - \ldots\right). \end{aligned}}$$

Hier liegen zwei alternierende Reihen vom Leibnizschen Typus vor, bei denen u_n sehr rasch der Null zustrebt.

Bei $f(x) = \ln(1+x)$ wird $f'(x) = (1+x)^{-1}$, $f''(x) = -(1+x)^{-2}$ $f'''(x) = 1\cdot 2(1+x)^{-3}\ldots$, so daß die Maclaurinsche Reihe lautet

$$\frac{x}{1} - \frac{x^2}{2} + \frac{x^3}{3}\ldots$$

Setzt man $\ln(1+x) = \frac{x}{1} - \frac{x^2}{2} + \ldots + (-1)^{n-1}\frac{x^n}{n} + r_n(x)$,

so ist $r_n(0) = 0$, und man findet durch Differentiation

$$1/(1+x) = 1 - x + \ldots + (-1)^{n-1}x^{n-1} + r_n'(x),$$

also
$$r_n'(x) = \frac{(-1)^n x^n}{1+x}.$$

Wendet man auf $r_n(x)$ und $\varrho_n(x) = (-1)^n\frac{x^{n+1}}{n+1}$ den verallgemeinerten Mittelwertsatz an, so ergibt sich, da $\varrho'_n(x) = (-1)^n x^n$ ist,

$\frac{r_n(x)}{\varrho_n(x)} = \frac{r_n(x) - r_n(0)}{\varrho_n(x) - \varrho_n(0)} = \frac{1}{1+\xi}$ (ξ zwischen 0 und x), mithin

$$r_n(x) = \frac{(-1)^n x^{n+1}}{(n+1)(1+\xi)}.$$

Ist $0 \leqq x \leqq 1$, so liegt der Betrag von $r_n(x)$ unterhalb der Schranke $1/(n+1)$, so daß $\lim r_n(x) = 0$ wird. Bei negativem x erkennt man im Falle $|x| < 1$ ebenfalls sehr leicht, daß $\lim r_n(x) = 0$ wird. Da nämlich ξ zwischen 0 und x liegt, fällt $1+\xi$ zwischen 1 und $1 + x = 1 - |x|$. Daher ist

$$|r_n(x)| < \frac{1}{(n+1)(1-|x|)} \text{ und somit } \lim r_n(x) = 0.$$

Wir haben bis jetzt festgestellt, daß für $-1 < x \leqq 1$ die Gleichung

$$\boxed{\ln(1+x) = \frac{x}{1} - \frac{x^2}{2} + \frac{x^3}{3} - \ldots} \text{ stattfindet.}$$

Für $x = -r$ $(0 < r < 1)$ hat man $\boxed{\frac{r}{1} + \frac{r^2}{2} + \frac{r^3}{3} + \ldots = \ln\left(\frac{1}{1-r}\right).}$

Wäre nun die Reihe $1 + 1/2 + 1/3 + \ldots$ konvergent und s ihre Summe, so wäre die Partialsumme $r/1 + r^2/2 + \ldots r^n/n$, da sie unterhalb $1 + 1/2 + \ldots 1/n$ liegt, kleiner als s. Dann müßte auch ihr Grenzwert $\ln\left(\frac{1}{1-r}\right)$ kleiner als s sein. Das ist aber unmöglich, weil dieser Logarithmus, wenn r nahe genug an 1 liegt, beliebig groß wird. Die Divergenz der Reihe $1 + 1/2 + 1/3, + \ldots$, die man als harmonische Reihe bezeichnet, war schon Jakob Bernoulli bekannt.

Ist $r > 1$, so ist $r/1 + r^2/2 + \ldots r^n/n$ größer als $1 + 1/2 + \ldots + 1/n$ und wächst also ebenfalls mit n über alle Grenzen. Die Reihe $x/1 - x^2/2 + x^3/3 - \ldots$ hört also auf zu konvergieren, sobald $x \leqq -1$ ist. Auch für $x > 1$ ist sie divergent. Setzt man nämlich $x = 1 + k$ und $k > 0$, so wird offenbar, daß

$|r_n(x)| > \frac{n k^2}{2(1+x)}$ ist. Daraus folgt, daß $r_n(x)$, mithin auch $\frac{x}{1} - \frac{x^2}{2} + \ldots$

$+ (-1)^{n-1} \frac{x^n}{n}$ bei wachsendem n beliebig große Beträge annimmt. Keinesfalls ist also die Reihe $\frac{x}{1} - \frac{x^2}{2} + \frac{x^3}{3} - \ldots$ konvergent.

Zusammenfassend wäre zu sagen: **Die Maclaurinsche Reihe der Funktion ln (1 + x) ist nur im Falle $-1 < x \leqq 1$ konvergent, und stellt alsdann die Funktion richtig dar.**

Nehmen wir an, daß $|x| < 1$ ist, so gelten gleichzeitig die Gleichungen

$$\boxed{ln\,(1 + x) = \frac{x}{1} - \frac{x^2}{2} + \frac{x^3}{3} - \ldots} \qquad \boxed{ln\,(1 - x) = -\frac{x}{1} - \frac{x^2}{2} - \frac{x^3}{3} - \ldots}$$

Durch Subtraktion ergibt sich $\boxed{\frac{1}{2}\, ln \left(\frac{1 + x}{1 - x}\right) = \frac{x}{1} + \frac{x^3}{3} + \frac{x^5}{5} + \ldots}$

Die linke Seite ist, wie wir wissen (vgl. Seite 42), nichts anderes als die Funktion $\mathfrak{Ar}\,\mathfrak{Tan}\,x$, deren Maclaurinsche Entwicklung hier vor uns steht. Da diese Funktion nur innerhalb des Intervalls $-1 \ldots 1$ erklärt ist, haben die beiden Seiten der Gleichung

$\boxed{\mathfrak{Ar}\,\mathfrak{Tan}\,x = \frac{x}{1} + \frac{x^3}{3} + \frac{x^5}{5} + \ldots}$ denselben Geltungsbereich.

Die Berechnung einer Tafel der natürlichen Logarithmen ist durch die aus der Differentialrechnung stammenden Reihenentwicklungen wesentlich erleichtert. Zu Nepers Zeiten wurde z. B. $ln\,2$ auf Grund der Limesrelation $\lim\,[n\,(2^{1/n} - 1)] = ln\,2$ berechnet, indem man z. B. $n = 2^{32}$ setzte und $2^{1/n}$ durch 32-maliges Ziehen der Quadratwurzel gewann, ein unsagbar mühsames Verfahren. Wir können weit bequemer $ln\,2$ auf Grund der Formel für $\frac{1}{2}\, ln\,[(1 + x)/(1 - x)]$ gewinnen. Setzen wir darin $x = 1/3$, so wird $1 + x = \frac{4}{3}$, $1 - x = \frac{2}{3}$, also $(1 + x)/(1 - x) = 2$, und wir erhalten

$$\boxed{\frac{1}{2}\, ln\,2 = \frac{1}{1 \cdot 3} + \frac{1}{3 \cdot 3^3} + \frac{1}{5 \cdot 3^5} + \ldots}$$

Es gibt aber noch bequemere Wege zur Berechnung der Primzahllogarithmen $ln\,2, ln\,3, ln\,5, \ldots$ Handelt es sich z. B. nur um $ln\,2, ln\,3, ln\,5$, so sucht man in der Zahlenreihe

$1, 2, 3, \underline{4 = 2^2}, 5, \underline{6 = 2 \cdot 3}, 7, \underline{8 = 2^3}, \underline{9 = 3^2}, \underline{10 = 2 \cdot 5}, 11, \underline{12 = 2^2 \cdot 3},$
$13, \underline{14 = 2 \cdot 7}, \underline{15 = 3 \cdot 5}, \underline{16 = 2^4}, \ldots$

zwei Paare benachbarter Zahlen, die sich nur aus den Primfaktoren 2, 3, 5 aufbauen. Solche Paare sind z. B., wie man sieht, 8 und 9, ebenso 9 und 10, sowie 15 und 16. Je weiter hinaus die Paare in der Zahlenreihe liegen, desto vorteilhafter sind sie. Ist m, $m + 1$ ein solches Paar und setzt man $x = \frac{1}{m}$, so wird $ln\,(1 + x) = ln \left(1 + \frac{1}{m}\right) = ln\,(m + 1) - ln\,(m)$, und man hat

$$ln\,(m + 1) - ln\,(m) = \frac{1}{1 \cdot m} - \frac{1}{2 \cdot m^2} + \frac{1}{3 \cdot m^3} - \ldots$$

Wendet man die Formel auf $m = 8$, $m = 9$ und $m = 15$ an, so ergeben sich mit Rücksicht auf

$ln\,8 = 3\,ln\,2$, $ln\,9 = 2\,ln\,3$, $ln\,10 = ln\,2 + ln\,5$, $ln\,15 = ln\,3 + ln\,5$, $ln\,16 = 4\,ln\,2$

folgende Gleichungen:

$$2\,ln\,3 - 3\,ln\,2 = \frac{1}{1\cdot 8} - \frac{1}{2\cdot 8^2} + \frac{1}{3\cdot 8^3} - \dots$$

$$ln\,2 - 2\,ln\,3 + ln\,5 = \frac{1}{1\cdot 9} - \frac{1}{2\cdot 9^2} + \frac{1}{3\cdot 9^3} - \dots$$

$$4\,ln\,2 - ln\,3 - ln\,5 = \frac{1}{1\cdot 15} - \frac{1}{2\cdot 15^2} + \frac{1}{3\cdot 15^3} - \dots$$

Aus ihnen kann man bequem $ln\,2$, $ln\,3$, $ln\,5$ berechnen, wobei als besonders günstig der Umstand in Betracht kommt, daß es sich hier um alternierende Reihen vom Leibnizschem Typus handelt. Weiter hinaus in der Zahlenlinie liegt das Paar $80 = 2^4 \cdot 5$, $81 = 3^4$, so daß man noch zweckmäßiger die drei Paare 9 und 10, 15 und 16, 80 und 81 benutzen könnte.

§ 27. Allgemeine Eigenschaften der Reihen, insbesondere der Potenzreihen

Aus der Erklärung des Konvergenzbegriffes und des Summenbegriffes geht ohne weiteres hervor, daß aus $A = a_1 + a_2 + a_3 + \dots$, $B = b_1 + b_2 + b_3 + \dots$ folgt $A \pm B = (a_1 \pm b_1) + (a_2 \pm b_2) + (a_3 \pm b_3) + \dots$

Ebenso erkennt man unmittelbar, daß aus $A = a_1 + a_2 + a_3 + \dots$ folgt $kA = ka_1 + ka_2 + ka_3 + \dots$

Hier verhalten sich, wie man sieht, die konvergenten Reihen genau wie gewöhnliche Summen mit endlich vielen Summanden. Aber schon beim Multiplizieren zeigen die Reihen manchmal ein ganz abweichendes Verhalten. Cauchy, dem wir so viel in der Reihenlehre verdanken, hat hierfür ein eindrucksvolles Beispiel gegeben. Er betrachtet die Reihe $1 - \frac{1}{\sqrt{2}} + \frac{1}{\sqrt{3}} - \dots$

Als Leibnizsche alternierende Reihe ist sie konvergent. Bezeichnet man ihre Summe mit s und rechnet ganz naiv wie bei endlich vielen Summanden, so würde sich ergeben:

$$\begin{aligned} s^2 = 1 &- \frac{1}{\sqrt{1\cdot 2}} + \frac{1}{\sqrt{1\cdot 3}} - \frac{1}{\sqrt{1\cdot 4}} + \frac{1}{\sqrt{1\cdot 5}} - \dots \\ &- \frac{1}{\sqrt{2\cdot 1}} + \frac{1}{\sqrt{2\cdot 2}} - \frac{1}{\sqrt{2\cdot 3}} + \frac{1}{\sqrt{2\cdot 4}} - \dots \\ &\qquad\qquad + \frac{1}{\sqrt{3\cdot 1}} - \frac{1}{\sqrt{3\cdot 2}} + \frac{1}{\sqrt{3\cdot 3}} - \dots \\ &\qquad\qquad\qquad\qquad - \frac{1}{\sqrt{4\cdot 1}} + \frac{1}{\sqrt{4\cdot 2}} - \dots \\ &\qquad\qquad\qquad\qquad\qquad\qquad + \frac{1}{\sqrt{5\cdot 1}} - \dots \\ &\qquad\qquad\qquad\qquad\qquad\qquad \cdots\cdots \end{aligned}$$

Setzt man $u_n = \frac{1}{\sqrt{1 \cdot n}} + \frac{1}{\sqrt{2(n-1)}} + \ldots + \frac{1}{\sqrt{n \cdot 1}}$, so könnte man denken, es würde die Gleichung gelten $s^2 = u_1 - u_2 + u_3 - \ldots$

Dem ist aber nicht so. Vielmehr zeigt sich, daß die hier auftretende Reihe überhaupt nicht konvergent ist. Eine notwendige Bedingung für die Konvergenz einer Reihe $a_1 + a_2 + a_3 + \ldots$ ist $\lim a_n = 0$. Das allgemeine Glied muß der Null zustreben, und zwar deshalb, weil nicht nur $a_1 + a_2 + \ldots + a_n$, sondern auch $a_1 + a_2 + \ldots a_{n-1}$ bei unendlich zunehmendem n die Reihensumme zum Grenzwert hat. Die Differenz, die offenbar a_n lautet, muß also der Null zustreben. Wir wissen von dem Beispiel der harmonischen Reihe, daß dies keine hinreichende Konvergenzbedingung ist. Wie steht es nun bei der Reihe, die s^2 darstellen soll, mit dieser notwendigen Konvergenzbedingung? Nach dem bekannten Satz, daß das geometrische Mittel $\sqrt{rs}$ kleiner ist als das arithmetische Mittel $(r + s)/2$ (weil $(r + s)/2 - \sqrt{rs} = \frac{1}{2}(\sqrt{r} - \sqrt{s})^2 \geqq 0$), sind die n Glieder von u_n größer als $2/(n + 1)$, mithin $u_n \geqq 2n/(n + 1)$, also größer als 1 und nur im Falle $n = 1$ gleich 1. Es ist also keine Rede von einem Konvergieren zur Null. Somit hat die für s^2 gewonnene Gleichung überhaupt keinen Sinn, da bei einer divergenten Reihe keine Summe existiert.

Es gibt eine Klasse von Reihen, mit denen man ganz unbedenklich so rechnen kann wie mit Summen endlich vieler Bestandteile. Das sind die Reihen mit positiven Gliedern. Hier kann auch die Summe so erklärt werden, daß man sofort die Unabhängigkeit von der Anordnung der Reihenglieder erkennt. Kommutativgesetz! Wenn irgendeine Menge positiver Größen vorliegt, so bezeichnen wir als Partialsumme die Summe von n beliebig aus der Menge herausgegriffenen Gliedern ($n = 1, 2, 3, \ldots$). Es sind nun zwei Fälle möglich. Entweder gibt es für die Partialsummen keine obere Schranke, so daß sich beliebig große Partialsummen bilden lassen (Fall der Nichtsummierbarkeit), oder die Partialsummen haben eine obere Schranke (Fall der Summierbarkeit). Die Summe s ist im letzteren Falle die kleinste obere Schranke der Partialsummen. Man kann sich leicht überzeugen, daß die Glieder einer summierbaren Menge mit Nummern versehen werden können. Es gibt immer nur eine endliche Anzahl von Gliedern, die größer sind als ein positives ε. Hat man nämlich p solche Glieder, so sind sie zusammen größer als $p\varepsilon$ und andererseits doch kleiner als die Summe s. Daher muß $p < (s/\varepsilon)$ sein. Nun kann man so vorgehen: Man sucht alle diejenigen Glieder auf, die größer als 1 sind und numeriert sie, falls überhaupt solche Glieder existieren, nach absteigender Größe mit 1, 2, ... Da es nur eine endliche Anzahl solcher Glieder gibt, hat das keine Schwierigkeit. Nun numeriert man weiter, und zwar kommen jetzt alle diejenigen Glieder heran, die zwar nicht größer als 1, aber wenigstens größer als 1/2 sind. Sie werden nach absteigender Größe numeriert. Wieder handelt es sich, wenn überhaupt solche Glieder vorhanden sind, um eine endliche Anzahl. Bei der weiteren Numerierung kommen jetzt alle diejenigen Glieder an die Reihe, die zwar nicht größer als 1/2, aber wenigstens größer als 1/3 sind, usw. Da 1, 1/2, 1/3, ... eine Nullfolge ist, wird jedes Glied der Menge bei diesem Verfahren irgendwie einmal erfaßt. Verschwindende Glieder sind ohne Einfluß auf die Summe. Man kann sie ganz fortlassen.

Jedenfalls sieht man, daß sich die Glieder einer summierbaren Menge positiver Zahlen zu einer absteigenden Folge $a_1, a_2, a_3, \ldots$ ordnen lassen $(a_1 \geqq a_2 \geqq a_3 \geqq \ldots)$

und daß $\lim a_n = 0$ ist. Das Beispiel der harmonischen Reihe lehrt, nebenbei bemerkt, daß diese Bedingung $\lim a_n = 0$ für die Summierbarkeit zwar notwendig, aber nicht hinreichend ist. Offenbar kann man nun schreiben $s = a_1 + a_2 + a_3 + \ldots$ Es ist aber nach den obigen Betrachtungen klar, daß diese Gleichung bestehen bleibt, wenn man die Glieder a_n in irgendeiner anderen Anordnung nimmt.

Bildet man aus zwei summierbaren Mengen mit den Summen s_{I} und s_{II} die Vereinigungsmenge, die alle Glieder beider Mengen enthält, so ist unmittelbar zu erkennen, daß diese Menge summierbar ist und die Summe $s_{\mathrm{I}} + s_{\mathrm{II}}$ hat. Liegt eine Folge summierbarer Mengen vor mit den Summen $s_{\mathrm{I}}, s_{\mathrm{II}}, s_{\mathrm{III}} \ldots$, so kann es sein, daß die Vereinigungsmenge aller dieser Mengen summierbar ist. In diesem Fall wird sie die Summe $s_{\mathrm{I}} + s_{\mathrm{II}} + s_{\mathrm{III}} \ldots$ haben.

Es bildet für unsere Betrachtung kein Hindernis, wenn in jener Mengenfolge auch endliche Mengen, d. h. Mengen von endlich vielen Gliedern, vorkommen. Bildet man aus zwei summierbaren Mengen mit den Summen s_{I} und s_{II} eine Verbindungsmenge, indem man alle Produkte aus einem Glied a der ersten und einem Glied b der zweiten Menge herstellt, so ist die Menge aller dieser Produkte ab summierbar und ihre Summe gleich $s_{\mathrm{I}}\, s_{\mathrm{II}}$.

Auf diesen Betrachtungen beruht es, daß man mit Reihen positiver Glieder so rechnen kann, wie mit Summen endlich vieler Bestandteile.

Für die Feststellung der Summierbarkeit oder Nichtsummierbarkeit ist von größter Wichtigkeit eine an sich sehr einfache Idee, die man kurz so aussprechen kann: Wenn eine Menge positiver Größen summierbar ist, so behält sie diese Eigenschaft, wenn man die beteiligten Größen (oder einige von ihnen) verkleinert. Die erste Menge heißt eine **Majorante** der zweiten, die zweite eine **Minorante** der ersten. Ist eine Menge positiver Größen nicht summierbar, so bleibt diese Eigenschaft bestehen, wenn man die beteiligten Größen (oder einige von ihnen) vergrößert. Auch ändert sich der Charakter der Menge (Summierbarkeit oder Nichtsummierbarkeit) nicht, wenn man unter den Gliedern Zusammenfassungen (in endlicher oder unendlicher Zahl) oder Zerlegungen der Glieder in (endlich oder unendlich viele) positive Summanden vornimmt.

Eine unendliche Reihe $u_1 + u_2 + u_3 \ldots$ ist sicher konvergent, wenn die Reihe $|u_1| + |u_2| + |u_3| + \ldots$ konvergiert. Diese Reihe ist nämlich eine Majorante von $\frac{1}{2}(|u_1| + u_1) + \frac{1}{2}(|u_2| + u_2) + \frac{1}{2}(|u_3| + u_3) + \ldots$ und auch von $\frac{1}{2}(|u_1| - u_1) + \frac{1}{2}(|u_2| - u_2) + \frac{1}{2}(|u_3| - u_3) + \ldots$ Aus beiden Reihen ergibt sich aber durch Subtraktion $u_1 + u_2 + u_3 + \ldots$, da

$$\tfrac{1}{2}(|u_n| + u_n) - \tfrac{1}{2}(|u_n| - u_n) = u_n$$

ist. Man nennt $u_1 + u_2 + u_3 + \ldots$, wenn $|u_1| + |u_2| + |u_3| + \ldots$ konvergiert, absolut konvergent und die Menge aller u_n absolut summierbar!

Mit absolut konvergenten Reihen kann man ebenfalls so rechnen wie mit Summen endlich vieler Bestandteile. Weiß man z. B., daß $u_1 + u_2 + u_3 + \ldots$ und $v_1 + v_2 + v_3 + \ldots$ absolut konvergent ist, so kann man sich leicht überzeugen, daß das Produkt beider Reihen gleich folgender Reihe ist:

$$\boxed{u_1 v_1 + u_1 v_2 + u_2 v_1 + u_1 v_3 + u_2 v_2 + u_3 v_1 + \ldots}$$

Hier sind die Produkte $u_r\, v_s$ so geordnet, daß zuerst $r + s = 2$, dann $r + s = 3$ ist, usw. Solange $r + s$ einen Wert festhält, wird nach aufsteigendem r geordnet. Da die Reihen $|u_1| + |u_2| + |u_3| + \ldots$ und $|v_1| + |v_2| + |v_3| + \ldots$

konvergieren, bilden auch die Produkte $|u_r||u_s|$ in beliebiger Anordnung eine konvergente Reihe. Daher ist die aus den Produkten $u_r u_s$ sich aufbauende Reihe absolut konvergent und ihre Summe von der Gliederordnung unabhängig. Um nun zu zeigen, daß ihre Summe gleich UV ist, wenn $U = u_1 + u_2 + u_3 + \ldots$ und $V = v_1 + v_2 + v_3 + \ldots$ gesetzt wird, wird man so vorgehen: Unter Einführung der Abkürzungen $u_n^{I} = \frac{1}{2}(|u_n| + u_n)$, $u_n^{II} = \frac{1}{2}(|u_n| - u_n)$, $v_n^{I} = \frac{1}{2}(|v_n| + v_n)$, $v_n^{II} = \frac{1}{2}(|v_n| - v_n)$ kann man schreiben

$$u_r v_s = (u_r^{I} - u_r^{II})(v_s^{I} - v_s^{II}) = u_r^{I} v_s^{I} + u_r^{II} v_s^{II} - u_r^{I} v_s^{II} - u_r^{II} v_s^{I}.$$

Bezeichnet man die Summen der Reihen $u_1^{I} + u_2^{I} + u_3^{I} + \ldots$, $u_1^{II} + u_2^{II} + u_3^{II} + \ldots$ mit U^{I}, U^{II}, ebenso die Summen der Reihen $v_1^{I} + v_2^{I} + v_3^{I} + \ldots$, $v_1^{II} + v_2^{II} + v_3^{II} + \ldots$ mit V^{I}, V^{II}, so hat man in kurzer Σ-Schreibung

$$U^{I} V^{I} = \Sigma\, u_r^{I} v_s^{I},\ U^{II} V^{II} = \Sigma\, u_r^{II} v_s^{II},\ U^{I} V^{II} = \Sigma\, u_r^{I} v_s^{II},\ U^{II} V^{I} = \Sigma\, u_r^{II} v_s^{I}.$$

Auf Grund der Bemerkungen über Addition und Subtraktion der Reihen ist dann

$$U = U^{I} - U^{II},\ V = V^{I} - V^{II}, \quad \text{also}$$

$$UV = U^{I} V^{I} + U^{II} V^{II} - U^{I} V^{II} - U^{II} V^{I} =$$
$$= \Sigma\,(u_r^{I} v_s^{I} + u_r^{II} v_s^{II} - u_r^{I} v_s^{II} - u_r^{II} v_s^{I}) = \Sigma\, u_r v_s.$$

Jetzt noch einige grundlegende Bemerkungen über Potenzreihen, d. h. Reihen von der Form $c_0 + c_1 x + c_2 x^2 + \ldots$

Alle Potenzreihen sind konvergent für $x = 0$. Es gibt solche, die nur für $x = 0$ konvergieren. Beispiel: $1 + 1!\,x + 2!\,x^2 + \ldots$ Das allgemeine Glied $n!\,x^n$ hat im Falle $x \neq 0$ den reziproken Wert $\dfrac{\left(\frac{1}{x}\right)^n}{n!}$

Dieser ist das allgemeine Glied der Maclaurinschen Reihe für $e^{1/x}$, konvergiert also bei wachsendem n nach Null. Daher wächst der Betrag von $n!\,x^n$ mit n über alle Grenzen. Es ist also nicht einmal die notwendige Konvergenzbedingung erfüllt, daß das allgemeine Reihenglied der Null zustrebt.

Das andere Extrem bilden diejenigen Potenzreihen, die für jedes x konvergent sind und als beständig konvergent bezeichnet werden. Die Maclaurinschen Reihen für e^x, $\cos x$, $\sin x$, $\mathfrak{Cof}\, x$, $\mathfrak{Sin}\, x$ gehören zu dieser Klasse von Potenzreihen. Die anderen von uns behandelten Maclaurinschen Reihen, für $1/(1 + x)$, $ln\,(1 + x)$, $\operatorname{arc}\tan x$ konvergierten im Innern eines Intervalls (hier $-1 \ldots 1$) und divergierten außerhalb desselben. Man nennt dieses Intervall das **Konvergenzintervall.**

Bei jeder Potenzreihe, die nicht nur für $x = 0$ konvergiert und andererseits doch nicht beständig konvergent ist, gibt es ein solches Konvergenzintervall $-\varrho \ldots \varrho$. Im Innern desselben findet absolute Konvergenz statt, außerhalb Divergenz. Bei einer nur für $x = 0$ konvergierenden Potenzreihe könnte man sagen, daß $\varrho = 0$ ist, bei einer beständig konvergenten Potenzreihe $\varrho = \infty$. Aus einem Grunde, der sich erst später erschließen wird, nennt man ϱ den **Konvergenzradius.**

Cauchy hat gezeigt, daß der Konvergenzradius einer Potenzreihe $c_0 + c_1 x + c_2 x^2 + \ldots$ mit der aus den Koeffizienten hergeleiteten Folge $|c_1|, |c_2|^{1/2}, |c_3|^{1/3}, \ldots$ zusammenhängt. Ist diese Folge ohne obere Schranke, gibt es also keine Zahl, die alle Glieder der Folge übertrifft, so kann man sicher sein, daß bei gegebenem K stets unendlich viele Glieder der Folge größer als K sein werden.

Hätten nur endlich viele diese Eigenschaft, so wäre das größte von ihnen eine obere Schranke aller Folgenglieder. Nimmt man nun irgendein von Null verschiedenes x_0, so wird die Ungleichung $|c_n|^{1/n} \geqq |1/x_0|$ für unendlich viele Werte des Index n erfüllt sein. Für diese Indexwerte hätte man dann $|c_n x_0^n| \geqq 1$. Dann könnte aber unmöglich $\lim c_n x_0^n = 0$ sein, und dies wäre doch für die Konvergenz der Reihe $c_1 + c_1 x_0 + c_2 x_0^2 + \ldots$ notwendig. Man ersieht aus dieser Überlegung, daß die Schrankenlosigkeit der Cauchyschen Folge $|c_1|$, $|c_2|^{1/2}$, $|c_3|^{1/3}$, ... kennzeichnend für $\varrho = 0$ ist. *Potenzreihen mit schrankenloser Cauchyscher Folge konvergieren nur für* $x = 0$. Nehmen wir jetzt an, daß die Cauchysche Folge eine obere Schranke K hat. Dann gibt es Zahlen, die nur von endlich vielen Gliedern der Folge übertroffen werden, z. B. K selbst, das sogar von keinem jener Glieder übertroffen wird. Es könnte sein, daß jede positive Zahl ε diese Eigenschaft hat, nur von endlich vielen Gliedern der Cauchyschen Folge übertroffen zu werden. Das würde offenbar bedeuten, daß $|c_n|^{1/n}$ schließlich kleiner wird und bleibt als ε, wie auch ε gewählt sein mag. Es läge dann also der Sachverhalt vor, den wir gewohnt sind, durch $\lim |c_n|^{1/n} = 0$ zu kennzeichnen. Wenn dieser Fall vorliegt, also die Cauchysche Folge eine Nullfolge ist, so hat man es mit einer beständig konvergenten Potenzreihe zu tun. Ist x irgendein von Null verschiedener Wert und ε eine beliebig gewählte positive Größe, so wird schließlich, also etwa für $n \geqq N$, die Ungleichung $|c_n x^n| < (\varepsilon |x|)^n$ bestehen. Wählt man also ε so, daß $\varepsilon |x| = q < 1$ ist, so hat die Reihe $|c_0| + |c_1 x| + |c_2 x^2| + \ldots$ die konvergente M a j o r a n t e $1 + q + q^2 + \ldots$ Bei Konvergenzbetrachtungen kommt es nie auf eine endliche Anzahl von Gliedern an, die sich vielleicht abweichend verhalten. Das liegt im Begriff der Summierbarkeit begründet. Will man die Summierbarkeit einer Menge positiver Größen nachweisen, so kann man vorher eine endliche Anzahl von Gliedern ausschalten.

Wir kommen jetzt zu dem Fall, daß es sowohl positive Zahlen gibt, die von endlich vielen, als auch solche, die von unendlich vielen Gliedern der Cauchyschen Folge übertroffen werden. Jede positive Zahl gehört einer dieser beiden Klassen an, und es ist klar, daß jede Zahl der ersten Klasse größer ist als jede Zahl der zweiten Klasse. Es liegt in unserem Zahlbegriff begründet, daß es dann eine positive Grenzzahl g gibt, derart, daß jede kleinere Zahl von unendlich vielen, jede größere aber nur von endlich vielen Gliedern der Cauchyschen Folge übertroffen wird. Wenn man um g ein Intervall $g - \delta \ldots g + \delta$ von beliebiger Kleinheit konstruiert, so wird $g - \delta$, aber nicht $g + \delta$ von unendlich vielen Gliedern der Cauchyschen Folge übertroffen. Daher liegen in $g - \delta, \ldots g + \delta$, wie klein auch δ sein mag, stets unendlich viele Glieder dieser Folge. Auf Grund dessen nennt man g einen H ä u f u n g s w e r t (eine H ä u f u n g s s t e l l e) der Folge. Ist $g^* > g$, so kann g^* u n m ö g l i c h ein Häufungswert sein. Wenn wir zum Beispiel um g^* das Intervall $g^* - (g^* - g)/2 \ldots g^* + (g^* - g)/2$ herumlegen, so wird $g^* - (g^* - g)/2$ und $g + (g^* - g)/2$ nur von endlich vielen Gliedern der Cauchyschen Folge übertroffen, so daß diese Umgebung von g^* nur endlich viele Glieder enthalten kann, während doch eine Häufungsstelle in jeder Umgebung unendlich viele solche Glieder haben muß. Man sieht, daß g der g r ö ß t e H ä u f u n g s w e r t (die o b e r s t e H ä u f u n g s s t e l l e) der Cauchyschen Folge ist. Ist nun $|x| < 1/g$, so wird bei genügend kleinem positivem α auch noch $|x| < 1/(g + \alpha)$ sein. Da $g + \alpha$ nur von endlich vielen Gliedern der Cauchyschen Folge übertroffen wird, so wird, etwa für $n \geqq \mu$,

$|c_n|^{1/n} \leqq g + \alpha$ sein, also $|c_n x^n| \leqq [(g+\alpha)|x|]^n$. Setzt man $(g+\alpha)|x| = q$, so ist $q < 1$, und die Reihe $|c_0| + |c_1 x| + |c_2 x^2| + \ldots$ hat die konvergente Majorante $1 + q + q^2 + \ldots$ Die μ ersten Glieder muß man wieder beiseite lassen. Ist $|x| > 1/g$, so wird bei genügend kleinem positivem α auch $|x| > 1/(g-\alpha)$ sein. $g - \alpha$ wird aber von unendlich vielen Gliedern der Cauchyschen Folge übertroffen, d. h. es wird für unendlich viele Werte des Index n die Ungleichung gelten $|c_n|^{1/n} > g - \alpha$, mithin $|c_n x^n| > 1$. Unmöglich kann also die notwendige Konvergenzbedingung $\lim c_n x^n = 0$ erfüllt sein. Wir haben somit festgestellt, daß die Reihe $c_0 + c_1 x + c_2 x^2 + \ldots$ für $|x| < 1/g$ absolut konvergent ist und für $|x| > 1/g$ divergent ist. Setzt man $\varrho = 1/g$, so ist also $-\varrho \ldots \varrho$ das Konvergenzintervall und ϱ der Konvergenzradius. g ist der größte Häufungswert der Cauchyschen Folge. Wenn x innerhalb des Konvergenzintervalles $-\varrho \ldots \varrho$ liegt, so wird dasselbe von $|x|$ gelten. Ist außerdem h eine Größe von genügender Kleinheit, so wird auch $|x| + |h|$ ins Innere des Konvergenzintervalles fallen, es wird also die Reihe $\sum\limits_0^\infty |c_n| (|x| + |h|)^n$ konvergent sein. Wir wissen, daß man bei einer konvergenten Reihe mit positiven Gliedern jedes Glied in positive Bestandteile auflösen kann, ohne daß die Konvergenz aufhört. Wir lösen im vorliegenden Falle $(|x| + |h|)^n$ in die n Summanden $|x|^n, n|x|^{n-1}|h|, \ldots, |h|^n$ auf. Dann können wir jedenfalls sagen, daß unter der Bedingung $|x| + |h| < \varrho$ die Glieder

$$\begin{array}{l} c_0, \\ c_1 x,\ c_1 h, \\ c_2 x^2,\ 2 c_2 x h,\ c_2 h^2, \\ c_3 x^3,\ 3 c_3 x^2 h,\ 3 c_3 x h^2,\ c_3 h^3, \\ \ldots\ldots\ldots\ldots \end{array}$$

eine absolut summierbare Menge darstellen.

Jede Teilmenge einer solchen Menge ist natürlich ebenfalls absolut summierbar. Das gilt insbesondere von der Menge, welche die zweite Spalte des obigen Schemas bildet, auch nach Fortlassung des Faktors h. Man kann also sicher sein, daß die Potenzreihe $c_1 + 2c_2 x + 3c_3 x^2 + \ldots$, die aus den Ableitungen der Glieder $c_n x^n$ besteht, für $|x| < \varrho$ konvergiert. Diese Reihe kann keinen größeren Konvergenzradius als ϱ haben. Wäre ϱ_1 dieser größere Konvergenzradius und x_1 ein Zwischenwert zwischen ϱ und ϱ_1, so müßte die Reihe $c_1 + 2c_2 x_1 + 3c_3 x_1^2 + \ldots$ absolut konvergent sein, folglich auch $c_0 + c_1 x_1 + c_2 x_1^2 + c_3 x_1^3 + \ldots$, was aber nicht zutrifft. Die Reihe $c_1 + 2c_2 x + 3c_3 x^2 + \ldots$ hat also denselben Konvergenzradius wie $c_0 + c_1 x + c_2 x^2 + c_3 x^3 + \ldots$ Dasselbe gilt von der Reihe, die man aus dieser Potenzreihe dadurch erhält, daß man jedes Glied durch seine p-te Ableitung ersetzt oder, wie man kurz sagt, die Potenzreihe p-mal gliedweise differenziert. Wir können über diese durch gliedweises Differenzieren gewonnenen Potenzreihen noch mehr aussagen.

Da die Summe einer absolut summierbaren Menge bei beliebiger Gruppierung der Glieder sich nicht ändert, so können wir sicher sein, daß insbesondere die Gruppierung nach Zeilen und die Gruppierung nach Spalten im obigen Schema zu derselben Summe führen wird. Setzen wir $c_0 + c_1 x + c_2 x^2 + \ldots = f(x)$, $c_1 + 2c_2 x + 3c_3 x^2 + \ldots = f_1(x)$, $c_2 + 3c_3 x + \ldots = f_2(x)$ usw., so ergibt sich folgende Gleichung: $f(x+h) = f(x) + hf_1(x) + h^2 f_2(x) + \ldots$ und weiter

$$\frac{f(x+h) - f(x)}{h} = f_1(x) + hf_2(x) + h^2 f_3(x) + \ldots$$

Lassen wir nun h nach Null konvergieren, etwa so, daß $|h|$ beständig abnimmt, und ist $|h_0|$ der Anfangsbetrag von h, so wird

$$\left|\frac{f(x+h)-f(x)}{h}-f_1(x)\right| < |h|\,[|f_2(x)|+|h_0|\,|f_3(x)|+\ldots]$$

sein. Da die rechte Seite zusammen mit h nach Null konvergiert, so folgt

$$\lim_{h\to 0}\frac{f(x+h)-f(x)}{h}=f_1(x).$$

Es ist also $f'(x)=f_1(x)$ oder in ausführlicher Schreibung

$$\boxed{(c_0+c_1x+c_2x^2+\ldots)'=c_1+2c_2x+3c_3x^2+\ldots,}$$

d. h. **die Potenzreihe hat im Innern ihres Konvergenzintervalles überall eine Ableitung, und diese Ableitung wird so berechnet wie bei einem Polynom.**

Ebenso ist $\boxed{(c_0+c_1x+c_2x^2+\ldots)''=2\cdot 1\,c_2+3\cdot 2\,c_3x+\ldots}$

usw. Die mit $f_1(x), f_2(x), f_3(x), \ldots$ bezeichneten Potenzreihen sind, wie man sieht, nichts anderes als $f'(x), \frac{f''(x)}{2!}, \frac{f'''(x)}{3!}, \ldots$ Die oben für $f(x+h)$ gegebene Gleichung lautet nunmehr

$$\boxed{f(x+h)=f(x)+\frac{h}{1!}f'(x)+\frac{h^2}{2!}f''(x)+\ldots}$$

Das ist die Taylorsche Entwicklung für $f(x+h)$. Man hat hier die Annehmlichkeit, keine Restgliedundersuchung machen zu müssen.

Die Entwicklung gilt sicher, wenn $|x|+|h|<\varrho$ ist. Es kann aber auch sein, daß sie für größere Beträge von h ihre Geltung bewahrt. Wir sprechen davon bei der Betrachtung der Potenzreihen im komplexen Gebiet.

Ein wichtiger Schluß kann aus den obigen Feststellungen über die Differentiation der Potenzreihen gezogen werden. Wenn innerhalb eines Intervalles $-\varepsilon \ldots \varepsilon$ die Gleichung $a_0+a_1x+a_2x^2+\ldots=b_0+b_1x+b_2x^2+\ldots$ stattfindet, so müssen die Koeffizienten a und b übereinstimmen, d. h. es muß $a_n=b_n$ sein ($n=0, 1, 2, \ldots$). Es bestehen nämlich innerhalb $-\varepsilon\ldots\varepsilon$ auch folgende Gleichungen:

$$a_1+2a_2x+3a_3x^2+\ldots=b_1+2b_2x+3b_3x^2+\ldots,$$
$$2\cdot 1\,a_2+3\cdot 2\,a_3x+4\cdot 3\,a_4x^2+\ldots=2\cdot 1\,b_2+3\cdot 2\,b_3x+4\cdot 3\,b_4x^2+\ldots,$$
$$\cdots\cdots\cdots\cdots\cdots\cdots\cdots\cdots$$

Hieraus folgt, wenn man $x=0$ setzt, $a_0=b_0, a_1=b_1, a_2=b_2, \ldots$

Es gibt also für eine Funktion, wenn überhaupt die Darstellung durch eine Potenzreihe in der Umgebung von x = 0 möglich ist, nur eine einzige solche Darstellung (Eindeutigkeitssatz).

Sie fällt mit der Maclaurinschen Reihe zusammen.

Wir wollen im Anschluß an diese Betrachtungen die Potenzreihe für $f(x)=(1+x)^p$ behandeln, wobei p eine beliebige Zahl ist, aber verschieden von 0, 1, 2, ... Seinerzeit haben wir diese Funktion durch die Gleichung $(1+x)^p=e^{p\ln(1+x)}$ erklärt und fanden $f'(x)=p(1+x)^{p-1}$. Hiernach wäre dann $f''(x)=p(p-1)(1+x)^{p-2}, \ldots$, so daß die Maclaurinsche Reihe lautet

$$1+\binom{p}{1}x+\binom{p}{2}x^2+\ldots$$

Setzt man $u_n = \binom{p}{n-1} x^{n-1}$, so ist offenbar $\frac{u_{n+1}}{u_n} = \frac{p-n+1}{n} \cdot x$.
Dieser Quotient konvergiert bei unbegrenzt zunehmendem n nach $-x$. Wenn nun $|x| > 1$ ist, so wird schließlich, d. h. etwa für $n \geqq \mu$, auch $\left|\frac{u_{n+1}}{u_n}\right| > 1$, also $|u_{n+1}| > |u_n|$ sein, so daß die notwendige Konvergenzbedingung $\lim u_n = 0$ nicht erfüllt ist. Ist $|x| < 1$ und q eine Zwischengröße zwischen $|x|$ und 1, so wird schließlich, d. h. etwa für $n \geqq \mu$, die Ungleichung $\left|\frac{u_{n+1}}{u_n}\right| < q$ stattfinden. Aus $|u_{\mu+1}| < |u_\mu| q$, $|u_{\mu+2}| < |u_\mu| q^2, \ldots$ folgt für $n > \mu$

$$|u_n| \lessapprox |u_\mu| q^{n-\mu}.$$

Man ersieht daraus, daß $u_\mu + u_{\mu+1} + \ldots$, folglich auch $u_1 + u_2 + \ldots$ absolut konvergent ist. Die Reihe $1 + \binom{p}{1} x + \binom{p}{2} x^2 + \ldots$ hat also das Konvergenzintervall $-1 \ldots 1$. Wenn wir ihre Summe innerhalb dieses Intervalls mit $\varphi(x)$ bezeichnen, so finden wir

$$\varphi'(x) = p + \frac{p(p-1)}{1!} x + \frac{p(p-1)(p-2)}{2!} x^2 + \ldots \quad \text{und}$$

$$x\,\varphi'(x) = p x + \frac{p(p-1)}{1!} x^2 + \ldots$$

Hieraus folgt $(1+x)\,\varphi'(x) = p\left(1 + \binom{p}{1} x + \binom{p}{2} x^2 + \ldots\right)$, so daß also

$$(1+x)\,\varphi'(x) = p\,\varphi(x) \quad \text{ist.}$$

Hieraus und aus $(1+x) f'(x) = p f(x)$ folgt aber $f(x)\varphi'(x) - \varphi(x) f'(x) = 0$. Da nun $f(x) = (1+x)^p = e^{p \ln(1+x)}$ sicher von Null verschieden ist, so besagt obige Gleichung nichts anderes als $\left(\frac{\varphi(x)}{f(x)}\right)' = 0$. Nach dem Fundamentalsatz der Integralrechnung (vgl. Seite 102) können wir dann schließen, daß $\varphi(x)/f(x)$ innerhalb $-1 \ldots 1$ einen konstanten Wert hat. Da für $x = 0$ sowohl $f(x)$ als auch $\varphi(x)$ gleich 1 wird, so ist jener konstante Wert gleich 1, und es gilt für $|x| < 1$ die zuerst von Newton angegebene Entwicklung

$$\boxed{(1+x)^p = 1 + \binom{p}{1} x + \binom{p}{2} x^2 + \ldots}$$

Man nennt diese Reihe die Binomialreihe.
Handelt es sich um die Maclaurinsche Reihe für $f(x) = \operatorname{arc} \sin x$, so ist $f(x) = 1/\sqrt{1-x^2}$. Da $x^2 < 1$, so kann man auf $f'(x)$ oder $(1-x^2)^{-1/2}$ die Newtonsche Entwicklung anwenden und findet, da

$$\boxed{\binom{-\frac{1}{2}}{1} = -\frac{1}{2}, \quad \binom{-\frac{1}{2}}{2} = \frac{\left(\frac{1}{2}\right)\left(\frac{3}{2}\right)}{1 \cdot 2} = \frac{1 \cdot 3}{2 \cdot 4}, \ldots,}$$

$$f'(x) = 1 + \frac{1}{2} x^2 + \frac{1 \cdot 3}{2 \cdot 4} x^4 + \frac{1 \cdot 3 \cdot 5}{2 \cdot 4 \cdot 6} x^6 + \ldots$$

Dieselbe Ableitung hat aber innerhalb $-1 \ldots 1$ die Reihe

$$F(x) = \frac{x}{1} + \frac{1}{2}\frac{x^3}{3} + \frac{1 \cdot 3}{2 \cdot 4}\frac{x^5}{5} + \frac{1 \cdot 3 \cdot 5}{2 \cdot 4 \cdot 6}\frac{x^7}{7} + \ldots$$

Es ist also $F'(x) = f'(x)$ und daher $f(x) - F(x)$ eine Konstante. Da für $x = 0$ sowohl $f(x)$ als auch $F(x)$ verschwindet, ist die Konstante gleich Null. Somit gilt für $x^2 < 1$ die Entwicklung

$$\arcsin x = \frac{x}{1} + \frac{1}{2}\frac{x^3}{3} + \frac{1 \cdot 3}{2 \cdot 4}\frac{x^5}{5} + \dots$$

Nehmen wir $x > 0$ an und beachten, daß dann alle Reihenglieder positiv sind, so ist klar, daß die n-te Partialsumme kleiner als $\arcsin x$, also kleiner als $\pi/2$ sein wird. Da bei festem n diese Partialsumme im Falle $x \to 1$ nach

$$1 + \frac{1}{2} \cdot \frac{1}{3} + \frac{1 \cdot 3}{2 \cdot 4}\frac{1}{5} + \dots + \frac{1 \cdot 3 \dots (2n-3)}{2 \cdot 4 \dots (2n-2)} \cdot \frac{1}{2n-1}$$

konvergiert, so kann auch diese Summe nicht größer als $\pi/2$ sein. Daher ist die Reihe, die $\arcsin x$ innerhalb $-1 \dots 1$ richtig wiedergibt, auch an den Grenzen dieses Intervalls konvergent. Halten wir an der Annahme $x > 0$ fest, so können wir sagen, daß

$$\frac{x}{1} + \frac{1}{2}\frac{x^3}{3} + \dots + \frac{1 \cdot 3 \dots (2n-3)}{2 \cdot 4 \dots (2n-2)}\frac{x^{2n-1}}{2n-1} <$$

$$< \arcsin x < 1 + \frac{1}{2}\frac{1}{3} + \frac{1 \cdot 3}{2 \cdot 4} \cdot \frac{1}{5} + \dots$$

ist. Läßt man nun den Arcus nach $\pi/2$ konvergieren, so strebt x dem Grenzwert 1 zu und die linke Seite der n-ten Partialsumme der Summe der rechtsstehenden Reihe. $\pi/2$ fällt also zwischen Partialsumme und Reihensumme, die bei wachsendem n beide zusammenstreben. Damit ist bewiesen, daß die für $\arcsin x$ gewonnene Reihenentwicklung auch für $x = \pm 1$ gilt. Die Sachlage ist hier also die, daß $\arcsin x$ und $\frac{x}{1} + \frac{1}{2} \cdot \frac{x^3}{3} + \frac{1 \cdot 3}{2 \cdot 4}\frac{x^5}{5} + \dots$ denselben Existenzbereich und übereinstimmende Werte haben. Außerhalb des Intervalls $-1 \dots 1$ verlieren beide ihre Bedeutung.

§ 28. Drei wichtige Konvergenzkriterien

Wir wollen eine Reihe mit positiven Gliedern betrachten, $u_1, u_2, u_3, \dots$ Es gibt dann zwei berühmte Konvergenzkriterien, wie man solche Aussagen nennt. Sie rühren von Cauchy und Lagrange her. Das Cauchysche Kriterium lautet so:

Die Reihe $u_1 + u_2 + u_3 + \dots$ ist sicher konvergent, wenn schließlich $u_n^{1/n}$ kleiner bleibt als eine zwischen 0 und 1 liegende Zahl q.

Ist etwa für $n \geqq \mu$ die Ungleichung $u_n^{1/n} < q$ erfüllt, so werden die Glieder u_μ, $u_{\mu+1}, \dots$ kleiner sein als q^μ, $q^{\mu+1}, \dots$ Da $q^\mu + q^{\mu+1} + \dots$ konvergent ist, wird dasselbe von $u_\mu + u_{\mu+1} + \dots$ gelten und, da eine endliche Anzahl störender Reihenglieder nichts an der Konvergenz ändert, auch von $u_1 + u_2 + u_3 + \dots$ Diesem Konvergenzkriterium steht ein Divergenzkriterium gegenüber, das so lautet: Wenn unendlich viele $u_n^{1/n}$ größer oder gleich 1 sind, so ist die Reihe $u_1 + u_2 + u_3 + \dots$ divergent, schon deshalb, weil dann unendlich viele u_n größer oder gleich 1 sind, wodurch das Zustandekommen der für die Konvergenz notwendigen Limesrelation $\lim u_n = 0$ gestört wird.

Lagranges Kriterium läßt sich so formulieren: *Die Reihe* $u_1 + u_2 + u_3 + \dots$ *ist sicher konvergent, wenn schließlich* $\frac{u_{n+1}}{u_n}$ *kleiner bleibt als eine zwischen* 0 *und* 1 *liegende Zahl* q.

Ist etwa für $n \geqq \mu$ stets $\frac{u_{1+u}}{u_n} < q$, so werden die Glieder $u_{\mu+1}, u_{\mu+2}, \dots$ kleiner sein als $u_\mu q, u_\mu q^2, \dots$ Da $u_\mu q + u_\mu q^2 + \dots$ konvergiert, gilt dasselbe von $u_{\mu+1} + u_{\mu+2} + \dots$ und von $u_1 + u_2 + u_3 + \dots$ Das diesem Konvergenzkriterium entsprechende Divergenzkriterium besagt folgendes: Wenn schließlich $\frac{u_{n+1}}{u_n} \geqq 1$ bleibt, so ist die Reihe divergent. Der Beweis macht keinerlei Schwierigkeit.

Gewöhnlich ist es bei Anwendung des Cauchyschen Kriteriums so, daß $u_n^{1/n}$ einem Grenzwert zustrebt. Ist dieser kleiner als 1, so findet Konvergenz statt, ist er größer als 1, Divergenz. Ist er gleich 1, so muß man eine weitere Untersuchung anstellen. Ganz entsprechend ist es beim Lagrangeschen Kriterium. Im Fall $\lim \frac{u_{n+1}}{u_n} < 1$ findet Konvergenz, im Falle $\lim\limits_{n \to \infty} \frac{u_{n+1}}{u_n} > 1$ Divergenz statt. Im Falle $\lim\limits_{n \to \infty} \frac{u_{n+1}}{u_n} = 1$ muß man die Sache weiter untersuchen.

Gerade der Fall $\lim\limits_{n \to \infty} \frac{u_{n+1}}{u_n} = 1$ kann manchmal mittels des Raabeschen Kriteriums erledigt werden. Dieses besagt folgendes:

Wenn bei einer Reihe $u_1 + u_2 + u_3 + \dots$ mit positiven Gliedern schließlich $n \left(\frac{u_n}{u_{n+1}} - 1\right)$ größer bleibt als eine über 1 liegende Zahl $1 + \sigma$, so konvergiert die Reihe.

Ist, etwa für $n \geqq \mu$, $n \left(\frac{u_n}{u_{n+1}} - 1\right) > 1 + \sigma$, also $n\, u_n - (n+1)\, u_{n+1} > \sigma\, u_{n+1}$, so hat $\sigma u_{\mu+1} + \sigma u_{\mu+2} + \dots$ die Majorante

$$[\mu\, u_\mu - (\mu + 1)\, u_{\mu+1}] + [(\mu + 1)\, u_{\mu+1} - (\mu + 2)\, u_{\mu+2}] + \dots$$

Die n-te Partialsumme dieser Majorante lautet $\mu\, u_\mu - (\mu + n)\, u_{\mu+n}$, bleibt also kleiner als $\mu\, u_\mu$, so daß die Konvergenz der Majorante gesichert ist und damit auch die Konvergenz der Reihe $\sigma\, u_{\mu+1} + \sigma\, u_{\mu+2} + \dots$, ebenso die der Reihe $u_{\mu+1} + u_{\mu+2} + \dots$ und somit auch die der Reihe $u_1 + u_2 + u_3 + \dots$

Diesem Konvergenzkriterium steht ein Divergenzkriterium zur Seite, das so lautet: *Bleibt schließlich* $n \left(\frac{u_n}{u_{n+1}} - 1\right) \leqq 1$, *so ist die Reihe* $u_1 + u_2 + u_3 + \dots$ *divergent.* Hat man nämlich, etwa für $n \geqq \mu$, $n\, u_n - (n + 1)\, u_{n+1} \leqq 0$, also $n\, u_n \leqq (n + 1)\, u_{n+1}$, so bedeutet dies, daß $\mu\, u_\mu, (\mu + 1)\, u_{\mu+1}, \dots$ eine aufsteigende Folge ist, so daß also für $n \geqq \mu$ die Ungleichung gilt $n\, u_n > k$, wobei wir $k = \mu\, u_\mu$ setzen. Aus $u_n > k/n$ folgt aber, da $1 + \frac{1}{2} + \frac{1}{3} + \dots$ divergent ist, die Divergenz der Reihe $u_1 + u_2 + u_3 + \dots$

Mittels des Raabeschen Kriteriums läßt sich für die Reihe $1/1^s + 1/2^s + \dots$ die Konvergenzfrage entscheiden. Hier ist

$n \left(\frac{u_n}{u_{n+1}} - 1\right) = \frac{(1 + 1/n)^s - 1}{1/n}$, also gleich dem mit

$h = 1/n$ gebildeten Differenzenquotienten von x^s an der Stelle $x = 1$. Bei unendlich zunehmendem n konvergiert dieser nach $s\,x^{s-1}$ $(x = 1)$, also nach s. Nach dem Raabeschen Kriterium tritt also im Falle $s > 1$ Konvergenz, im Falle $s < 1$ Divergenz ein. Im Falle $s = 1$ wissen wir bereits, daß da ebenfalls Divergenz eintritt. Man kann es aber auch aus dem Raabeschen Kriterium entnehmen, weil im Falle $s = 1$ offenbar $n\left(\frac{u_n}{u_{n+1}} - 1\right) = 1$ wird. Konvergenz liegt also nur vor, wenn $s > 1$ ist.

§ 29. Maxima und Minima

Mit Hilfe der ersten Ableitung $f'(x)$ kann man den Gang der Funktion $f(x)$ erkennen, d. h. man kann sehen, ob sie bei wachsendem x zunimmt oder abnimmt. Ist h positiv, so hat $f(x+h) - f(x) = hf'(x + \vartheta h)$ das Zeichen von $f'(x + \vartheta h)$. Weiß man also, daß die Ableitung im Intervall $x \ldots x + h$ positiv ist, so kann man schließen $f(x+h) > f(x)$. Weiß man, daß die Ableitung negativ ist, so folgt $f(x+h) < f(x)$. Solange $f'(x)$ positiv ist, nimmt also $f(x)$ bei wachsendem x zu, so lange $f'(x)$ negativ ist, nimmt $f(x)$ ab. Unter alleiniger Benutzung dieser Eigenschaft kann man in den meisten Fällen die Höhepunkte und Tiefpunkte (Maxima und Minima) einer Funktion feststellen. Soll z. B. a in zwei Summanden x und $a - x$ mit maximalem Produkt zerlegt werden, so handelt es sich darum, den Gang der Funktion $f(x) = x(a - x)$ zu verfolgen. Hierzu bildet man die Ableitung, die nach der Leibnizschen Produktenregel berechnet wird:

$$f'(x) = (a - x) - x = a - 2x\,.$$

Man sieht, daß $f(x)$ bei wachsendem x steigt, solange $x < a/2$ ist, und zwar von 0 bis $a^2/4$, und daß, bei wachsendem x, $f(x)$ fällt, wenn $x > a/2$ ist, und zwar von $a^2/4$ bis 0. Das Maximum tritt also für $x = a/2$ ein. An der Stelle $x = a/2$ ist offenbar $f'(x) = 0$.

Wenn $f(x_0)$ in einer gewissen Umgebung von x_0, also etwa im Intervall $x_0 - \delta \ldots x_0 + \delta$, der größte der Funktionswerte $f(x)$ ist, so wird, sobald $|h| < \delta$ ist, $f(x_0 + h) - f(x_0) < 0$ sein, also im Falle $h > 0$

$$\frac{f(x_0 + h) - f(x_0)}{h} < 0\,, \quad \text{im Falle } h < 0 \text{ dagegen } \frac{f(x_0 + h) - f(x_0)}{h} > 0\,.$$

Nehmen wir an, daß $f'(x_0)$ existiert, so muß für $h \to 0$ in beiden Fällen $f'(x_0)$ als Grenzwert herauskommen. Das ist aber nur möglich, wenn $f'(x_0) = 0$ ist. Ein von Null verschiedener Grenzwert erfordert nämlich, daß die nach ihm hinstrebende Größe schließlich dasselbe Vorzeichen wie er annimmt und behält. Ein für eine gewisse Umgebung geltendes Maximum verlangt also das Verschwinden der Ableitung. Dasselbe gilt für ein Minimum. Daher kann zur Ermittlung solcher Maxima und Minima, die man auch zusammen Extrema (Extremwerte) nennt, die Regel aufgestellt werden, daß man die Nullstellen der Ableitung aufsuchen muß. Ist $f'(x_0) = 0$, so braucht keineswegs $f(x_0)$ ein Extremwert zu sein. Beispiel: $f(x) = x^3$ und $x_0 = 0$.

Leibniz hat festgestellt, daß $f(x_0)$ ein Extremwert ist, wenn $f'(x_0) = 0$ und $f''(x_0) \neq 0$ ist. Da $f''(x_0)$ der Grenzwert von $[f'(x_0 + h) - f'(x_0)]/h$ ist, also von $[f'(x_0 + h)]/h$, so wird bei genügend kleinem $|h|$ dieser Quotient das Zeichen von $f''(x_0)$ haben. Ist nun $f''(x_0) > 0$, so wird $f'(x_0 + h)$ das Zeichen von

h teilen, also für $h > 0$ positiv, für $h < 0$ negativ sein. Daraus folgt, daß $f(x)$ rechts von x_0 mit wachsendem x zunimmt, links von x_0 aber abnimmt, so daß $f(x_0)$ ein Minimum ist. Ebenso erkennt man im Falle $f'(x_0) = 0$ und $f''(x_0) < 0$, daß $f(x_0)$ ein Maximum ist.

Nehmen wir an, daß $f'(x_0), f''(x_0)$ beide verschwinden, jedoch $f'''(x_0) \neq 0$ ist. Dann können wir auf Grund der Leibnizschen Feststellung sagen, daß im Falle $f'''(x_0) > 0$ die Ableitung $f'(x_0) = 0$ ein Minimum ist. Sie wird dann links von x_0 und rechts von x_0 positiv sein, so daß $f(x)$, wenn x etwa von $x_0 - \delta$ bis $x_0 + \delta$ geht, beständig zunimmt. Ebenso kann man im Falle $f'''(x_0) < 0$ feststellen, daß $f(x)$ beständig abnimmt.

Durch Fortsetzung dieser Schlußweise ergibt sich folgendes allgemeine Theorem: *Es sei* $f(x_0) = 0, \ldots, f^{(n-1)}(x_0) = 0$ *und* $f^{(n)}(x_0) \neq 0$. *Dann ist* $f(x_0)$ *in* $x_0 - \delta \ldots x_0 + \delta$ *ein Minimum (Maximum), wenn* n *gerade und* $f^{(n)}(x_0) > 0$ $(f^{(n)}(x_0) < 0)$. *Bei ungeradem* n *ist* $f(x_0)$ *kein Extrem.* Vielmehr nimmt $f(x)$, wenn x von $x_0 - \delta$ nach $x_0 + \delta$ geht, beständig zu (beständig ab). Nimmt man an, daß $f^{(n)}(x)$ in $x_0 - \delta \ldots x_0 + \delta$ existiert und an der Stelle x_0 stetig ist, so kann man dieses Ergebnis auch mittels der Taylorschen Formel beweisen, die mit Rücksicht auf $f'(x_0) = \ldots f^{(n-1)}(x_0) = 0$ so lautet

$$f(x_0 + h) = f(x_0) + \frac{h^n}{n!} f^{(n)}(x_0 + \vartheta h).$$

Bei genügend kleinem Betrag von h wird $f^{(n)}(x_0 + \vartheta h)$ das Zeichen von $f^{(n)}(x_0)$ haben. Im Falle eines geraden n ist h^n, ob nun h positiv oder negativ sein mag, stets positiv. Daher folgt, wenn $f^{(n)}(x_0) > 0$ ist, $f(x_0 + h) > f(x_0)$, d. h. $f(x_0)$ ist ein Minimum, wenn $f^{(n)}(x_0) < 0$ ist, $f(x_0 + h) < f(x_0)$, d. h. $f(x_0)$ ist ein Maximum. Bei ungeradem n sieht man aus der Taylorschen Formel zwar sofort, daß im Falle $f^{(n)}(x_0) > 0$, $(f^{(n)}(x_0) < 0)$, $f(x)$ links von x_0 kleiner (größer), rechts von x_0 aber größer (kleiner) ist als $f(x_0)$, jedoch nicht, ob $f(x)$ im Intervall $x_0 - \delta \ldots x_0 + \delta$ bei wachsendem x zunimmt (abnimmt). Um dies zu erkennen, wird man am besten mit Hilfe des schon bewiesenen Satzes schließen, daß $f'(x_0) = 0$ ein Minimum (Maximum) ist. Dann weiß man sogleich, daß $f'(x)$ links und rechts von x_0 positiv (negativ) ist.

§ 30. Differentiation von Funktionen mehrerer Veränderlicher

Betrachten wir eine Funktion zweier Veränderlicher $f(x, y)$. Wenn man y einen festen Wert beilegt, so hat man eine Funktion von x vor sich. Ihre Ableitung, falls sie existiert, nennt man die Ableitung von f nach x und schreibt dafür f_x oder nach J a c o b i $\partial f / \partial x$ mit rundem d. Ebenso kann man x festhalten und f_y oder $\partial f / \partial y$ bilden. Diese Ableitungen f_x, f_y heißen p a r t i e l l e A b l e i t u n g e n. Sie sind wie f Funktionen von x, y und haben eventuell wieder partielle Ableitungen, die dann mit $f_{xx}, f_{xy}, f_{yx}, f_{yy}$ bezeichnet werden oder nach Jacobi mit $\partial^2 f / \partial x^2$, $\partial^2 f / \partial x \, \partial y$, $\partial^2 f / \partial y \, \partial x$, $\partial^2 f / \partial y^2$. So kann man weitergehen zu den Ableitungen dritter und höherer Ordnung. Wir werden sehen, daß sich die Anzahl dieser höheren Ableitungen unter Voraussetzung der Stetigkeit verringert. Die S t e t i g k e i t hat bei Funktionen mehrerer Veränderlicher eine ganz ähnliche Bedeutung wie bei solchen von einer Veränderlichen. $f(x, y)$ ist an der Stelle x_0, y_0 stetig, wenn aus $\lim x = x_0$ und $\lim y = y_0$ folgt $\lim f(x, y) = f(x_0, y_0)$. Wir wollen annehmen, daß in einer gewissen Umgebung der Stelle x_0, y_0 die partiellen Ableitungen f_x, f_y von f existieren, z. B. in einem Quadrat mit dem Mittelpunkt x_0 y_0, dessen Seiten zu den Koordinatenachsen parallel sind. Wir wollen diese Ableitungen kurz f_1, f_2 nennen. Dann ist nach dem Mittelwertsatz (vgl. Seite 101)

$$f(x+h, y) - f(x, y) = hf_1(x + \vartheta_1 h, y), \text{ ebenso}$$
$$f(x+h, y+k) - f(x+h, y) = kf_2(x+h, y+\vartheta_2 k).$$

ϑ_1, ϑ_2 liegen zwischen 0 und 1. Die Inkremente h, k müssen so kleine Beträge haben, daß der Punkt $x+h$, $y+k$ in jenes Quadrat mit dem Mittelpunkt x_0, y_0 fällt. Wenn nun f_1 und f_2 an der Stelle x, y stetig sind, und man setzt $f_1(x+\vartheta_1 h, y) = f_1(x, y) + \varepsilon_1, f_2(x+h, y+\vartheta_2 k) = f_2(x, y) + \varepsilon_2$, so werden ε_1 und ε_2 gleichzeitig mit h, k der Null zustreben. Durch Addition von $f(x+h, y) - f(x, y)$ und $f(x+h, y+k) - f(x+h, y)$ ergibt sich dann

$$f(x+h, y+k) - f(x, y) = hf_1(x, y) + kf_2(x, y) + \varepsilon_1 h + \varepsilon_2 k.$$

Die links auftretende Differenz wird mit $\triangle f(x, y)$ bezeichnet und zerfällt in einen Teil, der in besonders einfacher Weise (nämlich linear-homogen) von h und k abhängt, und in einen Teil von der Form $\varepsilon_1 h + \varepsilon_2 k$, wo ε_1 und ε_2 auch noch von h und k abhängen. Wir wissen aber wenigstens, daß im Falle $h \to 0$ und $k \to 0$ auch $\varepsilon_1 \to 0$ und $\varepsilon_2 \to 0$ ist. Der in h, k linear-homogene Bestandteil von $\triangle f(n, y)$ wird als das Differential von $f(x, y)$ bezeichnet und durch das Symbol $df(x, y)$ dargestellt.

Es ist also $$df = hf_1(x, y) + kf_2(x, y).$$

Es empfiehlt sich, nur dann von diesem Differential zu reden, wenn die Relation $\triangle f = df + \varepsilon_1 h + \varepsilon_2 k$ besteht und $\varepsilon_1, \varepsilon_2$ gleichzeitig mit h, k der Null zustreben. Das ist, wie wir gesehen haben, z. B. der Fall, wenn die partiellen Ableitungen f_1 und f_2 an der Stelle x, y stetig sind.

Wenn man die spezielle Funktion $f(x, y) = x$ betrachtet, so ist die Ableitung nach x gleich 1, die nach y gleich 0. Daher lautet das Differential dieser Funktion x, also dx, offenbar h. Ebenso hat die spezielle Funktion y die partiellen Ableitungen 0 und 1, so daß $dy = k$ wird. Nachdem dies festgestellt ist, können wir schreiben $df = f_x(x, y)\,dx + f_y(x, y)\,dy$ oder mit Jacobi

$$df = \frac{\partial f}{\partial x} dx + \frac{\partial f}{\partial y} dy.$$

Vor Jacobi schrieb man die partiellen Ableitungen mit einem gewöhnlichen d.

Da lautete dann die obige Formel $df = \dfrac{df}{dx} dx + \dfrac{df}{dy} dy$.

Wenn nun jemand darauf verfällt, die beiden dx, die sich scheinbar fortheben, und ebenso die beiden dy zu streichen, so kommt er zu dem sinnlosen Ergebnis $df = df + df$ oder $1 = 2$. Aus diesem Grunde hat Jacobi seine runden d eingeführt.

Bei n Veränderlichen $x_1, \ldots, x_n$ sind die Definitionen genau dieselben. Die Differenz $\triangle f$ hängt mit dem Differential $df = \Sigma f_\mu(x_1, \ldots, x_n)\,dx_\mu$ durch eine Gleichung von der Form $\triangle f = df + \varepsilon_1 h_1 + \ldots + \varepsilon_n h_n$ zusammen.

$h_1, \ldots, h_n$ sind die Inkremente von $x_1, \ldots, x_n$, mit denen

$$\triangle f = f(x_1 + h_1, \ldots, x_n + h_n) - f(x_1, \ldots x_n)$$

gebildet ist, und $\varepsilon_1, \ldots \varepsilon_n$ konvergieren gleichzeitig mit $h_1, \ldots, h_n$ nach Null. Man sieht, daß $h_1, \ldots, h_n$ die Differentiale $dx_1, \ldots, dx_n$ der speziellen

Funktionen $x_1, \ldots, x_n$ sind. Das Differential existiert in dem hier erklärten Sinne sicher, wenn die partiellen Ableitungen stetig sind. Man nennt eine Funktion $f(x_1, \ldots, x_n)$ differenzierbar, wenn df existiert, aber nicht bloß als Ausdruck, sondern in der dargelegten Beziehung zu $\triangle f$, die sich in der Gleichung $\triangle f = df + \Sigma\, \varepsilon_\mu h_\mu$ ausspricht, wobei $\varepsilon_1, \ldots, \varepsilon_n$ gleichzeitig mit $h_1, \ldots, h_n$ nach Null streben. Wir wollen nun annehmen, daß $x_1, \ldots, x_n$ selbst Funktionen sind, und zwar differenzierbare Funktionen von $u_1, \ldots, u_n$. Erteilt man den u die Inkremente $k_1, \ldots, k_n$, so mögen sich $x_1, \ldots, x_n$ um $h_1, \ldots, h_n$ ändern. Es ist dann $\triangle f = \sum_\mu \left(\frac{\partial f}{\partial x_\mu} + \varepsilon_\mu\right) h_\mu$,

und für h_μ oder $\triangle x_\mu$ gilt die Darstellung $\triangle x_\mu = \sum_\varrho \left(\frac{\partial x_\mu}{\partial u_\varrho} + \delta_{\mu\varrho}\right) k_\varrho$.

Setzt man diese Ausdrücke ein, so ergibt sich

$$\triangle f = \sum_{\mu\varrho} \frac{\partial f}{\partial x_\mu} \frac{\partial x_\mu}{\partial u_\varrho} k_\varrho + \Sigma\, \varepsilon_\varrho^* k_\varrho ,$$

wobei wir $\sum_\mu \left(\frac{\partial f}{\partial x_\mu} \delta_{\mu\varrho} + \frac{\partial x_\mu}{\partial u_\varrho} \varepsilon_\mu + \varepsilon_\mu \delta_{\mu\varrho}\right) = \varepsilon_\varrho^*$ gesetzt haben. Gleichzeitig mit $k_1, \ldots, k_n$ streben alle $\delta_{\mu\varrho}$ nach Null, ebenso $h_1, \ldots, h_n$ und mit diesen $\varepsilon_1, \ldots, \varepsilon_n$. Sollten zufällig irgend einmal für ein besonderes Wertsystem $k_1, \ldots, k_n$ die Inkremente $h_1, \ldots, h_n$ alle verschwinden, so wollen wir $\varepsilon_1, \ldots, \varepsilon_n$ alle gleich Null setzen. Dann gelten unsere Angaben ohne Beschränkung. Wenn nun, wie es hier der Fall ist, $\triangle f$ in der Form $\Sigma\, A_\varrho k_\varrho + \Sigma\, \varepsilon_\varrho^* k_\varrho$ erscheint, wobei die A_ϱ Funktionen von $u_1, \ldots, u_n$ sind, so zeigt sich sofort, indem man alle k_ϱ bis auf eins gleich Null setzt und dieses eine nach Null konvergieren läßt, daß $A_\varrho = \partial f / \partial u_\varrho$ ist. An Hand des oben für $\triangle f$ gewonnenen Ausdrucks ergibt sich also

$$\boxed{\frac{\partial f}{\partial u_\varrho} = \sum_\mu \frac{\partial f}{\partial x_\mu} \frac{\partial x_\mu}{\partial u_\varrho}.}$$

Diese äußerst wichtige Formel ist eine Verallgemeinerung der Kettenregel, die im Spezialfall $n = 1$ vorliegt.

Der erste Bestandteil von $\triangle f$, also $\sum_{\mu\varrho} \frac{\partial f}{\partial x_\mu} \frac{\partial x_\mu}{\partial u_\varrho} k_\varrho$, ist das Differential von f, betrachtet als Funktion von $u_1, \ldots, u_n$. Wir wollen es für den Augenblick mit $d^* f$ bezeichnen. Da $\sum_\varrho \frac{\partial x_\mu}{\partial u_\varrho} k_\varrho = d^* x_\mu$ ist, so kann man schreiben

$$\boxed{d^* f = \sum_\mu \frac{\partial f}{\partial x_\mu} d^* x_\mu .}$$

Läßt man den Stern fort, so steht vor uns das Differential von $f(x_1, \ldots, x_n)$. Man sieht, daß das Differential dieser Funktion seinen Ausdruck nicht ändert, wenn $x_1, \ldots, x_n$ nicht mehr die unabhängigen Veränderlichen sind, sondern Funktionen anderer Veränderlicher $u_1, \ldots, u_n$. Das ist die berühmte, von Leibniz entdeckte und stark betonte „Invarianteneigenschaft" der Differentiale, etwas ganz Grundlegendes. Kennt man sie, so braucht man nicht die verallgemeinerte Kettenregel.

Leibniz hat neben den ersten Differentialen auch die zweiten, dritten und höheren Differentiale betrachtet. $d^2 f$ wird erklärt als das Differential von

$df = \sum_{\mu} \frac{\partial f}{\partial x_\mu} d x_\mu$. Sind $x_1, \ldots, x_n$ die unabhängigen Veränderlichen, so macht Leibniz die Festsetzung, daß die Differentiale $dx_1, \ldots, dx_n$ bei der Differentiation als Konstanten betrachtet werden. Da ergibt sich dann

$$d^2 f = \sum_{\mu \varrho} \frac{\partial^2 f}{\partial x_\mu \, \partial x_\varrho} d x_\mu \, d x_\varrho , \text{ ferner } d^3 f = \sum_{\mu, \varrho, \sigma} \frac{\partial^3 f}{\partial x_\mu \, \partial x_\varrho \, \partial x_\sigma} d x_\mu \, d x_\varrho \, d x_\sigma \text{ usw.}$$

$\frac{\partial^2 f}{\partial x_\mu \, \partial x_\varrho}$ ist die Ableitung von $\frac{\partial f}{\partial x_\mu}$ nach x_ϱ, ebenso $\frac{\partial^3 f}{\partial x_\mu \, \partial x_\varrho \, \partial x_\sigma}$ die Ableitung von $\frac{\partial^2 f}{\partial x_\mu \, \partial x_\varrho}$ nach x_σ usw. Sind $x_1, \ldots, x_n$ lineare Funktionen von anderen Veränderlichen $u_1, \ldots, u_n$, so werden $dx_1, \ldots, dx_n$, ebenso wie $du_1, \ldots, du_n$ konstant sein. Die oben für df, $d^2 f$, $d^3 f \ldots$ angegebenen Ausdrücke bleiben dann in Geltung. Sind aber $x_1, \ldots, x_n$ kompliziertere Funktionen der neuen unabhängigen Veränderlichen, so ändern sich die Ausdrücke $d^2 f$, $d^3 f \ldots$

Es wird z. B.: $d^2 f = \sum_{\mu, \varrho} \frac{\partial^2 f}{\partial x_\mu \, \partial x_\varrho} d x_\mu \, d x_\varrho + \sum_{\mu} \frac{\partial f}{\partial x_\mu} d^2 x_\mu$.

Für die Differentiale gelten auch bei mehreren Veränderlichen stets die Leibnizschen Grundregeln, wie man leicht feststellt, d. h. es ist

$$\boxed{d(f \pm g) = df \pm dg}, \quad \boxed{d(f \cdot g) = f dg + g df}, \quad \boxed{d\left(\frac{f}{g}\right) = \frac{g df - f dg}{g^2}},$$

wobei im letzten Falle $g \neq 0$ sein muß.

Wir kommen jetzt zu der wichtigen Feststellung, daß die Reihenfolge, in welcher man mehrere partielle Differentiationen vornimmt, keinen Einfluß auf das Endergebnis hat, wenigstens dann nicht, wenn die in Frage kommenden höheren Ableitungen stetig sind. Es genügt, die Vertauschbarkeit zweier Differentiationen festzustellen. Wenn man $f(x, y)$ zuerst nach x und dann nach y differenziert, kommt f_{xy} oder kurz gesagt f_{12} heraus. Differenziert man zuerst nach y und dann nach x, so findet man f_{yx} oder f_{21}. Sind diese Ableitungen stetig, so wird, wie wir zeigen wollen, $f_{xy} = f_{yx}$ sein. Dies beruht letzten Endes darauf, daß die Differenzbildung nach x und die Differenzbildung nach y, die wir durch Δ_x und Δ_y bezeichnen, vertauschbar sind.

Es ist nämlich $\Delta_x f = f(x + h, y) - f(x, y)$,

$$\Delta_y \, \Delta_x f = [f(x + h, y + k) - f(x, y + k)] - [f(x + h, y) - f(x, y)] =$$
$$= f(x + h, y + k) - f(x + h, y) - f(x, y + k) + f(x, y),$$

und derselbe Ausdruck kommt heraus, wenn man $\Delta_x \, \Delta_y f$ bildet. Nach dem Mittelwertsatz ist nun

$$[f(x + h, y + k) - f(x, y + k)] - [f(x + h, y) - f(x, y)] =$$
$$= k \, [f_2(x + h, y + \vartheta_2 k) - f_2(x, y + \vartheta_2 k)].$$

Man muß hier $f(x + h, y) - f(x, y)$ als Funktion $\varphi(y)$ von y betrachten. Die Differenz $\varphi(y + k) - \varphi(y)$ ist nach dem Mittelwertsatz gleich $k \, \varphi'(y + \vartheta_2 k)$ und $\varphi'(y) = f_2(x + h, y) - f_2(x, y)$. Unter nochmaliger Anwendung des Mittelwertsatzes kann man schreiben

$$f_2(x + h, y + \vartheta_2 k) - f_2(x, y + \vartheta_2 k) = h f_{21}(x + \vartheta_1 h, y + \vartheta_2 k),$$

so daß sich ergeben hat $\Delta_y \, \Delta_x f = h k f_{21}(x + \vartheta_1 h, y + \vartheta_2 k)$.

Dabei sind ϑ_1 und ϑ_2 zwei Werte zwischen 0 und 1.

Geht man aus von

$$\Delta_x \Delta_y f = [f(x+h, y+k) - f(x+h, y)] - [f(x, y+k) - f(x, y)],$$

so findet man $\quad \Delta_x \Delta_y f = h k f_{12}(x + \vartheta_3 h, y + \vartheta_4 k)$.

ϑ_3, ϑ_4 liegen wie ϑ_1, ϑ_2 zwischen 0 und 1. Da nun, wie schon gesagt wurde, $\Delta_x \Delta_y f = \Delta_y \Delta_x f$ ist, so gilt nach Streichung der Faktoren h, k die Gleichung

$$f_{21}(x + \vartheta_1 h, y + \vartheta_2 k) = f_{12}(x + \vartheta_3 h, y + \vartheta_4 k).$$

Läßt man h, k nach 0 konvergieren, so streben auch $\vartheta_1 h$, $\vartheta_2 k$, $\vartheta_3 h$, $\vartheta_4 k$ der Null zu, und es ergibt sich in Anbetracht der Stetigkeit von f_{12} und f_{21}

$$f_{21}(x, y) = f_{12}(x, y).$$

Die Reihenfolge der Differentiationen ist also ohne Einfluß auf das Endergebnis.

Wenn eine Funktion von n Veränderlichen betrachtet wird, $f(x_1 \ldots x_n)$, und man sukzessiv nach $x_{\alpha_1}, x_{\alpha_2}, \ldots, x_{\alpha_p}$ differenziert, so nennen wir die so gewonnene Ableitung $f_{\alpha_1 \alpha_2 \ldots \alpha_p}$. Dabei sind $\alpha_1, \alpha_2 \ldots \alpha_p$ Zahlen aus der Reihe $1, 2, \ldots n$, wobei auch mehrere α übereinstimmen dürfen. Ist nun $\alpha^*_1, \alpha^*_2, \ldots, \alpha^*_p$ eine beliebige Permutation von $\alpha_1, \alpha_2 \ldots, \alpha_p$, so kann man von $\alpha_1, \alpha_2, \ldots, \alpha_p$ zu $\alpha^*_1, \alpha^*_2, \ldots, \alpha^*_p$ durch eine Reihe geeigneter Nachbarvertauschungen gelangen. Handelt es sich um übereinstimmende Nachbarn, so ist über die Einflußlosigkeit einer solchen Nachbarvertauschung überhaupt kein Wort zu verlieren. Sind es verschiedene Nachbarn, so dürfen wir sie nach dem oben bewiesenen Satze $f_{12} = f_{21}$ vertauschen. So erkennt man, daß:

$$f_{\alpha_1^* \alpha_2^* \ldots \alpha_p^*} = f_{\alpha_1 \alpha_2 \ldots \alpha_p}.$$

Man wird es stets so einrichten können, daß $\alpha_1^* \leqq \alpha_2^* \leqq \ldots \leqq \alpha_p^*$ ist. Sind nun die p ersten α^* gleich α, die q folgenden gleich β usw., so benutzt Jacobi für

$f_{\alpha_1^* \alpha_2^* \ldots \alpha_p^*}$ das Symbol $\quad \dfrac{\partial^{p+q+\cdots} f}{\partial x_\alpha^p \, \partial x_\beta^q \ldots}$.

Bei einer Funktion zweier Veränderlicher $f(x, y)$ gibt es im Stetigkeitsfalle drei zweite Ableitungen $\dfrac{\partial^2 f}{\partial x^2}, \dfrac{\partial^2 f}{\partial x \, \partial y}, \dfrac{\partial^2 f}{\partial y^2}$, vier dritte $\dfrac{\partial^3 f}{\partial x^3}, \dfrac{\partial^3 f}{\partial x^2 \, \partial y}, \dfrac{\partial^3 f}{\partial x \, \partial y^2}, \dfrac{\partial^3 f}{\partial y^3}$ usw. Die Differentiale lauten unter der Voraussetzung konstanter dx, dy

$$df = \frac{\partial f}{\partial x} dx + \frac{\partial f}{d y} dy,$$

$$d^2 f = \frac{\partial^2 f}{\partial x^2} dx^2 + 2 \frac{\partial^2 f}{\partial x \, \partial y} dx\, dy + \frac{\partial^2 f}{d y^2} dy^2,$$

$$d^3 f = \frac{\partial^3 f}{\partial x^3} dx^3 + 3 \frac{\partial^3 f}{\partial x^2 \, \partial y} dx^2 dy + 3 \frac{\partial^3 f}{\partial x \, \partial y^2} dx\, dy^2 + \frac{\partial^3 f}{\partial y^3} dy^2,$$

. . . .

Man kann $d^p f$ folgendermaßen symbolisch darstellen:

$$\boxed{d^p f = \left(\frac{\partial}{\partial x} dx + \frac{\partial}{\partial y} dy\right)^p f.}$$

§ 31. Taylors Theorem für Funktionen mehrerer Veränderlicher

Um im Falle einer Funktion mehrerer Veränderlicher zum Taylorschen Theorem zu gelangen, kann man von ähnlichen Überlegungen ausgehen wie bei Funktionen einer Veränderlichen. Man sucht ein Polynom n-ten Grades $P_n(x, y)$, das an der Stelle x_0, y_0 mit $f(x, y)$ bis hinauf zu den n-ten Ableitungen übereinstimmt. Dieses nennt man das Taylorsche Näherungspolynom n-ten Grades an der Stelle x_0, y_0. Das Taylorsche Theorem enthält eine Feststellung über den Fehler, mit dem dieses Polynom $f(x, y)$ darstellt, d. h. über die Differenz $f(x, y) - P_n(x, y)$.

Das Taylorsche Näherungspolynom 0-ten Grades lautet $P_0(x, y) = f(x_0, y_0)$. Ferner ist $P_1(x, y) = f(x_0, y_0) + \{(x - x_0) f_1(x_0, y_0) + (y - y_0) f_2(x_0, y_0)\}$. Wir benutzen hier für $\partial f/\partial x$, $\partial f/\partial y$ die kurzen Bezeichnungen f_1, f_2. Das Taylorsche Polynom zweiten Grades lautet:

$$P_2(x, y) = f(x_0, y_0) + \{(x - x_0) f_1(x_0, y_0) + (y - y_0) f_2(x_0, y_0)\} +$$
$$+ \tfrac{1}{2}\{(x-x_0)^2 f_{11}(x_0, y_0) + 2(x-x_0)(y-y_0) f_{12}(x_0, y_0) + (y-y_0)^2 f_{22}(x_0, y_0)\},$$

wobei f_{11}, f_{12}, f_{22} als kurze Bezeichnungen für $\frac{\partial^2 f}{\partial x^2}, \frac{\partial^2 f}{\partial x\,\partial y}, \frac{\partial^2 f}{\partial y^2}$ dienen. Wir nehmen an, daß alle beteiligten Ableitungen an der Stelle x_0, y_0 stetig sind, damit nicht etwa $f_{12}(x_0, y_0)$ von $f_{21}(x_0, y_0)$ verschieden ist. Über $P_3(x, y)$, $P_4(x, y)$, ... brauchen wir kein Wort zu verlieren.

Die einzelnen Bestandteile, die wir durch Einklammerung markiert haben, sind die mit den Inkrementen $h = x - x_0$, $k = y - y_0$ gebildeten Differentiale von f an der Stelle x_0, y_0.

Das Taylorsche Polynom P_n an der Stelle x, y hat demnach folgendes Aussehen:
$$f + \frac{df}{1!} + \frac{d^2 f}{2!} + \dots + \frac{d^n f}{n!},$$
wobei $df = hf_1 + kf_2$, $d^2 f = h^2 f_{11} + 2hkf_{12} + k^2 f_{22}$ usw.

Es wird genügen, wenn wir die Fehlerbetrachtung für P_1 durchführen. Es handelt sich da um den Ausdruck

$$f(x, y) - f(x_0, y_0) - (x - x_0) f_1(x_0, y_0) - (y - y_0) f_2(x_0, y_0).$$

Halten wir x, y fest und erteilen x_0, y_0 variable Werte u, v, so entsteht die Funktion

$$\varphi(u, v) = f(x, y) - f(u, v) - (x - u) f_1(u, v) - (y - v) f_2(u, v).$$

Ihre Ableitungen nach u und v lauten

$$\varphi_1(u, v) = -(x - u) f_{11}(u, v) - (y - v) f_{12}(u, v),$$
$$\varphi_2(u, v) = -(x - u) f_{12}(u, v) - (y - v) f_{22}(u, v).$$

Wir wollen den Punkt u, v auf der Strecke x_0, y_0 bis x, y laufen lassen und demgemäß setzen $u = x_0 + t(x - x_0)$, $v = y_0 + t(y - y_0)$. Wenn t von 0 bis 1 geht, beschreibt u, v die genannte Strecke. $\varphi(u, v)$ wird nach dieser Einsetzung eine Funktion $\chi(t)$. Der uns interessierende Ausdruck ist gleich $\chi(0)$, während $\chi(1)$ offenbar verschwindet. Für $\chi'(t)$ ergibt sich nach der verallgemeinerten Kettenregel

$$\chi'(t) = \varphi_1(u, v)\frac{du}{dt} + \varphi_2(u, v)\frac{dv}{dt} = (x - x_0)\varphi_1(u, v) + (y - y_0)\varphi_2(u, v).$$

Setzt man in $\varphi_1(u, v)$, $\varphi_2(u, v)$ für $x - u$, $y - u$ die Werte $(x - x_0)(1 - t)$, $(y - y_0)(1 - t)$ ein, so findet man

$$\chi'(t) = -(1-t)\left\{(x-x_0)^2 f_{11}(u,v) + 2(x-x_0)(y-y_0) f_{12}(u,v) + \right.$$
$$\left. + (y-y_0)^2 f_{22}(u,v)\right\}.$$

Wendet man jetzt auf $\chi(t)$ und $\psi(t) = (1-t)^2$ den verallgemeinerten Mittelwertsatz an und bedenkt, daß $\psi(1) = 0$, $\psi(0) = 1$, $\psi'(t) = -2(1-t)$ ist, so ergibt sich

$$f(x,y) - f(x_0,y_0) - (x-x_0) f_1(x_0,y_0) - (y-y_0) f_2(x_0,y_0) =$$
$$= \tfrac{1}{2}\left\{(x-x_0)^2 f_{11}(u^*,v^*) + 2(x-x_0)(y-y_0) f_{12}(u^*,v^*) + (y-y_0)^2 f_{22}(u^*,v^*)\right\}.$$

Dabei ist u^*, v^* ein Zwischenpunkt auf der Strecke, die x_0, y_0 mit x, y verbindet, also $u^* = x_0 + \vartheta(x - x_0)$, $v^* = y_0 + \vartheta(y - y_0)$, wobei $0 < \vartheta < 1$. Bei dieser Betrachtung muß man die Stetigkeit der zweiten Ableitungen f_{11}, f_{12}, f_{22} voraussetzen, schon wegen der verallgemeinerten Kettenregel und wegen der Beziehung $f_{12} = f_{21}$. Am besten ist es, sich ein Rechteck parallel zu den Koordinatenachsen zu denken, das um den Mittelpunkt x_0, y_0 konstruiert ist, und in diesem Rechteck die Stetigkeit der zweiten Ableitungen zu fordern. Wenn $f(x, y) - P_n(x, y)$ bei wachsendem n der Null zustrebt, so hat man für $f(x, y)$ eine Entwicklung, die als Taylorsche Reihe an der Stelle x_0, y_0 bezeichnet wird. An der Stelle x, y lautet diese Entwicklung, wenn man die Koordinatendifferenzen mit h, k bezeichnet,

$$\boxed{\Delta f = \frac{df}{1!} + \frac{d^2 f}{2!} + \ldots}$$

Dabei sind

$$df = f_1 h + f_2 h,$$
$$d^2 f = f_{11} h^2 + 2 f_{12} h k + f_{22} k^2,$$
$$\ldots\ldots\ldots\ldots$$

die sukzessiven Differentiale von f. Die Taylorsche Reihe zeigt, wie sich aus diesen Differentialen die Differenz Δf aufbaut. Man kann dieser Formel folgende symbolische Fassung geben:

$$\boxed{\Delta f = (e^d - 1) f.}$$

Man muß $e^d - 1$ durch $\frac{d}{1!} + \frac{d^2}{2!} + \ldots$ ersetzen, überall den Faktor f dazugeben und nachher die Exponenten als Differentiationsindizes betrachten.

Maxima und Minima bei Funktionen von mehreren Veränderlichen

Wir beschränken uns zunächst auf zwei Veränderliche. $f(x_0, y_0)$ heißt ein Maximum, wenn in einer gewissen Umgebung von x_0, y_0, z. B. in einem kleinen um x_0, y_0 beschriebenen Kreise, die Ungleichung $f(x, y) < f(x_0, y_0)$ stattfindet. Ist in der genannten Umgebung $f(x, y) > f(x_0, y_0)$, so heißt $f(x_0, y_0)$ ein Minimum.

Eine notwendige Bedingung dafür, daß $f(x_0, y_0)$ ein Extremum ist (d. h. ein Maximum oder Minimum), besteht in dem Verschwinden der beiden Ableitungen $f_1(x_0, y_0)$, $f_2(x_0, y_0)$. Da nämlich im Falle des Minimums für kleine Beträge von h

$$f(x_0 + h, y_0) - f(x_0, y_0) > 0, \quad f(x_0, y_0 + h) - f(x_0, y_0) > 0$$

ist, so haben die beiden partiellen Differenzenquotienten

$$\frac{f(x_0+h, y_0)-f(x_0, y_0)}{h}, \quad \frac{f(x_0, y_0+h)-f(x_0, y_0)}{h}$$

das Zeichen von h. Läßt man also h durch positive Werte nach Null konvergieren, so kann man sicher sein, daß $f_1(x_0, y_0)$ und $f_2(x_0, y_0)$ nicht negativ sind. Läßt man h von der negativen Seite her zur Null hinstreben, so können $f_1(x_0, y_0)$ und $f_2(x_0, y_0)$ unmöglich positiv sein. Es bleibt also, wenn diese Ableitungen, wie wir annehmen wollen, überhaupt existieren, nichts anderes übrig, als daß sie verschwinden. Ebenso ist es im Falle des Maximums. Für ein Extremum ist somit notwendig das Bestehen der Gleichungen $f_1(x_0, y_0) = 0, f_2(x_0, y_0) = 0$. An einer Extremumstelle muß also das Differential $df = f_1 h + f_2 k$ für beliebige Werte von h, k verschwinden. Wenn diese Bedingung erfüllt ist, braucht keineswegs ein Extremum vorzuliegen. Nehmen wir das Beispiel $f(x, y) = xy$. Da lauten die partiellen Ableitungen y und x. An der Stelle $x = 0, y = 0$ sind sie beide gleich Null. $f(0{,}0) = 0$ ist aber keineswegs ein Extremwert. $x \cdot y$ ist nämlich im ersten und dritten Quadranten positiv, im zweiten und vierten negativ. Es kommen also in jeder Umgebung der Stelle 0,0 sowohl Werte $f(x, y)$ vor, die größer, als auch solche, die kleiner sind als $f(0{,}0) = 0$. Man sagt, daß $f(x, y)$ an der Stelle x_0, y_0 stationär wird, wenn man nur weiß, daß $f_1(x, y)$ und $f_2(x, y)$ dort verschwinden, ohne daß es feststeht, ob ein Extremwert vorliegt.

Manchmal kann man mit Hilfe von $d^2 f$ feststellen, ob tatsächlich ein Extremwert vorliegt. Nach der Taylorschen Formel hat man im Falle $f_1(x_0, y_0) = 0$, $f_2(x_0, y_0) = 0$

$$f(x_0+h, y_0+k) = f(x_0, y_0) + \tfrac{1}{2}\left\{h^2 f_{11}(x^*, y^*) + 2hkf_{12}(x^*, y^*) + k^2 f_{22}(x^*, y^*)\right\},$$

wobei $x^* = x_0 + \vartheta h, y^* = y_0 + \vartheta k$ ist $(0 < \vartheta < 1)$.

Der eingeklammerte Ausdruck ist das zweite Differential $d^2 f$, gebildet an der Stelle x^*, y^*. Das zweite Differential ist eine quadratische Form in h, k. Eine quadratische Form heißt definit, wenn sie stets ein festes Zeichen hat und nur im Falle $h = k = 0$ verschwindet. Sie heißt indefinit, wenn sie sowohl positive als auch negative Werte annimmt. Schließlich gibt es auch Formen, die niemals zwei Werte mit verschiedenen Zeichen annehmen, sich aber von den definiten Formen dadurch unterscheiden, daß sie auch verschwinden können, wenn h, k nicht beide gleich Null sind. Solche Formen heißen semidefinit. Wie erkennt man nun, welcher von diesen drei Klassen eine quadratische Form angehört? Wenn die Form $a_0 h^2 + 2a_1 hk + a_2 k^2$ z. B. positiv definit sein soll, so muß sie, solange h, k nicht beide verschwinden, stets positiv sein. Also muß sie auch positiv sein, wenn wir $h \neq 0$ und $k = 0$ setzen. Dann reduziert sie sich aber auf $a_0 h^2$. Daher muß $a_0 > 0$ sein. Nun kann man schreiben

$$a_0(a_0 h^2 + 2a_1 hk + a_2 k^2) = (a_0 h + a_1 k)^2 + (a_0 a_2 - a_1^2) k^2.$$

Auch diese Form ist also positiv definit. Setzt man $h = -a_1, k = a_0$, so sind h, k nicht beide gleich Null. Die Form, die sich auf $(a_0 a_2 - a_1^2) a_0^2$ reduziert, muß positiv sein, d. h. es muß $a_0 a_2 - a_1^2 > 0$ sein. Ist diese Bedingung neben $a_0 > 0$ erfüllt, so zeigt der obige Ausdruck für $a_0(a_0 h^2 + 2a_1 hk + a_2 k^2)$, daß die Form tatsächlich stets positiv ist und nur verschwindet, wenn $k = 0$ und zugleich also h gleich Null ist. *Eine positiv definite Form ist also durch $a_0 > 0$, $a_0 a_2 - a_1^2 > 0$ gekennzeichnet.* Wenn $a_0 h^2 + 2a_1 hk + a_2 k^2$ negativ definit ist, wird $-a_0 h^2 - 2 a_1 hk - a_2 k^2$ positiv definit sein. Daraus folgt, *daß eine negativ definite Form durch* $a_0 < 0$, $a_0 a_2 - a_1^2 > 0$ *gekennzeichnet ist.* Das Kennzeichen einer definiten Form lautet auf alle Fälle $a_0 a_2 - a_1^2 > 0$. Man nennt $a_0 a_2 - a_1^2$ die Diskriminante der Form $a_0 h^2 + 2 a_1 hk + a_2 k^2$. Eine definite Form ist also an der positiven Diskriminante zu erkennen. Im Falle $a_0 a_2 - a_1^2 > 0$ kann a_0 nicht gleich Null sein, a_2 hat dasselbe Zeichen wie a_0.

Im Falle $a_0 a_2 - a_1^2 < 0$ können wir, wenn $a_1 > 0$, sicher sein, daß $a_1 + \sqrt{a_1^2 - a_0 a_2}$ nicht verschwindet. Die Wurzel ist positiv zu wählen. Die quadratische Form läßt sich in folgender Weise als Produkt zweier reeller Linearformen schreiben:

$$\frac{[(a_1 + \sqrt{a_1^2 - a_0 a_2})\, h + a_2 k]\, [a_0 h + (a_1 + \sqrt{a_1^2 - a_0 a_2})\, k]}{a_1 + \sqrt{a_1^2 - a_0 a_2}}.$$

Im Falle $a_1 < 0$ kann $a_1 - \sqrt{a_1^2 - a_0 a_2}$ nicht gleich Null sein. Die quadratische Form läßt sich dann so schreiben:

$$\frac{[(a_1 - \sqrt{a_1^2 - a_0 a_2})\, h + a_2 k]\, [a_0 h + (a_1 - \sqrt{a_1^2 - a_0 a_2})\, k]}{a_1 - \sqrt{a_1^2 - a_0 a_2}}.$$

Im Falle $a_1 = 0$ ist $a_0 a_2 < 0$. Man hat dann für die quadratische Form folgende Darstellung:

$$\frac{(\sqrt{-a_0 a_2}\, h + a_2 k)\, (a_0 h + \sqrt{-a_0 a_2}\, k)}{\sqrt{-a_0 a_2}}.$$

Die Determinante der beiden Linearformen ist, wie man bestätigen wolle, ungleich Null. Daher kann man ihnen durch passende Wahl von h, k beliebige Werte verschaffen und die quadratische Form positiv oder negativ machen. Nun bleibt noch die Möglichkeit $a_0 a_2 - a_1^2 = 0$. Ein Verschwinden aller Koeffizienten schließen wir aus. Ist a_0 oder a_2 gleich Null, so muß auch $a_1 = 0$ sein. Die Form reduziert sich also auf $a_2 k^2$ bzw. $a_0 h^2$. Der semidefinite Charakter tritt klar hervor. Sind a_0, a_2 beide von Null verschieden, so gilt dasselbe von a_1, weil $a_0 a_2 = a_1^2$ sein soll. a_0 und a_2 haben beide dasselbe Zeichen. Sind sie beide positiv, so lautet die Form $(h \sqrt{a_0} \pm k \sqrt{a_2})^2$, je nachdem a_1 positiv oder negativ ist. Sind a_0, a_2 beide negativ, so lautet sie $-(h \sqrt{-a_0} \pm k \sqrt{-a_2})^2$. Auch hier kommt der semidefinite Charakter der Form zum Vorschein.

Jetzt sind wir genügend gerüstet, um folgendes Theorem als richtig zu erkennen:

Wenn an der Stelle x_0, y_0 das erste Differential df verschwindet und das zweite Differential $d^2 f$ positiv (negativ) **definit ist, so wird $f(x_0, y_0)$ ein Minimum** (Maximum) **sein.**

Es genügt, den Fall des Minimums zu besprechen. Wenn nämlich $f(x_0, y_0)$ ein Maximum ist, wird $-f(x_0, y_0)$ ein Minimum sein. Ist an der Stelle x_0, y_0 das zweite Differential eine positiv definite Form, so bedeutet dies, daß die Ungleichungen $f_{11}(x_0, y_0) > 0$, $f_{11}(x_0, y_0) f_{22}(x_0, y_0) - f_{12}^2(x_0, y_0) > 0$ bestehen. Da wir annehmen, daß die zweiten Ableitungen von $f(x, y)$ stetig sind, so wird bei genügend kleinen Beträgen von h, k der in unseren Betrachtungen vorkommende Punkt x^*, y^* so nahe an x_0, y_0 liegen, daß die Ungleichungen $f_{11}(x^*, y^*) > 0$, $f_{11}(x^*, y^*) f_{22}(x^*, y^*) - f_{12}^2(x^*, y^*) > 0$ bestehen. Sie ziehen aber die Ungleichung

$$h^2 f_{11}(x^*, y^*) + 2\,hk f_{12}(x^*, y^*) + k^2 f_{22}(x^*, y^*) > 0$$

nach sich, die hier dasselbe bedeutet wie $f(x_0 + h, y_0 + k) > f(x_0, y_0)$. Man sieht, daß $f(x_0, y_0)$ ein Minimum ist.

Ferner läßt sich folgender Satz beweisen: *Wenn an der Stelle x_0, y_0 das erste Differential verschwindet und das zweite Differential eine indefinite Form ist, so kann $f(x_0, y_0)$ kein Extremum sein.*

Wenn man die Funktion $\varphi(t) = f(x_0 + ht, y_0 + kt)$ betrachtet, wobei h, k feste Werte haben, die nicht beide verschwinden, so ist offenbar

$$\varphi'(0) = f_1(x_0, y_0)\,h + f_2(x_0, y_0)\,k = 0\,,$$
$$\varphi''(0) = f_{11}(x_0, y_0)\,h^2 + 2 f_{12}(x_0, y_0)\,hk + f_{22}(x_0, y_0)\,k^2\,.$$

Da $d^2 f$ an der Stelle x_0, y_0 eine indefinite Form sein soll, so lassen sich h, k so wählen, daß $\varphi''(0) > 0$, aber auch so, daß $\varphi''(0) < 0$ wird. Im ersten Falle ist nach Leibniz $\varphi(0)$ ein Minimum, im zweiten ein Maximum. Jedenfalls gibt es also in der nächsten Umgebung von x_0, y_0 sowohl Werte, die größer, als auch solche, die kleiner sind als $f(x_0, y_0)$. Ist $d^2 f$ an der Stelle x_0, y_0 eine semidefinite Form, so bedarf es einer weiteren Untersuchung, um festzustellen, ob $f(x_0, y_0)$ ein Extremwert ist oder nicht. Beides kann der Fall sein. Z. B. hat $f(x, y) = x^2 + y^4$ an der Stelle 0,0 ein verschwindendes erstes Differential, während das zweite Differential, das an dieser Stelle $2\,h^2$ lautet, semidefinit ist. Offenbar ist $f(0{,}0)$ ein Minimum. Nehmen wir $f(x, y) = x^2 + y^3$, so gelten über df, $d^2 f$ dieselben Aussagen wie soeben. Hier ist aber $f(0{,}0)$ offenbar kein Extremum. Man sieht schon, wenn man $x = 0$ setzt, daß es in nächster Umgebung sowohl größere als auch kleinere $f(x, y)$ gibt als $f(0{,}0)$, da y^3 sein Zeichen wechselt, wenn man y durch $-y$ ersetzt.

Bei Funktionen von n Veränderlichen $x_1, \ldots, x_n$ braucht man bei der Feststellung von Extremwerten ein Kriterium für definite quadratische Formen. Eine quadratische Form in $h_1, \ldots, h_n$ baut sich auf aus Gliedern mit h_r^2 und aus solchen mit $h_r h_s$ $(r < s)$. Bezeichnet man den Koeffizienten von h_r^2 mit c_{rr}, den von $h_r h_s$ mit $c_{rs} + c_{sr}$, wobei $c_{rs} = c_{sr}$ sein soll, so kann man die Form als Summe der n^2 Glieder $c_{rs} h_r h_s$ schreiben, wobei r und s von 1 bis n laufen. Es gilt nun folgender Satz, den wir im Falle $n = 2$ schon kennen:

Die quadratische Form $\Sigma\, c_{rs} h_r h_s$ ist positiv definit, wenn die Determinanten

$$c_{11}\,, \quad \begin{vmatrix} c_{11} & c_{12} \\ c_{21} & c_{22} \end{vmatrix}, \quad \begin{vmatrix} c_{11} & c_{12} & c_{13} \\ c_{21} & c_{22} & c_{23} \\ c_{31} & c_{32} & c_{33} \end{vmatrix}, \ldots, \begin{vmatrix} c_{11} & c_{12} & \ldots & c_{1n} \\ c_{21} & c_{22} & \ldots & c_{2n} \\ \cdot & \cdot & \cdot & \cdot \\ c_{n1} & c_{n2} & \ldots & c_{nn} \end{vmatrix}$$

sämtlich positiv sind.

Wenn $\Sigma\, c_{rs} h_r h_s$ negativ definit ist, so ist $-\Sigma\, c_{rs} h_r h_s$ positiv definit. Bei einer negativ definiten Form werden also die obigen Determinanten abwechselnd negativ und positiv sein. Daß sie bei einer positiv definiten Form alle positiv sein müssen, und daß dies auch hinreicht, kann man durch eine einfache Überlegung als richtig erkennen. Nehmen wir an, der Satz sei für $n - 1$ Veränderliche schon bewiesen. Dann kann man zeigen, daß er auch für n Veränderliche gilt. Da für $x_1 = 1$ und $x_2 = \ldots = x_n = 0$ etwas Positives herauskommen muß, so ist $c_{11} > 0$. Auf Grund dessen weiß man, daß die Form $F = \Sigma\, c_{rs} x_r x_s$ ihren positiven Charakter nicht ändert, wenn man sie mit dem positiven Faktor c_{11} versieht. Nun ist

$$c_{11} F = (c_{11} x_1 + c_{12} x_2 + \ldots + c_{1n} x_n)^2 + \Sigma\, C_{\varrho\sigma} x_\varrho x_\sigma\,.$$

ϱ, σ laufen nur von 2 bis n, und man hat

$$C_{\varrho\sigma} = c_{11}\, c_{\varrho\sigma} - c_{\varrho 1}\, c_{1\sigma} = \begin{vmatrix} c_{11} & c_{1\sigma} \\ c_{\varrho 1} & c_{\varrho\sigma} \end{vmatrix}.$$

Die Form $F_1 = \sum\limits_{\varrho\sigma} C_{\varrho\sigma}\, x_\varrho\, x_\sigma$ ist ebenso wie F positiv definit. Setzt man nämlich $x_1 = -(1/c_{11})\,(c_{12}\, x_2 + \ldots + c_{1n}\, x_n)$, so wird $F = F_1$. Da wir annehmen, daß unser Kriterium für Formen mit $n - 1$ Veränderlichen bereits bewiesen ist, so können wir schließen, daß F dann und nur dann positiv definit ist, wenn die Größen

$$c_{11},\ C_{22},\ \begin{vmatrix} C_{22} & C_{23} \\ C_{32} & C_{33} \end{vmatrix},\ \ldots,\ \begin{vmatrix} C_{22} & \ldots & C_{2n} \\ \cdot & \cdot & \cdot \\ C_{n2} & \ldots & C_{nn} \end{vmatrix}$$

alle positiv sind. C_{22} ist die Determinante $\begin{vmatrix} c_{11} & c_{12} \\ c_{21} & c_{22} \end{vmatrix}$. Auf die folgenden Determinanten obiger Reihe läßt sich ein Determinantensatz von Studnička anwenden. Wenn man unter p eine der Zahlen $3, \ldots n$ versteht, so ist

$$c_{11}^{p-1} \begin{vmatrix} c_{11} & c_{12} & \ldots & c_{1p} \\ c_{21} & c_{22} & \ldots & c_{2p} \\ \cdot & \cdot & \cdot & \cdot \\ c_{p1} & c_{p2} & \ldots & c_{pp} \end{vmatrix} = \begin{vmatrix} c_{11}, & c_{11}\, c_{12}, & \ldots, & c_{11}\, c_{1p} \\ c_{21}, & c_{11}\, c_{22}, & \ldots, & c_{11}\, c_{2p} \\ \cdot & \cdot & \cdot & \cdot \\ c_{p1}, & c_{11}\, c_{p2}, & \ldots, & c_{11}\, c_{pp} \end{vmatrix}.$$

Subtrahiert man von der zweiten Spalte die mit c_{12} multiplizierte erste Spalte, ..., von der p-ten die mit c_{1p} multiplizierte erste Spalte, so lautet nach dieser Umformung die erste Zeile $c_{11}, 0 \ldots, 0$. An der Stelle, wo früher $c_{11}\, c_{\varrho\sigma}$ stand, steht jetzt $c_{11}\, c_{\varrho\sigma} - c_{\varrho 1}\, c_{1\sigma}$, also $C_{\varrho\sigma}$. Die neue Determinante ist also gleich

$$c_{11} \cdot \begin{vmatrix} C_{22} & \ldots & C_{2p} \\ \cdot & \cdot & \cdot \\ C_{p2} & \ldots & C_{pp} \end{vmatrix},$$

und obige Gleichung zeigt, daß folgende Relation besteht:

$$\begin{vmatrix} C_{22} & \ldots & C_{2p} \\ \cdot & \cdot & \cdot \\ C_{p2} & \ldots & C_{pp} \end{vmatrix} = c_{11}^{p-2} \begin{vmatrix} c_{11} & c_{12} & \ldots & c_{1p} \\ c_{21} & c_{22} & \ldots & c_{2p} \\ \cdot & \cdot & \cdot & \cdot \\ c_{p1} & c_{p2} & \ldots & c_{pp} \end{vmatrix}.$$

Das ist der Determinantensatz von Studnička. Er ist unabhängig von der Eigenschaft $c_{rs} = c_{sr}$ und besagt, daß die rechts auftretende p-reihige Determinante nach Anbringung des Faktors c_{11}^{p-2} als $(p-1)$-reihige Determinante geschrieben werden kann. Die Elemente dieser $(p-1)$-reihigen Determinante sind die zweireihigen Determinanten $\begin{vmatrix} c_{11} & c_{1\sigma} \\ c_{\varrho 1} & c_{\varrho\sigma} \end{vmatrix}$, die sogenannten zweireihigen Superdeterminanten von c_{11}. Man sieht, daß infolge des positiven Charakters der Form F_1 die Determinanten

$$\begin{vmatrix} c_{11} & c_{12} \\ c_{21} & c_{22} \end{vmatrix},\ \ldots,\ \begin{vmatrix} c_{11} & \ldots & c_{1n} \\ \cdot & \cdot & \cdot \\ c_{n1} & \ldots & c_{nn} \end{vmatrix}$$

sämtlich positiv sind. Da auch c_{11} positiv ist, so haben wir hiermit festgestellt, daß unser Kriterium, wenn es für Formen mit $n - 1$ Veränderlichen gilt, auch für Formen mit n Veränderlichen in Kraft bleibt.

Nebenbei sei bemerkt, daß das Theorem von Studnička in der Determinantentheorie benutzt werden kann, um Eigenschaften von $(n-1)$-reihigen Determinanten auf n-reihige zu übertragen. Deshalb ist es nicht unwichtig, dieses Theorem kennenzulernen.

§ 32. Implizite Funktionen und ihre Differentiation

Eine Funktion von $x_1, \ldots, x_n$ kann entweder explizit gegeben sein, in der Form $y = f(x_1, \ldots, x_n)$, oder implizit bestimmt sein durch die Gleichung $F(x_1, \ldots, x_n, y) = 0$. Manchmal ist der Übergang von der zweiten zur ersten Bestimmungsweise ohne Schwierigkeit durchzuführen. Liegt z. B. die Gleichung vor $x_1^2 + \ldots + x_n^2 + y^2 = 1$, so wird man sofort schließen können $y = \sqrt{1 - x_1^2 - \ldots - x_n^2}$ oder $y = -\sqrt{1 - x_1^2 - \ldots - x_n^2}$. In anderen Fällen ist die Gewinnung des expliziten Ausdrucks schwieriger. Durch die Gleichung $y - \varepsilon \sin y = x$, die in Keplers Planetentheorie auftritt, ist y als Funktion von x bestimmt $(0 < \varepsilon < 1)$. Man sieht dies sofort, wenn man bedenkt, daß der links stehende Ausdruck, dessen Ableitung $1 - \varepsilon \cos y$ stets positiv ist, zusammen mit y beständig wachsend von $-\infty$ bis ∞ geht und dabei als stetige Funktion jeden Zwischenwert, also auch den Wert x annimmt. Es gehört daher, wie es der Funktionsbegriff fordert, zu jedem Wert x ein bestimmter Wert von y. Der explizite Ausdruck dieser Funktion $y(x)$ ist aber nicht so leicht zu gewinnen. Übrigens ist hier $y(x)$ die inverse Funktion zu $x(y)$. In diesem Sonderfall wissen wir bereits, daß man die Ableitung $y'(x)$ berechnen kann, ohne den expliziten Ausdruck $y(x)$ zur Verfügung zu haben, und zwar ist $y'(x)$ der reziproke Wert von $x'(y)$. Ebenso kann man auch im allgemeinen Falle, wo y als Funktion von $x_1, \ldots, x_n$ durch die Gleichung $F(x_1, \ldots, x_n, y) = 0$ bestimmt ist, die Ableitungen $\partial y/\partial x_1, \ldots, \partial y/\partial x_n$ finden, ohne den expliziten Ausdruck $y(x_1, \ldots, x_n)$ zu kennen.

Zunächst wollen wir feststellen, daß unter gewissen Bedingungen tatsächlich durch die Gleichung $F(x_1, \ldots, x_n, y) = 0$ eine Funktion $y(x_1, \ldots, x_n)$ festgelegt wird. Es sei $a_1, \ldots, a_n, b$ ein Wertsystem, das die Gleichung $F(a_1, \ldots, a_n, b) = 0$ erfüllt. Wir wollen, um unsere Überlegungen auf sicheren Grund zu stellen, die Annahme machen, daß in einer gewissen Umgebung U jenes Wertsystems, also etwa für

$$a_1 - \alpha \leqq x_1 \leqq a_1 + \alpha, \ldots, a_n - \alpha \leqq x_n \leqq a_n + \alpha, b - \beta \leqq y \leqq b + \beta$$

(α und β irgend zwei positive Größen), F und $\partial F/\partial y = F_{n+1}$ stetig sind. Ferner setzen wir voraus, daß $F_{n+1}(a_1, \ldots, a_n, b) > 0$ sein soll. Wesentlich ist eigentlich nur, daß F_{n+1} an der Stelle $a_1, \ldots, a_n, b$ nicht verschwindet. Sollte es dort negativ sein, so würde es genügen, F durch $-F$ zu ersetzen, um den Fall $F_{n+1} > 0$ herbeizuführen. Wegen der Stetigkeit von F_{n+1} läßt sich die oben angegebene Umgebung von $a_1, \ldots, a_n, b$ durch Verkleinerung von α und β so einschränken, daß in ihr durchweg $F_{n+1}(x_1, \ldots, x_n, y) > 0$ ist. Insbesondere wird dann im Intervall $b - \beta \ldots b + \beta$ durchweg $F_{n+1}(a_1, \ldots a_n, y) > 0$ sein, d. h. die Funktion $F(a_1, \ldots, a_n, y)$ wird in jenem Intervall eine positive Ableitung haben. Wenn also y von $b - \beta$ bis $b + \beta$ zunimmt, wird die Funktion $F(a_1, \ldots a_n, y)$ von $F(a_1, \ldots, a_n, b - \beta)$ zu $F(a_1, \ldots a_n, b + \beta)$ beständig wachsend übergehen. Da sie unterwegs den Wert $F(a_1, \ldots a_n, b) = 0$ annimmt, muß notwendig $F(a_1, \ldots, a_n, b - \beta) < 0$ und $F(a_1, \ldots, a_n, b + \beta) > 0$ sein.

Wegen der Stetigkeit von $F(x_1, \ldots, x_n, y)$ kann man durch Verkleinerung von α erreichen, daß auch $F(x_1, \ldots, x_n, b - \beta) < 0$ und $F(x_1, \ldots, x_n, b + \beta) > 0$ ist, solange die Ungleichungen

$$a_1 - \alpha \leqq x_1 \leqq a_1 + \alpha, \ldots, a_n - \alpha \leqq x_n \leqq a_n + \alpha$$

stattfinden. Greift man nun irgendein Wertsystem $x_1, \ldots, x_n$ heraus, das diesen Ungleichungen genügt, so wird bei Festhaltung dieses Wertsystems $F(x_1, \ldots, x_n, y)$ eine Funktion von y sein, die im Intervall $b - \beta \ldots b + \beta$ eine positive Ableitung hat, weil wir es so eingerichtet haben, daß $F_{n+1}(x_1, \ldots, x_n, y) > 0$ ist. Diese Funktion geht also, wenn y das Intervall $b - \beta \ldots b + \beta$ durchläuft, beständig wachsend von einem negativen Anfangswert stetig zu einem positiven Endwert über. Unterwegs muß sie also, und zwar nur einmal, den Wert Null annehmen. Hiermit ist nachgewiesen, daß jedem Wertsystem $x_1, \ldots x_n$, das den Ungleichungen $a_\nu - \alpha \leqq x_\nu \leqq a_\nu + \alpha$ genügt ($\nu = 1, \ldots, n$), ein und nur ein Wert y entspricht, der den Ungleichungen $b - \beta < y < b + \beta$ genügt. Damit ist tatsächlich, wenigstens in einer gewissen Umgebung von $a_1, \ldots, a_n$, eine Funktion $y(x_1, \ldots x_n)$ definiert, die der Gleichung $F(x_1 \ldots, x_n, y) = 0$ genügt. Sie ist einzig in ihrer Art, wenn noch die Forderung $b - \beta < y < b + \beta$ gestellt wird.

Wenn man auf die obigen Überlegungen zurückblickt, so bemerkt man, daß zunächst durch Verkleinerung von α und β die Ungleichung $F_{n+1} > 0$ für die ganze Umgebung U der Stelle $a_1, \ldots, a_n, b$ gesichert wurde. Diese erste Verkleinerung denken wir uns von Anfang an durchgeführt, so daß von vornherein gesagt werden kann: In U sind F und $\partial F/\partial y$ stetig und $\partial F/\partial y$ ist überall positiv. Dann wurde später, ohne an β zu rühren, α so verkleinert, daß $F(x_1, \ldots, x_n, b - \beta)$ wie $F(a_1, \ldots, a_n, b - \beta)$ negativ und $F(x_1, \ldots, x_n, b + \beta)$ wie $F(a_1, \ldots, a_n, b + \beta)$ positiv war, solange die Ungleichungen $a_\nu - \alpha \leqq x_\nu \leqq a_\nu + \alpha$ bestanden ($\nu = 1, \ldots, n$). Da uns nichts hindert, β beliebig klein zu wählen, so folgt, daß die zwischen $b - \beta$ und $b + \beta$ liegende Funktion $y(x_1, \ldots, x_n)$ an der Stelle $a_1, \ldots, a_n$ stetig sein muß. Da an jeder anderen Stelle $x_1, \ldots, x_n$ in einer gewissen Umgebung von $a_1, \ldots, a_n$ dieselben Vorbedingungen erfüllt sind wie an der Stelle $a_1, \ldots, a_n$, so können wir schließen, daß unser $y(x_1, \ldots, x_n)$ in dem ganzen Bereich $a_\nu - \alpha < x_\nu < a_\nu + \alpha$ ($\nu = 1, \ldots, n$) stetig ist. Wenn also $h_1, \ldots, h_n$ nach Null konvergieren, wird $y(x_1 + h_1, \ldots, x_n + h_n)$ dem Grenzwert $y(x_1, \ldots, x_n)$ zustreben.

Jetzt wollen wir annehmen, daß in der Umgebung U der Stelle $a_1, \ldots a_n, b$ nicht nur $\partial F/\partial y$ stetig ist, sondern auch $\partial F/\partial x_1, \ldots, \partial F/\partial x_n$. Dann ist von selbst auch F stetig. Außerdem existiert das Differential dF in dem früher (Seite 131) erklärten Sinne, d. h. die Differenz $\triangle F$ läßt sich in der Form

schreiben $\left(\frac{\partial F}{\partial x_1} + \varepsilon_1\right) h_1 + \ldots + \left(\frac{\partial F}{\partial x_n} + \varepsilon_n\right) h_n + \left(\frac{\partial F}{\partial y} + \varepsilon\right) k,$

wobei $\varepsilon_1, \ldots, \varepsilon_n, \varepsilon$ gleichzeitig mit $h_1, \ldots, h_n, h$ nach Null konvergieren. Setzt man nun $h = y(x_1 + h_1, \ldots, y_n + h_n) - y(x_1, \ldots, x_n)$, so wird $\triangle F = 0$, und

es ergibt sich $$h = -\frac{1}{(\partial F/\partial y) + \varepsilon} \sum_\nu \left(\frac{\partial F}{\partial x_\nu} + \varepsilon_\nu\right) h_\nu .$$

Da $\lim \dfrac{(\partial F/\partial x_\nu) + \varepsilon_\nu}{(\partial F/\partial y) + \varepsilon} = \dfrac{\partial F/\partial x_\nu}{\partial F/\partial y}$ ist, so kann man schreiben

$$\frac{(\partial F/\partial x_\nu) + \varepsilon_\nu}{(\partial F/\partial y) + \varepsilon} = \frac{\partial F/\partial x_\nu}{\partial F/\partial y} + \delta_\nu$$

und weiß dann, daß alle δ_ν gleichzeitig mit $h_1, \ldots, h_n$ der Null zustreben. Da $h = \triangle y$ ist, so haben wir folgendes Ergebnis gewonnen:

$$\triangle y = \sum_\nu \left(-\frac{\partial F/\partial x_\nu}{\partial F/\partial y} - \delta_\nu\right) h_\nu .$$

Daraus ist zu entnehmen, daß dy existiert und sich so ausdrückt:

$$dy = -\sum_\nu \frac{\partial F/\partial x_\nu}{\partial F/\partial y}\, dx_\nu .$$

Man sieht zugleich, daß $\frac{\partial y}{\partial x_\nu} = -\frac{\partial F/\partial x_\nu}{\partial F/\partial y}$ ist. Dies kann man, wenn einmal die Differenzierbarkeit von $y(x_1, \ldots, x_n)$ feststeht, auch aus $F(x_1, \ldots, x_n, y) = 0$ entnehmen, indem man diese aus $x_1, \ldots, x_n$ und y zusammengesetzte Funktion, die beständig gleich Null ist, nach der verallgemeinerten Kettenregel differenziert. Dadurch ergibt sich

$$\frac{\partial F}{\partial x_\nu} + \frac{\partial F}{\partial y}\frac{\partial y}{\partial x_\nu} = 0 . \qquad (\nu = 1, \ldots, n) .$$

§ 33. Integralrechnung

Stammfunktionen

Wir haben den Begriff der Stammfunktion (des Integrals) bereits kennengelernt. $F(x)$ wird als Stammfunktion (Integral) von $f(x)$ bezeichnet, wenn $F'(x) = f(x)$ ist. Wir erwähnten auch schon, daß Cauchy die Existenz der Stammfunktion bei stetigem $f(x)$ nachgewiesen hat. Auch kennen wir bereits den Fundamentalsatz der Integralrechnung, wonach in der Formel $F(x) + C$ alle Stammfunktionen von $f(x)$ enthalten sind (C eine willkürliche Konstante, die **Integrationskonstante**). Cauchys Beweis für die Existenz der Stammfunktion bei stetigem $f(x)$ ist auf verschiedene Weisen modifiziert worden.

Am einfachsten scheint uns folgende Fassung zu sein: $f(x)$ sei in dem geschlossenen Intervall $a \ldots b$ stetig. Die Geschlossenheit bedeutet die Einbeziehung der Grenzen a und b. Wenn in diesem Intervall eine Funktion $F(x)$ mit der Eigenschaft $F'(x) = f(x)$ existiert und wir von a nach b gehend die Stationen $x_1, x_2, \ldots, x_{n-1}$ einschalten, ferner a mit x_0 und b mit x_n bezeichnen, so ist nach dem Mittelwertsatz

$$\begin{aligned} F(x_1) - F(x_0) &= (x_1 - x_0) f(\xi_1) , \\ F(x_2) - F(x_1) &= (x_2 - x_1) f(\xi_2) , \\ &\ldots\ldots\ldots \\ F(x_n) - F(x_{n-1}) &= (x_n - x_{n-1}) f(\xi_n) . \end{aligned}$$

Hieraus folgt, wenn wir jetzt wieder $x_0 = a$, $x_n = b$ setzen,

$$F(b) - F(a) = \sum_{\nu=1}^{n} (x_\nu - x_{\nu-1}) f(\xi_\nu) .$$

Die Formel scheint zunächst ganz nutzlos zu sein, weil uns die Zwischenwerte $\xi_1, \ldots, \xi_n$, die den n Teilintervallen $a \ldots x_1$, $x_1 \ldots x_2, \ldots, x_{n-1} \ldots b$ angehören, unbekannt sind. Diese Unkenntnis ist aber kein großes Unglück, und es gibt ein Mittel, sie ganz unschädlich zu machen. Wenn wir in obigem Summenausdruck $\xi_1, \ldots, \xi_n$ durch irgendwelche anderen Werte $\xi_1^*, \ldots, \xi_n^*$ aus denselben Teilintervallen ersetzen, so unterscheiden sich

$$S = \Sigma (x_\nu - x_{\nu-1}) f(\xi_\nu) \text{ und } S^* = \Sigma (x_\nu - x_{\nu-1}) f(\xi_\nu^*)$$

um

$$S - S^* = \Sigma (x_\nu - x_{\nu-1}) [f(\xi_\nu) - f(\xi_\nu^*)] ,$$

und *dieser Unterschied konvergiert bei unendlicher Verfeinerung der Intervallteilung nach Null.* Die unendliche Verfeinerung besteht darin, daß die Differenzen $x_\nu - x_{\nu-1}$ der Null zustreben. Vielleicht ist es noch klarer, wenn wir uns so ausdrücken: Bei jeder Intervallteilung gibt es eine Maximallänge der Teilintervalle. Wenn diese nach Null konvergiert, so verfeinert sich die Einteilung ins Unendliche. Ein einfachster Spezialfall ist der, daß man $a \dots b$ in n gleiche Teile zerlegt und n über alle Grenzen wachsen läßt.

Unter den Eigenschaften der stetigen Funktionen haben wir die folgende seinerzeit erwähnt und bewiesen: Wenn $f(x)$ in dem geschlossenen Intervall $a \dots b$ stetig ist, so läßt sich jedem positiven ε ein positives δ gegenüberstellen derart, daß unter der Bedingung $|x - x^*| < \delta$ stets $|f(x) - f(x^*)| < \varepsilon$ ist, wie auch x und x^* in $a \dots b$ liegen mögen. Wenn nun die Teilintervalle $x_{\nu-1} \dots x_\nu$ im Laufe der Verfeinerung der Intervallteilung schon alle kleiner sind als δ, so werden die Faktoren $f(\xi_\nu) - f(\xi_\nu^*)$ dem Betrage nach kleiner als ε sein, und $S - S^*$ wird seinem Betrage nach kleiner sein als ε mal der Summe aller Teilintervalle, d. h. kleiner als $\varepsilon\,(b - a)$. Bei weiterer Verfeinerung der Einteilung wird diese Ungleichung $|S - S^*| < \varepsilon\,(b - a)$ bestehen bleiben. Das bedeutet aber nichts anderes, als daß bei unbegrenzter Verfeinerung der Intervallteilung $\lim\,(S - S^*) = 0$ sein wird, also, da $S = F(b) - F(a)$,

$$\lim S^* = F(b) - F(a)\,.$$

Wir haben also die Möglichkeit, die Differenz $F(b) - F(a)$ durch die Cauchyschen Summen S^* beliebig genau zu approximieren. Das ist eine Feststellung von grundlegender Bedeutung.

Wenden wir die obige Betrachtung anstatt auf $a \dots b$ auf das Intervall $a \dots x$ an, wobei x irgendein Wert aus $a \dots b$ ist, so finden wir

$$F(x) - F(a) = \lim\,[(x_1 - a)\,f(\xi_1) + (x_2 - x_1)\,f(\xi_2) + \dots + (x - x_{n-1})\,f(\xi_n)]\,.$$

Hier sind $x_1, \dots, x_{n-1}$ gewisse Zwischenstationen, die wir auf dem Wege von a nach x machen, und das Limeszeichen bedeutet die unendliche Verfeinerung der Zerlegung des Intervalles $a \dots x$, wobei natürlich n, die Anzahl der Teilintervalle, über alle Grenzen zunimmt.

Jetzt wollen wir gar nicht mehr an $F(x)$ denken, sondern uns nur mit den auf $f(x)$ bezüglichen Cauchyschen Summen beschäftigen. Die Stammfunktion $F(x)$ hat nur dazu gedient, uns zu diesen Summen hinzuführen. Man muß sich am besten vorstellen, daß eine Folge $S_1, S_2, S_3, \dots$ von Cauchyschen Summen für das Intervall $a \dots x$ vorliegt mit unendlicher Verfeinerung der Teilung. Bei stetigem $f(x)$ gelingt Cauchy der Nachweis, daß jede solche Folge konvergent ist und daß alle diese Folgen demselben Grenzwert zustreben. Cauchy hat ein allgemeines Kriterium angegeben, mit dessen Hilfe man die Konvergenz einer Folge bestimmen kann. Es lautet:

Die Folge $S_1, S_2, S_3, \dots$ ist dann und nur dann konvergent, wenn zu jedem positiven ε eine Restfolge $S_\nu, S_{\nu+1}, S_{\nu+2}, \dots$ existiert, deren Glieder paarweise um weniger als ε differieren.

Daß diese Cauchysche Bedingung notwendig ist, läßt sich leicht erkennen. Ist $\lim S_n = S$, so wird es bei gegebenem ε einen Index ν geben derart, daß für $n \geqq \nu$ die Ungleichung $|S - S_n| < \varepsilon/2$ stattfindet. Sind n_1 und n_2 zwei Indizes größer oder gleich ν, so folgt aus $|S - S_{n_1}| < \varepsilon/2$ und $|S - S_{n_2}| < \varepsilon/2$ offenbar $|S_{n_1} - S_{n_2}| < \varepsilon$. Je zwei Glieder der Restfolge $S_\nu, S_{\nu+1}, S_{\nu+2}, \dots$ differieren also um weniger als ε.

Daß die Cauchysche Bedingung auch hinreichend ist, läßt sich folgendermaßen nachweisen: Zunächst liegen alle Glieder der Restfolge $S_\nu, S_{\nu+1}, S_{\nu+2}, \dots$

zwischen $S_\nu - \varepsilon$ und $S_\nu + \varepsilon$. Die kleinste der Größen $S_1, \ldots, S_{\nu-1}, S_\nu - \varepsilon$ bildet also eine untere Schranke, die größte der Größen $S_1, \ldots, S_{\nu-1}, S_\nu + \varepsilon$ eine obere Schranke der ganzen Folge $S_1, S_2, S_3, \ldots$ Diese Folge ist also beschränkt. Wir haben schon oft von den Begriffen größte untere Schranke und kleinste obere Schranke Gebrauch gemacht. Man sagt dafür auch untere Grenze und obere Grenze.

Wenn man nun die untere Grenze der Folge $S_\mu, S_{\mu+1}, S_{\mu+2}, \ldots$ mit g_μ und die obere Grenze mit G_μ bezeichnet, so ist natürlich $g_\mu < G_\mu$. Ferner leuchtet ein, daß $g_1, g_2, g_3, \ldots$ eine aufsteigende und $G_1, G_2, G_3, \ldots$ eine absteigende Folge ist. g_μ ist natürlich ebenso wie $g_{\mu+1}$ eine untere Schranke für $S_{\mu+1}, S_{\mu+2}, \ldots$ Da aber $g_{\mu+1}$ die größte untere Schranke dieser Folge sein soll, so kann g_μ nicht größer als $g_{\mu+1}$ sein. Es muß also die Ungleichung $g_\mu \leqq g_{\mu+1}$ gelten. Ebenso überzeugt man sich von der Gültigkeit der Ungleichung $G_\mu \geqq G_{\mu+1}$. Es läßt sich nun noch eine Aussage über die Differenz $G_n - g_n$ machen. Die Cauchysche Bedingung besagt, daß es zu jedem positiven ε eine Restfolge S_μ, $S_{\mu+1}, S_{\mu+2}, \ldots$ gibt, deren Glieder paarweise um weniger als ε differieren. Da $G_\mu > g_\mu$ ist, kann man ein positives δ so klein wählen, daß auch $G_\mu - \delta > g_\mu + \delta$ ist. Da G_μ die kleinste obere Schranke für $S_\mu, S_{\mu+1}, S_{\mu+2}, \ldots$ ist, so wird $G_\mu - \delta$ keine obere Schranke mehr sein. Es wird also irgendein S_{n_1} geben ($n_1 \geqq \mu$), das die Ungleichung $S_{n_1} > G_\mu - \delta$ erfüllt. Ebenso muß es ein S_{n_2} geben, ($n_2 \geqq \mu$), das der Ungleichung $S_{n_2} < g_\mu + \delta$ genügt. Aus beiden Ungleichungen folgt:

$$S_{n_1} - S_{n_2} > G_\mu - g_\mu - 2\,\delta\,.$$

Da $S_{n_1} - S_{n_2} < \varepsilon$ ist, so hat man: $G_\mu - g_\mu < \varepsilon + 2\,\delta$.

ε und δ lassen sich aber beliebig verkleinern, und man sieht also, daß die absteigende Folge $G_1 - g_1, G_2 - g_2, G_3 - g_3, \ldots$ der Null zustrebt. Auf keinen Fall gibt es zwei Größen, die sich zwischen die aufsteigende Folge $g_1, g_2, g_3, \ldots$ und die absteigende Folge $G_1, G_2, G_3, \ldots$ einschalten lassen, sonst könnte die Differenz $G_n - g_n$ nicht unter die Differenz dieser beiden Größen herabsinken. Es liegt aber im Wesen unseres Zahlbegriffes, daß es eine Größe γ gibt, die den Ungleichungen $g_n \leqq \gamma \leqq G_n$ genügt. Diese ist der gemeinsame Grenzwert von g_n und G_n und, da $g_n \leqq S_n \leqq G_n$ ist, auch von S_n. Damit ist auch der hinreichende Charakter der Cauchyschen Bedingung festgestellt.

Nun fehlt nur noch die Feststellung, daß diese Cauchysche Summenfolge S_1, $S_2, S_3, \ldots$ des Intervalls $a \ldots x$, wenn die Intervallteilungen sich beim Durchlaufen der Folge unendlich verfeinern, der Cauchyschen Konvergenzbedingung genügt, sobald f eine stetige Funktion ist. Wir kennen die mehrfach erwähnte Eigenschaft der stetigen Funktionen, daß jedem positiven ε ein positives δ beigeordnet werden kann derart, daß die Funktionswerte um weniger als ε differieren, sobald die Differenz der x-Werte kleiner als δ ist. Wenn wir nun den Index μ genügend groß annehmen, werden die in $S_\mu, S_{\mu+1}, S_{\mu+2}, \ldots$ auftretenden Teilintervalle sämtlich kleiner sein als δ, weil wir ja voraussetzen, daß die bei S_n zugrunde liegende Intervallteilung sich mit wachsendem n unendlich verfeinert. Greifen wir nun irgend zwei Glieder aus obiger Restfolge heraus, etwa S_{n_1} und S_{n_2}, so handelt es sich für uns darum, eine Aussage über die Differenz $S_{n_1} - S_{n_2}$ zu gewinnen. Um die beiden Summen besser vergleichen zu können, wollen wir eine dritte Summe $\overline{S}$ bilden, und zwar mit Hilfe einer Intervallteilung, die durch Superposition der bei S_{n_1} und S_{n_2} benutzten Teilungen entsteht, die also die Teilpunkte dieser beiden Teilungen zusammen verwendet. Die zu $\overline{S}$ gehörige Intervallteilung entsteht dadurch, daß gewisse Teilintervalle von S_{n_1} noch weiter geteilt werden. Ebensogut kann man aber auch sagen, daß man sie durch Weiterteilung gewisser Teilintervalle von S_{n_2} erhält. Was geschieht nun, wenn man z. B. bei S_{n_1} ein Teilintervall $\alpha \ldots \beta$ weiterteilt, wie es beim Übergang zu $\overline{S}$ geschehen muß? Es tritt offenbar an die Stelle von $(\beta - \alpha)\, f\,(\xi)$ eine Summe

$$(\alpha_1 - \alpha) f(\xi_1) + (\alpha_2 - \alpha_1) f(\xi_2) + \ldots + (\beta - \alpha_{p-1}) f(\xi_p) .$$

Schreibt man $(\beta - \alpha) f(\xi)$ in der Form:

$$(\alpha_1 - \alpha) f(\xi) + (\alpha_2 - \alpha_1) f(\xi) + \ldots + (\beta - \alpha_{p-1}) f(\xi) ,$$

so ist die Differenz beider Ausdrücke gleich

$$(\alpha_1 - \alpha)\,[f(\xi_1) - f(\xi)] + (\alpha_2 - \alpha_1)\,[f(\xi_2) - f(\xi)] + \\ + \ldots + (\beta - \alpha_{p-1})\,[f(\xi_p) - f(\xi)] .$$

Da nun $\beta - \alpha$ kleiner als δ ist und $\xi_1, \ldots, \xi_{p-1}$ mit ξ in $\alpha \ldots \beta$ liegen, so sind die eckig umklammerten Differenzen alle ihrem Betrage nach kleiner als ε und die obige Summe ihrem Betrage nach kleiner als $\varepsilon \cdot (\beta - \alpha)$. Man erkennt auf diese Weise, daß die Differenz $\overline{S} - S_{n_1}$ ihrem Betrage nach kleiner ist als $\varepsilon \cdot (x - a)$. Dasselbe gilt von $\overline{S} - S_{n_2}$. Daher wird $|S_{n_1} - S_{n_2}| < 2 \cdot \varepsilon \cdot (x - a)$ sein. Rechts steht eine Größe, die durch geeignete Verkleinerung von ε beliebig herabgedrückt werden kann. Daß nun alle Cauchyschen Folgen, die mit unendlich verfeinerten Intervallteilungen arbeiten, demselben Grenzwert zustreben, ist durch die obige Betrachtung schon mitbewiesen. Wenn wir jeder Folge ein Glied entnehmen, dessen Teilintervalle kleiner als δ sind, so werden sich die beiden Glieder um weniger als $2\,\varepsilon\,(x - a)$ unterscheiden.

Durch den Cauchyschen Limesprozeß:

$$\lim\, [(x_1 - a) f(\xi_1) + (x_2 - x_1) f(\xi_2) + \ldots + (x - x_{n-1}) f(\xi_n)]$$

wird, wenn wir x alle möglichen Werte im Intervall $a \ldots b$ erteilen, eine Funktion $\Phi\,(x)$ bestimmt. $\Phi\,(a)$ wird gleich Null gesetzt.

Da es auf die Intervallteilungsart nicht ankommt, ebensowenig auf die Wahl der ξ-Werte in den einzelnen Teilintervallen, so kann man z. B. $a \ldots x$ in n gleiche Teile zerlegen und ξ jedesmal mit der unteren Grenze des Teilintervalles zusammenlegen. Es wird dann sein:

$$\Phi\,(x) = (x - a) \lim_{n \to \infty} \left[\frac{f(a) + f(a + h) + \ldots + f(a + (n - 1)\,h)}{n}\right] ,$$

wobei $h = (x - a)/n$ ist.

Greift man aus $a \ldots b$ zwei Werte a_1, b_1, und ist etwa $a \leqq a_1 < b_1 \leqq b$, so kann man eine Teilung von $a \ldots b_1$ dadurch zustande bringen, daß man eine Teilung von $a \ldots a_1$ und eine Teilung von $a_1 \ldots b_1$ vornimmt. Sind $S_a^{a_1}$, $S_{a_1}^{b_1}$ zwei zu diesen letzteren Teilungen gehörige Cauchysche Summen, so wird $S_a^{a_1} + S_{a_1}^{b_1}$ eine zu $a \ldots b_1$ gehörige Cauchysche Summe $S_a^{b_1}$ sein. Geht man zu unendlicher Verfeinerung über, so ergibt sich:

$$\lim S_a^{a_1} = \Phi\,(a_1),\ \lim\,(S_a^{a_1} + S_{a_1}^{b_1}) = \lim S_a^{b_1} = \Phi\,(b_1) .$$

Hieraus folgt: $$\lim S_{a_1}^{b_1} = \Phi\,(b_1) - \Phi\,(a_1) .$$

Nun liegt offenbar, wenn man sich den Ausdruck von $S_{a_1}^{b_1}$ vorstellt, $S_{a_1}^{b_1}$ zwischen $(b_1 - a_1) f(c_1)$ und $(b_1 - a_1) f(c_1^*)$, wobei $f(c_1)$ das kleinste und $f(c_1^*)$ das größte $f(x)$ in $a_1 \ldots b_1$ sein soll. Dasselbe wird also auch von $\Phi(b_1) - \Phi(a_1)$ gelten und $[\Phi(b_1) - \Phi(a_1)] / (b_1 - a_1)$ wird zwischen $f(c_1)$ und $f(c_1^*)$ enthalten sein. Da eine stetige Funktion jeden Zwischenwert annimmt, so gibt es in $a_1 \ldots b_1$ eine Stelle γ_1, wo $f(\gamma_1) = \dfrac{\Phi(b_1) - \Phi(a_1)}{b_1 - a_1}$ ist. Läßt man nun b_1 nach a_1 konvergieren, so wird auch γ_1 diesen Grenzübergang mitmachen, und wegen der Stetigkeit wird $f(\gamma_1)$ nach $f(a_1)$ hinstreben. Man sieht also, daß für Φ an der Stelle a_1 eine rechtsseitige Ableitung existiert und den Wert $f(a_1)$ hat. Läßt man a_1 nach b_1 konvergieren, so zeigt sich, daß für Φ an der Stelle b_1 eine linksseitige Ableitung existiert, die gleich $f(b_1)$ ist. Bei einer rechtsseitigen (linksseitigen) Ableitung wird der Differenzenquotient mit positivem (negativem) Inkrement gebildet. Die obige Betrachtung zeigt, daß im Innern von $a \ldots b$ überall $\Phi'(x) = f(x)$ ist, weil rechtsseitige und linksseitige Ableitung übereinstimmend gleich $f(x)$ sind. Bei a kommt nur die rechtsseitige, bei b nur die linksseitige Ableitung in Frage, erstere ist gleich $f(a)$, letztere gleich $f(b)$.

So hat sich also gezeigt, daß die durch den Cauchyschen Limesprozeß gewonnene Funktion $\Phi(x)$ eine Stammfunktion von $f(x)$ im Intervall $a \ldots b$ ist, und zwar diejenige Stammfunktion, die für $x = a$ verschwindet. Ist $F(x)$ irgendeine andere Stammfunktion, so wissen wir aus dem Fundamentalsatz der Integralrechnung (Seite 102), daß $\Phi(x) = F(x) + C$ sein muß. Setzt man hier $x = a$, so ergibt sich $0 = F(a) + C$, also $C = -F(a)$ und $\Phi(x) = F(x) - F(a)$, in Übereinstimmung mit unserer Ausgangsbetrachtung.

Der Grenzwert einer zu $a \ldots b$ gehörigen Cauchyschen Summe mit unendlicher Verfeinerung der Intervallteilung wird nach Fourier durch das Symbol $\int_a^b f(x)\,dx$ dargestellt, gelesen: Integral a bis b $f(x)\,dx$.

Das Integralzeichen ist aus dem großen lateinischen S entstanden, a und b nennt man die Grenzen des Integrals, a die untere und b die obere. Bei unserer Erklärung der Cauchyschen Summe ist sowohl die Möglichkeit $a < b$ als auch $a > b$ zugelassen. Wenn S eine zu $a \ldots b$ gehörige Cauchysche Summe ist, so gehört $-S$ zu $b \ldots a$. Daher besteht, wenn man die Intervallteilung unendlich verfeinert, die Beziehung:

$$\int_b^a f(x)\,dx = -\int_a^b f(x)\,dx\,.$$

Liegt c zwischen a und b und ist S_a^c eine Cauchysche Summe für $a \ldots c$, ebenso S_c^b eine solche für $c \ldots b$, so wird $S_a^c + S_c^b$ eine Cauchysche Summe S_a^b für $a \ldots b$ sein. Bei unendlicher Verfeinerung der Teilung ergibt sich:

$$\int_a^c f(x)\,dx + \int_c^b f(x)\,dx = \int_a^b f(x)\,dx\,.$$

Ist $S_a^b(f)$ eine mit f gebildete Cauchysche Summe, so wird $k\,S_a^b(f)$ eine mit $k \cdot f$ gebildete Summe $S_a^b(kf)$ sein. Dabei bedeutet k einen konstanten Faktor. Bei unendlicher Verfeinerung der Einteilung erhält man:

$$\int_a^b k f(x)\,dx = k \int_a^b f(x)\,dx\,.$$

In derselben Weise überzeugt man sich, wenn $f(x)$ und $g(x)$ in $a \dots b$ stetig sind, von der Gültigkeit der Relation:

$$\int_a^b [f(x) \pm g(x)]\, dx = \int_a^b f(x)\, dx \pm \int_a^b g(x)\, dx\,.$$

Von grundlegender und weittragender Bedeutung ist es, daß man im Falle $F'(x) = f(x)$ sofort sagen kann, daß

$$\int_a^b f(x)\, dx = F(b) - F(a)$$

ist und man nicht erst den Grenzübergang mit der Cauchyschen Summe zu machen braucht.

Wir müssen noch ein Wort über die Entstehung des Symboles $\int f(x)\, dx$ sagen. Ohne die Eintragung der Integrationsgrenzen kommt es schon bei Leibniz vor. Statt Integral sagte er Summe und liest das Symbol so: Summe aller $f(x)\, dx$. Denkt man an die Cauchysche Summe, so lautet sie, wenn man jedes ξ mit der unteren Grenze des zugehörigen Teilintervalles zusammenlegt, und a mit x_0, b mit x_n bezeichnet,

$$\sum_{\nu=1}^{n} (x_\nu - x_{\nu-1})\, f(x_{\nu-1})$$

oder

$$\Sigma f(x) \triangle x\,, \quad (x = x_0, x_1, x_2, \dots x_{n-1})\,,$$

in Worten: Summe aller $f(x) \triangle x$.

Nun ist das noch nicht das Integral. Um dieses zu erhalten, muß man noch die unendliche Verfeinerung der Einteilung vornehmen, d. h. die $\triangle x$ müssen unendlich verkleinert werden. Diese unendliche Verkleinerung wird in dem Leibnizschen Symbol dadurch angedeutet, daß er die Differenz $\triangle x$ durch das Differential dx ersetzt. Während er ganz zu Anfang das Differential als eine wenn auch kleine, aber doch endliche Größe betrachtete, hielt er es später für etwas äußerst Kleines, unendlich Kleines, für etwas Infinitesimales. So war für ihn $\int f(x)\, dx$ eine Summe unendlich vieler, unendlich kleiner Glieder. Hierin steckt eine gewisse Unklarheit. Es ist schon besser, das Integral als Grenzwert einer Cauchyschen Summe anzusehen. Doch wollen wir hier auf diese mehr philosophischen Feinheiten nicht weiter eingehen.

Will man das von a bis x erstreckte Integral der Funktion f aufschreiben, so darf man unter dem Integralzeichen streng genommen nicht $f(x)\, dx$ schreiben, muß vielmehr die Integrationsvariable irgendwie anders bezeichnen, weil x schon zur Bezeichnung der oberen Integrationsgrenze verbraucht ist. Man wird also etwa schreiben:

$$\int_a^x f(u)\, du \quad \text{oder} \quad \int_a^x f(\varphi)\, d\varphi\,.$$

Schreibt man keine untere Grenze, sondern nur: $\int^x f(u)\, du$, so weiß man nicht, ob die untere Integrationsgrenze a oder irgendein anderer Wert a_1 sein soll. Da auf alle $\int_a^x f(u)\, du = \int_a^{a_1} f(u)\, du + \int_{a_1}^x f(u)\, du$ ist und $\int_a^{a_1} f(u)\, du = C$, so wird durch $\int^x f(u)\, du$ das Integral bis auf eine additive Konstante festgelegt. Dieses nur hinsichtlich der oberen Grenze festgelegte Integral enthält also dieselbe Unbestimmtheit wie die Stammfunktion. Man nennt es das unbestimmte Integral im Gegensatz zum bestimmten Integral, bei welchem beide Grenzen angegeben sind. Vielfach wird die Bezeichnung: unbestimmtes Integral als völlig gleichbedeutend mit der Stammfunktion betrachtet. Statt $\int^{x} f(u)\,du$ schreibt man auch unter Fortlassung der oberen Grenze $\int f(x)\,dx$. Jetzt kann man, weil die obere Grenze nicht mehr besonders hervorgehoben wird, unter dem Integralzeichen wieder $f(x)\,dx$ schreiben. Dieses Symbol hat gewissermaßen den Sinn: Summe aller $f(u)\,du$ bis hin zu $f(x)\,dx$.

Was sich alles durch Integrale ausdrücken läßt

Unter den zahlreichen Anwendungen des Integralbegriffes heben wir in erster Linie die Flächenberechnungen hervor. $f(x)$ sei im Intervall $a \ldots b$ stetig und positiv. Dann begrenzt der Kurvenbogen $y = f(x)$, $a \leqq x \leqq b$, zusammen mit den Ordinaten $f(a)$, $f(b)$ und der x-Achse ein Flächenstück.

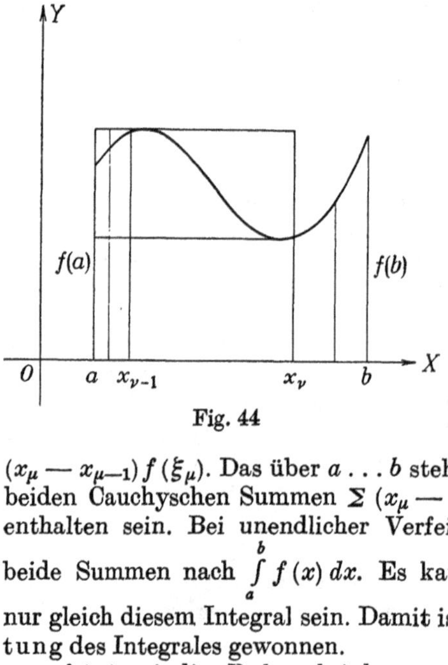

Fig. 44

Es ist ein Rechteck, das oben krummlinig abgeschnitten ist und das man als Segment bezeichnet. Wenn man $a \ldots b$ in n Teile $x_{\mu-1} \ldots x_\mu$ zerlegt ($x_0 = a$, $x_n = b$), so zerfällt das Segment zwischen $f(a)$ und $f(b)$ in n Teilsegmente. Das μ-te dieser Segmente steht über dem Teilintervall $x_{\mu-1} \ldots x_\mu$ und liegt zwischen den Ordinaten $f(x_{\mu-1})$ und $f(x_\mu)$. Bezeichnet man mit $f(\xi_\mu^*)$ die größte, mit $f(\xi_\mu)$ die kleinste Ordinate im Intervall $x_{\mu-1} \ldots x_\mu$, so ist das über diesem Intervall stehende Teilsegment (vgl. Fig. 44) offenbar kleiner als das Rechteck $(x_\mu - x_{\mu-1})\,f(\xi_\mu^*)$ und größer als das Rechteck $(x_\mu - x_{\mu-1})\,f(\xi_\mu)$. Das über $a \ldots b$ stehende Segment wird also zwischen den beiden Cauchyschen Summen $\Sigma\,(x_\mu - x_{\mu-1})\,f(\xi_\mu)$ und $\Sigma\,(x_\mu - x_{\mu-1})\,f(\xi_\mu^*)$ enthalten sein. Bei unendlicher Verfeinerung der Einteilung konvergieren beide Summen nach $\int\limits_a^b f(x)\,dx$. Es kann also das zu berechnende Segment nur gleich diesem Integral sein. Damit ist zugleich eine geometrische Deutung des Integrales gewonnen.

$r = f(\varphi)$ sei die Polargleichung einer Kurve, d. h. ihre Gleichung in Polarkoordinaten. Als Sektor wird die Fläche bezeichnet, die von dem

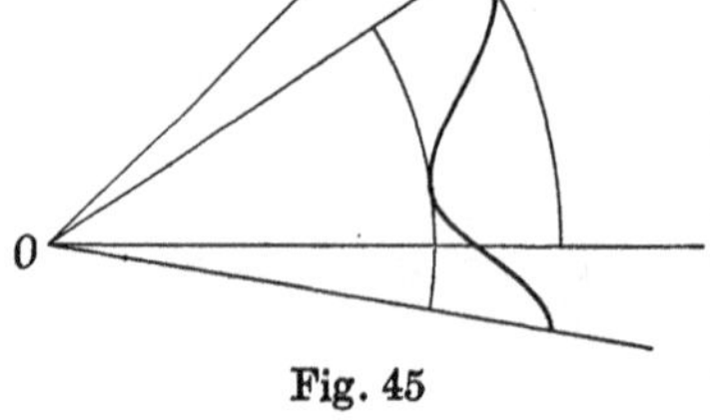

Fig. 45

Kurvenbogen $r = f(\varphi)$, $\alpha \leqq \varphi \leqq \beta$, und den Radienvektoren $f(\alpha)$ und $f(\beta)$ begrenzt wird. Es ist ein an einer Seite krummlinig abgeschnittenes Dreieck. Auch hier kann man mit einer Zerlegung des Intervalls $\alpha \ldots \beta$ in n Teilintervalle $\alpha_{\mu-1} \ldots \alpha_\mu$ operieren ($\alpha_0 = \alpha$, $\alpha_n = \beta$). Der Sektor zerfällt in n Teilsektoren (Fig. 45). Der zu $\alpha_{\mu-1} \ldots \alpha_\mu$ gehörige Teilsektor läßt sich zwischen zwei Kreissektoren einschließen, deren Radien das kleinste und das größte $f(\varphi)$ in $\alpha_{\mu-1} \ldots \alpha_\mu$ sind. Bezeichnet man diese Radien mit $f(\varphi_\mu)$ und $f(\varphi_\mu^*)$, so sind die genannten Kreissektoren gleich

$$\tfrac{1}{2}(\alpha_\mu - \alpha_{\mu-1}) f^2(\varphi_\mu), \quad \tfrac{1}{2}(\alpha_\mu - \alpha_{\mu-1}) f^2(\varphi_\mu^*).$$

Ein Kreissektor vom Radius r und der Öffnung ϑ verhält sich nämlich zu dem Vollkreis πr^2 wie ϑ zu 2π, ist also gleich $\frac{1}{2} \vartheta r^2$. Der zu berechnende Sektor der Kurve $r = f(\varphi)$ wird also enthalten sein zwischen den beiden Cauchyschen Summen

$$\Sigma \tfrac{1}{2}(\alpha_\mu - \alpha_{\mu-1}) f^2(\varphi_\mu) \quad \text{und} \quad \Sigma \tfrac{1}{2}(\alpha_\mu - \alpha_{\mu-1}) f^2(\varphi_\mu^*).$$

Da sie beide, wenn wir $f(\varphi)$ als stetig voraussetzen, nach $\frac{1}{2} \int\limits_\alpha^\beta f^2(\varphi)\, d\varphi$ konvergieren, so ist dieses Integral gleich dem in Rede stehenden Sektor.

Um die **Länge** des zu $a \ldots b$ gehörigen **Bogens** der Kurve $y = f(x)$ zu berechnen, kann man so vorgehen: Man zerlege wieder $a \ldots b$ in n Teilintervalle $x_{\mu-1} \ldots x_\mu$. Der **Kurvenbogen** zerfällt dann in n Teilbögen; den zu $x_{\mu-1} \ldots x_\mu$ gehörenden Teilbogen wollen wir durch die Sehne $P_{\mu-1} P_\mu$ ersetzen (Fig. 46) und die Summe dieser Sehnen, also

$$\Sigma \sqrt{(x_\mu - x_{\mu-1})^2 + (y_\mu - y_{\mu-1})^2},$$

als Näherungswert des zu berechnenden Kurvenbogens ansehen.

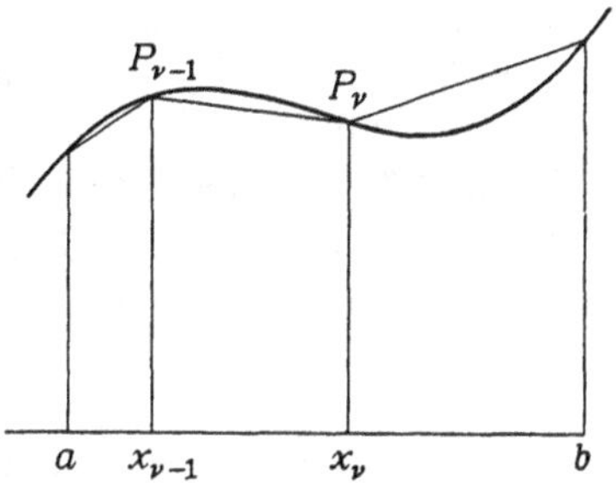

Fig. 46

Da nach dem Mittelwertsatz $\dfrac{y_\mu - y_{\mu-1}}{x_\mu - x_{\mu-1}} = f'(\xi_\mu)$ ist, so kann man die obige Sehnensumme in der Form schreiben:

$$\Sigma (x_\mu - x_{\mu-1}) \sqrt{1 + [f'(\xi_\mu)]^2}$$

und sieht dann, daß sie eine Cauchysche Summe der Funktion $\varphi(x) = \sqrt{1 + [f'(x)]^2}$ ist. Wenn wir $f'(x)$ in $a \ldots b$ als stetig voraussetzen, so ist auch $\varphi(x)$ stetig. Man hat nämlich

$$\varphi(x + h) - \varphi(x) = \frac{\{1 + [f'(x+h)]^2\} - \{1 + [f'(x)]^2\}}{\sqrt{1 + [f'(x+h)]^2} + \sqrt{1 + [f'(x)]^2}},$$

so daß $\varphi(x+h) - \varphi(x)$ einen kleineren Betrag hat als $[f'(x+h)]^2 - [f'(x)]^2$. Da nun mit $f'(x)$ auch $[f'(x)]^2$ stetig ist, so konvergiert die letztgenannte Differenz gleichzeitig mit h nach Null, um so mehr also $\varphi(x+h) - \varphi(x)$. Die Cauchysche Summe wird demnach bei unendlich verfeinerter Intervallteilung dem Integral $\int\limits_a^b \varphi(x)\, dx$ zustreben, so daß wir berechtigt sind, dieses Integral, d. h. $\int\limits_a^b \sqrt{1 + [f'(x)]^2}\, dx$, der gesuchten **Bogenlänge** gleichzusetzen.

Dem Intervall $a \ldots x$ entspricht der Bogen:

$$s = \int\limits_a^x \sqrt{1 + [f'(u)]^2}\, du.$$

Er ist, wie wir wissen, eine Stammfunktion von $\sqrt{1 + [f'(x)]^2}$, so daß $ds = \sqrt{1 + [f'(x)]^2}\, dx$ sein wird oder, da $dy = f'(x)\, dx$ ist, $ds = \sqrt{dx^2 + dy^2}$.

Dieses Differential ds nennt man das **Bogenelement** der Kurve $y = f(x)$. Die Zeitgenossen von Leibniz und Newton gingen den umgekehrten Weg. Sie betrachteten das kleine Bogenstück zwischen x, y und $x + \triangle x, y + \triangle y$, und ersetzten es durch die Sehne $\sqrt{(\triangle x)^2 + (\triangle y)^2}$. Sie identifizierten dann, $\triangle x$ als äußerst klein betrachtend, $\triangle x$ und $\triangle y$ mit dx und dy.

Wir wollen $f(x)$ in $a \ldots b$ als stetig und positiv voraussetzen und die Fig. 44 um die x-Achse rotieren lassen. Dann erzeugt die Kurve $y = f(x)$ eine Rotationsfläche und das Kurvensegment über $a \ldots b$ ein Stück eines Rotationskörpers, nämlich die Schicht zwischen zwei senkrecht zur Rotationsachse gerichteten Ebenen. Wir wollen den Rauminhalt (das Volumen) dieser Schicht berechnen. Wieder benutzen wir eine Zerlegung des Intervalles $a \ldots b$ in n Teilintervalle $x_{\mu-1} \ldots x_\mu$. Ist $f(\xi_\mu)$ das kleinste und $f(\xi_\mu^*)$ das größte $f(x)$ in $x_{\mu-1} \ldots x_\mu$, so ist die diesem Teilintervall entsprechende Teilschicht des Rotationskörpers offenbar zwischen den beiden Zylindern enthalten, die bei der Rotation von den Rechtecken $(x_\mu - x_{\mu-1}) f(\xi_\mu)$ und $(x_\mu - x_{\mu-1}) f(\xi_\mu^*)$ erzeugt werden. Die Volumina dieser Zylinder werden durch $\pi \cdot \Sigma (x_\mu - x_{\mu-1}) [f(\xi_\mu)]^2$ und $\pi \cdot \Sigma (x_\mu - x_{\mu-1}) [f(\xi_\mu^*)]^2$ ausgedrückt, die bei unendlich verfeinerter Intervallteilung nach

$$V = \pi \cdot \int_a^b [f(x)]^2 \, dx$$

konvergieren. Dieses Integral ist also gleich dem gesuchten Volumen. Die zu $a \ldots x$ gehörige Schicht hat hiernach das Differential $\pi \cdot y^2 \, dx$.

Um die Mantelfläche des von $y = f(x)$ erzeugten Rotationskörpers zu berechnen, d. h. die Mantelfläche der zu $a \ldots b$ gehörigen Schicht, kann man so vorgehen, daß man als Näherungswert die von jenem Sehnenzug bestrichene Fläche betrachtet, welche wir zur Approximation des Kurvenbogens über $a \ldots b$ benutzten. Die zu $x_{\mu-1} \ldots x_\mu$ gehörige Sehne beschreibt bei der Rotation den Mantel eines Kegelstumpfes, dessen untere und obere Basis die Radien $y_{\mu-1} = f(x_{\mu-1})$ und $y_\mu = f(x_\mu)$ haben. Der Mantel dieses Kegelstumpfes ist gleich:

$$\pi \cdot (y_{\mu-1} + y_\mu) \sqrt{(x_\mu - x_{\mu-1})^2 + (y_\mu - y_{\mu-1})^2}\,.$$

Wie wir wissen, ist $y_\mu - y_{\mu-1} = (x_\mu - x_{\mu-1}) f'(\xi_\mu)$. Wenn die Teilintervalle bereits unter eine gewisse Kleinheit δ herabgesunken sind, werden $y_{\mu-1}$ und y_μ von $f(\xi_\mu)$ um weniger als ε abweichen, und

$$\Sigma \frac{y_{\mu-1} + y_\mu}{2} \sqrt{(x_\mu - x_{\mu-1})^2 + (y_\mu - y_{\mu-1})^2} \quad \text{von}$$

$\Sigma (x_\mu - x_{\mu-1}) f(\xi_\mu) \sqrt{1 + [f'(\xi_\mu)]^2}$ um weniger als εL, wobei L die Länge des über $a \ldots b$ liegenden Bogens der Kurve $y = f(x)$ bezeichnet. Wenn $f(x)$ und $f'(x)$ in $a \ldots b$ stetig sind, so strebt bei unendlicher Verfeinerung der Intervallteilung die letztgenannte Cauchysche Summe dem Integral

$\int_a^b f(x) \sqrt{1 + [f'(x)]^2} \, dx$ zu. Dasselbe gilt von der erstgenannten Summe.

Daher können wir sagen, daß die zu berechnende Mantelfläche gleich

$$M_f = 2\pi \int_a^b y \sqrt{1 + y'^2} \, dx \quad \text{ist.}$$

Unter dem Integralzeichen steht $y\,ds$, wobei ds das Bogenelement der Kurve $y = f(x)$ ist. Die zu $a \ldots x$ gehörige Mantelfläche hat hiernach das Differential $2\pi\, y\, ds$.

Man denke sich den Kurvenbogen $y = f(x)$, $a \leqq x \leqq b$, gleichförmig mit Masse belegt, so daß sich auf einem Bogenstück von beliebiger Länge l immer die Masse ϱl befindet, wobei ϱ ein konstanter Faktor ist. Man nennt ϱ die Dichtigkeit. Wir operieren wieder mit einer Zerlegung des Intervalles $a \ldots b$ in n Teilintervalle $x_{\mu-1} \ldots x_\mu$. Die auf dem Teilbogen über $x_{\mu-1} \ldots x_\mu$ befindliche Masse denken wir uns in einem Punkte ξ_μ, η_μ des Bogens konzentriert. Dann haben wir, wenn $l_1 \ldots l_n$ die Längen der Teilbogen sind, n Massen $\varrho l_1, \ldots, \varrho l_n$, die in den Punkten $(\xi_1, \eta_1), \ldots, (\xi_n, \eta_n)$ angebracht sind. Die Koordinaten des Schwerpunktes dieser n Massenpunkte lauten dann, wenn wir die Massen kurz mit $m_1, \ldots m_n$ bezeichnen,

$$x^* = \frac{\Sigma\, m_\mu\, \xi_\mu}{\Sigma\, m_\mu}, \quad y^* = \frac{\Sigma\, m_\mu\, \eta_\mu}{\Sigma\, m_\mu}.$$

ϱ hebt sich fort und man erhält, wenn $\Sigma\, l_n = L$ gesetzt wird,

$$x^* = \frac{\Sigma\, l_\mu\, \xi_\mu}{L}, \quad y^* = \frac{\Sigma\, l_\mu\, \eta_\mu}{L}.$$

Es ist nun, wenn man den über $a \ldots x$ liegenden Bogen der Kurve $y = f(x)$ mit $l(x)$ bezeichnet,

$$l_\mu = l(x_\mu) - l(x_{\mu-1}) = (x_\mu - x_{\mu-1})\, l'(\xi_\mu^*) = (x_\mu - x_{\mu-1}) \sqrt{1 + [f'(\xi_\mu^*)]^2}.$$

Die Summen $\Sigma\, l_\mu\, \xi_\mu$, $\Sigma\, l_\mu\, \eta_\mu$, die in den Zählern von x^* und y^* stehen, unterscheiden sich, wenn die Teilintervalle $x_{\mu-1} \ldots x_\mu$ unter eine gewisse Kleinheit δ herabgesunken sind, von $\Sigma\, l_\mu\, \xi_\mu^*$ und $\Sigma\, l_\mu f(\xi^*)$ um weniger als $L\delta$ bzw. $L\varepsilon$. Die Brüche selbst erfahren, wenn man die Sterne anbringt, Änderungen. deren Betrag unterhalb δ und ε liegt. Sie werden daher bei unendlich verfeinerter Intervallteilung demselben Grenzwert zustreben wie

$$\frac{1}{L} \Sigma\, (x_\mu - x_{\mu-1})\, \xi^* \sqrt{1 + [f'(\xi_\mu^*)]^2}, \quad \frac{1}{L} \Sigma\, (x_\mu - x_{\mu-1})\, f(\xi_\mu^*) \sqrt{1 + [f'(\xi_\mu^*)]^2}.$$

Wenn wir nach wie vor $f(x)$ und $f'(x)$ als stetig in $a \ldots b$ voraussetzen, so konvergieren diese Cauchyschen Summen nach

$$X^* = \frac{1}{L} \int_a^b x \cdot \sqrt{1 + [f'(x)]^2}\, dx, \quad Y^* = \frac{1}{L} \cdot \int_a^b f(x) \sqrt{1 + [f'(x)]^2}\, dx.$$

Das sind also die Schwerpunktskoordinaten des gleichförmig mit Masse belegten Kurvenbogens $y = f(x)$, $a \leqq x \leqq b$. Unter dem Integralzeichen steht $x\,ds$ bzw. $y\,ds$, und L ist die Länge des Kurvenbogens. Leibniz würde sagen: X^* ist die Summe aller $x\,ds$, dividiert durch die Summe aller ds, und Y^* die Summe aller $y\,ds$, dividiert durch die Summe aller ds. Die Mantelfläche, die der Bogen beim Rotieren um die x-Achse erzeugt, war, wenn wir bei dieser Redeweise bleiben, gleich der Summe aller $2\pi\, y\, ds$. Da Y^* gleich der Summe aller $y\,ds$, dividiert durch L ist, so kann man sagen, daß jene Mantelfläche gleich $2\pi\, L\, Y^*$ ist, also gleich L mal dem Weg, den der Schwerpunkt des Kurvenbogens, der von der Rotationsachse den Abstand Y^* hat, bei einer vollen Umdrehung beschreibt. Das ist die berühmte erste Guldinsche Regel. Will man den Schwerpunkt eines gleichförmig mit Masse belegten Segmentes berechnen, so wird man wieder mit der Zerlegung des Intervalles

$a \ldots b$ in n Teilintervalle $x_{\mu-1} \ldots x_\mu$ arbeiten. Es entstehen dann n Teilsegmente. Die über jedes solche Teilsegment ausgebreitete Masse denkt man sich im Schwerpunkt (ξ_μ, η_μ) des Teilsegmentes angebracht. Wir kennen diese Schwerpunkte zwar nicht, haben aber doch die Möglichkeit, gewisse naheliegende Aussagen über sie zu machen, die zur Durchführung unserer Berechnung ausreichen. Vor allem ist klar, daß ξ_μ zwischen $x_{\mu-1}$ und x_μ liegt. Ist ferner m_μ der kleinste und M_μ der größte $f(x)$-Wert in $x_{\mu-1} \ldots x_\mu$ und sind ξ_μ^* und ξ_μ^{**} ihre Standorte, so entsteht das über $x_{\mu-1} \ldots x_\mu$ befindliche Teilsegment aus dem Rechteck $(x_\mu - x_{\mu-1})\, m_\mu$ dadurch, daß man oben etwas ansetzt. Es ist klar, daß dadurch die Ordinate des Rechteckschwerpunktes eine Vergrößerung erfährt, so daß wir sagen können, η_μ ist größer als $\frac{1}{2}\, m_\mu$ oder $\frac{1}{2} f(\xi_\mu^*)$, denn der Schwerpunkt eines Rechteckes ist natürlich sein Mittelpunkt. Ebenso entsteht das Rechteck $(x_\mu - x_{\mu-1})\, M_\mu$ aus dem hier betrachteten Teilsegment dadurch, daß oben etwas angesetzt wird. Wir denken uns das große Rechteck in derselben Weise gleichförmig mit Masse belegt wie das Teilsegment. Wenn an das Teilsegment oben etwas angesetzt wird, erfährt η_μ eine Vergrößerung, so daß also η_μ kleiner ist als $\frac{1}{2}\, M_\mu$ oder $\frac{1}{2} f(\xi_\mu^{**})$. Es muß dann zwischen ξ_μ^* und ξ_μ^{**} eine Stelle $\hat{\xi}_\mu$ geben, wo $\frac{1}{2} f(\hat{\xi}_\mu) = \eta_\mu$ wird. Bezeichnen wir die Fläche des über $x_{\mu-1} \ldots x_\mu$ stehenden Teilsegmentes mit σ_μ und mit ϱ die Dichtigkeit der Massenbelegung, so ist im Punkte ξ_μ, η_μ die Masse $\varrho\, \sigma_\mu$ konzentriert. Der Schwerpunkt dieser n Massenpunkte hat, da der konstante Dichtigkeitsfaktor herausfällt, die Koordinaten

$$\boxed{\frac{\Sigma\, \sigma_\mu\, \xi_u}{\Sigma\, \sigma_\mu}}\,, \quad \boxed{\frac{\Sigma\, \frac{1}{2}\, \sigma_\mu\, f(\hat{\xi}_\mu)}{\Sigma\, \sigma_\mu}}\,.$$

Ihn können wir als den Schwerpunkt des betrachteten Segmentes ansehen. Wenn man das über $a \ldots x$ stehende Segment der Kurve $y = f(x)$ mit $\sigma(x)$ bezeichnet, so wird $\sigma_\mu = \sigma(x_\mu) - \sigma(x_{\mu-1}) = (x_\mu - x_{\mu-1})\, f(\overline{\xi}_\mu)$ sein. Sind die Teilintervalle bereits unter eine gewisse Kleinheit δ herabgesunken, so werden sich die Zähler der obigen Brüche von $\Sigma\, \sigma_\mu\, \overline{\xi}_\mu\; \Sigma\, \frac{1}{2}\, \sigma_\mu\, f(\overline{\xi}_\mu)$ um weniger als $\sigma\,\delta$ bzw. $\frac{1}{2}\,\sigma\,\varepsilon$ unterscheiden, wobei $\sigma = \Sigma\, \sigma_\mu$ das über $a \ldots b$ stehende Segment ist; die Brüche selbst werden daher bei unendlich verfeinerter Intervallteilung denselben Grenzwerten zustreben, wie die Cauchyschen Summen

$$\frac{1}{\sigma}\, \Sigma\, (x_\mu - x_{\mu-1})\, \overline{\xi}_\mu\, f(\overline{\xi}_\mu)\,, \quad \frac{1}{\sigma}\, \Sigma\, \tfrac{1}{2}\, (x_\mu - x_{\mu-1})\, [f(\overline{\xi}_\mu)]^2\,.$$

Die Grenzwerte dieser Summen lauten aber:

$$\frac{1}{\sigma} \cdot \int_a^b x\, f(x)\, dx\,, \quad \frac{1}{\sigma} \int_a^b \tfrac{1}{2}\, [f(x)]^2\, dx\,.$$

Unter dem Integralzeichen stehen die Ausdrücke $x\, y\, dx$ bzw. $\frac{1}{2}\, y^2\, dx$. In der Leibnizschen Zeit ließ sich dieses Ergebnis so aussprechen: Die Abszisse ξ des Schwerpunktes unseres Segmentes ist gleich der Summe aller $x\, y\, dx$, dividiert durch die Summe aller $y\, dx$, die Ordinate η gleich der Summe aller $\frac{1}{2}\, y^2\, dx$, dividiert durch die Summe aller $y\, dx$. Für Leibniz war die Herleitung viel einfacher als für uns. Er dachte sich das über $a \ldots b$ stehende Segment in Teilsegmente mit äußerst schmaler Basis dx zerlegt. Jedes solche Teilsegment wurde als Rechteck mit der Basis dx und der Höhe y betrachtet. Sein Schwerpunkt hatte die Abszisse $x + dx/2$, die sich von x unmerklich unterscheidet, und die Ordinate $y/2$. Die Masse $\varrho\ y\ dx$ wurde in dem Punkte x, $y/2$ konzentriert, der Schwerpunkt aller dieser Massenpunkte hatte dann die oben angegebenen Koordinaten.

Wenn das über $a \ldots b$ stehende Segment um die x-Achse rotiert, wird, wie wir wissen, ein Körper vom Volumen $\pi \int_a^b y^2\, dx$ erzeugt. $\eta = \frac{1}{2\sigma} \int_a^b y^2\, dx$ ist die Ordinate des Schwerpunktes jenes Segmentes, mithin das erzeugte Volumen gleich σ mal dem Weg des Schwerpunktes bei einer vollen Umdrehung. Das ist die zweite Guldinsche Regel.

Partielle Integration

Wenn man eine Stammfunktion $F(x)$ des Integranden angeben kann, so läßt sich das Integral $\int_a^b f(x)\, dx$ unmittelbar auswerten. Es ist, wie wir wissen, gleich $F(b) - F(a)$, also gleich der Änderung, welche die Stammfunktion beim Übergang von der unteren zur oberen Integralgrenze erfährt. Diese Änderung bezeichnet man gewöhnlich mit $(F)_a^b$, gelesen „F-Zuwachs von a bis b" oder kurz „F von a bis b".

Ist es nicht möglich, eine Stammfunktion anzugeben, so gibt es verschiedene Mittel, das vorliegende Integral auf ein anderes, vielleicht einfacheres zu reduzieren. Eines dieser Mittel ist die **partielle Integration,** auch **Faktorintegration** genannt. Sie findet Anwendung bei Integralen von der Form $\int_a^b uv'\, dx$. Der Integrand ist das Produkt einer Funktion $u(x)$ und einer Ableitung $v'(x)$. Wir setzen, weil wir auch das Integral $\int_a^b vu'\, dx$ heranziehen müssen, $u(x)$ und $v(x)$, ebenso $u'(x)$ und $v'(x)$ in $a \ldots b$ als stetig voraus.

Wir wissen, daß $\int_a^b uv'\, dx + \int_a^b v \cdot u' \cdot dx = \int_a^b (uv' + vu')\, dx$ ist. Nach der Leibnizschen Produktregel hat man $uv' + vu' = (uv)'$. Daher ist uv eine Stammfunktion von $uv' + vu'$, und man kann schreiben:

$$\int_a^b (uv' + vu')\, dx = (uv)_a^b .$$

Somit gilt die Beziehung:

$$\boxed{\int_a^b uv'\, dx = (uv)_a^b - \int_a^b vu'\, dx .}$$

Damit ist das Integral von uv' zurückgeführt auf das Integral von vu'. Dieses Integrationsverfahren wird deshalb als partielle Integration oder Faktorintegration bezeichnet, weil uv aus uv' entsteht, indem man nur einen Teil des Produktes uv', eben nur den zweiten Faktor v' integriert und dadurch zu uv gelangt.

Handelt es sich z. B. um die Berechnung des Integrals $\int_a^b x\, e^x\, dx$, so kann man $u = x$, $v = e^x$ setzen und hat dann

$$\int_a^b x\, e^x\, dx = (x\, e^x)_a^b - \int_a^b e^x\, dx .$$

Da e^x seine eigene Stammfunktion ist, weiß man, daß $\int_a^b e^x\,dx = (e^x)_a^b$ ist und findet schließlich:

$$\int_a^b x\,e^x\,dx = \{(x-1)\,e^x\}_a^b .$$

Die Richtigkeit des Ergebnisses bestätigt sich dadurch, daß $[(x-1)\,e^x]' = e^x + (x-1)\,e^x = x\,e^x$ ist, also $(x-1)\,e^x$ eine Stammfunktion von $x\,e^x$.

Allgemein ist, wenn $P(x)$ ein beliebiges Polynom bedeutet,

$$\int_a^b P(x)\,e^x\,dx = \{P(x)\,e^x\}_a^b - \int_a^b P'(x)\,e^x\,dx$$

$$\int_a^b P'(x)\,e^x\,dx = \{P'(x)\,e^x\}_a^b - \int_a^b P''(x)\,e^x\,dx .$$

$$\cdots\cdots\cdots\cdots\cdots\cdots$$

Ist n der Grad von $P(x)$, so wird diese Gleichungskette bis zu $\int_a^b P^{(n)}(x)\,e^x\,dx = \{P^{(n)}(x)\,e^x\}_a^b$ fortgeführt. $P^{(n+1)}(x)$ ist gleich Null. Aus allen diesen Gleichungen folgt, wenn man sie mit den Faktoren $1, -1, 1, -1, \ldots, (-1)^n$ versieht:

$$\int_a^b P(x)\,e^x\,dx = \{[P(x) - P'(x) + P''(x) - \ldots + (-1)^n P^{(n)}(x)]\,e^x\}_a^b .$$

Durch Differentiation kann man bestätigen, daß

$$[P(x) - P'(x) + P(x) - \ldots + (-1)^n P^{(n)}(x)]\,e^x$$

eine Stammfunktion von $P(x)\,e^x$ ist.

Die Leibnizsche Formel $(uv)' = uv' + vu'$ ist durch Johann Bernoulli verallgemeinert worden. Er stellte fest, daß $uv'' - vu''$, $uv''' + vu'''$, ... sich ebenso wie $uv' + vu'$ als Ableitungen schreiben lassen, und fand

$$uv'' - vu'' = (uv' - vu')' ,$$

$$uv''' + vu''' = (uv'' - u'v' + u''v)' ,$$

$$\cdots\cdots\cdots\cdots\cdots$$

Allgemein ist

$$\boxed{uv^{(n)} + (-1)^{n-1}\,u^{(n)}\,v = (uv^{(n-1)} - u'v^{(n-2)} + \ldots + (-1)^{n-1}\,u^{(n-1)}\,v)'.}$$

Sind $u(x)\,v(x)$ nebst ihren Ableitungen bis zur n-ten Ordnung stetig, so kann man aus obiger Relation schließen:

$$\boxed{\int_a^b uv^{(n)}\,dx = (uv^{(n-1)} - u'v^{(n-2)} + \ldots + (-1)^{(n-1)}\,u^{(n-1)}\,v)_a^b + (-1)^n \int_a^b u^{(n)}v\,dx .}$$

$$(n = 1, 2, 3, \ldots)$$

Hierdurch wird das Integral von $uv^{(n)}$ zurückgeführt auf das Integral von $u^{(n)}v$. Natürlich kann man diese Bernoullische Gleichung auch durch wiederholte Anwendung der gewöhnlichen partiellen Integration gewinnen.

Ist $f(x)$ in $a \ldots b$ bis zur $(n+1)$ten Ableitung stetig und setzt man in der Bernoullischen Gleichung $u = f'(x)$, $v = (x-b)^n/n!$ so werden:

$$v^{(n-1)} = \frac{x-b}{1!},\quad v^{(n-2)} = \frac{(x-b)^2}{2!},\ \ldots,\ v = \frac{(x-b)^n}{n!}$$ für $x = b$ verschwinden

und für $x = a$ die Werte $-\frac{b-a}{1!}$, $\frac{(b-a)^2}{2!}$, ..., $(-1)^n \frac{(b-a)^n}{n!}$ annehmen.

Ferner wird $\int_a^b u v^{(n)}\, dx = \int_a^b f'(x)\, dx = f(b) - f(a)$.

Die Bernoullische Gleichung liefert also

$$f(b) - f(a) = \frac{b-a}{1!} f'(a) + \frac{(b-a)^2}{2!} f''(a) + \ldots + \frac{(b-a)^n}{n!} f^{(n)}(a) + \\ + \int_a^b \frac{(b-x)^n}{n!} f^{(n+1)}(x)\, dx .$$

Das ist das Taylorsche Theorem, aber in viel vollkommenerer Fassung, als wir sie früher hatten. Das Restglied ist mit keinem unbestimmten ϑ behaftet, sondern erscheint in Integralform. Der Integrand des Integrals entsteht aus dem vorhergehenden Gliede dadurch, daß man den Ableitungsindex um 1 erhöht und a durch x ersetzt.

Man sieht, daß die Bernoullische Gleichung viel umfassender ist als die Taylorsche, die als Spezialfall in jener steckt.

Transformation der Integrale

Ein wichtiges Hilfsmittel zur Auswertung von Integralen ist die Transformation, d. h. die Einführung einer neuen Veränderlichen. Es sei $x = \varphi(t)$ eine stetige Funktion von solcher Art, daß sie das Intervall $\alpha \ldots \beta$ auf das Intervall $a \ldots b$ abbildet. Damit ist folgendes gemeint: Wenn t das Intervall $\alpha \ldots \beta$ durchläuft, soll das von t abhängige x das Intervall $a \ldots b$ durchlaufen. Wenn t auf seiner Wanderung durch $\alpha \ldots \beta$ die Stationen $t_1 \ldots t_{n-1}$ macht, so mögen die entsprechenden Stationen bei x mit $x_1 \ldots x_{n-1}$ bezeichnet werden. α und β benennen wir mit t_0 und t_n, a und b mit x_0 und x_n. Wenn die Einteilung von $a \ldots b$ sich unendlich verfeinert, geschieht wegen der Stetigkeit von $\varphi(t)$ dasselbe bei der entsprechenden Einteilung von $a \ldots b$. Unter Anwendung des Mittelwertsatzes können wir nun schreiben

$$x_\nu - x_{\nu-1} = (t_\nu - t_{\nu-1})\, \varphi'(\tau_\nu) .$$

Dabei ist τ_ν ein Zwischenwert zwischen $t_{\nu-1}$ und t_ν. Auch $\varphi'(t)$ wollen wir als stetig voraussetzen. Jetzt bilden wir unter Benutzung der Zwischenwerte $\xi_\nu = \varphi(\tau_\nu)$ die Cauchysche Summe:

$$\Sigma\, (x_\nu - x_{\nu-1})\, f(\xi_\nu) = \Sigma\, (t_\nu - t_{\nu-1})\, \varphi'(\tau_\nu)\, f[\varphi(\tau_\nu)] .$$

$f(x)$ wird in $a \ldots b$ als stetig vorausgesetzt, so daß $f[\varphi(t)]$ in $\alpha \ldots \beta$ stetig ist. Bei unendlich verfeinerter Teilung des Intervalles $\alpha \ldots \beta$ ergibt sich aus obiger Gleichung

$$\int_a^b f(x)\, dx = \int_\alpha^\beta f[\varphi(t)]\, \varphi'(t)\, dt .$$

Man sieht, daß die Transformation des linksstehenden Integrals eine Sache ist, die man ohne viel Überlegung durchführen kann. Es wird einfach x durch $\varphi(t)$ und dx durch $\varphi'(t)\, dt$ ersetzt, und dann werden statt a und b die entsprechenden Grenzen α und β der neuen Veränderlichen t eingetragen.

Liegt z. B. das Integral $\int_a^b \frac{dx}{\sqrt{1+x^2}}$ vor und hat man zufällig vergessen, welche Funktion die Ableitung $1 : \sqrt{1+x^2}$ hat, so kann man die Transformation

$x = \mathfrak{Sin}\, t$ anwenden. Ist $a = \mathfrak{Sin}\, \alpha$, $b = \mathfrak{Sin}\, \beta$, so wird nach der Transformationsregel

$$\int_a^b \frac{dx}{\sqrt{1+x^2}} = \int_\alpha^\beta dt = \beta - \alpha = \mathfrak{Ar}\ \mathfrak{Sin}\, b - \mathfrak{Ar}\ \mathfrak{Sin}\, a\,.$$

Würde man die obere Grenze b durch x ersetzen, so hätte das Integral, nach der oberen Grenze differenziert, die Ableitung $1 : \sqrt{1+x^2}$. Man findet also

$$\boxed{(\mathfrak{Ar}\ \mathfrak{Sin}\, x)' = 1 : \sqrt{1+x^2}\,.}$$

Integration gewisser Funktionenklassen

Da $a_0 x^n + a_1 x^{n-1} + \ldots + a_n$ die Ableitung des Polynoms $a_0 \frac{x^{n+1}}{n+1} + a_1 \frac{x^n}{n} + \ldots + a_n x$ ist, kann man sagen, wenn man hier das unbestimmte Integral in Betracht zieht,

$$\int (a_0 x^n + a_1 x^{n-1} + \ldots + a_n)\, dx = \frac{a_0 x^{n+1}}{n+1} + \frac{a_1 x^n}{n} + \ldots + a_n x + C.$$

C ist die Integrationskonstante, die bei allen unbestimmten Integralen hinzugefügt werden muß. Sie bestimmt sich sofort, wenn man einen Einzelwert der in Betracht kommenden Stammfunktion kennt, wie es z. B. bei einem über $a \ldots x$ stehenden Kurvensegment der Fall ist, wo man weiß, daß es für $x = a$ verschwindet.

Man sieht aus dem obigen Ergebnis, daß das Integral eines Polynoms n-ten Grades ein Polynom $(n+1)$-ten Grades ist.

Leibniz hat gefunden, daß man auch jede rationale Funktion $P(x) : Q(x)$ integrieren kann. $P(x)$ und $Q(x)$ sind Polynome ohne gemeinsamen Teiler. Es soll also unmöglich sein, drei Polynome $T(x)$, $P_1(x)$, $Q_1(x)$ so zu bestimmen, daß $P(x) = T(x)\, P_1(x)$ und $Q(x) = T(x)\, Q_1(x)$ ist. $T(x)$ bedeutet hierbei ein Polynom p-ten Grades $(p > 0)$, ist also nicht etwa nur eine Konstante.

Zur Vorbereitung der Integration von $P(x)/Q(x)$ sind noch einige Hilfsbetrachtungen notwendig. $Q_1(x)$ und $Q_2(x)$ seien zwei beliebige Polynome. Multipliziert man sie mit irgendwelchen Polynomen $R_1(x)$, $R_2(x)$ und addiert die Produkte, so entsteht das Polynom

$$R_1(x)\, Q_1(x) + R_2(x)\, Q_2(x)\,.$$

Alle Polynome, die sich in dieser Weise aus $Q_1(x)$ und $Q_2(x)$ aufbauen lassen, wollen wir hier betrachten, jedoch diejenigen ausschließen, die, wie es z. B. im Falle $R_1(x) = Q_2(x)$, $R_2(x) = -Q_1(x)$ geschieht, für alle Werte von x verschwinden und daher lauter verschwindende Koeffizienten haben. Es wird dann einen niedrigsten Grad geben, zu dem noch aufbaubare Polynome gehören. $T(x)$ sei ein aufbaubares Polynom dieses niedrigsten Grades. Von diesem Polynom $T(x)$ läßt sich zeigen, daß es ein gemeinsamer Teiler von $Q_1(x)$ und $Q_2(x)$ ist. Wäre zum Beispiel $Q_1(x)$ nicht durch $T(x)$ teilbar, so ergäbe sich, wenn man in der üblichen Weise $Q_1(x)$ durch $T(x)$ dividiert,

$Q_1(x) = S(x) \cdot T(x) + T_1(x)$. $T_1(x)$ wäre von niedrigerem Grad als $T(x)$ und hätte nicht lauter verschwindende Koeffizienten. Da nun $T(x) = R_1(x)\, Q_1(x) + R_2(x)\, Q_2(x)$ ist, so folgt aus obiger Gleichung

$$[1 - S(x)\, R_1(x)]\, Q_1(x) - S(x)\, R_2(x)\, Q_2(x) = T_1(x)\,.$$

$T_1(x)$ ließe sich demnach auch noch aus $Q_1(x)$, $Q_2(x)$ aufbauen und hätte doch einen niedrigeren Grad als $T(x)$. Wir haben aber gerade angenommen, daß $T(x)$ den niedrigsten Grad aufweisen soll, der bei den aufbaubaren Polynomen vorkommt. Daher muß $Q_1(x)$ durch $T(x)$ teilbar sein, ebenso natürlich $Q_2(x)$. Aus $T(x) = R_1(x)\,Q_1(x) + R_2(x)\,Q_2(x)$ folgt ferner, daß jeder gemeinsame Teiler $t(x)$ von $Q_1(x)$ und $Q_2(x)$ auch ein Teiler von $T(x)$ ist. Denn aus $Q_1(x) = s_1(x)\,t(x)$, $Q_2(x) = s_2(x)\,t(x)$ folgt

$$T(x) = [R_1(x)\,s_1(x) + R_2(x)\,s_2(x)]\;t(x)\,.$$

Natürlich ist auch jeder Teiler von $T(x)$ gemeinsamer Teiler von $Q_1(x)$, $Q_2(x)$. Die gemeinsamen Teiler von $Q_1(x)$ und $Q_2(x)$ sind also identisch mit den Teilern von $T(x)$, wobei $T(x)$ mit eingeschlossen ist. Man nennt $T(x)$ den größten gemeinsamen Teiler von $Q_1(x)$ und $Q_2(x)$.

Wenn $Q_1(x)$ und $Q_2(x)$ teilerfremd sind, hat $T(x)$ den Grad Null, ist also eine von Null verschiedene Konstante, die wir gleich 1 setzen können. Es gibt in diesem Falle zwei Polynome $R_1(x)$, $R_2(x)$, welche die Gleichung $1 = R_1(x)\,Q_1(x) + R_2(x)\,Q_2(x)$ zur Erfüllung bringen. Zwei teilerfremde Polynome haben keine gemeinsame Wurzel. Eine solche würde nämlich jeden Ausdruck $R_1(x)\,Q_1(x) + R_2(x)\,Q_2(x)$ zu Null machen, während es doch einen unter ihnen gibt, der gleich 1 ist. Umgekehrt sind wurzelfremde Polynome, d. h. solche ohne gemeinsame Wurzel, zugleich auch teilerfremd. Hätten sie nämlich einen gemeinsamen Teiler von einem höheren Grad als 0, so wäre jede Wurzel dieses Teilers eine gemeinsame Wurzel von $Q_1(x)$ und $Q_2(x)$. Wir stützen uns hier auf den Satz, daß jedes Polynom von höherem als nulltem Grade eine reelle oder komplexe Wurzel hat. Sind alle Koeffizienten des Polynoms reell, so wird neben jeder komplexen Wurzel $r + is$ auch die konjugierte $r - is$ als Wurzel auftreten.

Bevor wir weitergehen, wollen wir aus der für zwei teilerfremde Polynome $Q_1(x)$, $Q_2(x)$ aufgestellten Gleichung die Folgerung ziehen

$$\frac{P(x)}{Q_1(x)\,Q_2(x)} = \frac{P_1(x)}{Q_1(x)} + \frac{P_2(x)}{Q_2(x)}\,.$$

Sind die Polynome $Q_1(x)$, $Q_2(x)$, ..., $Q_p(x)$ paarweise wurzelfremd, so werden auch $Q_1(x)$ und das Produkt $Q_2(x)\ldots Q_p(x)$ wurzelfremd sein. Daher zerlegt sich $P(x)/[Q_1(x)\,Q_2(x)\ldots Q_p(x)]$ zunächst in zwei Polynombrüche mit den Nennern $Q_1(x)$ und $Q_2(x)\ldots Q_p(x)$. Der zweite Bruch zerlegt sich weiter in zwei Brüche mit den Nennern $Q_2(x)$ und $Q_3(x)\ldots Q_p(x)$ usw. Schließlich ergibt sich auf diese Weise eine Zerlegung folgender Art:

$$\boxed{\frac{P(x)}{Q_1(x)\,Q_2(x)\ldots Q_p(x)} = \frac{P_1(x)}{Q_1(x)} + \cdots + \frac{P_p(x)}{Q_p(x)}}\,.$$

Sind $r_1, \ldots, r_\alpha$ die verschiedenen reellen Wurzeln und $s_1 \pm it_1, \ldots, s_\beta \pm it_\beta$ die verschiedenen komplexen Wurzeln von $Q(x)$ und setzt man $l_1 = x - r_1, \ldots, l_\alpha = x - r_\alpha$, ferner $q_1 = (x - s_1)^2 + t_1^2, \ldots, q_\beta = (x - s_\beta)^2 + t_\beta^2$, so kann man schreiben $\quad Q(x) = l_1^{\varrho_1} \ldots l_\alpha^{\varrho_\alpha}\, q_1^{\sigma_1} \ldots q_\beta^{\sigma_\beta}$

und erhält, da die Faktoren paarweise wurzelfremd sind, folgende Zerlegung:

$$\boxed{\frac{P(x)}{Q(x)} = \frac{A_1(x)}{l_1^{\varrho_1}} + \cdots + \frac{A_\alpha(x)}{l_\alpha^{\varrho_\alpha}} + \frac{B_1(x)}{q_1^{\sigma_1}} + \cdots + \frac{B_\beta(x)}{q_\beta^{\sigma_\beta}}}\,.$$

Die Summanden der ersten Gruppe haben die Form $\frac{A(x)}{l^\varrho}$, die der zweiten Gruppe die Form $\frac{B(x)}{q^\sigma}$. Entwickelt man $A(x)$ in die (bei einem Polynom stets von selbst abbrechende) Taylorsche Reihe $A(r) + \frac{l}{1!} A'(r) + \frac{l^2}{2!} A''(r) + \ldots$, so erhält man $\frac{A(x)}{l^\varrho} = \frac{A(r)}{l^\varrho} + \frac{A'(r)}{1!\, l^{\varrho-1}} + \ldots + \frac{A^{(\varrho-1)}(r)}{(\varrho-1)!\, l} + \ldots$

Die letzten Punkte deuten einen Polynombestandteil an. In ähnlicher Weise läßt sich $\frac{B(x)}{q^\sigma}$ behandeln. Dividiert man $B(x)$ durch q, so wird $B(x) = C(x)\, q + \lambda_0 x + \mu_0$, also

$$\frac{B(x)}{q^\sigma} = \frac{\lambda_0 x + \mu_0}{q^\sigma} + \frac{C(x)}{q^{\sigma-1}}.$$

Auf $\frac{C(x)}{q^{\sigma-1}}$ läßt sich dieselbe Betrachtung anwenden usw. Fährt man so fort, so ergibt sich $\frac{B(x)}{q^\sigma} = \frac{\lambda_0 x + \mu_0}{q^\sigma} + \frac{\lambda_1 x + \mu_1}{q^{\sigma-1}} + \ldots + \frac{\lambda_{\sigma-1} x + \mu_{\sigma-1}}{q} + \ldots$

Wieder deuten die letzten Punkte einen Polynombestandteil an. Im ganzen hat sich also folgende Darstellung der rationalen Funktion $P(x)/Q(x)$ ergeben:

$$\frac{P(x)}{Q(x)} = \Sigma \left(\frac{\varkappa_0}{l^\varrho} + \frac{\varkappa_1}{l^{\varrho-1}} + \ldots + \frac{\varkappa_{\sigma-1}}{l} \right) +$$

$$+ \Sigma \left(\frac{\lambda_0 x + \mu_0}{q^\sigma} + \frac{\lambda_1 x + \mu_1}{q^{\sigma-1}} + \ldots + \frac{\lambda_{\sigma-1} x + \mu_{\sigma-1}}{q} \right) + R(x).$$

$R(x)$ ist ein Polynom. Die Summenzeichen deuten an, daß l die Reihe $l_1, \ldots, l_\alpha$ und q die Reihe $q_1, \ldots, q_\beta$ durchläuft, gleichzeitig ϱ die Reihe $\varrho_1, \ldots, \varrho_\alpha$ und σ die Reihe $\sigma_1, \ldots, \sigma_\beta$. Damit ist das Integral einer rationalen Funktion zurückgeführt auf das Integral eines Polynoms, das übrigens fortfällt, wenn $P(x)$ einen niedrigeren Grad hat als $Q(x)$, und auf Integrale der Form

$\int \frac{dx}{l}, \int \frac{dx}{l^2}, \ldots, \int \frac{(\lambda x + \mu)\, dx}{q}, \int \frac{(\lambda x + \mu)\, dx}{q^2}, \ldots, \int \frac{dx}{l^2}, \int \frac{dx}{l^3}$ sind, wenn man die Integrationskonstanten fortläßt, gleich $-1/l, -1/2l^2, \ldots$ und $\int dx/l = ln\,(x - r) + C$ oder auch $ln\,(r - x) + C$.

Wir brauchen uns nur noch mit den Integralen

$\int \frac{(\lambda x + \mu)\, dx}{q}, \int \frac{(\lambda x + \mu)\, dx}{q^2}, \ldots$ zu beschäftigen. Da $q'(x)$ eine lineare Funktion von x ist, so kann man $\lambda x + \mu$ in der Form $\lambda^* q' + \mu^*$ schreiben. Die Integrale $\int \frac{q'\, dx}{q}, \int \frac{q'\, dx}{q^2}, \int \frac{q'\, dx}{q^3}, \ldots$ sind unter Fortlassung der Integrationskonstante gleich $ln\, q, -\frac{1}{q}, -\frac{1}{2q^2}, \ldots$

Es sind also nur noch die Integrale $\int \frac{dx}{q}, \int \frac{dx}{q^2}, \int \frac{dx}{q^3}, \ldots$ zu untersuchen.

Da $q = (x - s)^2 + t^2$ ist, so hat man

$$\left(\frac{x-s}{q^n}\right)' = \frac{1}{q^n} - \frac{2n(x-s)^2}{q^{n+1}} = \frac{1-2n}{q^n} + \frac{2nt^2}{q^{n+1}}.$$ Hieraus folgt

$$\boxed{\int \frac{dx}{q^{n+1}} = \frac{1}{2nt^2}\,\frac{x-s}{q^n} + \frac{2n-1}{2nt^2}\int\frac{dx}{q^n}.}$$

Mittels dieser Formel kann man alle diese Integrale auf

$$\boxed{\int\frac{dx}{q} = \int\frac{dx}{(x-s)^2+t^2}}$$

zurückführen. Dieses Integral läßt sich in folgender Form schreiben:

$$\frac{1}{t}\int\frac{d\left(\frac{x-s}{t}\right)}{1+\frac{(x-s)^2}{t^2}} = \frac{1}{t}\operatorname{arc\,tan}\frac{x-s}{t} + C.$$

Überblickt man noch einmal alle diese Überlegungen, so kann man feststellen: *Zur Integration rationaler Funktionen werden an höheren Funktionen nur* ln *und* arc tan *gebraucht.*

Integrale, die sich auf solche rationaler Funktionen zurückführen lassen

Wenn der Integrand sich rational aus x und $\sqrt[n]{ax+b}$ aufbaut, wofür wir $R(x, \sqrt[n]{ax+b})$ schreiben, so kann man das Integral

$$\int R(x, \sqrt[n]{ax+b})\,dx$$

in ein Integral einer rationalen Funktion transformieren, indem man $\sqrt[n]{ax+b} = u$ setzt. Dann wird nämlich $ax+b = u^n$, also $x = (u^n - b)/a$ und $dx = (nu^{n-1}du)/a$,

mithin $$\int R(x, \sqrt[n]{ax+b})\,dx = \int R\left(\frac{u^n-b}{a}, u\right)\frac{n\,u^{n-1}\,du}{a}.$$

Der Integrand ist jetzt tatsächlich eine rationale Funktion von u.

Baut sich der Integrand rational auf aus x und aus $\sqrt{ax^2+2bx+c}$, so läßt sich das Integral so umformen, daß der Integrand eine rationale Funktion von x ist. Setzt man zunächst $x = x_0 + \mathfrak{x}^{-1}$, so erhält man als Integranden einen rationalen Ausdruck aus $\mathfrak{x}$ und $\sqrt{A\mathfrak{x}^2 + 2B\mathfrak{x} + C}$, wobei $A = ax_0^2 + 2bx_0 + c$ ist. Da $ax^2 + 2bx + c$ positiv sein muß, wenn die Quadratwurzel daraus reell sein soll, so gibt es sicher x-Werte, die $ax^2 + 2bx + c$ positiv machen. Unter ihnen wählen wir x_0 irgendwie aus. Dann wird $A > 0$ sein. Um nun $\int R(\mathfrak{x}, \sqrt{A\mathfrak{x}^2 + 2B\mathfrak{x} + C})\,d\mathfrak{x}$ weiter zu behandeln, machen wir die Transformation

$$\sqrt{A\mathfrak{x}^2 + 2B\mathfrak{x} + C} - \mathfrak{x}\sqrt{A} = u.$$

Daraus folgt $A\mathfrak{x}^2 + 2B\mathfrak{x} + C = u^2 + 2u\mathfrak{x}\sqrt{A} + A\mathfrak{x}^2$ und weiter

$$\mathfrak{x} = \frac{u^2 - C}{2(B - u\sqrt{A})}, \quad \text{also} \quad d\mathfrak{x} = \frac{(-u^2\sqrt{A} + 2Bu - C\sqrt{A})\,du}{2(B-u\sqrt{A})^2} \quad \text{und}$$

$$\sqrt{A\mathfrak{x}^2 + 2B\mathfrak{x} + C} = \frac{-u^2\sqrt{A} + 2Bu - C\sqrt{A}}{2(B - u\sqrt{A})}.$$

Man kommt jedenfalls auf ein Integral mit rationalem Integranden.

Unter einer trigonometrischen Funktion versteht man einen Ausdruck, der sich rational aus $\cos x$ und $\sin x$ aufbaut. Auch bei einem solchen Integranden ist eine Umformung in ein Integral mit rationalem Integranden möglich, und zwar dadurch, daß man als neue Veränderliche $u = \tan(x/2)$ einführt. Es wird dann

$$\cos x = \frac{\cos^2 \frac{x}{2} - \sin^2 \frac{x}{2}}{\cos^2 \frac{x}{2} + \sin^2 \frac{x}{2}} = \frac{1-u^2}{1+u^2}, \quad \sin x = \frac{2 \sin \frac{x}{2} \quad \cos \frac{x}{2}}{\cos^2 \frac{x}{2} + \sin^2 \frac{x}{2}} = \frac{2u}{1+u^2}$$

und, da $\frac{x}{2} = \operatorname{arc} \tan u$ ist, $dx = \frac{2\,du}{1+u^2}$.

$R(\cos x, \sin x)\,dx$ verwandelt sich also in $f(u)\,du$, wo $f(u)$ eine rationale Funktion von u ist. Z. B. ergibt sich:

$$\boxed{\int \frac{dx}{\sin x} = \int \frac{du}{u} = \ln u + C = \ln \tan \frac{x}{2} + C}$$

was man auf folgende Weise bestätigen kann:

$$\boxed{\int \frac{dx}{\sin x} = \int \frac{\left(\cos^2 \frac{x}{2} + \sin^2 \frac{x}{2}\,dx\right)}{2 \sin \frac{x}{2} \cos \frac{x}{2}} = \int \frac{\cos \frac{x}{2}\, d\left(\frac{x}{2}\right)}{\sin \frac{x}{2}} + \int \frac{\sin \frac{x}{2}\, d\left(\frac{x}{2}\right)}{\cos \frac{x}{2}}.}$$

Da $\frac{\varphi'(t)\,dt}{\varphi(t)}$ das Differential von $\ln \varphi(t)$ ist, so lassen sich die beiden letzten Integrale nach der Methode der Stammfunktion auswerten.

Um $\int dx/\cos x$ zu berechnen, macht man am einfachsten in $\int dx/\sin x$ die Einsetzung $x = \frac{\pi}{2} + u$. Dann wird $\int \frac{dx}{\sin x} = \int \frac{du}{\cos u}$, also

$$\int \frac{du}{\cos u} = \ln \tan \frac{x}{2} + C = \ln \tan \left(\frac{\pi}{4} + \frac{u}{2}\right) + C.$$

Integration binomischer Differentiale

Schon bei Newton kommen Integrale von der Form $\int x^p (a + b x^n)^q\,dx$ vor. Man nennt $x^p (a + b x^n)^q$ ein **binomisches Differential.** p, q, n sind Rationalzahlen. Mit Hilfe der neuen Veränderlichen $x^n = u$ geht das Integral nach Fortlassung eines konstanten Faktors in folgendes über:

$$\int u^r (a + b u)^s\,du. \quad \left(r = \frac{p+1}{n} - 1,\ s = q\right).$$

Wenn r, d. h. $(p + 1)/n$ eine ganze Zahl ist, so haben wir es mit einem Integral zu tun, dessen Integrand sich rational aus u und aus einer Wurzel aus $a + bu$ aufbaut. Man kann also einen rationalen Integranden herbeiführen.

Setzt man $a + bu = v$, so wird $u = (v - a)/b$ und das Integral bis auf einen konstanten Faktor gleich $\int v^s \left(\frac{v-a}{b}\right)^r dv$.

r und s haben ihre Rollen vertauscht. Man kann also auch, wenn s, d. h. q, eine ganze Zahl ist, einen rationalen Integranden herbeiführen.

Macht man in $\int u^r (a + b u)^s \, du$ die Einsetzung $u = 1/w$, so kommt man auf das Integral
$$\int w^{-r-s-2} (a w + b)^s \, dw .$$
Man kann also auch, wenn $r + s$, d. h. $q + (p + 1)/n$ eine ganze Zahl ist, einen rationalen Integranden herbeiführen. Hiermit sind drei Fälle hervorgehoben, in welchen das binomische Differential $x^p (a + b x^n)^q \, dx$ auf die Form $f(t) \, dt$ mit rationalem $f(t)$ transformiert werden kann. Wenn in dem Tripel
$$\frac{p+1}{n}, \; q, \; \frac{p+1}{n} + q$$
eine ganze Zahl vorkommt, so besteht diese Möglichkeit.

Integration unendlicher Reihen

Eine Potenzreihe $c_0 + c_1 x + x_2 x^2 + \ldots$ hat innerhalb ihres Konvergenzintervalles, wie wir wissen, die Ableitung $c_1 + 2 c_2 x + 3 c_3 x^2 + \ldots$, wird also differenziert wie ein Polynom. Beide Reihen haben dasselbe Konvergenzintervall. Hieraus folgt, daß $c_0 + c_1 x + c_2 x^2 + \ldots$ innerhalb dieses Intervalles die Stammfunktion $c_0 x + c_1 x^2/2 + c_2 x^3/3 + \ldots$ hat. *Eine Potenzreihe wird also auch integriert wie ein Polynom*, d. h. die Integration geht gliedweise vor sich. Man darf aber nicht glauben, daß auch sonst die Integration bei einer unendlichen Reihe stets gliedweise durchgeführt werden kann. Wenn, in einem Intervall $a \ldots b, f(x) = u_1(x) + u_2(x) + u_3(x) + \ldots$ ist und alle Glieder der Reihe in diesem Intervall stetig sind, so braucht $f(x)$ nicht stetig zu sein, und es braucht auch das von a bis b genommene Integral nicht gleich $\Sigma \int_a^b u_n(x) \, dx$ zu sein. Wenn aber eine besondere Art der Konvergenz vorliegt, die man als gleichmäßige Konvergenz bezeichnet, kann man sicher sein, daß $f(x)$ stetig ist und daß man die Integration gliedweise durchführen kann.

Uneigentliche Integrale

Wenn der Integrand $f(x)$ im Integrationsintervall, z. B. an der Grenze a, eine Unstetigkeit aufweist, hilft man sich so, daß man $\int_a^b f(x) \, dx$ als Grenzwert von $\int_{a+\varepsilon}^b f(x) \, dx$ bei nach Null strebendem ε erklärt. Wenn $f(x)$ in $a \ldots b$ beschränkt bleibt, ist dieser Grenzwert vorhanden. Ist es so, daß $|f(x)|$ bei Annäherung an die Stelle a über alle Grenzen wächst, so kann es sein, daß der Grenzwert nicht existiert. Beispiel: $\int_0^1 \frac{dx}{x^2}$. Hier ist $\int_\varepsilon^1 \frac{dx}{x^2} = \left(-\frac{1}{x}\right)_\varepsilon^1 = \frac{1}{\varepsilon} - 1$.
Im Falle $\varepsilon \to 0$ wird das Integral unendlich.

Wenn $f(x)$ bei Annäherung an die Stelle a unendlich wird, jedoch so, daß $f(x) \cdot (x - a)^p$ einem von Null verschiedenen endlichen Grenzwert A zustrebt, ($p > 0$), so existiert das Integral $\int_a^b f(x) \, dx$ im Falle $p < 1$, dagegen existiert es nicht, wenn $p \geqq 1$ ist. Wenn $\lim [f(x)(x-a)^p] = A$ und $A \neq 0$ ist, so sagt man, daß $f(x)$ bei Annäherung an die Stelle a ebenso unendlich wird wie $1/(x-a)^p$.

Der Beweis obiger Regel beruht darauf, daß im Falle $0 < p < 1$

$$\int_{a+\varepsilon}^{b} \frac{dx}{(x-a)^p} = \left(\frac{(x-a)^{1-p}}{1-p}\right)_{a+\varepsilon}^{b} = \frac{(b-a)^{1-p}}{1-p} - \frac{\varepsilon^{1-p}}{1-p}$$

im Falle $\varepsilon \to 0$ dem endlichen Grenzwert $(b-a)^{1-p}/(1-p)$ zustrebt, daß aber

$$\int_{a+\varepsilon}^{b} \frac{dx}{x-a} = (\ln(x-a))_{a+\varepsilon}^{b} = \ln(b-a) - \ln\varepsilon\,, \text{ und für } p > 1$$

$$\int_{a+\varepsilon}^{b} \frac{dx}{(x-a)^p} = \left(\frac{(x-a)^{1-p}}{1-p}\right)_{a+\varepsilon}^{b} = \frac{1}{(p-1)\,\varepsilon^{p-1}} - \frac{1}{(p-1)\,(b-a)^{p-1}}$$

über alle Grenzen wächst.

Von uneigentlichen Integralen spricht man auch, wenn eine der beiden Grenzen oder alle beide unendlich sind. Es werden folgende naheliegende Definitionen aufgestellt:

$$\int_a^\infty f(x)\,dx = \lim_{b\to\infty} \int_a^b f(x)\,dx\,, \qquad \int_{-\infty}^b f(x)\,dx = \lim_{a\to-\infty} \int_a^b f(x)\,dx\,,$$

$$\int_{-\infty}^\infty f(x)\,dx = \lim_{a\to-\infty,\; b\to\infty} \int_a^b f(x)\,dx\,.$$

Ist $f(x)$ eine positive Funktion, die bei wachsendem x beständig abnimmt, so existiert das Integral $\int_a^\infty f(x)\,dx$, wenn die Reihe $f(a) + f(a+1) + f(a+2) + \ldots$ konvergiert, und umgekehrt.

Dies beruht darauf, daß $f(a+p) < \int_{a+p-1}^{a+p} f(x)\,dx < f(a+p-1)$

ist, also

$$f(a+1) + \ldots + f(a+n-1) < \int_a^{a+n-1} f(x)\,dx\,,$$

$$f(a) + \ldots + f(a+n-1) > \int_a^{a+n} f(x)\,dx\,.$$

Man nennt das hierin enthaltene Konvergenzkriterium für unendliche Reihen das **Cauchysche Integralkriterium.**

Mehrfache Integrale

Wir beschränken uns bei unseren Erklärungen auf Doppelintegrale. Es liege in der Ebene ein Bereich $\mathfrak{B}$ vor (z. B. ein Rechteck oder eine Kreisfläche oder ein irgendwie durch Kurven begrenztes Gebiet). In diesem Bereich sei eine Funktion $f(x, y)$ erklärt. Man teile den Bereich $\mathfrak{B}$ in Teile $\mathfrak{B}_1, \mathfrak{B}_2, \ldots \mathfrak{B}_n$. Jedem Teilbereich $\mathfrak{B}_\nu$ entnehme man einen Punkt x_ν, y_ν und bilde, wenn β_ν der Flächeninhalt von $\mathfrak{B}_\nu$ ist, die Cauchysche Summe

$$\beta_1 f(x_1, y_1) + \ldots + \beta_n f(x_n, y_n)\,.$$

Wenn diese Summe bei unendlicher Verfeinerung der Teilung immer demselben Grenzwert zustrebt, so nennt man diesen Grenzwert *das über $\mathfrak{B}$ erstreckte Integral* von $f(x, y)$ und schreibt dafür $\iint_{\mathfrak{B}} f(x, y)\,dx\,dy$ (gelesen: Integral, Integral $f(x, y)\,dx\,dy$ erstreckt über $\mathfrak{B}$).

Man nennt solche Ausdrücke Doppelintegrale. In ähnlicher Weise werden dreifache Integrale (erstreckt über räumliche Bereiche) und allgemein n-fache

Integrale erklärt. Bleiben wir bei den Doppelintegralen, so kommt als Integrationsbereich $\mathfrak{B}$ meistens ein sogenannter Normalbereich vor oder ein Bereich, der sich aus endlich vielen Normalbereichen zusammensetzt. Ein Normalbereich bezüglich der x-Achse liegt zwischen zwei Parallelen zur y-Achse ($x = a$ und $x = b$) und hat eine obere Grenzkurve $y = \Phi(x)$ und eine untere $y = \varphi(x)$, wobei im ganzen Intervall $a \ldots b$ stets $\Phi(x) > \varphi(x)$ ist (an den Grenzen eventuell $\Phi = \varphi$). $\Phi(x)$ und $\varphi(x)$ sind stetig. Fig. 47 stellt einen solchen Normalbereich dar. Wenn man den ganzen Bereich um 90° dreht, so entsteht ein Normalbereich bezüglich der y-Achse. Eine Einteilung des in Fig. 47 veranschaulichten Normalbereiches wird z. B. durch die Parallelen $x = a + \frac{p(b-a)}{n}$ und durch die Kurven $y = \varphi(x) + \frac{p[\Phi(x) - \varphi(x)]}{n}$ bewirkt. n ist eine positive ganze Zahl und $p = 1, 2, \ldots, n-1$. Läßt man n über alle Grenzen wachsen, so tritt eine unendliche Verfeinerung der Teilung ein.

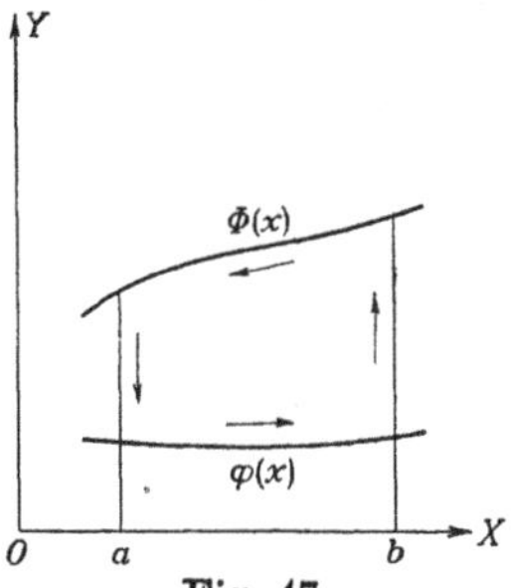

Fig. 47

Wenn nun in dem Normalbereich $\mathfrak{N}$ die Funktion $f(x, y)$ überall stetig ist, so läßt sich leicht zeigen, daß

$$\boxed{\iint_{\mathfrak{N}} f(x, y)\, dx\, dy = \int_a^b \left(\int_{\varphi(x)}^{\Phi(x)} f(x, y)\, dy \right) dx}$$

ist. Man muß also, um das Doppelintegral zu berechnen, zuerst unter Festhaltung von x nach y von $\varphi(x)$ bis $\Phi(x)$ integrieren und die so gewonnene Funktion von x dann noch von a bis b.

Von großer Wichtigkeit ist die **Transformation** der Doppelintegrale. Am besten bedient man sich hierbei des Abbildungsbegriffs. Eine Abbildung der (u, v) Ebene auf die (x, y) Ebene wird vermittelt durch zwei Gleichungen:

$$x = x(u, v), \quad y = y(u, v).$$

Die abbildenden Funktionen werden nebst ihren Ableitungen als stetig vorausgesetzt. Wenn der Punkt u, v in einem Bereich $\mathfrak{B}^*$ der (u, v)-Ebene variiert, so wird x, y in einem Bereich $\mathfrak{B}$ der (x, y)-Ebene variieren. $\mathfrak{B}$ ist das Abbild von $\mathfrak{B}^*$. Wir nehmen an, daß die Abbildung eindeutig ist, d. h., daß nicht nur jedem Punkt von $\mathfrak{B}^*$ ein Punkt in $\mathfrak{B}$ als Bildpunkt entspricht, sondern daß außerdem jeder Punkt von $\mathfrak{B}$ der Bildpunkt eines und nur eines Punktes von $\mathfrak{B}^*$ ist. Abbildungen sind eines der wichtigsten mathematischen Hilfsmittel. Im eindimensionalen Gebiet ist die Abbildung eine der Veranschaulichungen des Funktionsbegriffs.

Beispiele von Abbildungen sind die affinen Abbildungen, bei welchen $x(u, v)$, $y(u, v)$ linear von u, v abhängen, die projektiven Abbildungen, bei welchen $x(u, v)$, $y(u, v)$ und 1 proportional zu drei linearen Ausdrücken in u, v sind. Dann ist sehr wichtig die Inversion, dargestellt durch

$$\boxed{x = \frac{a^2 u}{u^2 + v^2}, \quad y = \frac{a^2 v}{u^2 + v^2}.}$$

Diese Abbildung gehört zu der großen Klasse der konformen Abbildungen, bei denen der Winkel, unter welchem sich zwei Kurven schneiden, durch die Abbildung nicht geändert wird.

Wenn im Bereich $\mathfrak{B}$ eine Funktion $f(x, y)$ erklärt ist, so ist damit $f[x(u, v), y(u, v)] = g(u, v)$ im Bereich $\mathfrak{B}^*$ erklärt.

Man hat die Transformation des Doppelintegrals $\iint\limits_{\mathfrak{B}} f(x, y)\, dx\, dy$ auf verschiedene Weisen behandelt. Am einfachsten ist es, sich auf einen Integralsatz von Gauß zu stützen, den wir zunächst für einen Normalbereich $\mathfrak{N}$ (Fig. 47) beweisen wollen. Er überträgt sich dann von selbst auf Bereiche, die aus einer endlichen Anzahl solcher Normalbereiche aufgebaut sind. Der Gaußsche Integralsatz bezieht sich auf ein Integral von der Form $\iint\limits_{\mathfrak{N}} F_y(x, y)\, dx\, dy$. Wir nehmen an, daß $F_y(x, y)$ in $\mathfrak{N}$ stetig ist. Setzen wir kurz $y_2 = \Phi(x)$ und $y_1 = \varphi(x)$, so wird

$$\iint\limits_{\mathfrak{N}} F_y(x, y)\, dx\, dy = \int\limits_a^b [F(x, y_2) - F(x, y_1)]\, dx .$$

Die rechte Seite pflegt man in der Form $-\int\limits_{\mathfrak{N}\circlearrowleft} F(x, y)\, dx$ zu schreiben.

$\int\limits_{\mathfrak{N}\circlearrowleft} F(x, y)\, dx$ nennt man das längs des Randes von $\mathfrak{N}$ (nach links herum) genommene Integral von $F\, dx$. Die geradlinigen Randteile, auf welchen x konstant ist, liefern dazu keinen Beitrag. Es ist also

$$\iint\limits_{\mathfrak{N}} F_y(x, y)\, dx\, dy = -\int\limits_{\mathfrak{N}\circlearrowleft} F(x, y)\, dx .$$

Ist $\mathfrak{N}_1$ ein Normalbereich bezüglich der y-Achse, so hat man, wenn $G_x(x, y)$ in $\mathfrak{N}_1$ stetig ist,

$$\iint\limits_{\mathfrak{N}_1} G_x(x, y)\, dx\, dy = \int\limits_{\mathfrak{N}_1\circlearrowleft} G\, dy .$$

Nehmen wir an, daß $\mathfrak{B}$ in endlich viele Bereiche wie $\mathfrak{N}$ und auch in Bereiche $\mathfrak{N}_1$ zerlegbar ist, so läßt sich leicht erkennen, daß folgendes gilt:

$$\iint\limits_{\mathfrak{B}} F_y(x, y)\, dx\, dy = -\int\limits_{\mathfrak{B}\circlearrowleft} F(x, y)\, dx , \quad \iint\limits_{\mathfrak{B}} G_x(x, y)\, dx\, dy = \int\limits_{\mathfrak{B}\circlearrowleft} G(x, y)\, dy$$

und daher

$$\boxed{\iint\limits_{\mathfrak{B}} (G_x + F_y)\, dx\, dy = \int\limits_{\mathfrak{B}\circlearrowleft} (G\, dy - F\, dx) .}$$

Das ist der **allgemeine Gaußsche Integralsatz.** Was auf der rechten Seite steht, ist im Grunde genommen ein einfaches Integral. Für solche Integrale gilt die uns bekannte Transformationsregel. Wir wollen annehmen, daß bei der Abbildung $x = x(u, v)$, $y = y(u, v)$ dem Umlauf von $\mathfrak{B}^*$ nach links herum (man nennt ihn auch den positiven Umlauf) derselbe Umlauf von $\mathfrak{B}$ entspricht.

Dann können wir schreiben:

$$\iint\limits_{\mathfrak{B}} F_y(x, y)\, dx\, dy = -\int\limits_{\mathfrak{B}\circlearrowleft} F(x, y)\, dx = -\int\limits_{\mathfrak{B}^*\circlearrowleft} (F x_u\, du + F x_v\, dv) =$$
$$= \iint\limits_{\mathfrak{B}^*} \{(F x_u)_v - (F x_v)_u\}\, du\, dv .$$

Nun ist, wenn wir x_{uv} und x_{vu} als stetig voraussetzen,

$$(F x_u)_v = (F_x\, x_v + F_y\, y_v)\, x_u + F x_{uv} ,$$
$$(F x_v)_u = (F_x\, x_u + F_y\, y_u)\, x_v + F x_{uv} ,$$

mithin

$$(F x_u)_v - (F x_v)_u = F_y\, (x_u\, y_v - x_v\, y_u) .$$

Es gilt also, wenn wir noch $F_y(x, y) = f(x, y)$ setzen, folgende Gleichung:

$$\boxed{\iint\limits_{\mathfrak{B}} f(x, y)\, dx\, dy = \iint\limits_{\mathfrak{B}^*} f(x(u, v), y(u, v))\, (x_u\, y_v - x_v\, y_u)\, du\, dv .}$$

Das ist die **Transformationsregel für Doppelintegrale.** Um eine mechanische Handhabung zu ermöglichen, müßte man statt des Rechtecks $dx\,dy$ ein Parallelogramm $dx\,\delta y - dy\,\delta x$ benutzen. Dann hätte man nach dem Multiplikationssatz der Determinanten

$$\begin{vmatrix} dx & dy \\ \delta x & \delta y \end{vmatrix} = \begin{vmatrix} x_u\,du + x_v\,dv, & y_u\,du + y_v\,dv \\ x_u\,\delta u + x_v\,\delta v, & y_u\,\delta u + y_v\,\delta v \end{vmatrix} = \begin{vmatrix} du & dv \\ \delta u & \delta v \end{vmatrix} \begin{vmatrix} x_u & x_v \\ y_u & y_v \end{vmatrix}.$$

Würde man statt $\int\int f\,dx\,dy$ immer schreiben $\int\int f\,(dx\,\delta y - dy\,\delta x)$, so brauchte man bei Anwendung der Transformationsregel nicht nachzudenken, könnte vielmehr ganz mechanisch rechnen.

Die Determinante $\begin{vmatrix} x_u & x_v \\ y_u & y_v \end{vmatrix}$ bezeichnet man als Funktionaldeterminante von x und y und braucht dafür das Symbol $\frac{\partial\,(x\,y)}{\partial\,(u\,v)}$.

Was sich alles durch Doppelintegrale ausdrücken läßt

Man denke sich drei rechtwinklige Achsen Ox, Oy, Oz und in der Ebene der beiden Achsen Ox, Oy einen Bereich $\mathfrak{B}$, in welchem eine stetige und durchweg positive Funktion $f\,(x,\,y)$ definiert ist.

Durch eine Betrachtung, die zur Behandlung der Segmentberechnung in völliger Analogie steht, kann man erkennen, daß $\int\int_{\mathfrak{B}} f\,(x,\,y)\,dx\,dy$ das Volumen eines Körpers darstellt, der unten durch die $(x,\,y)$-Ebene, oben durch die Fläche $z = f\,(x,\,y)$ und seitlich ringsherum durch die von der Randkurve des Bereiches zur Z-Achse gezogenen Parallelen begrenzt ist. Das Doppelintegral gibt also das Volumen eines oben durch $z = f\,(x,\,y)$ abgeschnittenen Zylinders mit der Basis $\mathfrak{B}$ an. Man bezeichnet diesen Körper als Zylinderstumpf. Auch die obere Begrenzungsfläche dieses Körpers, d. h. das über $\mathfrak{B}$ liegende Stück der Fläche $z = f\,(x,\,y)$ läßt sich durch ein Doppelintegral ausmessen. Man denke sich zu diesem Zweck $\mathfrak{B}$ in Teilbereiche $\mathfrak{B}_1, \ldots, \mathfrak{B}_m$ zerlegt und in jedem Teilbereich $\mathfrak{B}_\mu$ einen Punkt x_μ, y_μ markiert. Ihm entspricht ein Punkt auf der Fläche $z = f\,(x,\,y)$ mit den Koordinaten x_μ, y_μ, z_μ.

Der Differentialbegriff führt sofort auf die Tangentialebene. Wenn man Δz durch $z_x\,\Delta x + z_y\,\Delta y$ ersetzt, so befindet man sich in der Tangentialebene an der Stelle x, y, z. Die Tangentialebene der Fläche $z = f\,(x,\,y)$ im Punkte x_μ, y_μ, z_μ, hat also die Gleichung:

$$Z - z_\mu = p_\mu\,(X - x_\mu) + q_\mu\,(Y - y_\mu).$$

Dabei sind p_μ, q_μ die Werte der Ableitungen $f_x\,(x,\,y)$, $f_y\,(x,\,y)$ an der Stelle x_μ, y_μ.

Die obige Gleichung drückt aus, daß jede Fortschreitung von x_μ, y_μ, z_μ aus in der Tangentialebene senkrecht steht auf dem Vektor mit den Koordinaten $-p_\mu$, $-q_\mu$, 1. Man bezeichnet ihn als Normalvektor der Fläche $z = f\,(x,\,y)$ im Punkte x_μ, y_μ, z_μ. Will man einen Vektor von der Länge 1 haben, so muß man noch den Faktor $1/\sqrt{p_\mu^2 + q_\mu^2 + 1}$ anbringen. Dann entstehen drei Größen, die die Richtungskosinusse des Normalvektors angeben. Nennen wir die Winkel, die er mit den Achsen bildet, α_μ, β_μ, γ_μ, so hat man

$$\cos\alpha_\mu = \frac{-p_\mu}{\sqrt{p_\mu^2 + q_\mu^2 + 1}},\quad \cos\beta = \frac{-q_\mu}{\sqrt{p_\mu^2 + q_\mu^2 + 1}},\quad \cos\gamma_\mu = \frac{1}{\sqrt{p_\mu^2 + q_\mu^2 + 1}}.$$

Unter den beiden Normalrichtungen ist hier diejenige bevorzugt, die mit der Z-Achse einen spitzen Winkel einschließt. Wir wollen nun mit σ_μ das über $\mathfrak{B}_\mu$ liegende Stück der Tangentialebene im Punkte x_μ, y_μ, z_μ bezeichnen, ferner sei β_μ der Inhalt von $\mathfrak{B}_\mu$. Dann ist $\beta_\mu = \sigma_\mu \cos \gamma_\mu$. Wir werden $\Sigma \sigma_\mu$ als Approximation des zur Berechnung kommenden Flächenstücks betrachten. $\Sigma \sigma_\mu$ oder $\Sigma (\beta_\mu / \cos \gamma_\mu)$ ist die Cauchysche Summe $\Sigma \beta_\mu \sqrt{p_\mu^2 + q_\mu^2 + 1}$. Die Approximation geht in den exakten Wert über, wenn man die Einteilung des Gebietes $\mathfrak{B}$ unendlich verfeinert. Sie konvergiert dabei nach

$$\boxed{\iint_{\mathfrak{B}} \sqrt{p^2 + q^2 + 1}\, dx\, dy\,.}$$

Dieses Doppelintegral gibt also den Inhalt des über $\mathfrak{B}$ liegenden Stückes der Fläche $z = f(x, y)$ an.

Andere Größen, die sich durch Doppelintegrale ausdrücken lassen, sind die Schwerpunktkoordinaten von flächenhaft oder körperlich verbreiteten Massen, ferner Trägheitsmomente, Potentiale und vieles andere.

§ 34. Differentialgleichungen

In allen Gebieten der angewandten Mathematik kommt es vor, daß man von einer Funktion $y = f(x)$ nichts weiter kennt als eine Relation zwischen x, y, y', $\ldots y^{(n)}$, also eine Relation von der Form $f(x, y, y', \ldots y^{(n)}) = 0$.

Man nennt das, wenn die Ableitung $y^{(n)}$ in der Relation tatsächlich vorkommt, eine **gewöhnliche Differentialgleichung n-ter Ordnung.** Das Problem, das hier vorliegt, besteht in der Ermittlung aller Lösungen $y(x)$ der Differentialgleichung. Die Differentialgleichung integrieren heißt ihre Lösungen bestimmen. Durch Aufstellung gewisser Nebenbedingungen wird unter den Lösungen eine bestimmte gekennzeichnet.

Unter gewissen Voraussetzungen gibt es z. B., wenn die Differentialgleichung in aufgelöster Form $y^{(n)} = \varphi(x, y, y', \ldots, y^{(n-1)})$ vorliegt, eine bestimmte Lösung, die an der Stelle x_0 mit ihren $n-1$ ersten Ableitungen vorgeschriebene Werte $y_0, y'_0, \ldots, y_0^{(n-1)}$ annimmt. Wenn man die vorgelegte Differentialgleichung fortgesetzt differenziert, so findet man

$$y^{(n+1)} = \frac{\partial \varphi}{\partial x} + y' \frac{\partial \varphi}{\partial y} + \ldots + y^{(n)} \frac{\partial \varphi}{\partial y^{(n-1)}} = \varphi_1(x, y, \ldots, y^{(n-1)}),$$

$$y^{(n+2)} = \frac{\partial \varphi_1}{\partial x} + y' \frac{\partial \varphi_1}{\partial y} + \ldots + y^{(n)} \frac{\partial \varphi_1}{\partial y^{(n-1)}} = \varphi_2(x, y, \ldots, y^{(n-1)}).$$

Man kann also, wenn die Werte von $y, y' \ldots, y^{(n-1)}$ an der Stelle x_0 gegeben sind, auch die Werte der höheren Ableitungen an dieser Stelle berechnen und kann dann die Taylorsche Reihe $y = y_0 + (x - x_0)\, y_0' + \frac{(x - x_0)^2}{2!}\, y_0'' + \ldots$ ansetzen. Man sieht, wenn die Reihe konvergiert, daß $y = \omega(x, c_1 \ldots, c_n)$ ist, wobei $c_1 \ldots, c_n$ neue Bezeichnungen für $y_0, y_0', \ldots, y_0^{(n-1)}$ sind. Die Lösung ist, wie man sieht, mit n Konstanten behaftet. So ist es bei jeder Differentialgleichung n-ter Ordnung, Die Kurven $y = \omega(x, c_1, \ldots, c_n)$ — es sind, wie man sagt, ∞^n Kurven — nennt man die **Integralkurven** der Differentialgleichung. Z. B. sind die Integralkurven von $y'' = 0$ die ∞^2 Geraden $y = ax + b$.

Selbst bei Differentialgleichungen erster Ordnung ist nur in Ausnahmefällen die Integration durchführbar, z. B. dann, wenn es möglich ist, die Variablen zu trennen.

Dies läßt sich erreichen, wenn die Differentialgleichung folgende Form hat: $y' = \varphi(x)\,\psi(y)$. Man kann sie dann so schreiben:

$$\frac{dy}{\psi(y)} = \varphi(x)\,dx,$$

woraus nach dem Fundamentalsatze der Integralrechnung folgt

$$\int \frac{dy}{\psi(y)} = \int \varphi(x)\,dx + C.$$

Bei einer Differentialgleichung von der Form $y' = f(y/x)$ gelingt die Trennung der Variablen, wenn man statt y als gesuchte Funktion $y/x = z$ einführt. Aus $y = xz$ folgt $y' = z + xz'$. Setzt man diese Ausdrücke ein, so nimmt die Differentialgleichung folgende Gestalt an:

$$z + xz' = f(z) \quad \text{oder} \quad xz' = f(z) - z, \quad \text{d. h.} \quad \frac{dx}{x} = \frac{dz}{f(z) - z}, \quad \text{woraus folgt}$$

$$\int \frac{dz}{f(z) - z} = \ln x - \ln c,$$

also

$$x = c e^{\int \frac{dz}{f(z) - z}}, \quad y = cz e^{\int \frac{dz}{f(z) - z}}.$$

Das ist eine Parameterdarstellung der Integralkurven. Man sieht, daß sie aus der speziellen oder, wie man auch sagt, partikulären Integralkurve

$x = e^{\int \frac{dz}{f(z) - z}}, \quad y = z e^{\int \frac{dz}{f(z) - z}}$ durch alle möglichen Streckungen von O aus (im Falle $c < 0$ verbunden mit Spiegelung an O) entstehen.

Man spricht von einer **linearen Differentialgleichung** erster Ordnung, wenn y' linear von y abhängt mit Koeffizienten, die Funktionen von x sind. Es ist also in diesem Falle $\quad y' + \varphi(x)\,y + \psi(x) = 0.$

Wenn man mit $e^{\int \varphi(x)\,dx}$ multipliziert, so ergibt sich

$$y' e^{\int \varphi(x)\,dx} + y\,\varphi(x)\,e^{\int \varphi(x)\,dx} + \psi(x)\,e^{\int \varphi(x)\,dx} = 0.$$

Da $\varphi(x)\,e^{\int \varphi(x)\,dx} = \left(e^{\int \varphi(x)\,dx}\right)'$ ist, so sind die beiden ersten Glieder der linken Seite die Ableitung von $y e^{\int \varphi(x)\,dx}$, und die Differentialgleichung besagt, daß $y e^{\int \varphi(x)\,dx} + \int \psi(x)\,e^{\int \varphi(x)\,dx}\,dx = C$ ist, also

$$y = e^{-\int \varphi(x)\,dx}\left(C + \int \psi(x)\,e^{\int \varphi(x)\,dx}\,dx\right).$$

Die Integrationskonstante C tritt hier linear auf.

Auch bei linearen Differentialgleichungen höherer Ordnung kann man mit einem Lagrangeschen Multiplikator, wie es hier $e^{\int \varphi(x)\,dx}$ war, etwas ausrichten. Es liege z. B. eine lineare Differentialgleichung n-ter Ordnung vor. Gekennzeichnet ist sie dadurch, daß sie eine lineare Relation zwischen

$y, y', \ldots, y^{(n)}$ darstellt, deren Koeffizienten von x abhängen. Sie hat also folgendes Aussehen:

$$\varphi_0(x)\, y^{(n)} + \varphi_1(x)\, y^{(n-1)} + \ldots + \varphi_n(x)\, y = \psi(x).$$

Wenn $\psi(x)$ verschwindet, spricht man von einer homogenen Gleichung. $\psi(x)$ nennt man das Störungsglied. Es bringt die Abweichung von der homogenen Form zustande. Lagrange hat nun im Anschluß an das im Falle $n = 1$ so erfolgreiche Verfahren auch hier mit einem Multiplikator gearbeitet und diesen so gewählt, daß nach Anbringung des Faktors $\lambda(x)$ die linke Seite $\lambda\,\varphi_0\, y^{(n)} + \lambda\,\varphi_1\, y^{(n-1)} + \ldots + \lambda\,\varphi_n\, y$ die Ableitung eines Ausdrucks von der Form $X_0\, y^{(n-1)} + X_1\, y^{(n-2)} + \ldots + X_{n-1}\, y$ wurde. Es soll also

$$\lambda\,\varphi_0\, y^{(n)} + \lambda\,\varphi_1\, y^{(n-1)} + \ldots + \lambda\,\varphi_n\, y = (X_0\, y^{(n-1)} + X_1\, y^{(n-2)} + \ldots + X_{n-1}\, y)'$$

sein. Die rechte Seite lautet in ausführlicher Schreibung

$$X_0\, y^{(n)} + X_1\, y^{(n-1)} + \ldots + X_{n-1}\, y' + X_0'\, y^{(n-1)} + \ldots + X'_{n-2}\, y' + X'_{n-1}\, y.$$

Man muß also zu erreichen suchen, daß folgende Gleichungen bestehen:

$$\lambda\,\varphi_0 = X_0,\ \lambda\,\varphi_1 = X'_0 + X_1, \ldots, \lambda\,\varphi_{n-1} = X'_{n-2} + X_{n-1},\ \lambda\,\varphi_n = X'_{n-1}.$$

Hieraus entnimmt man der Reihe nach

$$X_0 = \lambda\,\varphi_0,\ X_1 = \lambda\,\varphi_1 - (\lambda\,\varphi_0)',\ X_2 = \lambda\,\varphi_2 - (\lambda\,\varphi_1)' + (\lambda\,\varphi_0)'', \ldots,$$
$$X_{n-1} = \lambda\,\varphi_{n-1} - (\lambda\,\varphi_{n-2})' + (\lambda\,\varphi_{n-3})'' + \ldots + (-1)^{n-1} (\lambda\,\varphi_0)^{(n-1)}$$

und aus der letzten Gleichung $\lambda\,\varphi_n = X'_{n-1}$ schließlich noch

$$\lambda\,\varphi_n - (\lambda\,\varphi_{n-1})' + (\lambda\,\varphi_{n-2})'' - \ldots + (-1)^n (\lambda\,\varphi_0)^{(n)} = 0.$$

Das ist, wenn man die Differentiationen ausführt, eine lineare homogene Differentialgleichung n-ter Ordnung für den Multiplikator λ. Man nennt sie die **adjungierte Differentialgleichung** zu der gegebenen. Hat man eine Lösung $\lambda(x)$ von ihr gefunden, so kann man $X_0, X_1, \ldots, X_{n-1}$ den obigen Gleichungen gemäß wählen und weiß dann, daß die gegebene Differentialgleichung dasselbe besagt wie $X_0\, y^{(n-1)} + X_1\, y^{(n-2)} + \ldots + X_{n-1}\, y = \int \lambda(x)\, \psi(x)\, dx + C$.

Die Ordnung der Differentialgleichung ist also um 1 herabgedrückt. Dies zu erreichen war Lagranges Absicht.

Zu den Differentialgleichungen erster Ordnung zurückkehrend, erwähnen wir noch die **Clairautsche Differentialgleichung**, die folgende Form hat:

$$f(y', y - x\, y') = 0.$$

Sie ist also eine Relation zwischen y' und $y - xy'$. Hier sind die ∞^1 Integralkurven gerade Linien. Setzt man $y = ax + b$, so wird $y' = a$ und $y - xy' = b$. Die Geraden, die durch $f(a, b) = 0$ aus der Gesamtheit aller ∞^2 Geraden ausgesondert werden, erfüllen also die Differentialgleichung. Außer dieser sogenannten allgemeinen Lösung gibt es manchmal noch eine singuläre Lösung, nämlich dann, wenn die ∞^1 Geraden, die durch $f(a, b) = 0$ gekennzeichnet werden, die Tangenten einer Kurve sind, die dann das geometrische Bild der singulären Lösung ist. Der Beweis ergibt sich unmittelbar, wenn man sich erinnert, daß die Tangentengleichung einer Kurve

$$Y - y = (X - x)\, y' \quad \text{lautet oder} \quad Y = y'\, X + (y - xy').$$

Lagrange hat noch einen integrierbaren Fall hervorgehoben. Er betrachtet eine Differentialgleichung $f(x, y, y') = 0$ mit geradlinigen Isoklinen. Die Punkte der ∞^1 Integralkurven, wo y' einen bestimmten Wert a hat, also die Tangente eine bestimmte Neigung α gegen die x-Achse ($\tan \alpha = a$), bilden eine Isokline. Die Isoklinen der Differentialgleichung $f(x, y, y') = 0$ werden durch $f(x, y, a) = 0$ gekennzeichnet. Nun verlangt Lagrange, daß die Isoklinen lauter Gerade sein sollen, also die Gleichung $f(x, y, a) = 0$ in x, y linear. Die Differentialgleichung muß also folgende Gestalt haben

$$y = \varphi(y')\, x + \psi(y') .$$

Im Falle $\varphi(y') = y'$ liegt eine Clairautsche Differentialgleichung vor. Diesen Fall können wir, weil er schon behandelt wurde, ausschließen. Die Lagrangesche Differentialgleichung ist deshalb besonders interessant, weil hier ein Verfahren zum Ziele führt, das man als Integration durch Differentiation bezeichnet hat.

Differenziert man die vorgelegte Differentialgleichung, so ergibt sich:

$$y' = \varphi(y') + [x\,\varphi'(y') + \psi'(y')]\,\frac{dy'}{dx}$$

oder

$$\frac{dx}{dy'} = x\,\frac{\varphi'(y')}{y' - \varphi(y')} + \frac{\psi'(y')}{y' - \varphi(y')} .$$

Das ist für x, als Funktion von y' betrachtet, eine lineare Differentialgleichung, deren Integration geleistet werden kann. Führt sie dann zu dem Ergebnis $x = \alpha(y')\, C + \beta(y')$ — wir wissen, daß die Integrationskonstante linear auftritt —, so folgt aus der vorgelegten Differentialgleichung

$$y = \alpha(y')\,\varphi(y)\, C + [\beta(y')\,\varphi(y') + \psi(y')] .$$

Damit ist die Parameterdarstellung der Integralkurven gewonnen.

Eine wichtige Klasse linearer Differentialgleichungen bilden die Gleichungen von der Form $\quad y^{(n)} + a_1\, y^{(n-1)} + \ldots + a_n\, y = \psi(x)$.

Die Koeffizienten auf der linken Seite sind konstant. Wenn man zunächst $\psi(x) = 0$ annimmt und y durch z ersetzt, so entsteht eine *homogene lineare Differentialgleichung mit konstanten Koeffizienten* $z^{(n)} + a_1\, z^{(n-1)} + \ldots + a_n\, z = 0$, die sogenannte **verkürzte Gleichung,** ohne das Störungsglied $\psi(x)$. Ihre Integration ist eigentlich nur ein algebraisches Problem. Macht man den Ansatz $z = e^{rx}$, so wird $z' = re^{rx}, \ldots, z^{(n)} = r^n e^{rx}$. Setzt man dies alles in die verkürzte Differentialgleichung ein, so kommt man auf eine Gleichung n-ten Grades für r:

$$r^n + a_1\, r^{n-1} + \ldots + a_n = 0 ,$$

die sogenannte **charakteristische Gleichung.**

Um auch die komplexen Wurzeln der charakteristischen Gleichung auszunutzen, bemerke man, daß $z = e^{\varrho x}(\cos\sigma x + i \sin\sigma x)$ auf Grund der uns bekannten Differentiationen $(\cos\sigma x)' = -\sigma\sin\sigma x$, $(\sin\sigma x)' = \sigma\cos\sigma x$, die man in $(\cos\sigma x + i\sin\sigma x)' = i\sigma(\cos\sigma x + i\sin\sigma x)$ zusammenfassen kann, folgende Eigenschaft hat: $z' = (\varrho + i\sigma)\, z$. Dabei haben wir zugleich die Leibnizsche Produktregel benutzt. Dann folgt weiter $z'' = (\varrho + i\sigma)\, z' = (\varrho + i\sigma)^2 z$ usw. bis zu $z^{(n)} = (\varrho + i\sigma)^n z$. Setzt man alles in die verkürzte Differentialgleichung ein, so ergibt sich

$$(\varrho + i\sigma)^n + a_1(\varrho + i\sigma)^{n-1} + \ldots + a_n = 0 ,$$

d. h. $\varrho + i\sigma$ ist eine komplexe Wurzel der charakteristischen Gleichung. Ist r eine p-fache reelle Wurzel der charakteristischen Gleichung, so sind neben e^{rx} auch $xe^{rx}, \ldots, x^{p-1} e^{rx}$ Lösungen der verkürzten Differentialgleichung. Ebenso gehören zu einer p-fachen komplexen Wurzel $\varrho + i\sigma$ im ganzen

p Lösungen, neben $e^{\varrho x}(\cos\sigma x + i\sin\sigma x)$ noch $xe^{\varrho x}(\cos\sigma x + i\sin\sigma x), \ldots,$ $x^{p-1}e^{\varrho x}(\cos\sigma x + i\sin\sigma x)$. Der erste Fall entsteht aus dem zweiten durch die Einsetzung $\sigma = 0$. Wenn ein Polynom $P(x)$ vom Grade n die Wurzel x_0 hat, und man setzt $x = x_0 + h$, so wird

$$P(x) = P(x_0) + \frac{h}{1!}P'(x_0) + \ldots + \frac{h^n}{n!}P^{(n)}(x_0).$$

Mit $P(x_0)$ mögen auch $P'(x_0), \ldots, P^{(p-1)}(x_0)$ gleich Null sein, dagegen $P^{(p)}(x_0) \neq 0$, so daß man hat $P(x) = (x - x_0)^p Q(x)$ und $Q(x_0) \neq 0$. In diesem Falle nennt man x_0 eine p-fache Wurzel von $P(x)$. Man erkennt eine p-fache Wurzel also daran, daß in der Reihe $P(x_0), P'(x_0), \ldots$ die p ersten Glieder gleich Null sind.

Um zu erkennen, daß zu einer (reellen oder komplexen) p-fachen Wurzel $\lambda = \varrho + i\sigma$ neben $z = e^{\varrho x}(\cos\sigma x + i\sin\sigma x)$ auch die Lösungen $xz, \ldots x^{p-1}z$ gehören, kann man folgende Überlegung anwenden: Wie schon Leibniz bemerkt hat, schließen sich an seine Produktregel $(uv)' = uv' + u'v$ folgende Formeln für die höheren Ableitungen eines Produktes an:

$$(uv)'' = uv'' + 2u'v' + u''v,$$
$$(uv)''' = uv''' + 3u''v' + 3u'v'' + u'''v,$$
$$\cdots\cdots\cdots\cdots$$

Hiernach ist

$$a_n uv + a_{n-1}(uv)' + a_{n-2}(uv)'' + \ldots + (uv)^{(n)} =$$
$$= u(a_n v + a_{n-1}v' + a_{n-2}v'' + \ldots + v^{(n)}) + u'(a_{n-1}v + 2a_{n-2}v' + \ldots + nv^{(n-1)})$$
$$\cdots\cdots\cdots\cdots$$
$$+ u^{(n)}v.$$

Setzt man jetzt $v = e^{\varrho x}(\cos\sigma x + i\sin\sigma x)$, so daß $v' = (\varrho + i\sigma)v$, $v'' = (\varrho + i\sigma)^2 v, \ldots, v^{(n)} = (\varrho + i\sigma)^n v$ wird, und bezeichnet man das Polynom $a_n + a_{n-1}\lambda + \ldots + \lambda^n$ mit $P(\lambda)$, so geht der obige Ausdruck über in

$$uv\,P(\varrho + i\sigma) + u'v\,P'(\varrho + i\sigma) + \ldots + \frac{u^{(n)}v}{n!}P^{(n)}(\varrho + i\sigma).$$

Ist nun u ein Polynom $(p-1)$-ten Grades, so fallen die Glieder mit $u^{(p)}, \ldots, u^{(n)}$ von selbst fort. Im Falle $P(\varrho + i\sigma) = 0, \ldots, P^{(p-1)}(\varrho + i\sigma) = 0$ sind auch die übrigen Glieder gleich Null. Damit ist der gewünschte Beweis erbracht.

Die Sachlage ist jetzt folgende: Es sei

$$P(\lambda) = \ldots(\lambda - r)^p \ldots (\lambda - \varrho - i\sigma)^q \ldots$$

Dann haben wir für die verkürzte Differentialgleichung im ganzen n Lösungen, nämlich

$$\ldots e^{rx}, \ldots, x^{p-1}e^{rx}, \ldots$$
$$\ldots e^{\varrho x}(\cos\sigma x + i\sin\sigma x), \ldots, x^{q-1}e^{\varrho x}(\cos\sigma x + i\sin\sigma x), \ldots$$

Da wir die Koeffizienten a_μ als reell voraussetzen, sind die komplexen Wurzeln paarweise konjugiert, und je zwei konjugierte haben dieselbe Vielfachheit. Daher können wir die obigen n Lösungen, weil mit z_1 und z_2 immer auch die lineare Verbindung $k_1 z_1 + k_2 z_2$ eine Lösung ist, in folgender, völlig reeller Form ansetzen:

$$\ldots e^{rx}, \ldots x^{p-1}e^{rx}, \ldots$$
$$\ldots e^{\varrho x}\cos\sigma x, \ldots, x^{q-1}e^{\varrho x}\cos\sigma x$$
$$\ldots e^{\varrho x}\sin\sigma x, \ldots, x^{q-1}e^{\varrho x}\sin\sigma x, \ldots$$

Diese Lösungen, der Reihe nach kurz mit $z_1, z_2, \ldots, z_n$ bezeichnet, bilden ein sogenanntes **Fundamentalsystem.** Man kann zeigen, daß sie linear unabhängig sind, d. h. daß zwischen ihnen keine lineare Relation mit konstanten Koeffizienten besteht, die nicht alle gleich Null sind, also keine Relation von der Form $k_1 z_1 + k_2 z_2 + \ldots + k_n z_n = 0 \quad (k_1, k_2, \ldots k_n \neq 0, 0, \ldots, 0)$.

Ferner kann man beweisen, daß jede Lösung der verkürzten Differentialgleichung sich als lineare Verbindung der Fundamental- oder Grundlösungen $z_1, z_2, \ldots, z_n$ darstellen läßt. Hat man die verkürzte Differentialgleichung vollständig integriert und für sie das Fundamentalsystem $z_1, z_2, \ldots, z_n$ gefunden, so genügt es, eine spezielle Lösung y_0 der unverkürzten Differentialgleichung zu kennen, um alle Lösungen dieser Differentialgleichung zu finden. Es ist nämlich klar, daß die Differenz zweier Lösungen der unverkürzten Gleichung eine Lösung der verkürzten sein muß. Daher kann man sagen, daß sich jede Lösung der unverkürzten Gleichung in der Form

$$y = y_0 + c_1 z_1 + \ldots + c_n z_n$$

schreiben läßt. Lagrange hat eine berühmte Methode erdacht, um aus $z_1, z_2, \ldots, z_n$ eine Lösung der unverkürzten Differentialgleichung aufzubauen. Man nennt sein Verfahren die **Variation der Konstanten.** Der Grundgedanke ist der, daß man die Konstanten $c_1, c_2, \ldots, c_n$ variabel macht, also durch Funktionen $c_1(x), c_2(x), \ldots c_n(x)$ ersetzt und diese Funktionen so zu wählen versucht, daß $y = c_1(x) z_1 + \ldots + c_n(x) z_n$ der unverkürzten Gleichung genügt. Dabei kann man, da n unbekannte Funktionen zur Verfügung stehen, $n - 1$ Bedingungen stellen. Diese werden so gewählt, daß die Ableitungen $y', \ldots y^{(n-1)}$ möglichst einfach aussehen. Fordert man, daß die Gleichungen

$$\begin{aligned} c_1'(x) z_1 + \ldots + c_n'(x) z_n &= 0, \\ c_1'(x) z_1' + \ldots + c_n'(x) z_n' &= 0, \\ \ldots\ldots\ldots\ldots \\ c_1'(x) z_1^{(n-2)} + \ldots + c_n'(x) z_n^{(n-2)} &= 0, \end{aligned}$$

erfüllt sind, so wird sein

$$\begin{aligned} y' &= c_1(x) z_1' + \ldots + c_n(x) z_n', \\ y'' &= c_1(x) z_1'' + \ldots + c_n(x) z_n'', \\ \ldots\ldots\ldots\ldots \\ y^{(n-1)} &= c_1(x) z_1^{(n-1)} + \ldots + c_n(x) z_n^{(n-1)}. \end{aligned}$$

Hieran schließt sich die Gleichung

$$y^{(n)} = c_1(x) z_1^{(n)} + \ldots + c_n(x) z_n^{(n)} + c_1'(x) z_1^{(n-1)} + \ldots + c_n'(x) z_n^{(n-1)}.$$

Setzt man nun alle diese Ausdrücke $y, y', \ldots, y^{(n)}$ in die unverkürzte Differentialgleichung ein, so findet man, da $z_1, \ldots, z_n$ der verkürzten Differentialgleichung genügen,

$$c_1'(x) z_1^{(n-1)} + \ldots + c_n'(x) z_n^{(n-1)} = \psi(x).$$

Die Determinante der n Gleichungen, die wir für $c_1'(x), \ldots, c_n'(x)$ vor uns haben, lautet

$$W(x) = \begin{vmatrix} z_1 & , z_2 & , \ldots, z_n \\ z_1' & , z_2' & , \ldots, z_n' \\ \ldots & \ldots & \ldots \\ z_1^{(n-1)}, & z_2^{(n-1)}, & \ldots, z_n^{(n-1)} \end{vmatrix}.$$

Man nennt sie die **Wronskische Determinante** von $z_1, \ldots z_n$. Ihr Verschwinden ist, wie leicht bewiesen werden kann, ein Kennzeichen linearer Abhängigkeit der beteiligten Funktionen. Da bei uns $z_1, \ldots, z_n$ linear unabhängig sind, wird sie von Null verschieden sein. Man kann daher die für $c_1'(x), \ldots, c_n'(x)$ bestehenden linearen Gleichungen nach der Cramerschen Regel auflösen.

Bezeichnet man mit $W_1(x), W_2(x), \ldots, W_n(x)$ die zur letzten Zeile von $W(x)$ gehörigen algebraischen Komplemente, so ergibt sich nach jener Regel

$$c_1'(x) = \frac{\psi(x)\, W_1(x)}{W(x)}, \ldots, c_n'(x) = \frac{\psi(x)\, W_n(x)}{W(x)},$$

also, wenn man als untere Integralgrenze irgendein x_0 benutzt,

$$c_\mu(x) = \int\limits_{x_0}^{x} \frac{\psi(\mathfrak{x})\, W_\mu(\mathfrak{x})\, d\mathfrak{x}}{W(\mathfrak{x})} + C_\mu,$$

mithin $$y = \Sigma\, c_\mu(x)\, z_\mu(x) = \Sigma \int\limits_{x_0}^{x} \frac{\psi(\mathfrak{x})\, W_\mu(\mathfrak{x})\, z_\mu(x)\, d\mathfrak{x}}{W(\mathfrak{x})} + \Sigma\, C_\mu\, z_\mu(x).$$

Da es genügt, eine spezielle Lösung y_0 der unverkürzten Differentialgleichung zu gewinnen, so kann man diese in folgender Weise schreiben:

$$y_0 = \int\limits_{x_0}^{x} \left\{ \begin{vmatrix} z_1(\mathfrak{x}) & z_2(\mathfrak{x}) & \ldots & z_n(\mathfrak{x}) \\ \cdot & \cdot & \cdot & \cdot \\ z_1^{(n-2)}(\mathfrak{x}) & z_2^{(n-2)}(\mathfrak{x}) & \ldots & z_n^{(n-2)}(\mathfrak{x}) \\ z_1(x) & z_2(x) & \ldots & z_n(x) \end{vmatrix} : \begin{vmatrix} z_1(\mathfrak{x}) & z_2(\mathfrak{x}) & \ldots & z_n(\mathfrak{x}) \\ \cdot & \cdot & \cdot & \cdot \\ z_1^{(n-2)}(\mathfrak{x}) & z_2^{(n-2)}(\mathfrak{x}) & \ldots & z_n^{(n-2)}(\mathfrak{x}) \\ z_1^{(n-1)}(\mathfrak{x}) & z_2^{(n-1)}(\mathfrak{x}) & \ldots & z_n^{(n-1)}(\mathfrak{x}) \end{vmatrix} \right\} \psi(\mathfrak{x})\, d\mathfrak{x}.$$

Ein berühmtes und wichtiges Beispiel zu dieser Integrationstheorie bietet die Schwingungsgleichung mit Störungsglied $y'' + k^2 y = \psi(x)$, wobei k eine von Null verschiedene Konstante ist. Wir behandeln sie später als Übungsbeispiel.

Um auch, wenigstens an einem Beispiel, die Behandlung von Differentialsystemen zu zeigen, betrachten wir zwei Massenpunkte m_1 und m_2, die sich gegenseitig mit der Newtonschen Kraft $(k m_1 m_2)/r^2$ anziehen. r ist ihre Entfernung. Bezeichnen wir die Koordinaten von m_1 mit x_1, y_1, z_1, die von m_2 mit x_2, y_2, z_2, so hat die auf m_1 wirkende Kraft die Richtungskosinusse

$$\frac{x_2 - x_1}{r}, \quad \frac{y_2 - y_1}{r}, \quad \frac{z_2 - z_1}{r},$$

also die Komponenten $$\frac{k m_1 m_2 (x_2 - x_1)}{r^3}, \quad \frac{k m_1 m_2 (y_2 - y_1)}{r^3}, \quad \frac{k m_1 m_2 (z_2 - z_1)}{r^3}.$$

Nach Newton sind diese Kraftkomponenten gleich den mit m_1 multiplizierten Beschleunigungskomponenten. Letztere sind die zweiten Ableitungen von x_1, y_1, z_1 nach der Zeit t. Wir bezeichnen sie nach Newton mit $\ddot{x}_1, \ddot{y}_1, \ddot{z}_1$. Die Punkte ersetzen die Lagrangeschen Striche. Man wendet die Newtonschen Punkte in der Mechanik gerne an, wenn es sich um Ableitungen nach der Zeit handelt. Es gelten also für unser Problem, das sogenannte **Zweikörperproblem**, folgende sechs Differentialgleichungen:

$$m_1 \ddot{x}_1 = \frac{k m_1 m_2 (x_2 - x_1)}{r^3}, \quad m_2 \ddot{x}_2 = \frac{k m_1 m_2 (x_1 - x_2)}{r^3},$$

$$m_1 \ddot{y}_1 = \frac{k m_1 m_2 (y_2 - y_1)}{r^3}, \quad m_2 \ddot{y}_2 = \frac{k m_1 m_2 (y_1 - y_2)}{r^3},$$

$$m_1 \ddot{z}_1 = \frac{k m_1 m_2 (z_2 - z_1)}{r^3}, \quad m_2 \ddot{z}_2 = \frac{k m_1 m_2 (z_1 - z_2)}{r^3}.$$

Die rechts stehenden besagen dasselbe für m_2, wie die links stehenden für m_1. Links kann man den Faktor m_1, rechts den Faktor m_2 streichen. Setzt man $x_2 - x_1 = x$, $y_2 - y_1 = y$, $z_2 - z_1 = z$ und subtrahiert die nebeneinanderstehenden Gleichungen, so ergibt sich, wenn man noch $m_1 + m_2 = m$ setzt,

$$\ddot{x} = -\frac{k\,m\,x}{r^3}, \quad \ddot{y} = -\frac{k\,m\,y}{r^3}, \quad \ddot{z} = -\frac{k\,m\,z}{r^3}.$$

Auf alle Fälle ist also die Wronskische Determinante $\begin{vmatrix} x & y & z \\ \dot{x} & \dot{y} & \dot{z} \\ \ddot{x} & \ddot{y} & \ddot{z} \end{vmatrix}$ gleich Null, weil die letzte Zeile zur ersten proportional ist. Wäre auch die zweite Zeile proportional zur ersten, so würde folgen, daß x, y, z konstante Verhältnisse haben. Die Relativbewegung von m_2 in bezug auf m_1 fände also statt auf einer durch m_1 gehenden Geraden von fester Richtung. Von diesem Fall wollen wir hier absehen. Er wird unter den Beispielen behandelt.

Da die Wronskische Determinante von x, y, z verschwindet, besteht zwischen diesen Funktionen eine lineare Relation $Ax + By + Cz = 0$, d. h. die Bewegung von m_2 um m_1 vollzieht sich in einer durch m_1 gehenden Ebene von unveränderlicher Stellung, so daß die Normale dieser Ebene eine feste Richtung im Raume hat. Wir wollen diese sogenannte Bahnebene mit $z = 0$ zusammenfallen lassen. Dann sind nur die beiden Differentialgleichungen

$\ddot{x} = -\frac{kmx}{r^3}$, $\ddot{y} = -\frac{kmy}{r^3}$ zu betrachten, wobei $r^2 = x^2 + y^2$ ist. Aus ihnen folgt $x\ddot{y} - y\ddot{x} = 0$, folglich $x\dot{y} - y\dot{x} = c$. Führt man Polarkoordinaten ein, setzt man also $x = r\cos\varphi$, $y = r\sin\varphi$, so wird

$$\dot{x} = \dot{r}\cos\varphi - \dot{\varphi}\, r\sin\varphi\,, \quad \dot{y} = \dot{r}\sin\varphi + \dot{\varphi}\, r\cos\varphi\,,$$

mithin $$x\dot{y} - y\dot{x} = r^2\,\dot{\varphi} = c\,, \quad \text{oder} \quad r^2\,d\,\varphi = c\,dt\,.$$

Das ist in differentieller Schreibung der berühmte **Keplersche Flächensatz.** Was links steht, ist das Differential des doppelten Sektors, den der Radiusvektor von m_2 im Laufe der Zeit dt überstreicht. Dieser doppelte Sektor hängt also von t in der Form $ct + c_1$ ab, so daß man mit Kepler sagen kann: **Der Radiusvektor überstreicht in gleichen Zeiten gleiche Flächen.**

Man muß $c \neq 0$ annehmen, weil sonst die Bewegung auf einer durch m_1 hindurchgehenden Geraden fester Richtung stattfände. Auf Grund der Beziehung $dt = (r^2\,d\,\varphi)/c$ kann man das vorliegende Differentialsystem so schreiben:

$$d\dot{x} = -\frac{kmx}{r^3}\,\frac{r^2\,d\,\varphi}{c}\,, \quad d\dot{y} = -\frac{kmy}{r^3}\,\frac{r^2\,d\,\varphi}{c}\,.$$

Setzt man $x = r\cos\varphi$ und $y = r\sin\varphi$ ein, so ergibt sich

$$d\dot{x} = -\frac{km}{c}\cos\varphi\,d\,\varphi\,, \quad d\dot{y} = -\frac{km}{c}\sin\varphi\,d\,\varphi\,,$$

und hieraus sofort

$$\dot{x} = -\frac{km}{c}\sin\varphi + A\,, \quad \dot{y} = \frac{km}{c}\cos\varphi + B\,.$$

Faßt man nun diese Ausdrücke mittels der Faktoren $-y = -r\sin\varphi$ und $x = r\cos\varphi$ zusammen, so findet man, da links c herauskommen muß,

$$c = \frac{km\,r}{c} - A\,r\sin\varphi + B\,r\cos\varphi\,.$$

Das ist die Polargleichung der Bahnkurve, die m_2 um m_1 beschreibt. Sind A und B beide gleich Null, so ist die Bahnkurve ein Kreis, $r = c^2/km$.
Sind sie nicht beide gleich Null, so kann man setzen

$$A = -\frac{\varepsilon\, km}{c} \sin \varphi_0, \quad B = \frac{\varepsilon\, km}{c} \cos \varphi_0 .$$

Dadurch erhält die obige Gleichung folgende Form:

$$r = \frac{c^2/km}{1 + \varepsilon \cos (\varphi - \varphi_0)} .$$

Das ist die Polargleichung einer Ellipse ($\varepsilon < 1$) oder Hyperbel ($\varepsilon > 1$) oder Parabel ($\varepsilon = 1$). Der Anfangspunkt ist ein Brennpunkt.
Kepler hat sich zunächst nur mit den Planeten beschäftigt. Da ist die Bahnkurve eine Ellipse. Der Zähler des Bruches, den wir für r gefunden haben, ist der Parameter p. Er hat, durch die Halbachsen a und b ausgedrückt, den Wert b^2/a. Man sieht also, daß $b^2/a = c^2/km$ ist. Die Bedeutung von c kennen wir. c ist der doppelte Sektor, der in der Zeiteinheit vom Radiusvektor überstrichen wird. Bezeichnet T die Umlaufzeit des Planeten, in welcher die ganze Ellipse, deren doppelter Inhalt $2\pi\, ab$ lautet, beschrieben wird, so weiß man, daß $2\pi\, ab = cT$ ist. Hieraus folgt $c^2 = (4\pi^2 a^2 b^2)/T^2$. Setzt man dies in die für b^2/a gefundene Gleichung ein, so findet man $a^3/T^2 = km/4\pi^2$. Hier haben wir, in strengerer Fassung, das dritte Keplersche Gesetz vor uns. $m = m_1 + m_2$ ist im Falle der Planetenbewegung die Summe aus der Sonnenmasse und der Masse des Planeten, die gegen jene vernachlässigt werden kann, so daß die Keplersche Folgerung gezogen werden kann, wonach für alle Planeten $a^3 : T^2$ denselben Wert hat.

§ 35. Etwas über konforme Abbildungen

Wir betrachten die Abbildung $\mathfrak{x} = \mathfrak{x}(x, y)$, $\mathfrak{y} = \mathfrak{y}(x, y)$ der (x, y)-Ebene auf die $(\mathfrak{x}, \mathfrak{y})$-Ebene. Wenn wir durch den Punkt x, y eine Kurve C ziehen, so entspricht ihr eine Bildkurve $\mathfrak{C}$ durch den Punkt $\mathfrak{x}, \mathfrak{y}$, Die Neigung der Kurve C gegen die x-Achse wird durch dy/dx bestimmt, ebenso die Neigung von $\mathfrak{C}$ gegen die $\mathfrak{x}$-Achse durch $d\mathfrak{y}/d\mathfrak{x}$. Nun hat man

$$d\mathfrak{x} = \mathfrak{x}_x\, dx + \mathfrak{x}_y\, dy, \quad d\mathfrak{y} = \mathfrak{y}_x\, dx + \mathfrak{y}_y\, dy .$$

dx, dy ist eine Fortschreitung längs der Tangente von C, ebenso $d\mathfrak{x}, d\mathfrak{y}$ eine solche längs der Tangente von $\mathfrak{C}$. Wir wollen außer C noch eine zweite Kurve C^* durch x, y ziehen. Ihre Bildkurve heiße $\mathfrak{C}^*$. Was sich auf diese Kurven C^*, $\mathfrak{C}^*$ bezieht, versehen wir mit einem Stern. Demgemäß schreiben wir:

$$d^*\mathfrak{x} = \mathfrak{x}_x\, d^*x + \mathfrak{x}_y\, d^*y, \quad d^*\mathfrak{y} = \mathfrak{y}_x\, d^*x + \mathfrak{y}_y\, d^*y .$$

Wenn wir fordern, daß der Winkel, den C und C^* an der Stelle x, y miteinander bilden, erhalten bleiben soll, so muß insbesondere die Orthogonalität erhalten bleiben, d. h. aus $dx\, d^*x + dy\, d^*y = 0$ muß folgen $d\mathfrak{x}\, d^*\mathfrak{x} + d\mathfrak{y}\, d^*\mathfrak{y} = 0$.
Nun ist aber

$$d\mathfrak{x}\, d^*\mathfrak{x} + d\mathfrak{y}\, d^*\mathfrak{y} = (\mathfrak{x}_x^2 + \mathfrak{y}_x^2)\, dx\, d^*x + (\mathfrak{x}_y^2 + \mathfrak{y}_y^2)\, dy\, d^*y + {} + (\mathfrak{x}_x \mathfrak{x}_y + \mathfrak{y}_x \mathfrak{y}_y)\, (dx\, d^*y + d^*x\, dy) .$$

Setzt man $d^*x = dy$, $d^*y = -dx$, so wird $dx\, d^*x + dy\, d^*y = 0$. Folglich muß dann auch $d\mathfrak{x}\, d^*\mathfrak{x} + d\mathfrak{y}\, d^*\mathfrak{y} = 0$ sein, d. h. es muß für alle Werte von dx, dy folgende Gleichung bestehen:

$$(\mathfrak{x}_x^2 + \mathfrak{y}_x^2 - \mathfrak{x}_y^2 - \mathfrak{y}_y^2)\, dx\, dy + (\mathfrak{x}_x \mathfrak{x}_y + \mathfrak{y}_x \mathfrak{y}_y)\, (dy^2 - dx^2) = 0 .$$

Das ist dann und nur dann der Fall, wenn die Bedingungen

$$\mathfrak{x}_x \mathfrak{x}_y + \mathfrak{y}_x \mathfrak{y}_y = 0\,, \quad \mathfrak{x}_x^2 + \mathfrak{y}_x^2 = \mathfrak{x}_y^2 + \mathfrak{y}_y^2$$

erfüllt sind. Der gemeinsame Wert der beiden Quadratsummen kann nicht gleich Null sein, weil sonst $\mathfrak{x}_x, \mathfrak{x}_y, \mathfrak{y}_x, \mathfrak{y}_y$ gleich Null wären, also $\mathfrak{x}, \mathfrak{y}$ weder bei variierendem x noch bei variierendem y eine Änderung erführen. Die durch diese Funktionen vermittelte Abbildung würde allen Punkten x, y des abzubildenden Bereichs denselben Bildpunkt zuordnen. Solche Abbildungen schließen wir selbstverständlich aus. Da also $\mathfrak{x}_y, \mathfrak{y}_y$ nicht beide gleich Null sind, folgt aus der ersten Bedingung $\mathfrak{x}_x = \lambda\, \mathfrak{y}_y$, $\mathfrak{y}_x = -\lambda\, \mathfrak{x}_y$. Setzt man diese Ausdrücke in die zweite Bedingung ein, so findet man $\lambda^2 = 1$, also $\lambda = 1$ oder $\lambda = -1$. Im ersten Fall wäre $\mathfrak{x}_x = \mathfrak{y}_y$, $\mathfrak{x}_y = -\mathfrak{y}_x$, im zweiten Falle müßte man rechts noch das Minuszeichen hinzugeben. Es gibt also zwei Klassen von Abbildungen, welche die rechten Winkel unverändert übertragen. Die erste Klasse wird durch die obigen Gleichungen, die sogenannten **Cauchy-Riemannschen Differentialgleichungen,** gekennzeichnet. Die zweite Klasse entsteht aus der ersten durch Verwandlung von $\mathfrak{y}$ in $-\mathfrak{y}$. Man muß also, nachdem sich eine Transformation der ersten Klasse vollzogen hat, noch eine Spiegelung an der $\mathfrak{x}$-Achse folgen lassen. Wenn die Cauchy-Riemannschen Gleichungen erfüllt sind, kann man zeigen, daß überhaupt jeder Winkel, unter dem zwei Kurven sich schneiden, unverändert abgebildet wird, einschließlich des Drehungssinns. Setzt man nämlich $\mathfrak{x}_x = A \cos\alpha$, $\mathfrak{x}_y = A \sin\alpha$, so wird nach den Cauchy-Riemannschen Gleichungen $\mathfrak{y}_x = -A \sin\alpha$, $\mathfrak{y}_y = A\cos\alpha$.

Bezeichnet man weiter $\sqrt{dx^2 + dy^2}$ und $\sqrt{d\mathfrak{x}^2 + d\mathfrak{y}^2}$ mit ds und $d\mathfrak{S}$, so wird sein

$$dx = ds \cos\varphi\,, \quad dy = ds \sin\varphi\,.$$

Dann folgt aber $d\mathfrak{x} = A\, ds \cos(\varphi - \alpha)$, $d\mathfrak{y} = A\, ds \sin(\varphi - \alpha)$.

Wenn man die Achsenpaare als gleichgerichtet voraussetzt, so sieht man, daß der Vektor $d\mathfrak{x}, d\mathfrak{y}$ gegen die x-Richtung um $\varphi - \alpha$ geneigt ist. Zugleich sieht man, daß die Länge des Vektors dx, dy sich mit A multipliziert hat. Es hat sich also eine Drehung und Streckung vollzogen. Daraus folgt dann sofort, daß der Winkel, den C^* mit C an x, y bildet, erhalten bleibt, einschließlich des Drehungssinns. Man bezeichnet derartige Abbildungen als **konform.**

Beziehung der konformen Abbildungen zu den analytischen Funktionen

z sei eine komplexe Veränderliche $x + iy$, und jedem Punkte z eines gewissen Bereiches der Zahlenebene sei ein komplexer Wert $w = u + iv$ zugeordnet. u, v sind dann Funktionen von x, y und w eine Funktion von z. Diesen ganz allgemeinen Funktionsbegriff hat Cauchy dadurch eingeschränkt, daß er für den Differenzenquotienten $\triangle w / \triangle z$ im Falle $\triangle z \to 0$ einen Grenzwert forderte, der Ableitung genannt und mit $w'(z)$ bezeichnet wird. Da $\triangle z$ ein komplexes Inkrement ist, $\triangle z = \triangle x + i \triangle y$, so steckt in der Cauchyschen Forderung mehr, als man beim ersten Anblick bemerkt.

Setzt man $\triangle w / \triangle z = w'(z) + \alpha$, so muß α gleichzeitig mit $\triangle z$ der Null zustreben. α ist eine komplexe Zahl, $\alpha = \alpha_1 + i\alpha_2$, ebenso $w'(z) = w_1 + iw_2$. So besagt also obige Gleichung, daß

$$\triangle u + i \triangle v = (w_1 + iw_2)(\triangle x + i\triangle y) + (\alpha_1 + i\alpha_2)(\triangle x + i \triangle y)$$

ist, d. h.

$$\triangle u = w_1 \triangle x - w_2 \triangle y + \alpha_1 \triangle x - \alpha_2 \triangle y\,,$$
$$\triangle v = w_2 \triangle x + w_1 \triangle y + \alpha_2 \triangle x + \alpha_1 \triangle y\,.$$

Da α_1, α_2 gleichzeitig mit $\triangle x$, $\triangle y$ nach Null konvergieren, so entnimmt man diesen Gleichungen, daß u und v im früher erklärten Sinne (vgl. Seite 131) differenzierbar sind und daß außerdem $u_x = w_1$, $u_y = -w_2$, $v_x = w_2$, $v_y = w_1$ ist, also
$$u_x = v_y, \; u_y = -v_x .$$
Das sind die Cauchy-Riemannschen Differentialgleichungen.

Man nennt $w(z)$, wenn $w'(z)$ existiert, eine **analytische Funktion.** Um die Existenz von $w'(z)$ zu sichern, müssen die Cauchy-Riemannschen Relationen bestehen und u und v, die Bestandteile von $w = u + iv$, differenzierbar sein im früher erklärten Sinne. Wir sehen: **Jede analytische Funktion vermittelt eine konforme Abbildung.**

Cauchy hat für seine analytischen oder, wie er sagt, monogenen Funktionen eine Reihe grundlegendster Integralsätze aufgestellt. Sie gehen alle zurück auf den sogenannten **Cauchyschen Fundamentalsatz.**

Wenn $w(z)$ in einem Rechteck $\mathfrak{R}$ definiert ist und überall (einschließlich des Randes) $w'(z)$ existiert, so ist $\boxed{\int w(z)\,dz = 0}$, **erstreckt längs des Randes.**

Das Theorem überträgt sich auf allgemeine Bereiche, z. B. auf solche, die aus endlich vielen Normalbereichen (vgl. Seite 163) zusammensetzbar sind. Da $\int\limits_{\mathfrak{B}\circlearrowleft} w(z)\,dz = \int\limits_{\mathfrak{B}\circlearrowleft} (u\,dx - v\,dy) + i \int\limits_{\mathfrak{B}\circlearrowleft} (v\,dx + u\,dy)$ ist und nach dem Gaußschen Integralsatz die Beziehung $\int\limits_{\mathfrak{B}\circlearrowleft} (X\,dy - Y\,dx) = \iint\limits_{\mathfrak{B}} (X_x + Y_y)\,dx\,dy$ besteht (X, Y Funktionen von x, y mit den nötigen Stetigkeitseigenschaften), so hat man
$$\int\limits_{\mathfrak{B}\circlearrowleft} (u\,dx - v\,dy) = \iint\limits_{\mathfrak{B}} (-v_x - u_y)\,dx\,dy ,$$
$$\int\limits_{\mathfrak{B}\circlearrowleft} (v\,dx + u\,dy) = \iint\limits_{\mathfrak{B}} (u_x - v_y)\,dx\,dy .$$
Die beiden Doppelintegrale sind auf Grund der Cauchy-Riemannschen Differentialgleichungen gleich Null, also auch die links stehenden Randintegrale und mit ihnen $\int\limits_{\mathfrak{B}\circlearrowleft} w(z)\,dz$.

Nun betrachtet Cauchy die Funktion $w(z)/(z-c)$ und nimmt an, daß sich $w(z)$ in einer gewissen Umgebung $\mathfrak{U}$ von c analytisch verhält. Es gelingt dann leicht, zu zeigen, daß
$$\boxed{w(c) = \frac{1}{2\pi i} \int\limits_{\mathfrak{U}\circlearrowleft} \frac{w(z)\,dz}{z-c}}$$
ist.

Damit ist ein merkwürdiger Zusammenhang zwischen den Werten $w(c)$ im Innern von $\mathfrak{U}$ und den Randwerten aufgedeckt. Man nennt die obige Gleichung die **Cauchysche Integralformel.** Aus ihr kann man eine weitere wichtige Eigenschaft der analytischen Funktionen gewinnen. $\mathfrak{K}$ sei der größte um c beschriebene Kreis, der nicht über $\mathfrak{U}$ hinausgreift. Dann läßt sich $w(z)$ innerhalb dieses Kreises durch eine Potenzreihe darstellen:
$$w(z) = a_0 + a_1 (z-c) + a_2 (z-c)^2 + \dots$$
Hierbei ist $a_0 = \frac{1}{2\pi i} \int\limits_{\mathfrak{U}\circlearrowleft} \frac{w(z)\,dz}{z-c}$, $a_1 = \frac{1}{2\pi i} \int\limits_{\mathfrak{U}\circlearrowleft} \frac{w(z)\,dz}{(z-c)^2}, \dots$

Den Potenzreihen ist hiermit eine bedeutsame Rolle in der Theorie der analytischen Funktionen zugewiesen. Man kann die ganze Theorie, wie Weierstraß es getan hat, von den Potenzreihen aus aufbauen. Eine Potenzreihe $\sum_{0}^{\infty} a_n (z - c)^n$, wo die a_n komplexe Zahlen sind, ebenso wie c, ist immer innerhalb eines gewissen um c beschriebenen Kreises, des sogenannten **Konvergenzkreises**, konvergent und außerhalb desselben divergent. Die durch sie im Innern des Konvergenzkreises dargestellte Funktion hat die Ableitung $\sum_{1}^{\infty} n a_n (z - c)^{n-1}$, sie ist also analytisch, aber zunächst beschränkt auf diesen Kreis. Es gibt aber für sie einen Weg in die Freiheit, der ihr durch die analytische Fortsetzung eröffnet wird. Man kann zeigen, daß für $w(z) = \sum_{0}^{\infty} a_n (z - c)^n$, wenn z_0 irgendeine Stelle innerhalb des Konvergenzkreises ist, die Taylorsche Entwicklung gilt $w(z_0) + (z - z_0) w'(z_0) + \frac{(z - z_0)^2}{2!} w''(z_0) + \ldots$

Sie konvergiert sicher, solange z sich im Innern des größten um z_0 beschriebenen Kreises befindet, der nicht über den Konvergenzkreis hinausgreift. Es kommt aber vor, daß diese Taylorsche Reihe einen größeren Konvergenzkreis hat. Dann erfährt der Lebensraum von $w(z)$ eine Erweiterung. Man nennt dieses Verfahren, für $w(z)$ neues Gebiet zu gewinnen, die **analytische Fortsetzung** und kann das Verfahren wiederholt anwenden.

Es kann vorkommen, daß die ursprüngliche Potenzreihe einen unendlich großen Konvergenzkreis hat. Dann braucht man keine analytische Fortsetzung. Ein Beispiel hierfür ist die Exponentialreihe $1 + z/1! + z^2/2! + \ldots$ Ihre Summe wird auch dann mit e^z bezeichnet, wenn z keine reelle Zahl ist. Es zeigt sich, daß die Grundeigenschaft $e^{z_1} \cdot e^{z_2} = e^{z_1 + z_2}$ auch im komplexen Gebiet gilt. Hiernach wäre also insbesondere $e^z = e^x \cdot e^{iy}$.

Da
$$e^{iy} = 1 + \frac{iy}{1!} - \frac{y^2}{2!} - \frac{iy^3}{3!} + \frac{y^4}{4!} + \frac{iy^5}{5!} - \ldots$$
ist, so erkennt man mit Euler den Zusammenhang $e^{iy} = \cos y + i \sin y$ und hat dann allgemein $e^{x+iy} = e^x \cos y + i e^x \sin y$.

Da auch $e^{-iy} = \cos y - i \sin y$ ist, so folgt
$$\cos y = \frac{e^{iy} + e^{-iy}}{2}, \quad \sin y = \frac{e^{iy} - e^{-iy}}{2i}.$$
Hierdurch sind die trigonometrischen Funktionen auf die Exponentialfunktion zurückgeführt.

Zusätzliche Bemerkungen

§ 36. Division eines Polynoms $P(x)$ durch $x - r$

Aus $P(x) = a_0 x^n + a_1 x^{n-1} + \ldots + a_n = (x - r)(b_0 x^{n-1} + b_1 x^{n-2} + \ldots + b_{n-1}) + b_n$ ergibt sich $a_0 x^n + a_1 x^{n-1} + \ldots + a_n =$
$$= b_0 x^n + (b_1 - r b_0) x^{n-1} + \ldots + (b_{n-1} - r b_{n-2}) x + (b_n - r b_{n-1}).$$
Man hat demnach
$$b_0 = a_0, \ b_1 = a_1 + r b_0, \ldots, \ b_{n-1} = a_{n-1} + r b_{n-2}, \ b_n = a_n + r b_{n-1}.$$

In dem Hornerschen Schema

	a_0	a_1	a_2	...	a_{n-1}	a_n
r	b_0	b_1	b_2	...	b_{n-1}	b_n

ist $b_0 = a_0$ und dann jedes b gleich dem darüberstehenden a vermehrt um das r-fache des vorangehenden b. Auf diese Weise kann man bequem die Koeffizienten von $b_0 x^{n-1} + b_1 x^{n-2} + \ldots + b_{n-1}$ und den Divisionsrest b_n der Reihe nach berechnen. Setzt man in der Ausgangsgleichung $x = r$, so ergibt sich $P(r) = b_n$. Man kann also nach dem Hornerschen Verfahren bequem Einzelwerte des Polynoms ausrechnen.

Eine ähnliche Regel gilt für die Division von $P(x)$ durch $x^2 + \alpha x + \beta$. Aus $P(x) = (x^2 + \alpha x + \beta)(c_0 x^{n-2} + c_1 x^{n-3} + \ldots + c_{n-2}) + c_{n-1} x + (c_n + \alpha c_{n-1})$ folgt $a_0 x^n + a_1 x^{n-1} + a_2 x^{n-2} + \ldots + a_{n-2} x^2 + a_{n-1} x + a_n =$

$$= c_0 x^n + \left.\begin{matrix} c_1 \\ +\alpha c_0 \\ + \end{matrix}\right\} x^{n-1} + \left.\begin{matrix} c_2 \\ +\alpha c_1 \\ +\beta c_0 \end{matrix}\right\} x^{n-2} + \ldots + \left.\begin{matrix} c_{n-2} \\ +\alpha c_{n-3} \\ +\beta c_{n-4} \end{matrix}\right\} x^2 + \left.\begin{matrix} c_{n-1} \\ +\alpha c_{n-2} \\ +\beta c_{n-3} \end{matrix}\right\} x + \left.\begin{matrix} c_n \\ +\alpha c_{n-1} \\ +\beta c_{n-2} \end{matrix}\right\}.$$

Zunächst findet man für die beiden ersten Koeffizienten des Divisors $c_0 x^{n-2} + c_1 x^{n-3} + \ldots + c_{n-2}$ die Werte $c_0 = a_0$, $c_1 = a_1 - \alpha c_0$. Weiter gilt dann $\quad c_2 = a_2 - \alpha c_1 - \beta c_0, \ldots, c_{n-2} = a_{n-2} - \alpha c_{n-3} - \beta c_{n-4}$.

Bei der von uns gewählten zweckmäßigen Bezeichnung der Restkoeffizienten durch c_{n-1} und $\alpha c_{n-1} + c_n$ ist außerdem aber auch

$$c_{n-1} = a_{n-1} - \alpha c_{n-2} - \beta c_{n-3}, \; c_n = a_n - \alpha c_{n-1} - \beta c_{n-2}.$$

In dem Schema

	a_0	a_1	a_2	...	a_{n-2}	a_{n-1}	a_n
β, α	c_0	c_1	c_2	...	c_{n-2}	c_{n-1}	c_n

ist also von c_2 angefangen jedes c gleich dem darüberstehenden a vermindert, um das α-fache seines Vorgängers und das β-fache seines Vorvorgängers. Die Regel gilt auch für die beiden ersten c, wenn man sich denkt, daß die vor c_0 stehenden c lauter Nullen sind. Auch für die Division von $P(x)$ durch höhere als quadratische Polynome gilt eine naheliegende Verallgemeinerung obiger Regel. Man muß nur die Koeffizienten des Restpolynoms zweckmäßig bezeichnen. Z. B. muß man, wenn der Divisor ein Polynom dritten Grades $x^3 + \alpha x^2 + \beta x + \gamma$ ist und der Quotient $k_0 x^{n-3} + k_1 x^{n-4} + \ldots + k_{n-3}$ lautet, den Rest so schreiben:

$$k_{n-2} x^2 + (k_{n-1} + \alpha k_{n-2}) x + (k_n + \alpha k_{n-1} + \beta k_{n-2}).$$

Dann wird $\quad k_\mu = a_\mu - \alpha k_{\mu-1} - \beta k_{\mu-2} - \gamma k_{\mu-3}$

sein. Als Vorgänger von k_0 muß man sich Nullen denken.

Auf diese Weise ist das gewöhnliche, etwas umständliche Divisionsverfahren vollkommen überflüssig geworden.

Wenn $P(x)$ durch ein Polynom m-ten Grades $x^m + A_1 x^{m-1} + \ldots + A_m$ dividiert wird, so muß man, wenn der Divisor $k_0 x^{n-m} + k_1 x^{n-m-1} + \ldots + k_{n-m}$ lautet, den Rest in der Form

$$\begin{aligned} & k_{n-m+1}(x^{m-1} + A_1 x^{m-2} + \ldots + A_{m-1}) \\ & + k_{n-m+2}(x^{m-2} + A_1 x^{m-3} + \ldots + A_{m-2}) \\ & \ldots\ldots\ldots\ldots\ldots\ldots \\ & + k_{n-1}(x + A_1) \\ & + k_n \end{aligned}$$

ansetzen, damit allgemein folgende Relation gilt:

$$k_\mu = a_\mu - A_1 k_{\mu-1} - \ldots - A_m k_{\mu-m}\,.$$

Als Vorgänger von k_0 sind Nullen anzusetzen. Das verallgemeinerte Hornersche Schema sieht dann so aus:

	a_0	a_1	a_2	...	a_{n-2}	a_{n-1}	a_n
$A_m, A_{m-1}, \ldots, A_1$	k_0	k_1	k_2	...	k_{n-2}	k_{n-1}	k_n

Jedes k ist gleich dem darüberstehenden a, vermindert um das A_1-fache des ersten, das A_2-fache des zweiten, . . ., das A_m-fache des m-ten Vorgängers. $k_0 x^{n-m} + \ldots + k_{n-m}$ ist der Quotient und der oben angegebenen, mit $k_{n-m+1}, \ldots, k_n$ gebildete Ausdruck der Rest.

Beispiel: $P(x) = x^5 - 3x^4 + 2x^3 - 2x^2 + 4$ soll durch $x^3 + x + 1$ dividiert werden. Verallgemeinertes Hornersches Schema:

	1	−3	2	−2	0	4
1, 1, 0	1	−3	1	0	2	3

Der Quotient $k_0 x^2 + k_1 x + k_2$ lautet, wie man aus der zweiten Reihe abliest, $x^2 - 3x + 1$, der Rest $k_3(x^2 + 1) + k_4 x + k_5$, weil k_3, k_4, k_5 die Werte 0, 2, 3 haben, $2x + 3$.

Auch die Multiplikation der Polynome läßt sich in ähnlicher Weise behandeln und für sie ein Schema aufstellen. Setzt man

$$(c_0 x^n + c_1 x^{n-1} + \ldots + c_n)(\alpha_0 x^m + \alpha_1 x^{m-1} + \ldots + \alpha_m) =$$
$$= \beta_0 x^{m+n} + \beta_1 x^{m+n-1} + \ldots + \beta_{m+n}\,,$$

so ist

$$\beta_r = c_0 \alpha_r + c_1 \alpha_{r-1} + \ldots + c_r \alpha_0\,,$$

wobei r von 0 bis $m + n$ läuft. Die α und c, deren Index über m oder n liegt, sind gleich Null. Die Anordnung der Rechnung kann man nach Analogie des Hornerschen Schemas einrichten. Besonders einfach gestaltet sich die Potenzierung eines Polynoms. Durch sukzessive Anwendung des Verfahrens kann man die höheren Potenzen mit Leichtigkeit bilden. So kommt man auf den berühmten polynomischen Lehrsatz.

§ 37. Kennzeichnung einer Kurve unabhängig vom Achsensystem

Das Hauptinstrument der analytischen Geometrie sind die Koordinaten. Kurven werden gekennzeichnet durch Gleichungen zwischen den Koordinaten. Hierdurch kommt etwas in die Betrachtungen hinein, was nichts mit dem Wesen der Kurve zu tun hat. Begreiflicherweise sind die Geometer auf den Gedanken gekommen, eine mehr innerliche Kennzeichnung der Kurven anzustreben und sich vom Koordinatensystem unabhängig zu machen.

Man kann auf der zu betrachtenden Kurve eine Fortschreitung als die positive festsetzen und einen Anfangspunkt A wählen. Zu jedem Kurvenpunkt P gehört dann ein Bogen $AP = s$, der positiv (negativ) gerechnet wird, wenn man sich beim Durchlaufen des Bogens von A nach P hin im positiven (negativen) Sinne bewegt. Denkt man sich in jedem Kurvenpunkt die Tangente gezogen und im Sinne wachsender s orientiert, so wird die Tangente, wenn man den Bogen AP durchlaufend von A nach P gelangt, eine gewisse Drehung ϑ ausführen. Dieses ϑ ist eine Funktion von s, und durch $\vartheta = f(s)$ wird die Kurve unabhängig vom Achsensystem gekennzeichnet. Wie hängt nun die koordinatenmäßige Kennzeichnung mit dieser innerlichen Charakterisierung zusammen? Wenn man von s zu $s + \triangle s$ übergeht, so erfahren die Koordinaten x, y des Punktes P, die Funktionen von s sind, die Inkremente $\triangle x$, $\triangle y$. Offenbar ist $\frac{\triangle x}{\triangle s} = q \cos \varphi^*$, $\frac{\triangle y}{\triangle s} = q \sin \varphi^*$.

φ^* ist die Neigung der von x, y nach $x + \triangle x$, $y + \triangle y$ gezogenen Sekante gegen die x-Achse. Läßt man $\triangle s$ nach Null konvergieren, so wird φ^* dem Grenzwert φ zustreben und q dem Grenzwert 1, wobei φ die Neigung der Tangente in P gegen die x-Achse bedeutet. Man hat also

$$x'(s) = \cos \varphi\,, \quad y'(s) = \sin \varphi$$

oder in Differentialsymbolen

$$\frac{dx}{ds} = \cos \varphi, \qquad \frac{dy}{ds} = \sin \varphi\,.$$

Offenbar ist nun $\vartheta = \varphi - \varphi_0$, wenn φ_0 die Neigung der Tangente in A bezeichnet. Man hat also, da $\vartheta = f(s)$ sein soll, $\varphi = \varphi_0 + f(s)$ und

$$dx/ds = \cos \varphi_0 \cos f(s) - \sin \varphi_0 \sin f(s)\,,$$
$$dy/ds = \sin \varphi_0 \cos f(s) + \cos \varphi_0 \sin f(s)\,.$$

Hieraus folgt, wenn man zur Abkürzung $\int\limits_0 \cos f(s)\, ds = \mathfrak{x}$, $\int\limits_0 \sin f(s)\, ds = \mathfrak{y}$ setzt und die Koordinaten von A mit x_0, y_0 bezeichnet,

$$x = x_0 + \mathfrak{x} \cos \varphi_0 - \mathfrak{y} \sin \varphi_0\,, \quad y = y_0 + \mathfrak{x} \sin \varphi_0 + \mathfrak{y} \cos \varphi_0\,.$$

Diese Formeln stellen aber eine aus Drehung und Translation zusammengesetzte Bewegung dar. Sie sagen uns, daß die Gleichung $\vartheta = f(s)$ unsere Kurve bis auf eine Bewegung festlegt. Zwei Kurven, die nach passender Wahl der Anfangspunkte A dieselbe innerliche Gleichung $\vartheta = f(s)$ haben, sind kongruent, d. h. sie lassen sich durch eine Bewegung zur Kongruenz bringen. Man muß nur die Anfangspunkte A zusammenlegen und außerdem sorgen, daß die Anfangstangenten zusammenfallen.

Wie lautet z. B. die innerliche Gleichung eines Kreises vom Radius a? Man sieht sofort, daß sich die Tangente um s/a dreht, wenn der Bogen s durchlaufen wird. Es ist also $\vartheta = s/a$. Der Kreis hat eine lineare innerliche Gleichung. Das Hinzutreten eines konstanten Gliedes würde nur eine Verlagerung des Anfangspunktes bedeuten. Läßt man a über alle Grenzen wachsen, so kommt man auf die Gerade, die durch $\vartheta = 0$ gekennzeichnet ist. Die Tangente erfährt keine Drehung, weil sie immer mit der Geraden zusammenfällt.

Wenn man nun irgendeine Kurve betrachtet mit der Gleichung $\vartheta = f(s)$ und sie in der nächsten Nähe des Anfangspunktes A untersucht, also des Punktes $s = 0$, so wollen wir annehmen, daß $f(s)$ sich dort in eine Potenzreihe $f(s) = c_1 s + c_2 s^2 + \ldots$ entwickeln läßt. Würden wir uns bei dieser Reihe auf das erste Glied $c_1 s$ beschränken, so ginge die Kurve in den Kreis $\vartheta = c_1 s$ über. Dieser Kreis, den wir uns so durch A gezogen denken, daß er in A dieselbe Tangente hat wie die Kurve, heißt der **Schmiegungskreis.**

Die oben für x, y angegebenen Ausdrücke ermöglichen es uns, diesen Kreis koordinatenmäßig zu erfassen. Wir müssen in jenen Ausdrücken $f(s)$ durch $c_1 s$ ersetzen und finden, wenn alle neuen Größen mit Sternen bezeichnet werden:

$$\mathfrak{x}^* = \int \cos(c_1 s)\, ds = \frac{\sin c_1 s}{c_1}, \quad \mathfrak{y}^* = \int \sin(c_1 s)\, ds = \frac{1 - \cos c_1 s}{c_1}$$

und erhalten folgende Parameterdarstellung für den Schmiegungskreis:

$$x^* = x_0 + \frac{\sin c_1 s}{c_1} \cos \varphi_0 - \frac{1 - \cos c_1 s}{c_1} \sin \varphi_0$$

$$y^* = y_0 + \frac{\sin c_1 s}{c_1} \sin \varphi_0 + \frac{1 - \cos c_1 s}{c_1} \cos \varphi_0 .$$

Wenn s um $2\pi/c_1$ wächst, beschreibt x^*, y^* den Kreis gerade einmal. Wächst s um π/c_1, so wird die Hälfte des Kreises durchlaufen. Insbesondere liegen sich die zu $s = 0$ und $s = \pi/c_1$ gehörigen Punkte x^*, y^* diametral gegenüber. In der Mitte zwischen diesen Punkten mit den Koordinaten x_0, y_0 und $x_0 - (2/c_1) \sin \varphi_0$, $y_0 + (2/c_1) \cos \varphi_0$ liegt der Mittelpunkt des Schmiegungskreises. Seine Koordinaten sind die arithmetischen Mittel aus jenen, lauten also

$$\xi_0 = x_0 - \frac{1}{c_1} \sin \varphi_0, \quad \eta_0 = y_0 + \frac{1}{c_1} \cos \varphi_0$$

oder

$$\xi_0 = x_0 + \frac{1}{c_1} \cos\left(\varphi_0 + \frac{\pi}{2}\right), \quad \eta_0 = y_0 + \frac{1}{c_1} \sin\left(\varphi_0 + \frac{\pi}{2}\right).$$

Man sieht jetzt deutlich, wie man zum Zentrum K_0 des Schmiegungskreises gelangt. φ_0 ist die Neigung der Tangente in A gegen die x-Achse, $\varphi_0 + \pi/2$ die Neigung der um $\pi/2$ gedrehten Tangente, also der Normale der Kurve in A. Auf dieser Normale muß man von A aus um $1/c_1$ fortschreiten, um nach K_0 zu gelangen. Aus $\vartheta = c_1 s + c_2 s^2 + \ldots$ folgt $d\vartheta/ds = c_1 + 2c_2 s + \ldots$, so daß $c_1 = (d\vartheta/ds)_0$ ist, mithin $1/c_1 = (ds/d\vartheta)_0$. Man nennt $(d\vartheta/ds)_0$ die Krümmung der Kurve an der Stelle A. Schmiegungskreis und Kurve haben in A dieselbe Krümmung. Der Radius ϱ_0 des Schmiegungskreises wird als Krümmungsradius bezeichnet, der Schmiegungskreis als Krümmungskreis. Es ist also $\varrho_0 = (ds/d\vartheta)_0$. Aus $\vartheta = \varphi - \varphi_0$ oder $\vartheta = \operatorname{arc\,tan} y' - \varphi_0$ folgt ferner $d\vartheta = d\varphi = dy'/(1 + y'^2) = y''\, dx/(1 + y'^2)$. Da ferner $ds = (1 + y'^2)^{1/2}\, dx$ ist, so hat man

$$\boxed{\varrho = \frac{ds}{d\vartheta} = \frac{(1 + y'^2)^{3/2}}{y''} .}$$

Wir haben jetzt den Index 0 fortgelassen, da jeder Kurvenpunkt zum Anfangspunkt der Bögen erkoren werden kann. $1/\varrho$, die Krümmung, bezeichnet man gewöhnlich mit $\varkappa$. Wenn die Kurve in irgendeiner Parameterdarstellung $x = x(t)$, $y = y(t)$ vorliegt, so ist $y'(x) = y'(t)/x'(t)$, ferner

$$y''(x) = \left(\frac{y'(t)}{x'(t)}\right)' : x'(t) = \frac{x'(t)\, y''(t) - y'(t)\, x''(t)}{\{x'(t)\}^3} .$$

Hiernach wird

$$\boxed{\varrho = \frac{(x'^2 + y'^2)^{3/2}}{x' y'' - y' x''} .}$$

Aus der Formel $\varkappa = d\vartheta/ds$ ergibt sich folgende Erklärung der Krümmung: Die Krümmung findet man, wenn man die Drehung der Tangente beim Durchlaufen des Bogens $\triangle s$ durch diesen Bogen dividiert und $\triangle s$ nach Null konvergieren läßt. Der Mittelpunkt K des Schmiegungs- oder Krümmungskreises, das Krümmungszentrum, hat, wie wir wissen, die Koordinaten

$$\boxed{\xi = x - \varrho \sin \varphi, \quad \eta = y + \varrho \cos \varphi .}$$

Durchläuft x, y die Kurve, so beschreibt ξ, η deren Evolute.

Da $\dfrac{dx}{d\varphi} = \dfrac{dx}{ds}\dfrac{ds}{d\varphi} = \varrho \cos \varphi$, $\dfrac{dy}{d\varphi} = \dfrac{dy}{ds}\dfrac{ds}{d\varphi} = \varrho \sin \varphi$ ist, so ergibt sich

$$\frac{d\xi}{d\varphi} = -\frac{d\varrho}{d\varphi}\sin\varphi, \quad \frac{d\eta}{d\varphi} = \frac{d\varrho}{d\varphi}\cos\varphi .$$

Man sieht hieraus, daß die Normale der Kurve im Punkte P zugleich die Tangente der Evolute im Punkte K ist. Ferner sieht man, da obige Gleichungen auch in der Form $\dfrac{d\xi}{d\varrho} = \cos\left(\varphi + \dfrac{\pi}{2}\right)$, $\dfrac{d\eta}{d\varrho} = \sin\left(\varphi + \dfrac{\pi}{2}\right)$ geschrieben werden können, daß $d\varrho$ das Bogendifferential der Evolute ist, also der zwischen zwei Punkten K_1 und K_2 liegende Evolutenbogen gleich $\varrho_2 - \varrho_1$. Geht man von P_1 nach K_1 geradlinig und von K_1 nach K_2 längs der Evolute, so ist der Gesamtweg gleich der geraden Verbindung von P_2 nach K_2. Die Kurve $P_1 \ldots P_2$ wird also vom Endpunkt eines Fadens beschrieben, der einesteils mit dem Evolutenbogen $K_1 K_2$, andernteils mit einem Stück der Evolutentangente in K_1 zusammenfällt und dann weiter von der Evolute abgewickelt wird. Die Kurve $P_1 P_2$, auf der man das Fadenende entlang führen muß, um die Abwicklung zustande zu bringen, wird als Evolvente bezeichnet. Da wir die Fadenlänge l beliebig ändern können, gehören zu einer Evolute unendlich viele Evolventen. Sie haben gemeinsame Normalen, auf denen immer je zwei Evolventen ein konstantes Stück ausschneiden. Ihre Tangenten in den Endpunkten des Stückes sind parallel, weil senkrecht zur gemeinsamen Normale. Man sagt deshalb, daß diese Evolventen **Parallelkurven** seien.

Weil die Normalen einer Kurve zugleich die Tangenten der Evolute sind, nennt man die Evolute auch die **Hüllkurve** (**Enveloppe**) jener Normalen. Der Enveloppenbegriff ist durch Leibniz ganz allgemein formuliert und auf beliebige Einparameterscharen von Kurven übertragen worden. Dargestellt wird eine solche Einparameterschar durch

$$x = x(t, c), \quad y = y(t, c) .$$

c ist der Parameter, der die Kurve innerhalb der Schar kennzeichnet, t der Ortsparameter auf der Kurve. Um die Hüllkurve dieser Kurvenschar zu finden (den Enveloppenprozeß durchzuführen), muß man folgendes machen: Auf jeder Kurve der Schar wird ein Punkt gewählt, etwa nach dem Gesetz $t = t(c)$. Dadurch verwandeln sich $x(t, c)$ und $y(t, c)$ in Funktionen von c. Bei variierendem c beschreibt der Punkt x, y eine Kurve. Diese soll nun von den Kurven der Schar berührt werden. Das wird der Fall sein, wenn $x_t\,dt + x_c\,dc$, $y_t\,dt + y_c\,dc$ proportional zu $x_t\,dt$, $y_t\,dt$ sind, also $x_c\,dc$, $y_c\,dc$ ebenfalls proportional zu $x_t\,dt$, $y_t\,dt$, d. h. $x_c\,y_t - x_t\,y_c = 0$. Diese Relation zwischen c und t muß mit dem Auswahlgesetz $t = t(c)$ übereinstimmen.

Hierzu ein Beispiel:
$X = x - t \sin \varphi$, $Y = y + t \cos \varphi$ ist die Normale der Kurve $y = y(x)$ in Parameterdarstellung. Die einzelne Normale innerhalb der Schar aller Normalen wird durch den Bogen s gekennzeichnet. Man muß nun nach obiger Regel $\begin{vmatrix} X_t & Y_t \\ X_s & Y_s \end{vmatrix} = 0$ setzen, d. h. mit Rücksicht auf $d\varphi/ds = 1/\varrho$

$$\begin{vmatrix} -\sin\varphi, & \cos\varphi \\ \left(1 - \frac{t}{\varrho}\right)\cos\varphi, & \left(1 - \frac{t}{\varrho}\right)\sin\varphi \end{vmatrix} = 0,$$

also $1 - t/\varrho = 0$, mithin $t = \varrho$. Auf jeder Normale muß man demnach den Punkt $x - \varrho \sin \varphi$, $y + \varrho \cos \varphi$, d. h. das Krümmungszentrum K herausgreifen, um die Hüllkurve zu erhalten. Diese fällt also mit der Evolute zusammen.

§ 38. Kurven zweiter Ordnung

Im Altertum kam man auf die Kurven zweiter Ordnung dadurch, daß man einen Rotationskegel mit einer Ebene zum Schnitt brachte. Die Eigenschaften dieser Kurven, die man mit Rücksicht auf ihre Entstehung **Kegelschnitte** nannte, wurden durch rein geometrische Betrachtungen gefunden. Wir kommen heute bequemer zum Ziele, wenn wir die Hilfsmittel der analytischen Geometrie anwenden. Wir legen durch den Anfangspunkt O eine Gerade und denken uns um einen Punkt M dieser Geraden einen Kreis beschrieben, dessen Ebene senkrecht auf OM steht. Die Punkte P dieses Kreises geben mit O verbunden die Erzeugenden eines Rotationskegels. Wir werden diesen Kegel mit einer durch M hindurchgehenden Ebene schneiden und nehmen an, daß sie nicht mit der Kreisebene zusammenfällt. Dann haben beide Ebenen eine Gerade MN gemein. Wir legen durch O eine Parallele zu MN und machen sie zur x-Achse. MA sei ein Radius des Kreises, der parallel zur x-Achse läuft, also auf MN liegt, MB ein Radius, der auf MA senkrecht steht. Wir können offenbar den Ortsvektor jedes Punktes P unseres Kreises aus $OM = \mathfrak{M}$, $MA = \mathfrak{A}$, $MB = \mathfrak{B}$ in folgender Weise aufbauen:

$$OP = \mathfrak{M} + \mathfrak{A} \cos u + \mathfrak{B} \sin u\,.$$

Multiplizieren wir ihn mit irgendeinem Faktor v, so erhalten wir den Ortsvektor $\mathfrak{r}$ eines Punktes des Rotationskegels

$$\mathfrak{r} = \mathfrak{M} v + \mathfrak{A} v \cos u + \mathfrak{B} v \sin u\,.$$

Werden mit $\mathfrak{i}, \mathfrak{j}, \mathfrak{k}$ die Einheitsvektoren auf den positiven Achsen bezeichnet, so ist $\mathfrak{A} = a\mathfrak{i}$, $\mathfrak{M} = b\mathfrak{j} + c\mathfrak{k}$ und $\mathfrak{B} = \frac{a(-c\mathfrak{j} + b\mathfrak{k})}{\sqrt{b^2 + c^2}}$, weil $\mathfrak{B}$ auf $\mathfrak{A}$ und $\mathfrak{M}$ senkrecht steht und ebenso lang ist wie $\mathfrak{A}$. Man kann demnach schreiben:

$$\mathfrak{r} = \mathfrak{j} bv + \mathfrak{k} cv + \mathfrak{i} av \cos u + \frac{-\mathfrak{j} acv \sin u - \mathfrak{k} abv \sin u}{\sqrt{b^2 + c^2}}\,.$$

Das ist in vektorieller Schreibung die Parameterdarstellung unseres Rotationskegels. Ihn wollen wir, wie schon gesagt, mit einer durch MN hindurchgehenden Ebene schneiden. Da wir bisher nur über die x-Achse verfügt haben, die parallel zu MN läuft, so können wir es uns so einrichten, daß die (x, y)-Ebene parallel zur Ebene des Kegelschnittes ist. Die schneidende Ebene wird also in

Koordinaten durch $z = K$ gekennzeichnet. Die Ortsvektoren der Kegelschnittpunkte haben demnach bei $\mathfrak{k}$ einen Gesamtfaktor, der gleich K ist. Es muß bei ihnen
$$cv + \frac{abv \sin u}{\sqrt{b^2 + c^2}} = K \text{ sein, d. h. } v = \frac{K}{c + \frac{ab \sin u}{\sqrt{b^2 + c^2}}}.$$

Wenn wir durch M zwei Achsen legen, die parallel zu Ox, Oy laufen, so wird der Kegelschnitt durch folgende Gleichungen parametrisch dargestellt:
$$x = \frac{Ka \cos u}{c + \frac{ab \sin u}{b^2 + c^2}}, \quad y = \frac{K\,[b - ac\,(b^2 + c^2)^{-1/2} \sin u]}{c + \frac{ab \sin u}{b^2 + c^2}}.$$

Aus der letzten Gleichung entnimmt man
$$\frac{-yc + Kb}{\sqrt{b^2 + c^2}} = \frac{Ka \sin u}{c + \frac{ab \sin u}{\sqrt{b^2 + c^2}}}, \quad \frac{(yb + Kc)\,a}{b^2 + c^2} = \frac{Ka}{c + \frac{ab \sin u}{\sqrt{b^2 + c^2}}}.$$

Die Zähler im ersten und in den beiden letzten Ausdrücken lauten $Ka \cos u$, $Ka \sin u$, Ka. Die Quadratsumme der beiden ersten ist gleich dem Quadrat des letzten. Daher wird sein $x^2 + \frac{(yc - Kb)^2}{b^2 + c^2} = \frac{(yb + Kc)^2 a^2}{(b^2 + c^2)^2}$.

Das ist eine Gleichung zweiten Grades in x, y. Die Kegelschnitte sind also K u r v e n z w e i t e r O r d n u n g. Man sieht aus obiger Gleichung, daß x^2 ein Polynom zweiten Grades in y ist, das sich als Differenz zweier Quadrate darbietet:
$$\left(\frac{yab + Kac}{b^2 + c^2}\right)^2 - \left(\frac{yc - Kb}{\sqrt{b^2 + c^2}}\right)^2.$$

Diese Differenz ist das Produkt der beiden Linearfaktoren
$$y\left(\frac{ab}{b^2 + c^2} + \frac{c}{\sqrt{b^2 + c^2}}\right) + K\left(\frac{ac}{b^2 + c^2} - \frac{b}{\sqrt{b^2 + c^2}}\right),$$
$$y\left(\frac{ab}{b^2 + c^2} - \frac{c}{\sqrt{b^2 + c^2}}\right) + K\left(\frac{ac}{b^2 + c^2} + \frac{b}{\sqrt{b^2 + c^2}}\right).$$

Ihre Determinante ist, wie man bestätigen wolle, gleich $2aK/\sqrt{b^2 + c^2}$, also von Null verschieden, so daß nie beide Faktoren verschwinden können. Wenn $a^2 b^2 - c^2 (b^2 + c^2) = 0$ ist, fällt in einem der Faktoren y ganz heraus, während es in dem anderen stehen bleibt. Die Gleichung des Kegelschnittes hat dann folgende Gestalt:
$$x^2 = 2\,py + q.$$

Durch eine Translation des Achsensystems in der y-Richtung kann man q zu Null machen und hat dann $x^2 = 2\,py$, worin wir die Gleichung der P a r a b e l wiedererkennen. Die geometrische Bedeutung der Relation $a^2 b^2 - c^2 (b^2 + c^2) = 0$ ist leicht festzustellen. Die (x, y)-Ebene, zu welcher die Ebene des Kegelschnittes parallel ist, berührt den Kegel. Sie schneidet ihn nämlich, wie man durch die Einsetzung $K = 0$ aus der Kegelschnittgleichung entnimmt, in dem durch
$$x^2 = y^2 \frac{a^2 b^2 - c^2 (b^2 + c^2)}{(b^2 + c^2)^2}$$

dargestellten Geradenpaar, das im Falle $a^2 b^2 - c^2 (b^2 + c^2) = 0$ zur Doppelgeraden $x^2 = 0$ ausartet.

Im Falle $a^2 b^2 - c^2 (b^2 + c^2) > 0$ schneidet die (x, y)-Ebene den Kegel in einem reellen Geradenpaar. Die zu ihr parallel gerichtete Ebene des Kegelschnittes trifft also beide Mäntel des Kegels, den man sich immer als Doppelkegel denken muß. Der Kegelschnitt wird also aus zwei getrennten Ästen bestehen. Tatsächlich kann man seine Gleichung so schreiben:

$$x^2 = A (y - r_1)(y - r_2), \quad \text{wobei } A = \frac{a^2 b^2 - c^2 (b^2 + c^2)}{(b^2 + c^2)^2}$$

positiv ist. Nur wenn y außerhalb des Intervalles $r_1 \ldots r_2$ liegt, ist die rechte Seite positiv und kann dann dem links stehenden Quadrat gleich sein. Durch eine Translation des Achsensystems in der y-Richtung läßt es sich einrichten, daß der Anfangspunkt in die Mitte des Intervalles $r_1 \ldots r_2$ fällt. r_1 und r_2 werden dann entgegengesetzt gleich sein. $r_1 = r$, $r_2 = -r$. Die Gleichung des Kegelschnitts lautet also $x^2 = A (y^2 - r^2)$. Durch eine Dehnung in der x-Richtung (Multiplikation aller x mit einem konstanten Faktor) kann man den Fall $A = 1$ herbeiführen und hat dann $y^2 - x^2 = r^2$. Wir haben diese Kurve bereits als gleichseitige Hyperbel kennengelernt. Mit ihr hängt also die Hyperbel $x^2 = A (y^2 - r^2)$ durch eine Dehnung zusammen.

Im Falle $a^2 b^2 - c^2 (b^2 + c^2) < 0$ schneidet die (x, y)-Ebene den Kegel in einem imaginären Geradenpaar, sie trifft nur seine Spitze. Die Ebene des Kegelschnittes, die zu jener parallel ist, wird daher nur einen der beiden Kegelmäntel treffen. Die Gleichung des Kegelschnittes lautet, wenn wir diesmal $\frac{a^2 b^2 - c^2 (b^2 + c^2)}{(b^2 + c^2)^2} = -A$ setzen, so daß A wieder positiv ist,

$$x^2 = -A (y - r_1)(y - r_2).$$

Hier muß nun, damit die rechte Seite positiv wird, y zwischen r_1 und r_2 bleiben. Führt man wieder durch Translation in der y-Richtung den Fall $r_1 = r$, $r_2 = -r$ herbei, so lautet die Gleichung des Kegelschnitts $x^2 = A (r^2 - y^2)$. Durch eine Dehnung in der x-Richtung können wir A den Wert 1 verschaffen und haben dann den Kreis $x^2 + y^2 = r^2$ vor uns, aus dem der Kegelschnitt durch Dehnung entsteht. Auf Grund dessen enthüllt er sich als die uns bekannte Ellipse. Außer den reellen und imaginären Geradenpaaren und den Doppelgeraden sind Ellipsen, Hyperbeln und Parabeln die einzigen Kegelschnitte.

Jetzt wollen wir den umgekehrten Weg gehen und untersuchen, welche Kurven es sind, die durch Gleichungen zweiten Grades in x, y dargestellt werden. Eine Gleichung zweiten Grades in x, y enthält zunächst drei mit x^2, xy, y^2 behaftete Glieder (Glieder zweiter Dimension). Dann kommen zwei Glieder mit x und y (Glieder erster Dimension), und schließlich noch ein von x, y freies Glied (Glied nullter Dimension). Wenn man bei jedem Glied erster Dimension noch einen Faktor z hinzugibt, der in Wirklichkeit gleich 1 ist, und bei dem Glied nullter Dimension zwei solche Faktoren z, also z^2, so wird die Gleichung die folgende Gestalt haben: $f(x, y, z) = 0$. Dabei ist f eine quadratische Form in x, y, z. Man kann x, y, z noch besser mit x_1, x_2, x_3 benennen.

Die Koeffizienten von x_1^2, x_2^2, x_3^2 werden mit a_{11}, a_{22}, a_{33} bezeichnet, die Faktoren von $x_2 x_3$, $x_1 x_3$, $x_1 x_2$ mit $2a_{23}$, $2a_{13}$, $2a_{12}$. Neben a_{23}, a_{13}, a_{12} führt man noch a_{32}, a_{31}, a_{21} ein, die aber gleich a_{23}, a_{13}, a_{12} sein sollen. Man kann dann $2a_{23} x_2 x_3$ durch $a_{23} x_2 x_3 + a_{32} x_3 x_2$ ersetzen, $2a_{13} x_1 x_3$ durch $a_{13} x_1 x_3 + a_{31} x_3 x_1$

und $2a_{12}x_1x_2$ durch $a_{12}x_1x_2 + a_{21}x_2x_1$. Die Form besteht jetzt aus neun Gliedern $a_{rs}x_rx_s$, wobei r und ebenso s die Werte 1, 2, 3 annehmen. Festzuhalten ist die Vereinbarung $a_{rs} = a_{sr}$. Eine Kurve zweiter Ordnung ist der Inbegriff aller Punkte x_1, x_2, x_3, die eine gewisse quadratische Form $f(x_1, x_2, x_3)$ zum Verschwinden bringen.

In Wirklichkeit ist $x_3 = 1$ und $x_1 = x$, $x_2 = y$. Hat man aber einmal diese homogene Schreibung, so kann man auch die uneigentlichen Punkte der Kurve erfassen, was sonst nicht möglich ist. Mit diesen Punkten hat es folgende Bewandtnis: Sie wurden von den Geometern eingeführt, um das Gültigkeitsgebiet gewisser Sätze möglichst zu erweitern. Nehmen wir z. B. den Satz: Zwei Gerade schneiden sich in einem Punkt. Er hört, solange man nur die gewöhnlichen Punkte zuläßt, zu gelten auf, wenn es sich um zwei Parallelen handelt. Hier sagen nun die Geometer: Es existiert auch im Falle paralleler Gerader ein Schnittpunkt. Nur ist es ein uneigentlicher Punkt, ein unendlich ferner Punkt. Wie wird ein solcher Punkt koordinatenmäßig erfaßt? Bei einem gewöhnlichen (eigentlichen) Punkt haben wir gesagt x_1, x_2, x_3 sind dasselbe wie x, y, 1. Ebensogut können wir aber, weil nur homogene Gleichungen in x_1, x_2, x_3 betrachtet werden, x_1, x_2, x_3 als proportional zu x, y, 1 betrachten. Man nennt x_1, x_2, x_3 die **homogenen Koordinaten.** Was geschieht nun, wenn der Punkt x, y in einer bestimmten Richtung, die gegen die x-Achse um α geneigt ist, ins Unendliche fortrückt? Hatte er zu Anfang die Koordinaten x_0, y_0, so werden nach einer gewissen Zeit t diese Koordinaten lauten $x_0 + t\cos\alpha$, $y_0 + t\sin\alpha$, 1, wenn wir annehmen, daß er sich mit der Geschwindigkeit 1 bewegt. Die homogenen Koordinaten x_1, x_2, x_3 verhalten sich zueinander wie $x_0 + t\cos\alpha$, $y_0 + t\sin\alpha$, 1 oder wie $x_0/t + \cos\alpha$, $y_0/t + \sin\alpha$, $1/t$. Bei unendlich zunehmendem t streben diese drei Größen den Grenzwerten $\cos\alpha$, $\sin\alpha$, 0 zu. Dies veranlaßt uns zu sagen, daß der Punkt, wenn er ins Unendliche gerückt ist, und zwar in der durch α gekennzeichneten Richtung, die homogenen Koordinaten $\cos\alpha$, $\sin\alpha$, 0 hat, wobei uns noch die Anfügung eines von Null verschiedenen Faktors zu allen drei Koordinaten freisteht. Diese aus dem Endlichen entwichenen, in die Ferne gerückten Punkte sind die **uneigentlichen Punkte.** Bei ihnen ist immer die dritte Koordinate gleich Null, während sie bei eigentlichen Punkten stets von Null verschieden ist. Die beiden ersten Koordinaten eines uneigentlichen Punktes sind proportional zu $\cos\alpha$, $\sin\alpha$ und verraten, in welcher Richtung der Punkt sich ins Unendliche entfernt hat. Hat man nun eine homogene Gleichung irgendeines Grades n, so nennt man den Inbegriff aller ihr genügenden Punkte (x_1, x_2, x_3) eine **algebraische Kurve n-ter Ordnung** und rechnet dazu auch die uneigentlichen Punkte x_1, x_2, 0, die der Gleichung genügen. Durch die homogene Schreibung wird die Erfassung dieser Punkte erst ermöglicht.

Noch eine kleine Bemerkung hierzu: Eine gewöhnliche Gerade wird durch eine lineare Gleichung $a_1x + a_2y + a_3 = 0$ dargestellt, wobei a_1, a_2 nicht beide verschwinden dürfen. Bei homogener Schreibung $a_1x_1 + a_2x_2 + a_3x_3 = 0$ reduziert sich in dem verbotenen Falle $a_1 = a_2 = 0$ die Gleichung auf $x_3 = 0$, weil wir natürlich annehmen müssen, daß $a_3 \neq 0$ ist, damit überhaupt eine Aussage da ist. Die Gleichung $x_3 = 0$ wird von allen uneigentlichen Punkten erfüllt. Da sie linear und homogen ist wie die Gleichung einer eigentlichen Geraden, so sagt man, daß die uneigentlichen Punkte in ihrer Gesamtheit eine Gerade erfüllen, auf der es keine andern als nur diese dem Endlichen entrückten

Punkte gibt. Man nennt diese Gerade, die nur in einem Exemplar vorhanden ist, die **uneigentliche** oder **unendlich ferne Gerade.** Wenn man alle geometrischen Gebilde einer Ebene E_1 von einem Punkte S aus auf eine Ebene E_2 projiziert, so wird die unendlich ferne Gerade von E_1, falls E_2 nicht zu E_1 parallel ist, in der neuen Ebene als gewöhnliche Gerade erscheinen. Sie ist wieder ins Endliche zurückgekehrt. Dieses geometrische Phänomen spricht sehr dafür, die unendlich ferne Gerade $x_3 = 0$, die Heimat der dem Endlichen entrückten Punkte, als gleichberechtigt neben die eigentlichen Geraden zu stellen. Die uneigentlichen Punkte einer algebraischen Kurve sind die Schnittpunkte der Kurve mit der unendlich fernen Geraden $x_3 = 0$.

Bei der Ermittlung der unendlich fernen Punkte des Kreises entdeckte der berühmte französische Geometer Poncelet etwas sehr Interessantes. Ein Kreis mit dem Mittelpunkt x_0, y_0 und dem Radius a besteht, wenn man nur die gewöhnlichen Punkte betrachtet, aus allen Punkten x, y, die der Gleichung $(x - x_0)^2 + (y - y_0)^2 = a^2$ genügen. Schreibt man diese Gleichung homogen, indem man die Hilfsgröße $z = 1$ hinzunimmt und nachher x, y, z lieber mit x_1, x_2, x_3 bezeichnet, so lautet sie

$$(x_1 - x_0 x_3)^2 + (x_2 - y_0 x_3)^2 = a^2 x_3^2 .$$

Jetzt wollen wir nach den uneigentlichen (unendlich fernen) Punkten dieses Kreises fragen. Um sie zu ermitteln, haben wir $x_3 = 0$ zu setzen. Dann verwandelt sich die Kreisgleichung in $x_1^2 + x_2^2 = 0$, und wir kommen mit Poncelet zu dem Ergebnis, daß alle Kreise dieselben unendlich fernen Punkte haben, gekennzeichnet durch die Aussagen $x_1^2 + x_2^2 = 0,\ x_3 = 0$.

Solange man nur reelle Punkte in Betracht zieht, gibt es keine von 0, 0, 0 verschiedene Lösung obiger Gleichungen. Ein gleichzeitiges Verschwinden aller drei homogenen Koordinaten ist verboten. Die Mathematiker haben sich, um ihre Theoreme schöner formulieren zu können, längst entschlossen, neben den reellen Punkten auch imaginäre zuzulassen, d. h. solche Punkte, bei denen x_1, x_2, x_3 nicht reelle Verhältnisse haben. Z. B. ist es bei den oben gewonnenen Gleichungen so, daß $1, i, 0$ und $1, -i, 0$ ihnen genügen und jedes andere derartige Größentripel entweder zu dem ersten oder zu dem zweiten proportional ist. Alle Kreise werden also von der unendlich fernen Geraden $x_3 = 0$ in demselben imaginären Punktepaar geschnitten. Man nennt diese beiden Punkte die **Ponceletschen Kreispunkte.** Poncelet stellte außerdem fest: **Eine Kurve zweiter Ordnung, die durch diese beiden Punkte hindurchgeht, ist stets ein Kreis.**

Bei richtiger Zählung und Berücksichtigung des Imaginären schneidet jede Gerade eine algebraische Kurve n-ter Ordnung in n Punkten. Z. B. wird eine Kurve zweiter Ordnung von jeder Geraden, auch von der unendlich fernen Geraden $x_3 = 0$, in zwei Punkten geschnitten, die eventuell zusammenrücken können, wodurch die Gerade dann zur Tangente wird.

Wir wollen nun die oben gestellte Frage der geometrischen Bedeutung der Gleichung $\sum a_{rs} x_r x_s = 0$ erledigen. Durch eine Translation des Achsensystems nach einem neuen Anfangspunkt ändern sich die inhomogenen Koordinaten um additive Konstanten. Es wird $x = \xi + x^*$, $y = \eta + y^*$. Dabei sind ξ, η die Koordinaten des neuen Anfangspunktes. Setzt man die Ausdrücke für x, y in

$$a_{11} x^2 + 2a_{12} xy + a_{22} y^2 + 2a_{13} x + 2a_{23} y + a_{33} = 0$$ ein, so erhält man

$$a_{11} x^{*2} + 2a_{12} x^* y^* + a_{22} y^{*2} + 2a_{13}^* x^* + 2a_{23}^* y^* + a_{33}^* = 0 .$$

Dabei ist, wie sich herausstellt,

$$\begin{aligned} a_{13}^* &= a_{11}\,\xi + a_{12}\,\eta + a_{13}\,, \\ a_{23}^* &= a_{21}\,\xi + a_{22}\,\eta + a_{23}\,, \\ a_{33}^* &= a_{13}^*\,\xi + a_{23}^*\,\eta + (a_{31}\,\xi + a_{32}\,\eta + a_{33})\,. \end{aligned}$$

Nehmen wir zunächst an, daß $\begin{vmatrix} a_{11} & a_{12} \\ a_{21} & a_{22} \end{vmatrix} \neq 0$ ist. Dann lassen sich ξ, η so wählen, daß a_{13}^* und a_{23}^* verschwinden, und zwar hat man nach der Cramerschen Regel zu setzen

$$\xi : \eta : 1 = \begin{vmatrix} a_{12} & a_{13} \\ a_{22} & a_{23} \end{vmatrix} : - \begin{vmatrix} a_{11} & a_{13} \\ a_{21} & a_{23} \end{vmatrix} : \begin{vmatrix} a_{11} & a_{12} \\ a_{21} & a_{22} \end{vmatrix}\,.$$

ξ, η, 1 sind also proportional zu den algebraischen Komplementen der dritten Zeile in der Determinante

$$A = \begin{vmatrix} a_{11} & a_{12} & a_{13} \\ a_{21} & a_{22} & a_{23} \\ a_{31} & a_{32} & a_{33} \end{vmatrix}\,,$$

die wir gewohnt sind, mit A_{31}, A_{32}, A_{33} zu bezeichnen. Nach dem für a_{33}^* angegebenen Ausdruck wird im Falle $a_{13}^* = 0$, $a_{23}^* = 0$

$$a_{33}^* = a_{31}\,\xi + a_{32}\,\eta + a_{33} = \frac{A}{A_{33}}\,.$$

Durch jene Translation der Achsen haben wir also die vorliegende Gleichung auf folgende einfachere Form gebracht:

$$a_{11}\,x^{*2} + 2a_{12}\,x^*\,y^* + a_{12}\,y^{*2} + \frac{A}{A_{33}} = 0\,.$$

Wenn der Punkt (x^*, y^*) die Gleichung erfüllt, gilt offenbar dasselbe von $(-x^*, -y^*)$, seinem Spiegelbild in bezug auf den Anfangspunkt, vormals (ξ, η) genannt. Er wird als Mittelpunkt der Kurve bezeichnet. Eine weitere Vereinfachung läßt sich jetzt durch Drehung des Achsensystems um den Mittelpunkt bewirken. Am bequemsten läßt sich die Wirkung einer solchen Drehung erkennen, wenn man Polarkoordinaten einführt, d. h. $x^* = r\cos\varphi^*$, $y^* = r\sin\varphi^*$ setzt. Dreht man das Achsensystem um α, so vermindert sich φ^* um α. Man hat demnach zu schreiben $\varphi^* = \varphi + \alpha$. Die Gleichung der Kurve lautet dann

$$r^2\left[a_{11}\cos^2(\varphi + \alpha) + 2a_{12}\cos(\varphi + \alpha)\sin(\varphi + \alpha) + a_{22}\sin^2(\varphi + \alpha)\right] + \frac{A}{A_{33}} = 0$$

oder, bei Benutzung der Formeln

$$\cos^2(\varphi + \alpha) = \frac{1 + \cos(2\,\varphi + 2\,\alpha)}{2}\,, \quad \sin^2(\varphi + \alpha) = \frac{1 - \cos(2\,\varphi + 2\,\alpha)}{2}$$

$$2\cos(\varphi + \alpha)\sin(\varphi + \alpha) = \sin(2\,\varphi + 2\,\alpha)\,,$$

$$r^2\left[\frac{a_{11} + a_{22}}{2} + \frac{a_{11} - a_{22}}{2}\cos(2\,\varphi + 2\,\alpha) + a_{12}\sin(2\,\varphi + 2\,\alpha)\right] + \frac{A}{A_{33}} = 0\,.$$

Man kann $(a_{11} - a_{22})/2$ und a_{12} als Abszisse und Ordinate eines Punktes betrachten, dessen Polarkoordinaten R und ϱ lauten mögen, so daß $(a_{11} - a_{22})/2 = R\cos\varrho$, $a_{12} = R\sin\varrho$ ist. Setzt man diese Werte ein, so ergibt sich

$$r^2\left[\frac{a_{11} + a_{22}}{2} + R\cos(2\,\varphi + 2\,\alpha - \varrho)\right] + \frac{A}{A_{33}} = 0\,.$$

Wählen wir den Drehungswinkel so, daß $\alpha = \varrho/2$ ist, so vereinfacht sich die Gleichung zu
$$r^2\left[\frac{a_{11}+a_{22}}{2} + R\cos 2\varphi\right] + \frac{A}{A_{33}} = 0\,.$$
Kehrt man zu den cartesischen Koordinaten zurück, indem man statt $\cos 2\varphi$ schreibt $\cos^2\varphi - \sin^2\varphi$ und $r\cos\varphi = X$, $r\sin\varphi = Y$ setzt, also $r^2 = X^2 + Y^2$, so hat man folgende Gleichung vor sich
$$\frac{a_{11}+a_{22}}{2}(X^2+Y^2) + R(X^2 - Y^2) + \frac{A}{A_{33}} = 0\,.$$
Das Glied mit XY, das sogenannte rechteckige Glied, ist fortgefallen. Die Gleichung hat die einfache Form $a_{11}^* X^2 + a_{22}^* Y^2 + \frac{A}{A_{33}} = 0$ angenommen, wobei $a_{11}^* = \frac{a_{11}+a_{22}}{2} + R$, $a_{22}^* = \frac{a_{11}+a_{22}}{2} - R$ ist und
$$R = \sqrt{\left(\frac{a_{11}-a_{22}}{2}\right)^2 + a_{12}^2}\,.$$
Man sieht, daß
$$a_{11}^* + a_{22}^* = a_{11} + a_{22}\,,$$
$$a_{11}^* a_{22}^* = a_{11}a_{22} - a_{22}^2$$
ist. a_{11}^*, a_{22}^* sind die Wurzeln der quadratischen Gleichung
$$\lambda^2 - (a_{11}+a_{22})\lambda + a_{11}a_{22} - a_{12}{}^2 = 0 \quad\text{oder}\quad \begin{vmatrix} a_{11}-\lambda, & a_{12} \\ a_{21}, & a_{22}-\lambda \end{vmatrix} = 0\,.$$
Ist $a_{11}a_{22} - a_{12}{}^2 > 0$, d. h. $A_{33} > 0$, so wird auch $a_{11}^*\, a_{22}^* > 0$ sein, d. h. a_{11}^*, a_{22}^* haben dasselbe Zeichen. Dieses Zeichen hat auch ihre Summe, die gleich $a_{11} + a_{22}$ ist.

Es gibt hier drei Möglichkeiten: 1. A hat das Zeichen von $-(a_{11}+a_{22})$; 2. A hat das Zeichen von $a_{11}+a_{22}$; 3. A ist gleich Null.

Im ersten Falle kann man setzen $a_{11}^* = -\frac{A}{A_{33}}\cdot\frac{1}{a^2}$, $a_{22}^* = -\frac{A}{A_{33}}\cdot\frac{1}{b^2}$ und kommt auf die Gleichung $\boxed{\frac{X^2}{a^2} + \frac{Y^2}{b^2} = 1}$, die eine Ellipse darstellt.

Im zweiten Fall kann man setzen $a_{11}^* = \frac{A}{A_{33}}\cdot\frac{1}{a^2}$, $a_{22}^* = \frac{A}{A_{33}}\cdot\frac{1}{b^2}$ und findet
$$\boxed{\frac{X^2}{a^2} + \frac{Y^2}{b^2} + 1 = 0\,.}$$
Diese Kurve hat keinen reellen Punkt. Man bezeichnet sie als imaginäre Ellipse.

Im dritten Fall findet man $\boxed{\frac{X^2}{a^2} + \frac{Y^2}{b^2} = 0}$, also die beiden imaginären Geraden
$$\frac{X}{a} + i\frac{Y}{b} = 0\,,\quad \frac{X}{a} - i\frac{Y}{b} = 0\,,$$
die sich in dem reellen Punkt $X = 0$, $Y = 0$ schneiden. Man spricht hier von einem imaginären Geradenpaar. $a_{11}a_{22} - a_{12}{}^2 > 0$ bedeutet, daß die unendlich ferne Gerade die Kurve in zwei imaginären Punkten schneidet.

Ist $a_{11}a_{22} - a_{12}^2 < 0$, so haben a_{11}^*, a_{22}^* entgegengesetzte Zeichen. Indem man eventuell das Achsensystem noch einer Vierteldrehung unterwirft, kann man erreichen, daß a_{11}^* das Zeichen von A hat, wenn A nicht verschwindet. Man kommt also, wenn man $a_{11}^* = -\frac{A}{A_{33}} \cdot \frac{1}{a^2}$, $a_{22}^* = \frac{A}{A_{33}} \cdot \frac{1}{b^2}$ setzt, auf die Gleichung $\boxed{\frac{X^2}{a^2} - \frac{Y^2}{b^2} = 1}$, die eine Hyperbel darstellt.

Im Falle $A = 0$ ergibt sich $\boxed{\frac{X^2}{a^2} - \frac{Y^2}{b^2} = 0.}$

Das sind die beiden Geraden

$$\frac{X}{a} + \frac{Y}{b} = 0, \quad \frac{X}{a} - \frac{Y}{b} = 0.$$

Man spricht von einem reellen Geradenpaar.

$a_{11}a_{22} - a_{12}^2 < 0$ bedeutet, daß die unendlich ferne Gerade die Kurve in zwei reellen Punkten schneidet.

Nun müssen wir noch zusehen, wie die Dinge im Falle $a_{11}a_{22} - a_{12}^2 = 0$ liegen. Da gibt es keinen Mittelpunkt. Wenn a_{11}, a_{12}, a_{22} alle drei verschwinden, so lautet die Kurvengleichung

$$(2a_{13}x_1 + 2a_{23}x_2 + a_{33}x_3)\,x_3 = 0.$$

Das ist ein Geradenpaar, bestehend aus der unendlich fernen und einer eigentlichen Geraden. Sind auch a_{13}, a_{23} gleich Null, so bleibt nur die (doppelt zählende) unendlich ferne Gerade übrig: $x_3^2 = 0$.

Sind a_{11}, a_{12}, a_{22} nicht alle gleich Null, so kann man durch eine Drehung des Achsensystems bewirken, daß a_{12} verschwindet. Da $a_{11}a_{22} - a_{12}^2$ erhalten bleibt, so wird dann $a_{12} = 0$ zur Folge haben, daß einer der beiden Koeffizienten gleich Null sein muß. Dreht man eventuell noch um $\pi/2$, so kann man erreichen, daß a_{11} gleich Null ist. Man hat also schließlich folgende Gleichung, wobei noch berücksichtigt wurde, daß $a_{11} + a_{22}$ bei Drehungen erhalten bleibt:

$$(a_{11} + a_{22})\,y^{*2} + 2a_{13}^*x^* + 2a_{23}^*y^* + a_{33} = 0.$$

Durch Translation des Achsensystems in der y^*-Richtung läßt sich a_{23}^* zu Null machen. Es bleibt dann stehen $(a_{11} + a_{22})\,Y^2 + 2a_{13}^*X + a_{33} = 0$.

Man kann leicht feststellen, daß auch A bei Translation und Drehung der Achsen erhalten bleibt. Daher wird $\begin{vmatrix} 0 & 0 & a_{13}^* \\ 0 & a_{11} + a_{22} & 0 \\ a_{31}^* & 0 & a_{33} \end{vmatrix} = A$ sein, d.h.

$-(a_{11} + a_{22})\,a_{13}^{*2} = A$, also $a_{13} = \left(-\frac{A}{a_{11} + a_{22}}\right)^{\frac{1}{2}}$, so daß die transformierte Gleichung schließlich lautet $(a_{11} + a_{22})\,Y^2 + 2\left(\frac{-A}{a_{11} + a_{22}}\right)^{\frac{1}{2}} X + a_{33} = 0$.

Jetzt sind zwei Fälle möglich: $A \neq 0$ und $A = 0$. Im zweiten Falle handelt es sich um ein Parallelenpaar (reell oder imaginär) oder, wenn $a_{33} = 0$ ist, um eine Doppelgerade. Im Falle $A = 0$ kann man durch eine Translation in der X-Richtung a_{33} zu Null machen und hat dann die Gleichung

$\boxed{Y^2 = 2pX}$. Sie stellt eine Parabel dar.

Abgesehen von den Geradenpaaren und den Doppelgeraden, die man **ausgeartete Kurven** zweiter Ordnung nennt, gekennzeichnet durch $A = 0$, treten also nur Ellipsen, Hyperbeln und Parabeln als Kurven zweiter Ordnung auf, darunter auch imaginäre Ellipsen, die keinen reellen Punkt haben. Die Ellipsen sind gekennzeichnet durch $A > 0$, die Hyperbeln durch $A < 0$, die Parabeln durch $A = 0$. Bei einer reellen Ellipse ist $A\ (a_{11} + a_{22}) < 0$, bei einer imaginären $A\ (a_{11} + a_{22}) > 0$. Man kann das an den kanonischen Gleichungen $\frac{x^2}{a^2} + \frac{y^2}{b^2} - 1 = 0$, $\frac{x^2}{a^2} + \frac{y^2}{b^2} + 1 = 0$ stets wieder ablesen, wenn man es vergessen hat.

§ 39. Zur Theorie der Raumkurven

$\mathfrak{r} = x\,\mathfrak{i} + y\,\mathfrak{j} + z\,\mathfrak{k}$ sei der **Ortsvektor** eines Punktes P, der sich längs einer Raumkurve bewegt. x, y, z sind dann Funktionen eines Parameters t, wobei man unter t die Zeit verstehen kann, gerechnet von irgendeinem Anfangspunkt. Man spricht von der Kurve $\mathfrak{r}\ (t)$. Wenn man t das Inkrement $\triangle\, t$ erteilt, so nimmt P eine neue Lage P_1 auf der Kurve an. $\triangle\, \mathfrak{r}$, das entsprechende Inkrement von $\mathfrak{r}$, ist nichts anderes als der Vektor PP_1. Wenn man $\triangle\, t$ nach Null konvergieren läßt und $x'(t)$, $y'(t)$, $z'(t)$ existieren, so wird $x'(t)\,\mathfrak{i} + y'(t)\,\mathfrak{j} + z'(t)\,\mathfrak{k}$ mit $\mathfrak{r}'(t)$ bezeichnet und als erste Ableitung von $\mathfrak{r}\ (t)$ betrachtet. Gibt man $\mathfrak{r}'(t)$ durch Anbringung des Faktors $1 : \sqrt{(\mathfrak{r}'\,\mathfrak{r}')}$ die Länge 1, so entsteht ein Einheitsvektor $\mathfrak{t}$, der **Tangentialvektor** der Kurve an der Stelle P. Wenn $x''(t)$, $y''(t)$, $z''(t)$ existieren, so wird $x''(t)\,\mathfrak{i} + y''(t)\,\mathfrak{j} + z''(t)\,\mathfrak{k}$ mit $\mathfrak{r}''(t)$ bezeichnet und als zweite Ableitung von $\mathfrak{r}\ (t)$ betrachtet. Wir können von dem Fall absehen, daß x', y', z' alle drei verschwinden. Wäre dies für alle t-Werte eines gewissen Intervalles der Fall, so würden $x\ (t)$, $y\ (t)$, $z\ (t)$ konstant sein. Der Punkt bliebe also bei variierendem t immer an derselben Stelle. Wäre $\mathfrak{r}''(t) = \varphi(t)\,\mathfrak{r}'(t)$, d. h. $x''(t) = \varphi(t)\,x'(t)$, $y''(t) = \varphi(t)\,y'(t)$, $z''(t) = \varphi(t)\,z'(t)$, so hätte man $x'(t) = a e^{\int \varphi(t)\,dt}$, $y'(t) = b e^{\int \varphi(t)\,dt}$, $z'(t) = c e^{\int \varphi(t)\,dt}$, woraus folgt

$$x(t) = a \int e^{\int \varphi(t)\,dt} dt + x_0,\ y(t) = b \int e^{\int \varphi(t)\,dt} dt + y_0,\ z(t) = c \int e^{\int \varphi(t)\,dt} dt + z_0.$$

Der Punkt P beschreibt bei variierendem t eine Gerade. Man kann also die Gerade dahin kennzeichnen, daß bei ihr $\mathfrak{r}'(t) \neq 0$ und $[\mathfrak{r}''\,\mathfrak{r}'] = 0$ ist. Wenn $\mathfrak{r}''(t)$ nicht proportional ist zu $\mathfrak{r}'(t)$, so bestimmen $\mathfrak{r}'(t)$, $\mathfrak{r}''(t)$ im Punkte P angebracht eine Ebene, die als die **Schmiegungsebene** der Kurve an der Stelle P bezeichnet wird. Man kann aus $\mathfrak{r}'(t)$ und $\mathfrak{r}''(t)$ eine lineare Verbindung $\alpha\,\mathfrak{r}'(t) + \beta\,\mathfrak{r}''(t)$ herstellen und es so einrichten, daß dieser Vektor senkrecht auf $\mathfrak{r}'(t)$ steht und die Länge 1 hat. Die erste Eigenschaft hat der Vektor

$$\begin{vmatrix} (\mathfrak{r}'\,\mathfrak{r}') & \mathfrak{r}' \\ (\mathfrak{r}''\,\mathfrak{r}'') & \mathfrak{r}'' \end{vmatrix}.$$

Sein inneres Produkt mit $\mathfrak{r}'$ ist die verschwindende Determinante

$$\begin{vmatrix} (\mathfrak{r}'\,\mathfrak{r}') & (\mathfrak{r}'\,\mathfrak{r}') \\ (\mathfrak{r}''\,\mathfrak{r}'') & (\mathfrak{r}''\,\mathfrak{r}'') \end{vmatrix}.$$

Will man sein Längenquadrat haben, so muß man ihn innerlich mit sich selbst multiplizieren, also mit $(\mathfrak{r}'\,\mathfrak{r}')\,\mathfrak{r}'' - (\mathfrak{r}''\,\mathfrak{r}')\,\mathfrak{r}'$ oder, da er mit $\mathfrak{r}'$ das innere Produkt Null liefert, nur mit $(\mathfrak{r}'\,\mathfrak{r}')\,r''$. Dadurch erhält man

$$(\mathfrak{r}'\,\mathfrak{r}') \begin{vmatrix} (r'\,\mathfrak{r}') & (\mathfrak{r}'\,\mathfrak{r}'') \\ (\mathfrak{r}''\,\mathfrak{r}') & (\mathfrak{r}''\,\mathfrak{r}'') \end{vmatrix}.$$

Will man einen Einheitsvektor haben, so muß man den ursprünglichen Vektor noch mit der reziproken Quadratwurzel des Längenquadrates multiplizieren, wodurch der Einheitsvektor

$$\mathfrak{h} = \frac{\begin{vmatrix} (\mathfrak{r}'\,\mathfrak{r}') & \mathfrak{r}' \\ (\mathfrak{r}''\,\mathfrak{r}'') & \mathfrak{r}'' \end{vmatrix}}{(\mathfrak{r}'\,\mathfrak{r}')^{\frac{1}{2}} \begin{vmatrix} (\mathfrak{r}'\,\mathfrak{r}') & (\mathfrak{r}'\,\mathfrak{r}'') \\ (\mathfrak{r}''\,\mathfrak{r}') & (\mathfrak{r}''\,\mathfrak{r}'') \end{vmatrix}^{\frac{1}{2}}}$$

entsteht, den man als **Hauptnormalvektor** der Kurve im Punkte P bezeichnet. Er liegt als lineare Verbindung aus $\mathfrak{r}'$ und $\mathfrak{r}''$ in der Schmiegungsebene und steht senkrecht auf dem Tangentialvektor $\mathfrak{t} = \dfrac{\mathfrak{r}'}{(\mathfrak{r}'\,\mathfrak{r}')^{1/2}}$.

Nun bildet man noch einen dritten Einheitsvektor $\mathfrak{b}$, der senkrecht auf $\mathfrak{t}$ und $\mathfrak{h}$ steht und so gerichtet ist, daß $\mathfrak{t}, \mathfrak{h}, \mathfrak{b}$ ein Rechtstripel darstellen. Dieser Einheitsvektor $\mathfrak{b}$, für den offenbar die Gleichung $\mathfrak{b} = [\mathfrak{t}\,\mathfrak{h}]$ gilt, wird als **Binormalvektor** der Kurve im Punkte P bezeichnet. Die drei Vektoren $\mathfrak{t}, \mathfrak{h}, \mathfrak{b}$ bilden das Dreibein der Kurve im Punkte P.

Das **Bogenelement** der Raumkurve ist der Ausdruck $ds = (\mathfrak{r}'\,\mathfrak{r}')^{1/2}\,dt$ oder, ausführlich geschrieben, $ds = \sqrt{[x'(t)]^2 + [y'(t)]^2 + [z'(t)]^2} \cdot dt$.

Wenn man statt t die Bogenlänge $\int ds = s$ als Parameter einführt, gerechnet von irgendeinem Anfangspunkt, so mögen die Ableitungen nach s durch Newtonsche Punkte bezeichnet werden. Dann hat man auf Grund von $\mathfrak{t} = \dfrac{\mathfrak{r}'}{(\mathfrak{r}'\,\mathfrak{r}')^{1/2}}$, da $\dfrac{d\mathfrak{r}}{ds} = \dfrac{d\mathfrak{r}}{dt} : \dfrac{ds}{dt}$ ist, $\mathfrak{t} = \dot{\mathfrak{r}}$.

Von Wichtigkeit ist es für den Aufbau der Kurventheorie, die Ausdrücke für $\dot{\mathfrak{t}}, \dot{\mathfrak{h}}, \dot{\mathfrak{b}}$ durch $\mathfrak{t}, \mathfrak{h}, \mathfrak{b}$ zu kennen. Wenn man unter Benutzung der Kettenregel $\mathfrak{t}$ nach s differenziert, so ergibt sich mit Rücksicht auf $(\mathfrak{r}'\,\mathfrak{r}'')' = 2\,(\mathfrak{r}'\,\mathfrak{r}'')$

$$\frac{d\mathfrak{t}}{ds} = \left\{\frac{\mathfrak{r}''}{(\mathfrak{r}'\,\mathfrak{r}')^{1/2}} - \frac{\mathfrak{r}'\,(\mathfrak{r}'\,\mathfrak{r}'')}{(\mathfrak{r}'\,\mathfrak{r}')^{3/2}}\right\} : \frac{ds}{dt} = \begin{vmatrix} (\mathfrak{r}'\,\mathfrak{r}') & \mathfrak{r}' \\ (\mathfrak{r}''\,\mathfrak{r}') & \mathfrak{r}'' \end{vmatrix} : (\mathfrak{r}'\,\mathfrak{r}')^2,$$

$$\text{also } \dot{\mathfrak{t}} = \varkappa\,\mathfrak{h}, \text{ wobei } \varkappa = \begin{vmatrix} (\mathfrak{r}'\,\mathfrak{r}') & (\mathfrak{r}'\,\mathfrak{r}'') \\ (\mathfrak{r}''\,\mathfrak{r}') & (\mathfrak{r}''\,\mathfrak{r}'') \end{vmatrix}^{\frac{1}{2}} : (\mathfrak{r}'\,\mathfrak{r}')^{\frac{3}{2}}$$

ist. Dieser Faktor k wird als die **Krümmung** der Raumkurve an der Stelle P bezeichnet.

Um auf bequeme Weise $\dot{\mathfrak{h}}$ zu gewinnen, bedenke man zunächst, daß $(\mathfrak{t}, \mathfrak{h}) = 0$ und $(\mathfrak{h}\mathfrak{h}) = 1$ ist. Hieraus folgt $(\dot{\mathfrak{t}}\mathfrak{h}) + (\mathfrak{t}\dot{\mathfrak{h}}) = 0$, $(\mathfrak{h}\dot{\mathfrak{h}}) = 0$, also $(\mathfrak{t}\dot{\mathfrak{h}}) = -\varkappa$, $(\mathfrak{h}\dot{\mathfrak{h}}) = 0$. Setzt man nun $\dot{\mathfrak{h}} = \lambda\,\mathfrak{t} + \mu\,\mathfrak{h} + \nu\,\mathfrak{b}$, so geht aus diesen Feststellungen hervor, $\lambda = -\varkappa, \mu = 0$. Für ν benutzt man allgemein die Bezeichnung τ, so daß sich ergeben hat $\dot{\mathfrak{h}} = -\varkappa\,\mathfrak{t} + \tau\,\mathfrak{b}$.

τ wird als die **Torsion** an der Stelle P bezeichnet. Aus $\mathfrak{b} = [\mathfrak{t}\mathfrak{h}]$ ergibt sich nun $\dot{\mathfrak{b}} = [\dot{\mathfrak{t}}\,\mathfrak{h}] + [\mathfrak{t}\,\dot{\mathfrak{h}}]$, wobei zu beachten ist, daß bei äußeren Produkten die Reihenfolge der Faktoren stets intakt bleiben muß. Man erhält also, da $\dot{\mathfrak{t}}$ und $\dot{\mathfrak{h}}$ bereits bekannt sind, $\dot{\mathfrak{b}} = \tau\,[\mathfrak{t}\,\mathfrak{b}]$, also $\dot{\mathfrak{b}} = -\tau\,\mathfrak{h}$.

Die drei Gleichungen

$$\begin{aligned} \dot{\mathfrak{t}} &= \phantom{-\varkappa\,\mathfrak{t}} \quad \varkappa\,\mathfrak{h} \\ \dot{\mathfrak{h}} &= -\varkappa\,\mathfrak{t} \qquad\quad + \tau\,\mathfrak{b} \\ \dot{\mathfrak{b}} &= \phantom{-\varkappa\,\mathfrak{t}} \; -\tau\,\mathfrak{h} \end{aligned}$$

sind unter dem Namen **„Frenetsche Formeln"** bekannt und für die Theorie der Raumkurven von grundlegender Bedeutung. Die Faktoren von $\mathfrak{t}$, $\mathfrak{h}$, $\mathfrak{b}$ bilden eine Matrix

$$\begin{pmatrix} a_{11} & a_{12} & a_{13} \\ a_{21} & a_{22} & a_{23} \\ a_{31} & a_{32} & a_{33} \end{pmatrix}$$

mit der Eigenschaft $a_{rs} = -a_{sr}$ (also $a_{rr} = 0$). Man nennt solche Matrizen schiefsymmetrisch. Daß hier eine solche Koeffizientenmatrix auftreten muß, könnte man auf Grund der Orthogonalität der Einheitsvektoren $\mathfrak{t}$, $\mathfrak{h}$, $\mathfrak{b}$ voraussehen.

Es fehlt uns noch der Ausdruck für die Torsion τ, nachdem wir einen solchen für $\varkappa$ schon angegeben haben. Um τ zu berechnen, bilden wir $\dot{\mathfrak{h}}$, deuten aber die Glieder mit $\mathfrak{r}'$ und $\mathfrak{r}''$ nur durch Punkte an. Auf diese Weise erhalten wir

$$\dot{\mathfrak{h}} = \frac{\mathfrak{r}'''}{\begin{vmatrix} (\mathfrak{r}'\,\mathfrak{r}') & (\mathfrak{r}'\,\mathfrak{r}'') \\ (\mathfrak{r}''\,\mathfrak{r}') & (\mathfrak{r}''\,\mathfrak{r}'') \end{vmatrix}^{1/2}} + \dots$$

Da nun nach der zweiten Frenetschen Formel $(\dot{\mathfrak{h}}\,\mathfrak{b}) = \tau$ ist und $(\mathfrak{b}\mathfrak{r}')$, $(\mathfrak{b}\mathfrak{r}'')$ verschwinden, weil $\mathfrak{b}$ auf der Schmiegungsebene senkrecht steht, so finden wir

$$\tau = \frac{(\mathfrak{b}\,\mathfrak{r}''')}{\begin{vmatrix} (\mathfrak{r}'\,\mathfrak{r}') & (\mathfrak{r}'\,\mathfrak{r}'') \\ (\mathfrak{r}''\,\mathfrak{r}') & (\mathfrak{r}''\,\mathfrak{r}'') \end{vmatrix}^{1/2}}, \quad \text{also } \tau = \frac{([\mathfrak{t}\,\mathfrak{h}]\,\mathfrak{r}''')}{\begin{vmatrix} (\mathfrak{r}'\,\mathfrak{r}') & (\mathfrak{r}'\,\mathfrak{r}'') \\ (\mathfrak{r}''\,\mathfrak{r}') & (\mathfrak{r}''\,\mathfrak{r}'') \end{vmatrix}^{1/2}}.$$

Der Zähler ist das Volumprodukt der drei Vektoren $\mathfrak{t}$, $\mathfrak{h}$, $\mathfrak{r}'''$ oder ihre Koordinatendeterminante. In einer Determinante kann man einen Faktor, der in einer Zeile oder Spalte auftritt, herausziehen, auch kann man von einer Zeile (Spalte) eine andere abziehen, multipliziert mit einem Faktor. So kann man von

$$\mathfrak{t} = \frac{\mathfrak{r}'}{(\mathfrak{r}'\,\mathfrak{r}')^{1/2}} \text{ den Faktor } \frac{1}{(\mathfrak{r}'\,\mathfrak{r}')^{1/2}}, \text{ von } \mathfrak{h} \text{ den Faktor } \frac{(\mathfrak{r}'\,\mathfrak{r}')^{1/2}}{\begin{vmatrix} (\mathfrak{r}'\,\mathfrak{r}') & (\mathfrak{r}'\,\mathfrak{r}'') \\ (\mathfrak{r}''\,\mathfrak{r}') & (\mathfrak{r}''\,\mathfrak{r}'') \end{vmatrix}^{1/2}}$$

absondern und den Bestandteil mit $\mathfrak{r}'$ fortlassen. Dadurch verwandelt sich obiger Ausdruck in

$$\tau = \frac{[\mathfrak{r}'\,\mathfrak{r}''\,\mathfrak{r}''']}{\begin{vmatrix} (\mathfrak{r}'\,\mathfrak{r}') & (\mathfrak{r}'\,\mathfrak{r}'') \\ (\mathfrak{r}''\,\mathfrak{r}') & (\mathfrak{r}''\,\mathfrak{r}'') \end{vmatrix}}.$$

Der Nenner ist das Längenquadrat oder, wie man auch sagt, die Norm von $[\mathfrak{r}'\,\mathfrak{r}'']$. In Koordinaten ausgeschrieben, lauten die Ausdrücke

$$\varkappa = \frac{[(y'z'' - z'y'')^2 + (z'x'' - x'z'')^2 + (x'y'' - y'x'')^2]^{1/2}}{(x'^2 + y'^2 + z'^2)^{3/2}}$$

$$\tau = \frac{\begin{vmatrix} x' & y' & z' \\ x'' & y'' & z'' \\ x''' & y''' & z''' \end{vmatrix}}{(y'z'' - z'y'')^2 + (z'x'' - x'z'')^2 + (x'y'' - y'x'')^2}.$$

$\varkappa = 0$ bedeutet, daß $[\mathfrak{r}'\,\mathfrak{r}''] = 0$ ist. Wir wissen, welche Bedeutung die Proportionalität von $\mathfrak{r}''$ zu $\mathfrak{r}'$ hat. Die Kurve ist eine Gerade. Die Gerade hat also die Krümmung Null. $\tau = 0$ bedeutet, daß

$$\begin{vmatrix} x' & y' & z' \\ x'' & y'' & z'' \\ x''' & y''' & z''' \end{vmatrix} = 0$$

ist. Links steht die Wronskische Determinante von x', y', z'. Ihr Verschwinden bedeutet, daß x', y', z' durch eine lineare Relation verknüpft sind.

Da wir $[\mathfrak{x}' \mathfrak{x}''] \neq 0$ annehmen dürfen, werden die beiden ersten Zeilen nicht proportional sein. Es wird also etwa $x' y'' - y' x'' \neq 0$ sein. Dann können wir also zwei Funktionen $\varphi(t)$, $\psi(t)$ so wählen, daß

$$z' = \varphi(t)\, x' + \psi(t)\, y' , \quad z'' = \varphi(t)\, x'' + \psi(t)\, y''$$

ist. Wegen des Verschwindens der Wronskischen Determinante wird zugleich

$$z''' = \varphi(t)\, x''' + \psi(t)\, y'''$$

sein. Differenziert man die beiden ersten Gleichungen, so ergibt sich

$$\varphi'(t)\, x' + \psi'(t)\, y' = 0 , \quad \varphi'(t)\, x'' + \psi'(t)\, y'' = 0 ,$$

woraus mit Rücksicht auf $x' y'' - y' x'' \neq 0$ folgt $\varphi'(t) = \psi'(t) = 0$, mithin $\varphi(t) = c_1$, $\psi(t) = c_2$ und $z' = c_1 x' + c_2 y'$, also $z = c_1 x + c_2 y + c_3$. Man sieht, daß im Falle $\varkappa \neq 0$, $\tau = 0$ eine ebene Kurve vorliegt.

Um eine kleine Probe für die Leistungskraft der Frenetschen Formeln zu geben, wollen wir die Frage erörtern, wie es mit der Krümmung und Torsion einer sogenannten **Böschungslinie** steht. Darunter versteht man eine Kurve, die auf einem Zylinder liegt und die Erzeugenden des Zylinders unter konstantem Winkel durchsetzt. Ein Zylinder entsteht, wenn man durch alle Punkte einer Kurve Parallelen zu einer festen Geraden zieht. $\mathfrak{t}$ sei der Tangentialvektor einer Böschungslinie und γ der konstante Winkel, den er mit einem festen Einheitsvektor $\mathfrak{e}$ bildet, so daß $(\mathfrak{e}\, \mathfrak{t}) = \cos \gamma$ ist.

Hieraus folgt $(\mathfrak{e}\, \dot{\mathfrak{t}}) = 0$, also nach der ersten Frenetschen Formel $(\mathfrak{e}\, \mathfrak{h}) = 0$. Dann liefert die dritte Frenetsche Formel $(\mathfrak{e}\, \dot{\mathfrak{b}}) = 0$, also $(\mathfrak{e}\, \mathfrak{b}) =$ Const. Da $(\mathfrak{e}\, \mathfrak{h}) = 0$ ist, entnimmt man der zweiten Frenetschen Formel $-\varkappa\, (\mathfrak{t}\, \mathfrak{e}) + \tau$, daß $(\mathfrak{b}\, \mathfrak{e}) = 0$. Hieraus ersieht man, daß bei einer Böschungslinie $\varkappa$ und τ ein konstantes Verhältnis haben.

Wenn es sich um einen Rotationszylinder handelt, läßt sich noch eine weitere Feststellung machen. Man kann, wenn ein orthogonales Dreibein von Einheitsvektoren $\mathfrak{i}, \mathfrak{j}, \mathfrak{k}$ zugrunde liegt, den Rotationszylinder durch $\mathfrak{x} = \mathfrak{i}\, a \cos u + \mathfrak{j}\, a \sin u + \mathfrak{k}\, v$ darstellen. Dabei sind u, v die beiden Parameter, die wir zur Kennzeichnung der Punkte des Zylinders benutzen. Will man auf diesem Zylinder eine Kurve betrachten, so muß man $v = v(u)$ setzen.

$\mathfrak{x}_u = -\mathfrak{i}\, a \sin u + \mathfrak{j}\, a \cos u + \mathfrak{k}\, \varphi'(u)$ ist ein Tangentialvektor. Er bildet, wenn es sich um eine Böschungslinie handelt, mit $\mathfrak{k}$ den festen Winkel γ. Bringt man den Vektor auf die Länge 1, indem man den Faktor $1 : \sqrt{a^2 + \varphi'^2(u)}$ hinzufügt, so wird der Faktor von $\mathfrak{k}$ gleich $\cos \gamma$ sein. Man kann also schließen, daß $\varphi'(u)$ konstant ist, $\varphi'(u) = c$, und hat dann für den Tangentialvektor der Böschungslinie den Ausdruck $\mathfrak{t} = \dfrac{-\mathfrak{i}\, a \sin u + \mathfrak{j}\, a \cos u + \mathfrak{k}\, c}{\sqrt{a^2 + c^2}}$. Für das Bogenelement ds gilt der Ausdruck $ds = (\dot{\mathfrak{x}}_u\, \mathfrak{x}_u)^{\frac{1}{2}}\, du$, also $ds = \sqrt{a^2 + c^2}\, du$. Nun ergibt sich

$$\dot{\mathfrak{t}} = -\frac{\mathfrak{i}\, a \cos u + \mathfrak{j}\, a \sin u}{\sqrt{a^2 + c^2}} : \sqrt{a^2 + c^2} = -\frac{\mathfrak{i}\, a \cos u + \mathfrak{j}\, a \sin u}{a^2 + c^2}, \text{ d. h.}$$

$$\dot{\mathfrak{t}} = -\frac{a}{a^2 + c^2}\, (\mathfrak{i} \cos u + \mathfrak{j} \sin u) .$$

Der hier auftretende Einheitsvektor fällt mit $\mathfrak{h}$ zusammen, während der skalare Faktor die Krümmung angibt. Man sieht, daß $\varkappa$ konstant ist, mithin auch τ. **Auf einem Rotationszylinder haben die Böschungslinien konstante Krümmung und konstante Torsion.**

II. TEIL

Aufgabensammlung

AUFGABE 1

Man bestimme die Bewegung des Kolbens, wenn sich das Schwungrad mit konstanter Winkelgeschwindigkeit dreht. Welches ist die Bewegung des Schwungrades, wenn der Kolben eine reine Sinusschwingung ausführt?

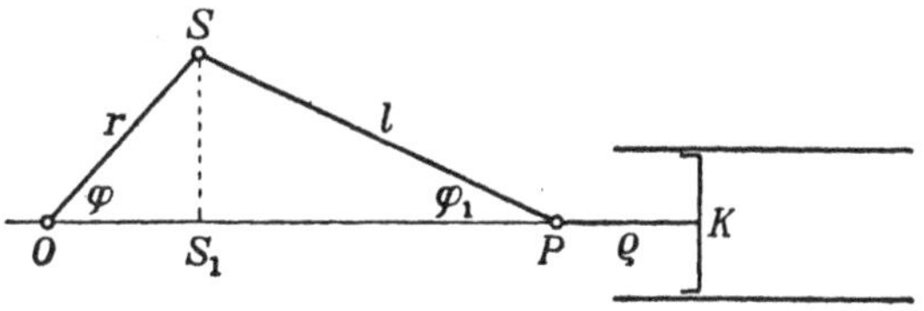

Fig. 1

Lösung: Aus Fig. 1 ergibt sich als Abszisse des Kolbens K

$$x = \varrho + r \cos \varphi + l \cos \varphi_1 .$$

Da $\sin \varphi_1 = (r/l) \sin \varphi$ ist, kann man einsetzen

$$\cos \varphi_1 = \sqrt{1 - r^2 \sin^2 \varphi/l^2}$$

und erhält dann $\quad x = \varrho + r \cos \varphi + \sqrt{l^2 - r^2 \sin^2 \varphi}\,.$

Die Wurzel muß man positiv nehmen, weil φ_1 ein spitzer Winkel ist. Aus obiger Beziehung leitet man durch Beseitigung der Quadratwurzel ab

$$r \cos \varphi = \frac{x - \varrho}{2} - \frac{l^2 - r^2}{2\,(x - \varrho)} .$$

Wenn φ von 0 bis π läuft, so nimmt $x - \varrho$, die Abszisse des Punktes P, von $l + r$ bis $l - r$ ab. In der Mitte zwischen beiden Werten liegt l. Es liegt also nahe, zu setzen $x - \varrho = l + r \cos \Phi$. Dann liefert die obige Relation

$$\cos \varphi = \cos \Phi + \sin^2 \Phi/[2(l/r + \cos \Phi)] .$$

Der zu Anfang gewonnene Ausdruck für x liefert, wenn man $x - \varrho = l + r \cos \Phi$ einsetzt, $\quad \cos \Phi = - l/r + \cos \varphi + \sqrt{l^2/r^2 - \sin^2 \varphi}\,.$

Die erste Formel wird man benutzen, wenn die Bewegung des Kolbens, die zweite, wenn die Bewegung des Schwungrades gegeben ist.

Wenn die Winkelgeschwindigkeit des Schwungrades konstant ist, wird man $\varphi = ct$ setzen und ersieht dann aus der zweiten Gleichung, wie der Kolben sich bewegt. Der Punkt S_1, dessen Abszisse $r \cos \varphi$ ist, führt in diesem Falle eine reine Sinusschwingung aus. Beim zweiten Teil der Aufgabe soll nicht S_1, sondern K oder, was auf dasselbe hinauskommt, P eine reine Sinusschwingung ausführen. Man wird also in diesem Falle $\Phi = C\,t$ zu setzen haben. Aus der ersten der beiden Relationen erhält man dann φ und weiß somit, wie das Schwungrad sich dreht.

AUFGABE 2

Es sind die Wurzeln der Gleichung $x^4 - x^3 + x^2 - x + 1 = 0$ zu bestimmen.

Lösung. Die symmetrisch zur Mitte liegenden Koeffizienten (erster und letzter, zweiter und vorletzter) sind gleich. Es handelt sich um eine sogenannte reziproke Gleichung. Der Name rührt daher, daß gleichzeitig mit x auch $1/x$ eine Wurzel ist, wie man durch Division mit x^4 sofort erkennt. Setzt man $z = x + 1/x$, so wird $z^2 = x^2 + 1/x^2 + 2$. Dividiert man die Gleichung durch x^2, so erhält man sie in folgender Gestalt:

$$x^2 + 1/x^2 - [x + (1/x)] + 1 = 0 \quad \text{oder} \quad z^2 - z - 1 = 0 .$$

Diese quadratische Gleichung hat die Wurzeln $z_1 = \frac{1}{2} + \frac{1}{2}\sqrt{5}$, und $z_2 = \frac{1}{2} - \frac{1}{2}\sqrt{5}$. Jetzt muß man noch die beiden quadratischen Gleichungen $x + 1/x = z_1$, $x + 1/x = z_2$ auflösen. Es genügt, die erste zu behandeln und nachher $\sqrt{5}$ durch $-\sqrt{5}$ zu ersetzen.

$x^2 - z_1 x + 1 = 0$ hat die Wurzeln

$$x_1 = \frac{z_1}{2} + \sqrt{\frac{z_1^2}{4} - 1}, \quad x_2 = \frac{z_1}{2} - \sqrt{\frac{z_1^2}{4} - 1}$$

oder, da $z_1^2 = z_1 + 1$ ist, $x_1 = \frac{z_1}{2} + \frac{1}{2}\sqrt{z_1 - 3}$, $x_2 = \frac{z_1}{2} - \frac{1}{2}\sqrt{z_1 - 3}$, d. h.

$$x_1 = \frac{1}{4} + \frac{1}{4}\sqrt{5} + \frac{i}{2}\sqrt{\frac{5 - \sqrt{5}}{2}}, \quad x_2 = \frac{1}{4} + \frac{1}{4}\sqrt{5} - \frac{i}{2}\sqrt{\frac{5 - \sqrt{5}}{2}} .$$

Die beiden anderen Wurzeln der vorgelegten Gleichung lauten:

$$x_3 = \frac{1}{4} - \frac{1}{4}\sqrt{5} + \frac{i}{2}\sqrt{\frac{5 + \sqrt{5}}{2}}, \quad x_4 = \frac{1}{4} - \frac{1}{4}\sqrt{5} - \frac{i}{2}\sqrt{\frac{5 + \sqrt{5}}{2}} .$$

AUFGABE 3

Durch den Punkt (5, —7) eine Gerade mit der Steigung —1/3 zu ziehen.

Lösung: Man kann diese analytisch-geometrische Aufgabe auch nach der Newtonschen Interpolationsformel lösen. Die Lösung lautet:

$$y = y_1 + (x - x_1)\,[y_1\, y_2] .$$

$[y_1\, y_2]$ ist die Steigung, die hier $-1/3$ sein soll. x_1, y_1 ist der gegebene Punkt 5, —7. Die Lösung lautet also:

$$y = -7 + (x - 5)\,(-1/3) \quad \text{oder} \quad x + 3y + 16 = 0 .$$

AUFGABE 4

Ein Polynom P (x) wird durch ein Polynom Q (x) dividiert, das p verschiedene Wurzeln $x_1, \ldots, x_p$ hat. Der Divisionsrest sei R (x). Versuche R (x) durch $P(x_1), \ldots, P(x_p)$ auszudrücken.

Lösung: Aus der Gleichung $P(x) = S(x)\,Q(x) + R(x)$ ergibt sich

$$P(x_1) = R(x_1), \ldots, P(x_p) = R(x_p) .$$

Andererseits ist $R(x)$ höchstens vom Gerade $p - 1$. Man kann daher $R(x)$ nach der Lagrangeschen Formel in folgender Weise ausdrücken:

$$R(x) = \frac{(x - x_2)\ldots(x - x_p)}{(x_1 - x_2)\ldots(x_1 - x_p)}\,P(x_1) + \ldots + \frac{(x - x_1)\ldots(x - x_{p-1})}{(x_p - x_1)\ldots(x_p - x_{p-1})}\,P(x_p).$$

Wenn die Wurzeln des Divisors nicht alle verschieden sind, kann man sich mit einem Grenzübergang helfen. Ohne die Division wirklich auszuführen, kann man also den Divisionsrest angeben. Um dann noch den Quotienten $S(x)$ zu finden, hat man Zähler und Nenner des Bruches $[P(x) - R(x)]/Q(x)$ von den Faktoren $x - x_1, \ldots, x - x_p$ zu befreien. Man schafft z. B. $x - x_1$ fort, indem man Zähler und Nenner nach Potenzen von $x - x_1$ entwickelt.
Dieser Zusammenhang zwischen Interpolation und Polynomdivision ist bemerkenswert.

Beispiel: $x^3 + 1$ soll durch $(x - 1)(x + 2) = x^2 + x - 2$ dividiert werden. Hier ist $P(x) = x^3 + 1$, $Q(x) = (x - 1)(x + 2)$. Man hat $P(1) = 2$, $P(-2) = -7$, also $R(x) = \frac{x+2}{1+2} 2 + \frac{x-1}{-2-1}(-7) = \frac{9}{3} x - 1$.
$P(x) - R(x) = x^3 - 3x + 2$ wird durch $Q(x) = (x - 1)(x + 2)$ teilbar sein. Da $1^3 - 3 \cdot 1 + 2 = 0$ ist, kann man schreiben

$$P(x) - R(x) = x^3 - 1 - 3(x - 1) = (x - 1)(x^2 + x - 2).$$

So hat man schon die Vereinfachung $\frac{P(x) - R(x)}{Q(x)} = \frac{x^2 + x - 2}{x + 2}$ erreicht.
Da $(-2)^2 + (-2) - 2 = 0$ ist, kann man den Zähler durch $x^2 - 2^2 + x + 2$, d. h. durch $(x + 2)(x - 1)$ ersetzen und hat damit $S(x) = x - 1$ gewonnen.

AUFGABE 5

Gegeben ist die Gerade g mit der Gleichung $3x - 7y + 18 = 0$. Es soll eine Parallele und eine Senkrechte zu dieser Geraden gefunden werden, die durch den Punkt P (—5, 9) gehen.

Lösung: Jede Parallele zu g hat eine Gleichung von der Form $3x - 7y + C = 0$. Setzt man die Koordinaten von P ein, dann ergibt sich $C = 78$, also Gleichung der Parallelen: $3x - 7y + 78 = 0$. Die Gleichung einer Senkrechten hat die Gestalt $7x + 3y + D = 0$. Durch Einsetzen der Koordinaten von P erhält man $D = 8$, also Gleichung der Senkrechten: $7x + 3y + 8 = 0$.

AUFGABE 6

Gegeben ist die Gerade g mit der Gleichung $7x + 5y - 1 = 0$ und der Punkt P_1 (3, 5). Gesucht sind die Eckpunkte P_1, P_2, P_3, P_4 eines Quadrates, von dem eine Seite auf g liegt und dessen einer Eckpunkt P_1 ist. Welches sind die Koordinaten des Mittelpunktes?

Lösung: Wir fällen von P_1 das Lot auf g, sein Fußpunkt ist der zweite Eckpunkt P_2. Die Gleichung des Lotes ist $5x - 7y + 20 = 0$, die Koordinaten von P_2 ergeben sich aus den beiden Gleichungen

$$\begin{array}{r|c|c} 5x - 7y + 20 = 0 & 5 & (-7) \\ 7x + 5y - 1 = 0 & 7 & 5 \end{array}$$

zu $x = -\frac{93}{74}$, $y = \frac{145}{74}$, also $P_2\left(-\frac{93}{74}, \frac{145}{74}\right)$.

Die Quadratseite hat somit die Länge

$$P_1 P_2 = \sqrt{\left(3 + \frac{93}{74}\right)^2 + \left(5 - \frac{145}{74}\right)^2} = \frac{45}{\sqrt{74}}.$$

Die beiden übrigen Eckpunkte P_3, P_4 müssen auf einer Parallelen zu P_1, P_2 im Abstand $45/\sqrt{74}$ liegen. Ihre Gleichung findet man mittels der Hesseschen Normalform als geometrischen Ort aller Punkte, die von der Geraden $P_1 P_2$ den Abstand $45/\sqrt{74}$ haben: $\dfrac{5x - 7y + 20}{\sqrt{74}} = \pm \dfrac{45}{\sqrt{74}}$

oder $5x - 7y + 20 = \pm 45$. Es gibt natürlich zwei derartige Parallelen, was in der Gleichung durch das $(\pm)$ Zeichen zum Ausdruck kommt.

Die Koordinaten von P_3 ergeben sich jetzt als Schnitt von $P_3 P_4$ mit der Geraden g

$$\begin{array}{rl|c|c} 5x - 7y = & -20 \pm 45 & 5 & (-7) \\ 7x + 5y = & 1 & 7 & 5\,. \end{array}$$

Bezeichnen wir die beiden Möglichkeiten für P_3 durch P_3' und P_3'', so erhalten wir für diese Punkte die Koordinaten:

$$P_3'\left(\frac{132}{74}, -\frac{170}{74}\right), \quad P_3''\left(-\frac{318}{74}, \frac{460}{74}\right).$$

Schließlich findet man P_4 als Schnitt von $P_3 P_4$ mit einer Parallelen zu g durch P_1, also:

$$\begin{array}{rl|c|c} 5x - 7y = & -20 \pm 45 & 5 & (-7) \\ 7x + 5y = & 46 & 7 & 5\,. \end{array}$$

Die entsprechenden Möglichkeiten für P_4 sind daher:

$$P_4'\left(\frac{447}{74}, \frac{55}{74}\right), \quad P_4''\left(-\frac{3}{74}, \frac{685}{74}\right).$$

Die gestellte Aufgabe hat also zwei Lösungen, nämlich die Quadrate

$$P_1(3,5);\; P_2\left(-\frac{93}{74}, \frac{145}{74}\right);\; P_3'\left(\frac{132}{74}, -\frac{170}{74}\right);\; P_4'\left(\frac{447}{74}, \frac{55}{74}\right).$$

$$P_1(3,5);\; P_2\left(-\frac{93}{74}, \frac{145}{74}\right);\; P_3''\left(-\frac{318}{74}, \frac{460}{74}\right);\; P_4''\left(-\frac{3}{74}, \frac{685}{74}\right).$$

Die Mittelpunkte M' und M'' dieser beiden Quadrate findet man als Mittelpunkte der Strecken $P_1 P_3$ oder $P_2 P_4$ (Kontrolle!) zu:

$$M'\left(\frac{177}{74}, \frac{100}{74}\right), \quad M''\left(-\frac{48}{74}, \frac{415}{74}\right).$$

AUFGABE 7

Es soll gezeigt werden, daß sich die drei Höhen eines beliebigen Dreiecks in einem Punkt schneiden.

Lösung: Das Dreieck ist gegeben durch seine drei Eckpunkte $P_1(x_1, y_1)$, $P_2(x_2, y_2)$, $P_3(x_3, y_3)$. Dann lauten die Gleichungen der Höhen:

$$h_1 \equiv (y - y_1)(y_3 - y_2) + (x - x_1)(x_3 - x_2) = 0\,,$$
$$h_2 \equiv (y - y_2)(y_1 - y_3) + (x - x_2)(x_1 - x_3) = 0\,,$$
$$h_3 \equiv (y - y_3)(y_2 - y_1) + (x - x_3)(x_2 - x_1) = 0\,.$$

Addiert man die linken Seiten dieser drei Geradengleichungen, dann heben sich alle Glieder weg, es gilt also: $h_1 + h_2 + h_3 = 0$. Die drei Höhen gehören somit einem Büschel an.

AUFGABE 8

Man zeige, daß sich die drei Mittelsenkrechten eines beliebigen Dreiecks in einem Punkt schneiden.

Lösung: Das Dreieck sei gegeben durch seine Eckpunkte $P_1 (x_1, y_1)$, $P_2 (x_2, y_2)$ und $P_3 (x_3, y_3)$. Die Mittelsenkrechte zu $P_1 P_2$ ist der geometrische Ort aller Punkte, die von P_1 und P_2 gleichen Abstand haben. Ihre Gleichung lautet daher:

$$m_3 = \sqrt{(x - x_1)^2 + (y - y_1)^2} - \sqrt{(x - x_2)^2 + (y - y_2)^2} = 0 .$$

Entsprechend erhält man für die beiden anderen Mittelsenkrechten durch zyklische Vertauschung die Gleichungen:

$$m_1 = \sqrt{(x - x_2)^2 + (y - y_2)^2} - \sqrt{(x - x_3)^2 + (y - y_3)^2} = 0 ,$$

$$m_2 = \sqrt{(x - x_3)^2 + (y - y_3)^2} - \sqrt{(x - x_1)^2 + (y - y_1)^2} = 0 .$$

Durch Addition erhält man: $m_1 + m_2 + m_3 = 0$, was bedeutet, daß die drei Mittelsenkrechten einem Büschel angehören.

AUFGABE 9

Man bestimme die Gleichung und die Länge des vom Punkt (— 1, 2) auf die Gerade 5x — 4y + 3,5 = 0 gefällten Lotes.

Lösung: Gleichung des Lotes:

$$4 (x + 1) + 5 (y - 2) = 0 \quad \text{oder} \quad 4x + 5y - 6 = 0 .$$

Länge des Lotes: $\left| \dfrac{5 \cdot (-1) - 4 \cdot 2 + 3{,}5}{\pm \sqrt{41}} \right| = \dfrac{9{,}5}{\sqrt{41}} .$

AUFGABE 10

Man gebe eine Parameterdarstellung der Geraden durch die Punkte P_1 (—1, 3), P_2 (2, —1); insbesondere eine solche, in der der Abstand des Punktes P (x, y) von P_2 als Parameter gewählt wird.

Lösung: a) $x = x_1 + t (x_2 - x_1) = -1 + t \cdot 3$ d.h. $x = -1 + 3t$

$y = y_1 + t (y_2 - y_1) = 3 + t (-4)$ $\quad y = 3 - 4t .$

b) $x = x_2 + A \dfrac{x_1 - x_2}{\sqrt{(x_1 - x_2)^2 + (y_2 - y_2)^2}}$, $y = y_2 + A \dfrac{y_1 - y_2}{\sqrt{(x_1 - x_2)^2 + (y_1 - y_2)^2}}$,

$$x = 2 - \tfrac{3}{5} A , \quad y = -1 + \tfrac{4}{5} A .$$

AUFGABE 11

Wie lautet die Gleichung einer Geraden, welche die x-Achse im Punkte (a, 0), die y-Achse im Punkte (0, b) schneidet?

Lösung: Die Gerade wird hier durch ihre Achsenabschnitte a, b festgelegt. Sie hat die Gleichung $x/a + y/b = 1$.

Eine beliebige Geradengleichung $Ax + By + C = 0$ wird auf diese Normalform gebracht, indem man mit $-C$ dividiert. Nur im Falle $C = 0$ ist das unmöglich.

AUFGABE 12

Gegeben ist eine Gerade $ax + by + c = 0$. Wie lautet die Gleichung einer Senkrechten, die durch den Punkt (x_1, y_1) hindurchgeht?

Lösung: Eine beliebige Gerade durch (x_1, y_1) hat die Gleichung

$$A(x - x_1) + B(y - y_1) = 0 .$$

Soll sie zu der gegebenen Geraden senkrecht sein, so muß die Orthogonalitätsbedingung $aA + bB = 0$ erfüllt sein. Man kann, um das zu bewirken, $A = b$, $B = -a$ setzen. Dann lautet die Gleichung der gesuchten Geraden

$$b(x - x_1) - a(y - y_1) = 0 .$$

AUFGABE 13

Gegeben ist die Gerade $3x + 4y - 28 = 0$. Man bestimme a) den Abstand des Punktes $(1, -1)$ von ihr, b) die Gleichungen der beiden Parallelen im Abstand 5.

Lösung: a) Der Abstand eines Punktes x, y von der gegebenen Geraden wird durch $\frac{3x + 4y - 28}{\sqrt{3^2 + 4^2}} = \frac{3x + 4y - 28}{5}$ ausgedrückt (Hessesche Normalform). Im Falle $x = 1$, $y = -1$ findet man den Wert $-29/5$. Auch für $x = 0$, $y = 0$ kommt ein negativer Abstandswert heraus, so daß $(1, -1)$ auf derselben Seite der Geraden liegt wie der Anfangspunkt.

b) Die Gleichungen der beiden Parallelen im Abstand 5 lauten

$(3x + 4y - 28)/5 = \pm 5$ oder $3x + 4y - 3 = 0$ und $3x + 4y - 53 = 0$.

AUFGABE 14

Gegeben sind drei Punkte (x_1, y_1), (x_2, y_2), (x_3, y_3). Wie groß ist der Inhalt des von ihnen aufgespannten Dreiecks?

Lösung: Die Gleichung der durch (x_2, y_2) und (x_3, y_3) bestimmten Geraden lautet

$$\begin{vmatrix} x & y & 1 \\ x_2 & y_2 & 1 \\ x_3 & y_3 & 1 \end{vmatrix} = 0 .$$

Entwickelt man die Determinante nach der ersten Zeile, so erhält man

$$x\,(y_2 - y_3) - y\,(x_2 - x_3) + x_2\,y_3 - x_3\,y_2 = 0\,.$$

Das ist eine in x, y lineare Gleichung, also die Gleichung einer Geraden. Ersetzt man x, y durch x_2, y_2 oder x_3, y_3, so erhält die Determinante zwei übereinstimmende Zeilen, verschwindet also. Daraus ersieht man, daß die Punkte x_2, y_2 und x_3, y_3 die Gleichung der Geraden erfüllen. Es liegt also wirklich die Gleichung ihrer Verbindungsgeraden vor.

Will man die Gleichung auf die Hessesche Normalform bringen, so muß man durch die Wurzel aus der Quadratsumme der Koeffizienten von x und y dividieren, d. h. durch $\sqrt{(x_2 - x_3)^2 + (y_2 - y_3)^2}$. Wie wir wissen, stellt im Falle der Hesseschen Normalform die linke Seite der Gleichung den Abstand des Punktes x, y von der Geraden dar (mit einem gewissen Vorzeichen versehen). Insbesondere wird also

$$\frac{1}{\sqrt{(x_2 - x_3)^2 + (y_2 - y_3)^2}} \begin{vmatrix} x_1 & y_1 & 1 \\ x_2 & y_2 & 1 \\ x_3 & y_3 & 1 \end{vmatrix}$$

in dem betrachteten Dreieck die in x_1, y_1 endigende Höhe sein. Multipliziert man sie mit der Basis, d. h. mit $\sqrt{(x_2 - x_3)^2 + (y_2 - y_3)^2}$, so ergibt sich der doppelte Dreiecksinhalt $2\,I$. Es ist also

$$2\,I = \begin{vmatrix} x_1 & y_1 & 1 \\ x_2 & y_2 & 1 \\ x_3 & y_3 & 1 \end{vmatrix}.$$

Der Dreiecksinhalt ist hierbei noch mit einem Vorzeichen behaftet. Es kommt darauf an, auf welcher Seite der Geraden $(x_2,\ y_2) - (x_3,\ y_3)$ der Punkt $(x_1,\ y_1)$ liegt. Wir wollen die Quadratwurzel, die oben auftritt, positiv nehmen. Dann ist der Abstand des Anfangspunktes von jener Geraden einschließlich Vorzeichen gleich $\dfrac{x_2\,y_3 - x_3\,y_2}{\sqrt{(x_2 - x_3)^2 + (y_2 - y_3)^2}}$, hat also dasselbe Vorzeichen wie $x_2\,y_3 - x_3\,y_2$. Wenn man hier $x_2 = r_2 \cos\varphi_2$, $y_2 = r_2 \sin\varphi_2$, $x_3 = r_3 \cos\varphi_3$, $y_3 = r_3 \sin\varphi_3$ setzt, so wird $x_2\,y_3 - x_3\,y_2 = r_2\,r_3 \sin(\varphi_3 - \varphi_2)$. Wenn ein im Anfangspunkt befindlicher Beobachter einen Punkt verfolgt, der von $(x_2,\ y_2)$ geraden Wegs nach $(x_3,\ y_3)$ läuft, und diese Bewegung erscheint dem Beobachter als Linksbewegung, so wird $\sin(\varphi_3 - \varphi_2) > 0$ sein. Wenn wir uns die Gerade als einen Fluß denken, der von $(x_2,\ y_2)$ nach $(x_3,\ y_3)$ fließt, so wird in diesem Falle der Anfangspunkt auf dem linken Ufer liegen. Damit haben wir die Zeichenregel für den Dreiecksinhalt gewonnen. Der doppelte Dreiecksinhalt wird durch obige Determinante positiv gegeben, wenn $(x_1,\ y_1)$ auf dem linken Ufer des Flusses $(x_2,\ y_2) \to (x_3,\ y_3)$ liegt, und negativ, wenn er sich auf dem rechten Ufer befindet. Wenn man längs des Dreiecksrandes von $(x_1,\ y_1)$ nach $(x_2,\ y_2)$ und weiter nach $(x_3,\ y_3)$ und schließlich nach $(x_1,\ y_1)$ geht, so wird dieser Umlauf im ersten Falle nach links, im zweiten Falle nach rechts herum gehen. Den Umlauf nach links herum pflegt man den positiven Umlauf zu nennen. Für ein positiv umlaufenes Dreieck, bei dem somit die Nummern 1, 2, 3 nach links herumgehen, gibt also die Determinante den doppelten Inhalt positiv, für ein negativ umlaufenes Dreieck negativ an.

AUFGABE 15

In der Ebene sind drei Punkte $P_1(x_1, y_1)$, $P_2(x_2, y_2)$, $P_3(x_3, y_3)$ gegeben. Durch P_1 wird eine Gerade gelegt, die $P_2 P_3$ in Q_1 trifft, durch P_2 eine Gerade, die $P_1 P_3$ in Q_2 trifft. Beide Geraden schneiden sich in R. Die Gerade $P_3 R$ trifft $P_1 P_2$ in M, die Gerade $Q_1 Q_2$ trifft $P_1 P_2$ in N (vgl. Fig. 2). Man bestimme die Teilverhältnisse, nach welchen die Strecke $P_1 P_2$ durch M und N geteilt wird, und bilde vor allem den Quotienten beider Teilverhältnisse.

L ö s u n g: Es handelt sich hier um 4 Geraden $P_1 P_3$, $P_1 Q_1$, $P_2 P_3$, $P_2 Q_2$, d. h. um ein sogenanntes Vierseit. $G_1 = 0, G_2 = 0, G_3 = 0$, $G_4 = 0$ seien die Gleichungen dieser vier Geraden, wobei die G_μ Ausdrücke von der Form $A_\mu x + B_\mu y + C_\mu$ sind. Zwischen vier solchen Ausdrücken besteht immer eine lineare Relation. Wenn man nämlich in der Determinante

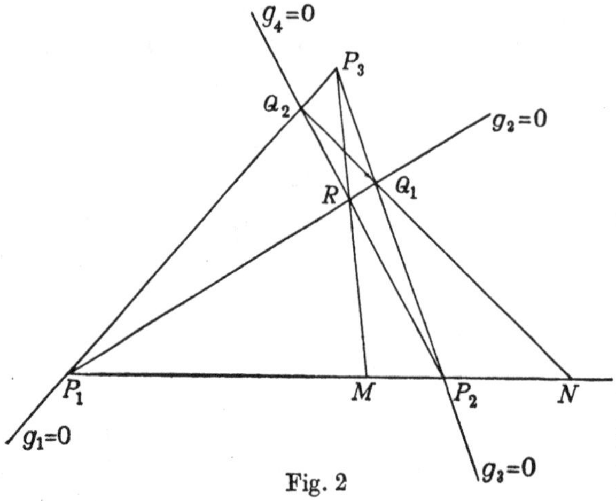

Fig. 2

$$\begin{vmatrix} G_1 & A_1 & B_1 & C_1 \\ G_2 & A_2 & B_2 & C_2 \\ G_3 & A_3 & B_3 & C_3 \\ G_4 & A_4 & B_4 & C_4 \end{vmatrix}$$

von der ersten Spalte die mit den Faktoren x, y, 1 versehenen übrigen Spalten abzieht, so erscheinen in der ersten Spalte lauter Nullen. Diese Determinante ist also identisch null (d. h. für alle Werte von x, y). Entwickelt man sie nach der ersten Spalte, so ergibt sich

$$k_1 G_1 + k_2 G_2 + k_3 G_3 + k_4 G_4 = 0 .$$

Keiner der Faktoren k ist gleich Null. Z. B. würde $k_1 = 0$ bedeuten, daß

$$\begin{vmatrix} A_2 & B_2 & C_2 \\ A_3 & B_3 & C_3 \\ A_4 & B_4 & C_4 \end{vmatrix} = 0$$

ist. Dann gäbe es aber ein von 0, 0, 0 verschiedenes Tripel l_2, l_3, l_4, das die Gleichungen

$$l_2 A_2 + l_3 A_3 + l_4 A_4 = 0, \quad l_2 B_2 + l_3 B_3 + l_4 B_4 = 0, \quad l_2 C_2 + l_3 C_3 + l_4 C_4 = 0$$

erfüllt, d. h. eine der Gleichungen $G_2 = 0$, $G_3 = 0$, $G_4 = 0$ wäre eine Folge der beiden anderen. Die drei Geraden $P_1 Q_1$, $P_2 P_3$, $P_2 Q_2$ würden durch einen Punkt hindurchgehen, was keineswegs zutrifft.

Wenn man nun k_μ zu G_μ schlägt und $k_\mu G_\mu = g_\mu$ setzt, so besteht zwischen g_1, g_2, g_3, g_4 die Identität $g_1 + g_2 + g_3 + g_4 = 0$. Auf Grund dieser Identität lassen sich nun die Gleichungen der beiden Geraden $P_3 R$ und $Q_1 Q_2$, die uns hier interessieren, ohne weiteres angeben. $P_3 R$ geht durch den Schnittpunkt von $P_1 Q_1$ und $P_2 Q_2$, also $g_2 = 0$, $g_4 = 0$ und durch den Schnittpunkt von $P_1 P_3$ und $P_2 P_3$, also $g_1 = 0$, $g_3 = 0$ hindurch. Da nun $g_1 + g_3 = -(g_2 + g_4)$ ist, so stellen die Gleichungen $g_1 + g_3 = 0$ und $g_2 + g_4 = 0$ eine und dieselbe Gerade dar. Die erste Gleichung läßt unmittelbar erkennen, daß der Schnittpunkt der beiden Geraden $g_1 = 0$, $g_3 = 0$, der ja g_1 und g_3 zum Verschwinden bringt, auch $g_1 + g_3 = 0$ erfüllt, die zweite dasselbe für den Schnittpunkt von $g_2 = 0$, $g_4 = 0$. Daher ist $g_1 + g_3 = 0$ oder $g_2 + g_4 = 0$ die Gleichung der Geraden P_3R oder P_3M. Ebenso erkennt man, daß $g_1 + g_4 = 0$ oder $g_2 + g_3 = 0$ die Gleichung der Geraden Q_1Q_2 oder Q_2N ist, schließlich $g_1 + g_2 = 0$ oder $g_3 + g_4 = 0$ die der Geraden P_1P_2.

Der Punkt M genügt also den Gleichungen $g_1 + g_2 = 0, g_1 + g_3 = 0$, der Punkt N den Gleichungen $g_1 + g_2 = 0, g_2 + g_3 = 0$. Bei M haben g_1, g_2, g_3 die Werte $g_1(M), -g_1(M), -g_1(M)$, bei N haben sie die Werte $g_1(N), -g_1(N), +g_1(N)$. Es kommt hier nur auf die ersten und dritten Werte an. k_1, k_3 seien die Faktoren, die $g_1 = 0$ und $g_3 = 0$ auf die Hessesche Normalform bringen und m_1, m_3 die Abstände des Punktes M, ebenso n_1, n_3 die des Punktes N von den Geraden $g_1 = 0$, $g_3 = 0$. Nach unseren Feststellungen ist dann

$$m_1 = k_1 g_1(M)\,,\quad m_3 = k_3 g_3(M) = -k_3 g_1(M)\,,$$
$$n_1 = k_1 g_1(N)\,,\quad n_3 = k_3 g_3(N) = k_3 g_1(N)\,.$$

Hieraus folgt $\frac{m_1}{m_3} = -\frac{k_1}{k_3}, \frac{n_1}{n_3} = \frac{k_1}{k_3}$, also $\frac{m_1}{m_3} = -\frac{n_1}{n_3}$.

Nun ist offenbar $\frac{m_1}{n_1} = \frac{P_1M}{P_1N}, \frac{m_3}{n_3} = \frac{P_2M}{P_2N}$.

Damit haben wir bewiesen, daß folgende Beziehungen bestehen:

$\frac{P_1M}{P_1N} = -\frac{P_2M}{P_2N}$, wofür man auch schreiben kann: $\frac{P_1M}{MP_2} = -\frac{P_1N}{NP_2}$.

Die Teilverhältnisse, nach welchen M und N die Strecke P_1P_2 teilen, sind also entgegengesetzt gleich (haben den Quotienten —1). Man spricht in solchem Falle von harmonischer Teilung der Strecke.

AUFGABE 16

Gegeben sind die beiden Geraden $2x + y = 0$ und $x - y - 3 = 0$. Durch den Schnittpunkt beider soll eine Gerade gelegt werden, die parallel zur x-Achse ist. Wie lautet ihre Gleichung?

Lösung: Die Gleichung der gesuchten Geraden ist eine lineare Verbindung der gegebenen Gleichungen. Jede durch solche lineare Zusammenfassung gewonnene Gleichung wird nämlich vom Schnittpunkt der gegebenen Geraden erfüllt. Wir werden also schreiben $2x + y + \lambda(x - y - 3) = 0$.

Parallel zur x-Achse wird diese Gerade sein, wenn x herausfällt, also im Falle $\lambda = -2$. Dann lautet die Gleichung $3y + 6 = 0$ oder $y = -2$.

AUFGABE 17

Man zeige, daß die inneren Winkelhalbierenden eines Dreiecks sich in einem Punkte schneiden, ebenso je zwei äußere und eine innere.

Lösung: $g_1 = 0, g_2 = 0, g_3 = 0$ seien die drei Seiten des Dreiecks in Hessescher Normalform und so eingerichtet, daß g_1, g_2, g_3 für die inneren Punkte des Dreiecks positiv sind. Dann werden die Gleichungen der inneren Winkelhalbierenden lauten

$$w_1 = g_2 - g_3 = 0\,,$$
$$w_2 = g_3 - g_1 = 0\,,$$
$$w_3 = g_1 - g_2 = 0\,,$$

die der äußeren

$$W_1 = g_2 + g_3 = 0\,,$$
$$W_2 = g_3 + g_1 = 0\,,$$
$$W_3 = g_1 + g_2 = 0\,.$$

Man sieht, daß zwischen den linken Seiten Identitäten bestehen:

$$w_1 + w_2 + w_3 = 0$$

und $W_2 - W_3 + w_1 = 0\,,\quad W_3 - W_1 + w_2 = 0\,,\quad W_1 - W_2 + w_3 = 0\,.$

In ihnen liegt der Beweis der angegebenen Sätze.

AUFGABE 18

Man bestimme die Gleichung der Tangenten vom Punkt (— 1, 2) an den Einheitskreis.

Lösung: Die Berührungspunkte der Tangenten berechnen sich aus

$$x_1^2 + y_1^2 = 1 \quad \text{und} \quad -x_1 + 2y_1 = 1\,,$$

also

$$x_1 = 2y_1 - 1\,,\quad 5y_1^2 - 4y_1 = 0\,,$$

Es ergeben sich die beiden Berührungspunkte $(-1, 0)$ und $\left(\frac{3}{5}, \frac{4}{5}\right)$.

AUFGABE 19

Man zeige, daß in einem beliebigen Dreieck die Fußpunkte der Höhen, die Mittelpunkte der Seiten und die Mittelpunkte der oberen Höhenabschnitte auf einem Kreis liegen (Feuerbachscher Kreis).

Lösung: Wir legen das Koordinatensystem so, daß die x-Achse in die eine Seite des Dreiecks fällt, während die y-Achse durch die gegenüberliegende Ecke gehen soll. Wir können dann ohne Beschränkung der Allgemeinheit die Koordinaten der Eckpunkte folgendermaßen festsetzen: $P\,(p, 0)$, $Q\,(q, 0)$, $R\,(0, r)$. Man bestimmt nun die Gleichung desjenigen Kreises, der durch einen Höhenfußpunkt, einen Seitenmittelpunkt und einen Mittelpunkt eines oberen Höhenabschnittes geht. Als solche können wir die folgenden Punkte wählen:

$$(0; 0)\,,\ \left(\frac{q}{2}; \frac{r}{2}\right),\ \left(0; \frac{r^2 - pq}{2r}\right).$$

Die Gleichung des Kreises muß daher die Gestalt haben:

$x^2 + y^2 + Ax + By = 0$, mit den Bedingungen $q^2 + r^2 + 2Aq + 2Br = 0$,

$$\left(\frac{r^2 - pq}{2r}\right)^2 + B\,\frac{r^2 - pq}{2r} = 0\,.$$

Aus der letzten Gleichung folgt: $B = \frac{pq - r^2}{2r}$

und damit aus der vorletzten: $A = -\frac{p+q}{2}$.

Die Gleichung des gesuchten Kreises lautet also:

$$x^2 + y^2 - \frac{p+q}{2} \cdot x + \frac{pq - r^2}{2r} y = 0.$$

Wir wollen nun zeigen, daß auch die beiden anderen Seitenmitten $(p/2, r/2)$ und $((p+q)/2, 0)$ der Kreisgleichung genügen, was man durch Einsetzen unmittelbar bestätigt. Da nun aber der Kreis durch die drei Seitenmittelpunkte schon bestimmt ist, können wir schließen, daß der Kreis durch die drei Seitenmittelpunkte auch durch einen Höhenfußpunkt und einen Mittelpunkt eines oberen Höhenabschnittes geht. Nun ist kein Eckpunkt vor dem anderen ausgezeichnet, also muß der Kreis durch alle drei Höhenfußpunkte und alle drei Mittelpunkte der oberen Höhenabschnitte gehen.

AUFGABE 20

Man beweise, daß sich die drei Schwerlinien eines Dreiecks in einem Punkt schneiden.

Lösung: Die erste Schwerlinie geht durch die Ecke (x_1, y_1) und durch die Seitenmitte $((x_2 + x_3)/2, (y_2 + y_3)/2)$, hat also die Gleichung

$$y - y_1 = \frac{[(y_2 + y_3)/2] - y_1}{[(x_2 + x_3)/2] - x_1} (x - x_1)$$

oder $(x_2 + x_3 - 2x_1)(y - y_1) - (y_2 + y_3 - 2y_1)(x - x_1) = 0.$

Analog $(x_3 + x_1 - 2x_2)(y - y_2) - (y_3 + y_1 - 2y_2)(x - x_2) = 0,$

$(x_1 + x_2 - 2x_3)(y - y_3) - (y_1 + y_2 - 2y_3)(x - x_3) = 0.$

Addiert man diese drei Gleichungen, so ergibt sich identisch Null, d. h. die dritte Schwerlinie geht durch den Schnittpunkt der ersten und zweiten.

AUFGABE 21

Unter der Potenz eines Punktes P in bezug auf einen Kreis versteht man das Streckenprodukt $PS_1\ PS_2$. Dabei sind S_1, S_2 die beiden Schnittpunkte einer durch P gelegten Geraden mit dem Kreise. Das Streckenprodukt wird positiv (negativ) gerechnet, je nachdem die Strecken gleich (entgegengesetzt) gerichtet sind.

Ist $x^2 + y^2 = a^2$ die Gleichung des Kreises, so zeige man, daß $x_0^2 + y_0^2 - a^2$, wenn (x_0, y_0) ein beliebiger Punkt ist, die Potenz dieses Punktes in bezug auf den Kreis darstellt. Außerdem bestimme man den geometrischen Ort aller

Punkte, deren Potenz in bezug auf den Kreis proportional ist zum Quadrat des Abstandes von einer festen Geraden.

Lösung: Man drehe das Achsensystem so, daß die feste Gerade die Gleichung $x = c$ hat. Was wir verlangen, wird durch die Gleichung

$$x^2 + y^2 - a^2 = k\,(x - c)^2$$ ausgedrückt.

Dies ist die Gleichung eines Kegelschnittes. Ausführlich geschrieben lautet sie

$$(1 - k)\, x^2 + y^2 + 2\,k\,c\,x - a^2 - k\,c^2 = 0\,.$$

Die große Determinante lautet

$$\begin{vmatrix} 1-k & 0 & kc \\ 0 & 1 & 0 \\ kc & 0 & -a^2 - kc^2 \end{vmatrix} = -a^2 + k\,(a^2 - c^2)\,.$$

Wenn die Gerade $x = c$ den Kreis berührt ($a^2 = c^2$), so hat die Determinante den Wert $-a^2$. Es liegt also ein nichtausgearteter Kegelschnitt vor, und zwar eine Ellipse, Hyperbel oder Parabel, je nachdem $k < 1$, $k > 1$, $k = 1$ ist. Im Falle $a^2 \neq c^2$ erhält man für $k = a^2/(a^2 - c^2)$ einen ausgearteten Kegelschnitt, bestehend aus den beiden Geraden $y\sqrt{a^2 - c^2} - cx + a^2 = 0$ und $y\sqrt{a^2 - c^2} + cx - a^2 = 0$, sonst eine Ellipse, wenn $k < 1$, und eine Hyperbel, wenn $k > 1$ ist.

Im Falle $a = 0$ wird die Potenz des Punktes (x, y) in bezug auf den Nullkreis $x^2 + y^2 = 0$ das Entfernungsquadrat. Die Entfernung vom Anfangspunkt ist also proportional zum Abstand von der Geraden $x = c$. Dies ist eine bekannte Eigenschaft der Kegelschnitte.

AUFGABE 22

Wie lautet die Gleichung des Kreises durch die drei Punkte: (3, 0), (0, 4), (6, 7); wie die Gleichung der Tangenten im Punkte (3, 0) und (0, 4)? Welchen Winkel schließen diese ein? Wie lauten die Gleichungen der Winkelhalbierenden?

Lösung: Die Kreisgleichung $x^2 + y^2 + Ax + By + C = 0$ muß von den drei gegebenen Punkten erfüllt werden:

$$\left.\begin{aligned} 9 + 3A + C &= 0 \\ 16 + 4B + C &= 0 \\ 85 + 6A + 7B + C &= 0 \end{aligned}\right\}\;;\ \text{daraus folgt } A = -\frac{85}{11}\,,\ B = -\frac{83}{11}\,,\ C = \frac{156}{11}\,.$$

Tangente in (3, 0): $3x - \frac{85}{22}(x + 3) - \frac{83}{22}\,y + \frac{156}{11} = 0$

oder $19x + 83y + 57 = 0\,.$

Tangente in (0, 4): $4y - \frac{85}{22}\,x - \frac{83}{22}(y + 4) + \frac{156}{11} = 0$

oder $85x - 5y + 20 = 0\,.$

Winkelhalbierende: $\frac{19x + 83y + 57}{5\sqrt{290}} = \pm \frac{85x - 5y + 20}{5\sqrt{290}}$

oder $66x - 88y - 37 = 0$

$104x + 78y + 77 = 0.$

Winkel der Tangenten:

$$\tan\alpha = -\frac{(19/83) + 17}{1 - (19/83), 17} = \frac{1392}{-240} = -5{,}8; \quad \alpha = 99^0\,46'\,57''.$$

AUFGABE 23

Gegeben ist die Gleichung $3x^2 + 3y^2 - 4x + 7y - 28 = 0$. Welche Kurve stellt die Gleichung dar?

Lösung: Da es sich um eine Gleichung zweiten Grades in x und y handelt, bei der x^2 und y^2 denselben Koeffizienten haben und außerdem das gemischte Glied $x\,y$ fehlt, stellt die Gleichung einen (reellen oder imaginären) Kreis dar. Wir bringen die Gleichung auf die Normalform:

$$3\left(x - \frac{2}{3}\right)^2 + 3\left(y + \frac{7}{6}\right)^2 = \frac{4}{3} + \frac{49}{12} + 28; \quad \left(x - \frac{2}{3}\right)^2 + \left(y + \frac{7}{6}\right)^2 = \frac{401}{36}.$$

Der Kreis hat also den Mittelpunkt M (2/3, — 7/6) und den Radius $r = \frac{1}{6}\sqrt{401}$.

AUFGABE 24

Man bestimme die Gleichung der Kreise, die den Kreis $x^2 + y^2 = r^2$ unter einem rechten Winkel schneiden und durch den Punkt P (a, 0) gehen, speziell für $r = 1$, $a = 2$. Man bestimme den zweiten Schnittpunkt Q dieser Kreise und zeige, daß die Punkte P und Q den Durchmesser (— r, 0) (r, 0) innen und außen im gleichen Verhältnis teilen.

Lösung: Bedingung für rechtwinkligen Schnitt:

$r^2 + R^2 = d^2$ oder $R^2 = x_0^2 + y_0^2 - r^2$.

Die gesuchten Kreise haben die Form $(x - x_0)^2 + (y - y_0)^2 = x_0^2 + y_0^2 - r^2$.

Inzidenz mit P:

$(a - x_0)^2 + y_0^2 = x_0^2 + y_0^2 - r^2$,

also $x_0 = (a^2 + r^2)/2a$; y_0 beliebig.

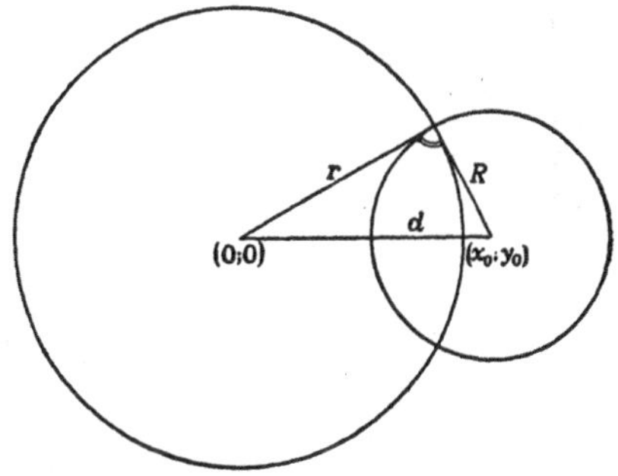

Fig. 3

Die Gleichung für a lautet

$(a - x_0)^2 = x_0^2 - r^2$

und hat zwei Lösungen:

$$a_{1,2} = [(a^2 + r^2)/2a] \pm [(a^2 - r^2)/2a] \quad \text{oder} \quad a_1 = a, a_2 = r^2/a,$$

d. h. Q $(r^2/a, 0)$ liegt auch auf allen Kreisen.

$$\overrightarrow{-r, Q} : \overrightarrow{Q, +r} = [r + (r^2/a)] : [r - (r^2/a)] = (a + r) : (a - r)$$

$$\overrightarrow{-r, P} : \overrightarrow{P, +r} = (r + a) : (r - a).$$

AUFGABE 25

Welcher Kegelschnitt wird durch $4x^2 - 2y^2 + 6x - 4y + 1 = 0$ dargestellt? Man gebe den Mittelpunkt und die Brennpunkte an!

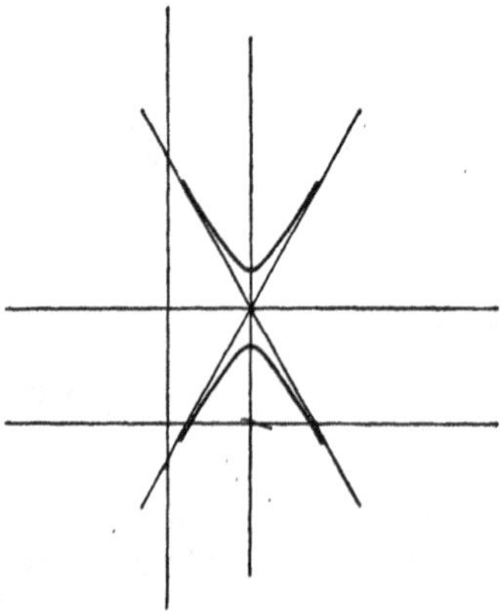

Fig. 4

Lösung: Es ist $4x^2 - 2y^2 + 6x - 4y + 1 = 4[x + (3/4)]^2 - 2(y+1)^2 + 3/4 = 0$ oder

$$\frac{(y+1)^2}{3/8} - \frac{[x + (3/4)]^2}{3/16} = 1,$$

d.h. Hyperbel mit dem Mittelpunkt $x_0 = -3/4$, $y_0 = -1$. Ihre reelle Halbachse liegt auf $y = -1$ und hat die Länge $\sqrt{6}/4$, die imaginäre Halbachse liegt auf $x = -3/4$ und hat die Länge $\sqrt{3}/4$. Die lineare Exzentrizität ist $e = 3/4$. Die Brennpunkte sind

$$F_1(-3/4; -1/4), \; F_2(-3/4; -7/4).$$

AUFGABE 26

Welche Kurve wird durch $3x^2 - 4xy + 5y^2 + 60x + 10y - 25 = 0$ dargestellt?

Lösung: Es ist zunächst $\begin{vmatrix} a_{11} & a_{12} & a_{13} \\ a_{21} & a_{22} & a_{23} \\ a_{31} & a_{32} & a_{33} \end{vmatrix} = \begin{vmatrix} 3 & -2 & 30 \\ -2 & 5 & 5 \\ 30 & 5 & -25 \end{vmatrix} = -5450$.

Ferner ist $\begin{vmatrix} a_{11} & a_{12} \\ a_{21} & a_{22} \end{vmatrix} = \begin{vmatrix} 3 & -2 \\ -2 & 5 \end{vmatrix} = 11$ und $a_{11} + a_{22} = 8$.

Es liegt also eine nicht ausgeartete Kurve zweiter Ordnung mit imaginären unendlich fernen Punkten vor, also eine reelle oder imaginäre Ellipse. Wir wissen, daß durch Translation und Drehung des Achsensystems die Gleichungsform $\lambda\,[(x^2/a^2) + (y^2/b^2) + 1] = 0$ oder $\lambda\,[(x^2/a^2) + (y^2/b^2) - 1] = 0$ hergestellt werden kann. Andererseits verhalten sich

$$\begin{vmatrix} a_{11} & a_{12} & a_{13} \\ a_{21} & a_{22} & a_{23} \\ a_{31} & a_{32} & a_{33} \end{vmatrix}, \quad \begin{vmatrix} a_{11} & a_{12} \\ a_{21} & a_{22} \end{vmatrix}, \quad a_{11} + a_{22}$$

bei diesen Transformationen invariant. Daher müßte im ersten Falle

$$-5450 = \lambda^3/a^2 b^2, \quad 11 = \lambda^2/a^2 b^2, \quad 8 = \lambda\,[(1/a^2) + (1/b^2)] \quad \text{sein und}$$

im zweiten Falle $-5450 = -\lambda^3/a^2 b^2$, $11 = \lambda^2/a^2 b^2$, $8 = \lambda\,[(1/a^2) + (1/b^2)]$.

Offenbar sind nur die drei letzten Gleichungen widerspruchsfrei. Es liegt also eine reelle Ellipse vor. Ihre Halbachsen a, b berechnet man, nachdem $\lambda = 5450/11$ festgestellt ist, aus den beiden letzten Gleichungen. Die Koordinaten des Mittelpunktes werden aus den Gleichungen

$$a_{11}\xi + a_{12}\eta + a_{13} = 0, \quad a_{21}\xi + a_{22}\eta + a_{23} = 0 \qquad \text{gewonnen.}$$

AUFGABE 27

Man untersuche folgende Zahlenmengen

1. $z = x + iy, |x| < 5, y = m$, $x = n$ (n, m ganze Zahlen)
2. $z = x + iy, \quad -2 < x \leqq 2$
3. $z = x + iy, \; x^2 + y^2 = 1$
4. $|z - 2| < 5$
5. $|z + 1| + |z - 1| = 3$
6. $|z - 1| \geqq 1$
7. $|z^2 - 1| \leqq 1$
8. $\left|\frac{z-1}{z+1}\right| < 5$
9. $z = \frac{p}{q} + i\frac{r}{s}$ (p, q, r, s ganzzahlig)
10. $z + |z| = 1$

Lösung: 1. Fig. 5. Nicht beschränkte Menge isolierter Punkte.

2. Fig. 6. Unendlicher Streifen ohne linken Rand.

3. Kreisrand: Beschränkte, abgeschlossene Menge.

4. Offene Kreisscheibe um ($x = 2$; $y = 0$) mit Radius 5.

5. Ellipsenrand: Brennpunkte (1; 0) und (—1; 0). Fig. 7. Beschränkte, abgeschlossene Menge.

6. Fig. 8. Kreisrand und Äußeres. Unbeschränkt und abgeschlossen.

7. $|z^2 - 1| \leqq 1$. Inneres und Rand der Lemniskate. Abgeschlossen und beschränkt. Fig. 9.

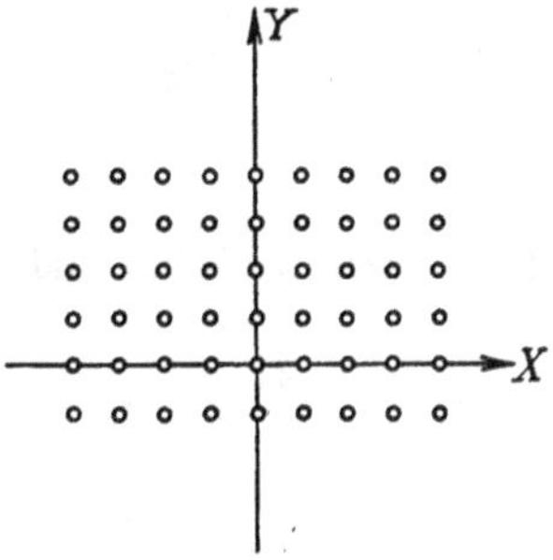

Fig. 5

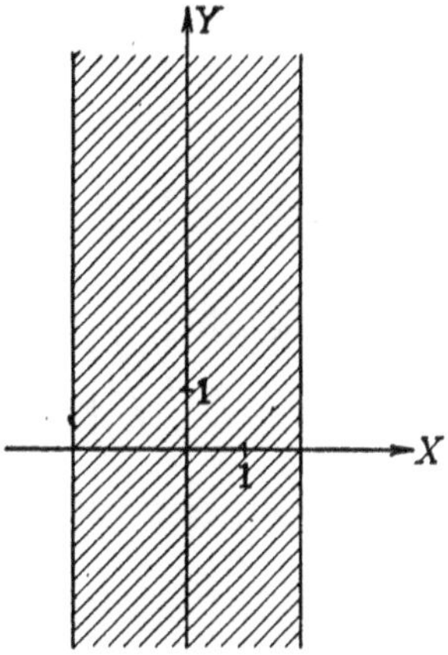

Fig. 6

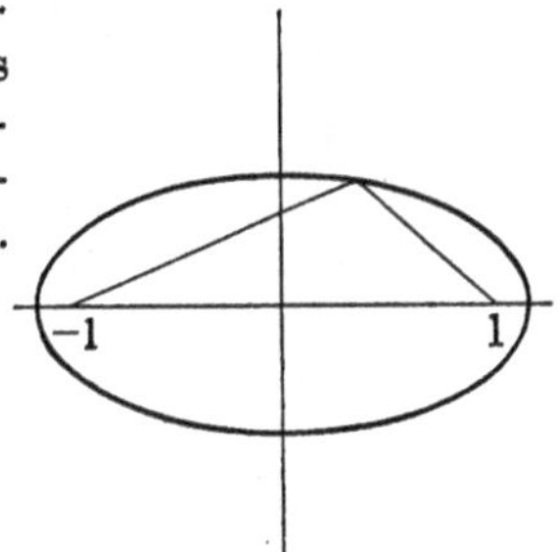

Fig. 7

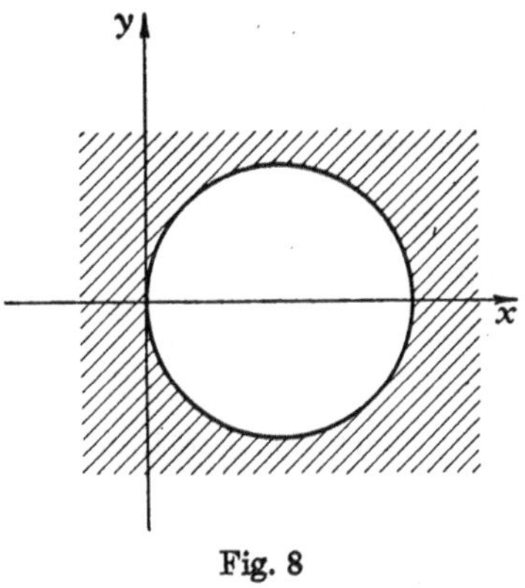

Fig. 8

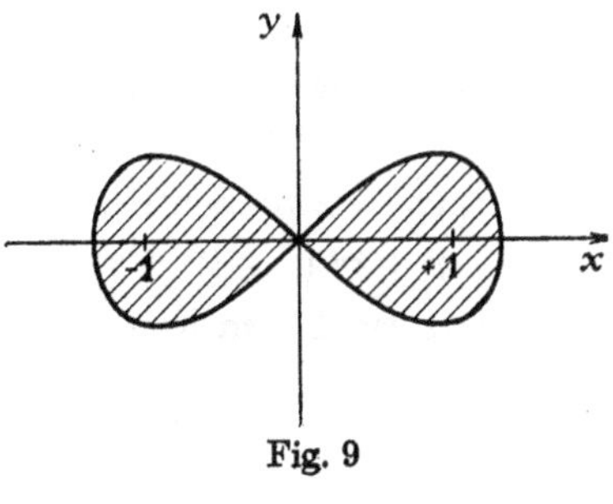

Fig. 9

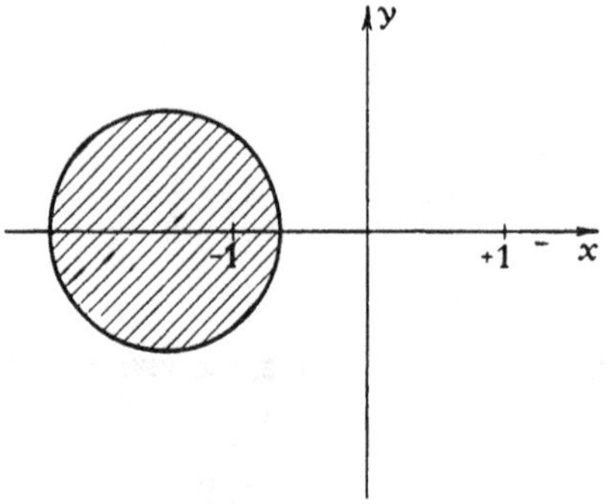

Fig. 10

8. $\left|\frac{z-1}{z+1}\right| < 5$ Fig. 10. Inneres des apollonischen Kreises über (1 ; 0) und (—1 ; 0).

9. Alle Punkte der Ebene mit rationalen Koordinaten. Nicht abgeschlossen.

10. $\left.\begin{array}{r} x + \sqrt{x^2 + y^2} = 1 \\ y = 0 \end{array}\right\} \left.\begin{array}{l} x = 1/2 \\ y = 0 \end{array}\right\}$, ein einzelner Punkt.

AUFGABE 28

Man zerlege in Real- und Imaginärteil

$$\text{a) } \frac{1+i}{1-i}\,; \qquad \text{b) } \sqrt{x+iy}\,; \qquad \text{c) } i\sqrt{\frac{1+i}{1-i}}\,.$$

Lösung: a) $\frac{1+i}{1-i} = \frac{(1+i)^2}{2} = i$;

b) $\sqrt{x+iy} = a + ib$; $x + iy = (a^2 - b^2) + i2ab$

$$a^2 - b^2 = x,\ (a^2 + b^2)^2 = x^2 + y^2, \qquad 2a^2 = +\sqrt{x^2+y^2} + x$$

$$2ab \quad = y,\ a^2 + b^2 \quad = +\sqrt{x^2+y^2},\ 2b^2 = +\sqrt{x^2+y^2} - x$$

$$\sqrt{x+iy} = \frac{1}{\sqrt{2}}\sqrt{+\sqrt{x^2+y^2}+x} + \frac{i}{\sqrt{2}}\sqrt{+\sqrt{x^2+y^2}-x}\,,$$

wobei die großen Wurzeln so zu wählen sind, daß $2ab = y$;

c) $i\sqrt{\frac{1+i}{1-i}} = i\sqrt{\frac{(1+i)^2}{2}} = \frac{i}{\pm\sqrt{2}}(1+i) = \pm\frac{-1+i}{\sqrt{2}}$.

AUFGABE 29

Welches sind die Koordinaten des dem Punkte $z = x + iy$ bei stereographischer Projektion entsprechenden Punktes der Zahlenkugel?

Lösung: Kugel: $(\xi - 0)^2 + (\eta - 0)^2 + (\zeta - \frac{1}{2})^2 = (\frac{1}{2})^2$ oder $\xi^2 + \eta^2 + \zeta^2 = \zeta$.
Gerade Nz: $\xi = x - tx$, $\eta = y - ty$, $\zeta = 0 + t$.

Schnittpunkte zwischen Kugel und Gerader:

$x^2(1-t)^2 + y^2(1-t)^2 + t^2 - t = 0$, also $t = 1$ und $t = (x^2 + y^2)/(x^2 + y^2 + 1)$
$t = 1$ entspricht dem Nordpol; der andere Wert liefert den gesuchten Punkt

$$\xi = \frac{x}{x^2+y^2+1}\,; \quad \eta = \frac{y}{x^2+y^2+1}\,; \quad \zeta = \frac{x^2+y^2}{x^2+y^2+1}\,.$$

AUFGABE 30

Mit Hilfe des Satzes von Moivre drücke man
a) $\cos 4\varphi$ durch $\cos\varphi$, b) $\sin^5\varphi$ durch $\sin n\varphi$ aus.

Lösung: a) $\cos 4\varphi + i\sin 4\varphi = (\cos\varphi + i\sin\varphi)^4$

$$\cos 4\varphi = \cos^4\varphi - 6\cos^2\varphi\sin^2\varphi + \sin^4\varphi$$
$$= \cos^4\varphi - 6\cos^2\varphi\,(1-\cos^2\varphi) + (1-\cos^2\varphi)^2$$
$$= 8\cos^4\varphi - 8\cos^2\varphi + 1\,.$$

b) $$\sin\varphi = \frac{1}{2i}\left[(\cos\varphi + i\sin\varphi) - (\cos\varphi - i\sin\varphi)\right]$$

$$\sin^5\varphi = \frac{1}{32i}\left[(\cos\varphi + i\sin\varphi) - \frac{1}{(\cos\varphi + i\sin\varphi)}\right]^5$$
$$= \frac{1}{32i}\,[(\cos 5\varphi + i\sin 5\varphi) - 5(\cos 3\varphi + i\sin 3\varphi) +$$
$$+ 10(\cos\varphi + i\sin\varphi) - 10(\cos\varphi - i\sin\varphi) + 5(\cos 3\varphi - i\sin 3\varphi) -$$
$$-(\cos 5\varphi - i\sin 5\varphi)] = \frac{1}{32i}\,[2i\sin 5\varphi - 10i\sin 3\varphi + 20i\sin\varphi] =$$
$$= \frac{1}{16}\sin 5\varphi - \frac{5}{16}\sin 3\varphi + \frac{5}{8}\sin\varphi\,.$$

AUFGABE 31

Welches ist der geometrische Ort aller Punkte z, für die
a) $|z| \leqq 2$; b) $|z| > 2$; c) $R(z) \leqq 3$; d) $I(z) = 5$; e) $o \leqq R(iz) < 2\pi$;
f) $R(z^2) = \alpha\ (\gtreqless o)$; g) $|z^2 - 1| = \alpha > o$?

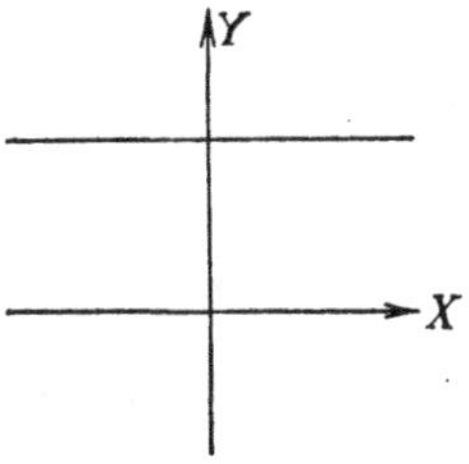

Fig. 13

Lösung:

a) Fig. 11. Inneres des Kreises um O mit $r = 2$ und Randpunkte.

b) Äußeres desselben Kreises (ohne Randpunkte).

c) Fig. 12. Halbebene links von $x = 3$ einschließlich der Randpunkte.

d) Fig. 13. Gerade $y = 5$.

e) Fig. 14. Halboffener Streifen $o \geqq y > -2\pi$.

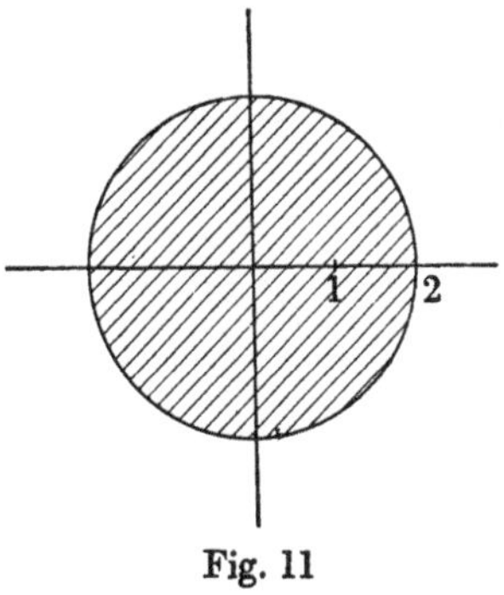

Fig. 11

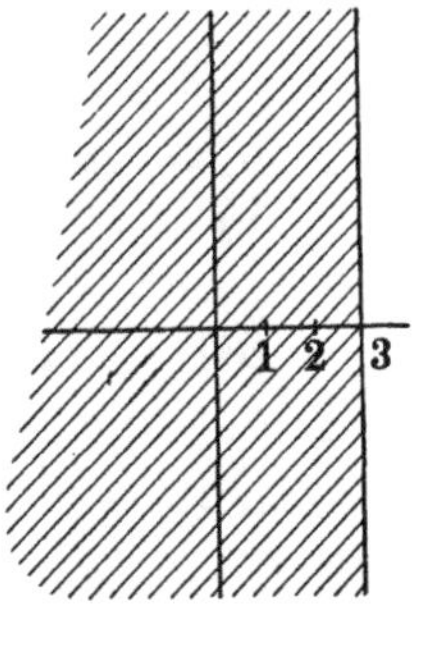

Fig. 12

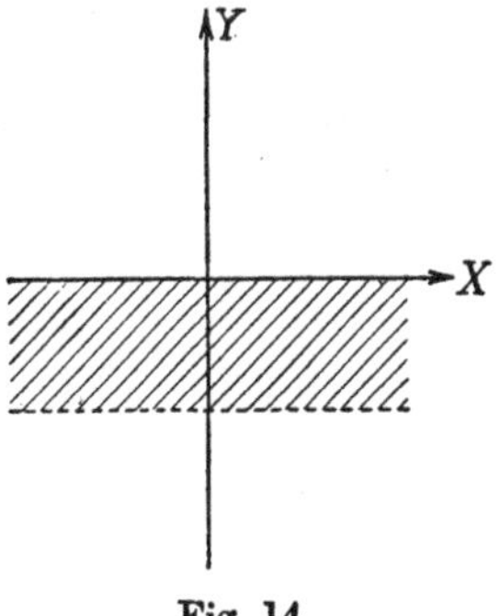

Fig. 14

f) Fig. 15. $x^2 - y^2 = \alpha$ Gleichseitige Hyperbeln ($\alpha = 0$: gemeinsame Asymptoten).

g) Fig. 16. Cassinische Kurven, im Falle $\alpha = 1$ Lemniskate. Figur betrifft nur drei Fälle.

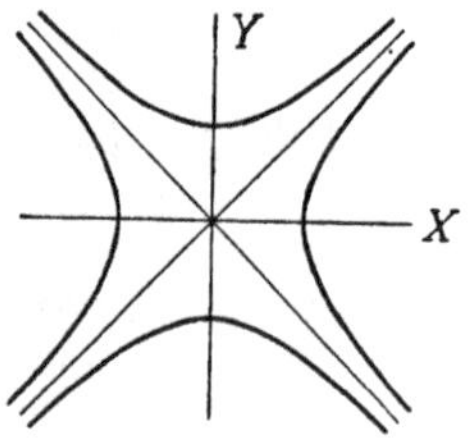

Fig. 15

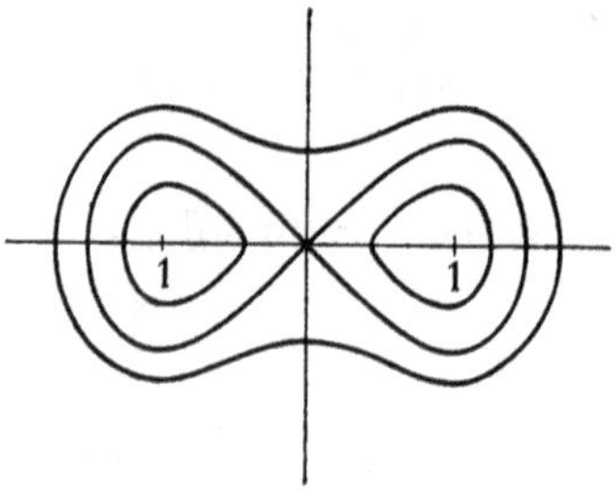

Fig. 16

$$z = r(\cos\varphi + i\sin\varphi),$$
$$z^2 = r^2(\cos 2\varphi + i\sin 2\varphi),$$
$$|z^2 - 1| = \alpha,$$
$$(r^2\cos 2\varphi - 1)^2 + (r^2\sin 2\varphi)^2 = \alpha^2,$$
$$r^4 - 2r^2\cos 2\varphi = \alpha^2 - 1,$$
$$r^2 = \cos 2\varphi \pm \sqrt{\alpha^2 - \sin^2 2\varphi}.$$

AUFGABE 32

Wo liegen die folgenden Punkte in der komplexen Zahlenebene?
a) $z = 2i(1 + t) - 3t^2$ (t reell); b) $z = 2\cos t - 3i\sin t$, $0 \leqq t \leqq 2\pi$.

Lösung: a) $\left.\begin{array}{l} x = -3t^2 \\ y = 2(1+t) \end{array}\right\} x = -3\left(\frac{y-2}{2}\right)^2$: Parabel;

b) $\begin{array}{l} x = 2\cos t \\ y = -3\sin t \end{array}$ $\quad \frac{x^2}{4} + \frac{y^2}{9} = 1$: Ellipse.

AUFGABE 33

Wie lautet die Gleichung der Ebene durch (0, 0, 0) und (1, 1, 1), die gegen die xy-Ebene unter 60° geneigt ist?

Lösung: Jede Ebene durch (0, 0, 0) und (1, 1, 1) hat die Gleichungsform

$$Ax + By + Cz = 0 \text{ mit } A + B + C = 0.$$

Der Winkel der Ebene gegen die xy-Ebene ist gleich dem Winkel ihrer Normalen gegen die z-Achse, also

$$C/\sqrt{A^2 + B^2 + C^2} = \cos 60^0 = 1/2.$$

Wegen $C \neq 0$ kann man $C = 1$ setzen; dann sind folgende Gleichungen zu erfüllen:
$$A + B = -1; \quad A^2 + B^2 = 3.$$
Daraus folgt
$$2AB = (A + B)^2 - (A^2 + B^2) = -2;$$
$$(A - B)^2 = A^2 + B^2 - 2AB = 5; \quad A - B = \pm\sqrt{5}.$$

Also $A = (-1 \pm \sqrt{5})/2$, $B = (-1 \mp \sqrt{5})/2$, $C = 1$.

Die gesuchte Ebenengleichung lautet

$$(-1 \pm \sqrt{5})\,x + (-1 \mp \sqrt{5})\,y + 2z = 0.$$

Dabei gelten gleichzeitig entweder nur die oberen oder nur die unteren Vorzeichen. Es gibt also 2 Lösungen.

AUFGABE 34

Man gebe die Gleichung der Ebene durch den Punkt (— 1, 2, 0) an, welche mit den Koordinatenachsen gleiche Winkel einschließt. Wie lauten die Gleichungen ihrer Schnittgeraden mit den Koordinatenebenen?

Lösung: Jede Ebene, die mit den Koordinatenachsen gleiche Winkel bildet, hat die Gleichungsform $x + y + z + D = 0$.
Der Punkt (— 1, 2, 0) liegt auf dieser Ebene, also $-1 + 2 + D = 0$; d. h.: $x + y + z - 1 = 0$ ist die gesuchte Gleichung.

Schnitt mit der xy-Ebene: $z = 0,\ x + y = 1$
„ „ „ yz-Ebene: $x = 0,\ y + z = 1$
„ „ „ zx-Ebene: $y = 0,\ x + z = 1$.

AUFGABE 35

Wie lautet die Gleichung der Ebene, welche durch den Punkt P_1 (— 1, 1, 2) geht und auf $P_1 P_2$ senkrecht steht? Dabei ist P_2 (— 2, 1, — 1).

Lösung: Vektor $P_1 P_2 = (-1, 0, -3)$.
Ebene: $-1\,(x + 1) + 0\,(y - 1) - 3\,(z - 2) = 0$ oder $x + 3z - 5 = 0$.

AUFGABE 36

Wie lautet die Gleichung einer Ebene, die durch die Verbindungslinie der beiden Punkte P_1 (1, — 1, 1) und P_2 (— 3, 7, — 4) hindurchgeht und mit der z-Achse einen Winkel von 30° einschließt?

Lösung: Die Gleichung der gesuchten Ebene in der Hesseschen Normalform sei $\alpha\,(x - 1) + \beta\,(y + 1) + \gamma\,(z - 1) = 0,\quad \alpha^2 + \beta^2 + \gamma^2 = 1$.
Sie geht offenbar durch den Punkt P_1. Damit auch P_2 auf ihr liegt, muß gelten:

$$-4\alpha + 8\beta - 5\gamma = 0.$$

Da α, β, γ die Richtungscosinus der Ebenennormale darstellen und letztere mit der z-Achse einen Winkel von 60° oder 120° einschließen soll, kann man γ den Wert 1/2 geben. Für α und β bestehen somit die zwei Gleichungen:

$$\alpha^2 + \beta^2 = 3/4,\quad -4\alpha + 8\beta = 5/2 \quad \text{oder:} \quad -4\alpha = (5/2) - 8\beta,$$
$$16\alpha^2 = (25/4) - 40\beta + 64\beta^2.$$

Setzt man diesen Wert in die erste Gleichung ein, dann ergibt sich folgende Gleichung für β: $25/4 - 40\beta + 64\beta^2 + 16\beta^2 = 12,\ 80\beta^2 - 40\beta - 23/4 = 0$,

$$\beta = (40 \pm \sqrt{3440})/160 = (10 \pm \sqrt{215})/40.$$

Für α erhalten wir dementsprechend:

$$\alpha = \frac{-5 \pm 2\sqrt{215}}{40}.$$

Die Gleichung der gesuchten Ebene lautet daher nach Multiplikation mit dem Faktor 40:

$$(-5 \pm 2\sqrt{215})(x-1) + (10 \pm \sqrt{215})(y+1) + 20(z-1) = 0.$$

Das Problem hat also zwei Lösungen, nämlich:

$$(-5 + 2\sqrt{215})(x-1) + (10 + \sqrt{215})(y+1) + 20(z-1) = 0,$$
$$(-5 - 2\sqrt{215})(x-1) + (10 - \sqrt{215})(y+1) + 20(z-1) = 0.$$

AUFGABE 37

Gegeben ist das Tetraeder mit den Eckpunkten

$$P_1\,(0, 0, 0),\ P_2\,(1, 0, 0),\ P_3\,(0, 1, 0),\ P_4\,(0, 0, 1).$$

Dieses Tetraeder soll um die gerichtete Gerade, die durch den Punkt $Q\,(2, 1, 1)$ geht und deren Richtungscosinus sich wie $3 : (-1) : 2$ verhalten, nach links um den Winkel $\pi/2$ gedreht werden. Welches sind die Koordinaten der Eckpunkte des Tetraeders in der Endlage?

Lösung: Wir führen ein neues Koordinatensystem (x', y', z') ein, dessen Ursprung im Punkt Q liegt und dessen positive z'-Achse mit der gerichteten Drehachse identisch ist. Damit ist das neue System noch nicht festgelegt. Wir können etwa noch verlangen, daß die positive x'-Achse die x-Achse schneidet. Um die Transformationsformeln zwischen den beiden Systemen aufzustellen, brauchen wir das System der neun Richtungscosinus, die wir in üblicher Weise in folgender Tabelle zusammenstellen:

(1)

	x'	y'	z'
x	$1/\sqrt{19}$	$9/\sqrt{266}$	$3/\sqrt{14}$
y	$-3/\sqrt{19}$	$11/\sqrt{266}$	$-1/\sqrt{14}$
z	$-3/\sqrt{19}$	$-8/\sqrt{266}$	$2/\sqrt{14}$

Hierbei ist sofort bekannt die Spalte unter (z'), da sich die Richtungscosinus der z'-Achse laut Angabe wie $3 : (-1) : 2$ verhalten sollen. Wir haben den Proportionalitätsfaktor nur so zu bestimmen, daß die Quadratsumme den Wert 1 ergibt. Als nächstes berechnen wir die Richtungscosinus der x'-Achse. Sie muß in einer Ebene liegen, die auf der z'-Achse senkrecht steht und durch den Punkt Q geht.

Ihre Gleichung lautet also: $3(x-2) - (y-1) + 2(z-1) = 0$.

Da die x'-Achse die x-Achse schneiden soll, brauchen wir den Schnittpunkt R der Ebene mit der x-Achse. Wir setzen also $y = z = 0$ in die Ebenengleichung ein und erhalten $x = 7/3$. Der Punkt R hat somit die Koordinaten: $R\,(7/3, 0, 0)$. Die Richtung der x'-Achse ist nun gegeben durch den Vektor QR mit den Komponenten: $(7/3 - 2,\ 0 - 1,\ 0 - 1) = (1/3, -1, -1)$. Die Richtungscosinus der x'-Achse erhalten wir daraus durch Normierung auf die Quadratsumme 1 zu:

$$\left(\frac{1}{\sqrt{19}}, \frac{-3}{\sqrt{19}}, \frac{-3}{\sqrt{19}}\right).$$

In unserer Tabelle bleibt also nur noch die y'-Spalte zu bestimmen. Wir finden die Werte unmittelbar aus der Tatsache, daß die Zeilen- und Spaltenquadratsummen gleich 1 sein müssen, während die Zusammensetzung (Faltung) zweier verschiedener Zeilen oder Kolonnen den Wert 0 haben muß (Kontrolle!). Die Transformationsformeln zwischen dem (x, y, z)- und dem (x, y', z')-System sind also wegen (1) von der Form:

$$(2)\quad \begin{cases} x'' = \dfrac{1}{\sqrt{19}}(x-2) - \dfrac{3}{\sqrt{19}}(y-1) - \dfrac{3}{\sqrt{19}}(z-1), \\ y' = \dfrac{9}{\sqrt{266}}(x-2) + \dfrac{11}{\sqrt{266}}(y-1) - \dfrac{8}{\sqrt{266}}(z-1), \\ z' = \dfrac{3}{\sqrt{14}}(x-2) - \dfrac{1}{\sqrt{14}}(y-1) + \dfrac{2}{\sqrt{14}}(z-1). \end{cases}$$

Wir rechnen nun die Koordinaten der vier Tetraedereckpunkte P_1, P_2, P_3, P_4 in das neue System um. Es ergibt sich im gestrichenen System:

$P_1\,(4/\sqrt{19},\ -21/\sqrt{266},\ -7/\sqrt{14})$, $\quad P_2\,(5/\sqrt{19},\ -12/\sqrt{266},\ -4/\sqrt{14})$,
$P_3\,(1/\sqrt{19},\ -10/\sqrt{266},\ -8/\sqrt{14})$, $\quad P_4\,(1/\sqrt{19},\ -29/\sqrt{266},\ -5/\sqrt{14})$.

Die verlangte Drehung stellt sich im (x', y', z')-System als eine Drehung um die z'-Achse dar. Nimmt man an, daß bei der Drehung das (x', y', z')-System mitgenommen wird, dann bleiben die Koordinaten der Tetraederpunkte unverändert, weil sich die Relativlage von Koordinatensystem und Tetraeder nicht ändert. Dreht man jetzt durch die entgegengesetzte Drehung das Koordinatensystem in die Ausgangslage zurück, während das Tetraeder seine Raumlage beibehält, dann ändern sich die Koordinaten. Die Koordinaten nach der Drehung seien (x'', y'', z''). Die Transformationsformeln für (x'', y'', z'') erhalten wir also, indem wir das (x', y', z')-System um den Winkel $\pi/2$ nach rechts drehen (von der z'-Achse aus gesehen).

Man erhält dabei: $\quad x'' = -y', \quad y'' = x', \quad z'' = z'$.

Die Koordinaten des gedrehten Tetraeders, bezogen auf das (x', y', z')-System, haben daher die Werte:

(3) $\quad P_1\,(21/\sqrt{266},\ 4/\sqrt{19},\ -7/\sqrt{14})$, $\quad P_2\,(12/\sqrt{266},\ 5/\sqrt{19},\ -4/\sqrt{14})$,
$\quad P_3\,(10/\sqrt{266},\ 1/\sqrt{19},\ -8/\sqrt{14})$, $\quad P_4\,(29/\sqrt{266},\ 1/\sqrt{19},\ -5/\sqrt{14})$.

Schließlich sind noch die Koordinaten der gedrehten Punkte bezüglich des ursprünglichen (x, y, z)-Systems zu berechnen.

Wir erhalten die Umrechnungsformeln durch Auflösung von (2) nach (x, y, z), was man am einfachsten direkt aus der Tabelle (1) abliest:

$$x = 2 + \frac{1}{\sqrt{19}}x' + \frac{9}{\sqrt{266}}y' + \frac{3}{\sqrt{14}}z', \quad y = 1 - \frac{3}{\sqrt{19}}x' + \frac{11}{\sqrt{266}}y' - \frac{1}{\sqrt{14}}z'$$

$$z = 1 - \frac{3}{\sqrt{19}}x' - \frac{8}{\sqrt{266}}y' + \frac{2}{\sqrt{14}}z'.$$

Setzt man hier für (x', y', z') die Punkte (3) ein, dann erhält man für das gedrehte Tetraeder, bezogen auf das ursprüngliche (x, y, z)-System, die Koordinaten:

$$P_1\left(\frac{3\sqrt{14}+7}{14}, \frac{-\sqrt{14}+21}{14}, \frac{-5\sqrt{14}}{14}\right),$$
$$P_2\left(\frac{3\sqrt{14}+16}{14}, \frac{\sqrt{14}+18}{14}, \frac{-4\sqrt{14}+6}{14}\right),$$
$$P_3\left(\frac{\sqrt{14}+4}{14}, \frac{-\sqrt{14}+22}{14}, \frac{-2\sqrt{14}-2}{14}\right),$$
$$P_4\left(\frac{2\sqrt{14}+13}{14}, \frac{-4\sqrt{14}+19}{14}, \frac{-5\sqrt{14}+4}{14}\right).$$

AUFGABE 38

Wie groß ist der Abstand des Punktes (— 3, 2, — 1) von der Ebene E = 4 x — 5 y + 3 z — 12 = 0? Wie groß ist der Rauminhalt des von der Ebene E und den drei Koordinatenebenen begrenzten Tetraeders?

Lösung: Abstand des Punktes (x, y, z) von E:

$$d(x, y, z) = \frac{4x - 5y + 3z - 12}{\sqrt{16 + 25 + 9}}.$$

Also $$d(-3, 2, -1) = \frac{-12 - 10 - 3 - 12}{\sqrt{50}} = -\frac{37}{10}\sqrt{2}.$$

Der Punkt $(-3, 2, -1)$ liegt demnach auf derselben Seite der Ebene wie der Nullpunkt.

E schneidet die Koordinatenachsen in den Punkten

$$P_1(3, 0, 0), \quad P_2(0, -12/5, 0), \quad P_3(0, 0, 4).$$

Die vierte Ecke des Tetraeders ist $P_4(0, 0, 0)$.

Also $$V = \frac{1}{6}\begin{vmatrix} 3 & 0 & 0 & 1 \\ 0 & -12/5 & 0 & 1 \\ 0 & 0 & 4 & 1 \\ 0 & 0 & 0 & 1 \end{vmatrix} = -\frac{24}{5}.$$

AUFGABE 39

Man berechne den Flächeninhalt des von den Punkten $P_1(2, 1, 2)$, $P_2(-1, 2, 1)$, $P_3(1, -1, -2)$ gebildeten Dreiecks.

Lösung: a) Anwendung der Heronischen Formel $F = \sqrt{s(s-a)(s-b)(s-c)}$, wobei $s = (a + b + c)/2$.

$$a = P_2P_3 = \sqrt{22}, \quad b = P_3P_1 = \sqrt{21}, \quad c = P_1P_2 = \sqrt{11}.$$

$$s = (\sqrt{22} + \sqrt{21} + \sqrt{11})/2 \qquad s - a = (-\sqrt{22} + \sqrt{21} + \sqrt{11})/2$$

$$s - b = (\sqrt{22} - \sqrt{21} + \sqrt{11})/2 \qquad s - c = (\sqrt{22} + \sqrt{21} - \sqrt{11})/2$$

$$s(s-a) = (5 + \sqrt{231})/2 \qquad (s-b)(s-c) = (-5 + \sqrt{231})/2$$

$$F = \tfrac{1}{2}\sqrt{206}.$$

b) $F = \sqrt{F_{xy}^2 + F_{yz}^2 + F_{xz}^2}$, wobei F_{xy} der Flächeninhalt der Projektion des Dreiecks auf die xy-Ebene usw.

$$F_{xy} = \frac{1}{2}\begin{vmatrix} 2 & 1 & 1 \\ -1 & 2 & 1 \\ 1 & -1 & 1 \end{vmatrix} = \frac{7}{2},$$

$$F_{yz} = \frac{1}{2}\begin{vmatrix} 1 & 2 & 1 \\ 2 & 1 & 1 \\ -1 & -2 & 1 \end{vmatrix} = -\frac{6}{2},$$

$$F_{xz} = \frac{1}{2}\begin{vmatrix} 2 & 2 & 1 \\ -1 & 1 & 1 \\ 1 & -2 & 1 \end{vmatrix} = \frac{11}{2},$$

$$F = \tfrac{1}{2}\sqrt{7^2 + 6^2 + 11^2} = \tfrac{1}{2}\sqrt{206}\,.$$

AUFGABE 40

Gegeben sind zwei Punkte im Raum, P_1 (2, 4, 3) und P_2 (5, — 7, 1); gesucht der Winkel, den die beiden Verbindungslinien zwischen P_1 und P_2 und dem Ursprung einschließen.

Lösung: Aus dem skalaren Produkt läßt sich der cosinus des Winkels bestimmen:

$$\cos\alpha = \frac{\overline{OP}_1\,\overline{OP}_2}{|OP_1|\cdot|OP_2|} = \frac{10-28+3}{\sqrt{4+16+9}\cdot\sqrt{25+49+1}} = \frac{-15}{\sqrt{29\cdot 75}}\,.$$

AUFGABE 41

Gegeben sind zwei Geraden g_1 und g_2 durch die Parameterdarstellungen

$$g_1 \begin{cases} x = 2 - 3t_1 \\ y = t_1 \\ z = 1 + 8t_1 \end{cases} \qquad g_2 \begin{cases} x = t_2 \\ y = 1 \\ z = 4 - t_2 \end{cases}$$

a) Schneiden sich die beiden Geraden? b) Wenn sie sich nicht schneiden, welches ist der kürzeste Abstand? c) Welches ist die Parameterdarstellung der gemeinsamen Senkrechten?

Lösung: a) Falls sich die beiden Geraden g_1 und g_2 schneiden sollten, müßte der Schnittpunkt den drei Gleichungen genügen

$$2 - 3t_1 = t_2\,, \quad t_1 = 1\,, \quad 1 + 8t_1 = 4 - t_2\,.$$

Wegen $t_1 = 1$ folgt aus der ersten Gleichung $t_2 = -1$; dieses Wertsystem erfüllt aber nicht die dritte Gleichung, daher sind g_1 und g_2 windschief.

b) und c) Wir bestimmen zuerst die Richtung der gemeinsamen Senkrechten zu g_1 und g_2. Die Richtungscosinus von g_1 sind proportional zu (— 3, 1, 8), diejenigen von g_2 zu (1, 0, — 1). Sind die Richtungscosinus des gemeinsamen Lotes proportional zu (a, b, c), dann müssen die beiden Orthogonalitätsrelationen bestehen: $-3a + b + 8c = 0$, $a - c = 0$.

Wir können also etwa wählen: $a = 1$, $b = -5$, $c = 1$.

Die gemeinsame Senkrechte zu g_1 und g_2 (wir nennen sie g) muß also die Richtung (1, —5, 1) haben und beide Geraden schneiden. Die Parameterdarstellung von g wird also folgendes Aussehen haben:

$$g \begin{cases} x = x_1 + \tau \\ y = y_1 - 5\tau & \text{(Parameter } \tau) \\ z = z_1 + \tau & (x_1, y_1, z_1) \text{ auf } g_1 . \end{cases}$$

Damit g auch die Gerade g_2 trifft, muß es ein Parametersystem (t_1, t_2, τ) geben, das folgenden Gleichungen genügt:

$$\begin{cases} t_2 = (2 - 3t_1) + \tau , \\ 1 = t_1 - 5\tau , \\ 4 - t_2 = (1 + 8t_1) + \tau , \end{cases} \qquad \begin{cases} 3t_1 + t_2 - \tau = 2 \\ t_1 \quad - 5\tau = 1 \\ 8t_1 + t_2 + \tau = 3 . \end{cases}$$

Die Lösung lautet: $t_1 = 7/27$; $t_2 = 29/27$; $\tau = -4/27$.

Die Parameterdarstellung von g hat somit die Gestalt:

$$g \begin{cases} x = 33/27 + \tau \\ y = 7/27 - 5\tau \\ z = 83/27 + \tau . \end{cases}$$

Die beiden Schnittpunkte mit g_1 und g_2 sind

$$P_1\,(33/27,\ 7/27,\ 83/27) \qquad P_2\,(29/27,\ 27/27,\ 79/27) .$$

Der kürzeste Abstand zwischen g_1 und g_2 hat den Wert $P_1 P_2$:

$$P_1 P_2 = \sqrt{\left(\frac{33}{27} - \frac{29}{27}\right)^2 + \left(\frac{7}{27} - \frac{27}{27}\right)^2 + \left(\frac{83}{27} - \frac{79}{27}\right)^2} = \frac{1}{27}\sqrt{432} .$$

AUFGABE 42

Man bestimme die Gleichung der Ebene, welche durch die in der yz-Ebene liegende Gerade $2y + 3z - 6 = 0$ geht und die positive x-Achse unter 60^0 schneidet. Wie groß ist ihr Abstand vom Nullpunkt?

Lösung: Die gesuchte Ebene hat die Form $ax + 2y + 3z - 6 = 0$. Der Winkel ihrer Normalen und der x-Achse soll 30^0 betragen, d. h.

$$a/\sqrt{a^2 + 2^2 + 3^2} = \sqrt{3}/2 . \text{ Daraus folgt } a = \pm\sqrt{39} .$$

Der Abstand vom Nullpunkt ist $6/\sqrt{52} = 3/\sqrt{13}$.

AUFGABE 43

Man gebe die Gleichungen der Ebene durch die Punkte $P_1\,(-1, 3, 0)$, $P_2\,(2, -1, 2)$ an, die auf den Koordinatenebenen senkrecht stehen!

Lösung: Sollen P_1 und P_2 auf der Ebene $Ax + By + Cz + D = 0$ liegen, so muß gelten: $-A + 3B + D = 0$; $2A - B + 2C + D = 0$.

Für eine Ebene $\perp$ xy-Ebene ist $C = 0$, also $D = -5$, $A = 4$, $B = 3$

$$4x + 3y - 5 = 0 .$$

Für eine Ebene $\perp$ yz-Ebene ist $A = 0$, also $D = -3$, $C = 2$, $B = 1$

$$y + 2z - 3 = 0 .$$

Für eine Ebene $\perp$ xz-Ebene ist $B = 0$, also $D = 2$, $A = 2$, $C = -3$

$$2x - 3z + 2 = 0 .$$

AUFGABE 44

Man gebe die Gleichungen der Ebenen an, die durch die Punkte P_1 (0, 0, 2) und P_2 (1, 1, 2) gehen und die Kugel vom Radius 1 mit dem Nullpunkt als Mittelpunkt berühren.

Lösung: Die gesuchten Gleichungen lauten $Ax + By + Cz + D = 0$. Inzidenz mit P_1: $2C + D = 0$, Inzidenz mit P_2: $A + B + 2C + D = 0$, Tangentialebene: Abstand von (0, 0, 0) gleich 1:

$$D/\sqrt{A^2 + B^2 + C^2} = 1\,.$$

Diese drei Gleichungen reduzieren sich auf

$$C = -D/2\,;\quad A + B = 0\,;\quad A^2 + B^2 = \tfrac{3}{4}D^2\,.$$

Hieraus folgt, wenn man $D = 4$ setzt,

$$A = \pm\sqrt{6}\,,\quad B = \mp\sqrt{6}\,,\quad C = -2\,,\quad D = 4\,.$$

AUFGABE 45

Man untersuche, ob die Innenwinkelhalbierenden eines von vier Ebenen $E_1 = 0$, $E_2 = 0$, $E_3 = 0$, $E_4 = 0$ gebildeten Tetraeders durch einen gemeinsamen Punkt gehen.

Lösung: Wir nehmen an, daß die Ebenengleichungen schon auf die Normalform gebracht sind, und zwar so, daß für einen inneren Punkt $E_1 > 0$, $E_2 > 0$, $E_3 > 0$, $E_4 > 0$ ist. Dann sind

$$\varepsilon_1 \equiv E_1 - E_2 = 0\,,\quad \varepsilon_2 \equiv E_2 - E_3 = 0\,,\quad \varepsilon_3 \equiv E_3 - E_4 = 0$$

drei winkelhalbierende Ebenen.

Die übrigen drei Winkelhalbierenden sind:

$$E_1 - E_3 = \varepsilon_1 + \varepsilon_2\,,\quad E_1 - E_4 = \varepsilon_1 + \varepsilon_2 + \varepsilon_3\,,\quad E_2 - E_4 = \varepsilon_2 + \varepsilon_3\,,$$

d. h. sie gehen durch den Schnittpunkt $\varepsilon_1 = \varepsilon_2 = \varepsilon_3 = 0$.

AUFGABE 46

Gegeben sind die beiden Geraden

$$G_1: \begin{cases} x = 1 + 5t \\ y = -2 + t \\ z = 3t \end{cases} \qquad G_2: \begin{cases} x = -1 - 8\tau \\ y = \tau \\ z = 5 + 3\tau\,. \end{cases}$$

Man stelle zwischen den Punkten von G_1 und denen von G_2 eine umkehrbar eindeutige Beziehung dadurch her, daß den Punkten $t = 0$, $t = 1$ von G_1 die Punkte $\tau = 2$, $\tau = 0$ von G_2 entsprechen sollen, außerdem noch dem Fernpunkt von G_1 der Fernpunkt von G_2. Entsprechende Punkte sollen durch eine Gerade verbunden werden. Was für eine Fläche stellt die Gesamtheit der Geraden dar?

Lösung: Die Beziehung zwischen G_1 und G_2 werde durch $t = a\tau + b$ dargestellt, wobei

$$0 = 2a + b\,;\quad 1 = b\,;\quad \text{d. h. } a = -\tfrac{1}{2},\ b = 1\,;$$

oder

$$t = -(\tau/2) + 1 \quad \text{bzw.} \quad \tau = 2 - 2t \text{ ist.}$$

Demnach kann G_2 auch durch $x = -17 + 16t$, $y = 2 - 2t$, $z = 11 - 6t$ dargestellt werden.

Die Verbindungslinie lautet:
$$x = 1 + 5t + s(-18 + 11t)$$
$$y = -2' + t + s(4 - 3t)$$
$$z = 3t + s(11 - 9t).$$

Für variable s, t ist dies die Parameterdarstellung der Fläche.

Hieraus: $3x + 11y = -19 + 26t - 10s$ bzw. $z - 3y = 6 - s$,

d. h. $s = z - 3y - 6$ und $26t = (3x - 19y + 10z - 41)$.

Einsetzen in die zweite Gleichung gibt:
$$26y = -52 + (3x - 19y + 10z - 41) +$$
$$+ 104(z - 3y - 6) - 3(z - 3y - 6)(3x - 19y + 10z - 41) \quad \text{oder}$$
$$27xy - 9xz + 147yz - 171y^2 - 30z^2 + 57x - 1068y + 417z - 1455 = 0.$$

Die Fläche ist also ein hyperbolisches Paraboloid.

AUFGABE 47

Man bestimme die Gleichung der Ebene durch den Punkt (1,5; 3; — 1), die auf der Schnittgeraden von 2 x — 3 y + z = 0 und x — 3 z = 0 senkrecht steht.

Lösung: Ebene $Ax + By + Cz + D = 0$.
Durch den Punkt (1, 5; 3; —1): $1{,}5A + 3B - C + D = 0$.
Senkrecht zur Ebene $2x - 3y + z = 0$: $2A - 3B + C = 0$.
Senkrecht zur Ebene $x - 3z = 0$: $A - 3C = 0$.
Daraus folgt: $A = 3C$; $B = (7/3)C$; $D = -(21/2)C$.
Also gesuchte Ebene: $18x + 14y + 6z - 63 = 0$.

AUFGABE 48

Man bestimme die Gleichung der winkelhalbierenden Ebenen von
2 x — 3 y + z — 1 = 0 und x + y + 2 z + 2 = 0.
In welchen Geraden schneiden jene die xy-Ebene?

Lösung: Die winkelhalbierenden Ebenen bilden den geometrischen Ort für alle Punkte, die von den gegebenen Ebenen gleichen Abstand haben, also
$$\frac{2x - 3y + z - 1}{\sqrt{14}} = \pm \frac{x + y + 2z + 2}{\sqrt{6}} \quad \text{oder}$$
$$\left(\frac{2}{\sqrt{14}} - \frac{1}{\sqrt{6}}\right)x - \left(\frac{3}{\sqrt{14}} + \frac{1}{\sqrt{6}}\right)y + \left(\frac{1}{\sqrt{14}} - \frac{2}{\sqrt{6}}\right)z - \left(\frac{1}{\sqrt{14}} + \frac{2}{\sqrt{6}}\right) = 0$$
und
$$\left(\frac{2}{\sqrt{14}} + \frac{1}{\sqrt{6}}\right)x - \left(\frac{3}{\sqrt{14}} - \frac{1}{\sqrt{6}}\right)y + \left(\frac{1}{\sqrt{14}} + \frac{2}{\sqrt{6}}\right)z - \left(\frac{1}{\sqrt{14}} - \frac{2}{\sqrt{6}}\right) = 0.$$

Die Schnittgeraden findet man durch Nullsetzen von z.

AUFGABE 49

Man untersuche, ob die vier Ebenen

$$\begin{aligned} 4x + 8y + 4z - 16 &= 0 \\ 2x - y + z + 1 &= 0 \\ x - y + 3z + 4 &= 0 \\ 3x + 4y - 3z - 14 &= 0 \end{aligned}$$

durch einen Punkt gehen.

Lösung:

$$\begin{vmatrix} 4 & 8 & 4 & -16 \\ 2 & -1 & 1 & 1 \\ 1 & -1 & 3 & 4 \\ 3 & 4 & -3 & -14 \end{vmatrix} = \begin{vmatrix} 36 & -8 & 20 & -16 \\ 0 & 0 & 0 & 1 \\ -7 & 3 & -1 & 4 \\ 31 & -10 & 11 & -14 \end{vmatrix} = \begin{vmatrix} 36 & -8 & 20 \\ -7 & 3 & -1 \\ 31 & -10 & 11 \end{vmatrix}$$

$$= \begin{vmatrix} 20 & -8 & 20 \\ -1 & 3 & -1 \\ 11 & -10 & 11 \end{vmatrix} = 0.$$

AUFGABE 50

Welche Fläche wird durch die Gleichung $x^2 + 2y^2 + 3z^2 - 2x + 4y + 3z = 0$ dargestellt?

Lösung: Quadratische Ergänzung gibt

$$(x-1)^2 + 2(y+1)^2 + 3(z+\tfrac{1}{2})^2 = \tfrac{15}{4}.$$

Ellipsoid, Hauptachsen parallel x, y, z-Achsen
Mittelpunkt $x = 1$; $y = -1$, $z = -\frac{1}{2}$.
Halbachsen $a = \sqrt{15}/2$, $b = \sqrt{15}/2\sqrt{2}$, $c = \sqrt{15}/2\sqrt{3}$.

AUFGABE 51

Gegeben ist das Ellipsoid: $\frac{x^2}{4} + \frac{y^2}{9} + \frac{z^2}{16} = 1$.
Wie lautet die Gleichung der Tangentialebene an diese Fläche im Flächenpunkte $x_0 = 1$; $y_0 = 2$; z_0?

Lösung: Berechnung von z_0: $\frac{1}{4} + \frac{4}{9} + \frac{z_0^2}{16} = 1$, also ist $z_0 = \frac{2}{3}\sqrt{11}$.

Tangential-Ebene: $\frac{xx_0}{4} + \frac{yy_0}{9} + \frac{zz_0}{16} = 1$ oder $\frac{x}{4} + \frac{2y}{9} + \frac{\sqrt{11}}{24} z = 1$.

AUFGABE 52

Gegeben ist die Fläche zweiter Ordnung $3x^2 + 4xy - 3yz + 8x - 3z + 16 = 0$. Wie lautet die Gleichung der Tangentialebene im Punkt $x_0 = 1$; $y_0 = 5$; z_0? Welches sind die Richtungscosinusse der Flächennormalen in diesem Punkt?

Lösung: Berechnung von z_0: $3 + 20 - 15z_0 + 8 - 3z_0 + 16 = 0$; $z_0 = 47/18$.
Tangentialebene: $3xx_0 + 2(xy_0 + x_0y) - \frac{3}{2}(y_0z + z_0y) + 4(x + x_0) - \frac{3}{2}\cdot(z + z_0) + 16 = 0$,

oder $3x + 10x + 2y - \frac{15}{2}z - \frac{47}{12}y + 4x + 4 - \frac{3}{2}z - \frac{47}{12} + 16 = 0$,

oder $17x - \frac{23}{12}y - 9z + \frac{193}{12} = 0$.

Flächennormale: $\frac{\partial}{\partial x} = 6x + 4y + 8$; $\frac{\partial}{\partial y} = 4x - 3z$; $\frac{\partial}{\partial z} = -3y - 3$

$$\left(\frac{\partial}{\partial x}\right)_0 = 34; \quad \left(\frac{\partial}{\partial y}\right)_0 = -23/6; \left(\frac{\partial}{\partial z}\right)_0 = -18$$

$$\left(\frac{\partial}{\partial x}\right)_0 : \left(\frac{\partial}{\partial y}\right)_0 : \left(\frac{\partial}{\partial z}\right)_0 = 204 : (-23) : (-108).$$

Richtungscosinusse: $\frac{204}{\sqrt{53809}}, \frac{-23}{\sqrt{53809}}, \frac{-108}{\sqrt{53809}}$.

AUFGABE 53

Gegeben ist die Gleichung der Kugel $x^2 + y^2 + z^2 - r^2 = 0$. Wie lautet die Gleichung der Tangentialebene im Punkte (x_0, y_0, z_0)?

Lösung: Die Gleichung der Tangentialebene im Punkte (x_0, y_0, z_0) an eine Fläche mit der Gleichung $F(x, y, z) = 0$ lautet allgemein:

$(F_x)_0 (x - x_0) + (F_y)_0 (y - y_0) + (F_z)_0 (z - z_0) = 0$. In unserem Falle:

$F_x (x_0, y_0, z_0) = 2x_0$; $F_y (x_0, y_0, z_0) = 2y_0$; $F_z (x_0, y_0, z_0) = 2z_0$.

Also:
$$x_0 (x - x_0) + y_0 (y - y_0) + z_0 (z - z_0) = 0,$$
$$xx_0 + yy_0 + zz_0 - (x_0^2 + y_0^2 + z_0^2) = 0,$$
$$xx_0 + yy_0 + zz_0 - r^2 = 0.$$

AUFGABE 54

Eine Ebene sei gegeben durch die Punkte P_0, P_1, P_2, die nicht in einer Geraden liegen. Wie lautet ihre Parameterdarstellung?

Lösung: Die 3 Punkte seien gegeben durch die Ortsvektoren $\mathfrak{r}_0, \mathfrak{r}_1, \mathfrak{r}_2$. Da die drei Punkte nicht in einer Geraden liegen, sind die beiden Vektoren $\mathfrak{r}_1 - \mathfrak{r}_0$ und $\mathfrak{r}_2 - \mathfrak{r}_0$ nicht linear abhängig, jeder andere Vektor in der gesuchten Ebene muß sich also linear aus $(\mathfrak{r}_1 - \mathfrak{r}_0)$ und $(\mathfrak{r}_2 - \mathfrak{r}_0)$ zusammensetzen lassen. Ist $\mathfrak{r}$ ein beliebiger Punkt in der Ebene, dann muß gelten:

$\mathfrak{r} - \mathfrak{r}_0 = \lambda (\mathfrak{r}_1 - \mathfrak{r}_0) + \mu (\mathfrak{r}_2 - \mathfrak{r}_0)$.

Diese Gleichung ist die gesuchte Parameterdarstellung der Ebene mit den beiden Parametern λ und μ. Man sieht, daß sich $\mathfrak{r}$ in der Form $\lambda_0 \mathfrak{r}_0 + \lambda_1 \mathfrak{r}_1 + \lambda_2 \mathfrak{r}_2$ ausdrückt, wobei $\lambda_0 + \lambda_1 + \lambda_2 = 1$ ist.

AUFGABE 55

Durch die Gerade g mit der Parameterdarstellung $x = t$, $y = 2t$, $z = t$ lege man die Tangentialebenen an die Fläche $z = (x + 2)^2 + [(y - 1)/2]^2 + 3$. Wie lauten die Gleichungen derselben?

Lösung: Die Gleichung der Fläche läßt sich auf die Gestalt bringen

$$z - 3 = (x + 2)^2 + \tfrac{1}{4}(y - 1)^2.$$

Es handelt sich um ein elliptisches Paraboloid mit dem Scheitel (— 2, 1, 3) und den Halbachsen 1 und 1/2. Die Gleichung der Tangentialebene an diese Fläche im Berührungspunkt (x_0, y_0, z_0) heißt

$$\frac{z + z_0}{2} - 3 = (x + 2)(x_0 + 2) + \frac{1}{4}(y - 1)(y_0 - 1).$$

Damit diese Ebene durch die Gerade g geht, muß gelten:

$$\frac{t + z_0}{2} - 3 = (t + 2)(x_0 + 2) + \frac{1}{4}(2t - 1)(y_0 - 1),$$

$$t\left(x_0 + 2 + \frac{1}{2}y_0 - 1\right) + \left(2x_0 + 4 - \frac{1}{4}y_0 + \frac{1}{4} - \frac{z_0}{2} + 3\right) = 0.$$

Diese Relation soll für alle t erfüllt sein. Das ist nur möglich, wenn

$$(1)\quad 2x_0 + y_0 + 2 = 0, \qquad (2)\quad 8x_0 - y_0 - 2z_0 + 29 = 0.$$

Zu diesen beiden linearen Gleichungen für x_0, y_0, z_0 kommt als dritte die Flächengleichung (3) $z_0 - 3 = (x_0 + 2)^2 + \frac{1}{4}(y_0 - 1)^2$.

Nun haben wir aus (1), (2), (3) die Unbekannten x_0, y_0, z_0 zu berechnen. Aus (1) und (2) folgt: $x_0 = (2z_0 - 31)/10$, $y_0 = (-2z_0 + 21)/5$.

Nach (3): $$z_0 - 3 = [(2z_0 - 11)^2 + (16 - 2z_0)^2]/100,$$

$$8z_0^2 - 208z_0 + 677 = 0, \quad z_0 = (52 \pm \sqrt{1350})/4.$$

Setzt man diese Werte in die Gleichung der Tangentialebene ein, dann ergibt sich: $$(60 \pm 2\sqrt{1350})\,x - (20 \pm \sqrt{1350})\,y - 20z = 0.$$

Da die Gerade g durch den Nullpunkt geht, muß auch die Tangentialebene den Nullpunkt enthalten, was aus der Gleichung sofort ersichtlich ist. (Probe!)

AUFGABE 56

Bestimme die Ableitung von $y = \arcsin(e^{x^2})$.

Lösung: Mit Hilfe der Kettenregel erhält man

$$y' = 1/\sqrt{1 - e^{2x^2}} \quad (e^{x^2})' = (e^{x^2} \cdot 2x)/\sqrt{1 - e^{2x^2}}.$$

Man kann auch die Leibnizsche Bemerkung benutzen, daß das Differential von $f(u)$ stets $f'(u)\,du$ lautet, gleichgültig, ob u die unabhängige Veränderliche ist oder eine Funktion. Danach wäre

$$dy = \frac{d(e^{x^2})}{\sqrt{1 - e^{2x^2}}} = \frac{e^{x^2}\,d(x^2)}{\sqrt{1 - e^{2x^2}}} = \frac{e^{x^2} \cdot 2x\,dx}{\sqrt{1 - e^{2x^2}}}.$$

AUFGABE 57

Bestimme die Ableitung von $y = \dfrac{x(1 + \sin x)}{x^2 + \cos x}$.

Lösung: Hier muß man die Leibnizschen Regeln anwenden und findet:

$$y' = \frac{(x^2 + \cos x)(x + x\sin x)' - (x + x\sin x)(x^2 + \cos x)'}{(x^2 + \cos x)^2}$$

$$= \frac{(x^2 + \cos x)(1 + \sin x + x\cos x) - (x + x\sin x)(2x - \sin x)}{(x^2 + \cos x)^2}$$

$$= \frac{(x - x^2)(1 + \sin x) + (1 + x^3)\cos x + \sin x\cos x}{(x^2 + \cos x)^2}.$$

AUFGABE 58

Bestimme die Ableitung von $y = \dfrac{2 - \operatorname{arc\,tan} x}{\mathfrak{Ar}\,\mathfrak{Sin}\, x}$.

L ö s u n g: Man findet mittels der Leibnizschen Quotientenregel

$$y' = \frac{\mathfrak{Ar}\,\mathfrak{Sin}\, x\,(2 - \operatorname{arc\,tan} x)' - (2 - \operatorname{arc\,tan} x)\,(\mathfrak{Ar}\,\mathfrak{Sin}\, x)'}{(\mathfrak{Ar}\,\mathfrak{Sin}\, x)^2}$$

$$= \left[-\frac{1}{1+x^2}\,\mathfrak{Ar}\,\mathfrak{Sin}\, x - (2 - \operatorname{arc\,tan} x)\,\frac{1}{\sqrt{1+x^2}}\right] : (\mathfrak{Ar}\,\mathfrak{Sin}\, x)^2 .$$

AUFGABE 59

Unter allen Rechtecken von gegebenem Umfang 2 l dasjenige von größtem Inhalt zu finden.

L ö s u n g: Ist $(l/2) + x$ die eine und $(l/2) - x$ die andere Seite des Rechteckes, so hat das Rechteck den Umfang $2\,l$. Der Inhalt ist $[(l/2) + x]\,[(l/2) - x] = (l^2/4) - x^2$. Man sieht ohne Differentialrechnung, daß er im Falle $x = 0$ am größten ist. Das Quadrat hat also unter allen Rechtecken mit demselben Umfang den größten Inhalt.

AUFGABE 60

Unter allen Kreiskegeln von gegebenem Volumen V denjenigen mit kleinster Oberfläche zu finden.

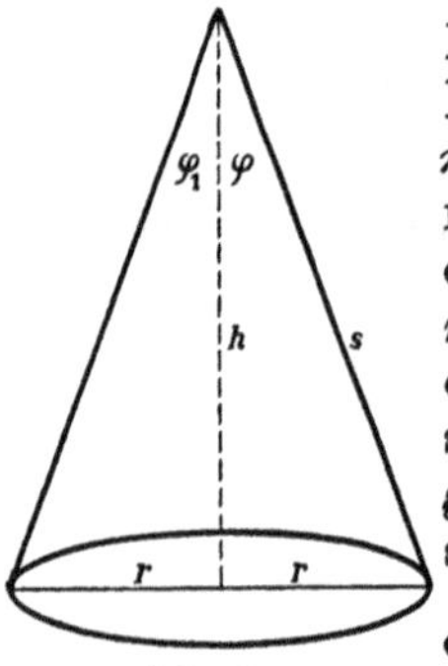

Fig. 17

L ö s u n g: Die Oberfläche des Kegels besteht aus der Basis πr^2 und der Mantelfläche πrs, ist also gleich $\pi r\,(r + s)$, andererseits ist $V = \frac{1}{3}\pi r^2 h$. Schließlich hat man noch $s^2 = h^2 + r^2$. Wenn man die halbe Öffnung des Kegels φ nennt, so kann man (vgl. Fig. 17) setzen: $r = s \sin\varphi$, $h = s\cos\varphi$ und erhält $V = \frac{1}{3}\pi s^3 \sin^2\varphi \cos\varphi$. Andererseits ist die Oberfläche, die wir minimieren sollen, $\pi s^2 (\sin\varphi + \sin^2\varphi)$. Ihre dritte Potenz wird dann gleichzeitig minimiert; dividiert man sie durch die Konstante V^2, so fällt s heraus und es ergibt sich bis auf einen Zahlenfaktor $\dfrac{(\sin\varphi + \sin^2\varphi)^3}{\sin^4\varphi\cos^2\varphi}$ oder, wenn man noch $\cos^2\varphi = (1 + \sin\varphi)\,(1 - \sin\varphi)$ setzt, $\dfrac{(1 + \sin\varphi)^2}{\sin\varphi\,(1 - \sin\varphi)}$.

Es handelt sich also schließlich nach Einsetzung von $\sin\varphi = x$ um folgende Funktion: $f(x) = (1 + x)^2/x\,(1 - x) = x^{-1}(1 - x)^{-1}(1 + x)^2$.

x ist offenbar auf das Intervall $0 \ldots 1$ beschränkt. Man findet nach der Leibnizschen Produktregel

$$f'(x) = 2x^{-1}(1-x)^{-1}(1+x) + x^{-1}(1-x)^{-2}(1+x)^2 - x^{-2}(1-x)^{-1}(1+x)^2$$

oder

$$f'(x) = x^{-2}(1 - x)^{-2}(1 + x)(3x - 1).$$

Bei Annäherung an die Grenzen des Intervalles 0 . . . 1 wächst $f(x)$ ins Unendliche. Das kleinste $f(x)$ muß also im Innern von 0 . . . 1 liegen, und dort muß dann $f'(x) = 0$ sein, d. h. $x = \frac{1}{3}$. Man hat demnach $\sin \varphi = \frac{1}{3}$, also $r = s \sin \varphi = \frac{1}{3} s$. Der Grundradius ist also ein Drittel der Seitenlinie des Kegels. Man könnte auch auf andere Weise vorgehen. Infolge $r^2 h = 3V/\pi$ und $s^2 = h^2 + r^2$ sind zwei der Veränderlichen h, r, s Funktionen der dritten. Da die zu minimierende Funktion $r(r + s)$ ein verschwindendes Differential haben muß, so bestehen folgende Gleichungen für dh, dr, ds:

$$r^2 dh + 2hr dr = 0, \quad h dh + r dr - s ds = 0, \quad (2r + s)\, dr + r ds = 0 .$$

Hieraus folgt $\begin{vmatrix} r^2 & 2hr & 0 \\ h & r & -s \\ 0 & 2r+s & r \end{vmatrix} = 0$, d. h. $(r + s)^2 = 2(s^2 - r^2)$, oder $3r^2 + 2rs - s^2 = 0$, oder $(3r - s)(r + s) = 0$, also $r = s/3$.

AUFGABE 61

Gegeben ist eine Ellipse mit der großen Halbachse a und der kleinen Halbachse b. Für welche Ellipsenpunkte ist die Abstandsumme von den Scheiteln $x = a$, $y = 0$ und $x = 0$, $y = -b$ ein Maximum?

Lösung: Gleichung der Ellipse:

$(x^2/a^2) + (y^2/b^2) = 1$, $PP_1 = r_1 = \sqrt{(x-a)^2 + y^2}$, $PP_2 = r_2 = \sqrt{x^2 + (y + b)^2}$.

Man sieht sofort, daß P im Falle des Maximums im zweiten Quadranten liegen muß. Spiegelt man P an der y-Achse, so hat P^* dasselbe r_2, aber ein kleineres r_1. Spiegelt man P an der x-Achse, so hat P^{**} dasselbe r_1 wie P, aber ein kleineres r_2. Erst recht hat P^{***} (vgl. Fig. 18) eine kleinere Abstandsumme $r_1 + r_2$ als P. Setzt man $x = -a \sin u$, $y = b \cos u$ und läßt u das Intervall $0 \ldots \pi/2$ durchlaufen, so beschreibt $P(x, y)$ gerade die Viertelellipse im zweiten Quadranten, wo an einer gewissen Stelle P der Maximalwert von $r_1 + r_2$ eintritt.

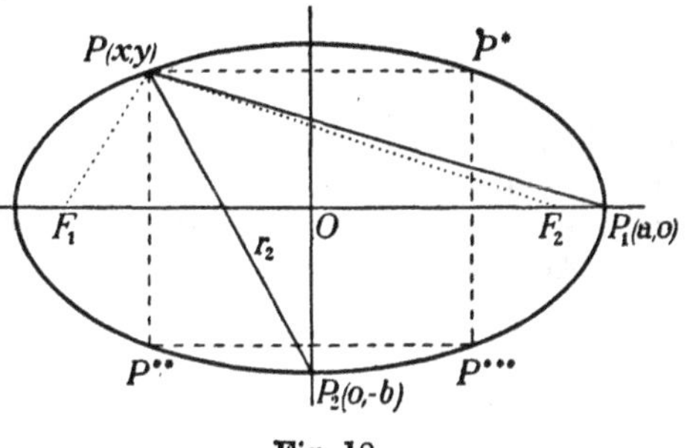

Fig. 18

Es wäre nun der Verlauf der Funktion

$$f(u) = r_1 + r_2 = \sqrt{a^2(1 + \sin u)^2 + b^2 \cos^2 u} + \sqrt{a^2 \sin^2 u + b^2 (1 + \cos u)^2}$$

zu untersuchen! Man findet

$$f'(u) = \frac{a^2(1 + \sin u)\cos u - b^2 \cos u \sin u}{\sqrt{a^2(1 + \sin u)^2 + b^2 \cos^2 u}} + \frac{a^2 \sin u \cos u - b^2(1 + \cos u)\sin u}{\sqrt{a^2 \sin^2 u + b^2(1 + \cos u)^2}}.$$

Da $f'(o) = a^2/\sqrt{a^2 + b^2}$ positiv und $f'(\pi/2)$ negativ ist, so liegt das größte $f(u)$ im Innern des Intervalles $0 \ldots \pi/2$ an einer Nullstelle von $f'(u)$. Da $f'(u) = 0$ gleichbedeutend mit $\frac{d}{du}(r_1 + r_2) = 0$ ist, so wird, wenn P auf der Ellipse $(x^2/a^2) + (y^2/b^2) = 1$ infinitesimal fortschreitet, diese Fortschreitung zugleich auf einer Ellipse $r_1 + r_2 = \text{const.}$ liegen, deren Bennpunkte P_1 und P_2 sind.

Beide Ellipsen werden sich also in P berühren, mithin dieselbe Tangente und dieselbe Normale haben. Tangente und Normale sind aber bei einer Ellipse immer die Winkelhalbierenden der beiden Geraden, die den Ellipsenpunkt mit den Brennpunkten verbinden. P ist demnach dadurch gekennzeichnet, daß die beiden Geraden PF_1, PF_2 dieselben Winkelhalbierenden haben wie PP_1, PP_2. Jedes der beiden Geradenpaare ist harmonisch zu jenen Winkelhalbierenden. Wenn man P mit den beiden Ponceletschen Kreispunkten K_1 und K_2 verbunden denkt, so sind auch PK_1, PK_2 harmonisch zu den genannten Winkelhalbierenden, weil Orthogonalität zweier Geraden dasselbe bedeutet wie diese harmonische Beziehung zu den Verbindungen des Schnittpunktes mit K_1 und K_2. Man nennt nun den Inbegriff aller von P ausgehenden Geradenpaare, die zu einem und demselben Geradenpaare harmonisch sind, eine Involution. So hat sich also herausgestellt, daß die drei Geradenpaare PF_1, PF_2 und PP_1, PP_2 und PK_1, PK_2 einer Involution angehören müssen. Ein Geradenpaar wird durch eine in zwei lineare Gleichungen zerfallende Gleichung zweiten Grades dargestellt. Sind $Q_1 = 0$, $Q_2 = 0$, $Q_3 = 0$ drei Geradenpaare mit dem Scheitel P, so gehören sie dann und nur dann einer Involution an, wenn die linken Seiten linear abhängig sind, d. h. wenn die eine eine lineare Verbindung der anderen ist. Das muß man also nach Aufstellung der Gleichungen $Q_1 = 0$, $Q_2 = 0$, $Q_3 = 0$ zum Ausdruck bringen.

AUFGABE 62

Löse die Gleichung $\sin x + 1 - x = 0$.

Lösung: Um zu erkennen, ob überhaupt eine Lösung existiert, mache man sich klar, daß hier die Sinuslinie $y = \sin x$ mit der Geraden $y = x - 1$ zu schneiden ist. Die Abszisse des Schnittpunktes genügt der vorgelegten Gleichung. Aus der Figur 19 sieht man mit einem Blick, daß die Gerade $y = x - 1$, die übrigens zur Tangente der Sinuslinie im Anfangspunkt parallel ist, tatsächlich die Sinuslinie schneidet. Die vorgelegte Gleichung hat also eine und nur eine Wurzel. Daß dies so ist, kann man auch rein analytisch ohne Figur erkennen. $f(x) = \sin x - x + 1$ hat die Ableitung $\cos x - 1$. Diese ist nirgends positiv. Daher nimmt $f(x)$ bei zunehmendem x beständig ab. Für $x = -\infty$ ist $f(x)$ positiv, für $x = \infty$ negativ unendlich. Als stetige Funktion muß $f(x)$ also durch Null hindurchgehen und kann dies wegen des beständigen Abnehmens nur einmal tun. Da $f(\pi/2) = 2 - (\pi/2) > 0$ und $f(\pi) = 1 - \pi < 0$ ist, so liegt die Wurzel von $f(x)$ zwischen $\pi/2$ und π. Wenn man als erste Näherung $r_0 = \pi/2$ benutzt und dann $r_1 = \sin r_0 + 1$, $r_2 = \sin r_1 + 1, \ldots$ setzt, allgemein $r_n = \sin r_{n-1} + 1$, so läßt sich zeigen, daß r_n nach der gesuchten Wurzel konvergiert. $r_1 = 2$ liegt im Intervall $\pi/2 \ldots \pi$.

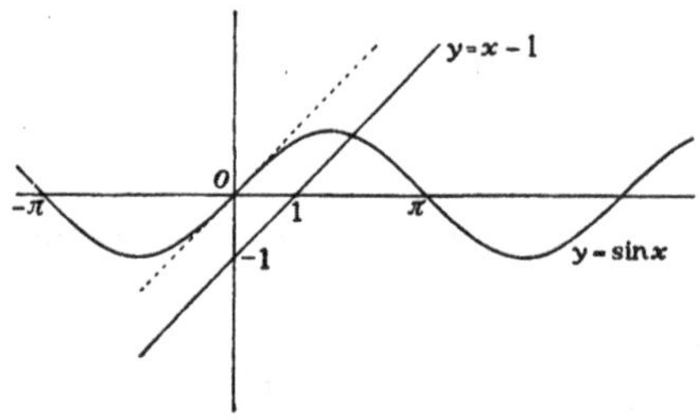

Fig. 19

Da $r_2 - r_1 = \sin r_1 - \sin r_0 = (r_1 - r_0) \cos \varrho_1$ ist $(r_0 < \varrho_1 < r_1)$, so liegt ϱ_1 zwischen $\pi/2$ und π, so daß $\cos \varrho_1$ einen negativen Wert hat. Man sieht,

daß $r_2 - r_1$ negativ ist und von kleinerem Betrage als $r_1 - r_0$. Somit fällt r_2 zwischen r_0 und r_1.
Ferner ist $r_3 - r_2 = \sin r_2 - \sin r_1 = (r_2 - r_1)\cos \varrho_2$ und ϱ_2 liegt zwischen r_1 und r_2. Somit fällt r_3 zwischen r_1 und r_2. So geht es weiter. $r_0, r_1, r_2, \ldots$ ist, wie man sieht, eine oszillierende Folge im Intervall $\pi/2 \ldots \pi$. Die Schwingungen beim Durchlaufen der Folge nehmen ihrem Betrage nach ständig ab. Da r_1, $r_2, r_3 \ldots$ alle dem Intervall $r_1 \ldots r_2$ angehören, so liegen $\varrho_2, \varrho_3, \ldots$ ebenfalls in diesem Intervall, und die Beträge von $\cos \varrho_2$, $\cos \varrho_3, \ldots$ sind alle kleiner als $|\cos r_2|$. Hierdurch ist garantiert, daß $r_n - r_{n-1}$ bei wachsendem n nach Null konvergiert und daher die Grenzwerte der monotonen Folgen $r_0, r_2, r_4, \ldots$ und $r_1, r_3, r_5 \ldots$ übereinstimmen. Ist r dieser gemeinsame Grenzwert, so folgt aus $r_n = \sin r_{n-1} + 1$ sofort $r = \sin r + 1$. Demnach ist r die gesuchte Wurzel. Das Operieren mit einer oszillierenden Folge ist besonders bequem. Natürlich könnte man auch mittels der berühmten „regula falsi" zum Ziele kommen. Diese Regel läßt sich immer anwenden, wenn $f(x_1)$ und $f(x_2)$ verschiedene Zeichen haben und daher zwischen x_1 und x_2 eine Wurzel von $f(x)$ liegt. Man muß das Intervall vorher so verengern, daß es in $x_1 \ldots x_2$ nur eine solche Wurzel gibt. Dann wird $y = f(x)$ durch die Sehne

$Y = \frac{x - x_2}{x_1 - x_2} f(x_1) + \frac{x - x_1}{x_2 - x_1} f(x_2)$ ersetzt. Diese schneidet die x-Achse an einer Stelle r_0, die man aus der linearen Gleichung $Y = 0$, d. h. aus $(x - x_2) f(x_1) = (x - x_1) f(x_2)$ berechnen kann, und zwar findet man

$$r_0 = \frac{x_1 f(x_2) - x_2 f(x_1)}{f(x_2) - f(x_1)} .$$

Je nachdem nun $f(r_0)$ und $f(x_1)$ oder $f(r_0)$ und $f(x_2)$ entgegengesetzte Zeichen haben, wird man dasselbe Verfahren auf $r_0 \ldots x_1$ oder $r_0 \ldots x_2$ anwenden usw.

Auch könnte man ein von Newton angegebenes Verfahren anwenden. Bei diesem wird statt der Sehne die Tangente der Kurve in einem der Endpunkte des zu $x_1 \ldots x_2$ gehörigen Kurvenbogens benutzt. Die Tangente an der Stelle x_1 hat z. B. die Gleichung $Y = f(x_1) + (x - x_1) f'(x_1)$.
Ihr Schnittpunkt mit der x-Achse liegt an der Stelle $r_1 = x_1 - \frac{f(x_1)}{f'(x_1)}$.

Er gilt im Vergleich zu x_1 als verbesserte Annäherung an die Wurzel. Auch hier ist eine Wiederholung des Verfahrens möglich.

AUFGABE 63

Gegeben ist die Zahlenfolge $a_n = 1/n$. Gesucht ist die unendliche Reihe $\sum_{\nu=1}^{\infty} u_\nu$, deren Teilsummen $s_n = a_n$ sind für $n = 1, 2, 3, \ldots$

Lösung: $s_1 = u_1 = a_1$, d. h. $u_1 = a_1$.
Für $n > 1$ gilt $s_{n-1} = u_1 + u_2 + \ldots + u_{n-1}$
$s_n = u_1 + u_2 + \ldots + u_{n-1} + u_n$.
Folglich ist $s_n - s_{n-1} = u_n = a_n - a_{n-1}$,
d. h. $u_n = a_n - a_{n-1}$ für $n = 2, 3, \ldots$

Speziell für $a_n = \frac{1}{n}$ folgt $u_1 = 1$, $u_n = \frac{-1}{n(n-1)}$ für $n = 2, 3, \ldots$

AUFGABE 64

Beurteile die Reihe $\sum\limits_{n=1}^{\infty} \dfrac{2^n n^{n^2}}{(2n)^{2n}}$.

Lösung: Zunächst Umformung des allgemeinen Reihengliedes:

$$u_n = \frac{2^n n^{n^2}}{(2n)^{2n}} = \frac{2^n n^{n^2}}{2^{2n} n^{2n}} = \frac{n^{n^2-2n+1}}{n\,2^n} = \frac{n^{(n-1)^2}}{n \cdot 2^n}.$$

Man kann hier das Cauchysche Kriterium, auch Kriterium $\sqrt[n]{u_n}$ genannt, anwenden und findet

$$\sqrt[n]{u_n} = \frac{n^{\frac{(n-1)^2}{n}}}{2\,n^{1/n}}.$$

$n^{\frac{1}{n}} = e^{\frac{\ln n}{n}}$ konvergiert nach $e^0 = 1$. Der Zähler $n^{\frac{(n-1)^2}{n}} = n^{n-2+\frac{1}{n}}$ ist größer als n^{n-2} und wächst mit n ins Unendliche. Die Reihe ist also divergent, weil $\sqrt[n]{u_n}$ nach ∞ strebt.

AUFGABE 65

Beurteile die Reihe $\sum\limits_{n=1}^{\infty} \dfrac{2^n n^{\sqrt{n}}}{(3n)^{n-10}}$.

Lösung: Hier ist $u_n = \dfrac{2^n n^{\sqrt{n}}}{(3n)^{n-10}} = \dfrac{2^n n^{\sqrt{n}} (3n)^{10}}{(3n)^n}$,

also
$$\sqrt[n]{u_n} = \frac{2\,n^{\sqrt{n}/n} \cdot 3^{10/n}\, n^{10/n}}{3n}.$$

$3^{10/n} \to 1$, $n^{10/n} \to 1$, $n^{\sqrt{n}/n} = e^{(\ln n)/\sqrt{n}} \to 1$, weil $(\ln n)/\sqrt{n} \to 0$. Der Zähler hat den Grenzwert 1. Wegen des n im Nenner wird $\sqrt[n]{u_n} \to 0$. Daher ist die Reihe konvergent.

Bemerkung hierzu: Wenn man $\ln n$ mit irgendeiner positiven Potenz von n vergleicht, z. B. n^α (α irgendein positiver Wert, z. B. 1/2 oder sonst etwas), so wird $\lim\limits_{n\to\infty} \left(\dfrac{\ln n}{n^\alpha}\right) = 0$ sein, d. h. $\ln$ wird schwächer unendlich als jede noch so niedrige positive Potenz von n.

Zum Beweise setze man $\ln n = m$, also $n = e^m$. Dann wird

$$\frac{\ln n}{n^\alpha} = \frac{m}{e^{\alpha m}} = \frac{1}{\alpha}\,\frac{\alpha m}{e^{\alpha m}}. \text{ Da } e^{\alpha m} = 1 + \frac{\alpha m}{1!} + \frac{\alpha^2 m^2}{2!} + \ldots,$$

also sicher $e^{\alpha m} > \dfrac{\alpha^2 m^2}{2}$ ist, so hat man $\dfrac{\alpha m}{e^{\alpha m}} < \dfrac{2}{\alpha m}$. Daraus folgt $\dfrac{\ln n}{n^\alpha} \to 0$.

AUFGABE 66

Beurteile die Reihe $\sum\limits_{n=1}^{\infty} \dfrac{(3n)!\sqrt{n+1}}{2^n n^{n+10}}$.

Lösung: Hier wenden wir das d'Alembertsche Kriterium, auch Kriterium $\dfrac{u_{n+1}}{u_n}$ genannt, an. Da $u_n = \dfrac{(3n)!\sqrt{n+1}}{2^n n^{n+10}}$, so hat man

$$\frac{u_{n+1}}{u_n} = \frac{(3n+3)!\sqrt{n+2}}{2^{n+1}(n+1)^{n+1+10}} : \frac{(3n)!\sqrt{n+1}}{2^n n^{n+10}} = \frac{(3n+1)(3n+2)(3n+3)\sqrt{n+2}}{2\left(1+\frac{1}{n}\right)^{n+10}(n+1)\sqrt{n+1}}$$

oder
$$\frac{u_{n+1}}{u_n} = \frac{3}{2}(3n+1)(3n+2)\frac{\sqrt{1+\frac{1}{n+1}}}{\left(1+\frac{1}{n}\right)^{n+10}}.$$

Es ist hier $\dfrac{\sqrt{1+\frac{1}{n+1}}}{\left(1+\frac{1}{n}\right)^{n+10}} \to \dfrac{1}{e}$, aber die anderen Faktoren bewirken, daß

$\dfrac{u_{n+1}}{u_n}$ nach ∞ strebt. Daher ist die Reihe divergent.

AUFGABE 67

Beurteile die Reihe $\sum\limits_{n=1}^{\infty} \dfrac{1}{n^2+5}$.

Lösung: Sie hat die konvergente Majorante $\sum\limits_{n=1}^{\infty} \dfrac{1}{n^2}$, ist also konvergent. Daß diese Reihe konvergiert, kann man ebenfalls durch eine Majorantenbetrachtung erkennen. Man beachte, daß die Glieder der Reihe $1 + \frac{1}{2^2} + \frac{1}{3^2} + \ldots$ vom zweiten an kleiner sind als die entsprechenden Glieder der Reihe $1 + \frac{1}{1\cdot 2} + \frac{1}{2\cdot 3} + \ldots$ Da nun $\frac{1}{1\cdot 2} = 1 - \frac{1}{2}$, $\frac{1}{2\cdot 3} = \frac{1}{2} - \frac{1}{3}$, ... ist, so hat man $1 + \frac{1}{1\cdot 2} + \frac{1}{2\cdot 3} + \ldots + \frac{1}{(n-1)n} = 2 - \frac{1}{n} \to 2$.

Die Majorante ist also konvergent, folglich auch die Reihe $1 + \frac{1}{2^2} + \frac{1}{3^2} + \ldots$

AUFGABE 68

Beurteile die Reihe $\sum\limits_{n=2}^{\infty} \dfrac{1}{n^3 - n^2 + 8n - 15}$.

Lösung: Hier ist $u_n = \dfrac{1}{n^3 - n^2 + 8n - 15} = \dfrac{1}{n^3(1 - 1/n + 8/n^2 - 15/n^3)}$.

Setzt man $v_n = 1/n^3$, so stehen die Reihen $\Sigma\, u_n$ und $\Sigma\, v_n$ in der Beziehung $\lim\limits_{n\to\infty}(u_n/v_n) = 1$. Wenn zwei Reihen mit positiven Gliedern $\Sigma\, u_n$ und $\Sigma\, v_n$ in der Beziehung $\lim\limits_{n\to\infty} u_n/v_n = k$ stehen, wobei k endlich, aber nicht gleich Null ist, so sind die Reihen von gleichem Charakter, d. h. entweder beide konvergent oder beide divergent. Ist ε irgendeine positive Zahl (jedoch kleiner als k), so wird für $n \geqq p$ die Doppelungleichung $k - \varepsilon < \frac{u_n}{v_n} < k + \varepsilon$ gelten. Daher wird $u_p + u_{p+1} + \ldots$ die Majorante $(k + \varepsilon)\, v_p + (k + \varepsilon)\, v_{p+1} + \ldots$ haben und selbst eine Majorante für $(k - \varepsilon)\, v_p + (k - \varepsilon)\, v_{p+1} + \ldots$ sein. Ein konstanter Faktor, den man den Reihengliedern beigibt, ändert aber nichts am Charakter der Reihe, ebensowenig das Fortlassen endlich vieler Glieder. Da nun im vorliegenden Falle $\Sigma\, v_n = \Sigma\, 1/n^3$ konvergent ist, wird auch $\Sigma\, 1/(n^3 - n^2 + 8\,n - 15)$ konvergent sein. Wir beginnen die Summation mit $n = 2$, um zu erzielen, daß $n^3 - n^2 + 8n - 15 = n\,(n-1) + 8\,[n - (15/8)]$ stets positiv ist.

AUFGABE 69

Zeige, daß die Reihe $1 - \frac{1}{\sqrt{2}} + \frac{1}{\sqrt{3}} - \ldots$ zwar konvergent, aber nicht absolut konvergent ist.

Lösung: Daß $\Sigma\, 1/\sqrt{n}$ divergent ist, erkennt man sofort aus dem Anblick der n-ten Partialsumme $1 + 1/\sqrt{2} + \ldots + 1/\sqrt{n}$, unter deren n Gliedern $1/\sqrt{n}$ das kleinste ist. Die Partialsumme ist daher größer als $n\,(1/\sqrt{n})$ oder $\sqrt{n}$ und wächst mit n über alle Grenzen. Daß andererseits $1 - 1/\sqrt{2} + 1/\sqrt{3} - \ldots$ konvergent ist, beruht auf dem Leibnizschen Satze über alternierende Reihen $u_1 - u_2 + u_3 - \ldots$ (alle u_n positiv). Ist eine solche Reihe vom Leibnizschen Typus, d. h. bestehen die Ungleichungen $u_1 > u_2 > u_3 > \ldots$, so rindet dann und nur dann Konvergenz statt, wenn $\lim u_n = 0$ ist.

Beweise, daß auch $\Sigma \frac{(-1)^n}{\sqrt{n} - ln\, n}$ nur bedingt konvergent ist, d. h. zwar konvergent, aber nicht absolut konvergent.

AUFGABE 70

Zeige, daß man bei einer bedingt konvergenten Reihe durch Umordnen der Glieder die Konvergenz zerstören, ebenso aber auch unter Erhaltung der Konvergenz die Summe der Reihe beliebig ändern kann.

Lösung: Eine bedingt konvergente Reihe muß unendlich viele positive und unendlich viele negative Glieder aufweisen. Sonst wäre sie nämlich absolut konvergent, weil endlich viele störende Glieder nichts ausmachen.. Wir nennen die positiven Glieder in der Anordnung, wie sie in der Reihe vorkommen, $u_1, u_2, u_3, \ldots$, die negativen Glieder $-v_1, -v_2, -v_3, \ldots$ Wären die beiden Reihen $u_1 + u_2 + u_3 + \ldots$ und $v_1 + v_2 + v_3 + \ldots$ konvergent, so würde das die absolute Konvergenz der vorliegenden Reihe nach sich ziehen. Diese soll aber nicht absolut konvergent sein. Ebenso leicht erkennt man, daß die Konvergenz der einen und die Divergenz der anderen Reihe zur Folge hätte, daß die vorliegende Reihe divergiert, die doch im Gegenteil konvergent sein soll. Bleibt also nur die Möglichkeit, daß beide Reihen $u_1 + u_2 + u_3 + \ldots$ und

$v_1 + v_2 + v_3 + \ldots$ divergieren, daß also bei beiden die n-te Partialsumme zugleich mit n über alle Grenzen wächst. Um nun aus den u_n und v_n eine divergente Reihe aufzubauen, kann man so vorgehen: Man nehme zuerst so viele positive Glieder $u_1, u_2, \ldots, u_{n_1}$, daß ihre Summe s_{n_1} über 1 hinausgeht, dann vielleicht ein negatives Glied $-v_1$, hierauf füge man so viele positive Glieder $u_{n_1+1}, \ldots, u_{n_2}$ hinzu, daß $s_{n_2} - v_1$ über 2 hinausgeht. Dann lasse man wieder nur das eine negative Glied $-v_2$ folgen usw. Die Reihe $u_1 + \ldots + u_{n_1} - v_1 + u_{n_1+1} + \ldots + u_{n_2} - v_2 + \ldots$ wird dann divergent sein. Sie hat mit den konvergenten Reihen wenigstens das gemein, daß ihre Partialsummen eine Folge bilden, die einem Grenzwert zustrebt, wenn es auch der uneigentliche Grenzwert ∞ ist. Zu diesen Partialsummen gehören vor allem diejenigen, die mit u_{n_1} oder u_{n_2} usw. endigen und größer als 1 oder 2 usw. sind, also nach ∞ hinstreben. Die auf sie unmittelbar folgenden Partialsummen mit negativen Endgliedern konvergieren auch nach ∞, da v_n der Null zustrebt als Reihenglied der ursprünglich gegebenen, bedingt konvergenten Reihe. Jede andere Partialsumme ist immer zwischen zweien der eben betrachteten Art enthalten, wenn wir die Null, die aus keinem Reihenglied bestehende Partialsumme, ebenfalls als Partialsumme betrachten. Durch andere zweckmäßige Umordnungen kann man zu Reihen gelangen, die eine viel schlimmere Divergenz aufweisen, so daß man nicht einmal von einem uneigentlichen Grenzwert der Partialsummen reden kann.

Man kann aber auch, ohne die Konvergenz zu zerstören, durch geschicktes Umordnen der Glieder den Summenwert beliebig abändern. Will man z. B. eine Reihe mit der positiven Summe k haben, so suche man in der Reihe $u_1 + u_2 + u_3 + \ldots$ die erste Partialsumme s_{m_1} auf, die eben über k hinausgeht, dann in $v_1 + v_2 + v_3 + \ldots$ die erste Partialsumme t_{n_1}, die eben die Ungleichung $s_{n_1} - t_{m_1} < k$ erfüllt. Dann wähle man unter den auf s_{n_1} folgenden Partialsummen die erste s_{n_2}, die $s_{n_2} - t_{m_1} > k$ macht, dann unter den auf t_{n_1} folgenden Partialsummen die erste t_{m_2}, welche die Ungleichung $s_{n_2} - t_{m_2} < k$ zur Erfüllung bringt, usw. Man pendelt, wie ersichtlich, fortgesetzt um k hin und her. Die Abweichungen von k sind aber, weil wir jedesmal die erste Partialsumme der betreffenden Art wählen, kleiner als gewisse Glieder der ursprünglich betrachteten Reihe. Da diese konvergent ist, streben jene Abweichungen der Null zu. Somit hat die durch jenen Umordnungsprozeß gewonnene Reihe tatsächlich die Summe k. Im Falle $k < 0$ muß man mit den negativen Gliedern der ursprünglichen Reihe beginnen.

AUFGABE 71

Untersuche die Reihe $\Sigma\,(-1)^n \left(\frac{1}{n^{1/3}} - \frac{1}{(n+1)^{1/3}}\right)$.

Lösung: Man sieht, daß es sich um eine alternierende Reihe handelt. Setzt man $u_n = (1/n)^{1/3} - 1/(n+1)^{1/3}$, so ist nach der Formel $a^3 - b^3 = (a - b)\,(a^2 + ab + b^2)$

$$u_n = \frac{\frac{1}{n} - \frac{1}{n+1}}{\left(\frac{1}{n}\right)^{2/3} + \left(\frac{1}{n}\right)^{1/3}\left(\frac{1}{n+1}\right)^{1/3} + \left(\frac{1}{n+1}\right)^{2/3}} \quad \text{oder}$$

$$u_n = \frac{1}{n^{1/3}(n+1) + n^{2/3}(n+1)^{2/3} + n(n+1)^{1/3}}.$$

Man sieht mit einem Blick, daß der Nenner beim Übergang von n zu $n+1$ in allen seinen Bestandteilen zunimmt. Es ist also $u_{n+1} < u_n$ und offenbar auch $\lim_{n\to\infty} u_n = 0$, so daß eine Reihe vom Leibnizschen Typus vorliegt. Die Reihe ist also konvergent.

AUFGABE 72

Konvergiert die Reihe $\sum_{n=1}^{\infty} (-1)^n (\sqrt{n} - \sqrt{n-1})$?

Lösung: Die Reihe ist alternierend, also genügt es zu prüfen, ob $|a_n|$ monoton nach Null strebt.

Es ist aber $|a_n| = \sqrt{n} - \sqrt{n-1} = 1/(\sqrt{n} + \sqrt{n-1})$, und diese Folge konvergiert monoton nach Null, d. h. die Reihe ist konvergent.

AUFGABE 73

Untersuche die Konvergenz von $\sum_{n=1}^{\infty} \frac{1}{n^2 - 3n + 8}$.

Lösung: $1/(n^2 - 3n + 8) = 1/\left[n^2\left(1 - \frac{3}{n} + \frac{8}{n^2}\right)\right] < 1/\left[n^2\left(1 - \frac{1}{2}\right)\right] = 2/n^2$,

weil $3/n - 8/n^2 < 1/2$ für $n > 6$.

Die vorgelegte Reihe ist also konvergent.

AUFGABE 74

Konvergiert die Reihe $\sum_{n=1}^{\infty} \frac{n^2 \cdot n!}{(2 + n^3)\, n^n}$?

Lösung: Anwendung des Quotientenkriteriums:

$$\frac{a_{n+1}}{a_n} = \frac{(n+1)^2 (n+1)!\,(2+n^3)\, n^n}{(2+(n+1)^3)\,(n+1)^{n+1}\, n^2 \cdot n!} = \frac{\left(\frac{n+1}{n}\right)^2 \cdot \left(\frac{2+n^3}{2+(n+1)^3}\right)}{\left(\frac{n+1}{n}\right)^n}$$

$\lim_{n\to\infty} \frac{a_{n+1}}{a_n} = \frac{1 \cdot 1}{e} < 1$, d. h. Konvergenz.

AUFGABE 75

Man untersuche die Konvergenz der Reihe $\sum_{n=1}^{\infty} 1/n^a$ mit Hilfe des Integrals $\int_1^{\infty} dx/x^a$.

Lösung: Die Funktion $1/x^a$ ist für $a > 0$ monoton abnehmend, daher gilt

$$1/(n+1)^a < \int_n^{n+1} dx/x^a < 1/n^a .$$

1. Fall: $a > 1$; $\sum_{n=N+1}^{M} \frac{1}{n^a} < \int_N^M \frac{dx}{x^a} = \frac{1}{a-1}\left(\frac{1}{N^{a-1}} - \frac{1}{M^{a-1}}\right) < \frac{1}{(a-1)\,N^{a-1}}$, also Konvergenz.

2. Fall: $a < 1$; $\sum_{n=1}^{N-1} \frac{1}{n^a} > \int_1^N \frac{dx}{x^a} = \frac{1}{1-a}(N^{1-a} - 1)$, d. h. die Teilsummen werden beliebig groß: Divergenz.

3. Fall: $a = 1$; $\sum_{n=1}^{N-1} \frac{1}{n^a} > \int_1^N \frac{dx}{x} = \ln N$, d. h. ebenfalls Divergenz, weil die Teilsummen beliebig groß werden.

AUFGABE 76

Konvergiert $\sum_{n=1}^{\infty} \frac{10^n}{n^{n/2}\sqrt{n}}$?

Lösung: Quotientenkriterium:

$$\frac{10^{n+1}\, n^{n/2}\sqrt{n}}{(n+1)^{(n+1)/2}\sqrt{n+1}\cdot 10^n} = \frac{10\, n^{(n+1)/2}}{(n+1)^{(n+2)/2}} = \frac{10\sqrt{n}}{n+1}\cdot\frac{1}{[1+(1/n)]^{n/2}} \to 0,$$

also Konvergenz.

AUFGABE 77

Konvergiert $\sum_{n=1}^{\infty} \frac{\operatorname{Sin} n}{3^n+1}$?

Lösung: Quotientenkriterium:

$$\frac{(e^{n+1}-e^{-n-1})\cdot 2\,(3^n+1)}{2\,(3^{n+1}+1)\cdot(e^n-e^{-n})} = \frac{(e-e^{-2n-1})\cdot(1+3^{-n})}{(1-e^{-2n})\cdot(3+3^{-n})} \to \frac{e}{3}.$$

Wegen $\frac{e}{3} = \frac{2{,}718\ldots}{3} < 1$ konvergiert die Reihe.

AUFGABE 78

Konvergiert $\sum_{n=1}^{\infty} \frac{\ln n}{n^{1,5}}$?

Lösung: Das Quotientenkriterium versagt hier, aber es gilt sicher $n^{-0,3} \ln n \to 0$, also $\frac{\ln n}{n^{1,5}} < \frac{1}{n^{1,2}}$ für genügend großes n.

Die Reihe ist demnach konvergent.

AUFGABE 79

Konvergiert $\sum_{n=1}^{\infty} \frac{1}{n^2 + 5 + e^{-n}}$?

Lösung: Ja, weil $\frac{1}{n^2 + 5 + e^{-n}} < \frac{1}{n^2}$.

AUFGABE 80

Konvergiert $\sum_{n=1}^{\infty} \frac{\operatorname{arc\,tan} n}{n^2 + n + 3.2^{-n}}$?

Lösung: Ja, weil $\frac{\operatorname{arc\,tan} n}{n^2 + n + 3.2^{-n}} < \frac{\pi}{2n^2}$.

AUFGABE 81

Entwickle die Funktionen $\frac{1}{1-x}$, $\frac{1}{(1-x)^2}$, $\ln \frac{1}{1-x}$ nach steigenden Potenzen von x und gib die Konvergenzbereiche an.

Lösung:

$$\frac{1}{1-x} = 1 + x + x^2 + x^3 + \dots \qquad \text{für } |x| < 1$$

$$\frac{1}{(1-x)^2} = 1 + 2x + 3x^2 + 4x^3 + \dots \qquad \text{für } |x| < 1$$

$$\ln \frac{1}{1-x} = \int_0^x \frac{d\xi}{1-\xi} = x + \frac{x^2}{2} + \frac{x^3}{3} + \frac{x^4}{4} + \dots \qquad \text{für } |x| < 1.$$

AUFGABE 82

f(x) = Ar Sin x in eine Potenzreihe zu entwickeln!

Lösung: $f'(x) = 1/\sqrt{1 + x^2} = (1 + x^2)^{-1/2}$ entwickele man nach der Newtonschen Binominalformel:

$$f'(x) = 1 - \frac{1}{2} x^2 + \frac{1 \cdot 3}{2 \cdot 4} x^4 - \frac{1 \cdot 3 \cdot 5}{2 \cdot 4 \cdot 6} x^6 + \dots$$

Dann folgt sofort $\operatorname{Ar\,Sin} x = x - \frac{1}{2} \frac{x^3}{3} + \frac{1 \cdot 3}{2 \cdot 4} \frac{x^5}{5} - \dots$

AUFGABE 83

Bestimme den Konvergenzradius der Reihe $\sum_{n=1}^{\infty} \frac{x^n}{n^n}$.

Lösung: Hier ist a_n, der Koeffizient von x^n, gleich $1/n^n$, also $\sqrt[n]{a_n} = 1/n$ und $\lim 1/\sqrt[n]{a_n} = \infty$. Die Reihe ist also beständig konvergent, d. h. sie konvergiert für alle x.

AUFGABE 84

Bestimme den Konvergenzradius der Reihe $\sum_{n=0}^{\infty} \frac{n!\, x^n}{n^n}$.

Lösung: Wenn bei einer Potenzreihe $a_0 + a_1 x + a_2 x^2 + \ldots$ der Grenzwert $\lim_{n \to \infty} \left| \frac{a_{n+1}}{a_n} \right|$ existiert, so ist er gleich dem reziproken Konvergenzradius, wie man mittels des d'Alembertschen Konvergenzkriteriums feststellen kann. Bei vorliegender Reihe ist

$$\frac{a_{n+1}}{a_n} = \frac{(n+1)!}{(n+1)^{n+1}} : \frac{n!}{n^n} = \frac{1}{(1+1/n)^n},$$

also $\frac{a_{n+1}}{a_n} \to \frac{1}{e}$. Die Reihe hat also den Konvergenzradius e.

AUFGABE 85

Entwickle $f(x) = e^{1-x} \cos(x^2)$ an der Stelle $x = 0$ in eine Potenzreihe.

Lösung: Man hat $e^{1-x} = e \cdot e^{-x} = e\left(1 - \frac{x}{1!} + \frac{x^2}{2!} + \ldots\right)$,

$$\cos(x^2) = 1 - \frac{x^4}{2!} + \frac{x^8}{4!} - \frac{x^{12}}{6!} + \ldots$$

und findet dann $f(x) = e\left(1 - \frac{x}{1!} + \frac{x^2}{2!} + \ldots\right)\left(1 - \frac{x^4}{2!} + \frac{x^8}{4!} - \ldots\right)$

$$= e\left(1 - \frac{x}{1!} + \frac{x^2}{2!} - \frac{x^3}{3!} + \frac{x^4}{4!} - \frac{x^5}{5!} + \ldots - \frac{x^4}{2!} + \frac{x^5}{2!\,1!} - \ldots\right)$$

$$= e\left(1 - \frac{x}{1!} + \frac{x^2}{2!} - \frac{x^3}{3!} - \frac{11}{24} x^4 + \frac{59}{120} x^5 \ldots\right).$$

Hieraus kann man schließen, daß

$$\frac{f''''(0)}{4!} = -\frac{11e}{24}, \text{ d. h. } f''''(0) = -11e \text{ ist,}$$

$$\frac{f^{(V)}(0)}{5!} = \frac{59e}{120}, \text{ d. h. } f^{(V)}(0) = 59e.$$

AUFGABE 86

Man entwickle die Funktionen $\frac{x^3}{1-x}$ und $\frac{x^3 - x^2 + x - 1}{(x-2)(x-5)}$ sowohl an der Stelle $x = 0$ als auch an der Stelle $x = 1$ in Potenzreihen.

Lösung: An der Stelle $x = 0$ hat man für $|x| < 1$

$$\frac{1}{1-x} = 1 + x + x^2 + \ldots, \quad \text{also} \quad \frac{x^3}{1-x} = x^3 + x^4 + x^5 + \ldots$$

Ferner ist $$\frac{x^3 - x^2 + x - 1}{(x-2)(x-5)} = \frac{x^3 - x^2 + x - 1}{10\,(1 - x/2)\,(1 - x/5)}.$$

Man schreibt zuerst auf $$\frac{1}{1 - (x/2)} = 1 + \frac{x}{2} + \frac{x^2}{2^2} + \ldots,$$

$$\frac{1}{1 - (x/5)} = 1 + \frac{x}{5} + \frac{x^2}{5^2} + \ldots$$

und multipliziert beide Reihen, wodurch die Potenzreihe $1 + \frac{7}{10}x + \ldots$ entsteht. Diese Potenzreihe wird dann mit den Faktoren $x^3, -x^2, x, -1$ versehen, die Ergebnisse werden addiert, und schließlich wird noch der Faktor 1/10 angebracht. Man führe die Rechnung etwa bis zu x^5 einschließlich durch.

An der Stelle $x = 1$ läßt sich $x^3/(1-x)$ nicht in eine Reihe von der Form $c_0 + c_1(x-1) + c_2(x-1)^2 + \ldots$ entwickeln, weil bei Annäherung an diese Stelle $x^3/(1-x)$ unendlich wird. Um bei der andern Funktion die Entwicklung nach Potenzen von $x-1$ zu gewinnen, setze man $x - 1 = z$, also $x = 1 + z$. Dann erhält man

$$\frac{x^3 - x^2 + x - 1}{(x-2)(x-5)} = \frac{z^3 + 2z^2 + 2z}{(z-1)(z-4)}$$

und nehme in der oben geschilderten Weise die Entwicklung nach z vor. Man kann auch vorher die Partialbruchzerlegung anwenden und dann erst die Reihenentwicklung durchführen.

AUFGABE 87

Bestimme für die Reihen $\Sigma \frac{n^2 x^n}{n^3 + 1}$, $\Sigma \frac{n!\, n^{n/2} x^n}{(2n)!}$ den Konvergenzradius.

Lösung: Man operiert am besten mit der Regel $\frac{a_{n+1}}{a_n}$.

Im ersten Falle ist $a_n = \frac{n^2}{n^3 + 1}$, also $\frac{a_{n+1}}{a_n} = \left(\frac{n+1}{n}\right)^2 \frac{n^3 + 1}{(n+1)^3 + 1}$

oder $$\frac{a_{n+1}}{a_n} = \left(1 + \frac{1}{n}\right)^2 \frac{1 + (1/n^3)}{[1 + (1/n)]^3 + (1/n^3)}.$$

Der Grenzwert ist offenbar 1, also auch der Konvergenzradius gleich 1. Bei dem zweiten Beispiel hat man

$$a_n = \frac{n!\, n^{n/2}}{(2n)!}, \quad a_{n+1} = \frac{(n+1)!\,(n+1)^{(n+1)/2}}{(2n+2)!},$$

also $$\frac{a_{n+1}}{a_n} = \frac{(n+1)^{3/2}\,(1 + 1/n)^n}{(2n+1)\,(2n+2)} = \frac{(1 + 1/n)^{3/2}\,(1 + 1/n)^n}{n^{1/2}\,(2 + 1/n)\,(2 + 2/n)}.$$

Der Grenzwert ist offenbar gleich Null, also der Konvergenzradius der zweiten Reihe ∞.

AUFGABE 88

Man bestimme den Konvergenzradius von $\sum_{n=0}^{\infty} \frac{n!\, n^n}{(2n)!} x^n$.

Lösung: Der Konvergenzradius R ist $\lim \frac{a_n}{a_{n+1}}$, falls dieser Grenzwert existiert. Das ist hier der Fall:

$$\frac{(2n+2)!\; n!\; n^n}{(n+1)!\,(n+1)^{n+1}\,(2n)!} = \frac{(2n+1)(2n+2)}{(n+1)^2}\,\frac{n^n}{(n+1)^n} \to \frac{4}{e}\,, \text{ d. h. } R = \frac{4}{e}\,.$$

AUFGABE 89

Man schätze das Cauchysche sowie das Lagrangesche Restglied von e^x an der Stelle x = 0 ab.

Lösung: Cauchysches Restglied

$$R_n = \frac{x^n\,(1-\vartheta)^{n-1}}{(n-1)!} f^{(n)}(\vartheta x) = \frac{x^n\,(1-\vartheta)^{n-1}\,e^{\vartheta x}}{(n-1)!}\,.$$

Lagrangesches Restglied $R_n^* = \frac{x^n}{n!} f^{(n)}(\vartheta^* x) = \frac{x^n}{n!} e^{\vartheta^* x}$.

Für beide gilt

$$\left.\begin{matrix}|R_n|\\|R_n^*|\end{matrix}\right\} < \frac{x^n}{(n-1)!} e^x = \frac{x^m e^x}{(m-1)!} \cdot \frac{x}{m} \cdot \frac{x}{m+1} \cdots \frac{x}{n-1}\,,$$

$$< \frac{x^m e^x}{(m-1)!} \cdot \frac{1}{2^{n-m}}\,, \text{ wenn } m > 2x\,, \text{ d. h.} < \varepsilon\,, \text{ falls } n > \frac{\log\left[\frac{2^m x^m e^x}{\varepsilon\,(m-1)!}\right]}{\log 2}\,.$$

AUFGABE 90

Man berechne $\sqrt{260}$.

Lösung: $260 = 256 + 4 = 16^2\,(1 + \frac{4}{256})$

$$\sqrt{260} = 16\,(1 + \tfrac{1}{64})^{1/2} = 16\,(1 + \tfrac{1}{2}\,\tfrac{1}{64} - \tfrac{1}{8}\,\frac{1}{64^2} + \ldots)$$

$$= 16\,(1 + \frac{1}{128} - \frac{1}{16 \cdot 2048} + \ldots) = 16 + \frac{1}{8} - \frac{1}{2048} + \ldots$$

$$= 16{,}125 - 0{,}00048 = 16{,}12452\,.$$

AUFGABE 91

Man berechne $\sqrt[5]{36}$.

Lösung: $36 = 32 + 4 = 2^5\,(1 + \frac{4}{32})$

$$\sqrt[5]{36} = 2\left(1 + \frac{1}{8}\right)^{1/5} = 2\left(1 + \frac{1}{5}\,\frac{1}{8} - \frac{2}{25}\,\frac{1}{64} + \ldots\right)$$

$$= 2 + \frac{1}{20} - \frac{1}{400} + \ldots = 2 + 0{,}05 - 0{,}0025 + \ldots = 2{,}0475$$

AUFGABE 92

Man untersuche folgende Reihen auf Konvergenz bzw. Divergenz:

$$\text{a)} \sum_{n=1}^{\infty} (-1)^n \frac{\sqrt{n!}\,(2n)!}{[(n+1)!]^3}\,; \quad \text{b)} \sum_{n=1}^{\infty} \frac{(\operatorname{arc\,tan} n)^2}{(\sqrt{n}+1)^2}\,.$$

L ö s u n g: Zu a): Wir untersuchen die Reihe der absoluten Beträge

$$\sum_{n=1}^{\infty} \frac{\sqrt{n!}\,(2n)!}{[(n+1)!]^3}\,.$$

Nach dem Quotientenkriterium gilt:

$$\frac{a_{n+1}}{a_n} = \frac{\sqrt{(n+1)!}\,(2n+2)!\,(n+1)!\,(n+1)!\,(n+1)!}{(n+2)!\,(n+2)!\,(n+2)!\,\sqrt{n!}\,(2n)!} = \frac{\sqrt{n+1}\,(2n+1)\,(2n+2)}{(n+2)^3}$$

$$\lim_{n\to\infty} \frac{a_{n+1}}{a_n} = 0\,;$$

die Reihe a) ist also absolut konvergent.

Zu b): Die Reihe b) hat positive Glieder; wir schätzen das einzelne Reihenglied nach unten ab: $\dfrac{(\operatorname{arc\,tan} n)^2}{(\sqrt{n}+1)^2} > \dfrac{\pi^2/16}{(2\sqrt{n})^2} = \dfrac{\pi^2}{16 \cdot 2^2 \cdot n}\,.$

Das ist aber das allgemeine Glied einer divergenten Reihe. Die ursprüngliche Reihe ist also auch divergent.

AUFGABE 93

Man entwickle $f(x) = \dfrac{x^2+5}{(x-1)(x+1)(x-6)}\,.$

a) an der Stelle $x = 0$, b) an der Stelle $x = 3$.

L ö s u n g: Die Partialbruchzerlegung $f(x) = \dfrac{A}{x-1} + \dfrac{B}{x+1} + \dfrac{C}{x-6}$ ist gleichbedeutend mit der Identität

$$A\,(x+1)\,(x-6) + B\,(x-1)\,(x-6) + C\,(x-1)\,(x+1) = x^2+5\,,$$

aus der für $x = 1$ der Koeffizient $A = -3/5$, für $x = -1$ der Wert $B = 3/7$ und für $x = 6$ der Koeffizient $C = 41/35$ folgt. Daher ist

$$\text{a)}\ f(x) = \frac{3}{5} \cdot \frac{1}{1-x} + \frac{3}{7} \cdot \frac{1}{1+x} - \frac{41}{210} \cdot \frac{1}{1-(x/6)}$$

$$= \sum_{n=0}^{\infty} x^n \left[\frac{3}{5} + \frac{3}{7}(-1)^n - \frac{41}{210} \cdot \frac{1}{6^n}\right] = \frac{5}{6} + \frac{5}{36}\,x + \frac{221}{216}\,x^2 + \dots$$

$$\text{b)}\ f(x) = \frac{A}{x-3+2} + \frac{B}{x-3+4} + \frac{C}{x-3-3} =$$

$$= -\frac{3}{10} \cdot \frac{1}{1+(x-3)/2} + \frac{3}{28} \cdot \frac{1}{1+(x-3)/4} - \frac{41}{105} \cdot \frac{1}{1-(x-3)/3}$$

$$= \sum_{n=0}^{\infty} (x-3)^n \left[-\frac{3}{10}\left(-\tfrac{1}{2}\right)^n + \frac{3}{28}\left(-\tfrac{1}{4}\right)^n - \frac{41}{105} \cdot \left(\tfrac{1}{3}\right)^n\right]$$

$$= -\frac{7}{12} - \frac{1}{144}\,(x-3) - \frac{193}{1728}\,(x-3)^2 + \dots$$

AUFGABE 94

Man bestimme den Konvergenzbereich folgender Reihen:

$\alpha)\ \sum\limits_{\nu=1}^{\infty} \frac{(-1)^\nu}{\nu} z^\nu;\quad \beta)\ \sum\limits_{\nu=1}^{\infty} \sqrt{\nu^2+1}\,(z-i)^\nu;\quad \gamma)\ \sum\limits_{\nu=0}^{\infty} [1+(-1)^\nu \nu^2]\,(z+2i)^\nu;$

$\delta)\ \sum\limits_{\nu=0}^{\infty} \nu!\, z^\nu;\quad \varepsilon)\ \sum\limits_{\nu=0}^{\infty} [(1+(-1)^\nu)\,2^\nu+1]\,z^\nu;\quad \zeta)\ \sum\limits_{\nu=0}^{\infty} \nu\left(\frac{z-2i}{z+1+i}\right)^\nu;$

$\eta)\ \sum\limits_{\nu=0}^{\infty} \frac{z^{2^\nu}}{1-z^{2^{\nu+1}}}.$

Lösung: $\alpha)\ r = \lim\limits_{\nu\to\infty} \frac{1}{\sqrt[\nu]{1/\nu}} = 1$ oder $r = \lim\limits_{\nu\to\infty} \left|\frac{a_\nu}{a_{\nu+1}}\right| = \lim\limits_{\nu\to\infty} \frac{\nu+1}{\nu} = 1,$

d. h. $|z| < 1$ (Kreis)

$\beta)\ r = \lim\limits_{\nu\to\infty} \frac{\sqrt{\nu^2+1}}{\sqrt{(\nu+1)^2+1}} = 1$, d. h. $|z-i| < 1$ (Kreis)

$\gamma)\ a_\nu = \begin{cases} 1+\nu^2 & \text{für gerade } \nu \\ 1-\nu^2 & \text{für ungerade } \nu \end{cases}\quad |a_\nu| = \begin{cases} \nu^2+1 \\ \nu^2-1 \end{cases}\quad \lim\limits_{\nu\to\infty} \sqrt[\nu]{|a_\nu|} = \lim\limits_{\nu\to\infty} \sqrt[\nu]{\nu^2} = 1,$

d. h. $|z+2i| < 1$ (Kreis)

$\delta)\ \lim\limits_{\nu\to\infty} \frac{\nu!}{(\nu+1)!} = 0$. Nur für $z = 0$. (Punkt)

$\varepsilon)\ a_\nu = \begin{cases} 2^{\nu+1}+1 & \text{für gerade } \nu \\ 1 & \text{für ungerade } \nu \end{cases}\quad \begin{matrix} \sqrt[\nu]{a_\nu} \to 2 \\ \sqrt[\nu]{1} \to 1 \end{matrix}\quad r = \tfrac{1}{2};\ |z| < \tfrac{1}{2}$ (Kreis)

$\zeta)\ \left|\frac{z-2i}{z+1+i}\right| < 1$; Halbebene, bestehend aus allen Punkten, die näher an $2i$ als an $-1-i$ liegen.

$\eta)\ \frac{z^{2^\nu}}{1-z^{2^{\nu+1}}} = \frac{1+z^{2^\nu}-1}{(1+z^{2^\nu})(1-z^{2^\nu})} = \frac{1}{1-z^{2^\nu}} - \frac{1}{1-z^{2^{\nu+1}}}$

$\sum\limits_{\nu=0}^{N} = 1/(1-z) - [1/1-z^{2^{N+1}})]$.

Die Reihe divergiert für $|z| = 1$.
Sie konvergiert für $|z| < 1$ gegen $1/(1-z) - 1 = z/(1-z)$.
Sie konvergiert für $|z| > 1$ gegen $1/(1-z)$.

AUFGABE 95

Welches Verhalten zeigen die folgenden Reihen auf dem Rand ihres Konvergenzkreises: $\alpha)\ \sum\limits_{\nu=0}^{\infty} z^\nu\quad \beta)\ \sum\limits_{\nu=0}^{\infty} \frac{z^\nu}{\nu+1}$?

Lösung: $\alpha)\ z = \cos\varphi + i\sin\varphi$. Für $\varphi = 0$ Divergenz.

$\varphi \neq 0:\ \sum\limits_{\nu=0}^{N} \cos\nu\varphi + i \sum\limits_{\nu=0}^{N} \sin\nu\varphi = \frac{1-[\cos(N+1)\varphi + i\sin(N+1)\varphi]}{1-(\cos\varphi + i\sin\varphi)}$

auch divergent. Man könnte sich auch darauf berufen, daß auf dem Rande des Konvergenzkreises $|z^\nu| = 1$ ist, während das allgemeine Glied einer konvergenten Reihe nach Null streben muß.

β) $z = -1$ Konvergenz, $z = +1$ Divergenz.
Allgemein setze man $z^\nu = S_\nu - S_{\nu-1}$, wobei $S_\nu = 1 + z + \ldots + z^\nu$

$$\sum_{\nu=0}^{N} \frac{z^\nu}{\nu+1} = 1 + \sum_{\nu=1}^{N} \frac{S_\nu - S_{\nu-1}}{\nu+1} = 1 + \sum_{\nu=1}^{N} \frac{S_\nu}{\nu+1} - \sum_{\nu=0}^{N-1} \frac{S_\nu}{\nu+2} =$$
$$= \sum_{\nu=0}^{N-1} S_\nu \frac{1}{(\nu+1)(\nu+2)} + \frac{S_N}{N+1}$$

und wegen $|S_\nu| = \left|\frac{1-\cos(\nu+1)\varphi - i\sin(\nu+1)\varphi}{1-\cos\varphi - i\sin\varphi}\right| \leqq \frac{2}{|1-\cos\varphi - i\sin\varphi|}$

ist die Reihe $\sum_{\nu=0}^{\infty} S_\nu \frac{1}{(\nu+1)(\nu+2)}$ konvergent, also auch die Reihe (β), sobald $\varphi \neq 0$.

AUFGABE 96

Man zerlege folgende Funktionen in Real- und Imaginärteil:
a) $\cos z$ b) $\mathfrak{Cof}\, z$ c) $\mathfrak{Sin}\, z$ d) $\tan z$ e) $\mathfrak{Tan}\, z$.

Lösung: a) $\cos z = \cos(x + iy) = \cos x \cos iy - \sin x \sin iy =$
$= \cos x\, \mathfrak{Cof}\, y - i \sin x\, \mathfrak{Sin}\, y$,
weil nämlich $\cos iy = \mathfrak{Cof}\, y$ und $\sin iy = i\, \mathfrak{Sin}\, y$ sind.

b) $\mathfrak{Cof}\, z = \cos(iz) = \cos(-y + ix) = \cos y\, \mathfrak{Cof}\, x + i \sin y\, \mathfrak{Sin}\, x$.

c) $\mathfrak{Sin}\, z = -i \sin(iz) = -i \sin(-y) \cos(ix) - i \cos(-y) \sin ix =$
$= \cos y\, \mathfrak{Sin}\, x + i \sin y\, \mathfrak{Cof}\, x$.

d) $$\tan z = \tan(x + iy) = \frac{\tan x + \tan iy}{1 - \tan x \tan iy} = \frac{\tan x + i\, \mathfrak{Tan}\, y}{1 - i \tan x\, \mathfrak{Tan}\, y} =$$
$$= \frac{1}{1 + \tan^2 x\, \mathfrak{Tan}^2 y}\left\{(\tan x - \tan x\, \mathfrak{Tan}^2 y) + i(\mathfrak{Tan}\, y + \mathfrak{Tan}\, y \tan^2 x)\right\} =$$
$$= \frac{1}{1 + \tan^2 x\, \mathfrak{Tan}^2 y}\left\{\frac{\tan x}{\mathfrak{Cof}^2 y} + i\frac{\mathfrak{Tan}\, y}{\cos^2 x}\right\} =$$
$$= \frac{\sin x \cos x + i\, \mathfrak{Sin}\, y\, \mathfrak{Cof}\, y}{\sin^2 x\, \mathfrak{Sin}^2 y + \cos^2 x\, \mathfrak{Cof}^2 y}.$$

e) $$\mathfrak{Tan}\, z = \frac{1}{i} \tan iz = \frac{\mathfrak{Sin}\, x\, \mathfrak{Cof}\, x + i \sin y \cos y}{\sin^2 y\, \mathfrak{Sin}^2 x + \cos^2 y\, \mathfrak{Cof}^2 x}.$$

AUFGABE 97

Wie lauten die Beträge r und die Winkel φ der in Aufgabe 96 genannten Funktionen?

Lösung: a) $r = |\cos z| = \sqrt{\cos^2 x\, \mathfrak{Cof}^2 y + \sin^2 x\, \mathfrak{Sin}^2 y}$,
$\tan \varphi = -\tan x\, \mathfrak{Tan}\, y$.

b) $r = |\mathfrak{Cof}\, z| = \sqrt{\cos^2 y\, \mathfrak{Cof}^2 x + \sin^2 y\, \mathfrak{Sin}^2 x}$, $\tan \varphi = \tan y\, \mathfrak{Tan}\, x$.

c) $r = |\mathfrak{Sin}\, z| = \sqrt{\cos^2 y\, \mathfrak{Sin}^2 x + \sin^2 y\, \mathfrak{Cof}^2 x}$, $\tan \varphi = \tan y\, \mathfrak{Cot}\, x$.

d) $r = |\tan z| = \dfrac{\sqrt{\sin^2 x \cos^2 x + \mathfrak{Sin}^2 y\, \mathfrak{Cof}^2 y}}{\sin^2 y\, \mathfrak{Sin}^2 x + \cos^2 y\, \mathfrak{Cof}^2 x}, \quad \mathfrak{Tan}\, \varphi = \dfrac{\mathfrak{Sin}\, y\, \mathfrak{Cof}\, y}{\sin x \cos x}.$

e) $r = |\mathfrak{Tan}\, z| = \dfrac{\sqrt{\mathfrak{Sin}^2 x\, \mathfrak{Cof}^2 x + \sin^2 y \cos^2 y}}{\sin^2 y\, \mathfrak{Sin}^2 x + \cos^2 y\, \mathfrak{Cof}^2 x}, \quad \mathfrak{Tan}\, \varphi = \dfrac{\sin y \cos y}{\mathfrak{Sin}\, x\, \mathfrak{Cof}\, x}.$

AUFGABE 98

In welchem Bereich konvergiert das Produkt

$$\left(\sum_{\nu=0}^{\infty} z^\nu\right) \cdot \left(\sum_{\nu=1}^{\infty} \frac{(-1)^\nu z^\nu}{\nu}\right) = \sum_{\nu=1}^{\infty} a_\nu z^\nu ?$$

Lösung: $a_\nu = -1 + \frac{1}{2} - \frac{1}{3} + \ldots + \dfrac{(-1)^\nu}{\nu} \quad a_\nu \to -\ln 2, \; \sqrt[\nu]{|a_\nu|} \to 1.$
Jeder Faktor sowie das Produkt konvergieren für $|z| < 1$.

AUFGABE 99

Man entwickle $f(x) = \dfrac{x^2 + 1}{x^3 + x^2 + x - 3}$ an der Stelle $x = 0$.

Lösung: Die Nullstellen des Nenners ergeben sich aus
$x^3 + x^2 + x - 3 = (x-1)(x^2 + 2x + 3); \quad x_1 = 1; \quad x_{2,3} = -1 \pm i\sqrt{2}.$

Partialbruchzerlegung $f(x) = \dfrac{A}{x-1} + \dfrac{B}{x+1+i\sqrt{2}} + \dfrac{C}{x+1-i\sqrt{2}}$
führt auf die Identität
$A(x+1+i\sqrt{2})(x+1-i\sqrt{2}) + B(x-1)(x+1-i\sqrt{2}) +$
$+ C(x-1)(x+1+i\sqrt{2}) = x^2+1$, aus der für $x = 1$ der Wert $A = \frac{1}{3}$ und für $x = -1 - i\sqrt{2}$ der Wert $B = 1/(2+i\sqrt{2})$ und entsprechend $C = 1/(2-i\sqrt{2})$ folgt.

Daher ist
$$f(x) = -\frac{1}{3}\cdot\frac{1}{1-x} + \frac{1}{(2+i\sqrt{2})(1+i\sqrt{2})}\cdot\frac{1}{1+[x/(1+i\sqrt{2})]} +$$
$$+ \frac{1}{(2-i\sqrt{2})(1-i\sqrt{2})}\cdot\frac{1}{1+[x/(1-i\sqrt{2})]}$$
$$= -\frac{1}{3}\cdot\frac{1}{1-x} - \frac{i\sqrt{2}}{6}\cdot\frac{1}{1+[(1-i\sqrt{2})/3]\,x} + \frac{i\sqrt{2}}{6}\cdot\frac{1}{1+[(1+i\sqrt{2})/3]\,x}$$
$$= \sum_{n=0}^{\infty} x^n \left[-\frac{1}{3} - \frac{i\sqrt{2}}{6}\left(\frac{-1+i\sqrt{2}}{3}\right)^n + \frac{i\sqrt{2}}{6}\left(\frac{-1-i\sqrt{2}}{3}\right)^n\right]$$
$$= -\frac{1}{3} - \frac{1}{9}x - \frac{13}{27}x^2 + \ldots$$

AUFGABE 100

Entwickle $\left|\sin\frac{x}{2}\right|$ in die Fouriersche Reihe.

Lösung: Die Fouriersche Reihe braucht man bei Behandlung periodischer Vorgänge. Ist die Periode gleich 2π, was wir immer durch Hinzufügen eines Faktors zur unabhängigen Variablen erreichen können, so stehen uns unendlich viele Funktionen zur Verfügung, die alle diese Periode aufweisen, nämlich 1, $\cos x$, $\sin x$, $\cos 2x$, $\sin 2x$, ... Jede lineare Verbindung aus mehreren dieser Fourierschen Grundfunktionen, also jeder Ausdruck von der Form $F(x) = c + a_1 \cos x + b_1 \sin x + \ldots + a_n \cos nx + b_n \sin nx$, ist ebenfalls eine Funktion mit der Periode 2π. Ist nun $f(x)$ irgendeine Funktion mit der Periode 2π, also $f(x + 2\pi) = f(x)$, so liegt der Gedanke nahe, sie wenigstens approximativ durch die Grundfunktionen darzustellen. Es genügt dabei, sich auf das Intervall $0 \ldots 2\pi$ zu beschränken. Bei solchen Approximationen kommt es ganz darauf an, wie man die Güte der Approximation schätzen will. Es liegt z. B. im Sinne der Methode der kleinsten Quadrate, die Näherungsfunktion $F(x)$ so zu wählen, daß $\int_0^{2\pi} \{f(x) - F(x)\}^2 dx$ möglichst klein ausfällt. Dasjenige $F(x)$, das diesen kleinsten Wert herstellt, wird als die beste Näherung betrachtet. Ohne auf die Begründung dieses Standpunktes einzugehen, wollen wir uns nur mit der Durchführung der Idee beschäftigen. Wir wollen also versuchen, die in $F(x)$ auftretenden Konstanten $c, a_1, b_1, a_2, b_2, \ldots, a_n, b_n$ so zu bestimmen, daß obiges Integral, das hier die Summe der Fehlerquadrate angibt, einen möglichst kleinen Wert annimmt. Wenn man $\int_0^{2\pi} \{f(x) - c - a_1 \cos x - b_1 \sin x - \ldots - a_n \cos nx - b_n \sin nx\}^2 dx$ ausrechnet, so ergibt sich eine quadratische Funktion von $c, a_1, b_1, \ldots, a_n, b_n$. Ihr Ausdruck vereinfacht sich von vornherein dadurch, daß gewisse Glieder in Fortfall kommen. Z. B. sind die Integrale

$$\int_0^{2\pi} \cos x\, dx = (\sin x)_0^{2\pi}, \ldots, \int_0^{2\pi} \cos nx\, dx = \left(\frac{\sin nx}{n}\right)_0^{2\pi},$$

$$\int_0^{2\pi} \sin x\, dx = (-\cos x)_0^{2\pi}, \ldots, \int_0^{2\pi} \sin nx\, dx = \left(-\frac{\cos nx}{n}\right)_0^{2\pi}$$

gleich Null, weil die Stammfunktionen die Periode 2π haben. Es sind aber auch die Integrale $\int_0^{2\pi} \cos px \sin qx\, dx$ gleich Null. Man hat nämlich

$$\sin(q + p)x + \sin(q - p)x = 2 \cos px \sin qx \qquad \text{und}$$

$$\int_0^{2\pi} \sin(q + p)x\, dx = 0, \quad \int_0^{2\pi} \sin(q - p)x\, dx = 0$$

(auch im Falle $p = q$). Es fallen also in jener quadratischen Funktion von den Gliedern zweiter Dimension die mit $ca_1, cb_1, \ldots, ca_n, cb_n$ und die mit $a_p b_q$ behafteten fort. Das ist aber noch nicht alles. Wenn p und q ungleich sind, so ist

$$\int_0^{2\pi} \cos px \cos qx\, dx = 0, \quad \int_0^{2\pi} \sin px \sin qx\, dx = 0,$$

wie man sofort mittels der Formeln

$$\cos(p - q)x + \cos(p + q)x = 2 \cos px \cos qx,$$
$$\cos(p - q)x - \cos(p + q)x = 2 \sin px \sin qx$$

feststellt. Daher fallen auch die Glieder mit $a_p\, a_q$ und mit $b_p\, b_q$ fort, sobald $p \neq q$ ist. Von den Gliedern zweiter Dimension bleiben also nur die mit c^2, $a_p{}^2$, $b_q{}^2$ behafteten übrig. c^2 hat den Koeffizienten $\int\limits_0^{2\pi} dx = 2\pi$.

Die Koeffizienten von $a_p{}^2$ und $b_p{}^2$ lauten

$$\int\limits_0^{2\pi} \cos^2 px\, dx\,, \quad \int\limits_0^{2\pi} \sin^2 px\, dx \quad (p = 1, 2, \ldots, n)\,.$$

Da nun $$\cos^2 px = \frac{1 + \cos 2\,px}{2}\,, \quad \sin^2 px = \frac{1 - \cos 2\,px}{2}$$

und $$\int\limits_0^{2\pi} \cos 2\,px\, dx = 0\,, \quad \int\limits_0^{2\pi} \sin 2\,px\, dx = 0$$

ist, so hat man $$\int\limits_0^{2\pi} \cos^2 px\, dx = \pi\,, \quad \int\limits_0^{2\pi} \sin^2 px\, dx = \pi\,.$$

Die betrachtete quadratische Funktion lautet also

$$\int\limits_0^{2\pi} f^2(x)\, dx - 2c \int\limits_0^{2\pi} f(x)\, dx - 2\,\Sigma \left\{ a_\nu \int\limits_0^{2\pi} f(x) \cos \nu x\, dx + b_\nu \int\limits_0^{2\pi} f(x) \sin \nu x\, dx \right\} +$$
$$+\, 2\pi c^2 + \Sigma\, \pi\, (a_\nu{}^2 + b_\nu{}^2)$$

und kann nunmehr folgende Fassung erhalten:

$$2\pi \left(c - \frac{1}{2\pi} \int\limits_0^{2\pi} f(x)\, dx\right)^2 + \pi \sum_{\nu=1}^{n} \left[\left(a_\nu - \frac{1}{\pi} \int\limits_0^{2\pi} f(x) \cos \nu x\, dx\right)^2 + \right.$$
$$\left. + \left(b_\nu - \frac{1}{\pi} \int\limits_0^{2\pi} f(x) \sin \nu x\, dx\right)^2\right] + \int\limits_0^{2\pi} f^2(x)\, dx - \left(\frac{1}{\sqrt{2\pi}} \int\limits_0^{2\pi} f(x)\, dx\right)^2 -$$
$$- \sum_{\nu=1}^{n} \left[\left(\frac{1}{\sqrt{\pi}} \int\limits_0^{2\pi} f(x) \cos \nu x\, dx\right)^2 + \left(\frac{1}{\sqrt{\pi}} \int\limits_0^{2\pi} f(x) \sin \nu x\, dx\right)^2\right].$$

Dieser Ausdruck ist, um daran zu erinnern, gleich dem Integral

$$\int\limits_0^{2\pi} \left\{ f(x) - c - a_1 \cos x - b_1 \sin x - \ldots - a_n \cos nx - b_n \sin nx \right\}^2 dx\,,$$

das durch passende Wahl der Koeffizienten c, a_1, b_1, $\ldots$, a_n, b_n auf einen möglichst kleinen Wert herabgedrückt werden soll. Der Anblick der obigen Fassung zeigt sofort, daß

$$c = \frac{1}{2\pi} \int\limits_0^{2\pi} f(x)\, dx\,, \quad a_\nu = \frac{1}{\pi} \int\limits_0^{2\pi} f(x) \cos \nu x\, dx\,, \quad b_\nu = \frac{1}{\pi} \int\limits_0^{2\pi} f(x) \sin \nu x\, dx$$
$$(\nu = 1, \ldots, n)$$

diejenigen Koeffizienten sind, welche die beste Näherung von der Form $c + a_1 \cos x + b_1 \sin x + \ldots + a_n \cos nx + b_n \sin nx$ liefern. Mit dieser Approximation wird sehr viel gearbeitet. Man nennt sie die Fouriersche Approximation. Unter gewissen Bedingungen stellt die Fouriersche Reihe

$$c + a_1 \cos x + b_1 \sin x + a_2 \cos 2x + b_2 \sin 2x + \ldots,$$

wobei c, a_1, b_1, a_2, b_2, $\ldots$ die oben angegebenen Werte haben, die periodische Funktion $f(x)$ richtig dar. Z. B. wird eine abteilungsweise monotone und beschränkte Funktion mit der Periode 2π durch ihre Fouriersche Reihe richtig dargestellt. An einer Unstetigkeitsstelle x_0 gibt die Reihe das arithmetische Mittel aus $\lim f(x_0 + h)$ und $\lim f(x_0 - h)$ an ($h > 0$, $h \to 0$). Abteilungsweise monoton will sagen, daß nach geeigneter Zerlegung des Intervalls $0 \ldots 2\pi$ in endlich viele Teile $f(x)$ in jedem Teilintervall monoton (zunehmend oder abnehmend) ist. Beschränkt bedeutet, daß sich $f(x)$ zwischen endlichen Grenzen hält. Man nennt diese an die Funktion gestellten Forderungen die Dirichletschen Bedingungen. Sie sind für die Gültigkeit der Fourier-Entwicklung hinreichend, aber nicht notwendig. Wenn $\varphi(x)$ die Periode 2π hat, so ist der Wert des Integrals $\int\limits_a^{a+2\pi} \varphi(x)\,dx$ von a unabhängig, d. h. es besteht

die Gleichung
$$\int\limits_a^{a+2\pi} \varphi(x)\,dx = \int\limits_b^{b+2\pi} \varphi(x)\,dx\,.$$

Zunächst ist
$$\int\limits_{a+2\pi}^{b+2\pi} \varphi(x)\,dx = \int\limits_a^b \varphi(x)\,dx\,.$$

Setzt man nämlich auf der rechten Seite $x + 2\pi = u$, so verwandelt sich das Integral in $\int\limits_{a+2\pi}^{b+2\pi} \varphi(u - 2\pi)\,du = \int\limits_{a+2\pi}^{b+2\pi} \varphi(u)\,du$, weil nach Voraussetzung $\varphi(u - 2\pi) = \varphi(u)$ ist. Auf der linken Seite steht aber
$$\int\limits_{a+2\pi}^{a} + \int\limits_a^b + \int\limits_b^{b+2\pi}\,.$$

Da dies gleich $\int\limits_a^b$ sein soll, so muß $\int\limits_{a+2\pi}^{a} + \int\limits_b^{b+2\pi} = 0$ oder $\int\limits_a^{a+2\pi} = \int\limits_b^{b+2\pi}$ sein. Auf Grund dieser Feststellung kann man in den Integralausdrücken der Fourier-Koeffizienten die Grenzen 0 und 2π durch a und $a + 2\pi$ ersetzen, also z. B. durch $-\pi$ und π. Ist nun $f(x)$ eine ungerade Funktion, so wird auch $f(x) \cos \nu x$ ungerade sein ($\nu = 0, 1, 2, \ldots$) und daher das Integral $\int\limits_{-\pi}^{\pi} f(x) \cos \nu x\,dx$ verschwinden. Macht man nämlich in $\int\limits_{-\pi}^{0}$ die Substitution $x = -z$, so ergibt sich $-\int\limits_{\pi}^{0} f(-z) \cos \nu z\,dz$ oder, da $f(-z) = -f(z)$ ist, $\int\limits_{\pi}^{0} f(z) \cos \nu z\,dz$, d.h. $-\int\limits_0^{\pi} f(z) \cos \nu z\,dz$. Infolgedessen wird $\int\limits_{-\pi}^{\pi} f(x) \cos \nu x\,dx = 0$ sein. Die Fourier-Reihe enthält also bei einer ungeraden Funktion nur die Sinusglieder, während diese bei einer geraden Funktion in Fortfall kommen. Bei unserem Beispiel $|\sin x/2|$ handelt es sich um eine gerade Funktion. Sie erfüllt offenbar die Dirichletschen Bedingungen, so daß sie durch ihre Fourier-Reihe dargestellt wird. Alle b_ν sind gleich null. Es kommt also nur die Berechnung der a_ν in Frage. Wenn man c durch $a_0/2$ ersetzt, so gilt die Formel $a_\nu = \frac{1}{\pi} \int\limits_{-\pi}^{\pi} f(x) \cos \nu x\,dx$ auch im Falle $\nu = 0$. Da $f(-x) = f(x)$

ist, wird hier
$$\int\limits_{\pi}^{0} f(x) \cos \nu x\,dx = \int\limits_0^{\pi} f(x) \cos \nu x\,dx\,,$$
wie man mit Hilfe der Substitution $x = -z$ erkennt. Man kann daher schreiben
$$a_\nu = \frac{2}{\pi} \int\limits_0^{\pi} f(x) \cos \nu x\,dx = \frac{2}{\pi} \int\limits_0^{\pi} \sin \frac{x}{2} \cos \nu x\,dx\,.$$

Nun ist aber $\sin\left(\nu x + \frac{x}{2}\right) - \sin\left(\nu x - \frac{x}{2}\right) = 2 \sin \frac{x}{2} \cos \nu x$, also

$$2\int_0^\pi \sin\frac{x}{2}\cos\nu x\,dx = \left[-\frac{\cos(\nu+1/2)\,x}{\nu+(1/2)} + \frac{\cos(\nu-1/2)\,x}{\nu-(1/2)}\right]_0^\pi =$$

$$= \frac{1}{\nu+(1/2)} - \frac{1}{\nu-(1/2)} = -\frac{1}{\nu^2-(1/4)}$$

und daher $$a_\nu = -\frac{4}{\pi\,[(2\nu)^2-1]}\,.$$

Es gilt somit folgende Darstellung: $\pi\left|\sin\frac{x}{2}\right| = 2 - 4\sum_{\nu=1}^{\infty}\frac{\cos\nu x}{(2\nu)^2-1}$.

$\pi\left|\sin\frac{x}{2}\right|$ erscheint hier als lineare Verbindung von 1, $\cos x$, $\cos 2x$, ...

Man untersuche die ersten Partialsummen dieser Fourier-Entwicklung.

AUFGABE 101

f(x) ist im Intervall 0 ... 2 durch folgende Bestimmungen gegeben: Für $0 \leq x \leq 1$ soll $f(x) = x$ sein, für $1 \leq x \leq 2$ aber $f(x) = 2 - x$. Beide Bestimmungen liefern für $x = 1$ übereinstimmend $f(1) = 1$. Im übrigen verlangen wir, daß f(x) die Periode 2 haben soll. In Fig. 20 sieht man die Bildkurve dieser Funktion. Es handelt sich offenbar um eine gerade Funktion. Man soll sie in eine Cosinusreihe entwickeln.

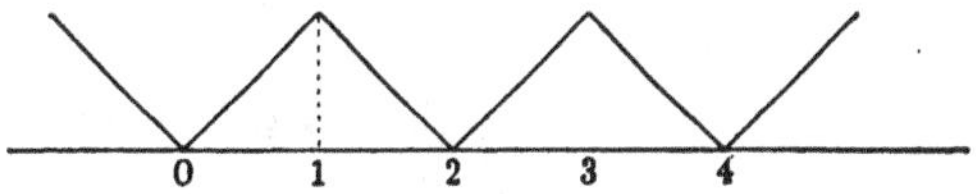

Fig. 20

L ö s u n g: Setzt man $x/2 = z/(2\pi)$, so entspricht der Periode 2 bei x die Periode 2π bei z. Die Substitution $x = z/\pi$ stellt also den Fourierschen Fall her. Für $\varphi(z) = f(z/\pi)$ sind jetzt die Fourier-Koeffizienten a_ν zu berechnen.

Es wird $$a_\nu = \frac{2}{\pi}\int_0^\pi \varphi(z)\cos\nu z\,dz = \frac{2}{\pi}\int_0^\pi f\left(\frac{z}{\pi}\right)\cos\nu z\,dz$$

sein. Macht man die Substitution $z = \pi x$, so kann man schreiben

$$a_\nu = 2\int_0^1 f(x)\cos\pi\nu x\,dx = 2\int_0^1 x\cos\pi\nu x\,dx\,.$$

Das Integral wird mittels partieller Integration ausgewertet. Man findet im Falle $\nu > 0$

$$\int x\cos\pi\nu x\,dx = \frac{x\sin\pi\nu x}{\pi\nu} - \frac{1}{\pi\nu}\int\sin\pi\nu x\,dx = \frac{x\sin\pi\nu x}{\pi\nu} + \frac{\cos\pi\nu x}{(\pi\nu)^2}\,,$$

also $$\int_0^1 x\cos\pi\nu x\,dx = \left[\frac{x\sin\pi\nu x}{\pi\nu} + \frac{\cos\pi\nu x}{(\pi\nu)^2}\right]_0^1 = \frac{(-1)^\nu - 1}{(\pi\nu)^2}\,,$$

mithin $$a_\nu = \frac{2\,[(-1)^\nu - 1]}{(\pi\nu)^2}\,.$$

Im Falle $\nu = 0$ hat man $$a_0 = 2\int_0^1 x\,dx = 1\,.$$

Es gilt also für die betrachtete Funktion $f(x)$ folgende Darstellung:

$$f(x) = \frac{1}{2} + \sum_{\nu=1}^{\infty}\frac{2\,[(-1)^\nu - 1]\cos\pi\nu x}{(\pi\nu)^2}\,.$$

Insbesondere erhält man für $x = 1$, da $f(1) = 1$ ist,

$$\frac{1}{2} = \sum_{\nu=1}^{\infty} \frac{2(1-(-1)^{\nu})}{(\pi\nu)^2}, \quad \text{d. h.} \quad \frac{\pi^2}{8} = 1 + \frac{1}{3^2} + \frac{1}{5^2} + \dots$$

Jetzt sind wir in der Lage, die Reihe $\sum \frac{1}{\nu^2}$ zu summieren.

$1 + \frac{1}{2^2} + \frac{1}{3^2} + \dots$ setzt sich zusammen aus $1 + \frac{1}{3^2} + \frac{1}{5^2} + \dots$

und
$$\frac{1}{2^2} + \frac{1}{4^2} + \frac{1}{6^2} + \dots = \frac{1}{4}\left(1 + \frac{1}{2^2} + \frac{1}{3^2} + \dots\right).$$

Man hat also

$$1 + \frac{1}{2^2} + \frac{1}{3^2} + \dots = \left(1 + \frac{1}{3^2} + \frac{1}{5^2} + \dots\right) + \frac{1}{4}\left(1 + \frac{1}{2^2} + \frac{1}{3^2} + \dots\right)$$

und daher $\frac{3}{4}\left(1 + \frac{1}{2^2} + \frac{1}{3^2} + \dots\right) = 1 + \frac{1}{3^2} + \frac{1}{5^2} + \dots = \frac{\pi^2}{8}$,

mithin
$$1 + \frac{1}{2^2} + \frac{1}{3^2} + \dots = \frac{\pi^2}{6},$$

wie Euler mit anderen Hilfsmitteln als erster bewiesen hat.

AUFGABE 102

Man bestimme ein Polynom höchstens vom 4. Grade, das an den Stellen $-1, 0, 1, 2, 3$ die Werte $1, 2, 2, 1, 0$ annimmt.

Lösung: Man kann hier die Newtonsche Interpolationsformel $y_1 + (x - x_1)[y_1 y_2] + (x - x_1)(x - x_2)[y_1 y_2 y_3] + \dots$ verwenden. Dabei sind $[y_1 y_2]$, $[y_1 y_2 y_3]$, ... die Newtonschen Differenzenquotienten, die auf Grund der Beziehung $\frac{[y_2 y_3 \dots y_n] - [y_1 y_2 \dots y_{n-1}]}{x_n - x_1} = [y_1 y_2 \dots y_n]$ sukzessiv berechnet werden, an Hand des folgenden Schemas:

$$\begin{array}{cccccccc}
 & & & & x_1 & y_1 & & \\
 & & & x_2 - x_1 & & & [y_1 y_2] = \dfrac{y_2 - y_1}{x_2 - x_1} & \\
 & & x_3 - x_1 & & x_2 & y_2 & & [y_1 y_2 y_3] = \\
 & x_4 - x_1 & & x_3 - x_2 & & & [y_2 y_3] & \\
x_5 - x_1 & & x_4 - x_2 & & x_3 & y_3 & & [y_2 y_3 y_4] \\
 & x_5 - x_2 & & x_4 - x_3 & & & [y_3 y_4] & \\
 & & x_5 - x_3 & & x_4 & y_4 & & [y_3 y_4 y_5] \\
 & & & x_5 - x_4 & & & [y_4 y_5] & \\
 & & & & x_5 & y_5 & &
\end{array}$$

$$\begin{array}{ccc}
= \dfrac{[y_2 y_3] - [y_1 y_2]}{x_3 - x_1} & & \\
 & [y_1 y_2 y_3 y_4] = \dfrac{[y_2 y_3 y_4] - [y_1 y_2 y_3]}{x_4 - x_1} & \\
 & & [y_1 y_2 y_3 y_4 y_5] \\
 & [y_2 y_3 y_4 y_5] &
\end{array}$$

Der Leser wolle das zweite Stück abschreiben und rechts neben das erste halten, so daß die beiden Gleichheitszeichen zusammenfallen.

Im vorliegenden Falle sieht es so aus

$$
\begin{array}{cccccccccc}
 & & & & x & y & & & & \\
 & & & & -1 & \boxed{1} & & & & \\
 & & & 1 & & & \boxed{1} & & & \\
 & & 2 & & 0 & 2 & & \boxed{-\frac{1}{2}} & & \\
 & 3 & & 1 & & & 0 & & \boxed{0} & \\
4 & & 2 & & 1 & 2 & & -\frac{1}{2} & & \boxed{\frac{1}{24}} \\
 & 3 & & 1 & & & -1 & & \frac{1}{6} & \\
 & & 2 & & 2 & 1 & & 0 & & \\
 & & & 1 & & & -1 & & & \\
 & & & & 3 & 0 & & & &
\end{array}
$$

Die umrahmten Werte gehören zu y_1, $[y_1\, y_2], \ldots, [y_1\, y_2\, y_4\, y_5]$.
Das gesuchte Polynom lautet:

$$1 + (x+1) - \frac{1}{2}(x+1)\,x + \frac{1}{24}(x+1)\,x\,(x-1)\,(x-2)\,.$$

AUFGABE 103

Bestimme $\lim\limits_{x \to 0} [(\sin x)^{\ln(1-x)}]$.

Lösung: Setzt man direkt $x = 0$ ein, so entsteht ein Ausdruck von der unbestimmten Form 0^0.

Wir nehmen an, daß $x > 0$ ist, lassen es also von oben her nach Null konvergieren. Dann können wir schreiben

$$(\sin x)^{\ln(1-x)} = e^{\ln \sin x \cdot \ln(1-x)}\,.$$

Es kommt also darauf an, den Grenzwert von $\ln \sin x \cdot \ln(1-x)$ zu bestimmen. $\ln(1-x)$ konvergiert im Falle $x \to 0$ nach Null, $\ln \sin x$ nach $-\infty$.

Gibt man dem Ausdruck die Fassung $\ln \sin x : \dfrac{1}{\ln(1-x)}$, so konvergieren beide Teile des Quotienten nach Unendlich.

Für diesen Fall gibt es die l'Hôpitalsche Regel, die besagt, daß der Quotient der beiden Funktionen demselben Grenzwert zustrebt wie der Quotient ihrer Ableitungen. Ein kurzes Wort zur Begründung. Es mögen für $x \to a$ die Funktionen $f(x)$ und $g(x)$ beide unendlich werden, und es existiere $\lim\limits_{x \to a} f'(x)/g'(x)$.

Versteht man unter c irgendeinen Wert, der für a jenseits von x liegt, so ist nach dem verallgemeinerten Mittelwertsatz

$$\frac{f(x) - f(c)}{g(x) - g(c)} = \frac{f'(x_1)}{g'(x_1)}\,,$$

wobei x_1 ein Zwischenwert zwischen c und x ist. Man kann nun die linke Seite in der Form $\dfrac{f(x)}{g(x)} \cdot \dfrac{1 - [f(c)/f(x)]}{1 - [g(c)/g(x)]}$ schreiben und hat dann die Beziehung

$$\frac{f(x)}{g(x)} = \frac{1 - [g(c)/g(x)]}{1 - [f(c)/f(x)]} \cdot \frac{f'(x_1)}{g'(x_1)}\,.$$

Die vier Werte x, x_1, a und c liegen in der Reihenfolge a, x, x_1, c. Wenn c nach a konvergiert, werden auch x und x_1 dies tun.
Wenn c genügend nahe bei a liegt, so wird für jede Lage von x_1 zwischen a und c die Differenz von $f'(x_1)/g'(x_1)$ und $\lim_{x\to a} f'(x)/g'(x)$ kleiner sein als ε. Haben wir c in dieser Weise gewählt, so können wir, da im Falle $x \to a$ sowohl $f(x)$ als auch $g(x)$ unendlich wird, für x eine solche Nähe bei a festsetzen, daß der Quotient von $1 - [g(c)/g(x)]$, $1 - [f(c)/f(x)]$ sich von 1 um weniger als ε unterscheidet. Dann wird die rechte Seite obiger Gleichung, wenn wir den Grenzwert von $f'(x)/g'(x)$ kurz mit l bezeichnen, die Form haben $(1 + \alpha)(l + \beta)$, wobei $|\alpha|$, $|\beta|$ beide kleiner als ε sind. Man sieht, daß dieses Produkt $l + \alpha l + \beta + \alpha\beta$ sich von l um weniger als $\varepsilon |l| + \varepsilon + \varepsilon^2$ unterscheidet, eine Größe, die man durch passende Wahl von ε beliebig herabdrücken kann.
Es folgt also $\lim_{x\to a} \frac{f(x)}{g(x)} = l$, d. h. $\lim_{x\to a} \frac{f(x)}{g(x)} = \lim_{x\to a} \frac{f'(x)}{g'(x)}$.

Hier nun ist $\quad f(x) = \ln \sin x, \quad g(x) = \frac{1}{\ln(1-x)}$.

Man hat also $\quad f'(x) = \frac{\cos x}{\sin x}, \quad g'(x) = \frac{1/(1-x)}{[\ln(1-x)]^2}$,

und es muß nun der Grenzwert von

$$\frac{f'(x)}{g'(x)} = \frac{(1-x)\cos x\,[\ln(1-x)]^2}{\sin x} \qquad (x \to 0)$$

bestimmt werden. Da $(1-x)\cos x$ nach 1 konvergiert, so handelt es sich nur um

$$\frac{[\ln(1-x)]^2}{\sin x}.$$

Für $x = 0$ ist das ein Ausdruck von der Form 0/0. Wir können hier also l'Hôpitals erste Regel anwenden (vgl. Aufgabe 104), wonach man Zähler und Nenner durch ihre Ableitungen ersetzen und dann den Grenzübergang durchführen muß.
Man muß also in $-\frac{2\ln(1-x)}{1-x} : \cos x = -\frac{2\ln(1-x)}{1-x} : \cos x$
x nach Null konvergieren lassen, wobei offenbar als Grenzwert 0 herauskommt.
Somit ist $\lim_{x\to 0} \frac{f'(x)}{g'(x)} = 0$ und daher auch $\lim_{x\to 0} \frac{f(x)}{g(x)} = 0$ und

$$\lim_{x\to 0} [(\sin x)^{\ln(1-x)}] = e^0 = 1.$$

AUFGABE 104

Bestimme $\lim_{x\to 1} \left(\frac{\arctan x - (\pi/4)}{x-1}\right)$.

Lösung: Setzt man direkt $x = 1$, so erscheint der Bruch in der unbestimmten Form 0/0. Die Auswertung solcher Ausdrücke geschieht nach der Regel von l'Hôpital. Wenn $f(x)$ und $g(x)$ für $x = a$ verschwinden, so hat man

$$\frac{f(x)}{g(x)} = \frac{f(x) - f(a)}{g(x) - g(a)} = \frac{[f(x) - f(a)]/(x-a)}{[g(x) - g(a)]/(x-a)}.$$

Im Falle $x \to a$ streben Zähler und Nenner den Grenzwerten $f'(a)$ und $g'(a)$ zu. Ist $g'(a) \neq 0$, so hat man $\lim\limits_{x \to a} \frac{f(x)}{g(x)} = \frac{f'(a)}{g'(a)}$. Im vorliegenden Falle ist $[\arctan x - (\pi/4)]' = 1/(1+x^2)$, $(x-1)' = 1$, also

$$\lim_{x \to 1} \left(\frac{\arctan x - (\pi/4)}{x-1} \right) = \frac{1}{2}.$$

Noch besser begründet man die l'Hôpitalsche Regel mit Hilfe des verallgemeinerten Mittelwertsatzes, wonach $\frac{f(x) - f(a)}{g(x) - g(a)} = \frac{f'(x_1)}{g'(x_1)}$ ist. Im Falle $x \to a$ wird auch $x_1 \to a$ sein.

AUFGABE 105

Bestimme $\lim\limits_{x \to 0} \frac{1 - \cos x}{2 \tan^2 (x/2)}$.

Lösung: Nach l'Hôpitals erster Regel kann man Zähler und Nenner durch ihre Ableitungen ersetzen und dann den Grenzübergang durchführen. Der neue Quotient lautet $\frac{\sin x}{2 \tan (x/2) \cdot [1 + \tan^2 (x/2)]}$.

Bei nochmaliger Anwendung der Regel kommt man auf

$$\frac{\cos x}{[1 + \tan^2 (x/2)]\,[1 + 3 \tan^2 (x/2)]},$$

und hier lautet der Grenzwert offenbar 1. Daher ist auch der zu bestimmende Grenzwert gleich 1.

AUFGABE 106

Berechne $\lim\limits_{x \to 0} \frac{\arcsin x}{\arctan x}$.

Lösung: Ersetzt man Zähler und Nenner durch ihre Ableitungen, so ergibt sich $1/\sqrt{1 - x^2} : 1/(1 + x^2)$ und für $x \to 0$ der Grenzwert 1. Dies ist dann auch der Grenzwert von $\frac{\arcsin x}{\arctan x}$ für $x \to 0$.

AUFGABE 107

Bestimme $\lim \frac{x^x - 1}{\arctan x}$ für $x \to 0$.

Lösung: Solche Grenzwertaufgaben werden am besten durch Reihenentwicklung erledigt. Im Nenner steht $\arctan x = x - \frac{x^3}{3} + \ldots$, im Zähler $x^x - 1 = e^{x \ln x} - 1 = x \ln x + \frac{x^2 (\ln x)^2}{2!} + \ldots$

Der Bruch reduziert sich also auf $\ln x \cdot \frac{1 + x \ln x/2! + \ldots}{1 - x^2/3 + \ldots}$.

Da $x \ln x$ nach Null strebt, wie man mittels der Substitution $x = e^{-u}$ $(u \to \infty)$ sofort erkennt, hat der zweite Faktor den Grenzwert 1, der erste den Grenzwert $-\infty$, so daß $(x^x - 1)/\text{arc tan}\, x$ bei zur Null strebendem x negativ unendlich wird. Man muß, damit x^x immer einen Sinn hat, $x > 0$ annehmen.

AUFGABE 108

Gegeben ist die Kurve $y = \mathfrak{Sin}\, x$. Man bestimme die durch den Punkt $x = 1$, $y = 0$ hindurchgehende Tangente (vgl. Fig. 21).

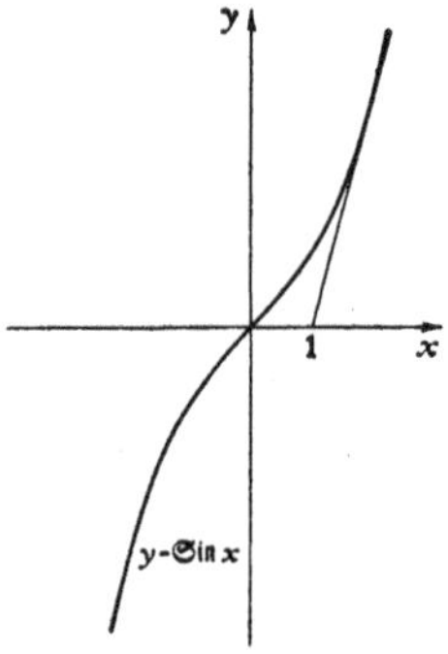

Fig. 21

Lösung: Die Gleichung der Tangente im Punkte (x_1, y_1) lautet

$$y - \mathfrak{Sin}\, x_1 = (x - x_1)\, \mathfrak{Cof}\, x_1 .$$

Sie geht durch den Punkt $x = 1$, $y = 0$ hindurch, wenn

$$-\, \mathfrak{Sin}\, x_1 = (1 - x_1)\, \mathfrak{Cof}\, x_1$$

ist, d. h. $x_1 = 1 + \mathfrak{Tan}\, x_1$.

Man hat hier die Kurve $y = \mathfrak{Tan}\, x$ mit der Geraden $y = x - 1$ zum Schnitt zu bringen (vgl. Fig. 22). Es gibt, wie die Figur zeigt, nur einen Schnittpunkt. Seine Abszisse ist das gesuchte x_1.

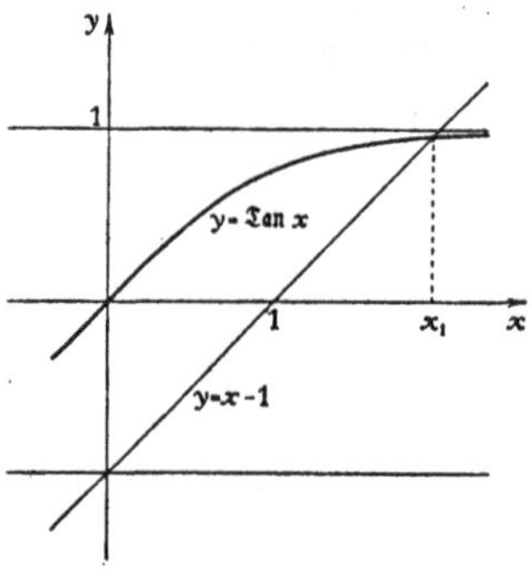

Fig. 22

Zur Auflösung solcher transzendenter Gleichungen gibt es verschiedene Methoden. Besonders zu empfehlen ist die Methode der sukzessiven Approximationen, wie sie z. B. die Astronomen bei Behandlung der Keplerschen Gleichung $x - \varepsilon \sin x = M$ anwenden. Im hier vorliegenden Falle $x = \mathfrak{Tan}\, x + 1$ benutze man als ersten Näherungswert $r_0 = 1$. Dann setze man $r_1 = \mathfrak{Tan}\, r_0 + 1$, weiter $r_2 = \mathfrak{Tan}\, r_1 + 1$ und so fort, allgemein $r_n = \mathfrak{Tan}\, r_{n-1} + 1$. Um zu sehen, wie sich die so gewonnene Folge $r_0, r_1, r_2, \ldots$ verhält, betrachte man die Differenz

$$r_{n+1} - r_n = \mathfrak{Tan}\, r_n - \mathfrak{Tan}\, r_{n-1} = \frac{r_n - r_{n-1}}{\mathfrak{Cof}^2\, \varrho_n},$$

wobei ϱ_n zwischen r_{n-1} und r_n liegt. Wir haben hier den Mittelwertsatz benutzt und die Tatsache, daß $\mathfrak{Tan}\, x$ die Ableitung $1 : \mathfrak{Cof}^2\, x$ hat. Offenbar haben $r_{n+1} - r_n$ und $r_n - r_{n-1}$ dasselbe Zeichen. $r_1 = \mathfrak{Tan}\, r_0 + 1$ ist größer als $r_0 = 1$. Die Folge r_0, r_1, r_2 steigt also auf. Dasselbe gilt von $\varrho_1, \varrho_2, \varrho_3, \ldots$, weil immer ϱ_n zwischen r_{n-1} und r_n liegt. Alle ϱ sind jedenfalls größer als $r_0 = 1$ und daher $\mathfrak{Cof}\, \varrho_n$ größer als $\mathfrak{Cof}\, 1 = \frac{e + e^{-1}}{2} = 1 + \frac{1}{2!} + \ldots$, also größer als $\frac{3}{2}$.

Daher gilt bestimmt die Ungleichung $r_{n+1} - r_n < \frac{r_n - r_{n-1}}{\left(\frac{3}{2}\right)^2} < \frac{1}{2}(r_n - r_{n-1})$.

Also ist $r_2 - r_1 < \frac{1}{2}(r_1 - r_0)$, $r_3 - r_2 < \frac{1}{2}(r_2 - r_1) < \left(\frac{1}{2}\right)^2 (r_1 - r_0), \ldots$; $r_1 - r_0 = \mathfrak{Tan}\,1$ ist kleiner als r_0, d. h. kleiner als 1. Somit sind die Glieder der Reihe

$$r_0 + (r_1 - r_0) + (r_2 - r_1) + \ldots$$

kleiner als die entsprechenden Glieder der konvergenten Reihe

$$1 + \frac{1}{2} + \left(\frac{1}{2}\right)^2 + \ldots$$

Damit ist die Konvergenz der Reihe $r_0 + (r_1 - r_0) + (r_2 - r_1) + \ldots$, deren Partialsumme r_n lautet, bewiesen, und man weiß also, daß die aufsteigende Folge $r_0, r_1, r_2, \ldots$ einem Grenzwert r zustrebt. Aus $r_n = \mathfrak{Tan}\, r_{n-1} + 1$ folgt dann $r = \mathfrak{Tan}\, r + 1$, d. h. dieser Grenzwert ist die gesuchte Wurzel der transzendenten Gleichung $x = \mathfrak{Tan}\, x + 1$. Der Unterschied zwischen r und r_n ist offenbar kleiner als $(1/2)^{n+1} + (1/2)^{n+2} + \ldots = (1/2)^n$, sinkt also mit wachsendem n sehr rasch ab.

AUFGABE 109

Löse die Gleichung $e^x + x - 2 = 0$.

L ö s u n g: Aus der Figur 23, die die beiden Linien $y = 2 - x$ und $y = e^x$ zeigt, ersieht man, daß eine und nur eine Wurzel existiert, was sich auch rein analytisch nachweisen läßt. Setzt man $f(x) = e^x + x - 2$, so ist $f(0) = -1 < 0$, $f(1) = e - 1 > 0$. Die Wurzel liegt also zwischen 0 und 1. Da $e^x = 1 + \frac{x}{1!} + \frac{x^2}{2!} + \ldots$ ist, so hat man

$$f(x) = -1 + 2x + \frac{x^2}{2!} + \frac{x^3}{3!} + \ldots$$

und sieht, daß auch $f(1/2) > 0$ ist, so daß die Wurzel zwischen 0 und $\frac{1}{2}$ fällt, wie man auch aus der Figur, wenn sie gut gezeichnet ist, entnehmen kann.

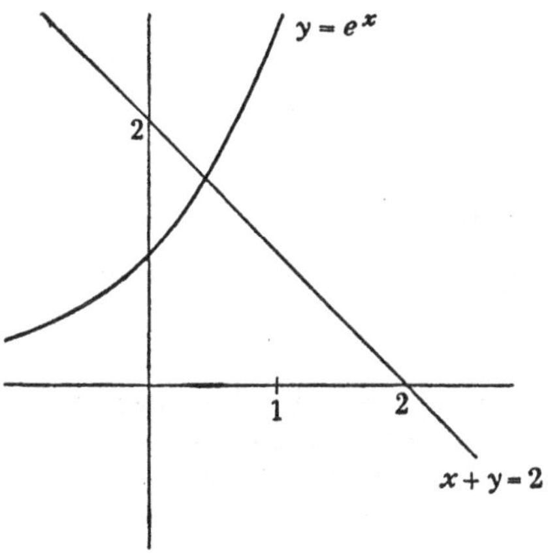

Fig. 23

Wenn man $f(x)$ durch eine Partialsumme der Reihe ersetzt, also durch

$$f_n(x) = -1 + 2x + \frac{x^2}{2!} + \ldots + \frac{x^n}{n!}, \qquad (n = 2, 3, \ldots),$$

so sieht man, daß $f_n(0) = -1$ und $f_n(\infty) = \infty$ ist. So gibt es also für $f_n(x)$ eine positive Wurzel r_n. Zwei solche können nicht vorhanden sein, weil sonst dazwischen irgendwo $f'_n(x) = 2 + \frac{x}{1!} + \ldots + \frac{x^{n-1}}{(n-1)!}$ verschwinden müßte, also eine positive Wurzel hätte, was offenbar nicht zutrifft. So gibt es also für $f_n(x)$ nur eine positive Wurzel r_n.

Wie liegen nun r_n und r_{n+1} zueinander? Offenbar ist $f_{n+1}(r_n) = r_n^{n+1}/(n+1)! > 0$ und $f_{n+1}(0) < 0$. Also fällt r_{n+1} zwischen 0 und r_n, d. h. $r_1, r_2, r_3 \ldots$ ist eine absteigende positive Folge. Ihr Grenzwert r genügt der Gleichung $f(r) = 0$.

Da nämlich $f(r_n) = \frac{r_n^{n+1}}{(n+1)!} + \frac{r_n^{n+2}}{(n+2)!} + \ldots$ ist und die Reihensumme zwischen 0 und $\frac{1}{(n+1)!} + \frac{1}{(n+2)!} + \ldots$ liegt, also bei wachsendem n nach null konvergiert, so wird $\lim_{n \to \infty} f(r_n) = f(r) = 0$ sein. Um eine Feststellung über $r_n - r$ zu gewinnen, schreibe man

$$f_n(r_n) - f_n(r) = (r_n - r) f'(\varrho_n). \qquad (r < \varrho_n < r_n).$$

Da $f_n(r_n) = 0$ und

$$f_n(r) = f(r) - \frac{r^{n+1}}{(n+1)!} - \frac{r^{n+2}}{(n+2)!} + \ldots = - \frac{r^{n+1}}{(n+1)!} - \frac{r^{n+2}}{(n+2)!} - \ldots$$

ist, so hat man
$$r_n - r = \frac{\frac{r^{n+1}}{(n+1)!} + \frac{r^{n+2}}{(n+2)!} + \ldots}{2 + \frac{\varrho_n}{1!} + \frac{\varrho_n^2}{2!} + \ldots}.$$

Der Zähler ist wegen $r < \frac{1}{2}$ kleiner als $\frac{1}{2^{n+1}(n+1)!}(1 + \frac{1}{2} + \ldots)$, der Nenner größer als 2, daher der Bruch kleiner als $\frac{1}{2^{n+1}(n+1)!}[\frac{1}{2} + (\frac{1}{2})^2 + \ldots]$, d. h. kleiner als $\frac{1}{2^{n+1}(n+1)!}$. Will man für n eine Genauigkeit ε erzielen, so wähle man zuerst n so groß, daß $\frac{1}{2^{n+1}(n+1)!} < \frac{\varepsilon}{2}$ wird und bestimme dann die einzige positive Wurzel der algebraischen Gleichung $f_n(x) = 0$ mit der Genauigkeit $\frac{\varepsilon}{2}$.

Hiermit haben wir schon eine weitere Methode zur Auflösung transzendenter Gleichungen gezeigt. Auf die Näherungsmethoden bei algebraischen Gleichungen werden wir noch zu sprechen kommen.

AUFGABE 110

Löse die Gleichung $\mathfrak{Cof}\, x - 2x^3 = 0$.

Lösung: Es kommen nur positive x in Frage, da $\mathfrak{Cof}\, x \geqq 1$ ist. Setzt man $f(x) = \mathfrak{Cof}\, x - 2x^3$, so ist $f(0) = 1$, $f(1) = \frac{e + e^{-1}}{2} - 2 < \frac{e+1}{2} - 2 = \frac{1}{2}(e - 3) < 0$, und für große Werte von x wieder $f(x) > 0$. Daher liegt sowohl zwischen 0 und 1 als auch jenseits von 1 eine Wurzel von $f(x)$. Um zu erkennen, ob es außer diesen beiden Wurzeln noch andere gibt, muß der Verlauf von $f(x)$ noch näher untersucht werden. Wir schreiben

$$\mathfrak{Cof}\, x - 2x^3 = [(\mathfrak{Cof}\, x)^{1/3} - 2^{1/3} x]\,[(\mathfrak{Cof}\, x)^{2/3} + (\mathfrak{Cof}\, x)^{1/3}\, 2^{1/3} x + 2^{2/3} x^2].$$

Da der zweite Faktor positiv ist, so hängt das Vorzeichen nur vom ersten Faktor ab. Setzt man $\mathfrak{Cof}\, x = u$, so entspricht dem x-Intervall $0 \ldots \infty$ das

u-Intervall $1 \ldots \infty$. Wir haben zu untersuchen, wie $\varphi(u) = u^{1/3} - 2^{1/3}\,\mathfrak{Ar}\,\mathfrak{Cof}\,u$ sich in diesem u-Intervall verhält. Die Ableitung lautet

$$\varphi'(u) = \tfrac{1}{3}\,u^{-2/3} - 2^{1/3}\,1/\sqrt{u^2-1}\,.$$

Die Ableitung ist positiv im Falle $\dfrac{u^{2/3}}{\sqrt{u^2-1}} < \dfrac{1}{3 \cdot 2^{1/3}}$ und negativ im Falle $\dfrac{u^{2/3}}{\sqrt{u^2-1}} > \dfrac{1}{3 \cdot 2^{1/3}}$. Im ersten Falle hat man $\dfrac{u^4}{(u^2-1)^3} < \dfrac{1}{3^6 \cdot 2^2}$, im zweiten $\dfrac{u^4}{(u^2-1)^3} > \dfrac{1}{3^6 \cdot 2^2}$ oder, wenn man $u^2 = U$ setzt, $(U-1)^3 > 3^6 \cdot 2^2 \cdot U^2$ bzw. $(U-1)^3 < 3^6 \cdot 2^2\, U^2$. Das Polynom $(U-1)^3 - 3^6 \cdot 2^2 \cdot U^2$ ist gleich U^3 mal $(1-1/U)^3 - 3^6 \cdot 2^2\, 1/U$. Letztere Funktion hat die positive Ableitung $3\,(1-1/U)^2\, 1/U^2 + 3^6 \cdot 2^2\, 1/U^2$, nimmt also bei wachsendem U beständig zu. Für $U = 1$ ist sie negativ, bei unendlich zunehmendem U strebt sie dem Grenzwert 1 zu. Sie wird also unterwegs gleich Null, aber nur einmal. Es gibt demnach eine Stelle u_1, wo sie verschwindet, links von u_1 wird sie negativ, rechts positiv sein. Links von u_1 wird dann $\varphi'(u)$ negativ, rechts von u_1 positiv sein. Von $u = 1$ bis $u = u_1$ nimmt also $\varphi(u)$ von 1 bis $\varphi(u_1)$ ab, von $u = u_1$ bis $u = \infty$ von $\varphi(u_1)$ bis ∞ zu. Da wir schon wissen, daß zwei Nullstellen vorhanden sind, brauchen wir nicht erst zu beweisen, daß $\varphi(u_1)$ negativ ist. Wir ersehen aber aus dieser Betrachtung, und deshalb mußten wir sie anstellen, daß $\varphi(u)$ und damit $\mathfrak{Cof}\,x - 2x^3$ nur zwei Nullstellen hat.

Wir wollen uns auf die zwischen 0 und 1 liegende Wurzel beschränken. Da $\mathfrak{Cof}\,x - 2x^3 = 1 + \dfrac{x^2}{2!} - 2x^3 + \dfrac{x^4}{4!} + \dfrac{x^6}{6!} + \ldots$ ist, so liegt es nahe, die Partialsummen $1 + \dfrac{x^2}{2!} - 2x^3 + \dfrac{x^4}{4!}$, $1 + \dfrac{x^2}{2!} - 2x^3 + \dfrac{x^4}{4!} + \dfrac{x^6}{6!}, \ldots$ zu betrachten. Die drei ersten lassen wir absichtlich fort. Bezeichnet man diese Partialsummen mit $f_4(x), f_6(x), \ldots$, so ist $f_{2n}(0) = 1$ und $f_{2n}(1)$ negativ,

weil
$$f_{2n}(1) = -1 + \frac{1}{2!} + \ldots + \frac{1}{(2n)!}$$
und
$$\frac{1}{2!} + \frac{1}{4!} + \ldots + \frac{1}{(2n)!} < \frac{1}{2}\,\frac{1}{1-(1/12)} = \frac{6}{11}$$
ist. Es gibt also in $0 \ldots 1$ eine Wurzel r_{2n} von $f_{2n}(x)$. Ebenso hat $f_{2n}'(x) = x - 6x^2 + \dfrac{x^3}{3!} + \ldots + \dfrac{x^{2n-1}}{(2n-1)!}$ im Innern von $0 \ldots 1$ eine Wurzel. Diese erfüllt die Gleichung $0 = 1 - 6x + \dfrac{x^2}{3!} + \ldots + \dfrac{x^{2n-2}}{(2n-1)!}$. Es kann nur eine Wurzel geben, weil sonst die Ableitung $-6 + \dfrac{x}{1!\,3} + \ldots + \dfrac{x^{2n-3}}{(2n-3)!\,(2n-1)}$ im Innern von $0 \ldots 1$ verschwinden müßte, während doch

$$\frac{x}{1!\,3} + \ldots + \frac{x^{2n-3}}{(2n-3)!\,(2n-1)} < \frac{1}{3}\,\frac{e^x - e^{-x}}{2} < \frac{1}{3}\,\frac{e - e^{-1}}{2}$$

gegen -6 nicht aufkommt. Ist ϱ_{2n} die einzige Wurzel von $f'_{2n}(x)$ zwischen 0 und 1, so wird zwischen 0 und ϱ_{2n} diese Ableitung positiv, rechts negativ sein,

d. h. $f_{2n}(x)$ nimmt beim Durchlaufen des Intervalls $0 \ldots \varrho_{2n}$ von 0 bis $f_{2n}(\varrho_{2n})$ beständig zu, dann beim Durchlaufen des Intervalles $\varrho_{2n} \ldots 1$ von $f_{2n}(\varrho_{2n})$ bis $f_{2n}(1)$ ab, wobei sie vom Positiven durch Null ins Negative geht. Damit ist die Einzigkeit der Wurzel r_{2n} bewiesen. Wie liegen nun r_{2n} und r_{2n+2} zueinander? Da $f_{2n+2}(r_{2n}) = r_{2n}^{2n+2}/(2n+2)!$ positiv und $f_{2n+2}(1)$ negativ ist, so fällt r_{2n+2} zwischen r_{2n} und 1, d. h. $r_4, r_6 \ldots$ ist eine aufsteigende Folge, die aber die obere Schranke 1 hat. Daher existiert $\lim r_{2n} = r$, und dieses r ist die im Intervall $0 \ldots 1$ liegende Wurzel der vorgelegten Gleichung.

Man hat nämlich $f(r_{2n}) = \dfrac{r_{2n}^{2n+2}}{(2n+2)!} + \dfrac{r_{2n}^{2n+4}}{(2n+4)!} + \ldots$

und sieht, daß $f(r_{2n})$ zwischen 0 und $\dfrac{1}{(2n+2)!} + \dfrac{1}{(2n+4)!} + \ldots$ enthalten ist. Daher muß $\lim\limits_{n \to \infty} f(r_{2n}) = 0$ sein, d. h. $f(r) = 0$.

Die Berechnung der jenseits von 1 liegenden Wurzel vollzieht sich in ähnlicher Weise.

AUFGABE 111

Man berechne die Zahl π mit Hilfe der Potenzreihe für arc tan x, indem man von $\pi/4$ = arc tan 1 ausgeht und durch viermalige Anwendung der Formel

$$\textbf{arc tan u + arc tan v = arc tan [(u + v)/(1 — uv)],}$$

wobei jedesmal u = 1/5 gesetzt wird, die Identität

$$\textbf{arc tan 1 = 4 arc tan 1/5 — arc tan 1/239}$$

herleitet. Der Wert von π soll auf 5 Stellen nach dem Komma genau sein, d. h. keinen größeren Fehler als $\frac{1}{2} \cdot 10^{-5}$ haben.

Lösung: Aus $(u+v)/(1-uv) = 1$ und $u = 1/5$ ergibt sich $v = 2/3$,
„ „ $2/3$ „ „ $1/5$ „ „ $v = 7/17$,
„ „ $7/17$ „ „ $1/5$ „ „ $v = 9/46$,
„ „ $9/46$ „ „ $1/5$ „ „ $v = -1/239$.

$$\begin{aligned}\text{Also arc tan } 1 &= \text{arc tan } 1/5 + \text{arc tan } 2/3\\ &= 2 \text{ arc tan } 1/5 + \text{arc tan } 7/17\\ &= 3 \text{ arc tan } 1/5 + \text{arc tan } 9/46\\ &= 4 \text{ arc tan } 1/5 - \text{arc tan } 1/239.\end{aligned}$$

Die Reihe arc tan $x = x - \frac{1}{3}x^3 + \frac{1}{5}x^5 - \frac{1}{7}x^7 + \ldots$ ist alternierend und hat für $|x| < 1$ monoton abnehmende Glieder; bricht man also die Reihe nach n Gliedern ab, so ist der Fehler kleiner als das erste vernachlässigte Glied. Für $x = 1/5$ findet man

$$\left\{\begin{array}{llllll}\text{arc tan } 1/5 = 0{,}2000000 & - 0{,}0026667 & + 0{,}0000640 & - 0{,}0000018 & + f_1 \\ \text{(Fehler:} \quad 0 & < \frac{1}{2} \cdot 10^{-7} & 0 & < \frac{1}{2} \cdot 10^{-7} & < 1 \cdot 10^{-7})\end{array}\right\},$$

also arc tan $1/5 = 0{,}1973955 + f_2$, wobei der Fehler $|f_2| < 2 \cdot 10^{-7}$.

Ferner arc tan $\dfrac{1}{239} = 0{,}0041841 + f_3$ mit $|f_3| < \dfrac{1}{3 \cdot 239^3} < \dfrac{1}{24} \cdot 10^{-6}$.

Daraus folgt $\pi/4 = 0{,}7853979 + f_4$ und $|f_4| < 4|f_2| + |f_3| < \frac{1}{2} \cdot 10^{-6}$ und schließlich $\pi = 3{,}1415916 + f_5$, wobei $|f_5| < 2 \cdot 10^{-6}$
so daß $\pi = 3{,}14159 + f_6$ und $|f_6| < 3{,}6 \cdot 10^{-6} < \frac{1}{2} \cdot 10^{-5}$.

AUFGABE 112

Gegeben ist die Parabel $y = x^2$. In welcher Richtung muß man durch den Punkt $x = 5$, $y = 26$ eine Gerade ziehen, damit die auf ihr liegende Parabelsehne eine extremale Länge hat?

Lösung: Die Gerade $y - 26 = t(x - 5)$ schneidet die Parabel in zwei Punkten x_1, y_1 und x_2, y_2, deren Abszissen aus der Gleichung

$26 + t(x - 5) = x^2$, d. h. $x^2 - tx = 26 - 5t$ berechnet werden.

Man findet $x_1 = \frac{t}{2} + \sqrt{26 - 5t + \frac{t^2}{4}}$, $x_2 = \frac{t}{2} - \sqrt{26 - 5t + \frac{t^2}{4}}$.

Die zu extremierende Funktion lautet $(x_2 - x_1)^2 + (x_2^2 - x_1^2)^2$, d. h.

$$(x_2 - x_1)^2 [1 + (x_1 + x_2)^2], \quad \text{also} \quad 4(1 + t^2)(26 - 5t + t^2/4).$$

Wir bezeichnen sie mit $4f(t)$.

Irgendwo im Endlichen werden die Extrema liegen, und an solchen Stellen muß $f'(t) = -5 + (105/2)t - 15t^2 + t^3$ verschwinden. Die zweite Ableitung $f''(t) = (105/2) - 30t + 3t^2$, $f''(t) = 3[(35/2) - 10t + t^2]$ hat die beiden reellen Wurzeln $t_1 = 5 - \sqrt{15/2}$, $t_2 = 5 + \sqrt{15/2}$. Zwischen t_1 und t_2 ist $f''(t)$ negativ, links von t_1 und rechts von t_2 positiv. Daher wird auf dem Wege von $-\infty$ bis t_1 die Funktion $f'(t)$ ständig zunehmen, von $-\infty$ bis $f'(t_1)$, dann auf dem Wege von t_1 bis t_2 von $f'(t_1)$ bis $f'(t_2)$ ständig abnehmen, schließlich auf dem Wege von t_2 bis ∞ ständig zunehmen, von $f'(t_2)$ bis ∞. Es kommt darauf an, die Werte $f'(t_1)$ und $f'(t_2)$ zu kennen.

Setzt man $f'(t) = (t - t_1)(t^2 + c_1 t + c_2) + c_3$, so ergibt die Koeffizientenvergleichung

$$-15 = c_1 - t_1,$$
$$105/2 = c_2 - t_1 c_1,$$
$$-5 = c_3 - t_1 c_2.$$

Da $t_1 = 5 - \sqrt{15/2}$ ist, findet man der Reihe nach

$$c_1 = -15 + t_1 = -10 - \sqrt{15/2},$$
$$c_2 = (105/2) + t_1 c_1 = 10 + 5\sqrt{15/2},$$
$$c_3 = -5 + t_1 c_2 = (15/2) + 15\sqrt{15/2}.$$

Offenbar ist $c_3 = f'(t_1)$, und der Rechnung, die wir hier durchgeführt haben, liegt das Hornersche Schema zugrunde. Da sich t_2 von t_1 nur durch das Vorzeichen der Wurzel unterscheidet, und $f'(t)$ lauter rationale Koeffizienten hat, so wird $f'(t_2) = (15/2) - 15\sqrt{15/2}$ sein. Man sieht, daß $f'(t_1) > 0$ und $f'(t_2) < 0$ ist. Links von t_1 gibt es also eine Wurzel τ_1 von $f'(t)$, zwischen t_1 und t_2 eine zweite τ_2 und jenseits von t_2 eine dritte τ_3. In jedem der vier Intervalle $-\infty \ldots \tau_1$, $\tau_1 \ldots \tau_2$, $\tau_2 \ldots \tau_3$, $\tau_3 \ldots \infty$ hat $f'(t)$ ein festes Zeichen, und zwar sind es der Reihe nach die Zeichen $-$, $+$, $-$, $+$. Wenn nun t von $-\infty$ bis ∞ gehend der Reihe nach jene vier Intervalle durchläuft, so geht $f(t)$

abnehmend von ∞ bis $f(\tau_1)$,
zunehmend von $f(\tau_1)$ bis $f(\tau_2)$,
abnehmend von $f(\tau_2)$ bis $f(\tau_3)$,
zunehmend von $f(\tau_3)$ bis ∞.

Man sieht hier deutlich, daß sowohl $f(\tau_1)$ als auch $f(\tau_3)$ ein Minimum ist, dagegen $f(\tau_2)$ ein Maximum.

Wir müssen uns nun doch noch genauer mit der kubischen Gleichung $f'(t) = 0$ beschäftigen. Setzt man $t = 5 + u$, so nimmt sie eine einfache Form an: $u^3 - (45/2)\,u + (15/2) = 0$. Ihre Wurzeln u_1, u_2, u_3 fallen der Reihe nach in die Intervalle $-\infty \ldots -\sqrt{15/2}, -\sqrt{15/2}, \ldots \sqrt{15/2}, \sqrt{15/2} \ldots \infty$. Da die erste Wurzel negativ, die letzte positiv und das Produkt aller drei Wurzeln gleich $-15/2$, also negativ ist, so muß die zweite Wurzel positiv sein. Sie liegt also zwischen 0 und $\sqrt{15/2}$. Setzt man $u = \lambda\, v$, so verwandelt sich die kubische Gleichung in $v^3 - (45/2\lambda^2)\, v + (15/2\lambda^3) = 0$. Setzt man $45/2\lambda^2 = 3/4$, also $\lambda = \sqrt{30}$, so lautet sie $v^3 - \frac{3}{4}\, v + (1/4\sqrt{30}) = 0$. Aus der Moivreschen Formel $(\cos a + i \sin \alpha)^3 = \cos 3a + i \sin 3\alpha$ folgt nun, wie wir wissen (vgl. Seite 32), $\cos^3 a - 3 \cos a \sin^2 a = \cos 3a$ oder $4 \cos^3 a - 3 \cos a = \cos 3a$, d. h. $\cos^3 a - \frac{3}{4} \cos a = (\cos 3a)/4$. Wählt man a so, daß $\cos 3a = -1/\sqrt{30}$ wird und setzt $\cos a = v$, so hat man gerade die kubische Gleichung vor sich, die gelöst werden soll. Die Wurzeln der kubischen Gleichung lauten dann $\cos a$, $\cos(a + 2\pi/3)$, $\cos(a + 4\pi/3)$. Dazu gehören die u-Werte $\sqrt{30} \cos a$, $\sqrt{30} \cos(a + 2\pi/3)$, $\sqrt{30} \cos(a + 4\pi/3)$. Da $3a$ zwischen $\pi/2$ und π liegt, fällt a zwischen $\pi/6$ und $\pi/3$, so daß $\cos a$ positiv ist. $a + (2\pi/3)$ wird zwischen $5\pi/6$ und π liegen, also einen negativen Cosinus haben. $\cos(a + 4\pi/3) = \cos(a - 2\pi/3) = \cos a \cos(2\pi/3) + \sin a \sin(2\pi/3)$ ist größer als $\cos(a + 2\pi/3) = \cos a \cos(2\pi/3) - \sin a \sin(2\pi/3)$.

Hieraus geht hervor, daß $\sqrt{30} \cos(a + 2\pi/3)$ die einzige negative Wurzel von $u^3 - (45/2)\,u + (15/2) = 0$ sein wird. Es fragt sich nur noch, welche von den beiden positiven Wurzeln $\sqrt{30} \cos a$ und $\sqrt{30} \cos(a - 2\pi/3)$ die größere ist. Da a zwischen $\pi/6$ und $\pi/3$ liegt, ist auf alle Fälle $\tan a < \tan(\pi/3) = \sqrt{3}$.

Aus $\cos(a - 2\pi/3) = -\frac{1}{2} \cos a + \sqrt{3/4} \sin a$ und $\cos a - \cos(a - 2\pi/3) = \frac{3}{2} \cos a - \sqrt{3/4} \sin a = \sqrt{3/4} \cos a\, (\sqrt{3} - \tan a) > 0$ ersieht man, daß $\cos a > \cos(a - 2\pi/3)$ ist. Nach diesen Feststellungen können wir unter Benutzung unserer alten Beziehungen setzen

$u_1 = \sqrt{30} \cos(a + 2\pi/3)$, $u_2 = \sqrt{30} \cos(a - 2\pi/3)$, $u_3 = \sqrt{30} \cos a$ und daher $t_1 = 5 + \sqrt{30} \cos(a + 2\pi/3)$, $t_2 = 5 + \sqrt{30} \cos(a - 2\pi/3)$, $t_3 = 5 + \sqrt{30} \cos a$.

Das sind, aufsteigend numeriert, die Wurzeln der Gleichung $f'(t) = 0$ und die Extremumstellen von $f(t) = (1 + t^2)(26 - 5t + t^2/4)$, wofür man auch schreiben kann $f(t) = (1 + t^2)\,[(t/2 - 5)^2 + 1]$. Wir sagten schon, daß $f(t_1)$, $f(t_3)$ Minima sind und $f(t_2)$ ein Maximum ist.

AUFGABE 113

Gegeben ist die Parabel $y = x^2$ und der Punkt $x_1 = 1$, $y_1 = 17/4$. Welches ist der kürzeste Abstand dieses Punktes von der Parabel?

Lösung: Die Entfernung des Punktes x_1, y_1 von dem auf der Parabel laufenden Punkt x, y wird, zum Quadrat erhoben, folgendermaßen lauten: $f(x) = (x - 1)^2 + [x^2 - (17/4)]^2$.

Man findet $f'(x) = 2(x - 1) + 4x[x^2 - (17/4)] = 4x^3 - 15x - 2$ und muß die kubische Gleichung auflösen: $f'(x) = 0$.

Man bilde auch noch $f''(x) = 12x^2 - 15$.

Innerhalb des Intervalls $-\frac{1}{2}\sqrt{5} \ldots \frac{1}{2}\sqrt{5}$ ist $f''(x) < 0$, außerhalb $f''(x) > 0$. Daher nimmt $f'(x)$, wenn x von $-\infty$ bis $-\frac{1}{2}\sqrt{5}$ geht, beständig zu, und zwar von $-\infty$ bis $f'(-\frac{1}{2}\sqrt{5}) = 5\sqrt{5} - 2 > 0$. Geht x weiter von $-\frac{1}{2}\sqrt{5}$ bis $\frac{1}{2}\sqrt{5}$, so nimmt $f'(x)$ von $5\sqrt{5} - 2$ beständig ab bis $-5\sqrt{5} - 2 < 0$. Geht x weiter von $\frac{1}{2}\sqrt{5}$ bis ∞, so nimmt $f'(x)$ wieder beständig zu von $-5\sqrt{5} - 2$ bis ∞.

In jedem der drei Fälle passiert einmal $f'(x)$ die Null. Daher hat $f'(x)$ drei reelle Wurzeln, in jedem der Intervalle $-\infty \ldots -\frac{1}{2}\sqrt{5}$, $-\frac{1}{2}\sqrt{5} \ldots \frac{1}{2}\sqrt{5}$, $\frac{1}{2}\sqrt{5} \ldots \infty$ eine solche. Im dritten Intervall liegt die ganzzahlige Wurzel 2. Die beiden anderen genügen der quadratischen Gleichung $f'(x)/(x - 2) = 4x^2 + 8x + 1 = 0$. Sie lauten $-1 - \frac{1}{2}\sqrt{3}$ und $-1 + \frac{1}{2}\sqrt{3}$.

Bezeichnet man die Wurzeln $-1 - \frac{1}{2}\sqrt{3}$, $-1 + \frac{1}{2}\sqrt{3}$, 2 mit r_1, r_2, r_3, so ist $f'(x) = 4(x - r_1) \cdot (x - r_2) \cdot (x - r_3)$. Im Intervall $-\infty \ldots r_1$ wird hiernach $f'(x)$ negativ sein, in $r_1 \ldots r_2$ positiv, in $r_2 \ldots r_3$ wieder negativ und in $r_3 \ldots \infty$ positiv.

Bei wachsendem x wird also $f(x)$ im ersten Intervall von ∞ bis $f(r_1)$ ab-, im zweiten von $f(r_1)$ bis $f(r_2)$ zunehmen, im dritten von $f(r_2)$ bis $f(r_3)$ abnehmen, im vierten von $f(r_3)$ bis ∞ zunehmen. $f(r_1)$ ist also ein örtliches Minimum, $f(r_2)$ ein örtliches Maximum, $f(r_3)$ wieder ein örtliches Minimum. Örtlich bedeutet so viel, wie „in einer gewissen Umgebung der betreffenden Stelle". Da wir den kürzesten Abstand des Punktes (1, 17/4) von der Parabel $y = x^2$ suchen, so ist nur noch zu prüfen, welcher der beiden Werte $f(r_1)$ und $f(r_3)$ der kleinere ist. Die Berechnung dieser Werte kann, wenn man will, nach dem Hornerschen Verfahren durchgeführt werden. Man findet aber auch durch direktes Einsetzen rasch $f(r_1) = 14 - 3\sqrt{3}$, $f(r_3) = 17/16$. Offenbar ist $f(r_3)$, d. h. $f(2)$ der kleinere Wert. Der Parabelpunkt (2, 4) liegt also näher an (1, 17/4) als alle anderen.

AUFGABE 114

Gegeben ist die kubische Parabel $y = 2x^3$. Wo ist sie am stärksten gekrümmt?

Lösung: $y' = 6x^2$, $y'' = 12x$. Man setzt dies ein in die Krümmungsformel $k = \dfrac{y''}{(1 + y'^2)^{3/2}}$ und findet

$$k = 12x[1 + (6x^2)^2]^{-3/2}.$$

Es kommt also darauf an, der Funktion $x[1 + 36x^4]^{-3/2}$ ein Maximum zu verschaffen. Durch Nullsetzen der Ableitung findet man

$$(1 + 36x^4)^{-3/2} - 216x^4(1 + 36x^4)^{-5/2} = 0, \text{ d. h. } 1 - 180x^4 = 0.$$

$1 - 180x^4$ hat für $x < 0$ eine positive, für $x > 0$ eine negative Ableitung. Geht x von $-\infty$ bis 0, so nimmt die Funktion $1 - 180x^4$ von $-\infty$ bis 1 beständig zu.

Geht x weiter von 0 bis ∞, so nimmt sie von 1 bis $-\infty$ beständig ab. Sie hat also eine negative und eine positive Wurzel, offenbar beide von gleichem Betrage $(180)^{-1/4}$. Die zweite Ableitung von k lautet bis auf einen positiven Faktor $x^3\,(180\,x^4 - 5)$. Setzt man $(180)^{-1/4} = r$, so kann man sagen, daß $k'(x)$ im Intervall $-\infty \ldots -r$ negativ, im Intervall $-r \ldots r$ positiv, im Intervall $r \ldots \infty$ wieder negativ ist. $k(x)$ nimmt also im Intervall $-\infty \ldots -r$ von 0 bis $k(-r)$ ab, dann im Intervall $-r \ldots r$ von $k(-r)$ bis $k(r)$ zu, schließlich im Intervall $r \ldots \infty$ von $k(r)$ bis zu 0 ab. $k(-r)$ ist also das kleinste, $k(r)$ das größte $k(x)$. Beide sind entgegengesetzt gleich. Absolut genommen hat die Krümmung an den Stellen r und $-r$ denselben Wert.

AUFGABE 115

Man bestimme die Evolute der Parabel $y = 4\,x^2$.

Lösung: Da $y' = 8\,x$ ist, lautet die Tangentengleichung $Y - y = 8\,x\,(X - x)$, die Normalengleichung $X - x + 8\,x\,(Y - y) = 0$. Man gelangt zu der letzteren auch durch die Erwägung, daß eine Fortschreitung vom Kurvenpunkt längs der Normalen senkrecht steht auf der Fortschreitung dx, dy längs der Kurventangente. Für die Normale jeder Kurve gilt also $(X - x)\,dx + (Y - y)\,dy = 0$, woraus im vorliegenden Falle, wo $dy = 8\,x\,dx$ ist, die oben angegebene Normalengleichung folgt. Man kann die Parabelnormale auch parametrisch darstellen, indem man setzt $X = x - 8\,xt$, $Y = 4\,x^2 + t$. Wendet man die früher (Seite 183) angegebene Enveloppenregel an, so muß die Determinante $\begin{vmatrix} X_x & X_t \\ Y_x & Y_t \end{vmatrix}$ gleich Null gesetzt werden.

Diese Determinante wird als Funktionaldeterminante von $X(x, t)$, $Y(x, t)$ bezeichnet. Im vorliegenden Falle ergibt sich

$$\begin{vmatrix} 1 - 8\,t, & -8\,x \\ 8\,x, & 1 \end{vmatrix} = 0\,, \quad \text{d. h.} \quad 1 - 8\,t + 64\,x^2 = 0\,,$$

also $t = 8\,x^2 + 1/8$. Setzt man diesen t-Wert ein, so findet man

$$X = -64\,x^3\,, \quad Y = 12\,x^2 + 1/8\,.$$

Das wäre die Parabelevolute in Parameterdarstellung. Eliminiert man den Parameter x, so erhält man als cartesische Gleichung der Evolute

$$\frac{X^2}{64^2} = \frac{(Y - 1/8)^3}{12^3}.$$ Das ist eine semikubische Parabel.

AUFGABE 116

Ein Kreis k vom Radius r rollt von außen auf einem festen Kreise K vom Radius R. Ist p ein Punkt auf der Peripherie von k, so beschreibt er während der Rollbewegung eine Kurve, die als Epizykloide bezeichnet wird. Gesucht wird die Parameterdarstellung dieser Kurve.

Lösung: In Figur 24 ist der gestrichelte Kreis k_0 die Anfangslage des Kreises k und p_0 die Anfangslage von p. Die Bögen $p_0\,q$ und $q\,p$ haben beide die Länge s. Auf K entspricht diesem s der Winkel $\Phi = s/R$, auf k der Winkel $\varphi = s/r$. Da mq entgegengesetzt gerichtet ist wie Oq, so ist mq gegen die x-Achse um $\pi + \Phi$ geneigt. Aus mq entsteht mp durch die Drehung φ, so daß mp gegen die x-Achse die Neigung $\pi + \Phi + \varphi$ hat. Die Koordinaten von m lauten offenbar $(R + r)$ $\cos \Phi$, $(R + r) \sin \Phi$. Sie erhalten beim Durchlaufen der Strecke mp die Inkremente $r \cos (\pi + \Phi + \varphi)$, $r \sin (\pi + \Phi + \varphi)$, so daß p folgende Koordinaten hat:

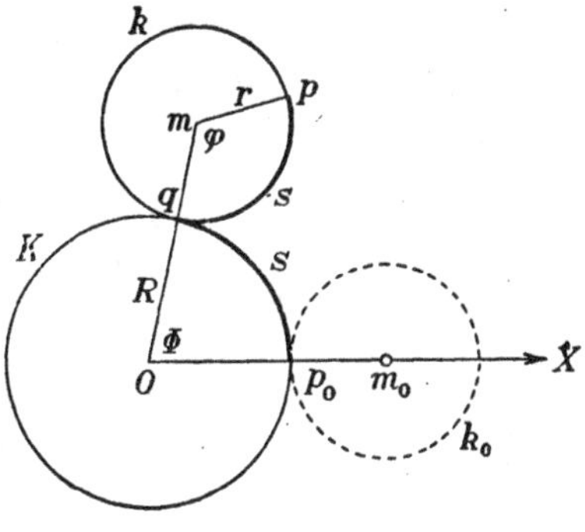

Fig. 24

$$x = (R + r) \cos \Phi - r \cos (\Phi + \varphi),$$
$$y = (R + r) \sin \Phi - r \sin (\Phi + \varphi)$$

oder
$$\boxed{\begin{aligned} x &= (R + r) \cos (s/R) - r \cos (s/R + s/r) , \\ y &= (R + r) \sin (s/R) - r \sin (s/R + s/r) . \end{aligned}}$$

Das ist die gewünschte Parameterdarstellung der Epizykloide.

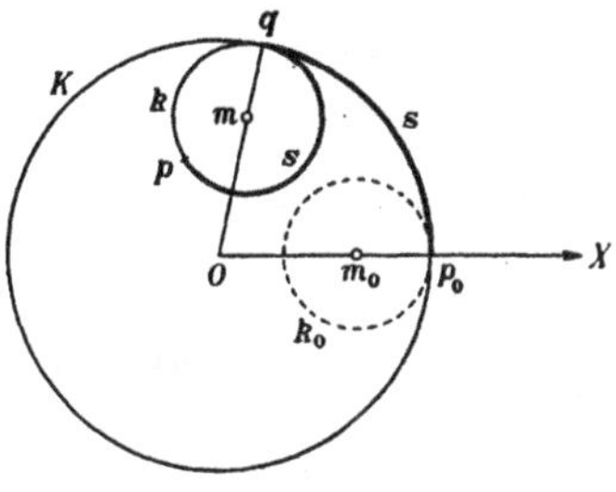

Fig. 25

Wenn der Kreis k kleiner ist als K und von innen auf K rollt, beschreibt p eine Hypozykloide (vgl. Fig. 25). Hier hat mq dieselbe Neigung Φ gegen $O\,x$ wie $O\,q$. Aus mq entsteht mp durch die Drehung $-\varphi$. Die Koordinaten von p lauten also

$$x = (R - r) \cos \Phi + r \cos (\Phi - \varphi),$$
$$y = (R - r) \sin \Phi + r \sin (\Phi - \varphi)$$

oder
$$\boxed{\begin{aligned} x &= (R - r) \cos s/R + r \cos (s/R - s/r), \\ y &= (R - r) \sin s/R + r \sin (s/R - s/r). \end{aligned}}$$

Man sieht, daß diese Gleichungen aus denen der Epizykloide dadurch entstehen, daß man r in $-r$ verwandelt.

Der rollende Kreis k kann bei der Hypozykloide schließlich auch größer sein als der feste Kreis K, so daß K den Kreis k von innen berührt. Manche Autoren sprechen dann von einer Perizykloide. Die Koordinaten von m lauten hier $(r - R) \cos (\pi + \Phi)$, $(r - R) \sin (\pi + \Phi)$, da Om die Länge $(r - R)$ und die Neigung $\pi + \Phi$ hat. mq, woraus mp durch die Drehung $-\varphi$ entsteht, hat die Länge r und die Neigung Φ. Daher lauten die Koordinaten von p

$$x = (R - r) \cos \Phi + r \cos (\Phi - \varphi), \quad y = (R - r) \sin \Phi + r \sin (\Phi - \varphi),$$

genau so wie bei der vorhin betrachteten Hypozykloide. Daher besteht eigentlich kein Grund, hier noch einen neuen Namen einzuführen. Ja, man könnte sogar sagen, daß die Hypozykloide eine Epizykloide mit negativem r ist, und nur von Epizykloiden sprechen. Setzt man in den Epizykloidenformeln $s = Rrt$ und bezeichnet nachher noch $R + r$ und r mit A und a, so erhält man die elegantere Schreibung

$$x = A \cos at - a \cos At, \quad y = A \sin at - a \sin At.$$

Betrachtet man neben dieser noch die Epizykloide

$$x_1 = A_1 \cos a_1 t - a_1 \cos A_1 t\,, \quad y_1 = A_1 \sin a_1 t - a_1 \sin A_1 t\,,$$

so fallen beide Kurven bis auf eine Spiegelung an der x-Achse zusammen, wenn $A_1 = -a$, $a_1 = -A$ ist, also $R_1 + r_1 = -r$, $r_1 = -R - r$, d. h. $R_1 = R$ und $r_1 = -R - r$. Betrachtet man z. B. zwei Hypozykloiden, so werden r und r_1 negative Werte $-r^*$, $-r_1^*$ haben. Ist dann $r^* + r_1^* = R$, so werden die beiden Hypozykloiden bis auf eine Spiegelung übereinstimmen. Da $2r^* + 2r_1^* = 2R$ ist, so kann man sagen, daß man die rollenden Kreise so legen kann, wie Figur 26 zeigt. (1. Feststellung.)

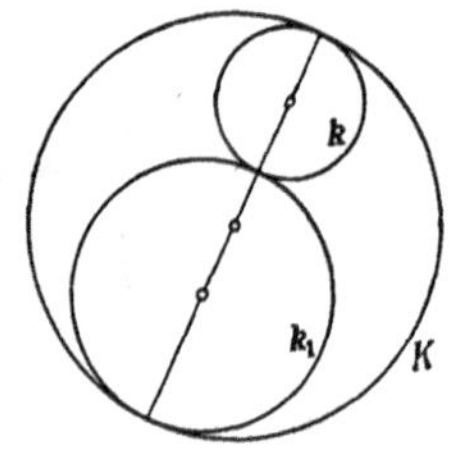

Fig. 26

Betrachtet man eine Epizykloide und eine Hypozykloide (r positiv und $r_1 = -r_1^*$ negativ), so werden beide bis auf eine Spiegelung übereinstimmen, wenn $r_1^* = R + r$ ist. Die Kreise k und k_1 lassen sich so legen, wie Figur 27 zeigt. (2. Feststellung.)

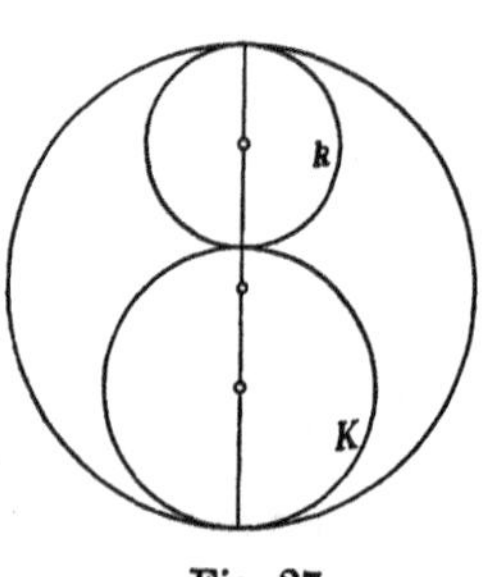

Fig. 27

Jede eigentliche Hypozykloide kann also nach der ersten Feststellung auf zwei Weisen durch Rollen eines Kreises auf der Innenseite des festen Kreises (bis auf eine Spiegelung) erzeugt werden. Eine Ausnahme bildet der Fall $r = -R/2$. Hier ist $A = R + r = R/2$, $a = r = -R/2$, so daß die Parameterdarstellung lautet: $x = R \cos (Rt/2)$, $y = 0$. Beim gleichförmigen Rollen eines Kreises k auf der Innenseite eines Kreises K von doppelt so großem Radius führt also jeder Randpunkt von k auf einem Durchmesser von K eine harmonische Schwingung aus.

Nach der zweiten Feststellung ist jede Epizykloide (bis auf eine Spiegelung) auch als Perizykloide erzeugbar.

Durch Grenzübergang kann man auch die Rollkurven behandeln, die durch Rollen eines Kreises auf einer Geraden oder einer Geraden auf einem Kreise erzeugt werden. Um den Grenzübergang durchführen zu können, muß man das Achsensystem verschieben, muß also in den Epizykloidenformeln $x = R + \mathfrak{x}$, $y = \mathfrak{y}$ setzen. Dadurch erhält man

$$\mathfrak{x} = R\,(\cos s/R - 1) + r \cos s/R - r \cos (s/R + s/r)\,,$$
$$\mathfrak{y} = R \sin s/R + r \sin s/R - r \sin (s/R + s/r)\,.$$

Läßt man R ins Unendliche wachsen, so hat man den Fall eines auf einer Geraden rollenden Kreises vor sich. Der Punkt p_0, der neue Anfangspunkt, beschreibt eine Zykloide. Man erhält im Falle $R \to \infty$

$$\lim \{ R\,[\cos (s/R) - 1] \} = 0\,, \quad \lim\,[R \sin (s/R)] = s\,.$$

Es wird also im Grenzfall $\mathfrak{x} = r\,(1 - \cos (s/r)$, $\mathfrak{y} = s - r \sin (s/r)$ oder, wenn man $s = rt$ setzt, $\mathfrak{x} = r\,(1 - \cos t)$, $\mathfrak{y} = r\,(t - \sin t)$.

Schreibt man die ursprünglichen Formeln in der Form

$$\mathfrak{x} = R\,[\cos (s/R) - 1] + r\,[1 - \cos (s/r)] \cos (s/R) + r \sin (s/r) \sin (s/R)\,,$$
$$\mathfrak{y} = R \sin (s/R) + r\,[1 - \cos (s/r)] \sin (s/R) - r \sin (s/r) \cos (s/R)\,,$$

so sieht man, daß im Falle $r \to \infty$ herauskommt

$$\mathfrak{x} = R\,[\cos (s/R) - 1] + s \sin (s/R)\,, \quad \mathfrak{y} = R \sin (s/R) - s \cos (s/R)\,.$$

Das ist die Parameterdarstellung einer Kreisevolvente.

Man gelangt zu $(\mathfrak{x}, \mathfrak{y})$, wenn man auf der Tangente des Kreises $X = R[\cos(s/R) - 1]$, $Y = R \sin(s/R)$, deren Richtungscosinus — im Sinne wachsender s genommen — $\sin(s/R)$, $\cos(s/R)$ lauten, vom Berührungspunkt aus das Stück $-s$ abträgt, also im Sinne abnehmender s das Stück s. Setzt man nun in obigen Formeln $s = Rt$, so nehmen sie folgende Gestalt an:

$$\mathfrak{x} = R(\cos t - 1) + Rt \sin t, \quad \mathfrak{y} = R \sin t - s \cos t .$$

AUFGABE 117

Man bestimme für die Kurve $y = \mathfrak{Sin}\, x$ 1. die größte Krümmung, 2. das zugehörige Krümmungszentrum, 3. die durch den Punkt 1,0 hindurchgehende Tangente der Kurve, 4. ohne Integration den Evolutenbogen.

Lösung: 1. Da $y' = \mathfrak{Cof}\, x$, $y'' = \mathfrak{Sin}\, x$, so gilt für die Krümmung K die Gleichung $\quad K = y''/(1 + y'^2)^{3/2} = \mathfrak{Sin}\, x/(1 + \mathfrak{Cof}^2\, x)^{3/2}$.

Es genügt, sich auf $x \geqq 0$ zu beschränken, da die Kurve bei Spiegelung am Anfangspunkt in sich übergeht. Benutzt man die Relation $\mathfrak{Cof}^2\, x - \mathfrak{Sin}^2\, x = 1$, so kann man schreiben $K = (\mathfrak{Cof}^2\, x - 1)^{1/2}/(\mathfrak{Cof}^2\, x + 1)^{3/2}$.

Geht x von 0 bis ∞, so durchläuft $u = \mathfrak{Cof}^2\, x$ das Intervall 1 bis ∞. Es handelt sich also darum, zu ermitteln, wo in letzterem Intervall $K = (u - 1)^{1/2}(u+1)^{-3/2}$ am größten wird. Für $u = 1$ ist $K = 0$. Wenn u unendlich wird, strebt

$$K = u^{1/2}(1 - 1/u)^{1/2} u^{-3/2}(1 + 1/u)^{-3/2} = u^{-1}(1 - 1/u)^{1/2}(1 + 1/u)^{-3/2}$$

dem Grenzwert 0 zu, so daß die größte Krümmung im Innern des Intervalls $1 \ldots \infty$ eintreten muß, wo dann notwendig dK/du verschwindet.

Man findet nun aus $\quad \dfrac{1}{K}\dfrac{dK}{du} = \dfrac{1}{2(u-1)} - \dfrac{3}{2(u+1)} = 0$

sofort $u + 1 = 3(u - 1)$, also $u = 2$, d. h. $\mathfrak{Cof}^2\, x = 2$, also

$$e^x + e^{-x} = 2\sqrt{2} \quad \text{oder} \quad e^{2x} - 2e^x\sqrt{2} + 1 = 0,$$

d. h. $e^x = 1 + \sqrt{2}$, da wir $x > 0$ annehmen. An der Stelle $x_0 = \ln(1 + \sqrt{2})$ haben wir also die stärkste Krümmung K_0. Hier ist

$$y_0 = \mathfrak{Sin}\, x_0 = \frac{1 + \sqrt{2} - (1 + \sqrt{2})^{-1}}{2} = 1, \text{ also } K_0 = \frac{1}{3^{3/2}} = \frac{1}{\sqrt{27}} .$$

2. Das Krümmungszentrum ist der Schnitt zweier unendlich benachbarter Normalen der Kurve. Die Normale hat die Gleichung

$$X - x + y'(Y - y) = 0 .$$

Bezeichnet man die linke Seite ohne Rücksicht auf X, Y mit $N(x)$, so genügt der Schnittpunkt zweier Normalen den Gleichungen $N(x) = 0$, $N(x + h) = 0$, also auch den Gleichungen $N(x) = 0$, $\dfrac{N(x+h) - N(x)}{h} = 0$.

Unendlich benachbart werden die Normalen, wenn man h nach Null konvergieren läßt. Dann verwandeln sich die Gleichungen in $N(x) = 0$, $N'(x) = 0$. Das Krümmungszentrum erfüllt also die Gleichungen

$$X - x + y'(Y - y) = 0, \quad -(1 + y'^2) + y''(Y - y) = 0,$$

woraus sich ergibt $X - x = -\dfrac{y'(1+y'^2)}{y''}, \quad Y - y = \dfrac{1+y'^2}{y''},$

also $$X = x - \frac{y'(1+y'^2)}{y''}, \quad Y = y + \frac{1+y'^2}{y''}.$$

Wollen wir bei der Kurve $y = \mathfrak{Sin}\, x$ das Zentrum maximaler Krümmung finden, so müssen wir auf Grund der schon gewonnenen Ergebnisse $x = ln\,(1+\sqrt{2})$, $y = 1$ setzen; ferner $y' = \sqrt{2}$ und $y'' = 1$, weil $(\mathfrak{Sin}\, x)'' = \mathfrak{Sin}\, x$ ist. Das gesuchte Krümmungszentrum hat also folgende Koordinaten

$$ln\,(1+\sqrt{2}) - \frac{\sqrt{2}\,(1+2)}{1},\ 1 + \frac{1+2}{1}, \quad \text{d. h.} \quad ln\,(1+\sqrt{2}) - 3\sqrt{2},\ 4.$$

3. Soll die Tangente $Y - y = (X - x)\, y'$ durch den Punkt 1,0 hindurchgehen, so muß $-y = (1-x)\, y'$ sein, d. h. $-\mathfrak{Sin}\, x = (1-x)\, \mathfrak{Cos}\, x$, also $\mathfrak{Tan}\, x = x - 1$.

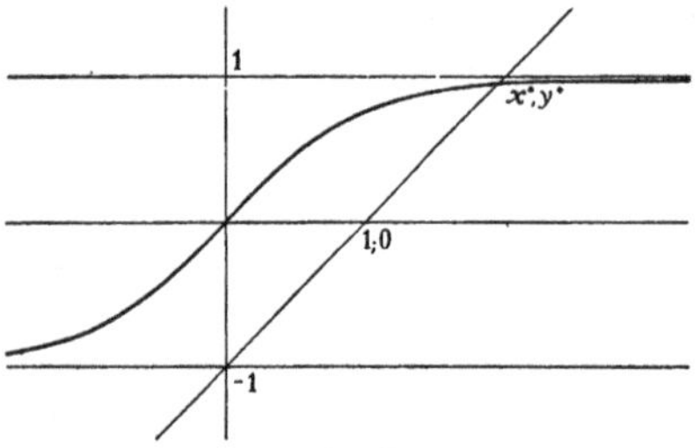

Fig. 28

In Fig. 28 sieht man die Bildkurve von $\mathfrak{Tan}\, x$ und die von $x - 1$. Sie haben einen einzigen Schnittpunkt x^*, y^*. Man kann dies auch analytisch leicht einsehen, indem man die Funktion $\varphi(x) = \mathfrak{Tan}\, x - x + 1$ betrachtet. Sie hat, da $(\mathfrak{Tan}\, x)' = 1 - \mathfrak{Tan}^2\, x$ ist, die Ableitung $-\mathfrak{Tan}^2\, x$, nimmt also, wenn x von $-\infty$ bis ∞ geht, beständig ab, und zwar von ∞ bis $-\infty$, da $\mathfrak{Tan}\, x$ von -1 bis 1 geht. Als stetige Funktion kann $\varphi(x)$ vom Positiven ins Negative nur durch die Null hindurch übergehen, und wegen des beständigen Abnehmens nur ein einziges Mal gleich Null werden.

$\varphi(2) = [(e^2 - e^{-2})/(e^2 + e^{-2})] - 1 = -2\, e^{-2}/(e^2 + e^{-2})$ ist schon negativ, während $\varphi(1) = (e - e^{-1})/(e + e^{-1})$ noch positiv ist. Die Wurzel x^* liegt also zwischen 1 und 2. Man kann sie durch sukzessive Approximation bestimmen. Man geht von dem rohen Näherungswert $x_0^* = 1$ aus und setzt in Anlehnung an die Gleichung $\varphi(x) = 0$ oder $x = 1 + \mathfrak{Tan}\, x$ der Reihe nach $x_1^* = 1 + \mathfrak{Tan}\, x_0^*$, $x_2^* = 1 + \mathfrak{Tan}\, x_1^*, \ldots$ Da $x_1^* = 1 + \mathfrak{Tan}\, 1 > x_0^*$ und $x_{n+1}^* - x_n^* = \mathfrak{Tan}\, x_n^* - \mathfrak{Tan}\, x_{n-1}^* = (x_n^* - x_{n-1}^*)\,(1/\mathfrak{Cos}^2\, \xi_n)$ ist (ξ_n zwischen x_{n-1}^* und x_n^*), so sieht man, daß $x_0^*, x_1^*, x_2^*, \ldots$ eine aufsteigende Folge ist. Da $\xi_n > 1$ also $\mathfrak{Cos}\, \xi_n > \dfrac{e + e^{-1}}{2} = 1 + \dfrac{1}{2!} + \dfrac{1}{4!} + \ldots$, mithin auf alle Fälle $\mathfrak{Cos}\, \xi_n > \dfrac{3}{2}$ und $\dfrac{1}{\mathfrak{Cos}^2\, \xi_n} < \dfrac{4}{9} < \dfrac{1}{2}$, so ist die Reihe $x_0^* + (x_1^* - x_0^*) + (x_2^* - x_1^*) + \ldots$ stark konvergent. $x_{n+1}^* - x_n^*$ ist nämlich kleiner als die Hälfte des vorangehenden Reihengliedes. Die Partialsumme, die x_n^* lautet, strebt also einem Grenzwert x^* zu, und aus $x_{n+1}^* = 1 + \mathfrak{Tan}\, x_n^*$ folgt $x^* = 1 + \mathfrak{Tan}\, x^*$, so daß x^* die gesuchte Wurzel ist.

Aus $$x^* = x_0^* + (x_1^* - x_0^*) + (x_2^* - x_1^*) + \ldots$$ und $$x_n^* = x_0^* + (x_1^* - x_0^*) + \ldots + (x_n^* - x_{n-1}^*)$$ entnimmt man $$x^* - x_n^* = (x_{n+1}^* - x_n^*) + (x_{n+2}^* - x_{n+1}^*) + \ldots$$

Da $x_1^* - x_0^* = \mathfrak{Tan}\,1 < 1$ ist und immer $x_{n+1}^* - x_n^* < \frac{1}{2}(x_n^* - x_{n-1}^*)$, so wird $x_2^* - x_1^* < 1/2$, $x_3^* - x_2^* < \frac{1}{2}(x_2^* - x_1^*) < 1/2^2, \ldots$, allgemein $x_{n+1}^* - x_n^* < 1/2^n$ sein, also
$$x^* - x_n^* < \frac{1}{2^n} + \frac{1}{2^{n+1}} + \ldots = \frac{1}{2^{n-1}}\,.$$
Man ersieht hieraus, wie gut die Approximation konvergiert.

4. Der Evolutenbogen ist gleich der Differenz der Krümmungsradien des entsprechenden Kurvenbogens in seinen Endpunkten. Im vorliegenden Falle ist der Krümmungsradius ϱ gleich $(1 + \mathfrak{Cof}^2\,x)^{3/2} : \mathfrak{Sin}\,x$. An der Stelle der Maximalkrümmung ist er gleich $\sqrt{27}$. Daher wird der im Zentrum der Maximalkrümmung beginnende Evolutenbogen gleich $\frac{(1 + \mathfrak{Cof}^2\,x)^{3/2}}{\mathfrak{Sin}\,x} - \sqrt{27}$ sein.

AUFGABE 118

Die transzendente Gleichung $10^x - x - 5 = 0$ ist aufzulösen.

Lösung: Es handelt sich um den Schnitt der Exponentialkurve 10^x mit der Geraden $x + 5$ (vgl. Fig. 29). Wegen des raschen Anstiegs der Exponentialkurve muß es im positiven x-Gebiet einen Schnittpunkt geben. Aber auch im negativen x-Gebiet ist ein solcher vorhanden. Man kann dies ebensogut auf analytischem Wege erkennen, indem man die Funktion $f(x) = 10^x - x - 5$ betrachtet und deren Ableitung $f'(x) = 10^x \ln 10 - 1$. Die zweite Ableitung $10^x (\ln 10)^2$ ist beständig positiv, so daß $f'(x)$ mit wachsendem x stets zunimmt.

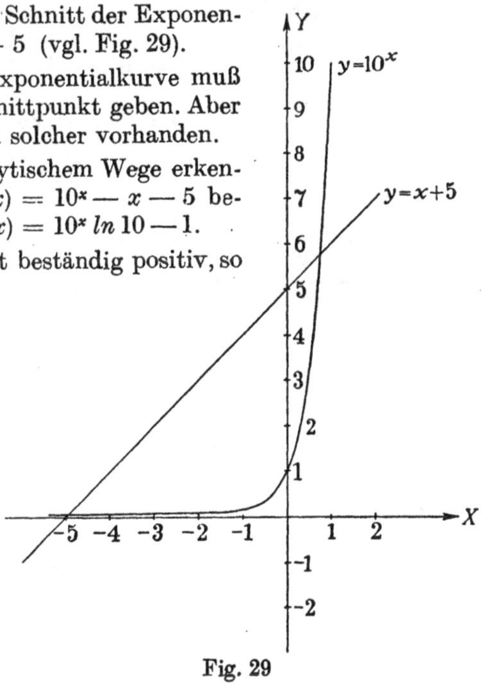

Fig. 29

Da $f'(-\infty) = -1$ ist, so nimmt $f'(x)$, wenn x von $-\infty$ bis ∞ geht, von -1 bis ∞ beständig zu und geht ein einziges Mal durch Null hindurch, und zwar an der Stelle x_0, die aus der Gleichung $10^{x_0} \ln 10 = 1$ errechnet wird. Man findet $x_0 = -\frac{\ln\ln 10}{(\ln 10)^2}$. Links von x_0 ist $f'(x)$ negativ, rechts von x_0 positiv. Daher wird $f(x)$, wenn x das Intervall $-\infty \ldots \infty$ durchläuft, zuerst von ∞ bis $10^{x_0} - x_0 - 5 = \frac{1}{\ln 10} + \frac{\ln\ln 10}{(\ln 10)^2} - 5$ abnehmen, dann aber nach Überschreiten der Stelle x_0 bis ∞ beständig zunehmen. $f(x_0)$ ist der kleinste Wert von $f(x)$. Dieser kleinste Wert von $f(x)$ ist natürlich negativ, weil ja z. B. schon $f(0) = -4$ negativ ist. Es gibt also links und rechts von x_0 je eine Wurzel der Gleichung $f(x) = 0$. Da $f(0)$ negativ und $f(-\infty)$, $f(\infty)$ beide positiv sind, so liegt eine Wurzel im positiven, die andere im negativen x-Gebiet.

Auch hier läßt sich eine sukzessive Approximation zurechtbauen. Man geht von einem rohen Näherungswert x_0 aus und setzt im Hinblick auf $x = 10^x - 5$ der Reihe nach $x_1 = 10^{x_0} - 5$, $x_2 = 10^{x_1} - 5, \ldots$ Beginnt man mit $x_0 = 0$, so wird $x_1 = -4$, $x_2 = 10^{-4} - 5$. Man sieht, daß diese ersten Werte dem Intervall $0 \ldots -5$ angehören. Fällt x_n in dieses Intervall, so wird $x_{n+1} = 10^{x_n} - 5$ zwischen $10^0 - 5$ und $10^{-5} - 5$ liegen, also ebenfalls in das Intervall $0 \ldots -5$ fallen. Die Folge $x_0, x_1, x_2, \ldots$ ist also beschränkt. Da $x_1 < x_0$ ist, so wird $x_2 = 10^{x_1} - 5$, da $x_1 = 10^{x_0} - 5$ ist, so folgt aus $x_1 < x_0$ offenbar $x_2 < x_1$, ebenso hieraus $x_3 < x_2$ usw. Wir haben es also mit einer absteigenden beschränkten Folge zu tun, die mit $x_0 = 0$ beginnt und daher einem negativen Grenzwert x^* zustrebt. Aus $x_{n+1} = 10^{x_n} - 5$ wird dann für $n \to \infty$ folgen $x^* = 10^{x^*} - 5$. Wir gewinnen also auf diese Weise die negative Wurzel der Gleichung $10^x - x - 5 = 0$. Hiermit wollen wir uns begnügen: Der Leser möge die positive Wurzel bestimmen.

AUFGABE 119

Zwei Punkte A ($x_A < 0$; $y_A < 0$) und B ($x_B > 0$; $y_B > 0$) sollen über einen Punkt der x-Achse so verbunden werden, daß die Laufzeit von A nach B ein Minimum wird. Dabei soll die Geschwindigkeit v_1 für $y < 0$ und v_2 für $y > 0$ gelten.

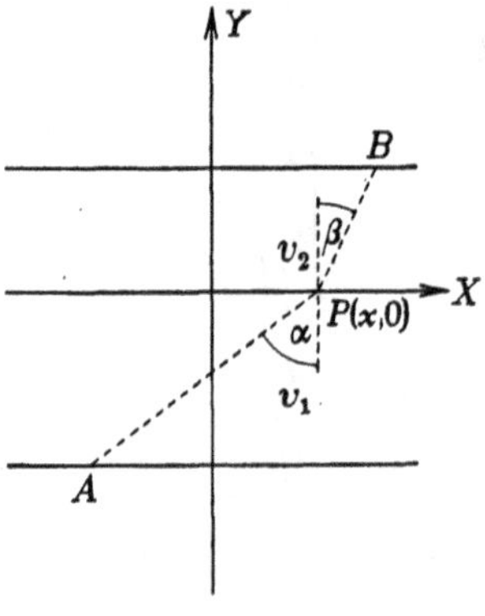

Fig. 30

Lösung: Zeit für APB:

$$T = \frac{1}{v_1}\sqrt{(x - x_A)^2 + y_A^2} + \frac{1}{v_2}\sqrt{(x - x_B)^2 + y_B^2}$$

$$\frac{dT}{dx} = \frac{x - x_A}{v_1\sqrt{(x - x_A)^2 + y_A^2}} + \frac{x - x_B}{v_2\sqrt{(x - x_B)^2 + y_B^2}}.$$

$$\text{Es ist } \left[\frac{dT}{dx}\right]_A = \frac{x_A - x_B}{v_2\sqrt{(x_A - x_B)^2 + y_B^2}} < 0$$

$$\left[\frac{dT}{dx}\right]_B = \frac{x_B - x_A}{v_1\sqrt{(x_A - x_B)^2 + y_A^2}} > 0$$

dT/dx muß also mindestens einmal von — nach + durch 0 gehen, d. h. es existiert ein Minimum.

Man findet es aus
$$\frac{x - x_A}{v_1\sqrt{(x - x_A)^2 + y_A^2}} + \frac{x - x_B}{v_2\sqrt{(x - x_B)^2 + y_B^2}} = 0$$

oder
$$\frac{1}{v_1}\sin\alpha - \frac{1}{v_2}\sin\beta = 0, \quad \text{d. h.} \quad \frac{\sin\alpha}{\sin\beta} = \frac{v_1}{v_2}.$$

AUFGABE 120

Aus der Kurvenschar $y = Ca^{\alpha x}$ soll diejenige Kurve ausgewählt werden, die sich an der Stelle $x = 0$ möglichst eng an die Kurve $y = x^5 + 4x^3 - 7x^2 + 8x - 9$ anschmiegt.

Lösung: Um die 3 Zahlen C, a, α zu bestimmen, setze man die Funktionen, ihre beiden ersten Ableitungen sowie ihre zweite Ableitungen gleich:

$$\left.\begin{aligned} y &= C\,a^{\alpha x} & y_0 &= C \\ y' &= C\,\alpha\, ln a\, a^{\alpha x} & y_0' &= C\,\alpha\, ln a \\ y'' &= C\,\alpha^2\,(ln a)^2\,a^{\alpha x} & y_0'' &= C\,\alpha^2\,(ln a)^2 \end{aligned}\right\} (1)$$

$$\left.\begin{aligned} y &= x^5 + 4x^3 - 7x^2 + 8x - 9 & y_0 &= -9 \\ y' &= 5x^4 + 12x^2 - 14x + 8 & y_0' &= 8 \\ y'' &= 20x^3 + 24x - 14 & y_0'' &= -14 \end{aligned}\right\} (2)$$

Also $\quad C = -9;\quad C\,\alpha\, ln a = 8;\quad C\,\alpha^2\,(ln a)^2 = -14$

$$\alpha\, ln a = -8/9\,.$$

Die 3. Gleichung muß gestrichen werden, da sie der 2. widerspricht. Es läßt sich nur das Produkt $\alpha\, ln a$ bestimmen, d. h. die gesuchte Kurve heißt

$$y = -9\,e^{(-8/9)\,x}.$$

Sie tritt in der gegebenen Schar unendlich oft auf. Die Schar ist nur scheinbar mit drei Parametern behaftet.

AUFGABE 121

Man bestimme die Evolute der kubischen Parabel $y = x^3$.

Lösung: Die Parameterdarstellung der Evolute ist gegeben durch

$$\xi(x) = x - y' \cdot \frac{1 + y'^2}{y''}, \quad \eta(x) = y + \frac{1 + y'^2}{y''},$$

d. h. $$\xi = x - 3x^2 \cdot \frac{1 + 9x^4}{6x}, \quad \eta = x^3 + \frac{1 + 9x^4}{6x},$$

oder $$\xi = \frac{x}{2} - \frac{9}{2}x^5; \quad \eta = \frac{5}{2}x^3 + \frac{1}{6x}.$$

AUFGABE 122

Man berechne die Krümmung der logarithmischen Spirale $r = e^{2\varphi}$ im Punkte $\varphi = 0$.

Lösung: Die Parameterdarstellung lautet $x = e^{2\varphi}\cos\varphi;\ y = e^{2\varphi}\sin\varphi$.

Daher $$\dot{x} = e^{2\varphi}(2\cos\varphi - \sin\varphi); \quad \ddot{x} = e^{2\varphi}(3\cos\varphi - 4\sin\varphi)$$

$$\dot{y} = e^{2\varphi}(2\sin\varphi + \cos\varphi); \quad \ddot{y} = e^{2\varphi}(3\sin\varphi + 4\cos\varphi).$$

Also $$\varkappa = \frac{\dot{x}\ddot{y} - \dot{y}\ddot{x}}{(\dot{x}^2 + \dot{y}^2)^{3/2}} = \frac{2 \cdot 4 - 1 \cdot 3}{(4 + 1)^{3/2}} = \frac{1}{\sqrt{5}}\ (\varphi = 0).$$

AUFGABE 123

Man bestimme sämtliche Maxima und Minima der Funktion

$$\mathbf{y = |x - 2|^2 + |x - 5| - 2x^4.}$$

Die Funktion $y = (x - 2)^2 - 2x^4 + |x - 5|$ ist zu betrachten a) für $x > 5$, b) $x < 5$, c) $x = 5$.

Lösung: a) $x > 5$; $y = (x-2)^2 - 2x^4 + x - 5 = -2x^4 + x^2 - 3x - 1$,
$y' = -8x^3 + 2x - 3 = -993$ für $x = 5$,
$y'' = -24x^2 + 2 \quad < 0 \quad$ für $x > 5$,
d. h. $y' < 0$ für $x > 5$. In diesem Bereich kein Extremum.

b) $x < 5$; $y = (x-2)^2 - 2x^4 - x + 5 = -2x^4 + x^2 - 5x + 9$,
$y' = -8x^3 + 2x - 5 = -995$ für $x = 5$,
$y'' = -24x^2 + 2 \quad < 0 \quad$ für $x < 5$,
d. h. $y' < 0$ für $x < 5$. In diesem Bereich auch kein Extremum.

c) $x = 5$; $y = (5-2)^2 - 2 \cdot 5^4 = -1241$.

Links und rechts daran nimmt y ab, gemäß a) und b). Also auch hier kein Extremum.

AUFGABE 124

Gegeben ist die Gleichung $F(x, y) = x^3 \cdot \sin y + x^2 y^2 + e^{x+y} - e = 0$. Gibt es eine Funktion $y = f(x)$, die an der Stelle $x = 1$ den Wert $y = 0$ annimmt und obige Gleichung identisch erfüllt? Wenn eine solche Funktion vorhanden ist, soll $f'(1)$ berechnet werden.

Lösung: Die Gleichung $F(x, y) = 0$ ist für $x = 1$, $y = 0$ erfüllt. Wenn außerdem $\partial F/\partial y$ an dieser Stelle von Null verschieden ist, kann man die Gleichung in der Umgebung dieser Stelle eindeutig nach y auflösen. Nun ist

$$\partial F/\partial y = x^3 \cos y + 2x^2 y + e^{x+y}; \quad (F_y)_{\substack{x=1\\y=0}} = 1 + e.$$

Für die Auflösung $y = f(x)$ gilt dann identisch:

$$\frac{\partial F}{\partial x} + \frac{\partial F}{\partial y} \cdot f'(x) = 0, \qquad \text{also wegen}$$

$$\frac{\partial F}{\partial x} = 3x^2 \sin y + 2xy^2 + e^{x+y}; \quad \left(\frac{\partial F}{\partial x}\right)_{\substack{x=1\\y=0}} = e:$$

$$f'(x) = -\left(\frac{\partial F}{\partial x}\right) : \left(\frac{\partial F}{\partial y}\right); \quad f'(1) = -\frac{e}{1+e}.$$

AUFGABE 125

Gegeben ist eine Kurve durch die Gleichung

$$F(x, y) = x^3 - 3x^2 y + y^3 + x^2 - xy + x - y = 0.$$

Man berechne die Tangentenrichtung und Krümmung im Punkte $x = 0$; $y = 0$.

Lösung: Durch implizites Differenzieren nach x erhält man:

$$(3x^2 - 6xy + 2x - y + 1) + (-3x^2 + 3y^2 - x - 1) \cdot y' = 0;$$

$x = 0$; $y = 0$: $y' = 1$.

Nochmaliges Differenzieren nach x:

$$(6x - 6y + 2) + 2(-6x - 1)y' + 6y \cdot y'^2 + (-3x^2 + 3y^2 - x - 1)y'' = 0;$$

$x = 0$; $y = 0$; $y' = 1$; $y'' = 0$.

Die Steigung im Punkte (0,0) hat also den Wert $y' = 1$; die Krümmung $y''/\sqrt{1 + y'^2}$ den Wert 0.

AUFGABE 126

Man entwickle die durch $x \cdot e^y - \cos y = 0$ definierte Funktion $y = f(x)$, welche für $x = 1$ den Wert $y = 0$ annimmt, nach Potenzen von $(x - 1)$. Gesucht sind die vier ersten Glieder dieser Entwicklung.

Lösung: Wir brauchen die Werte $f(1), f'(1), f''(1), f'''(1)$. Durch implizites Differenzieren erhalten wir:

$$x \cdot e^y \cdot y' + e^y + \sin y \cdot y' = 0,$$
$$x = 1,\ y = 0:\ y' + 1 = 0,\ y' = f'(1) = -1,$$
$$x \cdot e^y y'' + x e^y y'^2 + e^y y' + e^y y' + \sin y y'' + \cos y y'^2 = 0,$$
$$x = 1,\ y = 0,\ y' = -1:\ y'' + 1 - 2 + 1 = 0.\ y'' = f''(1) = 0.$$
$$x e^y y''' + x e^y y' y'' + e^y y'' + 2 x e^y y' y'' + x e^y y'^2 + e^y y'^2 + 2 e^y y'' +$$
$$+ 2 e^y y'^2 \sin y\ y''' + \cos y y' y'' + 2 \cos y \cdot y' \cdot y'' - \sin y\, y'^3 = 0,$$
$$x = 1, y = 0, y' = -1.\ y'' = 0:\ y''' - 1 + 1 + 2 = 0.\ y''' = f'''(1) = -2.$$

Die Taylorsche Entwicklung von $y = f(x)$ in der Umgebung $x = 1$ lautet also (bis zu den Gliedern dritter Ordnung):

$$y = f(1) + (x-1) \cdot f'(1) + \frac{(x-1)^2}{2!} f''(1) + \frac{(x-1)^3}{3!} f'''(1) + \ldots =$$
$$= -(x-1) - \frac{1}{3}(x-1)^3 + \ldots$$

AUFGABE 127

Man berechne y' und y'' aus der Gleichung $e^{x+y} = x^y$.

Lösung: Wir setzen $x > 0$ voraus und erhalten durch Logarithmieren

$$x + y = y \cdot \ln x.$$

Durch implizites Differenzieren ergibt sich daraus:

$$1 + y' = \frac{y}{x} + y' \cdot \ln x,\quad y'' = \frac{1}{x} y' - \frac{y}{x^2} + y'' \ln x + \frac{y'}{x},$$

$$\text{also: } y' = \frac{y - x}{x(1 - \ln x)},\quad y'' = \frac{2 x y' - y}{x^2 (1 - \ln x)} = \frac{y(1 + \ln x) - 2x}{x^2 (1 - \ln x)^2}.$$

AUFGABE 128

Man bestimme die Taylorsche Reihe der Funktion $f(x, y) = \sqrt{1 + x^2 + y^2}$ an der Stelle $x = y = 0$.

Lösung: Man müßte nach der gewöhnlichen Methode die partiellen Ableitungen von $f(x, y)$ am Nullpunkt berechnen, was sehr mühsam ist. Statt dessen setzen wir $x^2 + y^2 = u$ und entwickeln $\sqrt{1 + u} = (1 + u)^{1/2}$ in die binomische Reihe:

$$\sqrt{1+u} = 1 + \binom{\frac{1}{2}}{1} u + \binom{\frac{1}{2}}{2} u^2 + \binom{\frac{1}{2}}{3} u^3 + \ldots + \binom{\frac{1}{2}}{n} u^n + \ldots$$

Diese Reihe ist konvergent für $|u| < 1$, also im Innern des Kreises $x^2 + y^2 = 1$. Substituiert man für u seine Bedeutung

$$u = x^2 + y^2;\ u^n = (x^2+y^2)^n = x^{2n} + \binom{n}{1} x^{2n-2} y^2 + \ldots + \binom{n}{\nu} x^{2n-2\nu} y^{2\nu} + \ldots + y^{2n},$$

dann ergibt sich

$$\sqrt{1+x^2+y^2} = 1 + \binom{\frac{1}{2}}{1} [x^2+y^2] + \binom{\frac{1}{2}}{2} [x^4 + 2x^2y^2 + y^4]$$

$$+ \binom{\frac{1}{2}}{3} [x^6 + 3x^4y^2 + 3x^2y^4 + y^6] + \ldots +$$

$$\binom{\frac{1}{2}}{n} \left[x^{2n} + \binom{n}{1} x^{2n-2} y^2 + \ldots + \binom{n}{\nu} x^{2n-2\nu} y^{2\nu} + \ldots + y^{2n}\right] + \ldots,$$

konvergent für $x^2 + y^2 < 1$.

AUFGABE 129

Parallel zur Grundfläche eines Tetraeders 1, 2, 3, 4 soll ein Schnitt A_1, A_2, A_3 so gelegt werden, daß die Punkte A_1, A_2, A_3 und ihre Projektionen auf die Grundfläche ein Prisma von möglichst großem Volumen bilden.

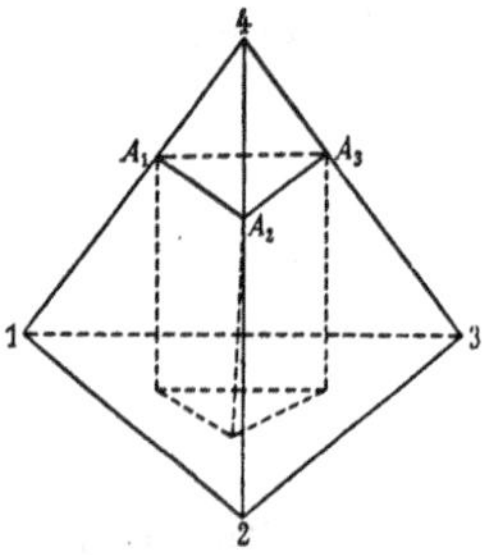

Fig. 31

L ö s u n g: Die z-Achse stehe senkrecht auf 1, 2, 3 und gehe durch den Punkt 4 hindurch. Die Koordinaten der Punkte 1, 2, 3, 4 werden dann lauten

$$x_1, y_1, 0;\ x_2, y_2, 0;\ x_3, y_3, 0;\ 0, 0, z_4.$$

Die Koordinaten der Punkte A_1, A_2, A_3 drücken sich hierdurch in folgender Weise aus:

$$(1-t)\,x_1,\ (1-t)\,y_1,\ tz_4;\ (1-t)\,x_2,\ (1-t)\,y_2,\ tz_4;$$
$$(1-t)\,x_3,\ (1-t)\,y_3,\ tz_4.$$

Ist h die Höhe des Prismas, so wird $tz_4 = h$ sein. Der doppelte Inhalt der Basis des Prismas wird ausgedrückt durch die Determinante

$$\begin{vmatrix} (1-t)\,x_1, & (1-t)\,y_1, & 1 \\ (1-t)\,x_2, & (1-t)\,y_2, & 1 \\ (1-t)\,x_3, & (1-t)\,y_3, & 1 \end{vmatrix} = (1-t)^2 \begin{vmatrix} x_1 & y_1 & 1 \\ x_2 & y_2 & 1 \\ x_3 & y_3 & 1 \end{vmatrix}.$$

Das Volumen des Prismas wird also bis auf einen konstanten Faktor gleich $t\,(1-t)^2$ sein. Für diese Funktion, die an den Grenzen des Intervalls $0 \ldots 1$ verschwindet, ist der Maximalwert zu bestimmen. Ihre Ableitung lautet nach der Leibnizschen Produktregel $(1-t)^2 - 2t\,(1-t) = (1-t)\,(1-3t)$. Wenn t von 0 bis $\frac{1}{3}$ geht, steigt $t\,(1-t)^2$ an. Geht t von $\frac{1}{3}$ bis 1, so fällt die Funktion. Ihr größter Wert tritt an der Stelle $t = \frac{1}{3}$ ein. Dann wird $h = z_4/3$. Das Tetraeder ist also dreimal so hoch als das maximale Prisma.

AUFGABE 130

Einem Ellipsoid soll ein Quader von möglichst großem Volumen einbeschrieben werden.

L ö s u n g: Der Mittelpunkt des Quaders muß natürlich mit dem Mittelpunkt des Ellipsoids zusammenfallen. Das letztere sei gegeben durch die Gleichung

$$\frac{x^2}{a^2} + \frac{y^2}{b^2} + \frac{z^2}{c^2} = 1\,.$$

Ist $P(x, y, z)$ ein Eckpunkt des Quaders, so erhält man die übrigen 7 Eckpunkte durch Spiegelung an den Koordinatenebenen. Wir können also ohne Einschränkung der Allgemeinheit annehmen: $x \geqq 0$; $y \geqq 0$; $z \geqq 0$. Das Volumen des Quaders ist gegeben durch $V = 8\,x\,y\,z$. An Stelle von V können wir bezüglich des Maximums auch die Funktion $V^2/64 = x^2 y^2 z^2$ nehmen, die nach Substitution von z^2 aus der Ellipsoidgleichung übergeht in den Ausdruck

$$F(x, y) = c^2 x^2 y^2 \left(1 - \frac{x^2}{a^2} - \frac{y^2}{b^2}\right).$$

Diese Funktion betrachten wir in dem abgeschlossenen Bereich $x \geqq 0$; $y \geqq 0$; $\frac{x^2}{a^2} + \frac{y^2}{b^2} \leqq 1$. Als stetige Funktion muß $F(x, y)$ in diesem Bereich ein Maximum haben; letzteres wird sicher im Innern des Bereiches angenommen, weil die Funktion auf dem Rand verschwindet. Da außerdem die partiellen Ableitungen von $F(x, y)$ nach x und y überall vorhanden und stetig sind, muß an der fraglichen Stelle des Extremums gelten:

$$F_x = c^2 y^2 \left(1 - \frac{2x^2}{a^2} - \frac{y^2}{b^2}\right) \cdot 2x = 0\,; \quad F_y = c^2 x^2 \left(1 - \frac{x^2}{a^2} - \frac{2y^2}{b^2}\right) \cdot 2y = 0.$$

Nach obigen Überlegungen können wir durch x, y dividieren und erhalten als Bedingungsgleichungen:

$$\frac{2x^2}{a^2} + \frac{y^2}{b^2} = 1\,, \quad \frac{3x^2}{a^2} = 1\,, \quad \frac{3y^2}{b^2} = 1\,,$$

$$\frac{x^2}{a^2} + \frac{2y^2}{b^2} = 1\,, \quad x = \frac{a\sqrt{3}}{3}\,, \quad y = \frac{b \cdot \sqrt{3}}{3}.$$

Nun steht die Existenz des Maximums bereits fest. Es kann also nur an der eben berechneten Stelle liegen. Für z erhält man aus der Ellipsengleichung: $z = \frac{c\sqrt{3}}{3}$, somit für das Maximum von V den Wert:

$$v_{max} = \frac{8\sqrt{3}}{9}\,a\,b\,c.$$

AUFGABE 131

Bestimme die Hüllkurve aller Sekanten der Parabel $y = x^2$, auf denen die Parabel ein Stück von vorgeschriebener Länge c ausschneidet.

Lösung: Sind (x_1, x_1^2) und (x_2, x_2^2) die beiden Schnittpunkte der Sekante und Parabel, so lautet die Gleichung der Sekante, wie man leicht herausbringt, $y = x(x_1 + x_2) - x_1 x_2$. Die Bedingung $(x_2 - x_1)^2 + (x_2^2 - x_1^2)^2 = c^2$ oder $(x_2 - x_1)^2 [1 + (x_2 + x_1)^2] = c^2$ läßt sich so schreiben

$$[(x_1 + x_2)^2 - 4\,x_1 x_2]\;[1 + (x_1 + x_2)^2] = c^2.$$

Man entnimmt ihr $x_1 x_2 = \frac{1}{4}(x_1 + x_2)^2 - \frac{\frac{1}{4}c^2}{1 + (x_1 + x_2)^2}$.

Es handelt sich, wenn wir $x_1 + x_2 = \lambda$ und $c = 2C$ setzen, um die Hüllkurve der Geradenschar $y = \lambda\,x + \frac{C^2}{1 + \lambda^2} - \frac{1}{4}\lambda^2$.

Die Hüllkurve wird dadurch gewonnen, daß man durch Differentiation nach dem Parameter λ eine zweite Gleichung

$$0 = x - \frac{2C^2\lambda}{(1+\lambda^2)^2} - \frac{\lambda}{2}$$

herstellt und aus beiden Gleichungen x und y berechnet. Das Ergebnis lautet

$$x = \frac{\lambda}{2} + \frac{2C^2\lambda}{(1+\lambda^2)^2}, \quad y = \frac{\lambda^2}{4} + \frac{3C^2}{1+\lambda^2} - \frac{2C^2}{(1+\lambda^2)^2}.$$

Das ist die gesuchte Hüllkurve in Parameterdarstellung. Für $C = 0$ kommt, wie zu erwarten war, die Parabel $y = x^2$ heraus.

AUFGABE 132

Die Funktion $z = 3x^3y - 4x^2y^2 + 2y$ soll in Richtung der Kurvennormalen von $x^3 + y^3 - 3xy = 0$ differenziert werden.

Lösung:
$$\frac{\partial f}{\partial n} = \frac{\partial f}{\partial x} \cdot \frac{\partial x}{\partial n} + \frac{\partial f}{\partial y}\,\frac{\partial y}{\partial n}.$$

Aus
$$(3x^2 - 3y)\frac{dx}{dt} + (3y^2 - 3x)\frac{dy}{dt} = 0$$

folgt
$$\frac{\partial x}{\partial n} = \frac{x^2 - y}{\sqrt{(x^2-y)^2 + (y^2-x)^2}}; \quad \frac{\partial y}{\partial n} = \frac{y^2 - x}{\sqrt{(x^2-y)^2 + (y^2-x)^2}}.$$

Also
$$\frac{\partial f}{\partial n} = (9x^2y - 8xy^2)\frac{(x^2-y)}{\sqrt{}} + (3x^3 - 8x^2y + 2)\frac{(y^2-x)}{\sqrt{}}$$
$$= \frac{1}{\sqrt{(x^2-y)^2 + (y^2-x)^2}}(9x^4y - 8x^3y^2 - 9x^2y^2 + 8xy^3 +$$
$$+ 3x^3y^2 - 8x^2y^3 + 2y^2 - 3x^4 + 8x^3y - 2x) =$$
$$= \frac{9x^4y - 5x^3y^2 - 8x^2y^3 + 8xy^3 - 9x^2y^2 + 8x^3y - 3x^4 + 2y^2 - 2x}{\sqrt{(x^2-y)^2 + (y^2-x)^2}}.$$

AUFGABE 133

Man berechne den Differentialausdruck $\triangle u = \frac{\partial^2 u}{\partial x^2} + \frac{\partial^2 u}{\partial y^2} + \frac{\partial^2 u}{\partial z^2}$ für die Funktion $u = 1/\sqrt{x^2 + y^2 + z^2}$.

Lösung: $u = (x^2 + y^2 + z^2)^{-1/2}$, $\partial u/\partial x = -x(x^2 + y^2 + z^2)^{-3/2}$,

$\partial u/\partial y = -y(x^2 + y^2 + z^2)^{-3/2}$, $\partial u/\partial z = -z(x^2 + y^2 + z^2)^{-3/2}$,

$\partial^2 u/\partial x^2 = -(x^2 + y^2 + z^2)^{-3/2} + 3x^2(x^2 + y^2 + z^2)^{-5/2}$,

$\partial^2 u/\partial y^2 = -(x^2 + y^2 + z^2)^{-3/2} + 3y^2(x^2 + y^2 + z^2)^{-5/2}$,

$\partial^2 u/\partial z^2 = -(x^2 + y^2 + z^2)^{-3/2} + 3z^2(x^2 + y^2 + z^2)^{-5/2}$.

Durch Addition der drei letzten Ausdrücke ergibt sich $\triangle u = 0$.

AUFGABE 134

Welches ist die Einhüllende der Kurvenschar mit dem Parameter φ:
$$(x - \cos\varphi)^2 + (y - \sin\varphi)^2 - 1 = 0\,?$$

Lösung: Jede Kurve der Schar stellt einen Kreis dar mit dem Mittelpunkt $M(\cos\varphi; \sin\varphi)$ und dem Radius $r = 1$. Die Mittelpunkte aller dieser Kreise liegen ersichtlich auf dem Einheitskreis. Daraus folgt, daß die Einhüllende ein Kreis um den Nullpunkt mit dem Radius 2 ist. Zu diesem Ergebnis gelangt man auch mittels Rechnung, indem man aus den beiden Gleichungen

$$(x - \cos\varphi)^2 + (y - \sin\varphi)^2 - 1 = 0,\ (x - \cos\varphi)\sin\varphi - (y - \sin\varphi)\cos\varphi = 0$$

die Größe φ eliminiert. Zunächst folgt aus der zweiten Gleichung

$$x - \cos\varphi = \lambda\cos\varphi\,;\quad y - \sin\varphi = \lambda\sin\varphi$$

und daher aus der ersten:

$$\lambda^2\cos^2\varphi + \lambda^2\sin^2\varphi - 1 = \lambda^2 - 1 = 0\,;\ \lambda = \pm 1\,.$$

Wir erhalten also:

$$x = \cos\varphi \pm \cos\varphi\,;\qquad y = \sin\varphi \pm \sin\varphi\,.$$

$$1)\ x = 0\,;\ y = 0\,.\qquad 2)\ x = 2\cos\varphi\,;\ y = 2\sin\varphi$$
$$x^2 + y^2 = 4\,.$$

Die Einhüllende besteht also aus dem Nullpunkt und dem Kreis vom Radius 2 um den Nullpunkt.

AUFGABE 135

Man transformiere den Differentialausdruck $\triangle u = \dfrac{\partial^2 u}{\partial x^2} + \dfrac{\partial^2 u}{\partial y^2}$ auf Polarkoordinaten (r, φ).

Lösung: Wir betrachten die Funktion u als Funktion von r und φ. Dann ergibt sich aus der Kettenregel

$$\frac{\partial u}{\partial x} = \frac{\partial u}{\partial r}\cdot\frac{\partial r}{\partial x} + \frac{\partial u}{\partial \varphi}\cdot\frac{\partial \varphi}{\partial x},\quad \frac{\partial u}{\partial y} = \frac{\partial u}{\partial r}\cdot\frac{\partial r}{\partial y} + \frac{\partial u}{\partial \varphi}\cdot\frac{\partial \varphi}{\partial y}\,.$$

Zur Bestimmung der Ableitungen $\dfrac{\partial r}{\partial x}, \dfrac{\partial r}{\partial y}, \dfrac{\partial \varphi}{\partial x}, \dfrac{\partial \varphi}{\partial y}$ differenzieren wir die Identitäten $x = r(x, y)\cos\varphi(x, y)$, $y = r(x, y)\cdot\sin\varphi(x, y)$ partiell nach x und y:

$$\left|\begin{array}{l} 1 = \dfrac{\partial r}{\partial x}\cos\varphi - r\cdot\sin\varphi\cdot\dfrac{\partial\varphi}{\partial x} \\ 0 = \dfrac{\partial r}{\partial x}\sin\varphi + r\cdot\cos\varphi\cdot\dfrac{\partial\varphi}{\partial x} \end{array}\right| \begin{array}{c} \cos\varphi \\ \sin\varphi \end{array} \left| \begin{array}{c} -\sin\varphi \\ \cos\varphi \end{array}\right.$$

$$\left|\begin{array}{l} 0 = \dfrac{\partial r}{\partial y}\cos\varphi - r\cdot\sin\varphi\cdot\dfrac{\partial\varphi}{\partial y} \\ 1 = \dfrac{\partial r}{\partial y}\sin\varphi + r\cdot\cos\varphi\cdot\dfrac{\partial\varphi}{\partial y} \end{array}\right| \begin{array}{c} \cos\varphi \\ \sin\varphi \end{array} \left| \begin{array}{c} -\sin\varphi \\ \cos\varphi\,. \end{array}\right.$$

Aus den beiden Gleichungspaaren findet man

$$\frac{\partial r}{\partial x} = \cos\varphi,\ \frac{\partial r}{\partial y} = \sin\varphi,\ \frac{\partial\varphi}{\partial x} = \frac{-\sin\varphi}{r},\ \frac{\partial\varphi}{\partial y} = \frac{\cos\varphi}{r}\,.$$

Substituieren wir diese Werte in die Ausdrücke für $\partial u/\partial x$ und $\partial u/\partial y$, dann ergibt sich:

$$\frac{\partial u}{\partial x} = \frac{\partial u}{\partial r} \cdot \cos\varphi - \frac{\partial u}{\partial \varphi} \cdot \frac{\sin\varphi}{r}, \quad \frac{\partial u}{\partial y} = \frac{\partial u}{\partial r} \sin\varphi + \frac{\partial u}{\partial \varphi} \cdot \frac{\cos\varphi}{r}.$$

Bei weiterer Differentiation nach x und y folgt

$$\frac{\partial^2 u}{\partial x^2} = \frac{\partial^2 u}{\partial r^2} \cos^2\varphi - \frac{\partial^2 u}{\partial r\, \partial \varphi} \cdot \frac{\sin\varphi\cos\varphi}{r} + \frac{\partial u}{\partial r} \frac{\sin^2\varphi}{r} -$$

$$- \frac{\partial^2 u}{\partial r\, \partial \varphi} \frac{\sin\varphi\cos\varphi}{r} + \frac{\partial^2 u}{\partial \varphi^2} \frac{\sin^2\varphi}{r^2} + \frac{\partial u}{\partial \varphi} \frac{\sin\varphi\cos\varphi}{r^2} + \frac{\partial u}{\partial \varphi} \frac{\sin\varphi\cos\varphi}{r^2}$$

$$\frac{\partial^2 u}{\partial y^2} = \frac{\partial^2 u}{\partial r^2} \sin^2\varphi + \frac{\partial^2 u}{\partial r\, \partial \varphi} \frac{\sin\varphi\cos\varphi}{r} + \frac{\partial u}{\partial r} \frac{\cos^2\varphi}{r} +$$

$$+ \frac{\partial^2 u}{\partial r\, \partial \varphi} \frac{\sin\varphi\cos\varphi}{r} + \frac{\partial^2 u}{\partial \varphi^2} \frac{\cos^2\varphi}{r^2} - \frac{\partial u}{\partial \varphi} \frac{\sin\varphi\cos\varphi}{r^2} - \frac{\partial u}{\partial \varphi} \frac{\sin\varphi\cos\varphi}{r^2}.$$

Schließlich erhält man durch Addition dieser Gleichungen

$$\triangle u = \frac{\partial^2 u}{\partial r^2} + \frac{1}{r} \frac{\partial u}{\partial r} + \frac{1}{r^2} \frac{\partial^2 u}{\partial \varphi^2}.$$

AUFGABE 136

Man differenziere nach t: $z = f[x(t), y(t)]$, wobei $f = x^2 e^y$ und $x = t$, $y = t^2$ ist.

Lösung: $\frac{dz}{dt} = 2xe^y \cdot \frac{dx}{dt} + x^2 e^y \cdot \frac{dy}{dt} = 2te^{t^2} + 2t^3 e^{t^2}$.

AUFGABE 137

Wie lautet das vollständige Differential von $z = x^2 + y^2$?

Lösung: $dz = \frac{\partial f}{\partial x} dx + \frac{\partial f}{\partial y} dy = 2x\,dx + 2y\,dy$.

AUFGABE 138

Man bilde die 2. Ableitungen von $f(x, y) = 3e^{x^2+4xy} - xy \sin(x^3 + 2y^3)$.

Lösung: $\frac{\partial f}{\partial x} = (6x + 12y)\, e^{x^2+4xy} - y \sin(x^3 + 2y^3) - 3x^3 y \cos(x^3 + 2y^3)$,

$$\frac{\partial f}{\partial y} = 12x e^{x^2+4xy} - x \sin(x^3 + 2y^3) - 6xy^3 \cos(x^3 + 2y^3),$$

$$\frac{\partial^2 f}{\partial x^2} = (12x^2 + 48xy + 48y^2 + 6)\, e^{x^2+4xy} - 12x^2 y \cos(\;) + 9x^5 y \sin(\;),$$

$$\frac{\partial^2 f}{\partial y^2} = 48\,x^2 e^{x^2+4xy} - 24\,x\,y^2 \cos(\,) + 36\,x\,y^5 \sin(\,),$$

$$\frac{\partial^2 f}{\partial x\,\partial y} = (24\,x^2 + 48\,x\,y + 12)\,e^{x^2+4xy} + (18\,x^3 y^3 - 1)\sin(\,) - \\ - (6\,y^3 + 3\,x^3)\cos(\,),$$

$$\frac{\partial^2 f}{\partial y\,\partial x} = (24\,x^2 + 48\,x\,y + 12)\,e^{x^2+4xy} + (18\,x^3 y^3 - 1)\sin(\,) - \\ - (3\,x^3 + 6\,y^3)\cos(\,).$$

AUFGABE 139

Man soll einen Zylinder so herstellen, daß er bei kleinster Oberfläche ein gegebenes Volumen hat.

Lösung: Volumen $V = r^2 \pi\, h$, folglich $h = V/r^2 \pi$.
Oberfläche $O = 2r^2\pi + 2r\pi\, h$, $O = f(r) = 2r^2\pi + (2V/r)$,
$dO/dr = 4r\pi - (2V/r^2) = 0$ für $r = \sqrt{V/2\pi}$,
dO/dr geht dabei von — nach +, d. h. Minimum.
Dann ist $V = 2\pi r^3$, also $h = 2r$.

AUFGABE 140

Wie lautet die Gleichung der Drehfläche mit der z-Achse als Drehachse und mit der Meridiankurve $z = 2y + 3y^4$ in der yz-Ebene?

Lösung: An Stelle von y ist $v = \sqrt{x^2 + y^2}$ zu setzen:

$$z = 2\sqrt{x^2 + y^2} + 3\,(x^2 + y^2)^2.$$

AUFGABE 141

Man entwickle die Funktion $f(x, y) = (x - y)\cos(x^2 + y^2)$ nach Taylor an der Stelle $x = 0$; $y = 0$ bis zu den Gliedern 2. Ordnung; dann dasselbe für $x = 1$; $y = 2$.

Lösung: $$\frac{\partial f}{\partial x} = \cos(x^2 + y^2) - (2\,x^2 - 2\,x\,y)\sin(x^2 + y^2),$$

$$\frac{\partial f}{\partial y} = -\cos(x^2 + y^2) - (2\,x\,y - 2\,y^2)\sin(x^2 + y^2),$$

$$\frac{\partial^2 f}{\partial x^2} = -(6\,x - 2\,y)\sin(x^2 + y^2) - (4\,x^3 - 4\,x^2 y)\cos(x^2 + y^2),$$

$$\frac{\partial^2 f}{\partial x\,\partial y} = (2\,x - 2\,y)\sin(x^2 + y^2) - (4\,x^2 y - 4\,x\,y^2)\cos(x^2 + y^2),$$

$$\frac{\partial^2 f}{\partial y^2} = (6\,y - 2\,x)\sin(x^2 + y^2) - (4\,x\,y^2 - 4\,y^3)\cos(x^2 + y^2).$$

a) $\left(\frac{\partial f}{\partial x}\right)_{0;0} = 1; \quad \left(\frac{\partial f}{\partial y}\right)_{0;0} = -1; \quad \left(\frac{\partial^2 f}{\partial x^2}\right)_{0;0} = \left(\frac{\partial^2 f}{\partial x\,\partial y}\right)_{0;0} = \left(\frac{\partial^2 f}{\partial y^2}\right)_{0;0} = 0.$

Folglich $\quad f(x, y) = x - y +$ Glieder 3. Ordnung.

b) $\left(\frac{\partial f}{\partial x}\right)_{1;2} = \cos 5 + 2\sin 5; \quad \left(\frac{\partial f}{\partial y}\right)_{1;2} = -\cos 5 + 4\sin 5;$

$\left(\frac{\partial^2 f}{\partial x^2}\right)_{1;2} = -2\sin 5 + 4\cos 5; \quad \left(\frac{\partial^2 f}{\partial x\,\partial y}\right)_{1;2} = -2\sin 5 + 8\cos 5;$

$$\left(\frac{\partial^2 f}{\partial y^2}\right)_{1;2} = 10\sin 5 + 16\cos 5,$$

also $f(x, y) = -\cos 5 + (x-1)(\cos 5 + 2\sin 5) + (4\sin 5 - \cos 5)(y-2) +$
$+ (2\cos 5 - \sin 5)(x-1)^2 + (8\cos 5 - 2\sin 5)(x-1)(y-2) +$
$+ (5\sin 5 + 8\cos 5)(y-2)^2.$

AUFGABE 142

Durch $x^3 + y^3 - 3xy = 4$ ist eine Funktion $y = f(x)$ implizit erklärt. Man berechne die Ableitung an der Stelle $x = 2$.

Lösung: Man differenziert, ohne aufzulösen:

$$3x^2 + 3y^2 y' - 3y - 3xy' = 0.$$

Für $x = 2$ ist $8 + y^3 - 6y = 4$ oder $y^3 - 6y + 4 = 0$, d. h. $y = 2$.
Also $3 \cdot 4 + 3 \cdot 4 \cdot y'(2) - 3 \cdot 2 - 3 \cdot 2 \cdot y'(2) = 0$ oder $y'(2) = -1$.

AUFGABE 143

Man transformiere den Ausdruck $\Delta u = \frac{\partial^2 u}{\partial x^2} + \frac{\partial^2 u}{\partial y^2}$ auf Polarkoordinaten und löse die Differential-Gleichung $\Delta u = 0$ unter der Voraussetzung, daß u nur von r abhängt.

$$x = r\cos\varphi; \qquad r^2 = x^2 + y^2;$$
$$y = r\sin\varphi; \qquad \varphi = \arctan(y/x).$$

Lösung: Zunächst brauchen wir die Ableitungen von r und φ nach x und y, die wir hier etwas anders berechnen als in Aufgabe 135.

$$2r\,dr = 2x\,dx + 2y\,dy, \text{ also } \frac{\partial r}{\partial x} = \frac{x}{r} = \cos\varphi, \quad \frac{\partial r}{\partial y} = \frac{y}{r} = \sin\varphi,$$

$$d\varphi = \frac{\frac{dy}{x} - \frac{y}{x^2}dx}{1 + \frac{y^2}{x^2}}, \text{ also } \frac{\partial \varphi}{\partial x} = -\frac{y}{x^2 + y^2} = -\frac{\sin\varphi}{r},$$

$$\frac{\partial \varphi}{\partial y} = \frac{x}{x^2 + y^2} = \frac{\cos\varphi}{r}.$$

Nun ist $\quad \frac{\partial u}{\partial x} = \frac{\partial u}{\partial r}\frac{\partial r}{\partial x} + \frac{\partial u}{\partial \varphi}\frac{\partial \varphi}{\partial x} = \frac{\partial u}{\partial r}\cos\varphi - \frac{\partial u}{\partial \varphi}\frac{\sin\varphi}{r}.$

$$\frac{\partial u}{\partial y} = \frac{\partial u}{\partial r}\frac{\partial r}{\partial y} + \frac{\partial u}{\partial \varphi}\frac{\partial \varphi}{\partial y} = \frac{\partial u}{\partial r}\sin\varphi + \frac{\partial u}{\partial \varphi}\frac{\cos\varphi}{r}.$$

$$\frac{\partial^2 u}{\partial x^2} = \left(\frac{\partial^2 u}{\partial r^2}\cos\varphi - \frac{\partial^2 u}{\partial\varphi\,\partial r}\,\frac{\sin\varphi}{r} + \frac{\partial u}{\partial\varphi}\,\frac{\sin\varphi}{r^2}\right)\cos\varphi +$$

$$+\left(\frac{\partial^2 u}{\partial r\,\partial\varphi}\cos\varphi - \frac{\partial u}{\partial r}\sin\varphi - \frac{\partial^2 u}{\partial\varphi^2}\,\frac{\sin\varphi}{r} - \frac{\partial u}{\partial\varphi}\,\frac{\cos\varphi}{r}\right)\cdot\left(-\frac{\sin\varphi}{r}\right) =$$

$$= \frac{\partial^2 u}{\partial r^2}\cos^2\varphi - \frac{\partial^2 u}{\partial r\,\partial\varphi}\,\frac{2\sin\varphi\cos\varphi}{r} + \frac{\partial u}{\partial r}\,\frac{\sin^2\varphi}{r} + \frac{\partial^2 u}{\partial\varphi^2}\,\frac{\sin^2\varphi}{r^2} +$$

$$+\frac{\partial u}{\partial\varphi}\,\frac{2\sin\varphi\cos\varphi}{r^2} \qquad \frac{\partial^2 u}{\partial y^2} =$$

$$= \left(\frac{\partial^2 u}{\partial r^2}\sin\varphi + \frac{\partial^2 u}{\partial\varphi\,\partial r}\,\frac{\cos\varphi}{r} - \frac{\partial u}{\partial\varphi}\,\frac{\cos\varphi}{r^2}\right)\cdot\sin\varphi +$$

$$+\left(\frac{\partial^2 u}{\partial r\,\partial\varphi}\sin\varphi + \frac{\partial u}{\partial r}\cos\varphi + \frac{\partial^2 u}{\partial\varphi^2}\,\frac{\cos\varphi}{r} - \frac{\partial u}{\partial\varphi}\,\frac{\sin\varphi}{r}\right)\cdot\frac{\cos\varphi}{r} =$$

$$= \frac{\partial^2 u}{\partial r^2}\sin^2\varphi + \frac{\partial^2 u}{\partial r\,\partial\varphi}\,\frac{2\sin\varphi\cos\varphi}{r} + \frac{\partial u}{\partial r}\,\frac{\cos^2\varphi}{r} + \frac{\partial^2 u}{\partial\varphi^2}\,\frac{\cos^2\varphi}{r^2} -$$

$$-\frac{\partial u}{\partial\varphi}\,\frac{2\sin\varphi\cos\varphi}{r^2} \quad \text{also} \quad \Delta u = \frac{\partial^2 u}{\partial r^2} + \frac{1}{r}\,\frac{\partial u}{\partial r} + \frac{\partial^2 u}{\partial\varphi^2}\,\frac{1}{r^2} = 0\,.$$

Wenn $u = u(r)$, so bleibt $\dfrac{\partial^2 u}{\partial r^2} + \dfrac{1}{r}\,\dfrac{\partial u}{\partial r} = 0$. Man setze $\dfrac{\partial u}{\partial r} = v$, so gilt $\dfrac{\partial v}{\partial r} + \dfrac{1}{r}\,v = 0$. Folglich $v \cdot r = A$; $v = \dfrac{A}{r}$; also $u = A \ln r + B$.

AUFGABE 144

Berechne das Integral $\int (x^2 + 9)\,\mathfrak{Sin}\,x\,dx$.

Lösung: Man muß hier zweimal die Regel der partiellen Integration $\int u v'\,dx = u v - \int v u'\,dx$ anwenden. Zuerst setzt man $u = x^2 + 9$, $v = \mathfrak{Cos}\,x$ und erhält $\int (x^2 + 9)\,\mathfrak{Sin}\,x\,dx = (x^2 + 9)\,\mathfrak{Cos}\,x - \int 2x\,\mathfrak{Cos}\,x\,dx$ dann in dem letzten Integral $u = 2x$, $v = \mathfrak{Sin}\,x$ und findet

$$\int 2x\,\mathfrak{Cos}\,x\,dx = 2x\,\mathfrak{Sin}\,x - \int 2\,\mathfrak{Sin}\,x\,dx = 2x\,\mathfrak{Sin}\,x - 2\,\mathfrak{Cos}\,x\,,$$

also schließlich $\int (x^2 + 9)\,\mathfrak{Sin}\,x\,dx = (x^2 + 11)\,\mathfrak{Cos}\,x - 2x\,\mathfrak{Sin}\,x + C$.
Es ist immer ratsam, das Ergebnis durch Differentiation zu verifizieren. Man bestätige, daß tatsächlich

$$[(x^2 + 11)\,\mathfrak{Cos}\,x - 2x\,\mathfrak{Sin}\,x]' = (x^2 + 9)\,\mathfrak{Sin}\,x \quad \text{ist.}$$

AUFGABE 145

Berechne das Integral $\int (x^3 + 1) \ln x\,dx$.

Lösung: Hier wendet man wieder die partielle Integration an und setzt $u = \ln x$, $v = (x^4/4) + x$. Dann ergibt sich

$$\int (x^3+1) \ln x\,dx = \left(\frac{x^4}{4} + x\right)\ln x - \int\left(\frac{x^4}{4} + x\right)\frac{dx}{x} = \left(\frac{x^4}{4} + x\right)\ln x - \frac{x^4}{16} - x + C.$$

AUFGABE 146

Berechne das Integral $\int x^5 a^x dx$.

Lösung: Wieder kommt man durch mehrfache partielle Integration zum Ziele. Man kann aber auch die Bernoullische Formel

$\int u\, v^{(n)}\, dx = u\, v^{(n-1)} - u'\, v^{(n-2)} + \ldots + (-1)^{n-1} u^{(n-1)} v + (-1)^n \int v\, u^{(n)}\, dx$

anwenden, die sich sofort durch Differentiation verifizieren läßt. Im vorliegenden Falle ist a^x als fünfte Ableitung von $a^x/(ln\, a)^5$ anzusehen. Man hat dann

$$\int x^5 a^x dx = \int x^5 \left(\frac{a^x}{(ln\, a)^5}\right)^{(5)} dx =$$

$$= x^5 \left(\frac{a^x}{(ln\, a)^5}\right)^{(4)} - 5\, x^4 \left(\frac{a^x}{(ln\, a)^5}\right)^{(3)} + 5 \cdot 4 \cdot x^3 \left(\frac{a^x}{(ln\, a)^5}\right)^{(2)} -$$

$$- 5 \cdot 4 \cdot 3\, x^2 \left(\frac{a^x}{(ln\, a)^5}\right)' + 5 \cdot 4 \cdot 3 \cdot 2\, x \left(\frac{a^x}{(ln\, a)^5}\right) - 5 \cdot 4 \cdot 3 \cdot 2 \cdot 1 \int \frac{a^x}{(ln\, a)^5} dx,$$

also

$$\int x^5 a^x dx = \left(\frac{x^5}{ln\, a} - \frac{5\, x^4}{(ln\, a)^2} + \frac{5 \cdot 4\, x^3}{(ln\, a)^3} - \frac{5 \cdot 4 \cdot 3\, x^2}{(ln\, a)^4} + \right.$$

$$\left. + \frac{5 \cdot 4 \cdot 3 \cdot 2\, x}{(ln\, a)^5} - \frac{5 \cdot 4 \cdot 3 \cdot 2 \cdot 1}{(ln\, a)^6}\right) a^x + C\,.$$

AUFGABE 147

Berechne das Integral $\int \frac{(x^3 + x^2 + x + 1)\, dx}{(x-1)\,(x-2)}$.

Lösung: Da bei der Division eines Polynoms dritten Grades durch ein Polynom zweiten Grades als Quotient ein Polynom ersten Grades herauskommt, so kann man vom Integranden zunächst dieses Polynom ersten Grades abziehen und behält dann eine echt gebrochene rationale Funktion mit dem Nenner $(x-1)\,(x-2)$ übrig, die sich in zwei Partialbrüche mit den Nennern $x-1$ und $x-2$ zerlegt. Man kann also von vorneherein den Ansatz machen

$$\frac{x^3 + x^2 + x + 1}{(x-1)\,(x-2)} = A\,x + B + \frac{C}{x-1} + \frac{D}{x-2}\,.$$

Die unbestimmten Koeffizienten A, B, C, D werden aus

$$x^3 + x^2 + x + 1 = (Ax + B)\,(x-1)\,(x-2) + C\,(x-2) + D\,(x-1)$$

durch Koeffizientenvergleichung gewonnen. C und D erhält man sogar unmittelbar, indem man links und rechts $x = 1$ oder $x = 2$ einsetzt. Es ergibt sich auf diese Weise $C = -4$, $D = 15$. Nach Einsetzung dieser Werte lautet die obige Gleichung

$$x^3 + x^2 - 10\,x + 8 = (Ax + B)\,(x-1)\,(x-2)\,,$$

woraus sich durch Differentiation ergibt (ohne Koeffizientenvergleichung)

$$3\,x^2 + 2\,x - 10 = A\,(x-1)\,(x-2) + (Ax + B)\,(x-1) + (Ax + B)\,(x-2)\,.$$

Durch die Einsetzungen $x = 1$ und $x = 2$ findet man hieraus

$$5 = A + B\,,\quad 6 = 2A + B\,,$$

also $A = 1$, $B = 4$. Die oben mit unbestimmten Koeffizienten angegebene Zerlegung lautet demnach

$$\frac{x^3 + x^2 + x + 1}{(x-1)(x-2)} = x + 4 - \frac{4}{x-1} + \frac{15}{x-2}.$$

Nunmehr kann man unmittelbar integrieren und findet

$$\int \frac{(x^3 + x^2 + x + 1)\,dx}{(x-1)(x-2)} = x^2 + 4x - 4\,ln\,(x-1) + 15\,ln\,(x-2) + C.$$

AUFGABE 148

Berechne das Integral $\displaystyle\int \frac{(\sin x + 3\cos x)\,dx}{\cos x + 3\sin x}$.

Lösung: Nach der allgemeinen Methode wäre $\tan(x/2) = u$ als neue Variable einzuführen, und man hätte

$$\cos x = \frac{\cos^2(x/2) - \sin^2(x/2)}{\cos^2(x/2) + \sin^2(x/2)} = \frac{1-u^2}{1+u^2},$$

$$\sin x = \frac{2\sin(x/2)\cos(x/2)}{\cos^2(x/2) + \sin^2(x/2)} = \frac{2u}{1+u^2},$$

ferner mit Rücksicht auf $x/2 = \operatorname{arc\,tan} u$ noch $dx = 2\,du/(1+u^2)$ einzusetzen,

wodurch man auf $\displaystyle 2\int \frac{(3 + 2u - 3u^2)\,du}{(1 + 6u - u^2)(1 + u^2)}$

käme. Im vorliegenden Fall, wo der Integrand die Periode π hat, genügt schon die Substitution $\tan x = v$. Man kommt dadurch auf das Integral

$$\int \frac{(3+v)\,dv}{(1+3v)(1+v^2)},$$

das einfacher ist als das andere. Nun weiß man, daß folgende Zerlegung

möglich ist: $\displaystyle \frac{3+v}{(1+3v)(1+v^2)} = \frac{A}{1+3v} + \frac{Bv + C}{1+v^2}$

und findet aus $3 + v = A(1+v^2) + (Bv + C)(1+3v)$

durch Koeffizientenvergleichung $A = 12/5$, $B = -4/5$, $C = 3/5$, so daß die

Zerlegung lautet $\displaystyle \frac{3+v}{(1+3v)(1+v^2)} = \frac{\frac{12}{5}}{1+3v} + \frac{-\frac{4}{5}v + \frac{3}{5}}{1+v^2}.$

Jetzt findet man sofort

$$\int \frac{(3+v)\,dv}{(1+3v)(1+v^2)} = \frac{4}{5}\,ln\left(v + \frac{1}{3}\right) - \frac{2}{5}\,ln\,(1+v^2) + \frac{3}{5}\operatorname{arc\,tan} v,$$

mithin $\displaystyle\int \frac{(\sin x + 3\cos x)\,dx}{\cos x + 3\sin x} = \frac{4}{5}\,ln\left(\tan x + \frac{1}{3}\right) - \frac{2}{5}\,ln\,(1 + \tan^2 x) + \frac{3}{5}x.$

Da es auf eine additive Konstante nicht ankommt, kann man auch schreiben

$$\int \frac{(\sin x + 3\cos x)\,dx}{\cos x + 3\sin x} = \frac{4}{5}\,ln\,(\cos x + 3\sin x) + \frac{3}{5}x + C,$$

was sich durch Differentiation bestätigt.

AUFGABE 149

Berechne das Integral $\displaystyle\int \frac{(1+\sqrt{x-1})\,dx}{4x-\sqrt{x-1}}$.

Lösung: Man setze $\sqrt{x-1} = u$, also $x = 1 + u^2$, $dx = 2u\,du$.

Dann wird $$\int \frac{(1+\sqrt{x-1})\,dx}{4x-\sqrt{x-1}} = \int \frac{(2u+2u^2)\,du}{4-u+4u^2}.$$

Aus $4u^2 - u + 4 = (2u - \frac{1}{4})^2 + \frac{63}{16}$ sieht man, daß der Nenner des Integranden nicht reell zerlegbar ist. Man kann den Zähler als lineare Verbindung von 1, $2u - \frac{1}{4}$, $4u^2 - u + 4$ schreiben,

$$2u + 2u^2 = A + B\,(2u - \tfrac{1}{4}) + C\,(4u^2 - u + 4),$$

und findet durch Koeffizientenvergleichung $A = -\frac{27}{16}$, $B = \frac{5}{4}$, $C = \frac{1}{2}$. Hiernach wird

$$\int \frac{(2u+2u^2)\,du}{4-u+4u^2} = -\frac{27}{16}\int \frac{du}{(2u-\frac{1}{4})^2+\frac{63}{16}} +$$

$$+ \frac{5}{4}\int \frac{(2u-\frac{1}{4})\,du}{(2u-\frac{1}{4})^2+\frac{63}{16}} + \frac{1}{2}\int du.$$

Das erste Integral rechts ist, wie die Substitution $2u - \dfrac{1}{4} = \dfrac{t\sqrt{63}}{4}$ zeigt, gleich $\dfrac{2}{\sqrt{63}}\displaystyle\int \frac{dt}{1+t^2}$, also gleich $\dfrac{2}{\sqrt{63}}\operatorname{arc\,tan}\dfrac{8u-1}{\sqrt{63}}$, das zweite gleich $\frac{1}{4}\ln(4-u+4u^2)$, das dritte gleich u, so daß sich ergibt

$$\int \frac{(2u+2u^2)\,du}{4-u+4u^2} = -\frac{27}{8\sqrt{63}}\operatorname{arc\,tan}\left(\frac{8u-1}{\sqrt{63}}\right) + \frac{5}{16}\ln(4-u+4u^2) + \frac{1}{2}u.$$

Schließlich hat man also

$$\int \frac{(1+\sqrt{x-1})\,dx}{4x-\sqrt{x-1}} = -\frac{27}{8\sqrt{63}}\operatorname{arc\,tan}\left(\frac{8\sqrt{x-1}-1}{\sqrt{63}}\right) +$$

$$+ \frac{5}{16}\ln(4x-\sqrt{x-1}) + \frac{1}{2}\sqrt{x-1} + C.$$

Es ist eine gute Übung, dieses Ergebnis durch Differentiation zu verifizieren.

AUFGABE 150

Berechne das Integral $\displaystyle\int \frac{(x^3-x^2+x+8)\,dx}{\sqrt{x^2+x+1}}$.

Lösung: Am einfachsten ist es, von der Differentiation

$$\left[P(x)\sqrt{x^2+x+1}\right]' = P'(x)\sqrt{x^2+x+1} + \frac{(x+\frac{1}{2})\,P(x)}{\sqrt{x^2+x+1}} =$$

$$= \frac{(x^2+x+1)\,P'(x) + (x+\frac{1}{2})\,P(x)}{\sqrt{x^2+x+1}}$$

auszugehen und das Polynom $P(x)$ so zu wählen, daß der Zähler gleich $x^3 - x^2 + x + 8 + k$ wird, wobei k eine Konstante bedeutet. Man kommt mit einem Polynom zweiten Grades $P(x) = a_0 x^2 + a_1 x + a_2$ zum Ziele. a_0, a_1, a_2 müssen so gewählt werden, daß

$$(x^2 + x + 1)(2a_0 x + a_1) + (x + \tfrac{1}{2})(a_0 x^2 + a_1 x + a_2) = x^3 - x^2 + x + 8 + k$$

wird, also $3a_0 x^3 + (\frac{5}{2} a_0 + 2a_1) x^2 + (2a_0 + \frac{3}{2} a_1 + a_2) x + (a_1 + \frac{1}{2} a_2) =$
$= x^3 - x^2 + x + 8 + k.$

Man findet durch Vergleichung der Koeffizienten

$$a_0 = \tfrac{1}{3},\ a_1 = -\tfrac{11}{12},\ a_2 = \tfrac{41}{24},\ k = -\tfrac{129}{16}.$$

Hiernach wird nun $\displaystyle\int \frac{(x^3 - x^2 + x + 8)\,dx}{\sqrt{x^2 + x + 1}} - \frac{129}{16} \int \frac{dx}{\sqrt{x^2 + x + 1}} =$

$$= \left(\frac{1}{3} x^2 - \frac{11}{12} x + \frac{41}{24}\right) \sqrt{x^2 + x + 1}.$$

Das Integral $\displaystyle\int \frac{dx}{\sqrt{x^2 + x + 1}}$ kann man dadurch berechnen, daß man von der Differentiation

$$\left[ln\left(x + \tfrac{1}{2} + \sqrt{x^2 + x + 1}\right)\right]' = \frac{1 + \dfrac{x + \frac{1}{2}}{\sqrt{x^2 + x + 1}}}{x + \frac{1}{2} + \sqrt{x^2 + x + 1}} = \frac{1}{\sqrt{x^2 + x + 1}}$$

ausgeht. Man hat dann unmittelbar

$$\int \frac{dx}{\sqrt{x^2 + x + 1}} = ln\left(x + \tfrac{1}{2} + \sqrt{x^2 + x + 1}\right).$$

Oder man kann sich darauf stützen, daß $x^2 + x + 1 = (x + \frac{1}{2})^2 + \frac{3}{4}$ ist und die Variablenänderung $x + \frac{1}{2} = (\sqrt{3}/2)\,\mathfrak{Sin}\,t$ vornehmen. Dann wird

$$\int \frac{dx}{\sqrt{x^2 + x + 1}} = \int \frac{\frac{1}{2}\sqrt{3}\,\mathfrak{Cos}\,t\,dt}{\sqrt{\frac{3}{4}(1 + \mathfrak{Sin}^2 t)}} = \int dt = \mathfrak{Ar}\,\mathfrak{Sin}\,\frac{(2x + 1)}{\sqrt{3}}.$$

Beide Ergebnisse stimmen überein. Setzt man nämlich

$\sqrt{x^2 + x + 1} + (x + \frac{1}{2}) = (e^z\sqrt{3})/2$, so wird $\sqrt{x^2 + x + 1} - (x + \frac{1}{2}) = (e^{-z}\sqrt{3})/2$, da die linken Seiten das Produkt $\frac{3}{4}$ ergeben. Hieraus folgt

$$\frac{2x + 1}{\sqrt{3}} = \frac{e^z - e^{-z}}{2} = \mathfrak{Sin}\,z,$$

also $z = \mathfrak{Ar}\,\mathfrak{Sin}\,[(2x + 1)/\sqrt{3}]$. Andererseits ist bis auf eine additive Konstante $ln\,(x + \frac{1}{2} + \sqrt{x^2 + x + 1}) = z$.

AUFGABE 151

Berechne das Integral $\displaystyle\int \frac{x\,dx}{(x^2 + 4)^2}$.

Lösung: Hier genügt es, $x^2 + 4 = u$ zu setzen. Dadurch ergibt sich

$$\frac{1}{2} \int \frac{du}{u^2} = -\frac{1}{2u}, \quad \text{also} \quad \int \frac{x\,dx}{(x^2 + 4)^2} = -\frac{1}{2(x^2 + 4)}.$$

AUFGABE 152

Berechne das Integral $\int \frac{dx}{(x^2+4)^2}$.

Lösung: Durch partielle Integration findet man

$$\int \frac{dx}{x^2+4} = \frac{x}{x^2+4} + \int \frac{2x^2\,dx}{(x^2+4)^2}.$$

Da $\int \frac{x^2\,dx}{(x^2+4)^2} = \int \frac{(x^2+4)-4}{(x^2+4)^2}\,dx = \int \frac{dx}{x^2+4} - 4\int \frac{dx}{(x^2+4)^2}$ ist, so kann man schreiben $\int \frac{dx}{x^2+4} = \frac{x}{x^2+4} + 2\int \frac{dx}{x^2+4} - 8\int \frac{dx}{(x^2+4)^2}$ und erhält hieraus

$$\int \frac{dx}{(x^2+4)^2} = \frac{x}{8(x^2+4)} + \frac{1}{8}\int \frac{dx}{x^2+4} = \frac{x}{8(x^2+4)} + \frac{1}{16}\operatorname{arc\,tan}\frac{x}{2} + C.$$

AUFGABE 153

Berechne das Integral $\int \frac{\sqrt{x^2-x-1}}{1+\sqrt{x^2-x-1}}\,dx$.

Lösung: Setzt man $\sqrt{x^2-x-1} = x-u$, so wird $x^2-x-1 = x^2-2ux+u^2$, also $x = (u^2+1)/(2u-1)$ und $\sqrt{x^2-x-1} = x-u = (-u^2+u+1)/(2u-1)$, ferner $dx = (2u^2-2u-2)\,du/(2u-1)^2$, also

$$\int \frac{\sqrt{x^2-x-1}}{1+\sqrt{x^2-x-1}}\,dx = 2\int \frac{(u^2-u-1)^2\,du}{(u^2-3u)(2u-1)^2}.$$

Man weiß, daß folgende Zerlegung möglich ist:

$$\frac{(u^2-u-1)^2}{(u^2-3u)(2u-1)^2} = A + \frac{B}{u} + \frac{C}{u-3} + \frac{D}{2u-1} + \frac{E}{(2u-1)^2}.$$

A, B, C, D, E findet man durch Koeffizientenvergleichung aus

$$(u^2-u-1)^2 = A(u^2-3u)(2u-1)^2 + B(u-3)(2u-1)^2 + Cu(2u-1)^2 + D(u^2-3u)(2u-1) + E(u^2-3u).$$

Setzt man $u = 0$, so ergibt sich sofort $1 = -3\mathrm{B}$, also $\mathrm{B} = -\frac{1}{3}$.
Setzt man $u = 3$, so kommt man auf $25 = 3 \cdot 25\,C$, also $C = \frac{1}{3}$.
Setzt man $u = \frac{1}{2}$, so findet man $\frac{25}{16} = -\frac{5}{4}E$, also $E = -\frac{5}{4}$.
Ferner sieht man sofort, daß u^4 links den Koeffizienten 1, rechts den Koeffizienten $4A$ hat, also $A = \frac{1}{4}$ sein muß. Der einzige noch fehlende Koeffizient D kann z. B. dadurch gewonnen werden, daß man $u = 1$ einsetzt. Dann ergibt sich $1 = -2A - 2B + C - 2D - 2E$, d. h. $1 = -\frac{1}{2} + \frac{2}{3} + \frac{1}{3} + \frac{5}{2} - 2D$, also $D = 1$.

Aus $\frac{(u^2-u-1)^2}{(u^2-3u)(2u-1)^2} = \frac{1}{4} - \frac{1}{3u} + \frac{1}{3(u-3)} + \frac{1}{2u-1} - \frac{5}{4(2u-1)^2}$

ergibt sich unmittelbar $2\int\frac{(u^2-u-1)^2\,du}{(u^2-3u)(2u-1)^2}=\frac{u}{2}-\frac{2}{3}\ln u$

$$+\frac{2}{3}\ln(u-3)+\ln(2u-1)+\frac{5}{4(2u-1)}+C.$$

Das wäre, ausgedrückt in u, das vorgelegte Integral. Nun müßte man noch $u=x-\sqrt{x^2-x-1}$ einsetzen.

AUFGABE 154

Berechne das Integral $\displaystyle\int\frac{\sqrt{x^2-x-1}\,(1-\sqrt{x^2-x-1})\,dx}{x^2-x-2}$.

Lösung: Der Zähler des Integranden lautet $\sqrt{x^2-x-1}-(x^2-x-1)$. Das Integral zerfällt also in die beiden Bestandteile

$$\int\frac{\sqrt{x^2-x-1}\,dx}{x^2-x-2},\quad -\int\frac{(x^2-x-1)\,dx}{x^2-x-2}.$$

Der Nenner des Integranden hat die reellen Wurzeln -1 und 2. Das zweite Integral wird mit der Zerlegung $\frac{x^2-x-1}{x^2-x-2}=1+\frac{A}{x+1}+\frac{B}{x-2}$ berechnet. A und B bestimmen sich aus $1=A(x-2)+B(x+1)$, indem man $x=-1$ und $x=2$ einsetzt. Man findet $A=-\frac{1}{3}$, $B=\frac{1}{3}$, erhält also

$$\int\frac{(x^2-x-1)\,dx}{x^2-x-2}=x-\frac{1}{3}\ln(x+1)+\frac{1}{3}\ln(x-2).$$

Das erste der obigen beiden Integrale bringt man zunächst auf die Form $\displaystyle\int\frac{(x^2-x-1)\,dx}{(x^2-x-2)\sqrt{x^2-x-1}}$. Es zerfällt dann auf Grund der für $\frac{x^2-x-1}{x^2-x-2}$ angegebenen Zerlegung in folgender Weise:

$$\int\frac{dx}{\sqrt{x^2-x-1}}-\frac{1}{3}\int\frac{dx}{(x+1)\sqrt{x^2-x-1}}+\frac{1}{3}\int\frac{dx}{(x-2)\sqrt{x^2-x-1}}.$$

Der erste Bestandteil ist, wie wir schon wissen, gleich $\ln(x-\frac{1}{2}+\sqrt{x^2-x-1})$.

Die beiden anderen Integrale sind vom Typus $\displaystyle\int\frac{dx}{(x-v)\sqrt{Q(x)}}$, wobei $Q(x)=a_0x^2+a_1x+a_2$ und $Q(v)\neq 0$ ist. Setzt man in einem solchen Integral $x-v=1/z$, also $dx=-dz/z^2$, so wird $Q(x)=Q(v)+(1/z)\,Q'(v)+(1/2z^2)\,Q''(v)$ und

$$\int\frac{dx}{(x-v)\sqrt{Q(x)}}=-\int\frac{dz}{\sqrt{z^2Q(v)+zQ'(v)+\frac{1}{2}Q''(v)}}.$$

Hiernach ist $\displaystyle\int\frac{dx}{(x+1)\sqrt{x^2-x-1}}=-\int\frac{dz}{\sqrt{z^2-3z+1}}=$

$$=-\ln\left(z-\frac{3}{2}+\sqrt{z^2-3z+1}\right)$$

und $$\int \frac{dx}{(x-2)\sqrt{x^2-x-1}} = -\int \frac{dz}{\sqrt{z^2+3z+1}} =$$
$$= -\ln\left(z+\frac{3}{2}+\sqrt{z^2+3z+1}\right)+C.$$

Jetzt muß man nur noch alles einsetzen und zur alten Veränderlichen x zurückkehren.

AUFGABE 155

Berechne $\int \frac{dx}{(x^2+x+3)^2(x-1)^2}$.

Lösung: Wir schreiben die Partialbruchzerlegung des Integranden in folgender Form:

$$\frac{A(x-1)+B}{(x^2+x+3)^2}+\frac{C(x-1)+D}{x^2+x+3}+\frac{E}{(x-1)^2}+\frac{F}{x-1}$$

und bestimmen A, B, C, D, E, F aus

$$\frac{1}{(x-1)^2} = A(x-1)+B+[C(x-1)+D][x^2+x+3]+$$
$$+\frac{E(x^2+x+3)^2}{(x-1)^2}+\frac{F(x^2+x+3)^2}{x-1}$$

durch Koeffizientenvergleichung. Um diese durchzuführen, muß man x^2+x+3 und $(x^2+x+3)^2$ nach Potenzen von $x-1$ entwickeln.

Setzt man $x-1=z$, also $x=1+z$, so wird

$$x^2+x+3=(1+z)^2+(1+z)+3=5+3z+z^2,$$
$$(x^2+x+3)^2=25+30z+19z^2+6z^3+z^4.$$

Man hat also jetzt in

$$\frac{1}{z^2}=Az+B+(Cz+D)(z^2+3z+5)+\left(\frac{E}{z^2}+\frac{F}{z}\right)(z^4+6z^3+19z^2+30z+25)$$

die Koeffizientenvergleichung vorzunehmen. Auf der rechten Seite ergeben sich folgende Koeffizienten:

z^{-2}	z^{-1}	z^0	z	z^2	z^3
$25E$	$30E$	B	A	$3C$	C
	$25F$	$5D$	$5C$	D	F
		$19E$	$3D$	E	
		$30F$	$6E$	$6F$	
			$19F$		

Links steht nur das eine Glied z^{-2}. Man kommt also zu folgenden Feststellungen:

$$25E=1,\ 30E+25F=0,\ B+5D+19E+30F=0,$$
$$A+5C+3D+6E+19F=0,\ 3C+D+E+6F=0,\ C+F=0.$$

Aus der ersten Gleichung ergibt sich $E=\frac{1}{25}$, darauf aus der zweiten $F=-\frac{6}{125}$, sodann aus der letzten $C=\frac{6}{125}$ und aus der vorletzten $D=\frac{13}{125}$, weiter aus der dritten Gleichung $B=\frac{4}{25}$ und schließlich aus der drittletzten $A=\frac{3}{25}$.

Die Zerlegung des Integranden lautet demnach

$$\frac{3x+1}{25(x^2+x+3)^2}+\frac{6x+7}{125(x^2+x+3)}+\frac{1}{25(x-1)^2}-\frac{6}{125(x-1)}.$$

Man hat nun $\int\frac{dx}{(x-1)^2}=-\frac{1}{x-1}$, $\int\frac{dx}{x-1}=ln(x-1)$;

$$\int\frac{dx}{x^2+x+3}=\int\frac{dx}{(x+\frac{1}{2})^2+\frac{11}{4}}=\frac{2}{\sqrt{11}}\text{ arc tan }\left(\frac{2x+1}{\sqrt{11}}\right)$$

$$\int\frac{(x+\frac{1}{2})\,dx}{x^2+x+3}=\frac{1}{2}\,ln\,(x^2+x+3).$$

Aus den beiden letzten Integralen läßt sich $\int\frac{(6x+7)\,dx}{x^2+x+3}$ aufbauen. Es fehlt uns jetzt nur noch

$$\int\frac{(3x+1)\,dx}{(x^2+x+3)^2}=\int\frac{3(x+\frac{1}{2})\,dx}{(x^2+x+3)^2}-\frac{1}{2}\int\frac{dx}{(x^2+x+3)^2}.$$

Der erste Bestandteil ist gleich $-\frac{3}{2}\,\frac{1}{x^2+x+3}$. Was den zweiten Bestandteil anbetrifft, so läßt sich folgender Weg einschlagen:

Aus $x^2+x+3=(x+\frac{1}{2})^2+\frac{11}{4}$ entnimmt man

$$\frac{11}{4}\int\frac{dx}{(x^2+x+3)^2}=\int\frac{dx}{x^2+x+3}-\int\frac{(x+\frac{1}{2})^2\,dx}{(x^2+x+3)^2}.$$

Auf das zweite Integral der rechten Seite läßt sich die partielle Integration anwenden, weil man schreiben kann

$$-\int\frac{(x+\frac{1}{2})^2\,dx}{(x^2+x+3)^2}=\frac{1}{2}\int\left(x+\frac{1}{2}\right)\left(\frac{1}{x^2+x+3}\right)'dx.$$

Die partielle Integration liefert

$$\frac{x+\frac{1}{2}}{x^2+x+3}-\int\frac{dx}{x^2+x+3}.$$

Jetzt ist nur noch alles einzusetzen, um das Endergebnis zu erhalten.

AUFGABE 156

Berechne $\int\frac{(3x-5)\,dx}{x^2+2x+2}$.

L ö s u n g: Man sondert zunächst von dem Integral den Bestandteil

$$\int\frac{(3x+3)\,dx}{x^2+2x+2}=\frac{3}{2}\,ln\,(x^2+2x+2)$$

ab. Bis auf den Faktor — 8 bleibt dann

$$\int\frac{dx}{x^2+2x+2}=\int\frac{dx}{(x+1)^2+1}=\text{arc tan }(x+1)\quad\text{übrig.}$$

AUFGABE 157

Berechne $\int x e^x dx$.

Lösung: Hier liefert die partielle Integration

$$\int x e^x dx = x e^x - \int e^x dx = (x-1) e^x + C.$$

Wenn $P(x)$ ein Polynom n-ten Grades ist, so hat man

$$\int P(x) e^x dx = P(x) e^x - \int P'(x) e^x dx,$$
$$-\int P'(x) e^x dx = -P'(x) e^x + \int P''(x) e^x dx,$$
$$\int P''(x) e^x dx = P''(x) e^x - \int P'''(x) e^x dx,$$
$$\cdots\cdots\cdots\cdots$$
$$(-1)^n \int P^{(n)}(x) e^x dx = (-1)^n P^{(n)}(x) e^x,$$

weil $P^{(n+1)}(x) = 0$ ist. Aus diesen Gleichungen folgt

$$\int P(x) e^x dx = [P(x) - P'(x) + P''(x) - \ldots + (-1)^n P^{(n)}(x)] e^x + C.$$

AUFGABE 158

Berechne $\int \frac{1 + e^x + e^{2x}}{1 - e^x - e^{2x}} dx$.

Lösung: Man kommt durch die Einsetzung $e^x = u$, aus der $dx = du/u$ folgt, sofort auf einen rationalen Integranden, und zwar lautet das umgeformte Integral

$$\int \frac{(1 + u + u^2)\, du}{u(1 - u - u^2)}.$$

$u^2 + u - 1 = 0$ ist die beim goldenen Schnitt auftretende quadratische Gleichung. Sie hat die Wurzeln $-\frac{1}{2} \pm \frac{1}{2}\sqrt{5}$. Wenn man die Abkürzungen $r_1 = -\frac{1}{2} - \frac{1}{2}\sqrt{5}$ und $r_2 = -\frac{1}{2} + \frac{1}{2}\sqrt{5}$ einführt, so gilt folgende Zerlegung:

$$\frac{1 + u + u^2}{u(1 - u - u^2)} = \frac{A}{u} + \frac{B}{u - r_1} + \frac{C}{u - r_2}.$$

Man bestimmt A, B, C aus der Gleichung

$$1 + u + u^2 = A(1 - u - u^2) - Bu(u - r_2) - Cu(u - r_1).$$

Es ergibt sich $A = 1$, $B = -1 + \frac{1}{\sqrt{5}} = -\frac{2r_2}{\sqrt{5}}$, $C = -1 - \frac{1}{\sqrt{5}} = \frac{2r_1}{\sqrt{5}}$.

Das Ergebnis lautet demnach

$$\int \frac{1 + e^x + e^{2x}}{1 - e^x - e^{2x}} dx = x - \frac{2r_2}{\sqrt{5}} \ln(e^x - r_1) + \frac{2r_1}{\sqrt{5}} \ln(e^x - r_2) + C.$$

AUFGABE 159

Berechne $\int\limits_0^{3/4} \frac{dx}{\sqrt{1 - x^4}}$.

Lösung: Es handelt sich hier um ein elliptisches Integral, das sich nicht mit Hilfe der elementaren Funktionen berechnen läßt. Man kann hier z. B. mit Hilfe der Binomialreihe den Integralwert angenähert berechnen. Man hat

$$\frac{1}{\sqrt{1-x^4}} = (1-x^4)^{-1/2} = 1 - \binom{-\frac{1}{2}}{1} x^4 + \binom{-\frac{1}{2}}{2} x^8 - \binom{-\frac{1}{2}}{3} x^{12} + \ldots$$

oder, da $\binom{-\frac{1}{2}}{1} = -\frac{1}{2}, \binom{-\frac{1}{2}}{2} = \frac{1\cdot 3}{2\cdot 4}, \binom{-\frac{1}{2}}{3} = -\frac{1\cdot 3\cdot 5}{2\cdot 4\cdot 6}\ldots,$

$$\frac{1}{\sqrt{1-x^4}} = 1 + \frac{1}{2}x^4 + \frac{1\cdot 3}{2\cdot 4}x^8 + \frac{1\cdot 3\cdot 5}{2\cdot 4\cdot 6}x^{12} + \ldots$$

Hieraus ergibt sich nun

$$\int_0^{3/4} \frac{dx}{\sqrt{1-x^4}} = \left(x + \frac{1}{2}\frac{x^5}{5} + \frac{1\cdot 3}{2\cdot 4}\frac{x^9}{9} + \frac{1\cdot 3\cdot 5}{2\cdot 4\cdot 6}\frac{x^{13}}{13}\ldots\right)_0^{3/4} =$$

$$= 3/4 + \frac{1}{2}\frac{(3/4)^5}{5} + \frac{1\cdot 3}{2\cdot 4}\frac{(3/4)^9}{9} + \frac{1\cdot 3\cdot 5}{2\cdot 4\cdot 6}\frac{(3/4)^{13}}{13} + \ldots$$

Geht man nur bis zu dem Gliede $\frac{1\cdot 3\ldots(2n-1)}{2\cdot 4\ldots 2n}\frac{(3/4)^{4n+1}}{4n+1}$, so ist der Fehler kleiner als

$$\frac{1\cdot 3\ldots(2n-1)}{2\cdot 4\ldots 2n}\frac{(3/4)^{4n+1}}{4n+1}\left[\left(\frac{3}{4}\right)^4 + \left(\frac{3}{4}\right)^8 + \left(\frac{3}{4}\right)^{12} + \ldots\right].$$

Die eingeklammerte Reihe hat die Summe $(\frac{3}{4})^4 : (1-(\frac{3}{4})^4)$ oder $\frac{3^4}{4^4-3^4}$, d. h. $\frac{81}{175} < \frac{1}{2}$. Der Fehler ist also kleiner als die Hälfte des letzten mitberücksichtigten Reihengliedes. Dieses ist seinerseits kleiner als $\frac{3}{4(4n+1)}\cdot\left(\frac{3}{4}\right)^{4n}$, d. h. kleiner als $\frac{1}{4n+1}\cdot\left(\frac{81}{256}\right)^n$, also kleiner als $\frac{1}{4n+1}\left(\frac{1}{3}\right)^n$. Durch passende Wahl von n kann man den Fehler beliebig verkleinern.

AUFGABE 160

Berechne $\int_0^{3/4} \frac{dx}{\sqrt{1-x^4}}$ nach Simpsons Regel.

L ö s u n g: Die Simpsonsche Elementarregel bezieht sich auf die Approximation des Integrals $\int_a^b f(x)\,dx$ durch $\int_a^b (A+Bx+Cx^2)\,dx$, wobei $Q(x) = A+Bx+Cx^2$ an den Stellen $a, b, (a+b)/2$, also an den Grenzen und in der Mitte des Integrationsintervalls mit dem Integranden $f(x)$ übereinstimmt. Die Kurve $y=f(x)$ wird bei dieser Approximation ersetzt durch die Parabel $Y = A + Bx + Cx^2$, die durch die Punkte $a, f(a)$ und $b, f(b)$ und $(a+b)/2, f[(a+b)/2]$ hindurchgeht. Man kann die Gleichung dieser Parabel nach der Interpolationsformel von Lagrange unmittelbar hinschreiben. Sie lautet

$$Y = \frac{(x-b)\left(x-\frac{a+b}{2}\right)}{(a-b)\left(a-\frac{a+b}{2}\right)} f(a) + \frac{(x-a)\left(x-\frac{a+b}{2}\right)}{(b-a)\left(b-\frac{a+b}{2}\right)} f(b) +$$

$$+ \frac{(x-a)(x-b)}{\left(\frac{a+b}{2}-a\right)\left(\frac{a+b}{2}-b\right)} f\left(\frac{a+b}{2}\right).$$

Das Integral $\int_a^b Y\,dx$, das die Form $\int_a^b (A + Bx + Cx^2)\,dx$ hat, ist zunächst gleich

$$A\,(b-a) + B\,\frac{b^2-a^2}{2} + C\,\frac{b^3-a^3}{3} = (b-a)\left(A + B\,\frac{a+b}{2} + C\,\frac{a^2+ab+b^2}{3}\right).$$

Der zweite Faktor rechts läßt sich aus

$$Y(a) = A + Ba + Ca^2, \qquad Y(b) = A + Bb + Cb^2,$$

$$Y\left(\frac{a+b}{2}\right) = A + B\,\frac{a+b}{2} + C\,\frac{a^2+2ab+b^2}{4}$$

mittels der Faktoren $\frac{1}{6}$, $\frac{1}{6}$, $\frac{4}{6}$ aufbauen, so daß dann mit Rücksicht auf $Y(a) = f(a)$, $Y(b) = f(b)$, $Y[(a+b)/2] = f[(a+b)/2]$ herauskommt:

$$\int_a^b Y\,dx = (b-a)\,\frac{f(a) + 4f\left(\frac{a+b}{2}\right) + f(b)}{6}.$$

Die Simpsonsche Elementarregel besteht darin, daß obiger Ausdruck zur Approximation des Integrals $\int_a^b f(x)\,dx$ benutzt wird. Von größter Wichtigkeit ist es, eine Aussage über den Fehler machen zu können, mit welchem diese Approximation behaftet ist, d. h. über $\int_a^b [f(x) - Y(x)]\,dx$. Wir wollen diesen Ausdruck zunächst noch etwas umformen. Dazu bemerken wir, daß

$$\int_a^b (x-a)(x-b)\left(x-\frac{a+b}{2}\right)dx = 0$$

ist. Macht man nämlich die Transformation $x = [(a+b)/2] + u$, so geht u, während x das Intervall $a \ldots b$ durchläuft, von $-(b-a)/2$ nach $(b-a)/2$. Ferner wird $(x-a)(x-b)\left(x-\frac{a+b}{2}\right)dx = \left[u^3 - \left(\frac{b-a}{2}\right)^2 u\right] du$.

Wenn man nun von $-(b-a)/2$ bis $(b-a)/2$ integriert, kommt tatsächlich heraus $\left[\frac{u^4}{4} - \left(\frac{b-a}{2}\right)^2 \frac{u^2}{2}\right]_{-(b-a)/2}^{(b-a)/2} = 0$.

Auf Grund dieser Bemerkung ändert sich an $\int_a^b [f(x) - Y(x)]\,dx$ nichts, wenn man $Y(x)$ durch $Z(x) = Y(x) + k(x-a)(x-b)(x-[a+b]/2)$ ersetzt. Offenbar ist $Z(a) = f(a)$, $Z(b) = f(b)$, $Z[(a+b)/2] = f[(a+b)/2]$.

Bei passender Wahl der noch verfügbaren Konstanten k wird als vierte Bedingung noch $Z'[(a+b)/2] = f'[(a+b)/2]$ erfüllt sein. Diese Bedingung besagt nichts weiter als

$$Y'\left(\frac{a+b}{2}\right) + k\left(\frac{a+b}{2} - a\right)\left(\frac{a+b}{2} - b\right) = f'\left(\frac{a+b}{2}\right).$$

An Hand des oben angegebenen Lagrangeschen Ausdrucks für Y findet man

$$Y'\left(\frac{a+b}{2}\right) = \frac{f(b) - f(a)}{b-a}.$$

Für k ergibt sich also

$$k = \left[\frac{f(b) - f(a)}{b-a} - f'\left(\frac{a+b}{2}\right)\right] : \left(\frac{b-a}{2}\right)^2.$$

Die Differenz $f(x) - Z(x)$ hat die Nullstellen a, b, $(a+b)/2$ und bei $(a+b)/2$ auch eine verschwindende Ableitung. Dasselbe gilt, wenn l ein konstanter Faktor ist, von

$$F(x) = f(x) - Z(x) - l(x-a)(x-b)(x-[a+b]/2)^2.$$

Durch passende Wahl von l kann man erreichen, daß diese Funktion auch noch an einer vierten Stelle c verschwindet. Man braucht nur

$$l = \frac{f(c) - Z(c)}{(c-a)(c-b)(c-[a+b]/2)^2}$$ zu setzen.

Wendet man auf $F(x)$ den Rolleschen Satz an, so ergibt sich, daß $F'(x)$ außer der Nullstelle $(a+b)/2$ noch drei andere Nullstellen in $a \ldots b$ hat. Liegt c zwischen a und $(a+b)/2$, so wird eine solche Nullstelle zwischen a und c, eine zweite zwischen c und $(a+b)/2$ und eine dritte zwischen $(a+b)/2$ und b auftreten. Liegt c zwischen $(a+b)/2$ und b, so wird eine Nullstelle von $F'(x)$ zwischen a und $(a+b)/2$, eine zweite zwischen $(a+b)/2$ und c und eine dritte zwischen c und b existieren. Dazu kommt die Nullstelle $(a+b)/2$. Jedenfalls hat $F'(x)$ zwischen a und b vier verschiedene Nullstellen, mithin $F''(x)$ drei, $F'''(x)$ zwei und $F''''(x)$ eine Nullstelle, die mit ξ bezeichnet werde. Da $Z(x)$ als Polynom dritten Grades eine verschwindende vierte Ableitung hat, so wird

$$F''''(x) = f''''(x) - 24\,l,$$

so daß sich ergibt $l = \frac{1}{24} f''''(\xi)$. Wir setzen hier voraus, daß $f(x)$ nebst seinen vier ersten Ableitungen im ganzen Intervall stetig ist. Da c ein beliebiger Wert aus $a \ldots b$ war, so können wir nunmehr sagen, daß

$$f(x) - Z(x) = \tfrac{1}{24}(x-a)(x-b)(x-[a+b]/2)^2 f''''(\xi)$$

ist. Da $(x-a)(x-b)(x-[a+b]/2)^2$ im Intervall $a \ldots b$ offenbar zeichenbeständig (nämlich negativ) ist, so liegt $\int_a^b [f(x) - Z(x)]\,dx$ zwischen den

Grenzen $$\frac{m}{24}\int_a^b (x-a)(x-b)\left(x - \frac{a+b}{2}\right)^2 dx$$ und

$$\frac{M}{24}\int_a^b (x-a)(x-b)\left(x - \frac{a+b}{2}\right)^2 dx,$$

wenn wir unter m und M das kleinste und größte $f''''(x)$ in $a \ldots b$ verstehen.

Um das hier auftretende Integral zu berechnen, setzen wir $x = [(a + b)/2] + u$ und erhalten

$$(x-a)(x-b)\left(x-\frac{a+b}{2}\right)^2 dx = \left(\frac{b-a}{2}+u\right)$$

$$\left(\frac{a-b}{2}+u\right)u^2\,du = \left[u^4-\left(\frac{b-a}{2}\right)^2 u^2\right]du\,,$$

also $$\int_a^b (x-a)(x-b)\left(x-\frac{a+b}{2}\right)^2 dx = \left[\frac{u^5}{5}-\left(\frac{b-a}{2}\right)^2\frac{u^3}{3}\right]_{-(b-a)/2}^{(b-a)/2} =$$

$$= -\frac{4}{15}\left(\frac{b-a}{2}\right)^5.$$

Es wird nun, da das stetige $f''''(x)$ keinen Wert zwischen m und M ausläßt, in $a \ldots b$ ein ξ^* geben, so daß

$$\int_a^b [f(x)-Z(x)]\,dx = -\left(\frac{b-a}{2}\right)^5 \frac{f''''(\xi^*)}{90}$$

ist. Damit haben wir die erstrebte Fehlerbestimmung gewonnen und können nun die Simpsonsche Elementarregel mit Fehlerglied aufschreiben. Sie lautet

$$\int_a^b f(x)\,dx = (b-a)\,\frac{f(a)+4f[(a+b)/2]+f(b)}{6} - \left(\frac{b-a}{2}\right)^5 \frac{f''''(\xi^*)}{90}\,.$$

Durch mehrfache Nebeneinanderschaltung der Simpsonschen Elementarregel läßt sich ihre approximative Wirkung verstärken. Man setzt $b - a = 2nh$, wobei n eine ganze Zahl ist, und wendet auf jedes der Intervalle $(a, a + 2h)$, $(a + 2h, a + 4h), \ldots, (a + (2n - 2)h, a + 2nh)$ die Simpsonsche Elementarregel an. Dadurch ergibt sich für

$$\int_a^b f(x)\,dx = \sum_{\nu=1}^{n} \int_{a+(2\nu-2)h}^{a+2\nu h} f(x)\,dx$$

die Approximation:

$$\sum_{\nu=1}^{n} 2h \cdot \frac{f[a+(2\nu-2)h] + 4f[a+(2\nu-1)h] + f(a+2\nu h)}{6}$$

oder in ausführlicher Schreibung:

$$[(b-a)/6n]\;[f(a) + 4f(a+h) + 2f(a+2h) + 4f(a+3h) +$$
$$+ 2f(a+4h) + \ldots + 2f(a+(2n-2)h) + 4f(a+(2n-1)h) + f(b)]\,.$$

Die Koeffizienten in der Klammer sind bis auf die beiden äußersten, die den Wert 1 haben, abwechselnd gleich 4 und 2. An zweiter und vorletzter Stelle steht eine 4. Der Fehler (Integral minus Näherungsausdruck) setzt sich aus n Summenden zusammen, deren jeder die Form $-h^5\,\dfrac{f''''(\xi)}{90}$ hat. Ihre Summe sieht so aus $-\dfrac{1}{90}\left(\dfrac{b-a}{2n}\right)^5 [f''''(\xi_1) + f''''(\xi_2) + \ldots + f''''(\xi_n)]\,.$

Da wegen der Stetigkeit von $f''''(x)$ das arithmetische Mittel

$$\frac{f''''(\xi_1) + f''''(\xi_2) + \ldots + f''''(\xi_n)}{n}$$

ebenfalls ein Wert von $f''''(x)$ ist, so kann man dem Approximationsfehler schließlich folgende Fassung geben:

$$-\frac{b-a}{180}\left(\frac{b-a}{2n}\right)^4 f''''(\xi^{**}).$$

Ist $f(x)$ ein Polynom dritten Grades, so wird die vierte Ableitung gleich Null. Die Simpsonsche Approximation (auch die Elementarregel) arbeitet also bei Polynomen bis zum dritten Grade einschließlich vollkommen exakt.

Soll nun z. B. $\int\limits_0^{3/4} (dx/\sqrt{1-x^4})$ mittels der Simpsonschen Regel approximativ berechnet werden und begnügt man sich mit $n = 2$, so hat man es mit folgender Approximation zu tun:

$$\frac{1}{12}\cdot\frac{3}{4}\left(1+\frac{4}{\sqrt{1-(\frac{3}{16})^4}}+\frac{2}{\sqrt{1-(\frac{6}{16})^4}}+\frac{4}{\sqrt{1-(\frac{9}{16})^4}}+\frac{1}{\sqrt{1-(\frac{12}{16})^4}}\right).$$

Der Approximationsfehler ist im vorliegenden Falle besonders leicht abzuschätzen. Da $(1-x^4)^{-1/2} = 1 + \frac{1}{2}x^4 + \frac{1\cdot 3}{2\cdot 4}x^8 + \ldots$ lauter positive Koeffizienten hat, die alle kleiner sind als bei der Reihe $1 + x^4 + x^8 \ldots$, deren Summe $(1-x^4)^{-1}$ lautet, so ist die vierte Ableitung von $(1-x^4)^{-1/2}$ kleiner als die vierte Ableitung von $(1-x^4)^{-1}$.

AUFGABE 161

Berechnung von π nach der Simpsonschen Regel.

Lösung: Man hat $\int\limits_0^1 \frac{dx}{1+x^2} = (\text{arc tan } x)\Big|_0^1 = \frac{\pi}{4}$.

Wir begnügen uns mit einer Teilung des Intervalls in vier gleiche Teile und gewinnen dadurch den Näherungsausdruck

$$\frac{1}{12}\left(\frac{1}{1+0^2}+\frac{4}{1+(\frac{1}{4})^2}+\frac{2}{1+(\frac{2}{4})^2}+\frac{4}{1+(\frac{3}{4})^2}+\frac{1}{1+1^2}\right).$$

Als Näherungswert von π erhalten wir auf diese Weise

$$\tfrac{1}{3}\left(1+\tfrac{64}{17}+\tfrac{8}{5}+\tfrac{64}{25}+\tfrac{1}{2}\right).$$

Der Fehler ist nach der oben angegebenen Formel in der Form $-\frac{1}{180}\left(\frac{1}{4}\right)^4 f''''(\xi^{**})$ darstellbar. Um eine rasche Schätzung von f'''' zu gewinnen, schreiben wir $f(x) = \frac{1}{1+x^2} = \frac{1}{2i}\left[(x-i)^{-1} - (x+i)^{-1}\right]$.

Dann ergibt sich sofort $f''''(x) = (4!/2i)\left[(x-i)^{-5} - (x+i)^{-5}\right]$.

Setzt man $x = \cot\varphi$, so wird $x - i = \frac{\cos\varphi - i\sin\varphi}{\sin\varphi}$, $x + i = \frac{\cos\varphi + i\sin\varphi}{\sin\varphi}$, und man erhält

$$f''''(x) = \frac{4!\,(\sin\varphi)^5}{2i}\left[(\cos\varphi - i\sin\varphi)^{-5} - (\cos\varphi + i\sin\varphi)^{-5}\right],$$

also nach der Moivreschen Formel $f''''(x) = 4!\,(\sin\varphi)^5 \sin 5\varphi$.

Der Betrag von $f''''(x)$ ist hiernach kleiner als 4! oder 24, der des Approximationsfehlers also kleiner als $\frac{24}{180 \cdot 4^4} = \frac{1}{30 \cdot 4^3} = \frac{1}{1920}$.

Wir können also mindestens drei richtige Dezimalen erwarten.

Da $\frac{8}{5} = \frac{16}{10}$, $\frac{64}{25} = \frac{256}{100}$, $\frac{1}{2} = \frac{5}{10}$ exakte Dezimalbrüche sind, so braucht man nur $\frac{64}{17}$ in einen Dezimalbruch zu entwickeln.

Man erhält $\frac{64}{17} = 3,764705\ldots$ und weiter

$$1 + \tfrac{64}{17} + \tfrac{8}{5} + \tfrac{64}{25} + \tfrac{1}{2} = 9,424705\ldots,$$

mithin

$$\tfrac{1}{3}\left(1 + \tfrac{64}{17} + \tfrac{8}{5} + \tfrac{64}{25} + \tfrac{1}{2}\right) = 3,141568\ldots$$

Man sieht, daß die Prognose hinsichtlich des Fehlers zutreffend war. Es haben sich sogar vier richtige Dezimalen ergeben.

AUFGABE 162

Berechne das Integral $\int \frac{2x - \sqrt{x^2 + 2x + 4}}{1 + \sqrt{x^2 + 2x + 4}}\, dx$.

Lösung: Man erweitere den Integranden mit $-1 + \sqrt{x^2 + 2x + 4}$. Dadurch ergibt sich im Nenner $x^2 + 2x + 3$, im Zähler $(2x + 1)\sqrt{x^2 + 2x + 4} - (x^2 + 4x + 4)$. Das Integral zerfällt also in

$$\int \frac{(2x+1)\sqrt{x^2+2x+4}}{x^2+2x+3}\, dx = \int \frac{(2x+1)(x^2+2x+4)\, dx}{(x^2+2x+3)\sqrt{x^2+2x+4}} \quad \text{und}$$

$$-\int \frac{(x^2+4x+4)\, dx}{x^2+2x+3} = -\int dx - \int \frac{(2x+2)\, dx}{x^2+2x+3} + \int \frac{dx}{x^2+2x+3}$$

$$= -x - \ln(x^2+2x+3) + \frac{1}{\sqrt{2}} \operatorname{arc\,tan}\left(\frac{x+1}{\sqrt{2}}\right).$$

Es bleibt nur noch der erste Bestandteil zu behandeln. Hier ist der Zähler des Integranden gleich $(2x + 1)(x^2 + 2x + 3) + 2x + 1$. Das Integral zerfällt also in

$$\int \frac{(2x+1)\, dx}{\sqrt{x^2+2x+4}} = \int \frac{(2x+2)\, dx}{\sqrt{x^2+2x+4}} - \int \frac{dx}{\sqrt{x^2+2x+4}} = 2\sqrt{x^2+2x+4}$$

$$-\ln\left(x+1+\sqrt{x^2+2x+4}\right) = 2\sqrt{x^2+2x+4} - \operatorname{Ar\,Sin}\left(\frac{x+1}{\sqrt{3}}\right)$$

und

$$\int \frac{(2x+1)\, dx}{(x^2+2x+3)\sqrt{x^2+2x+4}}.$$

In diesem letzten Integral setze man $x + 1 = \sqrt{3}\, \operatorname{Sin} u$. Dann wird $dx/\sqrt{x^2 + 2x + 4} = du$, und man erhält

$$\int \frac{(2\sqrt{3}\operatorname{Sin} u - 1)\, du}{3\operatorname{Sin}^2 u + 2} = \int \frac{2\sqrt{3}\operatorname{Sin} u\, du}{3\operatorname{Cos}^2 u - 1} - \int \frac{du}{3\operatorname{Sin}^2 u + 2}.$$

Bei dem ersten Integral rechts beachte man, daß

$$\frac{2\sqrt{3}\,\mathfrak{Sin}\,u}{3\,\mathfrak{Cos}^2 u - 1} = \frac{\mathfrak{Sin}\,u}{\mathfrak{Cos}\,u - 1/\sqrt{3}} - \frac{\mathfrak{Sin}\,u}{\mathfrak{Cos}\,u + 1/\sqrt{3}}$$ ist, also

$$\int \frac{2\sqrt{3}\,\mathfrak{Sin}\,u\,du}{3\,\mathfrak{Cos}^2 u - 1} = ln\left(\mathfrak{Cos}\,u - \frac{1}{\sqrt{3}}\right) - ln\left(\mathfrak{Cos}\,u + \frac{1}{\sqrt{3}}\right).$$

Es bleibt nur noch $\int du/(3\,\mathfrak{Sin}^2 u + 2)$ übrig. Führt man $\mathfrak{Tan}\,u = v$ ein, so wird $du = dv/(1 - v^2)$, $\mathfrak{Sin}^2 u = \dfrac{\mathfrak{Sin}^2 u}{\mathfrak{Cos}^2 u - \mathfrak{Sin}^2 u} = \dfrac{v^2}{1 - v^2}$, also

$$\int \frac{du}{3\,\mathfrak{Sin}^2 u + 2} = \int \frac{dv}{v^2 + 2} = \frac{1}{\sqrt{2}} \text{ arc tan}\left(\frac{v}{\sqrt{2}}\right) = \frac{1}{\sqrt{2}} \text{ arc tan}\left(\frac{\mathfrak{Tan}\,u}{\sqrt{2}}\right).$$

Will man zu x zurückkehren, so muß man aus $\mathfrak{Sin}\,u = (x + 1)/\sqrt{3}$ entnehmen $\mathfrak{Cos}\,u = \sqrt{1 + \mathfrak{Sin}^2 u} = (1/\sqrt{3})\sqrt{x^2 + 2x + 4}$, $\mathfrak{Tan}\,u = (x+1)/\sqrt{x^2 + 2x + 4}$. Der Rest der Arbeit ist nur ein bloßes Einsetzen der gefundenen Ausdrücke.

AUFGABE 163

Berechne $\int_0^1 \frac{dx}{1 + x^4}$ nach der Simpsonschen Regel.

Lösung: Wir begnügen uns wieder mit einer Vierteilung des Intervalls. Dann lautet die Simpsonsche Näherung

$$\frac{1}{12}\left(1 + \frac{4}{1 + (\frac{1}{4})^4} + \frac{2}{1 + (\frac{2}{4})^4} + \frac{4}{1 + (\frac{3}{4})^4} + \frac{1}{2}\right)$$

$$= \frac{1}{12}\left(\frac{3}{2} + \frac{32}{17} + \frac{1024}{257} + \frac{1024}{337}\right).$$

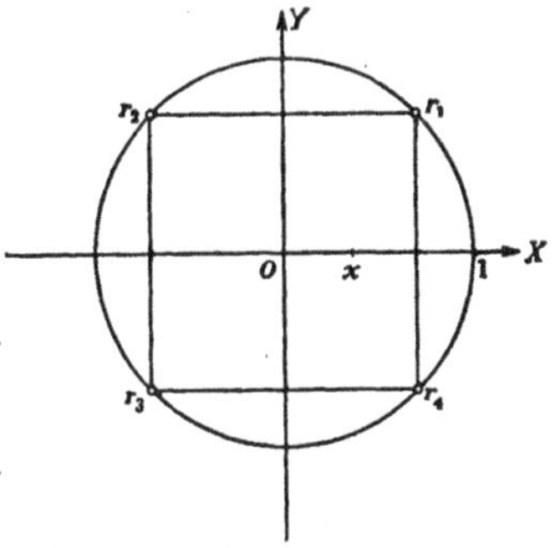

Fig. 32

Um die Güte der Approximation zu prüfen, würde man die vierte Ableitung von $1/(1 + x^4)$ brauchen. Die Wurzeln r_1, r_2, r_3, r_4 der Gleichung $x^4 + 1 = 0$ lauten $(1 + i)/\sqrt{2}$, $(-1 + i)/\sqrt{2}$, $(-1 - i)/\sqrt{2}$, $(1 - i)/\sqrt{2}$. Ihre Bildpunkte in der Zahlenebene sind die Ecken eines dem Einheitskreise einbeschriebenen Quadrats, dessen Seiten zu den Achsen parallel laufen (Fig. 32).

Man hat nun $$\frac{1}{1 + x^4} = \frac{A_1}{x - r_1} + \frac{A_2}{x - r_2} + \frac{A_3}{x - r_3} + \frac{A_4}{x - r_4}.$$

Der Koeffizient A_ν ist der Grenzwert von $(x - r_\nu)/(1 + x^4)$ für $x \to r_\nu$. Da $1 + r_\nu^4 = 0$ ist, so kann man schreiben

$$(x - r_\nu)/(1 + x^4) = (x - r_\nu)/(x^4 - r_\nu^4) = 1/(x^3 + x^2 r_\nu + x r_\nu^2 + r_\nu^3)$$

und sieht dann, daß $A_\nu = 1/4\,r_\nu^3$ ist oder $A_\nu = -r_\nu/4$. Aus

$$\frac{1}{1 + x^4} = -\frac{1}{4}\left(\frac{r_1}{x - r_1} + \frac{r_2}{x - r_2} + \frac{r_3}{x - r_3} + \frac{r_4}{x - r_4}\right)$$ folgt aber

$$\left(\frac{1}{1 + x^4}\right)'''' = -6\left(\frac{r_1}{(x - r_1)^5} + \frac{r_2}{(x - r_2)^5} + \frac{r_3}{(x - r_3)^5} + \frac{r_4}{(x - r_4)^5}\right).$$

Der absolute Betrag einer Differenz komplexer Zahlen ist gleich dem Abstand ihrer Bildpunkte. Da x reell ist und sich auf der Strecke $0 \ldots 1$ bewegt, so sieht man, daß $|x - r_1|$ und $|x - r_4|$ den kleinsten Wert $1/\sqrt{2}$ haben, $|x - r_2|$ und $|x - r_3|$ den kleinsten Wert 1. Es ist also

$$\left|\left(\frac{1}{1+x^4}\right)''''\right| < 6\left(\frac{2}{(\sqrt{2})^5} + 2\right) = 3\left(\frac{1}{\sqrt{2}} + 4\right) < 15\,.$$

Für den Approximationsfehler gilt, da hier $n = 4$ und $b - a = 1$ ist, die Formel $-\frac{1}{180 \cdot 4^4} f''''(\xi^{**})$. Sein Betrag ist also kleiner als $\frac{15}{180 \cdot 4^4} = \frac{1}{3 \cdot 4^5} = \frac{1}{3072}$. Man kann daher drei richtige Dezimalen erwarten. Das vorliegende Integral läßt sich auch exakt auswerten. Man hat nämlich, wie oben schon angegeben wurde,

$$-\frac{4}{1+x^4} = \frac{1+i}{x\sqrt{2}-(1+i)} + \frac{1-i}{x\sqrt{2}-(1-i)} + \frac{-1+i}{x\sqrt{2}-(-1+i)} + \frac{-1-i}{x\sqrt{2}-(-1-i)}$$

$$= \frac{2(x\sqrt{2}-1)-2}{(x\sqrt{2}-1)^2+1} + \frac{-2(x\sqrt{2}+1)-2}{(x\sqrt{2}+1)^2+1}$$

$$= \frac{x\sqrt{2}-2}{x^2 - x\sqrt{2}+1} + \frac{-x\sqrt{2}-2}{x^2+x\sqrt{2}+1}\,.$$

Wir zerlegen die beiden Brüche noch weiter und schreiben

$$\frac{(1/\sqrt{2})(2x-\sqrt{2})}{x^2 - x\sqrt{2}+1} - \frac{(1/\sqrt{2})(2x+\sqrt{2})}{x^2+x\sqrt{2}+1} - \frac{1}{x^2 - x\sqrt{2}+1} - \frac{1}{x^2 - x\sqrt{2}+1}\,.$$

Dann ergibt sich

$$-4\int\frac{dx}{1+x^4} = \frac{1}{\sqrt{2}}\, ln\left(\frac{x^2 - x\sqrt{2}+1}{x^2+x\sqrt{2}+1}\right) - \sqrt{2}\,\text{arc tan}\,(x\sqrt{2}-1) - \sqrt{2}\,\text{arc tan}\,(x\sqrt{2}+1)\,.$$

Faßt man die beiden letzten Glieder zu einem einzigen Arcustangens zusammen, so ergibt sich schließlich

$$\int\frac{dx}{1+x^4} = \frac{\sqrt{2}}{8}\, ln\left(\frac{x^2+x\sqrt{2}+1}{x^2-x\sqrt{2}+1}\right) + \frac{\sqrt{2}}{4}\,\text{arc tan}\left(\frac{x\sqrt{2}}{1-x^2}\right).$$

Hieraus folgt
$$\int_0^1 \frac{dx}{1+x^4} = \frac{\sqrt{2}}{8}\left[\pi + ln\left(\frac{\sqrt{2}+1}{\sqrt{2}-1}\right)\right].$$

AUFGABE 164

Berechne $\ln 3 = \int_1^3 \frac{dx}{x}$ mittels der Simpsonschen Regel.

Lösung: Wir begnügen uns mit der Vierteilung des Intervalls und schreiben als Näherungsausdruck auf

$$\frac{2}{12}\left(1+\frac{4}{3/2}+\frac{2}{4/2}+\frac{4}{5/2}+\frac{1}{3}\right), \qquad \text{d. h.}$$

$$\frac{1}{6}\left(1+\frac{8}{3}+1+\frac{8}{5}+\frac{1}{3}\right)=\frac{5}{6}+\frac{8}{30}=\frac{33}{30}=\frac{11}{10}=1{,}1\,.$$

Die vierte Ableitung von x^{-1} lautet $4!\; x^{-5}$. Nach der früher angegebenen Formel ist der Approximationsfehler gleich $-\frac{2}{180}\left(\frac{2}{4}\right)^4 4!\;\xi^{-5}$, wobei ξ zwischen 1 und 3 liegt.

Man sieht, daß der gefundene Näherungswert für $ln\,2$ zu groß ist, aber um weniger als $\frac{1}{60}=0{,}0166\ldots$ Tatsächlich ist $ln\,3=1{,}098612\ldots$

AUFGABE 165

Man betrachte die Kurve x = 3a cos t — a cos 3t, y = 3a sin t — a sin 3t, bestimme ihren Umfang und Flächeninhalt, sowie den Schwerpunkt des oberhalb der x-Achse liegenden Teils, ferner Mantelfläche und Volumen des Rotationskörpers, den sie bei Umdrehung um die x-Achse erzeugt.

Lösung: Die Kurve ist eine Epizykloide, der Radius des ruhenden Kreises $2a$ doppelt so groß wie der des rollenden Kreises (Fig. 33).

1. Umfang. Man hat

$\dot{x}=3a\,(-\sin t+\sin 3t)\,,$

$\dot{y}=3a\,(\cos t-\cos 3t)\,,$

$\dot{x}^2+\dot{y}^2=18a^2\,(1-\cos 2t)=36a^2\sin^2 t,$

$ds=\sqrt{\dot{x}^2+\dot{y}^2}\,dt=6a\sin t\,dt\,.$

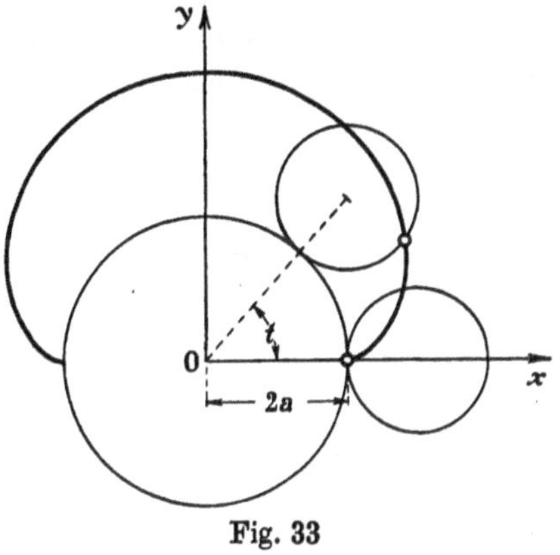

Fig. 33

Wenn t von 0 bis π geht, beschreibt der Punkt (x, y) den oberen Teil der Epizykloide. Der untere ist sein Spiegelbild in bezug auf die x-Achse. Die Länge des oberen Teils wird gleich

$$6a\int_0^\pi \sin t\,dt=6a\,[1-\cos t]_0^\pi=12a\,,$$

die Gesamtlänge der Epizykloide also gleich $24a$.

2. Flächeninhalt. Man berechnet ihn am besten nach der Leibnizschen Formel $F=\frac{1}{2}\int(xdy-ydx)$. Der obere Teil der Kurve begrenzt zusammen mit der x-Achse die Fläche

$$\tfrac{1}{2}\int_0^\pi(x\dot{y}-y\dot{x})\,dt=6a^2\int_0^\pi(1-\cos 2t)\,dt=6\pi\,a^2\,.$$

Die Hälfte des ruhenden Kreises ist gleich $2\pi\,a^2$, die Fläche zwischen Halbkreis und Kurve gleich $4\pi\,a^2$, also doppelt so groß wie der Halbkreis.

3. Schwerpunkt des oberen Teils der Kurve. Die auf dem Bogenelement ds befindliche Masse setzen wir gleich ds, also die Dichtigkeit der Massenverteilung

gleich 1. Die Abszisse des Schwerpunkts ist aus Symmetriegründen gleich Null, die Ordinate gleich $\int yds : \int ds$. Nach den obigen Feststellungen ist

$$yds = 6a^2 (3 \sin t - \sin 3t) \sin t \, dt,$$

also
$$\int yds = 18a^2 \int_0^\pi \sin^2 t \, dt - 6a^2 \int_0^\pi \sin 3t \sin t \, dt.$$

Da
$$\sin t \sin 3t = \tfrac{1}{2} \cos (3t - t) - \tfrac{1}{2} \cos (3t + t)$$
ist, so wird

$$\int_0^\pi \sin t \sin 3t \, dt = \left(\tfrac{1}{4} \sin 2t - \tfrac{1}{8} \sin 4t\right)_0^\pi = 0.$$

Ferner hat man
$$\int_0^\pi \sin^2 t \, dt = \tfrac{1}{2} \int_0^\pi (1 - \cos 2t) \, dt = \pi/2,$$

mithin $\int yds = 9\pi a^2$. Da $\int ds = 12a$ war, so finden wir als Schwerpunktsordinate $\frac{3}{4}\pi a$.

Mantelfläche des Rotationskörpers. Nach der Guldinschen Regel ist sie gleich der Länge $12a$ des erzeugenden Bogens mal dem Weg des Schwerpunkts $2\pi \cdot \frac{3}{4}\pi a = \frac{3}{2}\pi^2 a$, also gleich $18\pi^2 a^2$. Zur Kontrolle kann man die Mantelfläche auch direkt nach der Formel $2\pi \int yds$ berechnen.

Volumen des Rotationskörpers. Man berechnet es nach der Formel $\pi \int y^2 dx$, wobei aber mit Überlegung zu integrieren ist.

Aus $dx = 3a(-\sin t + \sin 3t) \, dt$, wofür man unter Benutzung von $\sin 3t = 3 \sin t - 4 \sin^3 t$ auch schreiben kann $dx = 6a \sin t (1 - 2 \sin^2 t) \, dt$, ersieht man, daß einem von 0 bis $\pi/4$ wachsenden t ein von $2a$ bis $2a\sqrt{2}$ zunehmendes x entspricht. Bei weiterem Anwachsen von t bis zu $3\pi/4$ nimmt x von $2a\sqrt{2}$ bis $-2a\sqrt{2}$ ab. Geht schließlich t weiter von $3\pi/4$ bis π, so nimmt x wieder zu von $-2a\sqrt{2}$ bis $-2a$. Das zu berechnende Volumen wird offenbar ausgedrückt durch

$$\pi \int_{3\pi/4}^{\pi/4} y^2 \dot{x} \, dt - \pi \int_0^{\pi/4} y^2 \dot{x} \, dt - \pi \int_{3\pi/4}^{\pi} y^2 \dot{x} \, dt,$$

also durch
$$-\pi \int_0^\pi y^2 \dot{x} \, dt = -3\pi a^3 \int_0^\pi (3 \sin t - \sin 3t)^2 (-\sin t + \sin 3t) \, dt.$$

Unter Benutzung der Formel für $\sin 3t$ kann man schreiben

$$\int_0^\pi (3 \sin t - \sin 3t)^2 (-\sin t + \sin 3t) \, dt = 32 \int_0^\pi \sin^7 t (1 - 2 \sin^2 t) \, dt.$$

Nun hat
$$\sin^7 t (1 - 2 \sin^2 t) = (1 - \cos^2 t)^3 (2 \cos^2 t - 1) \sin t =$$
$$= (-1 + 5 \cos^2 t - 9 \cos^4 t + 7 \cos^6 t - 2 \cos^8 t) \sin t$$

die Stammfunktion
$$\cos t - \tfrac{5}{3} \cos^3 t + \tfrac{9}{5} \cos^5 t - \cos^7 t + \tfrac{2}{9} \cos^9 t.$$

Daher wird

$$\int_0^\pi \sin^7 t (1 - 2 \sin^2 t) \, dt = \left(\cos t - \tfrac{5}{3} \cos^3 t + \tfrac{9}{5} \cos^5 t - \cos^7 t + \tfrac{2}{9} \cos^9 t\right)_0^\pi = -\tfrac{32}{45}.$$

Das gesuchte Volumen ist also gleich $\frac{(32)^2}{15} \pi a^3$. Es unterscheidet sich vom Volumen der eingeschlossenen Kugel $\frac{4}{3} \pi (2a)^3 = \frac{32}{3} \pi a^3$ um den Faktor $\frac{32}{5}$.

AUFGABE 166

Gegeben ist die Kurve y = $\mathfrak{Cof}$ (x — 1) im Intervall —1 ... 3. Wie groß ist a) die Bogenlänge s der Kurve, b) die Oberfläche, c) das Volumen des von ihr erzeugten Rotationskörpers (bei Rotation um die x-Achse)? d) Wo liegt der Schwerpunkt des Kurvenbogens? e) Wie groß ist sein Trägheitsmoment bei Rotation um die x- und um die y-Achse?

Lösung: a) $y' = \mathfrak{Sin}(x-1)$, $1 + y'^2 = 1 + \mathfrak{Sin}^2(x-1) = \mathfrak{Cof}^2(x-1)$, $ds = \mathfrak{Cof}\,(x-1)\,dx$, also

$$s = \int_{-1}^{3} \mathfrak{Cof}\,(x-1)\,dx = [\mathfrak{Sin}\,(x-1)]_{-1}^{3} = 2\,\mathfrak{Sin}\,2 = e^2 - e^{-2}.$$

b) Die Oberfläche ist gleich dem Integral $\int 2\pi\,y\,ds$, also gleich

$$2\pi \int_{-1}^{3} \mathfrak{Cof}^2\,(x-1)\,dx.$$

Da $\mathfrak{Cof}^2 u = \left(\frac{e^u + e^{-u}}{2}\right)^2 = \frac{1}{4}(e^{2u} + e^{-2u} + 2) = \frac{1}{2} + \frac{1}{2}\mathfrak{Cof}\,2u$ ist, hat das Integral den Wert

$$\pi \int_{-1}^{3} \{1 + \mathfrak{Cof}\,(2x-2)\}\,dx = \pi\,\{x + \tfrac{1}{2}\,\mathfrak{Sin}\,(2x-2)\}_{-1}^{3} =$$
$$= 4\pi + \pi\,\mathfrak{Sin}\,4 = \pi\left(4 + \frac{e^4 - e^{-4}}{2}\right).$$

c) Das Volumen ist gleich dem Integral $\int \pi\,y^2\,dx$, also gleich

$$\pi \int_{-1}^{3} \mathfrak{Cof}^2\,(x-1)\,dx = \frac{\pi}{2}\left(4 + \frac{e^4 - e^{-4}}{2}\right).$$

d) Der Schwerpunkt des Kurvenbogens hat die Koordinanten

$$\xi = \frac{1}{s}\int x\,ds, \quad \eta = \frac{1}{s}\int y\,ds,$$

wenn die Dichtigkeit gleich 1 gesetzt wird. Man hat also

$$\xi = \frac{1}{s}\int_{-1}^{3} x\,\mathfrak{Cof}\,(x-1)\,dx, \quad \eta = \frac{1}{s}\int_{-1}^{3} \mathfrak{Cof}^2\,(x-1)\,dx.$$

Das erste Integral berechnet man mittels partieller Integration. Man findet

$$\int x\,\mathfrak{Cof}\,(x-1)\,dx = x\,\mathfrak{Sin}\,(x-1) - \int \mathfrak{Sin}\,(x-1)\,dx =$$
$$= x\,\mathfrak{Sin}\,(x-1) - \mathfrak{Cof}\,(x-1),$$

also
$$\int_{-1}^{3} x\,\mathfrak{Cof}\,(x-1)\,dx = 2\,\mathfrak{Sin}\,2,$$

mithin $\xi = 1$, da $s = 2\,\mathfrak{Sin}\,2$ ist. Dies hätte man voraussagen können, da die Kurve (eine Kettenlinie mit dem Scheitel $x = 1$, $y = 1$) zur Geraden $x = 1$ symmetrisch ist. Da auf Grund der obigen Berechnungen

$$\int_{-1}^{3} \mathfrak{Cof}^2\,(x-1)\,dx = 2 + \tfrac{1}{2}\,\mathfrak{Sin}\,4 = 2 + \mathfrak{Sin}\,2\,\mathfrak{Cof}\,2$$

und $s = 2\,\mathfrak{Sin}\,2$ ist, so wird $\eta = \frac{1}{\mathfrak{Sin}\,2} + \frac{\mathfrak{Cof}\,2}{2}$.

e) Das Trägheitsmoment T_x bei Rotation um die x-Achse setzt sich integralmäßig zusammen aus den Trägheitsmomenten der einzelnen ds, ist also gleich der Summe aller $y^2\,ds$, d. h. man hat

$$T_x = \int_{-1}^{3} \mathfrak{Cof}^3 (x-1)\,dx\,.$$

Ebenso gilt für das Trägheitsmoment T_y bei Rotation um die y-Achse die Gleichung

$$T_y = \int_{-1}^{3} x^2\,\mathfrak{Cof}\,(x-1)\,dx\,.$$

Um T_x zu berechnen, muß man sich darauf stützen, daß

$$\mathfrak{Cof}^3 u = \left(\frac{e^u + e^{-u}}{2}\right)^3 = \frac{e^{3u} + 3e^{2u}e^{-u} + 3e^u e^{-2u} + e^{-3u}}{8}\,,$$

also

$$\mathfrak{Cof}^3 u = \tfrac{1}{4}\,\mathfrak{Cof}\,3u + \tfrac{3}{4}\,\mathfrak{Cof}\,u\,.$$

Hiernach wird

$$T_x = \tfrac{1}{4}\int_{-1}^{3} \mathfrak{Cof}\,3\,(x-1)\,dx + \tfrac{3}{4}\int_{-1}^{3} \mathfrak{Cof}\,(x-1)\,dx =$$

$$= \left[\tfrac{1}{12}\,\mathfrak{Sin}\,3\,(x-1) + \tfrac{3}{4}\,\mathfrak{Sin}\,(x-1)\right]_{-1}^{3} = \tfrac{1}{6}\,\mathfrak{Sin}\,6 + \tfrac{3}{2}\,\mathfrak{Sin}\,2\,.$$

Die Berechnung von T_y vollzieht sich mittels zweimaliger partieller Integration oder nach der Bernoullischen Formel

$$\int_a^b (u\,v'' - v\,u'')\,dx = (u\,v' - v\,u')\Big|_a^b\,.$$

Hiernach wird

$$\int_{-1}^{3} x^2\,\mathfrak{Cof}\,(x-1)\,dx - \int_{-1}^{3} 2\,\mathfrak{Cof}\,(x-1)\,dx = \left[x^2\,\mathfrak{Sin}\,(x-1) - 2x\,\mathfrak{Cof}\,(x-1)\right]_{-1}^{3},$$

also

$$\int_{-1}^{3} x^2\,\mathfrak{Cof}\,(x-1)\,dx = 14\,\mathfrak{Sin}\,2 - 8\,\mathfrak{Cof}\,2\,.$$

AUFGABE 167

Gegeben ist die Zykloide, welche durch Abrollen des Kreises vom Radius r auf der x-Achse entsteht. Welches ist ihre Evolute, ihre Bogenlänge und der Flächeninhalt zwischen zwei aufeinanderfolgenden Spitzen?

Lösung: $x = rt - r\sin t;\quad \dot{x} = r - r\cos t;\quad \ddot{x} = r\sin t$
$y = r - r\cos t;\quad \dot{y} = r\sin t;\quad \ddot{y} = r\cos t\,.$

Die Parameterdarstellung der Evolute findet man so:

$$\xi = x - \dot{y}\left(\frac{\dot{x}^2 + \dot{y}^2}{\dot{x}\ddot{y} - \ddot{x}\dot{y}}\right); \quad \eta = y + \dot{x}\left(\frac{\dot{x}^2 + \dot{y}^2}{\dot{x}\ddot{y} - \ddot{x}\dot{y}}\right),$$

also

$$\xi = rt - r\sin t - r\sin t\cdot\frac{2r^2(1-\cos t)}{r^2(\cos t - 1)} = rt + r\sin t\,,$$

$$\eta = r - r\cos t + (r - r\cos t)\cdot(-2) = -r + r\cos t\,.$$

Das ist wieder eine Zykloide; sie entsteht aus der gegebenen durch Verschiebung in der y-Richtung um $-2r$, in der x-Richtung um $-r\pi$. Man erkennt es durch Ersetzen von t durch $t+\pi$.

Die Bogenlänge ist $s = \int_0^{2\pi} r\sqrt{2-2\cos t}\,dt = \int_0^{2\pi} 2r\sin(t/2)\,dt$; denn $\sin(t/2)$ bleibt $\geqq 0$ für $0 \leqq t \leqq 2\pi$.

Also $$s = 4r\left[-\cos\frac{t}{2}\right]_0^{2\pi} = 8r.$$

Der Flächeninhalt ist

$$F = \tfrac{1}{2}\int_0^{2\pi}(y\dot{x} - x\dot{y})\,dt = \tfrac{1}{2}\int_0^{2\pi} r^2(2 - 2\cos t - t\sin t)\,dt.$$

Es ist aber

$$2 - 2\cos t - t\sin t = 2 - 3\cos t + (\cos t - t\sin t) = (2t - 3\sin t + t\cos t)'.$$

Also $F = \dfrac{r^2}{2}[2t - 3\sin t + t\cos t]_0^{2\pi} = \dfrac{r^2}{2}(4\pi + 2\pi) = 3r^2\pi$.

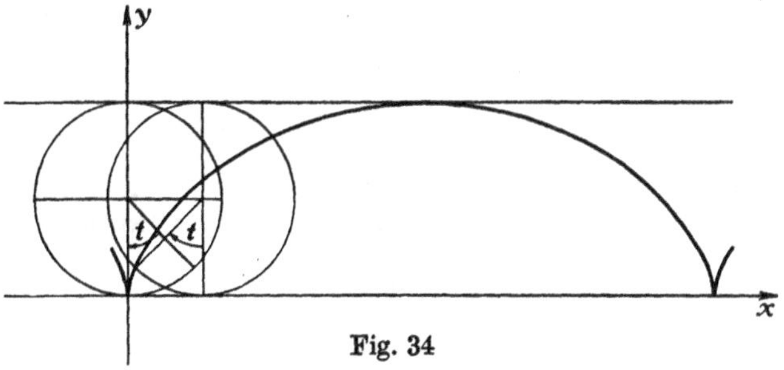

Fig. 34

AUFGABE 168

Berechne das Newtonsche Potential eines geradlinigen homogenen Stabes von der Länge 2a für einen beliebigen Punkt der Ebene.

Lösung: Das Potential hat für (x_0, y_0) den Wert

$$\int_{-a}^{a} \varrho\, dx/\sqrt{(x-x_0)^2 + y_0^2}.$$

ϱ ist der Dichtigkeitsfaktor, der als konstant vorausgesetzt wird. Setzt man $x - x_0 = u\,y_0$, so verwandelt sich das Integral in

$$\varrho\int du/\sqrt{1+u^2} = \varrho\,\mathfrak{Ar}\,\mathfrak{Sin}\,u.$$

Man erhält also für das gesuchte Potential den Ausdruck

$$\varrho\left(\mathfrak{Ar}\,\mathfrak{Sin}\frac{x-x_0}{y_0}\right)_{-a}^{a} = \varrho\left[\mathfrak{Ar}\,\mathfrak{Sin}\frac{a-x_0}{y_0} + \mathfrak{Ar}\,\mathfrak{Sin}\frac{a+x_0}{y_0}\right].$$

AUFGABE 169

Berechne das Newtonsche Potential einer Kreislinie vom Radius a und der Dichte ϱ für einen beliebigen Punkt P der Ebene.

Lösung: R, Φ seien die Polarkoordinaten des Punktes P, während der auf dem Kreise variierende Punkt Q die Polarkoordinaten a, φ habe. Das Potential hat, da $PQ^2 = r^2 + R^2 - 2r\,R\cos(\varphi - \Phi)$ ist, folgenden Wert (bei konstanten ϱ):

$$\varrho \int_0^{2\pi} a\,d\varphi / \sqrt{a^2 + R^2 - 2a\,R\cos(\varphi - \Phi)}\,.$$

Da es nur darauf ankommt, daß Q den ganzen Kreis durchläuft, kann man auch von $\Phi - \pi$ bis $\Phi + \pi$ integrieren. Setzt man dann $\varphi - \Phi = u$, so lautet das Potential $\varrho \int_{-\pi}^{\pi} du / \sqrt{a^2 + R^2 - 2a\,R\cos u}\,.$

Offenbar ist $\int_{-\pi}^{0} \frac{du}{\sqrt{a^2 + R^2 - 2a\,R\cos u}} = \int_0^{\pi} \frac{du}{\sqrt{a^2 + R^2 - 2a\,R\cos u}}\,.$

Wenn man nämlich links die Substition $u = -v$ macht, erhält man das Integral rechts. Auf die Bezeichnung der Integrationsvariablen kommt es nicht an.

Man kann also das Potential auch durch

$$2\varrho \int_0^{\pi} du / \sqrt{a^2 + R^2 - 2a\,R\cos u}$$

ausdrücken. Führt man die neue Variable $t = (\pi - u)/2$ ein, setzt man also $u = \pi - 2t$, so erscheint das Integral in folgender Gestalt:

$$4\varrho \int_0^{\pi/2} dt / \sqrt{a^2 + R^2 + 2a\,R\cos 2t}\,.$$

Da $\cos 2t = 1 - 2\sin^2 t$ ist, so kann man ihm schließlich folgende Fassung geben:

$$4\varrho/(a + R) \int_0^{\pi/2} dt / \sqrt{1 - k^2 \sin^2 t}\,,$$

wobei $k^2 = 4a\,R/(a + R)^2$ ist. Legendre hat Tafeln berechnet für die Funktion $F(k) = \int_0^{\pi/2} dt / \sqrt{1 - k^2 \sin^2 t}\,.$

Das Integral gehört zur Klasse der elliptischen Integrale.

AUFGABE 170

Gegeben ist die Kurve (Schraubenlinie) $x = \cos t$, $y = \sin t$, $z = t$. Gesucht ist die Parameterdarstellung der Tangente im Punkt $t = t_0$, sowie der Einheitsvektor der Tangente.

Lösung: Ortsvektor der Kurve: $\mathfrak{r}(t) = \begin{cases} \cos t \\ \sin t \\ t \end{cases}.$

Tangentenvektor: $\dot{\mathfrak{r}}(t) = \begin{cases} -\sin t \\ \cos t \\ 1 \end{cases}.$

Ortsvektor der Tangente: $\mathfrak{r}_1(T) = \mathfrak{r}(t_0) + T\,\dot{\mathfrak{r}}(t_0)$

oder in Koordinaten:

$$x = \cos t_0 - T\sin t_0$$
$$y = \sin t_0 + T\cos t_0 \qquad (T = \text{Parameter})$$
$$z = t_0 + T\,.$$

Einheitsvektor der Tangente: $t = \frac{\dot{\mathfrak{x}}}{|\dot{\mathfrak{x}}|} = \begin{cases} -1/\sqrt{2}\sin t \\ 1/\sqrt{2}\cos t \\ 1/\sqrt{2}\,. \end{cases}$

AUFGABE 171

Gegeben ist die Kurve (Schraubenlinie) $x = \cos t$, $y = \sin t$, $z = t$. Gesucht ist die Gleichung der Normalebene im Punkte $t = t_0$.

Lösung: Jeder Vektor von dem Punkt $t = t_0$ nach einem Punkt der Normalebene steht senkrecht auf dem Einheitsvektor der Tangente in $t = t_0$ (vgl. 170), also $(x-\cos t_0)(-1/\sqrt{2}\sin t_0) + (y-\sin t_0)(1/\sqrt{2}\cos t_0) + (z-t_0)(1/\sqrt{2}) = 0$.

AUFGABE 172

Berechne die Krümmung der Kurve $x = \cos t$, $y = \sin t$, $z = t$ im Punkte $t = t_0$.

Lösung: Krümmung $K = \sqrt{\left(\frac{d^2x}{ds^2}\right)^2 + \left(\frac{d^2y}{ds^2}\right)^2 + \left(\frac{d^2z}{ds^2}\right)^2}$.

$$\frac{ds}{dt} = \sqrt{\left(\frac{dx}{dt}\right)^2 + \left(\frac{dy}{dt}\right)^2 + \left(\frac{dz}{dt}\right)^2} = \sqrt{(-\sin t)^2 + (\cos t)^2 + 1^2} = \sqrt{2}\,;$$

$$\frac{dx}{ds} = \frac{dx}{dt} : \frac{ds}{dt} = \frac{-\sin t}{\sqrt{2}}; \quad \frac{d^2x}{ds^2} = \frac{d}{ds}\left(\frac{dx}{ds}\right) = \frac{d}{dt}\left(\frac{dx}{ds}\right) ; \frac{ds}{dt} = \frac{-\cos t}{2} \quad \text{usw.}$$

Folglich $K = \sqrt{\left(\frac{-\cos t}{2}\right)^2 + \left(\frac{-\sin t}{2}\right)^2 + 0^2} = \frac{1}{2}$.

AUFGABE 173

Gegeben ist die Kurve $x = t$, $y = t^2$, $z = t^3$ (Normkurve). Man verschaffe sich ein Bild dieser Kurve! Man bestimme für einen beliebigen Punkt dieser Kurve das begleitende Dreibein.

Lösung: $\mathfrak{x} = \text{Ortsvektor} = \begin{cases} x \\ y \\ z \end{cases} \quad \mathfrak{x} = \begin{cases} t \\ t^2 \\ t^3 \end{cases} \quad \dot{\mathfrak{x}} = \begin{cases} 1 \\ 2t \\ 3t^2 \end{cases} \quad \ddot{\mathfrak{x}} = \begin{cases} 0 \\ 2 \\ 6t\,. \end{cases}$

$$\text{Tangente } \mathfrak{t} = \frac{\dot{\mathfrak{x}}}{|\dot{\mathfrak{x}}|} = \left\{ \frac{1}{\sqrt{1+4t^2+9t^4}}, \frac{2t}{\sqrt{1+4t^2+9t^4}}, \frac{3t^2}{\sqrt{1+4t^2+9t^4}} \right\};$$

$$\text{Binormale } \mathfrak{b} = \frac{[\dot{\mathfrak{x}}\,\ddot{\mathfrak{x}}]}{|[\dot{\mathfrak{x}}\,\ddot{\mathfrak{x}}]|} = \left\{ \frac{3t^2}{\sqrt{1+9t^2+9t^4}}, \frac{-3t}{\sqrt{1+9t^2+9t^4}}, \frac{1}{\sqrt{1+9t^2+9t^4}} \right\};$$

Hauptnormale $\mathfrak{h} = [\mathfrak{b}\,\mathfrak{t}] =$

$$= \frac{1}{\sqrt{1+4t^2+9t^4}\sqrt{1+9t^2+9t^4}} \cdot \left\{-2t-9t^3;\ 1-9t^4;\ 3t+6t^3\right\}.$$

AUFGABE 174

Gegeben ist die Kurve $\mathfrak{x} = \mathfrak{x}(t)$. Welches ist die Gleichung der Kurve, die entsteht, wenn man in Richtung der Binormalen eine Länge abträgt, die gleich der Bogenlänge der gegebenen Kurve bis zu dem betreffenden Punkte ist? Wie lautet die Lösung in dem Spezialfall $x = t$, $y = t^2$, $z = t^3$? (Normkurve.)

Lösung: Einheitsvektor in Richtung der Binormalen $\dfrac{[\dot{\mathfrak{x}}\,\ddot{\mathfrak{x}}]}{|[\dot{\mathfrak{x}}\,\ddot{\mathfrak{x}}]|}$.

Also gesuchte Kurve $\mathfrak{R}(t) = \mathfrak{x}(t) + \dfrac{[\dot{\mathfrak{x}}\,\ddot{\mathfrak{x}}]}{|[\dot{\mathfrak{x}}\,\ddot{\mathfrak{x}}]|} \displaystyle\int_{t_0}^{t} \sqrt{\dot{\mathfrak{x}}(\tau)^2}\, d\tau$.

Spezialfall: $\mathfrak{x} = \begin{cases} t \\ t^2 \\ t^3 \end{cases} \quad \dot{\mathfrak{x}} = \begin{cases} 1 \\ 2t \\ 3t^2 \end{cases} \quad \ddot{\mathfrak{x}} = \begin{cases} 0 \\ 2 \\ 6t \end{cases} \quad [\dot{\mathfrak{x}}\,\ddot{\mathfrak{x}}] = \begin{cases} 6t^2 \\ -6t \\ 2\,. \end{cases}$

$$\text{Also}\quad \mathfrak{R}(t) = \begin{cases} t + \dfrac{3t^2}{\sqrt{1+9t^2+9t^4}} \displaystyle\int_0^t \sqrt{1+4\tau^2+9\tau^4}\, d\tau \\ t^2 + \dfrac{-3t}{\sqrt{1+9t^2+9t^4}} \displaystyle\int_0^t \sqrt{1+4\tau^2+9\tau^4}\, d\tau \\ t^3 + \dfrac{1}{\sqrt{1+9t^2+9t^4}} \displaystyle\int_0^t \sqrt{1+4\tau^2+9\tau^4}\, d\tau\,. \end{cases}$$

AUFGABE 175

Bestimme die Extrema der Kurve $y = 2^{-|x|} \sin(\pi x/2)$.

Lösung: Für $x \geqq 0$ gilt $y = 2^{-x} \sin(\pi x/2)$. Man hat

$$y' = -2^{-x}\, ln\, 2 \sin(\pi x/2) + 2^{-x} (\pi/2) \cos(\pi x/2)\,.$$

Im Falle $\cos(\pi x/2) = 0$ ist $\sin(\pi x/2) = \pm 1$ und $y' = \mp 2^{-x}\, ln\, 2$, also von Null verschieden. An solchen Stellen steigt oder fällt die Kurve, so daß dort kein Extremum liegen kann. Von diesen Stellen dürfen wir also absehen und können schreiben

$$y' = -2^{-x}\, ln\, 2 \cos(\pi x/2)\, [\tan(\pi x/2) - (\pi/2\, ln\, 2)]\,.$$

Sobald $\tan(\pi x/2) - (\pi/2\, ln\, 2)$ nicht gleich Null ist, steigt oder fällt die Kurve. Beim Durchgang durch eine Stelle, wo $\tan(\pi x/2) - (\pi/2\, ln\, 2) = 0$ ist, findet ein Zeichenwechsel der Ableitung statt, so daß dort wirklich ein Maximum oder Minimum vorliegt. Die Extrema liegen also im Falle $x \geqq 0$ dort, wo

$$\tan(\pi x/2) = \pi/2\, ln\, 2 \qquad \text{ist, also}$$

$$\pi x/2 = \text{arc tan}(\pi/2\, ln\, 2) + k\pi \quad (k \text{ eine ganze Zahl}),\ \text{d. h.}$$

$$x = (2/\pi)\, \text{arc tan}(\pi/2\, ln\, 2) + 2k\,.$$

Für $x \leqq 0$ gilt $y = 2^x \sin(\pi x/2)$. Man hat dann

$$y' = 2^x\, ln\, 2 \sin(\pi x/2) + 2^x (\pi/2) \cos(\pi x/2)\,.$$

Die Extrema liegen dort, wo $\tan(\pi x/2) = -\pi/2\, ln\, 2$ ist. Sie liegen also symmetrisch zu den vorhin gefundenen Extremstellen,

Da $\sin(\pi x/2)$ in den Intervallen $\ldots, -4 \ldots -2, -2 \ldots 0, 0 \ldots 2, 2 \ldots 4, \ldots$ abwechselnd positiv und negativ ist, so besteht die Kurve $y = 2^{-|x|} \sin(\pi x/2)$ diesen Intervallen entsprechend aus unendlich vielen Bögen, die abwechselnd oberhalb und unterhalb der x-Achse liegen. In jedem der Intervalle liegt ein Maximum oder Minimum, je nachdem der zugehörige Bogen sich oberhalb und unterhalb der x-Achse befindet.

Man berechne noch das Volumen des Rotationskörpers, den der über $0 \ldots 2$ liegende Bogen bei Umdrehung um die x-Achse erzeugt. Dieses Volumen wird, wie uns bekannt, durch das Integral $\pi \int_0^2 2^{-2x} \sin^2(\pi x/2)\, dx$ ausgedrückt,

d. h. durch $$(\pi/2) \int_0^2 2^{-2x} (1 - \cos \pi x)\, dx .$$

Es handelt sich hier um die beiden Integrale $\int 2^{-2x}\, dx$ und $\int 2^{-2x} \cos \pi x\, dx$. Bei dem ersten hat man sofort die Stammfunktion $-2^{-2x}/2\, ln\, 2$. Das zweite kann man, da $\cos \pi x = -(1/\pi)^2 (\cos \pi x)''$ ist, bis auf den Faktor $-(1/\pi)^2$ in der Form schreiben $\int 2^{-2x} (\cos \pi x)''\, dx$

und hat dann nach Bernoulli

$$\int_0^2 2^{-2x} (\cos \pi x)''\, dx - \int_0^2 (2^{-2x})'' \cos \pi x\, dx = \left[2^{-2x} (\cos \pi x)' - (2^{-2x})' \cos \pi x\right]_0^2 .$$

Links steht $-\pi^2 \int_0^2 2^{-2x} \cos \pi x\, dx - (2\, ln\, 2)^2 \int_0^2 2^{-2x} \cos \pi x\, dx$,

so daß man ohne weiteres das gesuchte Integral findet.

AUFGABE 176

Man bestimme für die Schraubenlinie:

$$\mathbf{x = a \cos \varphi;\ y = a \sin \varphi;\ z = (h/2\pi)\, \varphi}\ \cdot$$

den Ort der Punkte, die durch Abtragen des Krümmungsradius auf jeder Hauptnormale entstehen.

Lösung: Es ist $\dot{x} = -a \sin \varphi;\quad \dot{y} = a \cos \varphi;\quad \dot{z} = h/2\pi$,

also $$\frac{ds}{d\varphi} = \sqrt{a^2 + \frac{h^2}{4\pi^2}} .$$

Daher ist $$\frac{dx}{ds} = \frac{\dot{x}}{\dot{s}} = -\frac{a}{\sqrt{a^2 + (h^2/4\pi^2)}} \sin \varphi;\quad \frac{dy}{ds} = \frac{a}{\sqrt{a^2 + (h^2/4\pi^2)}} \cos \varphi;$$

$$\frac{dz}{ds} = \frac{h/2\pi}{\sqrt{a^2 + (h^2/4\pi^2)}} .$$

$$\frac{d^2 x}{ds^2} = -\frac{a}{a^2 + (h^2/4\pi^2)} \cos \varphi;\quad \frac{d^2 y}{ds^2} = -\frac{a}{a^2 + (h^2/4\pi^2)} \sin \varphi;\quad \frac{d^2 z}{ds^2} = 0 .$$

Hauptnormale: $\{-\cos \varphi;\ -\sin \varphi;\ 0\}$.

Krümmungsradius $$\varrho = \frac{1}{\sqrt{x''^2 + y''^2 + z''^2}} = \frac{a^2 + (h^2/4\pi^2)}{a} .$$

Also gilt für den gesuchten Ort $\mathfrak{y} = \mathfrak{x} + \varrho \cdot \mathfrak{n}$

$$\xi = a\cos\varphi - \frac{a^2 + (h^2/4\pi^2)}{a}\cos\varphi = -\frac{h^2}{4\pi^2 a}\cos\varphi\,,$$

$$\eta = a\sin\varphi - \frac{a^2 + h^2/4\pi^2}{a}\sin\varphi = -\frac{h^2}{4\pi^2 a}\sin\varphi\,,$$

$$\zeta = \frac{h\varphi}{2\pi}\,.$$

AUFGABE 177

Man gebe eine Parameterdarstellung der Schraubenfläche, die von der Gesamtheit der Tangenten an die Schraubenlinie $x = a\cos\varphi$, $y = a\sin\varphi$, $z = (h/2\pi)\,\varphi$ gebildet wird.

Lösung: Ist s die Bogenlänge der Schraubenlinie, u der Parameter auf der Tangente, so ist die Fläche gegeben durch

$$\left.\begin{aligned} \xi &= x + u\frac{dx}{ds} = a\cos\varphi - u\frac{a}{\sqrt{a^2 + (h^2/4\pi^2)}}\sin\varphi \\ \eta &= y + u\frac{dy}{ds} = a\sin\varphi + u\frac{a}{\sqrt{a^2 + (h^2/4\pi^2)}}\cos\varphi \\ \zeta &= z + u\frac{dz}{ds} = \frac{h}{2\pi}\varphi + u\frac{h/2\pi}{\sqrt{a^2 + (h^2/4\pi^2)}} \end{aligned}\right\} \text{Parameter } \varphi, u\,.$$

AUFGABE 178

Gegeben ist in Parameterdarstellung die Kurve $x = \cos t + \cos 2t$; $y = \sin t + \sin 2t$. 1. Wie lautet die Gleichung dieser Kurve? 2. Man bestimme ihre singulären Punkte! 3. Welches sind die Tangentenrichtungen und Krümmungen in diesem Punkt? 4. Man entwerfe ein Bild der Kurve! 5. Wie groß ist der von der Kurve umschlossene Flächeninhalt?

Lösung: 1. Die Gleichung der Kurve findet man durch Elimination von t aus der Parameterdarstellung:

$$x^2 + y^2 = 2 + 2\,(\sin t \cdot \sin 2t + \cos t \cdot \cos 2t) = 2 + 2\cos t\,;$$

$$\cos t = (x^2 + y^2 - 2)/2\,; \quad \cos 2t = 2\cos^2 t - 1\,.$$

Setzt man die Werte in den Ausdruck für x ein, dann ergibt sich als Gleichung der Kurve:

$$x = \frac{x^2 + y^2 - 2}{2} + \frac{(x^2 + y^2 - 2)^2}{2} - 1\,;$$

$$F(x, y) = (x^2 + y^2 - 2)^2 + (x^2 + y^2 - 2) - 2x - 2 = 0\,.$$

2. In einem singulären Punkt müssen außer $F(x, y) = 0$ die beiden Gleichungen bestehen: $\partial F/\partial x = 4\,(x^2 + y^2 - 2) \cdot x + 2x - 2 = 0$,

$$\partial F/\partial y = 4\,(x^2 + y^2 - 2) \cdot y + 2y = 0\,.$$

Aus der zweiten Gleichung folgt: $y = 0$ oder $x^2 + y^2 = 3/2$.

Setzen wir $y = 0$, so ergibt sich, aus $\partial F/\partial x = 0$, $2x^3 - 3x - 1 = 0$. Bei dieser kubischen Gleichung errät man die Lösung $x_1 = -1$; die beiden anderen Wurzeln berechnen sich aus der reduzierten quadratischen Gleichung zu $x_{2/3} = (1 \pm \sqrt{3})/2$. Von den Lösungen genügt aber nur x_1 zusammen mit $y = 0$ der Kurvengleichung. Ein singulärer Punkt liegt also bei $(-1; 0)$. Die andere Möglichkeit $x^2 + y^2 = 3/2$ widerspricht der Gleichung $\partial F/\partial x = 0$, liefert somit keine singuläre Stelle.

3. Um die Art der singulären Stelle festzustellen, bilden wir die höheren Ableitungen:

$$\partial^2 F/\partial x^2 = 12x^2 + 4y^2 - 6; \quad (\partial^2 F/\partial x^2)_{\substack{x=-1\\y=0}} = 6;$$

$$\partial^2 F/\partial x\,\partial y = 8xy; \quad (\partial^2 F/\partial x\,\partial y)_{\substack{x=-1\\y=0}} = 0;$$

$$\partial^2 F/\partial y^2 = 12y^2 + 4x^2 - 6; \quad (\partial^2 F/\partial y^2)_{\substack{x=-1\\y=0}} = -2.$$

Die Kurve verhält sich also in der Nachbarschaft des singulären Punktes wie

$$6(x+1)^2 - 2y^2 = 0 \quad \text{oder} \quad y = \pm\sqrt{3}\,(x+1).$$

Es handelt sich um einen Doppelpunkt mit den beiden Tangentenrichtungen $\tan\alpha = \pm\sqrt{3}$; $\alpha = \pm\pi/3$.

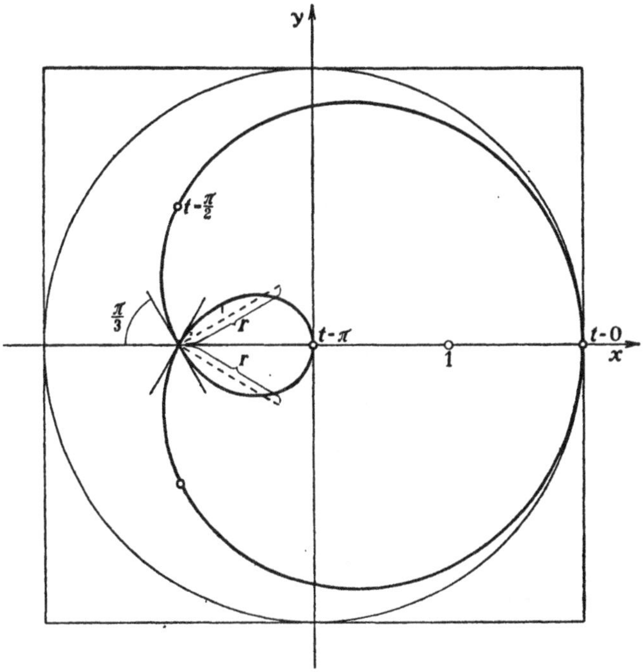

Fig. 35

Zur Berechnung der Krümmung brauchen wir den Wert von y''. Durch implizites Differenzieren der Kurvengleichung nach x erhalten wir der Reihe nach: $F_x + F_y \cdot y' = 0$;

$F_{xx} + 2F_{xy} \cdot y' + F_{yy} \cdot y'^2 + F_y \cdot y'' = 0$;

$F_{xxx} + 3F_{xxy} \cdot y' + 3F_{xyy} \cdot y'^2 + F_{yyy} \cdot y'^3 + 3F_{xy} \cdot y'' + 3F_{yy} \cdot y'\,y'' + F_y \cdot y''' = 0.$

Aus der zweiten dieser Gleichungen ergibt sich nochmals auf anderem Weg der Wert von $y' = \pm\sqrt{3}$; wegen $F_{xxx} = -24$; $F_{xxy} = 0$; $F_{xyy} = -8$; $F_{yyy} = 0$ im Punkte ($x = -1$, $y = 0$) folgt aus der dritten Relation: $y'' = \pm 16/\sqrt{3}$. Der Krümmungsradius für beide Zweige im Doppelpunkte beträgt also

$$\varrho = \frac{(1 + y'^2)^{3/2}}{|y''|} = \frac{\sqrt{3}}{2}.$$

4. Wie aus der Parameterdarstellung unmittelbar ersichtlich ist, liegt die Kurve in dem Quadrat $|x| < 2$; $|y| < 2$; sie ist außerdem symmetrisch zur x-Achse. Aus der Gleichung $x^2 + y^2 - 2 = 2\cos t$ (siehe oben) folgert man

$$|x^2 + y^2 - 2| \leqq 2;\; x^2 + y^2 \leqq 4.$$

Die Kurve kann also den Kreis vom Radius 2 um den Nullpunkt nicht verlassen. Berechnet man noch die Punkte, die den Parameterwerten $t = 0, \pi/2, \pi$ entsprechen, so erhält man in Verbindung mit dem bereits bekannten Doppelpunkt vorstehende Figur.

5. Für den umschlossenen Flächeninhalt ergibt sich:

$$F = \tfrac{1}{2}\int_0^{2\pi} (x\,dy - y\,dx) =$$

$$= \tfrac{1}{2}\cdot\int_0^{2\pi} [(\cos t + \cos 2t)(\cos t + 2\cos 2t) + (\sin t + \sin 2t)(\sin t + 2\sin 2t)]\,dt$$

$$= \tfrac{1}{2}\cdot\int_0^{2\pi} (3 + 3\cos t)\,dt = 3\pi.$$

AUFGABE 179

Man differenziere die Funktion $\Phi(y) = \int_y^{y^2} (2^{xy} - y\,e^y + x^y)\,dx$.

Lösung: Da der Integrand wegen des Gliedes x^y nur für $x > 0$ definiert ist, setzen wir $y > 0$ voraus. Es gilt dann:

$$\Phi'(y) = \int_y^{y^2} (x \cdot \ln 2 \cdot 2^{xy} - y\,e^y - e^y + x^y \ln x)\,dx +$$

$$+ (2^{y^3} - y \cdot e^y + y^{2y}) - (2^{y^2} - y \cdot e^y + y^y).$$

AUFGABE 180

Man berechne das iterierte Integral

$$J = \int_0^1 \left[\int_{y^3}^{y} (x^2 + y^2 - 4xy^3 + \sqrt{xy})\,dx\right] dy.$$

Was ergibt sich, wenn man die Reihenfolge der Integrationen vertauscht?

Lösung: $J = \int_0^1 \left[\frac{x^3}{3} + xy^2 - 2x^2y^3 + \frac{2}{3}x\sqrt{xy}\right]_{y^3}^{y} dy =$

$$= \int_0^1 \left(\frac{y^3}{3} + y^3 - 2y^5 + \frac{2}{3}y^2 - \frac{y^9}{3} - y^5 + 2y^9 - \frac{2}{3}y^5\right) dy =$$

$$= \int_0^1 \left(-\frac{11}{3} y^5 + \frac{5y^9}{3} + \frac{4}{3} y^3 + \frac{2}{3} y^2\right) dy =$$

$$= \left[-\frac{11}{18} y^6 + \frac{5}{30} y^{10} + \frac{4}{12} y^4 + \frac{2}{9} y^3\right]_0^1 = \frac{1}{9}.$$

Bei Vertauschung der Reihenfolge der Integrationen erhält man folgende Integrationsgrenzen, die man am besten an der Figur abliest:

$$0 \leqq x \leqq 1; \quad x \leqq y \leqq \sqrt[3]{x}.$$

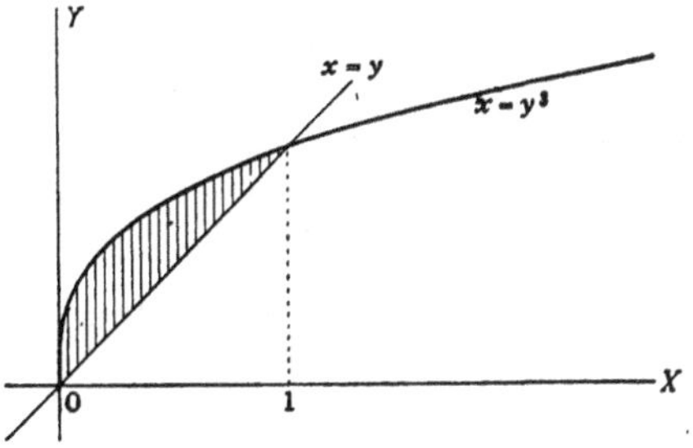

Fig. 36

Also: $$J = \int_0^1 \left[\int_x^{\sqrt[3]{x}} (x^2 + y^2 - 4xy^3 + \sqrt{xy})\, dy\right] dx =$$

$$= \int_0^1 \left[x^2 y + \frac{y^3}{3} - xy^4 + \frac{2}{3} y \sqrt{xy}\right]_x^{\sqrt[3]{x}} dx =$$

$$= \int_0^1 \left(x^{7/3} + \frac{x}{3} - x^{7/3} + \frac{2}{3} x - x^3 - \frac{x^3}{3} + x^5 - \frac{2}{3} x^2\right) dx =$$

$$= \left[\frac{x^2}{2} - \frac{1}{3} x^4 + \frac{x^6}{6} - \frac{2}{9} x^3\right]_0^1 = \frac{1}{9}.$$

AUFGABE 181

Wie groß ist das Volumen des Körpers, der begrenzt wird von der Fläche $4 - z = x^2/4 + y^2/9$ und der (x, y)-Ebene?

L ö s u n g: Die Fläche stellt ein elliptisches Paraboloid dar. Es wird von der Ebene $z = c$ in einer Ellipse geschnitten, die allerdings nur für $z \leqq 4$ reell ist. Da andererseits der Körper von der Ebene $z = 0$ begrenzt wird, ist z der Einschränkung unterworfen: $0 \leqq z \leqq 4$.

Zerlegen wir den Körper durch Ebenen $z = c$ in horizontale Schichten, so erhalten wir für den Flächeninhalt einer solchen Schicht in der Höhe z als Flächeninhalt der Ellipse $\frac{x^2}{4(4-z)} + \frac{y^2}{9(4-z)} = 1$ den Wert: $6 \cdot (4-z) \cdot \pi$.

Für das Volumen des Körpers gilt demnach: $V = 6\pi \int_0^4 (4-z)\, dz = 48\pi$.

AUFGABE 182

Wie groß ist die Bogenlänge der Kurve $\mathfrak{r} = \mathfrak{i} \cdot \cos t + \mathfrak{j} \cdot \sin t + \mathfrak{k} \cdot t$?

L ö s u n g: $s = \int_0^t |\dot{\mathfrak{r}}|\, d\tau = \int_0^t \sqrt{\sin^2 \tau + \cos^2 \tau + 1}\, d\tau = \int_0^t \sqrt{2}\, d\tau = t\sqrt{2}$.

Die Kurve ist eine Schraubenlinie.

AUFGABE 183

Gegeben ist die Kurve $y = (x - 2)\,e^{-x^2}$. Man bestimme ihren Verlauf. Wo liegen die Extreme und Wendepunkte?

Lösung: Schnittpunkte mit den Achsen. Die x-Achse $y = 0$ wird im Punkte $x = 2$ geschnitten, die y-Achse $x = 0$ im Punkte $y = -2$. Wenn x positiv oder negativ unendlich wird, konvergiert y nach Null. Dies beruht darauf, daß $e^{x^2} = 1 + x^2/1! + x^4/2! + \ldots$ im Falle $x^2 \to \infty$ außerordentlich stark unendlich wird, stärker als jede Potenz von x. Hier genügt es, festzustellen, daß $e^{x^2} > x^2$ ist, mithin

$$e^{-x^2} < \frac{1}{x^2} \quad \text{und daher} \quad |(x-2)\,e^{-x^2}| < \frac{|x| + 2}{x^2} = \frac{1}{|x|} + \frac{2}{x^2}.$$

Die rechte Seite strebt im Falle $|x| \to \infty$ nach Null.

Um den Gang der Kurve zu übersehen, bilden wir

$$y' = e^{-x^2} - 2x\,(x-2)\,e^{-x^2} = (1 + 4x - 2x^2)\,e^{-x^2}.$$

Da die Exponentialfunktion immer positiv ist, ist für das Vorzeichen der erste Faktor ausschlaggebend. Die Ableitung von $1 + 4x - 2x^2$ lautet $4 - 4x$. Sie ist positiv, solange $x < 1$, negativ, sobald $x > 1$ ist. Im Intervall $-\infty \ldots 1$ nimmt $1 + 4x - 2x^2$ beständig zu, von $-\infty$ bis 3, im Intervall $1 \ldots \infty$ beständig ab, von 3 bis $-\infty$. Daher gibt es eine Wurzel links und eine rechts von 1. Tatsächlich erhält man durch Auflösen der quadratischen Gleichung $x^2 - 2x - \frac{1}{2} = 0$ als Wurzeln $x_1 = 1 - \sqrt{3/2}$ und $x_2 = 1 + \sqrt{3/2}$. In Figur 37 ist $OQ = \sqrt{3/2}$. Man erhält die Wurzeln x_1 und x_2, indem man um 1 einen Kreis mit dem Radius OQ beschreibt. Da $1 + 4x - 2x^2 = -2\,(x - x_1)\,(x - x_2)$ ist, so erkennt man, daß y' links von x_1 negativ, zwischen x_1 und x_2 positiv und rechts von x_2 wieder negativ ist. Daher nimmt y im Intervall $-\infty \ldots x_1$ von 0 bis $(x_1 - 2)\,e^{-x_1^2}$ beständig ab, dann im Intervall $x_1 \ldots x_2$ von $(x_1 - 2)\,e^{-x_1^2}$ bis $(x_2 - 2)\,e^{-x_2^2}$ zu und schließlich im Intervall $x_2 \ldots \infty$ von $(x_2 - 2)\,e^{-x_2^2}$ bis 0 ab. Hieraus geht hervor, daß $(x_1 - 2)\,e^{-x_1^2}$ das Minimum und $(x_2 - 2)\,e^{-x_2^2}$ das Maximum von y ist.

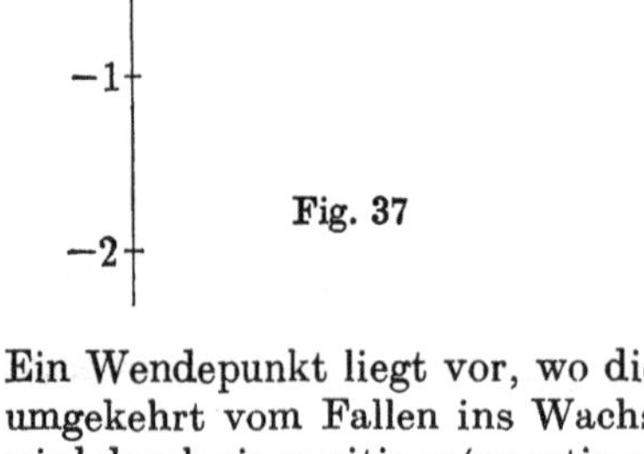

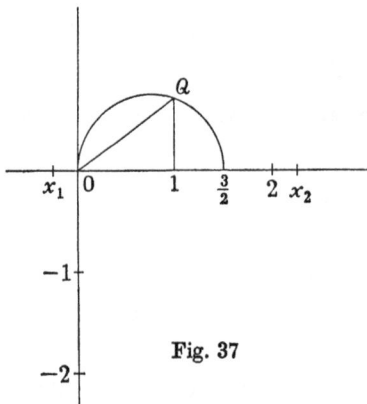

Fig. 37

Ein Wendepunkt liegt vor, wo die Steigung y' vom Wachsen ins Fallen oder umgekehrt vom Fallen ins Wachsen übergeht. Das Wachsen (Fallen) von y' wird durch ein positives (negatives) y'' angezeigt. Beim Übergang zum anderen Vorzeichen wird $y'' = 0$. Im vorliegenden Falle ist

$$y'' = (4 - 6x - 8x^2 + 4x^3)\,e^{-x^2}.$$

Maßgebend für das Vorzeichen ist der erste Faktor. Seine Wurzeln sind sämtlich reell. Man kann dies rasch so feststellen: Setzt man

$$P(x) = 2 - 3x - 4x^2 + 2x^3, \quad \text{so ist} \quad P(-1) = -1,$$

$P(0) = 2$, $P(1) = -3$, $P(\infty) = \infty$. Daraus kann man sehen, daß eine Wurzel r_1 zwischen -1 und 0, eine zweite r_2 zwischen 0 und 1, eine dritte r_3 zwischen 1 und ∞ liegt. Nun ist $y'' = 4(x - r_1)(x - r_2)(x - r_3)e^{-x^2}$. Links von r_1 ist $y'' < 0$, zwischen r_1 und r_2 aber $y'' > 0$, zwischen r_2 und r_3 dagegen $y'' < 0$, zwischen r_3 und ∞ schließlich $y'' > 0$. Wenn x in beständigem Zunehmen die Stelle r_1 passiert, geht y' vom Fallen ins Wachsen über, beim Passieren der Stelle r_2 vom Wachsen ins Fallen, beim Passieren der Stelle r_3 vom Fallen ins Wachsen. An den Stellen r_1, r_2, r_3 liegen also Wendepunkte. Um die Gleichung $2x^3 - 4x^2 - 3x + 2 = 0$ aufzulösen, mache man den Ansatz $x = A \sin\varphi + B$. Man findet dann

$$\begin{aligned}2(A^3 \sin^3\varphi + 3A^2 B \sin^2\varphi + 3AB^2 \sin\varphi + B^3)\\ -4(A^2 \sin^2\varphi + 2AB \sin\varphi + B^2)\\ -3(A \sin\varphi + B)\\ +2 = 0\,.\end{aligned}$$

Setzt man $B = 2/3$, so fällt $\sin^2\varphi$ heraus, und die Gleichung lautet schließlich

$$\sin^3\varphi - \frac{17}{6A^2}\sin\varphi = \frac{16}{27A^3}\,.$$

Vergleicht man hiermit die uns bekannte, aus $(\cos\varphi + i\sin\varphi)^3 = \cos 3\varphi + i \sin 3\varphi$ stammende Beziehung $3\sin\varphi - 4\sin^3\varphi = \sin 3\varphi$, die man auch in der Form $\sin^3\varphi - 3/4 \sin\varphi = -\frac{\sin 3\varphi}{4}$ schreiben kann, so kommen beide Gleichungen in Übereinstimmung, wenn $17/6A^2 = 3/4$ ist, d.h. $A^2 = 34/9$, also $A = (1/3)\sqrt{34}$ und $16/(\sqrt{34})^3 = \sin 3\varphi$. Da $16^2 < 34^3$ ist, kann man diese Gleichung erfüllen. Da 3φ nur bis auf Vielfache von 2π bestimmt ist, hat man für φ drei Werte φ, $\varphi + (2\pi/3)$, $\varphi + (4\pi/3)$ und erhält also alle drei Wurzeln der kubischen Gleichung. An Hand einer trigonometrischen Tabelle lassen sich die numerischen Werte der Wurzeln leicht ermitteln.

AUFGABE 184

Man untersuche die Kurve $y = \dfrac{2(x-1)x}{(x-2)(x+3)}$.

Lösung:

1. Asymptoten: $x = 2$; $x = -3$; $y = 2$.
2. Achsenschnittpunkte: $x = 0$; $y = 0$
   $x = 1$; $y = 0$.
3. Asymptotenschnittpunkte: $y = 2$; $x = 3$.
4. Extrema: $y = 2\,\dfrac{x^2 - x}{x^2 + x - 6}$,

$$y' = \frac{2}{(x^2 + x - 6)^2}\left[(x^2 + x - 6)(2x - 1) - (x^2 - x)(2x + 1)\right];$$

$$y' = 0 \text{ für } 2x^2 - 12x + 6 = 0$$

$$x_{1,2} = 3 \pm \sqrt{6} = \begin{cases} 5{,}45 \\ 0{,}55\,, \end{cases}$$

$$y_{1,2} = 2 \cdot \frac{5x_{1,2} - 3}{7x_{1,2} - 9} = \begin{cases} 1{,}65 \\ 0{,}10\,. \end{cases}$$

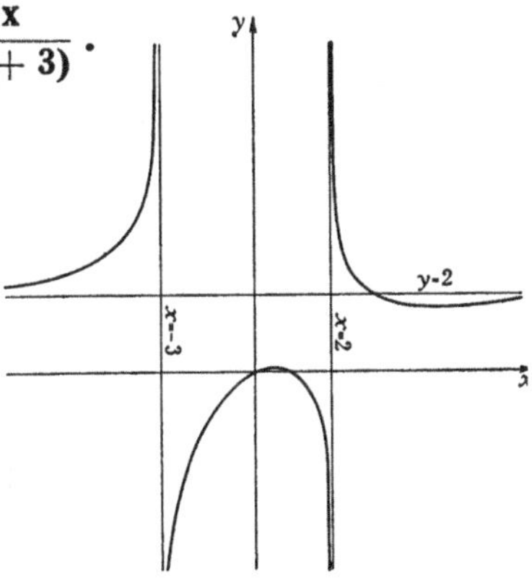

Fig. 38

AUFGABE 185

Man zeichne ein ungefähres Bild der Kurve $y = \sin \frac{x^2-1}{x^2+1}$.

Lösung: Nullstellen:

$$\frac{x^2-1}{x^2+1} = k\pi; \quad x^2 = \frac{1+k\pi}{1-k\pi},$$

x nur reell für

$k = 0$: $(x = \pm 1;\ y = 0)$.

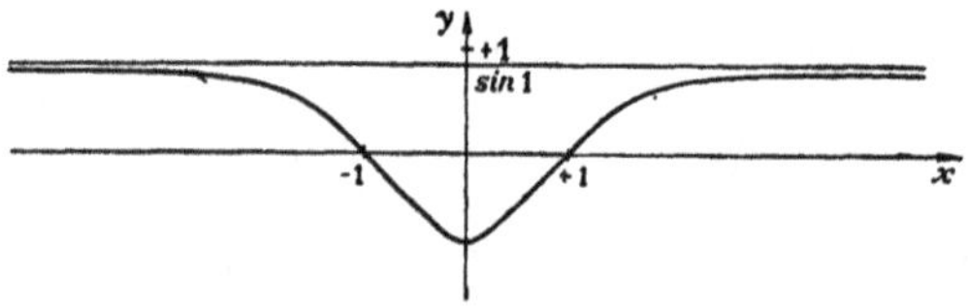

Fig. 39

Für $x \to \infty$ wird $y \to \sin 1 = 0{,}84$. Für $x = 0$ ist $y = \sin(-1) = -0{,}84$.

AUFGABE 186

Man untersuche die Kurve $y = \cos\left(4\pi \frac{x^2-1}{x^2+1}\right)$.

Lösung: $4\pi \frac{x^2-1}{x^2+1} = k\frac{\pi}{2}; \quad x^2 = \frac{8+k}{8-k}$,

k ungerade: Nullstellen,

reell für $k = -7, -5, -3, -1, 1, 3, 5, 7$.

$$x^2 = \frac{1}{15} \Big| \frac{3}{13} \Big| \frac{5}{11} \Big| \frac{7}{9} \Big| \frac{9}{7} \Big| \frac{11}{5} \Big| \frac{13}{3} \Big| \frac{15}{1} \Big|,$$

$x = \pm 0{,}25; \pm 0{,}5; \pm 0{,}7; \pm 0{,}9; \pm 1{,}1; \pm 1{,}5; \pm 2{,}1; \pm 3{,}9$,

$x = 0,\ y = \cos(-4\pi) = 1$.

$x \to \infty,\ y \to 1$.

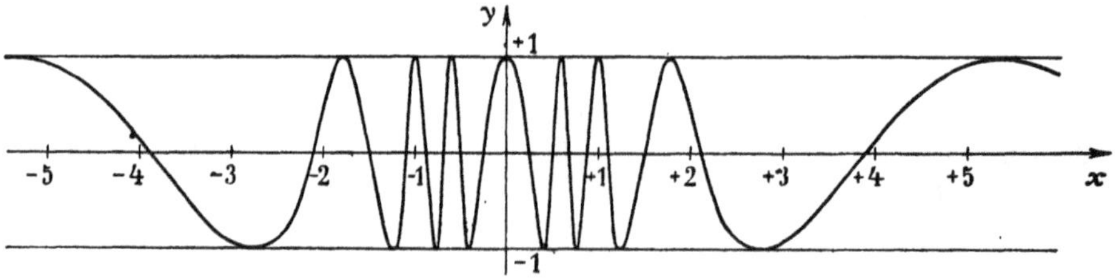

Fig. 40

AUFGABE 187

Man untersuche die Kurve $|y - 2x| + |y + 2x + 1| = 1$.

Lösung: Die Geraden $y - 2x = 0$ und $y + 2x + 1 = 0$ zerlegen die Ebene in 4 Gebiete

1. $\left.\begin{array}{l} y-2x>0 \\ y+2x+1>0 \end{array}\right\} \quad y-2x+y+2x+1=1$ oder $y=0$.

2. $\left.\begin{array}{l} y-2x>0 \\ y+2x+1<0 \end{array}\right\} \quad y-2x-y-2x-1=1$ oder $x=-1/2$.

3. $\left.\begin{array}{l} y-2x<0 \\ y+2x+1<0 \end{array}\right\} -y+2x-y-2x-1=1$ oder $y=-1$.

4. $\left.\begin{array}{l} y-2x<0 \\ y+2x+1>0 \end{array}\right\} -y+2x+y+2x+1=1$ oder $x=0$.

Die Kurve ist ein Rechteck.

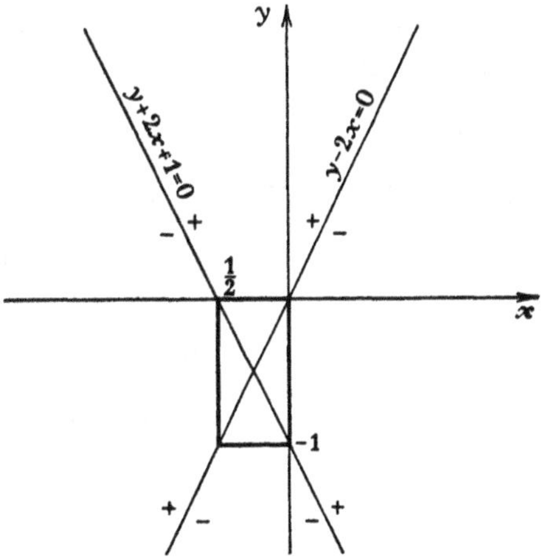

Fig. 41

AUFGABE 188

Man gebe eine Parameterdarstellung der Kurve $r = \cot\varphi$ und skizziere sie. Wie lautet ihre Gleichung in rechtwinkligen Koordinaten?

Lösung: $x = r\cos\varphi = \dfrac{\cos^2\varphi}{\sin\varphi}$; $\quad y = r\sin\varphi = \cos\varphi$,

$$x^2 = \frac{\cos^4\varphi}{\sin^2\varphi} = \frac{\cos^4\varphi}{1-\cos^2\varphi} = \frac{y^4}{1-y^2}, \qquad y^4 + x^2y^2 - x^2 = 0.$$

Asymptote: $\varphi \to 0$; $x \to \infty$; $y \to 1$.

Verhalten bei $\varphi = \pi/2$; $\varphi = (\pi/2) - \vartheta$; $x = \vartheta^2$; $y = \vartheta$.

Die Darstellung in rechtwinkligen Koordinaten zeigt sofort die Symmetrie inbezug auf beide Achsen.

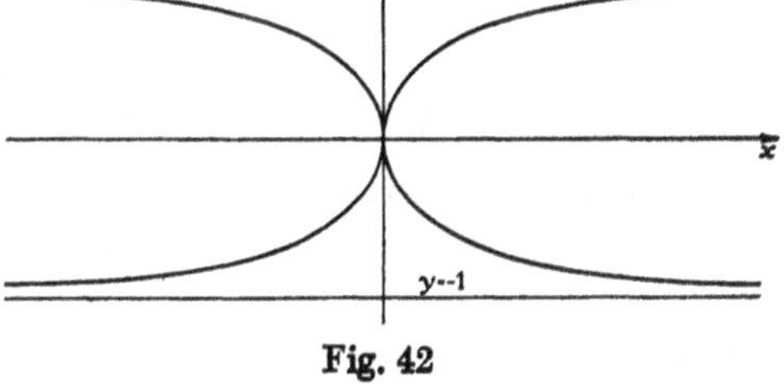

Fig. 42

AUFGABE 189

Man diskutiere die Kurve $x^3 - y^3 + 3x^2 + x = 0$.

Lösung: 1. Asymptoten: $y = mx + b$,

$$x^3(1 - m^3) + x^2(3 - 3m^2b) + x(1 - 3mb^2) - b^3 = 0.$$

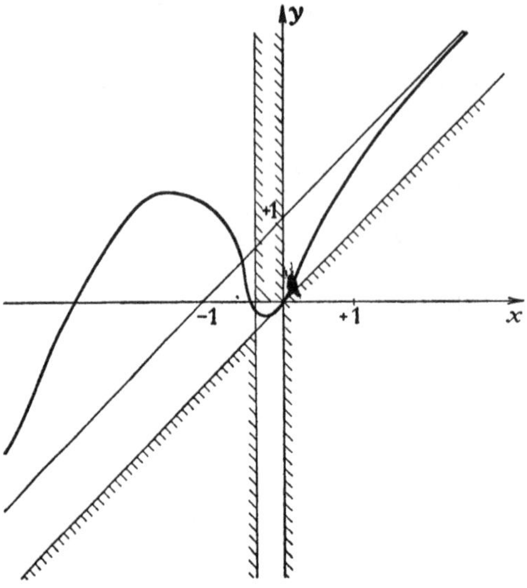

Fig. 43

$1 - m^3 = 0$, $3 - 3m^2b = 0$ haben $m = 1$, $b = 1$ als einzige reelle Lösung. Die Kurve hat also die Asymptote $y = x + 1$.

2. Diese schneidet die Kurve in $x(1 - 3mb^2) - b^3 = 0$, d. h. $x = -1/2$, $y = 1/2$.

3. Signierung:

   a) $y^3 - x^3 = 3x^2 + x$, $(y - x)(y^2 + yx + x^2) = x(3x + 1)$,

   b) $x^2(x + 3) = y^3 - x$.

4. Extrema:

   $3x^2 + 6x + 1 - 3y^2y' = 0$;

   $y' = 0$, $3x^2 + 6x + 1 = 0$;

   $x_{1,2} = -1 \pm \sqrt{2/3} = \begin{matrix}-0{,}19\\-1{,}81\end{matrix}$,

   $y_{1,2} = \sqrt[3]{x^3 + 3x^2 + x}$.

5. Achsenschnittpunkte: $y = 0: x = 0$ oder $x^2 + 3x + 1 = 0$, $x = -\frac{3 \pm \sqrt{5}}{2}$,

   $x = 0 : y = 0$.

AUFGABE 190

Man diskutiere die Kurve $x^3 + y^3 - x^2 + y^2 = 0$.

Lösung: Die Kurve zerfällt: $(x + y) \cdot (x^2 - xy + y^2 - x + y) = 0$, d. h. Gerade $x + y = 0$ und Kegelschnitt $x^2 - xy + y^2 - x + y = 0$.

a) Parallelverschiebung: $x = \xi + x_0$, $y = \eta + y_0$,

$$\xi^2 - \xi\eta + \eta^2 + \underbrace{\xi(2x_0 - y_0 - 1)}_{=0} + \underbrace{\eta(2y_0 - x_0 + 1)}_{=0} +$$
$$+ (x_0^2 - x_0y_0 + y_0^2 - x_0 + y_0) = 0.$$

$x_0 = \frac{1}{3}$, $y_0 = -\frac{1}{3}$; $\xi^2 - \xi\eta + \eta^2 - \frac{1}{3} = 0$.

b) Drehung: $\xi = u\cos\alpha - v\sin\alpha$; $\eta = u\sin\alpha + v\cos\alpha$,

$$u^2(1 - \sin\alpha\cos\alpha) + \underbrace{uv(-\cos^2\alpha + \sin^2\alpha)}_{=0} +$$
$$+ v^2(1 + \sin\alpha\cos\alpha) - \frac{1}{3} = 0, \qquad \alpha = 45^0.$$

$$\frac{1}{2}u^2 + \frac{3}{2}v^2 - \frac{1}{3} = 0 \quad \text{oder} \quad \frac{u^2}{2/3} + \frac{v^2}{2/3} = 1\,,$$

d. h. Ellipse mit den Halbachsen $a = \sqrt{2/3}$, $b = \sqrt{2/9}$
mit dem Mittelpunkt $x_0 = 1/3$, $y_0 = -1/3$.

Die große Achse ist unter 45^0 gegen die $+$ x-Achse geneigt.

AUFGABE 191

Man bestimme den Verlauf der Kurve, die gegeben ist durch die Gleichung $x^3 - y^3 = 3x(x + y)$.

Lösung: Wir untersuchen zunächst den Verlauf der Kurve im großen. Eventuell vorhandene Asymptoten erhält man durch den Ansatz $y = mx + b$. Substituieren wir diesen Ausdruck in die Kurvengleichung, dann ergibt sich:

$$x^3 - (m^3x^3 + 3m^2x^2b + 3mxb^2 + b^3) = 3x^2 + 3x(mx + b)\,,$$

$$x^3(1 - m^3) + x^2(-3m^2b - 3 - 3m) + x(-3mb^2 - 3b) - b^3 = 0\,.$$

Die Werte von m und b findet man nur durch Nullsetzung der Koeffizienten der beiden höchsten Potenzen, also von x^3 und x^2:

$$1 - m^3 = 0\,,\quad m = 1 \quad \text{(sonst keine reelle Nullstelle)}$$

$$-3(m^2b + m + 1)/0\,,\quad b = -2\,.$$

Die Kurve hat daher eine Asymptote mit der Gleichung $y = x - 2$. Einen eventuellen ins Endliche fallenden Schnittpunkt dieser Asymptote mit der Kurve erhält man durch Auflösen der Restgleichung

$$x(-3mb^2 - 3b) - b^3 = 0\,,\quad x = -\frac{b^3}{3mb^2 + 3b} = \frac{4}{3}\,;\quad y = x - 2\,,\quad y = -\frac{2}{3}\,.$$

Einen weiteren Einblick in die Gestaltsverhältnisse der Kurve gewinnt man durch das sogenannte Signierungsverfahren. Wir schreiben dazu die Kurvengleichung in der Form $(x - y)(x^2 + xy + y^2) = 3x(x + y)$.

Kurvenpunkte sind solche, für die beide Seiten den gleichen Wert, also auch das gleiche Vorzeichen haben. Es können aber sicher keine Kurvenpunkte in solchen Gebieten der Ebene liegen, in denen die beiden Seiten entgegengesetztes Zeichen aufweisen. Durch eine solche Vorzeichenbetrachtung wird die Ebene in mögliche (gleiche Zeichen) und unmögliche Gebiete (entgegengesetzte Zeichen) eingeteilt. Diese Felder werden voneinander getrennt durch Kurven, auf denen eine der beiden Seiten das Vorzeichen wechselt, also den Wert Null hat (Signierungslinien). In unserem Beispiel sind solche Signierungslinien die Kurven $x - y = 0$, $x = 0$, $x + y = 0$.

Der Ausdruck $x^2 + xy + y^2$ verschwindet nur im Nullpunkt, aber ohne sein Zeichen zu ändern. Die durch diese Kurven erzeugten Gebiete sind nun abwechselnd mögliche und unmögliche Gebiete, man braucht also nur für eines festzustellen, zu welcher Gattung es gehört.

Nun untersuchen wir den Verlauf der Kurve im kleinen: Man sieht sofort, daß der Nullpunkt ein Kurvenpunkt ist. Das Verhalten der Kurve in der Umgebung des Nullpunktes wird bestimmt durch die Glieder niedrigster Dimension in x und y, also durch $x(x + y) = 0$. Das ist die Gleichung eines Geradenpaares; der Nullpunkt ist somit ein Doppelpunkt mit den beiden

Tangenten $x = 0$ und $y + x = 0$. Schließlich ist es noch leicht, die Lage der Kurve bezüglich des Koordinatensystems zu untersuchen, indem wir etwa die Achsenschnittpunkte berechnen. Es geht für $x = 0$: $y = 0$, für $y = 0$: $x = 0$ oder $x = 3$.

Der Leser möge die erforderlichen Figuren selbst zeichnen.

AUFGABE 192

Man diskutiere den Verlauf der Kurve $y = x - 2 \sin x + \frac{1}{2} \sin 2x$ (Extreme, Wendepunkte). Welches ist der Flächeninhalt, der von der Kurve, der x-Achse und der Ordinate des ersten rechts vom Nullpunkt gelegenen Wendepunktes begrenzt wird?

Lösung: Die Funktion $y = x - 2 \sin x + \frac{1}{2} \sin 2x$ ist für alle Werte von x erklärt und eine ungerade Funktion. Sie unterscheidet sich von der Funktion $y = x$ um den Ausdruck $-2 \sin x + \frac{1}{2} \sin 2x$, also höchstens um den Betrag $2\frac{1}{2}$. Das Kurvenbild liegt also in einem Parallelstreifen, der von den Geraden $y = x \pm 2\frac{1}{2}$ begrenzt wird. Da die Funktion überall differenzierbar ist, können Extrema nur an Stellen mit $y' = 0$ vorhanden sein. Wir bilden daher:

$$y' = 1 - 2 \cos x + \cos 2x;$$
$$y'' = 2 \sin x - 2 \sin 2x = 2 \sin x (1 - 2 \cos x);$$
$$y''' = 2 \cos x - 4 \cos 2x = 2 (2 + \cos x - 4 \cos^2 x).$$

Die Punkte mit $y' = 0$ finden wir durch Auflösung der Gleichung:

$$1 - 2 \cos x + \cos 2x = 0; \quad \cos^2 x - \cos x = 0$$
$$1.\ \cos x = 0 \qquad x = \pi/2 + k\pi.$$
$$2.\ \cos x = 1 \qquad x = 2k\pi.$$

Setzt man diese Werte in y'' ein, dann erhält man

$$y'' = 2 (-1)^k \qquad \text{für die Punkte 1},$$
$$y'' = 0 \qquad \text{für die Punkte 2}.$$

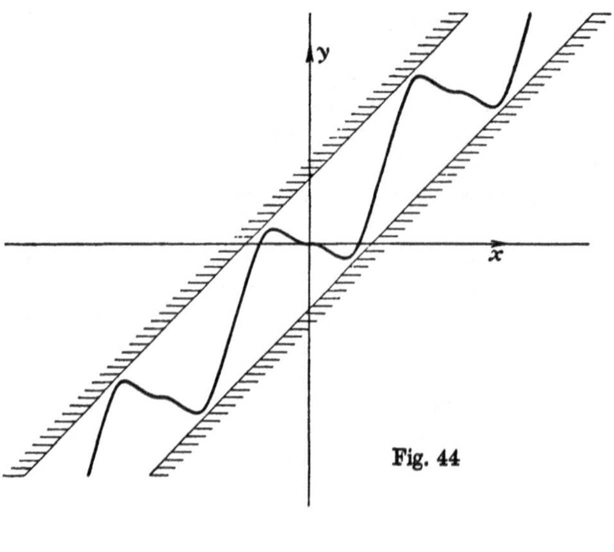

Fig. 44

Die Stellen $x = \pi/2 + k\pi$ stellen also Extrema dar, und zwar Minima für $k = 2n$, Maxima für $k = 2n + 1$.

Wegen des Verschwindens der zweiten Abteilung müssen wir für die Stellen 2 die dritte Ableitung heranziehen; diese ist von Null verschieden. Die erste nicht verschwindende Ableitung ist also von ungerader Ordnung; es liegt kein Extremum vor.

Die notwendige Bedingung für das Auftreten eines Wendepunktes ist $y'' = 0$; dies ist erfüllt für die Punkte:

$$3.\ \sin x = 0 \qquad x = k\pi\,,$$
$$4.\ \cos x = \tfrac{1}{2} \qquad x = \pm\pi/3 + 2k\pi\,.$$

Da die dritte Ableitung an diesen Stellen nicht verschwindet, ist die Bedingung auch hinreichend. Die Punkte 3 und 4 stellen also Wendepunkte dar.

Aus den bisherigen Ergebnissen läßt sich der Verlauf der Kurve zeichnen.

Der erste rechts von $x = 0$ gelegene Wendepunkt hat die Abszisse $x = \pi/3$. Der Flächeninhalt zwischen der Kurve und der x-Achse ergibt sich also zu

$$F = \int_0^{\pi/3} (x - 2\sin x + \tfrac{1}{2}\sin 2x)\,dx = \left[\frac{x^2}{2} + 2\cos x - \frac{1}{4}\cos 2x\right]_0^{\pi/3}, F = \frac{\pi^2}{18} - \frac{5}{8}\,.$$

AUFGABE 193

Man bestimme das allgemeine Integral der Differentialgleichung
$$y \cdot (dy/dx) + c\,y^2 = a\cos(x + \beta)\,.$$

L ö s u n g: Da $y \cdot (dy/dx)$ die Ableitung von $y^2/2$ ist, machen wir zweckmäßig die Substitution $y^2 = u$, wodurch die Differentialgleichung übergeht in die lineare Differentialgleichung

$$(du/dx) + 2c\,u = 2a\cos(x + \beta)\,.$$

Von dieser Differentialgleichung interessieren jedoch wegen $u = y^2$ nur solche Lösungen, die nicht negativ sind.

Die verkürzte Gleichung hat das allgemeine Integral $u = C \cdot e^{-2cx}$.

Ein partikuläres Integral der unverkürzten Gleichung findet man durch den Ansatz:

$$u = A\cos(x + \beta) + B\sin(x + \beta)\,;$$
$$du/dx = -A\sin(x + \beta) + B\cos(x + \beta)\,.$$

Der Koeffizientenvergleich liefert $B + 2c\,A = 2a,\ 2c\,B - A = 0,$

$$B = 2a/(1 + 4c^2)\,.\ A = 4ac/(1 + 4c^2)\,.$$

Also lautet das allgemeine Integral der unverkürzten Differentialgleichung für u:

$$u = \frac{1}{1 + 4c^2}\,[4ac\cos(x + \beta) + 2a\sin(x + \beta)] + C\,e^{-2cx} =$$
$$= \frac{2a}{\sqrt{1 + 4c^2}}\left(\frac{2c}{\sqrt{1 + 4c^2}}\cos(x + \beta) + \frac{1}{\sqrt{1 + 4c^2}}\sin(x + \beta)\right) + C\,e^{-2cx}.$$

Setzt man hier noch $2c/\sqrt{1 + 4c^2} = \sin\alpha,\ 1/\sqrt{1 + 4c^2} = \cos\alpha$, so kann aus diesen zwei Gleichungen die Größe α eindeutig berechnet werden ($0 \leqq \alpha < 2\pi$). Wir erhalten somit:

$$u = (2a/\sqrt{1 + 4c^2})\sin(x + \alpha + \beta) + C\,e^{-2cx}.$$

Jetzt müssen wir uns auf einen x-Bereich beschränken, für den $u \geqq 0$ gilt. Da die überhöhte Sinuslinie $(2a/\sqrt{1 + 4c^2})\sin(x + \alpha + \beta)$ von der Exponentialkurve $-C \cdot e^{-2cx}$ unendlich oft geschnitten wird bei beliebigem C, besteht der fragliche Bereich aus unendlich vielen, getrennt liegenden Intervallen. Im Falle $a = 0$ müssen wir $C \geqq 0$ voraussetzen, der Bereich besteht dann aus der ganzen x-Achse. Bei Einschränkung der veränderlichen x auf den angegebenen Bereich gilt: $y = \pm\sqrt{(2a/\sqrt{1 + 4c^2})\sin(x + \alpha + \beta) + C \cdot c^{-2cx}}$.

AUFGABE 194

Man integriere die Differentialgleichung $(dy/dx) + xy = y^2 \sin x$.

Lösung: Es handelt sich um eine Bernoullische Differentialgleichung. Sehen wir von der Lösung $y = 0$ ab, dann können wir durch y^2 dividieren und erhalten

$$\frac{1}{y^2}\frac{dy}{dx} + \frac{x}{y} = \sin x\,.$$

Die Substitution $1/y = u$ führt auf die lineare Differentialgleichung

$$(du/dx) - xu = -\sin x\,.$$

Das allgemeine Integral der verkürzten Gleichung lautet $u = C\,e^{x^2/2}$; das allgemeine Integral der unverkürzten Gleichung findet man nach der Methode der Variation der Konstanten:

$$u = C(x)\,e^{x^2/2}, \quad du/dx = C'(x)\,e^{x^2/2} + x\;C(x)\,e^{x^2/2}\,,$$

$$C'(x)\,e^{x^2/2} = -\sin x\,, \quad C(x) = -\int e^{-x^2/2}\sin x\,dx + C\,.$$

Somit:

$$u = -e^{x^2/2}\int e^{-x^2/2}\sin x\,dx + C\,e^{x^2/2}\,.$$

Das allgemeine Integral der ursprünglichen Differentialgleichung lautet also:

$$y = \frac{1}{e^{x^2/2}\left(C - \int e^{-x^2/2}\sin x\,dx\right)}\,.$$

Dazu kommt noch die Lösung $y = 0$, die in dem obigen Ausdruck nicht enthalten ist.

AUFGABE 195

Man bestimme das allgemeine Integral der Differentialgleichung $y^2 + x^2y' = xyy'$. Wie lautet das partikuläre Integral durch den Punkt $x = 1$, $y = 1$?

Lösung: Durch Auflösen nach y' erhalten wir $y' = y^2/[x\,(y - x)]$, also eine homogene Differentialgleichung. Wie man sich sofort überzeugt, gehen bei der Division durch $x\,(y - x)$ keine Lösungen verloren, da weder $x = 0$ noch $y = x$ die ursprüngliche Differentialgleichung erfüllt. Machen wir jetzt die Substitution $y/x = u$, $y = xu$, $y' = xu' + u$, dann geht die Differentialgleichung über in $xu' + u = u^2/(u - 1)$, $xu' = u/(u - 1)$.

Sehen wir von der Lösung $u = 0$ ab, dann ergibt sich weiter

$$\int\frac{(u-1)\,du}{u} = \int\frac{dx}{x}\,; \quad \ln Cx = u - \ln|u| \quad \ln Cx\,|u| = u \quad \ln Cy = y/x\,.$$

Hierbei ist die Integrationskonstante C so zu wählen, daß $Cy > 0$ ausfällt. Die obige Gleichung läßt sich auf elementare Weise nicht nach y auflösen. Betrachten wir indessen die Umkehrfunktion, x als Funktion von y, dann erhalten wir als allgemeines Integral $x = y/\ln Cy$, $Cy > 0$, dem noch die Lösung $y = 0$ beizufügen ist. Das partikuläre Integral durch $(1, 1)$ ergibt sich daraus zu:

$$1 = 1/\ln C\,, \quad C = e\,, \quad x = y/\ln(ey)\,.$$

AUFGABE 196

Man bestimme das allgemeine Integral der Differentialgleichung

$$y' = \sqrt{x^2 + x + y}\,.$$

Lösung: Für $y' \geqq 0$ ist die gegebene Differentialgleichung gleichwertig mit $y'^2 = x^2 + x + y$. Wir behandeln diese Differentialgleichung als implizite Differentialgleichung und setzen zur Abkürzung $y' = p$. Für jede Lösung $y = y(x)$ ist dann auch $y' = p$ eine Funktion von x. Sehen wir von eventuell vorhandenen Stellen, an denen $dp/dx = 0$ ist, ab, so können wir auch x als Funktion von p betrachten, wodurch wiederum y als Funktion von p erscheint. Die Integralkurve ist damit durch eine Parameterdarstellung mit dem Parameter p $(p \geqq 0)$ erklärt. Betrachten wir in diesem Sinn p als unabhängige Veränderliche, die auf den Bereich $p \geqq 0$ eingeschränkt sei, dann ergibt sich aus der Differentialgleichung $p^2 = x^2 + x + y$ durch Differentiation nach p:

$$2p = 2x\frac{dx}{dp} + \frac{dx}{dp} + p\frac{dx}{dp}\,, \quad \frac{dx}{dp}(2x + p + 1) = 2p\,, \quad \frac{dx}{dp} = \frac{2p}{2x + p + 1}\,.$$

Diese Differentialgleichung läßt sich in eine homogene transformieren durch die Substitution $\quad x = -\frac{1}{2} + \xi\,, \quad dx/dp = d\xi/dp\,,$

$$\frac{d\xi}{dp} = \frac{2p}{2\xi + p} = \frac{2}{2(\xi/p) + 1} \qquad (p > 0)\,.$$

Die weitere Substitution $\xi/p = u$, $\xi = pu$, $d\xi/dp = u + p\,(du/dp)$ führt auf die Gleichung: $\quad p\dfrac{du}{dp} = \dfrac{2}{2u + 1} - u = \dfrac{-2u^2 - u + 2}{2u + 1}\,.$

Wie man unmittelbar erkennt, hat diese Differentialgleichung die beiden Lösungen $u = (-1 \pm \sqrt{17})/4$, die man durch Nullsetzen der rechten Seite erhält. Sieht man von diesen beiden partikulären Integralen ab, dann kann man durch die rechte Seite dividieren und findet durch Trennung der Veränderlichen: $\quad \displaystyle\int \frac{(2u + 1)\,du}{2u^2 + u - 2} = -\int \frac{dp}{p}\,.$

Die Partialbruchzerlegung liefert:

$$\frac{2u + 1}{2u^2 + u - 2} = \frac{A}{u - \dfrac{-1 + \sqrt{17}}{4}} + \frac{B}{u + \dfrac{1 + \sqrt{17}}{4}}$$

$$2u + 1 = 2A\left(u + \frac{1 + \sqrt{17}}{4}\right) + 2B\left(u - \frac{-1 + \sqrt{17}}{4}\right)$$

$$u = \frac{-1 + \sqrt{17}}{4}\,, \; A = \frac{17 + \sqrt{17}}{34}\,; \; u = \frac{-1 - \sqrt{17}}{4}\,, \; B = \frac{17 - \sqrt{17}}{34}\,.$$

Durch Integration erhält man somit:

$$-\ln\frac{p}{C} = \frac{17 + \sqrt{17}}{34}\ln\left|u + \frac{1 - \sqrt{17}}{4}\right| + \frac{17 - \sqrt{17}}{34}\ln\left|u + \frac{1 + \sqrt{17}}{4}\right|\,.$$

Wegen $p > 0$ muß hier auch $C > 0$ sein. Durch andere Zusammenfassung erhält man:

$$\ln\frac{p}{C} = -\frac{1}{2}\ln\left|\frac{2u^2+u-2}{2}\right| - \frac{1}{2\sqrt{17}}\ln\left|\frac{4u+1-\sqrt{17}}{4u+1+\sqrt{17}}\right|,$$

$$p = C\left|\frac{4u+1+\sqrt{17}}{4u+1-\sqrt{17}}\right|^{1/2\sqrt{17}} \cdot \frac{\sqrt{2}}{\sqrt{|2u^2+u-2|}},$$

$$p = \frac{C_1}{\sqrt{|2u^2+u-2|}}\left|\frac{4u+1+\sqrt{17}}{4u+1-\sqrt{17}}\right|^{1/2\sqrt{17}}$$

Dabei wurde $\sqrt{2}\cdot C = C_1$ gesetzt, es muß also auch $C_1 > 0$ sein. Die obige Gleichung ist elementar nicht nach u auflösbar. Wir betrachten daher die Umkehrfunktion p als Funktion von u. Mit dem neuen Parameter u ergibt sich sodann: $x = -\frac{1}{2} + pu$; $y = p^2 - x^2 - x$ oder:

$$x = -\frac{1}{2} + \frac{C_1 u}{\sqrt{|2u^2+u-2|}}\left|\frac{4u+1+\sqrt{17}}{4u+1-\sqrt{17}}\right|^{1/2\sqrt{17}}$$

$$y = \frac{C_1^2}{|2u^2+u-2|}\left|\frac{4u+1+\sqrt{17}}{4u+1-\sqrt{17}}\right|^{1/\sqrt{17}} - x^2 - x.$$

Damit haben wir das allgemeine Integral in Parameterdarstellung mit dem Parameter u. Bei der Integration der Differentialgleichung

$$p\frac{du}{dp} = \frac{-2u^2-u+2}{2u+1}$$

haben wir jedoch die beiden Integrale $u = (-1 \pm \sqrt{17})/4$ verloren. Sie geben Anlaß zu den Integralkurven

$$\left.\begin{aligned} x &= -\frac{1}{2} + p\,\frac{-1\pm\sqrt{17}}{4} \\ y &= p^2 - x^2 - x \end{aligned}\right\}\quad (\text{Parameter } p > 0),$$

die im allgemeinen Integral nicht enthalten sind.

AUFGABE 197

Man bestimme das allgemeine Integral der Differentialgleichung

$$y'(x^2y^3 + xy) = 1.$$

Lösung: Wir betrachten die Differentialgleichung für die Umkehrfunktion $x = x(y)$: $dx/dy = x^2y^3 + xy$, welche vom Bernoullischen Typus ist. Ihre Lösung $x = 0$ interessiert nicht, da wir ja am Schluß wieder y als Funktion von x betrachten wollen. Infolgedessen können wir durch x^2 dividieren und erhalten:

$$\frac{1}{x^2}\cdot\frac{dx}{dy} = y\,\frac{1}{x} + y^3.$$

Setzt man jetzt $\frac{1}{x} = u$; $-\frac{1}{x^2}\cdot\frac{dx}{dy} = \frac{du}{dy}$, dann ergibt sich:

$$-du/dy = y\cdot u + y^3,$$

also eine lineare Differentialgleichung für u. Die Lösung der verkürzten Differentialgleichung heißt $u = C e^{-y^2/2}$. Um ein partikuläres Integral der unverkürzten Gleichung zu finden, wenden wir die Methode der Variation der Konstanten an:

$$u = C(y)\, e^{-y^2/2}; \quad du/dy = -y \cdot C(y)\, e^{-y^2/2} + C'(y) \cdot e^{-y^2/2}, \text{ somit:}$$

$$-C'(y)\, e^{-y^2/2} = y^3; \quad C(y) = -\int y^3 e^{y^2/2}\, dy\,.$$

Das Integral läßt sich durch die Substitution $y^2/2 = z$, $y\,dy = dz$ umformen in

$$-2 \int z\, e^z\, dz = -2z \cdot e^z + 2 e^z = -y^2 e^{y^2/2} + 2 e^{y^2/2}.$$

Das allgemeine Integral der Differentialgleichung für u lautet daher:

$$u = -y^2 + 2 + C \cdot e^{-y^2/2}.$$

Für die Funktion $x = x(y)$ bekommen wir also den Ausdruck:

$$x = \frac{1}{2 - y^2 + C \cdot e^{-y^2/2}}\,.$$

Dadurch wird implizit auch y als Funktion von x erklärt, wenn wir uns auf x-Intervalle beschränken, in denen dx/dy existiert und von Null verschieden ist. Eine elementare Auflösung der Gleichung nach y ist nicht möglich.

AUFGABE 198

Gegeben ist die Differentialgleichung $y' = x + y + y^2$. Man verschaffe sich ein Bild vom Verlauf der Integralkurven nach der Isoklinenmethode.

Lösung: Die Differentialgleichung ist vom Riccatischen Typ. Da ein partikuläres Integral nicht bekannt ist, läßt sie sich in geschlossener Form nicht integrieren. Die Isoklinen $y' = c$ sind die Parabeln $y^2 + y + x = c$ oder

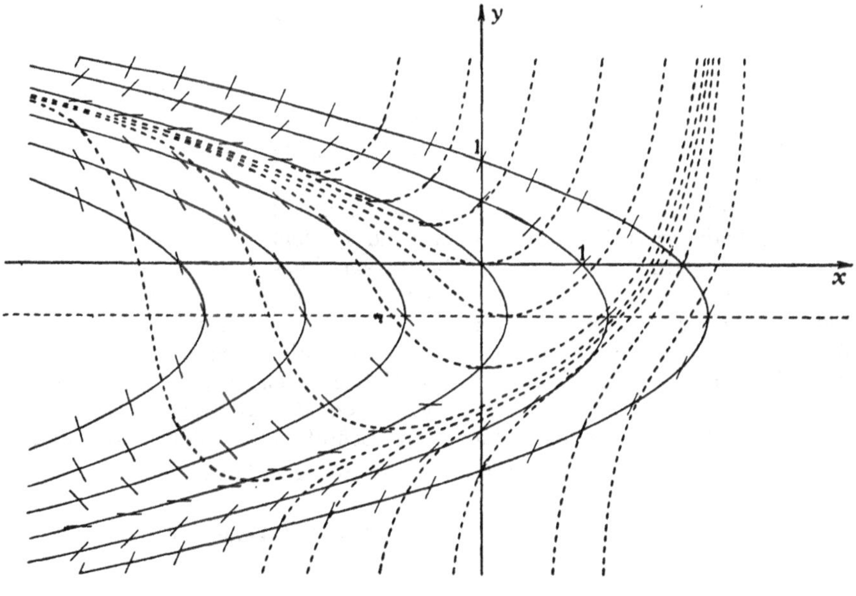

Fig. 45

$(y + \frac{1}{2})^2 = -(x - c - \frac{1}{4})$. Alle Parabeln sind untereinander kongruent und nach links geöffnet. Die Scheitel liegen bei $x = c + \frac{1}{4}$, $y = -\frac{1}{2}$. Sie gehen auseinander durch Parallelverschiebung längs der x-Achse hervor. Aus dem Richtungsfeld (Figur 45) läßt sich ein ungefähres Bild der Integralkurven gewinnen (gestrichelte Kurven). Man beachte das asymptotische Verhalten der Integralkurven.

AUFGABE 199

Wie lautet das allgemeine Integral der Differentialgleichung $\frac{dy}{dx} + \left(\frac{1-y^2}{1-x^2}\right)^{1/2} = 0$? Man verschaffe sich ein Bild vom Verlauf der Integralkurven. Welches ist das partikuläre Integral, das für $x = 0$ den Wert $y = 0$ annimmt?

Lösung: Es handelt sich um eine separierbare Differentialgleichung. Schließen wir zunächst $y = \pm 1$ aus, dann ergibt sich:

$$\int \frac{dy}{\sqrt{1-y^2}} = -\int \frac{dx}{\sqrt{1-x^2}}, \quad \text{arc sin } y + \text{arc sin } x = C.$$

Setzen wir zur Vereinfachung des Resultates arc sin $x = u$, arc sin $y = v$, so muß die Konstante $C = u + v$ als Summe von zwei arc sin-Funktionen jedenfalls im Intervall $-\pi < C < \pi$ liegen. Andererseits gilt

$$\sin u = x; \quad \sin v = y; \quad \sin(u + v) = \sin u \cos v + \cos u \sin v.$$

Wegen $-\pi/2 < u < \pi/2$, $-\pi/2 < v < \pi/2$ können wir weiter schreiben $\cos u = \sqrt{1-x^2}$, $\cos v = \sqrt{1-y^2}$, und daher:

$$x\sqrt{1-y^2} + y\sqrt{1-x^2} = \sin(u+v) = \sin C.$$

Setzt man noch $\sin C = D$, wobei die neue Konstante D jetzt als Wert einer sin-Funktion alle Werte des Intervalles $-1 \leqq D \leqq 1$ annehmen kann, dann erhält man für das allgemeine Integral den Ausdruck

$$x\sqrt{1-y^2} + y\sqrt{1-x^2} = D, \quad -1 \leqq D \leqq 1.$$

Wie man nachträglich durch unmittelbares Einsetzen in die Differentialgleichung bestätigt, sind die vorher ausgeschlossenen Funktionen $y = \pm 1$ ebenfalls Lösungen, und zwar solche, die im allgemeinen Integral nicht enthalten sind.

Bezüglich des Verlaufes der Integralkurven bemerkt man zunächst, daß das Richtungsfeld der Differentialgleichung nur in dem Quadrat $-1 < x < 1$, $-1 \leqq y \leqq 1$ definiert ist. Sämtliche Integralkurven (mit Ausnahme von $y = \pm 1$) sind symmetrisch zur Geraden $y = x$. Ersetzt man x durch $(-x)$ und gleichzeitig y durch $(-y)$, so erhält man eine Integralkurve mit dem Wert der Konstanten $(-D)$. Die Kurven sind also paarweise symmetrisch zum Nullpunkt. Da nach der Differentialgleichung $y' \leqq 0$ ist, wobei das Gleichheitszeichen nur für $y = \pm 1$ gilt, sind alle Kurven außer $y = \pm 1$ monoton fallend. Berechnet man den Schnittpunkt der Integralkurve $y\sqrt{1-x^2} + x\sqrt{1-y^2} = D$ mit der Symmetriegeraden $y = x$, dann erhält man:

$$2x\sqrt{1-x^2} = D,$$

$$4x^2(1-x^2) = D^2, \quad 4x^4 - 4x^2 + D^2 = 0,$$

$$x = \pm\sqrt{\frac{1 \pm \sqrt{1-D^2}}{2}}.$$

Wegen $D^2 \leqq 1$ sind diese Wurzeln immer reell, da x auch der Ausgangsgleichung $2x\sqrt{1-x^2} = D$ genügen muß und $\sqrt{1-x^2} > 0$ ist, haben wir von den beiden äußeren Vorzeichen dasjenige zu wählen, das gleich dem Vorzeichen von D ist. Die beiden inneren Vorzeichen sind jedoch frei. Mit Ausnahme von $D = \pm 1$ gibt es also zu jedem D zwei Schnittpunkte mit der Geraden $y = x$. Man sieht auf diese Weise leicht ein, daß jede Kurve, die zu einem festen Wert von D gehört, in zwei getrennte Teile zerfällt (mit Ausnahme von $D = \pm 1$). Der Verlauf der Integralkurven ist in Figur 46 dargestellt.

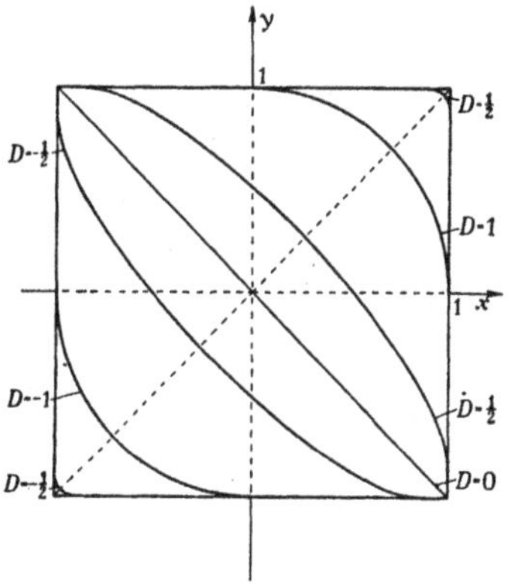

Fig. 46

Man beachte, daß durch jeden Punkt der beiden Begrenzungsgeraden $y = \pm 1$ zwei Integralkurven gehen (die Geraden $y = \pm 1$ sind ja auch Integralkurven). Die vertikalen Begrenzungslinien $x = \pm 1$ sind keine Integralkurven, da die Differentialgleichung für $x = \pm 1$ nicht definiert ist. Schreibt man die Differentialgleichung jedoch in der Form

$$dy \cdot \sqrt{(1-x^2)} + dx \cdot \sqrt{1-y^2} = 0\,,$$

so hat sie zusätzlich die Lösungen $x = \pm 1$, die Geraden $x = \pm 1$ gehören in diesem Fall ebenfalls zu den Integralkurven.

Das partikuläre Integral durch den Nullpunkt lautet:

$$y\sqrt{1-x^2} + x\sqrt{1-y^2} = 0\,, \quad y^2(1-x^2) = x^2(1-y^2)\,, \quad y = \pm x\,.$$

Von den beiden Möglichkeiten $y = \pm x$ genügt aber nur $y = -x$ der ursprünglichen Gleichung, solange $|x| < 1$ ist, die Integralkurve durch den Nullpunkt hat also die Gestalt: $y = -x$ für $|x| < 1$.

AUFGABE 200

Man bestimme das allgemeine Integral der Differentialgleichung

$$\mathbf{y = a\,y' + b\,(y')^2}.$$

Lösung: Es handelt sich um eine implizite Differentialgleichung, die nach y aufgelöst ist.

Man erhält mit $y' = p$:

$$y = ap + bp^2\,,$$
$$dy = (a + 2bp)\,dp\,.$$

Außerdem ergibt sich aus $dy/dx \mathrel{\hat{=}} p$ für $p \neq 0$: $dx = dy/p$ und somit:

$$dx = \frac{a + 2bp}{p}\,dp\,; \quad x = a\,\ln|p| + 2bp + C\,.$$

Die Integralkurven erscheinen also in der Parameterdarstellung:

$$x = a\,\ln|p| + 2bp + C\,, \quad y = ap + bp^2\,.$$

Wir hatten hierbei $p \neq 0$ vorausgesetzt; es sind aber eventuell Lösungen mit $dy/dx = 0$ verlorengegangen.

Wie man durch unmittelbares Einsetzen in die Differentialgleichung entnimmt, ist $y = 0$ ebenfalls eine Lösung, die im allgemeinen Integral nicht enthalten ist.

AUFGABE 201

Man löse die Differentialgleichung (Jacobische)

$$(3y - 7x + 7)\,dx = (3x - 7y - 3)\,dy\,.$$

L ö s u n g: Da diese Differentialgleichung keine Lösungen von der Gestalt $x = \text{const}$ hat, ist sie gleichbedeutend mit

$$\frac{dy}{dx} = \frac{3y - 7x + 7}{3x - 7y - 3}\,.$$

Sie läßt sich mittels der Transformation $x = x_0 + \xi$; $y = y_0 + \eta$ in eine homogene Differentialgleichung verwandeln.

(x_0, y_0) ist dabei der Schnittpunkt der beiden Geraden

$$3y - 7x + 7 = 0\,, \quad 3x - 7y - 3 = 0\,.$$

Wir haben also die beiden Gleichungen zu lösen:

$-7x_0 + 3y_0 = -7$	7	3
$3x_0 - 7y_0 = 3$	3	7

$$-40x_0 = -40\,, \quad -40y_0 = 0\,; \quad x_0 = 1\,,\ y_0 = 0\,.$$

Durch die Substitution $x = \xi + 1$, $y = \eta$, $dy/dx = d\eta/d\xi$ geht dann die Differentialgleichung über in $\dfrac{d\eta}{d\xi} = \dfrac{3\eta - 7\xi}{3\xi - 7\eta} = \dfrac{3(\eta/\xi) - 7}{-7(\eta/\xi) + 3}\,.$

Macht man bei dieser homogenen Differentialgleichung in üblicher Weise die Substitution: $\eta/\xi = z$, $\eta = z\xi$, $d\eta/d\xi = z + \xi\,(dz/d\xi)$,

dann erhalten wir weiter:

$$z + \xi\frac{dz}{d\xi} = \frac{3z - 7}{-7z + 3}\,, \quad \xi\frac{dz}{d\xi} = \frac{7z^2 - 7}{3 - 7z}$$

oder für $z^2 \neq 1$: $\dfrac{(3 - 7z)\,dz}{z^2 - 1} = 7\dfrac{d\xi}{\xi}\,, \quad 7\,ln\,C\xi = \displaystyle\int \frac{3 - 7z}{z^2 - 1}\,dz\,.$

Das Integral läßt sich durch Partialbruchzerlegung lösen:

$$\frac{3 - 7z}{z^2 - 1} = \frac{A}{z - 1} + \frac{B}{z + 1}\,, \quad 3 - 7z = A(z + 1) + B(z - 1)\,,$$

$$A = -2\,, \quad B = -5\,.$$

Somit ergibt sich: $7 \cdot ln\,C\xi + 2\,ln\,|z - 1| + 5\,ln\,|z + 1| = 0\,,$

$$(C\xi)^7\,|z - 1|^2\,|z + 1|^5 = 1\,.$$

Die Konstante C muß hierbei so gewählt werden, daß $C\xi > 0$ ist. Läßt man jetzt die Absolutstriche fort, so kann dafür von jetzt ab C eine beliebige, von Null verschiedene Konstante bedeuten:

$$C^7\,\xi^7\,(z - 1)^2\,(z + 1)^5 = 1\,, \quad \text{oder mit } C^{-7} = D\,;$$

$$\xi^7\,(z - 1)^2\,(z + 1)^5 = D\,; \quad D \neq 0\,.$$

Aber auch $z = \pm 1$ sind Lösungen der Differentialgleichung $\xi\dfrac{dz}{d\xi} = \dfrac{7z^2 - 7}{3 - 7z}\,.$

Diese gingen bei der obigen Rechnung verloren (bei der Division mit $z^2 - 1$). Nachträglich dürfen wir für die Integrationskonstante D also auch den Wert Null zulassen, so daß das allgemeine Integral der transformierten Gleichung die Form hat: $\quad \xi^7 (z - 1)^2 (z + 1)^5 = D$, D beliebig.

Kehren wir zu den alten Veränderlichen zurück, dann ergibt sich weiter:

$$\xi^7 \left(\frac{\eta}{\xi} - 1\right)^2 \left(\frac{\eta}{\xi} + 1\right)^5 = D,$$

$$(\eta - \xi)^2 \quad (\eta + \xi)^5 = D,$$

$$(y - x + 1)^2 (y + x - 1)^5 = D.$$

Damit ist das allgemeine Integral der ursprünglichen Differentialgleichung gefunden.

Um die Gestalt der Integralkurven zu ermitteln, machen wir die affine Transformation: $\quad y - x + 1 = u, \quad y + x - 1 = v.$

In der (u, v)-Ebene haben wir dann die Kurvenschar: $\quad u^2 \cdot v^5 = D.$

Das Bild in der (x, y)-Ebene ergibt sich daraus ohne weiteres durch Zurücktransformieren.

AUFGABE 202

Man löse die Differentialgleichung: $x\,(1 + y^2)^{1/2} + y\,(1 + x^2)^{1/2}\,y' = 0$.

Lösung: Durch Trennung der Veränderlichen erhält man sofort:

$$\int \frac{y\,dy}{\sqrt{1 + y^2}} = -\int \frac{x\,dx}{\sqrt{1 + x^2}},$$

$$\sqrt{1 + y^2} + \sqrt{1 + x^2} = 2 + C^2 \quad \text{(allgemeines Integral)}.$$

Man beachte, daß die Integrationskonstante als Summe der beiden Wurzeln größer oder gleich 2 sein muß, weshalb sie in die Form $2 + C^2$ angesetzt ist.

AUFGABE 203

Gegeben ist die Differentialgleichung: $y = (y')^2 - (y')^5$.
Man bestimme ihr allgemeines Integral; man gebe eine Integralkurve an, die durch den Punkt $x = 1$; $y = 2$ hindurchgeht. Wie sieht diese Kurve aus? Wie gewinnt man aus ihr die übrigen Integralkurven?

Lösung: Es handelt sich um eine implizite Differentialgleichung. Setzt man zur Abkürzung $y' = p$, dann ist für jede Lösung $y\,(x)$ auch p eine Funktion von x. In jedem Intervall, in dem $dp/dx \neq 0$ ist, wird dadurch umgekehrt x als Funktion von p erklärt; zusammen mit $y = p^2 - p^5$ erscheint damit die Integralkurve in Parameterdarstellung mit dem Parameter p. Betrachten wir also p als unabhängige Veränderliche, dann erhält man durch Differentiation der Differentialgleichung nach p:

$$(dy/dx) \cdot (dx/dp) = 2p - 5p^4; \quad p \cdot (dx/dp) = 2p - 5p^4.$$

Diese Gleichung ist erfüllt für $p = 0$, was auf die Lösung $y = 0$ der ursprünglichen Differentialgleichung führt. Sehen wir von dieser partikulären Lösung ab; dann können wir durch p dividieren und erhalten als Differentialgleichung für x $dx/dp = 2 - 5p^3$ mit dem allgemeinen Integral: $x = 2p - \frac{5}{4}p^4 + C$. Das allgemeine Integral der Differentialgleichung ist also:

$$x = 2p - \tfrac{5}{4}p^4 + C; \quad y = p^2 - p^5. \tag{1}$$

Da wir es mit einer impliziten Differentialgleichung zu tun haben, bleibt noch zu untersuchen, ob ein singuläres Integral vorhanden ist. Ein solches müßte den beiden Gleichungen genügen

$$y - p^2 + p^5 = 0; \quad \frac{\partial}{\partial p}(y - p^2 + p^5) = 0.$$

Hieraus ergibt sich

$$-2p + 5p^4 = 0; \quad p_1 = 0; \quad p_2 = \sqrt[3]{\tfrac{2}{5}}; \quad y_1 = 0; \quad y_2 = \sqrt[3]{\tfrac{5}{2}}\left(\tfrac{2}{5} - \tfrac{4}{25}\right).$$

Von diesen beiden Funktionen genügt y_1 der Differentialgleichung, stellt also ein singuläres Integral dar. y_2 ist keine Integralkurve. Zu dem allgemeinen Integral (1) kommt also noch die singuläre Lösung $y = 0$; es ist dieselbe Integralkurve, die wir vorher ausgeschlossen hatten.

Um ein partikuläres Integral durch $x = 1$; $y = 2$ zu finden, setzen wir diese Werte in die Parameterdarstellung (1) ein:

$$2p - \tfrac{5}{4}p^4 + C = 1; \quad p^2 - p^5 = 2.$$

Wie man leicht errät, ist eine Lösung $p = -1$; $C = 17/4$. Ein partikuläres Integral durch den vorgeschriebenen Punkt lautet also

$$x - \tfrac{17}{4} = 2p - \tfrac{5}{4}p^4; \quad y = p^2 - p^5. \tag{2}$$

Wir bestimmen nun den Verlauf dieser Kurve. Eventuell vorhandene singuläre Punkte dieser Kurve müssen den beiden Gleichungen genügen

$$dx/dp = 2 - 5p^3 = 0; \quad dy/dp = 2p - 5p^4 = 0.$$

Eine gemeinsame Lösung ist $p = \sqrt[3]{\frac{2}{5}}$; also $x = \frac{17}{4} + \sqrt[3]{\frac{2}{5}}\left(2 - \frac{1}{2}\right) = \frac{17}{4} + \frac{3}{2}\sqrt[3]{\frac{2}{5}}$; $y = \sqrt[3]{\frac{4}{25}}\left(1 - \frac{2}{5}\right) = \frac{3}{5}\cdot\sqrt[3]{\frac{4}{25}}$. In diesem Punkte hat $dy/dx = p$ den Wert $\sqrt[3]{\frac{2}{5}}$.

Weiter gilt:

$$dx/dp > 0 \text{ für } p < \sqrt[3]{\tfrac{2}{5}}; \quad dx/dp < 0 \text{ für } p > \sqrt[3]{\tfrac{2}{5}};$$

$$dy/dp > 0 \text{ für } 0 < p < \sqrt[3]{\tfrac{2}{5}}.$$

Wir schließen daraus, daß es sich bei diesem singulären Punkt um eine Spitze handelt. Berechnet man noch die Schnittpunkte mit den Achsen, dann gewinnt man folgendes Kurvenbild (Fig. 47).

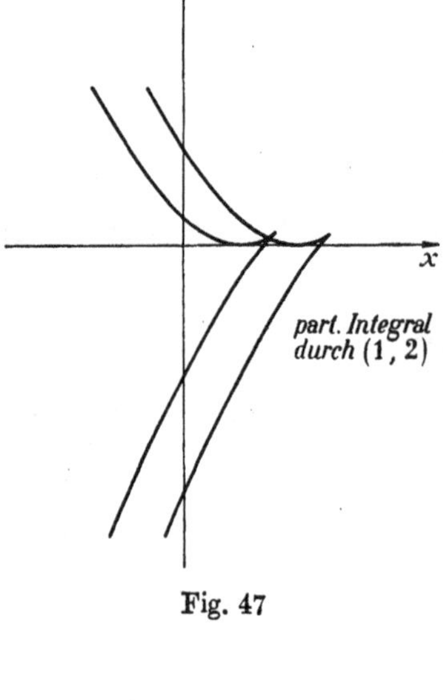

Fig. 47

Die übrigen Integralkurven erhält man durch Parallelverschiebung dieser Kurve längs der x-Achse. Hierzu kommt noch das singuläre Integral $y = 0$, also die x-Achse. Wie man aus der Figur ersieht, ist die x-Achse Einhüllende aller regulären Integralkurven.

AUFGABE 204

Man bestimme das allgemeine Integral der Differentialgleichung

$$(1 + y^2)\,dx - (y + \sqrt{1 + y^2}) \cdot (1 + x)^{3/2}\,dy = 0 .$$

Lösung: Die Differentialgleichung ist nur definiert für $x \geqq -1$; wie man sich unmittelbar überzeugt, ist $x = -1$ eine partikuläre Lösung. Sehen wir von dieser Lösung ab, dann können wir $x > -1$ voraussetzen und erhalten die gleichwertige Differentialgleichung $\frac{y + \sqrt{1+y^2}}{1 + y^2}\,dy = (1+x)^{-3/2}\,dx$ mit dem allgemeinen Integral

$$\int \frac{y\,dy}{1 + y^2} + \int \frac{dy}{\sqrt{1 + y^2}} = \int (1 + x)^{-3/2}\,dx .$$

$$\tfrac{1}{2} \ln (1 + y^2) + \mathfrak{Ar}\,\mathfrak{Sin}\, y = -(2/\sqrt{1 + x}) + C .$$

Ersetzen wir hier $\mathfrak{Ar}\,\mathfrak{Sin}\, y$ durch $\ln (y + \sqrt{1 + y^2})$, dann läßt sich der Ausdruck umformen in: $\ln \sqrt{1 + y^2} + \ln (y + \sqrt{1 + y^2}) = C - (2/\sqrt{1 + x})$,

$$\ln (y \cdot \sqrt{1 + y^2} + 1 + y^2) = C - (2/\sqrt{1 + x}) .$$

Da die Gestalt der ursprünglichen Differentialgleichung es offen läßt, ob man y als Funktion von x oder x als Funktion von y erklärt, entscheiden wir uns für die letztere Möglichkeit, denn eine Auflösung der obigen Gleichung nach x ist leicht möglich. Wir setzen zu diesem Zweck die Integrationskonstante C in die Form $-\ln D$ $(D > 0)$ und erhalten:

$$2/\sqrt{1 + x} = -\ln [D (y \sqrt{1 + y^2} + y^2 + 1)] ,$$
$$-\sqrt{1 + x} = 2/\ln [D (y \sqrt{1 + y^2} + y^2 + 1)] .$$

Da die linke Seite dieser Gleichung negativ ist, muß auch $\ln [D (y \sqrt{1 + y^2} + y^2 + 1)] < 0$ sein oder:

$$y \cdot \sqrt{1 + y^2} + y^2 + 1 < 1/D \quad (D > 0) .$$

Unterwerfen wir die unabhängige Veränderliche y dieser Einschränkung, dann erhalten wir für x den Ausdruck:

$$x = \frac{4}{\{\ln D [(y \sqrt{1 + y^2} + y^2 + 1)]\}^2} - 1 .$$

Das allgemeine Integral der gegebenen Differentialgleichung hat somit die Gestalt:

$$x = \frac{4}{\{\ln [D (y \sqrt{1 + y^2} + y^2 + 1)]\}^2} - 1; \quad y \cdot \sqrt{1 + y^2} + y^2 + 1 < 1/D; \; D > 0 .$$

Hierzu kommt noch das eingangs erwähnte Integral $x = -1$, das im obigen Ausdruck nicht enthalten ist.

AUFGABE 205

Gegeben ist die Differentialgleichung $(x + y)^2 (dy/dx) = a^2$.
Man bestimme das allgemeine Integral sowie das partikuläre Integral durch den Punkt $(a, 0)$.

Lösung: Die Form der Differentialgleichung legt die Substitution $y + x = u$ nahe; wir erhalten auf diese Weise: $dy/dx = (du/dx) - 1$

und daher $u^2 (du/dx) - u^2 = a^2;\quad u^2 (du/dx) = a^2 + u^2;$

$$\int \frac{u^2}{a^2 + u^2}\, du = \int dx;\quad u - a \arctan \frac{u}{a} = x + C.$$

Setzt man hier die Bedeutung von u ein, so ergibt sich als allgemeines Integral

$$y - a \cdot \arctan [(y + x)/a] = C.$$

Durch diese Gleichung wird implizit y als Funktion von x erklärt, falls $(y + x) \neq 0$ ist. Die Punkte der Geraden $y = -x$ sind also Ausnahmepunkte der Integralkurven, da in ihnen dy/dx nicht erklärt ist.

Das partikuläre Integral durch den vorgegebenen Punkt $x = a$; $y = 0$ erhalten wir aus dem allgemeinen Integral:

$-a \cdot \arctan 1 = C$; $C = -a \cdot (\pi/4)$; also: $y - a \cdot \arctan [(y + x)/a] + a \cdot (\pi/4) = 0.$

AUFGABE 206

Wie lautet das allgemeine Integral der Differentialgleichung
$(x - y^2)\, dx + 2xy\, dy = 0$?

Lösung: Die Differentialgleichung hat eine Lösung von der Form $x = 0$, wie man unmittelbar bestätigt. Sieht man von diesem partikulären Integral ab, dann kann man durch dx dividieren und erhält dabei die gleichwertige Differentialgleichung

$$2xy\, (dy/dx) = y^2 - x.$$

Diese Differentialgleichung geht nach Division durch $2xy$ über in

$$dy/dx = (y/2x) - (1/2y),$$

also eine Gleichung vom Bernoullischen Typus: $y' = f(x)\, y + g(x)\, y^{\alpha}$. Die hierfür passende Substitution $y^{1-\alpha} = u$ führt zu der Umformung

$$y \cdot (dy/dx) = (y^2/2x) - \tfrac{1}{2};\quad y^2 = u;\quad du/dx = (u/x) - 1.$$

Wir haben somit eine lineare Differentialgleichung für u. Man hätte natürlich die Substitution $y^2 = u$ schneller direkt aus der ursprünglichen Differentialgleichung erraten können, nachdem dort nur die Größen $y \cdot (dy/dx)$ und y^2 vorkommen.

Die verkürzte lineare Differentialgleichung in u: $du/dx - u/x = 0$ hat das allgemeine Integral $u = c \cdot x$; um der Störfunktion (-1) gerecht zu werden, wenden wir die Methode der Variation der Konstanten an:

$$u = C(x) \cdot x;\quad du/dx = C(x) + C'(x) \cdot x;$$

eingesetzt in die unverkürzte Differentialgleichung ergibt

$$C'(x) \cdot x = -1;\quad C(x) = -\ln |x|.$$

Das allgemeine Integral für u hat also die Gestalt

$$u = x\, (C - \ln |x|).$$

Da u die Bedeutung $u = y^2$ hat, ist diese Lösung nur brauchbar, falls $u \geqq 0$ ist. Eine Vorzeichenänderung von u tritt ein an den Stellen $x = 0$ und $|x| = e^C$; für genügend kleine $|x|$ gilt: $C - \ln |x| > 0$; also ist

$$x \cdot (C - \ln |x|) \geqq 0 \text{ für } \begin{cases} 0 \leqq x \leqq e^C; \\ \quad\; x \leqq -e^C; \end{cases}$$

In diesem Bereich gilt dann also:

$$y = \pm\sqrt{x\,(C - ln\,|x|)}\,;\quad \left\{\begin{matrix} 0 \leqq x \leqq e^C\,; \\ x \leqq -e^C \end{matrix}\right\}.$$

Damit ist das allgemeine Integral gefunden, dem noch die eingangs erwähnte Lösung $x = 0$ beizufügen ist.

AUFGABE 207

Man bestimme das allgemeine Integral der Differentialgleichung

$$(dy/dx) + y\cos x = \tfrac{1}{2}\cdot\sin 2x\,.$$

Lösung: Wir haben es mit einer linearen Differentialgleichung zu tun. Die Lösung der verkürzten Gleichung $(dy/dx) + y\cos x = 0$ führt auf das allgemeine Integral: $\int dy/y = -\int \cos x\,dx$; $ln\,(y/C) = -\sin x$; $y = C\cdot e^{-\sin x}$, wobei in der letzten Gleichung auch wieder der Wert $C = 0$ zulässig ist. Zur Bestimmung eines partikulären Integrales der unverkürzten Gleichung verwenden wir die Methode der Variation der Konstanten:

$$y = C\,(x)\cdot e^{-\sin x};\quad y' = C'\,(x)\cdot e^{-\sin x} - C\,(x)\cos x\,e^{-\sin x}.$$

Substituiert man diese Ausdrücke in die Ausgangsgleichung, dann erhält man

$$C'\,(x)\,e^{-\sin x} = \tfrac{1}{2}\sin 2x\,;\quad C\,(x) = \tfrac{1}{2}\int \sin 2x\,e^{\sin x}\,dx\,.$$

Das Integral läßt sich leicht berechnen:

$$\tfrac{1}{2}\int \sin 2x\,e^{\sin x}\,dx = \int \sin x\cos x\,e^{\sin x}\,dx = \int \sin x\,d\,(e^{\sin x}) =$$
$$= \sin x\cdot e^{\sin x} - \int e^{\sin x}\,d\sin x = e^{\sin x}\,(\sin x - 1)\,.$$

Das allgemeine Integral der unverkürzten Differentialgleichung lautet daher:

$$y = \sin x - 1 + C\cdot e^{-\sin x}\,.$$

AUFGABE 208

Ein System paralleler Lichtstrahlen soll an einer Kurve so gespiegelt werden, daß die reflektierten Strahlen alle durch einen festen Punkt 0 hindurchgehen. Welches ist die Gleichung der Kurve?

Lösung: Wir wählen den Punkt 0 als Koordinatenanfangspunkt und machen die x-Achse parallel zur Richtung der einfallenden Strahlen. Wie aus der Figur ersichtlich ist, gilt dann:

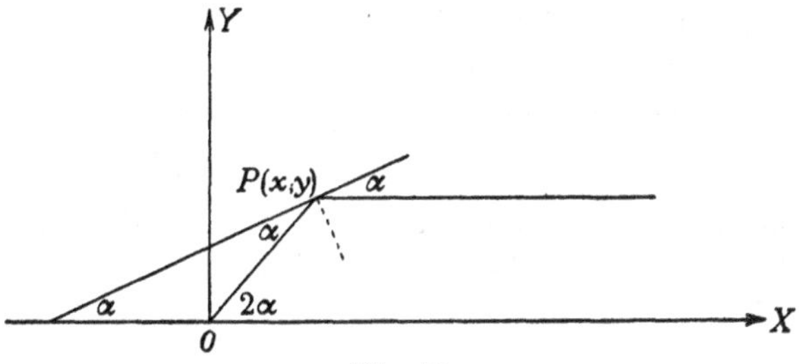

Fig. 48

$$\frac{y}{x} = \tan\,(2\alpha) = \frac{2\tan\alpha}{1 - \tan^2\alpha} = \frac{2y'}{1 - y'^2}\,.$$

Für die gesuchte Funktion besteht also die Differentialgleichung:

$$y - yy'^2 = 2xy', \quad y' = \frac{-x \pm \sqrt{x^2 + y^2}}{y} = \frac{-1 \pm \sqrt{1 + (y/x)^2}}{y/x}.$$

Das ist eine homogene Differentialgleichung. Die Substitution

$$y/x = u; \quad y = x \cdot u; \quad y' = u + xu'$$

liefert:

$$x u' = \frac{-1 - u^2 \pm \sqrt{1 + u^2}}{u},$$

$$\int \frac{u\, du}{-(1 + u^2) \pm \sqrt{1 + u^2}} = \int \frac{dx}{x}.$$

Setzt man weiter $1 + u^2 = v^2$; $u\, du = v\, dv$, so erhält man:

$$ln\,(Cx) = \int \frac{v\, dv}{-v^2 \pm v} = \int \frac{dv}{-v \pm 1} = -ln\,|v \mp 1|$$

$$Cx = 1/(\sqrt{1 + u^2} \mp 1); \quad C\,[\sqrt{x^2 + y^2} \mp x] = 1;$$

$$\sqrt{x^2 + y^2} = D \pm x, \quad (1/C = D); \quad x^2 + y^2 = D^2 \pm 2D\,x + x^2;$$

$$y^2 = \pm 2D\ (x \pm D/2).$$

Die gesuchten Kurven sind also Parabeln, die die x-Achse als Achse und 0 als Brennpunkt haben.

AUFGABE 209

Wie lautet das allgemeine Integral der Differentialgleichung:

$$\mathbf{y = 2xp + p^2\ ? \qquad (p = y').}$$

Lösung: Es handelt sich um eine Lagrangesche Differentialgleichung. Für jede Lösung $y = y\,(x)$ ist auch p eine Funktion von x und daher in jedem Intervall mit $dp/dx \neq 0$ umgekehrt x eine Funktion von p. Betrachten wir also p als unabhängige Veränderliche, dann ergibt sich durch Differentiation der ursprünglichen Gleichung nach p:

$$p\,(dx/dp) = 2x + 2p\,(dx/dp) + 2p; \quad p \cdot (dx/dp) + 2x = -2p.$$

Das ist eine lineare Differentialgleichung für x. Die verkürzte Gleichung hat das allgemeine Integral $x = C/p^2$.

Mittels des Ansatzes $x = C\,(p)/p^2$ (Variation der Konstanten) finden wir

$$C'\,(p) = -2p^2; \quad C\,(p) = -\tfrac{2}{3}\,p^3; \qquad x = -\tfrac{2}{3}\,p + (C/p^2).$$

Substituiert man dieses Ergebnis in die Differentialgleichung, dann folgt als Parameterdarstellung für die Integralkurven

$$x = -\tfrac{2}{3}\,p + (C/p^2), \qquad y = -\tfrac{1}{3}\,p^2 + (2C/p).$$

Für die Herleitung dieses Ergebnisses war vorausgesetzt, daß dp/dx nicht identisch verschwindet, da man sonst nicht nach x auflösen kann. Nun ist $p = 0$; $y = 0$ auch eine Lösung der Differentialgleichung; sie ist in dem obigen Integral nicht enthalten.

AUFGABE 210

Man integriere die Differentialgleichung: $y' = \frac{x + y + 1}{x - y + 3}$.

Lösung: Man bestimmt x_0, y_0 aus den Gleichungen $x_0 + y_0 + 1 = 0$,

$$x_0 - y_0 + 3 = 0$$

und findet $x_0 = -2$, $y_0 = 1$. Man kann dann schreiben

$$x + y + 1 = (x - x_0) + (y - y_0) = (x + 2) + (y - 1),$$
$$x - y + 3 = (x - x_0) - (y - y_0) = (x + 2) - (y - 1).$$

Setzt man $x + 2 = \xi$, $y - 1 = \eta$, so nimmt die Differentialgleichung folgende Gestalt an:

$$d\eta/d\xi = (\xi + \eta)/(\xi - \eta).$$

Man kommt also auf das Differentialsystem $d\xi/dt = \xi - \eta$, $d\eta/dt = \xi + \eta$, mit dem wir uns in Aufgabe 222 beschäftigen werden. Ebensogut könnte man sagen, daß obige Differentialgleichung die Form $d\eta/d\xi = f(\eta/\xi)$ hat und sie mit Hilfe der Substitution $\eta = \xi z$ behandeln. Das möge der Leser durchführen und sein Ergebnis an Hand der bei Nr. 222 gemachten Angaben nachprüfen.

AUFGABE 211

Integriere die Differentialgleichung: $y' + 7y = e^x - e^{-7x} + \cos^2 x - \sin x \cos x$.

Lösung: Wenn bei einer linearen Differentialgleichung das Störungsglied die verkürzte Gleichung nicht erfüllt, ist die Ansatzmethode leicht zu handhaben. So kann man für $u' + 7u = e^x$ sofort eine Lösung finden, wenn man $u = \lambda e^x$ setzt. Es ergibt sich dann $u' + 7u = 8\lambda e^x$, und man muß also $\lambda = \frac{1}{8}$ wählen, d. h. $u = \frac{1}{8} e^x$.

Für $v' + 7v = \cos^2 x - \sin x \cos x = \frac{1}{2} + \frac{1}{2}\cos 2x - \frac{1}{2}\sin 2x$ findet man mittels des Ansatzes $v = A + B\cos 2x + C\sin 2x$ ebenso leicht eine Lösung. Es wird nämlich

$$v' + 7v = 7A + (7B + 2C)\cos 2x + (7C - 2B)\sin 2x.$$

Soll die rechte Seite gleich $\frac{1}{2} + \frac{1}{2}\cos 2x - \frac{1}{2}\sin 2x$ werden, so muß man die Gleichungen

$$7A = \tfrac{1}{2},\ 7B + 2C = \tfrac{1}{2},\ 7C - 2B = -\tfrac{1}{2}$$

erfüllen, also folgende Werte für A, B, C festsetzen:

$$A = \tfrac{1}{14},\quad B = \tfrac{9}{106},\quad C = -\tfrac{5}{106}.$$

$v = \frac{1}{14} + \frac{9}{106}\cos 2x - \frac{5}{106}\sin 2x$ ist also eine Lösung. Anders steht es bei der Differentialgleichung $w' + 7w = -e^{-7x}$, wo das Störungsglied die verkürzte Gleichung $w' + 7w = 0$ erfüllt. Setzt man $w = ze^{-7x}$, so wird $w' + 7w = z'e^{-7x} = -e^{-7x}$, falls $z' = 1$, also $z = -x$ ist. Man hat hier die Lösung $-xe^{-7x}$ zur Verfügung. Aus u, v, w erhält man durch Addition eine Einzellösung der vorgelegten Differentialgleichung. Die allgemeine Lösung lautet

$$y = \tfrac{1}{8} e^x - x e^{-7x} + \tfrac{1}{14} + \tfrac{9}{106}\cos 2x - \tfrac{5}{106}\sin 2x + C e^{-7x}.$$

AUFGABE 212

Integriere die Differentialgleichung: $y' + y \arctan x - y^3 e^x = 0$.

Es ist eine Bernoullische Differentialgleichung. Dividiert man durch y^3, so ergibt sich $(y'/y^3) + (1/y^2) \arctan x - e^x = 0$
oder wenn $1/y^2 = z$ gesetzt wird, $-\frac{1}{2} z' + z \arctan x - e^x = 0$.
Diese lineare Differentialgleichung erster Ordnung kann man mittels des Bernoullischen Ansatzes $z = uv$ lösen. Man findet dann

$$-\tfrac{1}{2}(uv' + vu') + uv \arctan x - e^x = 0.$$

Nun wird der Faktor von v gleich Null gesetzt, also

$$-\tfrac{1}{2} u' + u \arctan x = 0.$$

Man braucht für diese Hilfsgleichung nur eine Einzellösung zu bestimmen; mit getrennten Variablen schreibt sie sich so:

$$du/u = 2 \arctan x \cdot dx,$$

woraus man entnimmt $\ln u = 2 \int \arctan x \cdot dx$.

Das Integral berechnet man mittels partieller Integration:

$$\int \arctan x \cdot dx = x \arctan x - \int \frac{x\, dx}{1 + x^2} = x \arctan x - \tfrac{1}{2} \ln (1 + x^2),$$

und erhält dann weiter $u = \dfrac{e^{2x \arctan x}}{1 + x^2}$.

Wenn u in dieser Weise gewählt wird, vereinfacht sich die Differentialgleichung zu $\frac{1}{2} uv' + e^x = 0$, d. h. $v' = -\dfrac{2(1 + x^2)\, e^x}{e^{2x \arctan x}}$

und $v = C - 2 \int (1 + x^2)\, e^{x - 2x \arctan x}\, dx$,

also $y = \dfrac{e^{2x \arctan x}}{1 + x^2} (C - 2 \int 1 + x^2)\, e^{x - 2x \arctan x}\, dx)$.

AUFGABE 213

Integriere die Differentialgleichung: $y' + y \arcsin x = 2$.

Lösung: Der Bernoullische Ansatz $y = uv$ führt zu

$$uv' + vu' + uv \arcsin x = 2.$$

Setzt man den Gesamtfaktor von v gleich null, so hat man es mit folgenden beiden Gleichungen zu tun: $u' + u \arcsin x = 0$, $v' = 2/u$.
Für die erste braucht man nur eine Einzellösung zu bestimmen.
Aus $du/u = -\arcsin x \cdot dx$ ergibt sich

$$\ln u = -\int \arcsin x\, dx = -x \arcsin x + \int (x\, dx/\sqrt{1 - x^2}) =$$
$$= -x \arcsin x - \sqrt{1 - x^2},$$

also $u = e^{-(x \arcsin x + \sqrt{1-x^2})}$.

Weiter findet man nun $v = \int (2dx/u) = C + 2 \int e^{x \arcsin x + \sqrt{1-x^2}}\, dx$,
und schließlich $y = (C + 2 \int e^{x \arcsin x + \sqrt{1-x^2}}\, dx)\, e^{-x \arcsin x - \sqrt{1-x^2}}$.

AUFGABE 214

Integriere die Differentialgleichung: $y' = \left(\frac{x + y + 1}{x - y + 1}\right)^2$.

Lösung: Durch eine passende Translation $x = X + \xi$, $y = Y + \eta$ kann man die Form
$$Y' = \left(\frac{X + Y}{X - Y}\right)^2$$
herstellen. ξ und η müssen aus den Gleichungen $\xi + \eta + 1 = 0$, $\xi - \eta + 1 = 0$ berechnet werden, wobei sich $\xi = -1$, $\eta = 0$ ergibt. Weiter muß man dann als neue unbekannte Funktion $u = Y/X$ einführen.

AUFGABE 215

Integriere die Differentialgleichung: $y'' + 4y' + 4y = e^x + e^{-2x} + 1$.

Lösung: Der Weg, den man zu gehen hat, ist folgender. Zuerst wird die verkürzte Gleichung $z'' + 4z' + 4z = 0$ gelöst. Die charakteristische Gleichung $r^2 + 4r + 4 = (r + 2)^2 = 0$ hat die Doppelwurzel -2. Daher lauten die Fundamentallösungen der verkürzten Gleichung e^{-2x}, xe^{-2x}. Jetzt muß noch eine Einzellösung der vorgelegten Differentialgleichung gefunden werden, wobei man nach der Ansatzmethode vorgehen kann. Man wird sie, da $e^x + 1$ und e^{-2x} rechts auftritt, aus einer Einzellösung von $u'' + 4u' + 4u = e^x + 1$ und einer von $v'' + 4v' + 4v = e^{-2x}$ additiv zusammensetzen. Für u genügt der Ansatz $u = A + Be^x$. Man findet $9Be^x + 4A = e^x + 1$, also $B = \frac{1}{9}$, $A = \frac{1}{4}$, mithin $u = \frac{1}{4} + \frac{1}{9}e^x$. Bei v muß man den Ansatz $v = we^{-2x}$ machen und findet $w'' = 1$, also $w = x^2/2$. Damit hat man für die vorgelegte Differentialgleichung die Einzellösung $\frac{1}{4} + \frac{1}{9}e^x + \frac{1}{2}x^2 e^{-2x}$ gewonnen. Die allgemeine Lösung lautet:
$$y = \tfrac{1}{4} + \tfrac{1}{9}e^x + (\tfrac{1}{2}x^2 + c_1 x + c_2)\,e^{-2x}.$$

AUFGABE 216

Man berechne ein partikuläres Integral von der Form $J = A \cdot e^{i\omega t}$ der Differentialgleichung $\frac{d^2J}{dt^2} + a\frac{dJ}{dt} + J = k \cdot e^{i\omega t}$; $(a \neq 0)$.
Welche Werte haben $|A|$ und α, wenn $A = |A| \cdot e^{i\alpha}$ gesetzt wird?

Lösung: $J = A \cdot e^{i\omega t}$; $dJ/dt = i\omega A e^{i\omega t}$; $d^2J/dt^2 = -\omega^2 A \cdot e^{i\omega t}$.
Setzt man diese Ausdrücke in die Differentialgleichung ein, dann ergibt sich nach Streichung des gemeinsamen Faktors $e^{i\omega t}$:
$$A(-\omega^2 + i\omega a + 1) = k; \quad A = \frac{k}{-\omega^2 + i\omega a + 1}.$$
Da jede der Konstanten ω und a als reell und außerdem letztere als von Null verschieden anzusehen ist, kann der Nenner $-\omega^2 + i\omega a + 1$ nicht verschwinden; es müßte ja sonst gleichzeitig gelten: $\omega a = 0$; $1 - \omega^2 = 0$, was auf $a = 0$ führen würde. Weiter erhält man:

$$|A| = \frac{|k|}{|-\omega^2 + i\omega a + 1|} = \frac{|k|}{\sqrt{(1-\omega^2)^2 + \omega^2 a^2}};$$

$$A = \frac{k\,[(1-\omega^2) - i\omega a]}{(1-\omega^2)^2 + \omega^2 a^2}; \qquad \tan\alpha = \frac{-\omega a}{1-\omega^2}.$$

Aus der letzten Gleichung kann der Winkel α nur bis auf ein Vielfaches von π berechnet werden. Den richtigen Quadranten bestimmt man mittels Vorzeichenbetrachtung aus:

$$\operatorname{sign}(\cos\alpha) = \operatorname{sign}[k(1-\omega^2)]; \quad \operatorname{sign}(\sin\alpha) = \operatorname{sign}(-k\omega a).$$

AUFGABE 217

Wie lautet das allgemeine Integral der Differentialgleichung:

$$\mathbf{y^{(4)} - y^{(3)} = 3x^2 + 1\,?}$$

Lösung: Es handelt sich um eine lineare Differentialgleichung 4. Ordnung mit konstanten Koeffizienten.

I. Lösung der verkürzten Differentialgleichung $y^{(4)} - y^{(3)} = 0$.

Die charakteristische Gleichung lautet:

$$\varrho^4 - \varrho^3 = 0, \quad \varrho_1 = \varrho_2 = \varrho_3 = 0, \quad \varrho_4 = 1.$$

Da $\varrho_1 = \varrho_2 = \varrho_3 = 0$ eine dreifache Wurzel ist, hat das allgemeine Integral der verkürzten Differentialgleichung die Gestalt:

$$y = C_1 \cdot e^{0\cdot x} + C_2 \cdot x \cdot e^{0\cdot x} + C_3 x^2 \cdot e^{0\cdot x} + C_4 e^{1\cdot x},$$
$$y = C_1 + C_2 x + C_3 x^2 + C_4 e^x.$$

II. Lösung der unverkürzten Differentialgleichung: Die Störungsfunktion $3x^2 + 1$ ist ein Polynom zweiten Grades in x. Infolgedessen gewinnen wir ein partikuläres Integral, indem wir für y ein gewisses Polynom mit unbestimmten Koeffizienten ansetzen. Da jedes Polynom, dessen Grad die 2 nicht übersteigt, nach I. eine Lösung der verkürzten Differentialgleichung ist, müssen wir für das gesuchte Polynom den Grad $2 + 3 = 5$ annehmen, wobei wir die Glieder bis einschließlich x^2 von vorneherein unterdrücken können:

$$\begin{aligned}
y &= A x^5 + B x^4 + C x^3, \\
y^{(1)} &= 5 A x^4 + 4 B x^3 + 3 C x^2, \\
y^{(2)} &= 20 A x^3 + 12 B x^2 + 6 C x, \\
y^{(3)} &= 60 A x^2 + 24 B x + 6 C, \\
y^{(4)} &= 120 A x + 24 B.
\end{aligned}$$

Setzt man diese Ausdrücke in die ursprüngliche Differentialgleichung ein und vergleicht entsprechende Potenzen von x, dann ergibt sich:

$$A = -\tfrac{1}{20}, \quad B = -\tfrac{1}{4}, \quad C = -\tfrac{7}{6}.$$

Das allgemeine Integral hat also die Gestalt:

$$y = -\tfrac{1}{20}x^5 - \tfrac{1}{4}x^4 - \tfrac{7}{6}x^3 + C_1 + C_2 x + C_3 x^2 + C_4 e^x.$$

AUFGABE 218

Man bestimme das allgemeine Integral des folgenden Systems von Differentialgleichungen:

$$(1)\quad \mathbf{3z + \dot{z} - 4y + 7\dot{y} = t + 1},$$
$$(2)\quad \mathbf{-2z + 5\dot{z} + 8y + \dot{y} = t^2}.$$

Lösung: Wir versuchen die unbekannte Funktion z und ihre Ableitung $\dot{z}$ zu eliminieren. Dazu eliminieren wir zuerst $\dot{z}$ durch Kombination von (1) und (2):

$$(3)\quad -17z + 28y - 34\dot{y} = t^2 - 5t - 5.$$

Differenziert man (3) nach t

$$(4)\quad -17\dot{z} + 28\dot{y} - 34\ddot{y} = 2t - 5,$$

so folgt durch abermalige Elimination von $\dot{z}$ aus (4) und (1):

$$(5)\quad 51z - 68y + 147\dot{y} - 34\ddot{y} = 19t + 12.$$

Aus (5) und (3) ergibt sich schließlich:

$$(6)\quad 16y + 45\dot{y} - 34\ddot{y} = 3t^2 + 4t - 3.$$

Wir haben damit das ursprüngliche System von zwei linearen Differentialgleichungen erster Ordnung auf eine lineare Differentialgleichung zweiter Ordnung mit konstanten Koeffizienten transformiert. Die charakteristische Gleichung

$$34\varrho^2 - 45\varrho - 16 = 0$$

hat die Wurzeln $\varrho_1 = \dfrac{45 + \sqrt{4201}}{68} \sim 1{,}61$, $\varrho_2 = \dfrac{45 - \sqrt{4201}}{68} \sim -0{,}29$.

Also lautet das allgemeine Integral der verkürzten Differentialgleichung:

$$y = C_1 e^{\varrho_1 t} + C_2 e^{\varrho_2 t}.$$

Um ein partikuläres Integral der unverkürzten Differentialgleichung zu gewinnen, deren Störungsfunktion ein Polynom zweiten Grades ist, machen wir den Ansatz

$$y = a_0 t^2 + a_1 t + a_2,$$
$$\dot{y} = 2a_0 t + a_1, \quad \ddot{y} = 2a_0.$$

Setzt man diese Ausdrücke in (6) ein, dann ergibt sich die Identität:

$$16a_0 t^2 + (16a_1 + 90a_0)t + (16a_2 + 45a_1 - 68a_0) = 3t^2 + 4t - 3.$$

Durch Koeffizientenvergleich erhält man:

$$a_0 = \tfrac{3}{16}, \quad a_1 = -\tfrac{103}{128}, \quad a_2 = \tfrac{5883}{2048}.$$

Das allgemeine Integral von (6) hat also die Gestalt:

$$(7)\quad y = \tfrac{3}{16}t^2 - \tfrac{103}{128}t + \tfrac{5883}{2048} + C_1 e^{\varrho_1 t} + C_2 e^{\varrho_2 t}.$$

Die noch unbekannte Funktion z läßt sich hieraus ohne weitere Integration durch Differentiations- und Eliminationsprozesse gewinnen.

Aus (3) folgt nämlich:

$$(8)\quad z = \tfrac{28}{17}y - 2\dot{y} - \tfrac{1}{17}t^2 + \tfrac{5}{17}t + \tfrac{5}{17}.$$

Nach (7) ergibt sich: $\dot{y} = \tfrac{3}{8}t - \tfrac{103}{128} + \varrho_1 C_1 e^{\varrho_1 t} + \varrho_2 C_2 e^{\varrho_2 t}$.

Setzt man die Werte für y und $\dot{y}$ in (8) ein, dann erhalten wir schließlich

$$(9)\quad z = \tfrac{1}{4}t^2 - \tfrac{57}{32}t + \tfrac{3397}{512} + (\tfrac{28}{17} - 2\varrho_1)\cdot C_1 e^{\varrho_1 t} + (\tfrac{28}{17} - 2\varrho_2)C_2 e^{\varrho_2 t}.$$

Das allgemeine Integral des Systems wird durch die Ausdrücke (7) und (9) dargestellt.

AUFGABE 219

Man bestimme zu einem System von konzentrischen Kreisen die isogonalen Trajektorien.

Lösung: Das System der konzentrischen Kreise können wir ansetzen durch die Gleichung $x^2 + y^2 = r^2$. Die Differentialgleichung dieser Kurvenschar erhält man durch Differentiation nach x: $x + y \cdot y' = 0$. Dadurch ist jedem Punkt (x, y) eine Richtung y' zugeordnet. Die Richtung der Trajektorie soll nun mit dieser Richtung den festen Winkel α einschließen. Bezeichnen wir die Gleichung der isogonalen Durchdringungskurve mit $\eta = \eta(x)$, dann muß die Relation gelten $\tan \alpha = (\eta' - y')/(1 + y'\eta')$.
Damit auch der Fall $\alpha = \pi/2$ eingeschlossen wird (während $\alpha = 0$ ohne Bedeutung ist), schreiben wir die obige Gleichung besser in der Gestalt

$$(1 + y'\eta')/(\eta' - y') = \cot \alpha, \quad \text{oder wegen } x + y y' = 0$$

und der Gleichheit von y und η im betrachteten Punkt:

$$\eta - x\eta' = \cot \alpha \cdot (\eta\eta' + x),$$

$$\eta'(x + \eta \cot \alpha) = \eta - x \cot \alpha,$$

$$\eta' = \frac{\eta - x \cot \alpha}{\eta \cot \alpha + x} = \frac{(\eta/x) - \cot \alpha}{(\eta/x) \cot \alpha + 1}.$$

Wir haben es also mit einer homogenen Differentialgleichung für $\eta = \eta(x)$ zu tun. Durch die Substitution $\eta/x = u$, $\eta = xu$, $\eta' = xu' + u$ geht sie über

in $$x \cdot u' = \frac{u - \cot \alpha}{u \cot \alpha + 1} - u = \frac{-(u^2 \cot \alpha + \cot \alpha)}{u \cot \alpha + 1},$$

$$x \cdot u' = -\cot \alpha \frac{u^2 + 1}{u \cot \alpha + 1}.$$

Durch Trennung der Veränderlichen findet man:

$$\int \frac{(u \cdot \cot \alpha + 1)\, du}{u^2 + 1} = -\cot \alpha \int \frac{dx}{x},$$

$$\tfrac{1}{2} \cot \alpha \, ln\,(u^2 + 1) + \cot \alpha \, ln\,|x| + \operatorname{arc\,tan} u = C,$$

$$\cot \alpha \, ln\,(|x| \sqrt{1 + u^2}) = -\operatorname{arc\,tan} u + C.$$

Setzen wir für u wieder den Wert η/x ein, dann ergibt sich daraus:

$$\cot \alpha \, ln \sqrt{x^2 + \eta^2} = -\operatorname{arc\,tan}(\eta/x) + C.$$

Damit ist die Gleichung der isogonalen Trajektorien gefunden. Zur Diskussion dieser Kurven unterscheiden wir die Fälle $\alpha = \pi/2$ und $\alpha \neq \pi/2$. Im ersten Fall erhalten wir das Geradenbüschel $\eta = \tan C \cdot x$ (orthogonale Trajektorien). Im zweiten Fall führen wir zweckmäßigerweise Polarkoordinaten ein

$$\sqrt{x^2 + \eta^2} = r, \quad \operatorname{arc\,tan}(\eta/x) = \varphi,$$

wodurch sich obige Gleichung transformiert in:

$$ln\, r = (C - \varphi) \tan \alpha, \quad r = e^{(C - \varphi) \tan \alpha}.$$

Die isogonalen Trajektorien $(\alpha \neq \pi/2)$ sind also logarithmische Spiralen.

AUFGABE 220

Man ermittle die allgemeine Lösung folgender Differentialgleichungen:
a) $y'' - 4y' + 4y = 0$, **b)** $y'' - 4y' + 4y = e^{2x}(2 + 6x) + e^{3x}(1 + x)$.

Lösung: Bei a) hat die charakteristische Gleichung die Doppelwurzel 2. Daher ist $y = (c_1 + c_2 x) e^{2x}$ die allgemeine Lösung.

Bei b) versucht man aus zwei Lösungen u, v der Differentialgleichungen

$$u'' - 4u' + 4u = e^{2x}(2 + 6x), \quad v'' - 4v' + 4v = e^{3x}(1 + x)$$

eine Sonderlösung von b) zusammenzubauen. Im zweiten Falle kommt man mit dem Ansatz $v = e^{3x}(A + Bx)$ zum Ziele und findet $v = e^{3x}(x - 1)$. Im zweiten Falle kommt man mit diesem Verfahren nicht zum Ziele, weil e^{2x} und xe^{2x} der verkürzten Differentialgleichung genügen. Setzt man $u = we^{2x}$, so wird $u' = w' e^{2x} + 2we^{2x}$, $u'' = w'' e^{2x} + 4w' e^{2x} + 4we^{2x}$, also

$$u'' - 4u' + 4u = w'' e^{2x}.$$

Will man also haben, daß $u'' - 4u' + 4u = e^{2x}(2 + 6x)$ wird, so genügt es, w so zu wählen, daß $w'' = 2 + 6x$ wird. Es wird also $w = x^2 + x^3$ die gewünschte Hilfe bringen und die Sonderlösung $u = (x^2 + x^3) e^{2x}$ liefern. Aus $u = (x^2 + x^3) e^{2x}$ und $v = e^{3x}(x - 1)$ baut sich dann die Sonderlösung $y = u + v$ der Differentialgleichung b) auf, zu der dann nur noch $(c_1 + c_2 x) e^{2x}$ addiert werden muß, um die allgemeine Lösung von b) zu gewinnen.

AUFGABE 221

Man löse folgende Differentialgleichung: $y^{(4)} - 5y^{(2)} - 36y = x^2 + 1$.

Lösung: Hier findet man mittels des Ansatzes $y = Ax^2 + B$ sofort die Sonderlösung $y = -x^2/36 - 13/648$. Die charakteristische Gleichung $\varrho^4 - 5\varrho^2 - 36 = 0$ hat die reellen Wurzeln 3 und -3 und die imaginären $2i$ und $-2i$, so daß die Fundamentallösungen e^{3x}, e^{-3x}, $\cos 2x$, $\sin 2x$ lauten. Die allgemeine Lösung der unverkürzten Differentialgleichung hat folgendes Aussehen: $y = -x^2/36 - 13/648 + C_1 e^{3x} + C_2 e^{-3x} + C_3 \cos 2x + C_4 \sin 2x$.

AUFGABE 222

Man integriere das Differentialsystem: $\dot{x} = x - y$, $\dot{y} = x + y$.

Lösung: Es handelt sich hier um ein lineares homogenes Differentialsystem mit konstanten Koeffizienten. Hier ist es zweckmäßig, eine lineare Verbindung aus x und y aufzusuchen, die beim Differenzieren nur einen Faktor erhält, so daß sie der Bedingung $\frac{d}{dt}(\lambda x + \mu y) = r(\lambda x + \mu y)$ genügt. Sie bedeutet weiter nichts als $\lambda(x - y) + \mu(x + y) = r(\lambda x + \mu y)$ und zerlegt sich in

$$\lambda + \mu = r\lambda, \quad -\lambda + \mu = r\mu,$$

d. h.
$$(1 - r)\lambda + \mu = 0, \quad -\lambda + \mu(1 - r) = 0.$$

Hieraus folgt, da $\lambda, \mu \neq 0$ sein muß, $\begin{vmatrix} 1-r & 1 \\ -1 & 1-r \end{vmatrix} = 0$

oder $(1-r)^2+1=0$, d. h. $1-r=\pm i$. Es ist also entweder $\mu=i\lambda$ oder $\mu=-i\lambda$. Die beiden Verbindungen $x+iy$ und $x-iy$ haben die gewünschte Eigenschaft, und zwar ist

$$(x+iy)^\cdot=(1+i)\,(x+iy),\quad (x-iy)^\cdot=(1-i)\,(x-iy)\,.$$

Aus der ersten Gleichung kann man schließen $x+iy=c\,e^{(1+i)t}$. Dabei ist c eine komplexe Konstante. Die zweite Gleichung sagt gegenüber der ersten nichts Neues aus. Sie entsteht aus ihr durch Übergang zu den konjugierten Werten. Löst man obige Gleichung in ihre Bestandteile auf, indem man $c=a+ib$ setzt, so ergibt sich

$$x+iy=e^t\,(a+ib)\,(\cos t+i\sin t)$$

und weiter $x=e^t\,(a\cos t-b\sin t)\,,\quad y=e^t\,(b\cos t+a\sin t)\,.$

Setzt man $a=k\cos\varkappa,\ b=k\sin\varkappa$, so wird

$$x=ke^t\cos(t+\varkappa)\,,\quad y=ke^t\sin(t+\varkappa)\,,$$

oder wenn man noch $k_1=ke^{-\varkappa}$ einführt,

$$x=k_1\,e^{t+\varkappa}\cos(t+\varkappa)\,,\quad y=k_1\,e^{t+\varkappa}\sin(t+\varkappa)\,.$$

Man sieht, daß es sich hier um alle Kurven handelt, die aus der logarithmischen Spirale $x=e^t\cos t$, $y=e^T\sin t$ durch alle Drehungen um 0 und Streckungen von 0 aus entstehen. Diese Spirale schneidet die von 0 ausgehenden Geraden unter 45^0.

AUFGABE 223

Man integriere das Differentialsystem:
$(dy/dx)+3y-4z=0\,,\ (dz/dx)-2y+3z+x=0\,.$

L ö s u n g: Nur eine andere Fassung der Aufgabe bedeutet es, wenn wir statt des obigen Systems das folgende betrachten:

$$dx/dt=1\,,\quad dy/dt=-3y+4z\,,\quad dz/dt=-x+2y-3z\,.$$

Es ist ein lineares inhomogenes System. Es gibt bei solchen Systemen ein einfaches Mittel, die homogene Form herzustellen. Man setzt

$$x=x_1/x_4\,,\quad y=x_2/x_4\,,\quad z=x_3/x_4\,.$$

Dann wird

$$\frac{dx}{dt}=\frac{1}{x_4^2}\left(x_4\frac{dx_1}{dt}-x_1\frac{dx_4}{dt}\right)=\frac{x_4}{x_4}\,,$$

$$\frac{dy}{dt}=\frac{1}{x_4^2}\left(x_4\frac{dx_2}{dt}-x_2\frac{dx_4}{dt}\right)=\frac{-3x_2+4x_3}{x_4}\,,$$

$$\frac{dz}{dt}=\frac{1}{x_4^2}\left(x_4\frac{dx_3}{dt}-x_3\frac{dx_4}{dt}\right)=\frac{-x_1+2x_2-3x_3}{x_4}\,.$$

Setzt man $dx_4/dt=0$, so ergibt sich das lineare homogene System

$$\frac{dx_1}{dt}=x_4\,,\quad \frac{dx_2}{dt}=-3x_2+4x_3\,,\quad \frac{dx_3}{dt}=-x_1+2x_2-3x_3\,,\quad \frac{dx_4}{dt}=0\,.$$

Wir wollen hier aber noch eine andere Behandlungsweise des vorgelegten Systems zeigen. Man entnimmt der ersten Gleichung $z=\frac{1}{4}y'+\frac{3}{4}y$ und setzt dies in die zweite Gleichung ein. Dadurch erhält man

$$\tfrac{1}{4}y''+\tfrac{3}{4}y'-2y+\tfrac{3}{4}y'+\tfrac{9}{4}y+x=0\,,\quad \text{d. h.}\quad y''+6y'+y+4x=0\,.$$

Hier findet man mittels des Ansatzes $y = \alpha\, x + \beta$ die Einzellösung $-4x + 24$. Die verkürzte Gleichung hat die Fundamentallösungen

$$\varphi(x) = e^{(-3+2\sqrt{2})x}, \quad \psi = e^{(-3-2\sqrt{2})x},$$

so daß
$$y = -4x + 24 + C_1\,\varphi(x) + C_2\,\psi(x)$$

die allgemeine Lösung ist; z wird dann aus $z = \frac{1}{4}\, y' + \frac{3}{4}\, y$ berechnet.

AUFGABE 224

Man bestimme diejenige Lösung der Differentialgleichung $y^{(4)} - 3y^{(2)} - 4y = 0$, die den Bedingungen $y(0) = 0$, $y'(0) = 1$, $y''(0) = 0$, $y'''(0) = 1$ genügt.

Lösung: Die charakteristische Gleichung $r^4 - 3r^2 - 4 = 0$ hat die Wurzeln $2, -2, i, -i$. Die Fundamentallösungen der Differentialgleichung lauten also e^{2x}, e^{-2x}, $\cos x$, $\sin x$. Ihre Wronskische Matrix (Funktionen nebst den drei ersten Ableitungen) lautet für $x = 0$

$$\begin{pmatrix} 1 & 1 & 1 & 0 \\ 2 & -2 & 0 & 1 \\ 4 & 4 & -1 & 0 \\ 8 & -8 & 0 & -1 \end{pmatrix}.$$

Man muß nun c_1, c_2, c_3, c_4 aus folgenden Gleichungen berechnen:

$$\begin{aligned} c_1 + c_2 + c_3 \quad &= 0, \\ 2c_1 - 2c_2 + c_4 &= 1, \\ 4c_1 + 4c_2 - c_3 &= 0, \\ 8c_1 - 8c_2 - c_4 &= 1 \end{aligned}$$

und findet $c_1 = \frac{1}{10}$, $c_2 = -\frac{1}{10}$, $c_3 = 0$, $c_4 = \frac{6}{10}$. Die gesuchte Lösung lautet

$$y = \tfrac{1}{10}\,(e^{2x} - e^{-2x} + 6 \sin x).$$

AUFGABE 225

Eine lineare Differentialgleichung zweiter Ordnung auf eine Riccatische Differentialgleichung zu reduzieren.

Lösung: Liegt die Differentialgleichung $y'' + \varphi(x)\, y' + \psi(x)\, y = 0$ vor und führt man die Funktion $y'/y = z$ ein, so wird $y' = yz$, $y'' = yz' + zy' = yz' + yz^2$. Setzt man alles ein, so findet man für z die Differentialgleichung

$$z' + z^2 + \varphi(x)\, z + \psi(x) = 0,$$

also eine Riccatische Gleichung. Als Riccatische Gleichung wird jede Differentialgleichung von der Form

$$z' = \varphi_0(x)\, z^2 + \varphi_1(x)\, z + \varphi_2(x)$$

bezeichnet. Man kann dadurch, daß man $z = \lambda(x)\, u$ setzt, den Fall $\varphi_0(x) = -1$ herbeiführen. Es ergibt sich nämlich bei dieser Einsetzung

$$\lambda'(x)\, u + \lambda(x)\, u' = \varphi_0(x)\, \lambda^2(x)\, u^2 + \varphi_1(x)\, \lambda(x)\, u + \varphi_2(x)$$

oder
$$u' = \varphi_0\, \lambda\, u^2 + (\varphi_1 - \lambda'/\lambda)\, u + \varphi_2/\lambda.$$

Für $\lambda = -1/\varphi_0$ erhält man -1 als Koeffizienten von u^2 und kann sofort die Verwandlung in eine lineare Differentialgleichung zweiter Ordnung vornehmen, indem man die obige Betrachtung in umgekehrtem Sinne durchführt. Interessant ist auch die Beziehung der Riccatischen Gleichung zu den linearen Differentialsystemen. Macht man in $z' = \varphi_0 z^2 + \varphi_1 z + \varphi_2$ die Einsetzung $z = z_1/z_2$, so ergibt sich

$$\frac{z_2 z_1' - z_1 z_2'}{z_2^2} = \varphi_0 \frac{z_1^2}{z_2^2} + \varphi_1 \frac{z_1}{z_2} + \varphi_2.$$

$$z_2 z_1' - z_1 z_2' = \varphi_0 z_1^2 + \varphi_1 z_1 z_2 + \varphi_2 z_2^2.$$

Man kann diese Gleichung dadurch erfüllen, daß man setzt

$$z_1' = \tfrac{1}{2} \varphi_1 z_1 + \varphi_2 z_2, \quad z_2' = -\varphi_0 z_1 - \tfrac{1}{2} \varphi_1 z_2.$$

Das ist ein lineares homogenes Differentialsystem.

AUFGABE 226

Integriere die Differentialgleichung: $x^2 y'' + xy' + y = 0$.

Lösung: Sie ist eine Eulersche Differentialgleichung. Euler betrachtete Differentialgleichungen, die linear waren, bei denen die Faktoren von $y^{(n)}$, $y^{(n-1)}, \ldots$ bis auf konstante Faktoren gleich $x^n, x^{n-1}, \ldots x^0$ sind. Er benutzte den Ansatz $y = x^r$. Im vorliegenden Falle erhält man $r(r-1)x^r + x^r + rx^r = 0$, also $r^2 + 1 = 0$, d. h. $r_1 = i$, $r_2 = -i$. Man findet auf diese Weise die beiden Fundamentallösungen

$$x^i = e^{i \ln x} = \cos \ln x + i \sin \ln x \quad \text{und}$$

$$x^{-i} = e^{-i \ln x} = \cos \ln x - i \sin \ln x.$$

Man kann auch $\cos \ln x$ und $\sin \ln x$ als solche benutzen. Die allgemeine Lösung lautet $y = c_1 \cos \ln x + c_2 \sin \ln x$.

AUFGABE 227

Integriere die Differentialgleichung: $x^2 y'' - 4xy' - \frac{11}{4} y = 2 + x$. Das ist eine Eulersche Differentialgleichung mit Störungsglied.

Lösung: Zuerst behandeln wir die verkürzte Gleichung mittels des Eulerschen Ansatzes x^r und kommen dadurch auf

$$r(r-1) - 4r - \tfrac{11}{4} = 0 \quad \text{oder} \quad r^2 - 5r - \tfrac{11}{4} = 0,$$

so daß die verkürzte Gleichung die Fundamentallösungen $x^{11/2}$, $x^{-1/2}$ hat. Es fehlt uns jetzt nur noch eine Einzellösung der unverkürzten Gleichung, die wir mittels des Ansatzes $y = \alpha x + \beta$ finden. Sie lautet $-\frac{4}{27}x - \frac{8}{11}$, so daß die allgemeine Lösung folgendes Aussehen hat:

$$y = -\left(\tfrac{4}{27} x + \tfrac{8}{11}\right) + c_1 x^{11/2} + c_2 x^{-1/2}.$$

Stünde auf der rechten Seite ein komplizierteres Störungsglied, so könnte man mit der Ansatzmethode nichts ausrichten und müßte auf Lagranges Verfahren (Variation der Konstanten) zurückgreifen. Ein weiteres Hilfsmittel, ebenfalls von Lagrange herrührend, ist in solchen Fällen die adjungierte

Differentialgleichung. Wir wollen es hier kurz darlegen für den allgemeinen Fall einer linearen Differentialgleichung n-ter Ordnung mit beliebigem Störungsglied: $\varphi_0(x)\,y + \varphi_1(x)\,y' + \varphi_2(x)\,y'' + \ldots + \varphi_n(x)\,y^{(n)} = \psi(x)$.
Lagrange versieht die Gleichung mit einem Faktor $z(x)$, über den nachher in zweckmäßiger Weise verfügt wird, und gestaltet

$$\varphi_0 z\,y + \varphi_1 z\,y' + \varphi_2 z\,y'' + \ldots + \varphi_n z\,y^{(n)} = z\,\psi$$

dadurch um, daß er auf die Produkte $\varphi_0 z\cdot y$, $\varphi_1 z\cdot y'$, $\varphi_2 z\cdot y''$, ..., $\varphi_n z\cdot y^{(n)}$ die Bernoullische Umformung anwendet. Er setzt also

$$\begin{aligned}
\varphi_0 z\cdot y &= \varphi_0 z\cdot y\,,\\
\varphi_1 z\cdot y' &= -(\varphi_1 z)'\,y + (\varphi_1 z\cdot y)'\,,\\
\varphi_2 z\cdot y'' &= (\varphi_2 z)''\,y + (\varphi_2 z\cdot y' - (\varphi_2 z)'\,y)'\,,\\
&\ldots\ldots\ldots\ldots\\
\varphi_n z\cdot y^{(n)} &= (-1)^n(\varphi_n z)^{(n)}\,y + (\varphi_n z\cdot y^{(n-1)} - (\varphi_n z)'\,y^{(n-2)} +\\
&\quad + \ldots + (-1)^{n-1}(\varphi_n z^{(n-1)}\,y)\,.
\end{aligned}$$

Unterwirft man nun den Multiplikator z der Bedingung

$$\varphi_0 z - (\varphi_1 z)' + (\varphi_2 z)'' - \ldots + (-1)^n(\varphi_n z)^{(n)} = 0\,,$$

die eben die adjungierte Differentialgleichung zu $\varphi_0 y + \varphi_1 y' + \ldots + \varphi_n y^{(n)} = \psi(x)$ ist, so gelangt man zu folgendem Ergebnis:

$$\left.\begin{aligned}
&[\varphi_1 z - (\varphi_2 z)' + \ldots + (-1)^{n-1}(\varphi_n z)^{(n-1)}]\,y\\
&+[\varphi_2 z - (\varphi_3 z)' + \ldots + (-1)^{n-2}(\varphi_n z)^{(n-2)}]\,y'\\
&+\ldots\ldots\ldots + \varphi_n z\,y^{(n-1)}
\end{aligned}\right\} = \int z\,\psi\,dx\,.$$

Hat man nun für die adjungierte Differentialgleichung ein Fundamentalsystem $z_1, \ldots z_n$, so kann man in obiger Gleichung z durch $z_1, \ldots, z_n$ ersetzen und gewinnt damit n lineare Gleichungen, die man nach $y, y', \ldots, y^{(n-1)}$ auflösen kann. Es genügt aber, aus ihnen y zu berechnen.

Man nennt auch den Ausdruck $\varphi_0 z - (\varphi_1 z)' + (\varphi_2 z)'' - \ldots + (-1)^n(\varphi_n z)^{(n)}$ adjungiert zu $\varphi_0 y + \varphi_1 y' + \ldots + \varphi^n y^{(n)}$. Die Regel zur Bildung des adjungierten Ausdrucks läßt sich so formulieren: Man ersetze y durch z und schließe immer $\varphi_\nu z$ in Klammern ein, so daß der Ableitungsindex außerhalb steht. Dann lasse man noch die Zeichen alternieren.

AUFGABE 228

Die Bewegung eines Massenpunktes unter dem Einfluß einer elastischen Kraft in einem widerstehenden Medium wird durch folgende Differentialgleichung beherrscht: $\ddot{x} + r\dot{x} + cx = 0$ (r und c positive Konstanten).

a) Man bestimme r und c so, daß $x = e^{-t}(C_1 \cos 2t + C_2 \sin 2t)$ die allgemeine Lösung ist.

b) Für $t = 0$ sei $x = 0$, für $t = \pi/4$ sei $x = x_0$. Wie lautet die Sonderlösung, die diesen Bedingungen genügt?

c) Welche Bedingungen müssen r und c erfüllen, damit eine Lösung von der Gestalt $x = ke^{-t} \sin \varkappa t$ vorhanden ist?

d) Wirkt auf den Massenpunkt noch eine äußere Kraft, so lautet die Differentialgleichung $\ddot{x} + r\dot{x} + cx = f(t)$.

Man suche das allgemeine Integral für $r = 0$ (verschwindende Reibung), $c = 4$ und $f(t) = \cos 2t$.

Lösung: a) Im Falle $x = e^{-t}(C_1 \cos 2t + C_2 \sin 2t)$ ist

$$\dot{x} = -e^{-t}(C_1 \cos 2t + C_2 \sin 2t) + e^{-t}(-2C_1 \sin 2t + 2C_2 \cos 2t)$$
$$= e^{-t}[(-C_1 + 2C_2)\cos 2t + (-C_2 - 2C_1)\sin 2t],$$
$$\ddot{x} = e^{-t}[(-3C_1 - 4C_2)\cos 2t + (4C_1 - 3C_2)\sin 2t].$$

Durch Einsetzen in die Differentialgleichung ergeben sich für r und c folgende lineare Gleichungen:

$$r(2C_2 - C_1) + cC_1 = 3C_1 + 4C_2, \quad r(-C_2 - 2C_1) + cC_2 = -4C_1 + 3C_2.$$

Sie sind, was auch C_1, C_2 sein mögen, erfüllt, wenn

$$c - r = 3, \quad 2r = 4, \quad \text{d. h. } r = 2, \quad c = 5 \text{ ist.}$$

b) Wir wollen bei $r = 2$, $c = 5$ stehenbleiben und C_1, C_2 so wählen, daß $x = e^{-t}(C_1 \cos 2t + C_2 \sin 2t)$ für $t = 0$ und $t = \pi/4$ die Werte 0 und x_0 annimmt. Dies wird der Fall sein, wenn wir $C_1 = 0$ und $C_2 = x_0 e^{\pi/4}$ setzen, also $x = x_0 e^{(\pi/4) - t} \sin 2t$.

c) Im Falle $x = ke^{-t} \sin \varkappa t$ hat man

$$\dot{x} = ke^{-t}(-\sin \varkappa t + \varkappa \cos \varkappa t),$$
$$\ddot{x} = ke^{-t}[(1 - \varkappa^2)\sin \varkappa t - 2\varkappa \cos \varkappa t].$$

Durch Einsetzen in die Differentialgleichung erhält man $r = 2$, $c = \varkappa^2 + 1$.

d) Es handelt sich um die Differentialgleichung $\ddot{x} + 4x = \cos 2t$.

$(t/4) \sin 2t$ ist eine partikuläre Lösung. Die allgemeine Lösung lautet

$$x = (t/4) \sin 2t + C_1 \cos 2t + C_2 \sin 2t.$$

AUFGABE 229

Gegeben ist die Differentialgleichung: $y^{(4)} - 8y^{(2)} + 16y = 48(x^2 - 1)$.

a) Man bestimme ihr allgemeines Integral.

b) Wie lauten die vier ersten Glieder seiner Maclaurinschen Reihe?

c) Man bestimme das partikuläre Integral, das den Bedingungen $y(0) = -1$, $y'(0) = 0$, $y''(0) = 2$, $y'''(0) = 0$ genügt.

d) Verlauf der partikulären Integralkurve für kleine x-Werte.

e) Wie lautet das allgemeine Integral von $y^{(4)} - 8y^{(2)} + 16y = 48(x^2 - 1) + 9e^x$?

(Diese Aufgabe hatte ich in meiner Diplomvorprüfung zu erledigen.)

Lösung: a) Die charakteristische Gleichung lautet hier

$$r^4 - 8r^2 + 16 = 0, \quad \text{d. h. } (r^2 - 4)^2 = 0.$$

Sie hat die Doppelwurzeln 2 und -2. Eine Einzellösung der Differentialgleichung findet man mittels des Ansatzes $y = Ax^2 + Bx + C$, und zwar lautet sie $3x^2$. Daher wird

$$y = 3x^2 + (c_1 x + c_2)e^{2x} + (c_3 x + c_4)e^{-2x}.$$

b) Da $e^{2x} = 1 + \frac{2x}{1!} + \frac{(2x)^2}{2!} + \frac{(2x)^3}{3!} + \ldots,$

$$e^{-2x} = 1 - \frac{2x}{1!} + \frac{(2x)^2}{2!} - \frac{(2x)^3}{3!} + \ldots \text{ ist, so hat man}$$

$$y = (c_2 + c_4) + \left(c_1 + \frac{2c_2}{1!} + c_3 - \frac{2c_4}{1!}\right)x + \left(3 + \frac{2c_1}{1!} + \frac{2^2c_2}{2!} - \frac{2c_3}{1!} + \frac{2^2c_4}{2!}\right)x^2 +$$
$$+ \left(\frac{2^2c_1}{2!} + \frac{2^3c_2}{3!} + \frac{2^2c_3}{2!} - \frac{2^3c_4}{3!}\right)x^3 + \ldots$$

c) Im Anschluß an b) läßt sich die Frage c) leicht beantworten. Es müssen folgende Gleichungen gelten;

$$c_2 + c_4 = -1,\quad c_1 + 2c_2 + c_3 - 2c_4 = 0,$$
$$c_1 + c_2 - c_3 + c_4 = -1,\quad 3c_1 + 2c_2 + 3c_3 - 2c_4 = 0.$$

Es ergibt sich $c_1 = 0$, $c_2 = -1/2$, $c_3 = 0$, $c_4 = -1/2$, also $y = 3x^2 - \operatorname{Cof} 2x$.

d) Da $\operatorname{Cof} 2x = 1 + (4x^2/2!) + \ldots$ ist, so hat man $y = x^2 + \ldots$, für kleine x fällt die Integralkurve mit der Parabel $y = x^2$ zusammen.

e) Man muß zu dem in a) angegebenen Integral noch eine Einzellösung der Gleichung $y^{(4)} - 8y^{(2)} + 16y = 9e^x$ addieren. Eine solche findet man mittels des Ansatzes $y = Ae^x$ und erhält $A(1 - 8 + 16) = 9$, d. h. $A = 1$. Also muß zu dem unter a) angegebenen Integral noch e^x addiert werden.

AUFGABE 230

Integriere die Differentialgleichung: $y''' + y'' + y' = 1 + x^2 + \sin x$.

Lösung: Hier kommt man mittels der Einsetzung $y' = z$ sofort auf die Differentialgleichung zweiter Ordnung

$$z'' + z' + z = 1 + x^2 + \sin x.$$

Die verkürzte Gleichung hat die Fundamentallösungen

$$e^{-x/2}\cos\frac{x\sqrt{3}}{2},\quad e^{-x/2}\sin\frac{x\sqrt{3}}{2}.$$

Es muß nur noch eine Einzellösung der unverkürzten Gleichung gefunden werden. Dazu gelangt man mit Hilfe des Ansatzes

$$z_0 = A + Bx + Cx^2 + D\cos x + E\sin x$$

und findet $z_0 = (x-1)^2 - \cos x$. Die allgemeine Lösung wird also lauten

$$z = (x-1)^2 - \cos x + c_1 e^{-x/2}\cos\frac{x\sqrt{3}}{2} + c_2 e^{-x/2}\sin\frac{x\sqrt{3}}{2}.$$

Für y ergibt sich schließlich, da $y' = z$ gesetzt wurde,

$$y = \frac{(x-1)^3}{3} - \sin x + c_1\int e^{-x/2}\cos\frac{x\sqrt{3}}{2}\,dx + c_2\int e^{-x/2}\sin\frac{x\sqrt{3}}{2}\,dx + C_3.$$

Die Berechnung der beiden Integrale bereitet keinerlei Schwierigkeit, da

$$\int e^{-x/2}\cos\frac{x\sqrt{3}}{2}\,dx + i\int e^{-x/2}\sin\frac{x\sqrt{3}}{2}\,dx = \int e^{x(-1/2 + i\sqrt{3}/2)}\,dx =$$
$$= \frac{e^{(-1/2 + i\sqrt{3}/2)x}}{-\frac{1}{2} + i\sqrt{3}/2} = -\left(\frac{1}{2} + \frac{i\sqrt{3}}{2}\right)\left(e^{-x/2}\cos\frac{x\sqrt{3}}{2} + ie^{-x/2}\sin\frac{x\sqrt{3}}{2}\right)$$

ist, also

$$\int e^{-x/2} \cos \frac{x\sqrt{3}}{2}\, dx = -\tfrac{1}{2} e^{-x/2} \cos \frac{x\sqrt{3}}{2} + \frac{\sqrt{3}}{2} e^{-x/2} \sin \frac{x\sqrt{3}}{2},$$

$$\int e^{-x/2} \sin \frac{x\sqrt{3}}{2}\, dx = -\frac{\sqrt{3}}{2} e^{-x/2} \cos \frac{x\sqrt{3}}{2} - \tfrac{1}{2} e^{-x/2} \sin \frac{x\sqrt{3}}{2},$$

wie man auch mittels partieller Integration zeigen könnte.

AUFGABE 231

Man bestimme das allgemeine Integral der Differentialgleichung

$$\frac{d^2 y}{dx^2} - \frac{2}{x}\frac{dy}{dx} + x^4 y - 2x^4 = 0,$$

indem man $t = x^3$ als neue unabhängige Veränderliche einführt.

Lösung: $\dfrac{dy}{dx} = \dfrac{dy}{dt} \cdot 3x^2$, $\dfrac{d^2 y}{dx^2} = \dfrac{dy}{dt} \cdot 6x + \dfrac{d^2 y}{dt^2} \cdot 9x^4$.

Setzen wir diese Ausdrücke in die Differentialgleichung ein, dann ergibt sich:

$$9x^4 \cdot \frac{d^2 y}{dt^2} + 6x \frac{dy}{dt} - 6x \frac{dy}{dt} + x^4 y - 2x^4 = 0.$$

Da schon in der ursprünglichen Differentialgleichung $x \neq 0$ vorausgesetzt war, kann man hier durch x^4 dividieren und erhält: $9 \cdot (d^2y/dt^2) + y = 2$.

Die charakteristische Gleichung $9\varrho^2 + 1 = 0$ hat die beiden Wurzeln $\varrho = \pm \frac{1}{3} i$.

Das allgemeine Integral der verkürzten Gleichung lautet also:

$$y = C_1 \cdot \cos(t/3) + C_2 \cdot \sin(t/3).$$

Ein partikuläres Integral der unverkürzten Gleichung sieht man sofort, nämlich $y = 2$; also hat das allgemeine Integral der ursprünglichen Differentialgleichung die Gestalt:

$$y = C_1 \cos(x^3/3) + C_2 \sin(x^3/3) + 2.$$

AUFGABE 232

Auf der x-Achse bewege sich ein Punkt unter dem Einfluß einer vom Anfangspunkt ausgehenden Newtonschen Anziehungskraft. Man bestimme das Bewegungsgesetz.

Lösung: Es handelt sich um die Integration der Differentialgleichung

$$\ddot{x} = -k^2/x^2.$$

Durch Multiplikation mit $\dot{x}$ ergibt sich $\dot{x}\,\ddot{x} = -k^2\,\dot{x}/x^2$, also

$$\dot{x}^2 = (2k^2/x) + C.$$

Die Variablen lassen sich trennen, und man findet

$$t = \int (dx/\sqrt{2k^2/x + C}) + c.$$

AUFGABE 233

Man bestimme das allgemeine Integral der Differentialgleichung:

$$\frac{dy}{dx} + \frac{x}{1+x^2}\, y = \frac{1}{x(1+x^2)}\,.$$

Lösung: Es handelt sich um eine lineare Differentialgleichung. Wir bestimmen zunächst das allgemeine Integral der verkürzten Differentialgleichung:

$$\frac{dy}{dx} = -\frac{x}{1+x^2}\cdot y$$

$$\int \frac{dy}{y} = -\int \frac{x\,dx}{1+x^2}\,;\; ln\,\frac{y}{C} = -\frac{1}{2}\, ln\,(1+x^2)\,;\; \frac{y}{C} > 0\,. \quad y = \frac{C}{\sqrt{1+x^2}}\,.$$

Nachträglich können wir hier auch den Wert $C = 0$ zulassen, da uns die Lösung $y = 0$ bei der Division mit y verlorengegangen ist.

Ein partikuläres Integral der unverkürzten Differentialgleichung gewinnen wir durch die Methode der Variation der Konstanten:

$$y = \frac{C(x)}{\sqrt{1+x^2}}\,;\quad y' = \frac{C'(x)}{\sqrt{1+x^2}} - \frac{x\cdot C(x)}{\sqrt{1+x^2}\,(1+x^2)}\,.$$

Setzt man diesen Wert in die Differentialgleichung ein, dann ergibt sich:

$$C'(x) = \frac{1}{x\sqrt{(1+x^2)}}\,;\quad C(x) = \int \frac{dx}{x\cdot\sqrt{1+x^2}}\,.$$

Zur Berechnung dieses Integrals macht man die Substitution $x = 1/t$, $dx = (-1/t^2)\,dt$:

$$\int \frac{dx}{x\sqrt{1+x^2}} = -\int \frac{dt}{t\sqrt{1+1/t^2}} = -\int \frac{dt}{\sqrt{t^2+1}} = -\mathfrak{Ar}\,\mathfrak{Sin}\,t = -\mathfrak{Ar}\,\mathfrak{Sin}\,\frac{1}{x}.$$

Damit gewinnt das allgemeine Integral der unverkürzten Differentialgleichung die Form:

$$y = \frac{C}{\sqrt{1+x^2}} - \frac{\mathfrak{Ar}\,\mathfrak{Sin}\,(1/x)}{\sqrt{1+x^2}}\,.$$

Selbstverständlich ist bei der ganzen Untersuchung die Stelle $x = 0$ auszuschließen.

AUFGABE 234

Man bestimme das allgemeine Integral der Differentialgleichung:

$$x(1-x^2)\,(dy/dx) + (2x^2-1)\,y = a x^3\,.$$

Lösung: Wir haben es mit einer linearen Differentialgleichung zu tun. Die verkürzte Gleichung hat die Form

$$x(1-x^2)\,(dy/dx) + (2x^2-1)\,y = 0\,.$$

Schließen wir die Stellen $x = 0$, $x = \pm 1$ aus, dann erhalten wir daraus:

$$\int \frac{dy}{y} = \int \frac{1-2x^2}{x(1-x^2)}\,dx\,,\quad ln\,\frac{y}{C} = \int \frac{(1-2x^2)\,dx}{x(x+1)(1-x)}\,,\quad C \neq 0\,.$$

Das Integral berechnen wir durch Partialbruchzerlegung:

$$\frac{1-2x^2}{x(x+1)(1-x)} = \frac{A}{x} + \frac{B}{x+1} + \frac{C}{1-x}; \quad 1-2x^2 = A(1-x^2) + $$

$$+ Bx(1-x) + Cx(1+x); \; x=0: A=1; \; x=1: C=-\tfrac{1}{2}; \; x=-1: B=\tfrac{1}{2};$$

$$\int \frac{1-2x^2}{x(x+1)(1-x)}\, dx = ln\,|x| + \tfrac{1}{2}\, ln\,|x+1| + \tfrac{1}{2}\, ln\,|1-x|\,.$$

Das allgemeine Integral der verkürzten Gleichung lautet somit:

$$y = C \cdot x \cdot \sqrt{|1-x^2|}\,,$$

wobei hier auch wieder der Wert $C = 0$ zulässig ist, da die Lösung $y = 0$ beim Dividieren mit y verlorenging. Um ein partikuläres Integral der unverkürzten Differentialgleichung zu finden, versuchen wir einen Ansatz $y = Ax + B$; denn damit entsteht auf beiden Seiten der Gleichung ein Polynom dritten Grades: $\quad x(1-x^2) \cdot A + (2x^2-1)(Ax+B) = ax^3\,.$

Der Koeffizientenvergleich liefert $A = a$; $B = 0$. Natürlich hätte auch die Methode der Variation der Konstanten zum Ziele geführt. Somit gewinnt das allgemeine Integral der ursprünglichen Differentialgleichung das Aussehen

$$y = ax + Cx \cdot \sqrt{|1-x^2|}\,.$$

AUFGABE 235

Eine Gerade g dreht sich in einer Ebene mit konstanter Winkelgeschwindigkeit ω um den festen Punkt 0. Auf g kann sich ein Massenpunkt P mit der Masse m reibungsfrei bewegen. Welches ist die Bahnkurve, die dieser Punkt beschreibt?

Lösung: Die einzige auf P wirkende Kraft ist die Zwangskraft Z, die von der Geraden g ausgeübt wird, Wählen wir in der Ebene von g ein (x, y)-Koordinatensystem mit 0 als Anfangspunkt, dann lauten die Bewegungsgleichungen:

$$m\ddot{x} = Z_x, \; m\ddot{y} = Z_y \quad (Z_x, Z_y \text{ Komponenten von } Z)\,.$$

Gehen wir zu Polarkoordinaten (r, φ) über, dann erhalten wir:

$$\begin{aligned} x &= r\cos\varphi, \; y = r\sin\varphi, \; \varphi = \omega t, \\ \dot{x} &= \dot{r}\cos\omega t - r\omega\sin\omega t, \; \dot{y} = \dot{r}\sin\omega t + r\omega\cos\omega t, \\ \ddot{x} &= \ddot{r}\cos\omega t - 2\dot{r}\omega\sin\omega t - r\omega^2\cos\omega t, \\ \ddot{y} &= \ddot{r}\sin\omega t + 2\dot{r}\omega\cos\omega t - r\omega^2\sin\omega t\,. \end{aligned}$$

Setzt man die letzten Ausdrücke in die Bewegungsgleichungen ein, so ergibt sich

$$\begin{aligned} \ddot{r}\cos\omega t - 2\omega\dot{r}\sin\omega t - \omega^2 r\cos\omega t &= Z_x/m\,, \\ \ddot{r}\sin\omega t + 2\omega\dot{r}\cos\omega t - \omega^2 r\sin\omega t &= Z_y/m\,. \end{aligned}$$

Da die Zwangskraft Z in jedem Augenblick auf der Geraden g senkrecht steht, muß das innere Produkt des Vektors Z mit dem Ortsvektor (x, y) verschwinden

$$Z_x \cdot x + Z_y \cdot y = 0\,, \quad Z_x\cos\omega t + Z_y \sin\omega t = 0\,.$$

Multipliziert man daher die erste der obigen Gleichungen mit $\cos\omega t$, die zweite mit $\sin\omega t$ und addiert, so werden die Unbekannten Z_x und Z_y eliminiert, und man erhält die Differentialgleichung:

$$\ddot{r} - \omega^2 r = 0\,.$$

Das allgemeine Integral dieser linearen Differentialgleichung zweiter Ordnung mit konstanten Koeffizienten lautet:

$$r = A\,e^{\omega t} + B e^{-\omega t}.$$

Sei nun der Anfangszustand gegeben durch:

$$t = 0 : r = r_0,\ \dot{r} = \dot{r}_0,$$

dann berechnen sich die Integrationskonstanten A und B zu

$$A = \frac{\omega r_0 + \dot{r}_0}{2\omega},\quad B = \frac{\omega r_0 - \dot{r}_0}{2\omega}.$$

Die Lösung hat also die Form:

$$r = \frac{1}{2\omega}(\omega r_0 + \dot{r}_0)\,e^{\omega t} + \frac{1}{2\omega}(\omega r_0 - \dot{r}_0)\,e^{-\omega t},\quad r = r_0 \operatorname{Cos} \omega t - \frac{\dot{r}_0}{\omega} \operatorname{Sin} \omega t.$$

Die Gleichung der Bahnkurve in Polarkoordinaten (r, φ) ergibt sich daraus durch Substitution von $\omega t = \varphi$ zu

$$r = r_0 \cdot \operatorname{Cos} \varphi + \frac{\dot{r}_0}{\omega} \operatorname{Sin} \varphi.$$

Diese Kurve hat die Gestalt einer logarithmischen Spirale.

Für $r_0 = \dot{r}_0 = 0$ ist $r = 0$; in diesem Fall bleibt also der Punkt P dauernd auf 0 (Drehpunkt) liegen.

Ungelöste Aufgaben

AUFGABE 1

Prüfe die Konvergenz der Reihen

$$\sum_{n=1}^{\infty} \frac{(3n+1)!\sqrt{n}}{n^{2n}\ 2^{n}}, \qquad \sum_{n=1}^{\infty} \frac{n^{n^2}}{2^{n!}\,(n!)^2}$$

nach dem Kriterium $\frac{u_{n+1}}{u_n}$.

Die erste divergent, die zweite konvergent, da im ersten Falle $\frac{u_{n+1}}{u_n} \to \infty$, im zweiten Falle $\frac{u_{n+1}}{u_n} \to 0 \ (n \to \infty)$.

AUFGABE 2

Zeige, daß $1 + 1!\,x + 2!\,x^2 + \ldots$ **nur für** $x = 0$ **konvergiert.**

AUFGABE 3

Zeige, daß die Reihe $1 + x/1! + x^2/2! + \ldots$ **für alle x konvergiert und die Summe** e^x **hat.**

AUFGABE 4

Zeige, daß für $|x| < 1$ **die Reihe** $1 + x + x^2 + \ldots$ **konvergiert und die Summe** $1/(1 - x)$ **hat.**

AUFGABE 5

Bestimme den Konvergenzradius der Reihe $\sum \frac{x^n}{1+n^2}$.

AUFGABE 6

Stelle die Fourierreihe für die Funktion f(x) auf, welche die Periode 2 haben soll und im Periodenintervall 0 ... 2 in folgender Weise erklärt ist:

$$f(x) = x \text{ für } 0 \leq x \leq 1, \qquad f(x) = 1 \text{ für } 1 \leq x \leq 1.$$

Fig. 49 gibt eine Skizze dieser Funktion. An den Stellen . . . $-2, 0, 2, \ldots$ liegen Unstetigkeiten vor. Hier wird die Fourierreihe das arithmetische Mittel aus dem linksseitigen und rechtsseitigen Grenzwert, von Dirichlet mit $f(x-0)$ und $f(x+0)$ bezeichnet, angeben, im vorliegenden Falle $\frac{1}{2}$.

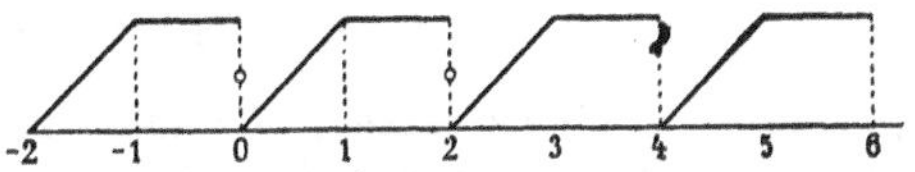

Fig. 49

Die Rechnung wird dem Leser überlassen.

AUFGABE 7

Man löse die Gleichungen $2 \cdot 10^x - 3/x = 0$ und $\mathfrak{Sin}\, x + 2 - 3/x^2 = 0$ mit zwei genauen Dezimalen.

Wir überlassen dem Leser die Durchführung nach dem Vorbild der früher behandelten Beispiele.

AUFGABE 8

Man bestimme ein Polynom 4. Grades, das an den Stellen $-3, -1, 0, 2, 5$ die Werte $1, 0, 1, 0, 1$ annimmt.

Der Leser führe die Rechnung nach der Newtonschen Interpolationsformel durch.

AUFGABE 9

Man berechne y' und y'' aus der Gleichung $y = x^{xy}$.

AUFGABE 10

Die beiden Parabeln $y = x^2/a$, $x = y^2/b$ begrenzen ein Flächenstück. Wie groß ist sein Inhalt?

AUFGABE 11

Man betrachte alle Sehnen PQ der Parabel $y = x^2/a$, die mit einer bestimmten Sehne $P_0 Q_0$ parallel und gleichgerichtet sind, $PQ = k\, P_0 Q_0$ $(k > 0)$.

Jede dieser Sehnen teile man durch einen Punkt R so, daß die Teile PR und RQ in konstantem Verhältnis stehen, $PR/RQ = t$. Bestimme den geometrischen Ort der Punkte R.

AUFGABE 12

Auf einer Geraden werden vier Punkte P, Q, R, S betrachtet. R und S teilen die Strecke PQ nach den Teilverhältnissen PR/RQ und PS/SQ. Den Quotienten (PR/RQ) : (PS/SQ) nennt man das Doppelverhältnis von P, Q, R, S und benutzt dafür das Symbol (PQRS). Wenn (PQRS) = —1, also PR/RQ = —(PS/SQ) ist, so sagt man, daß R und S die Strecke PQ harmonisch teilen. Beweise, daß (PQRS) in diesem Falle bei allen Vertauschungen der vier Punkte nur drei Werte annimmt.

AUFGABE 13

Man benutze die Relationen $\mathfrak{Cos}\,3x = 4\,\mathfrak{Cos}^3\,x - 3\,\mathfrak{Cos}\,x$ und $\cos 3x = 4\cos^3 x - 3\cos x$, um die kubische Gleichung $\lambda^3 - \frac{3}{4}\lambda = k$ aufzulösen. Wann wird man die erste, wann die zweite anwenden?

AUFGABE 14

Beweise, daß die quadratische Gleichung $x^2 = px + 1$ durch

$$x = p + \cfrac{1}{p + \cfrac{1}{p + \dots}}$$

befriedigt wird. Welchen Wert hat dieser Kettenbruch?

AUFGABE 15

Man zeige, daß die Funktion $f(x) = e^{-(1:x^2)}$, wenn man ihr für $x = 0$ den Wert 0 beilegt, an dieser Stelle lauter verschwindende Ableitungen hat.

AUFGABE 16

Versuche die Funktion $\left(\frac{a^x + b^x}{2}\right)^{1/x}$ zu differenzieren. $(a > 0, b > 0)$. Wie lautet der Grenzwert für $x \to 0$?

Wichtige Einzelwerte der trigonometrischen Funktionen

	0	$\pi/4$	$\pi/2$	$\frac{3}{4}\pi$	π	30^0	60^0	120^0	150^0
sin	0	0,7071	1	0,7071	0	0,5000	0,8660	0,8660	0,5000
cos	1	0,7071	0	—0,7071	— 1	0,8660	0,5000	—0,5000	— 8,8660
tan	0	1,0000	∞	— 1	0	0,5774	1,7321	—1,7321	— 0,5774
cot	∞	1,0000	0	— 1	∞	1,7321	0,5774	—0,5774	— 1,7321

Wichtige Einzelwerte der Hyperbelfunktionen

	0	$\pi/4$	$\pi/2$	$\frac{3}{4}\pi$	π	$\frac{5}{4}\pi$	$\frac{3}{2}\pi$	$\frac{7}{4}\pi$	30^0	60^0	120^0	150^0
Sin	0	0,8686	2,3018	5,2279	11,5487	25,3671	55,6544	122,0734	0,5483	1,2506	4,0011	6,8176
Cof	1	1,3246	2,5091	5,3227	11,5919	25,3868	55,6633	122,0775	1,1404	1,6012	4,1242	6,8906
Tan	0	0,6557	0,9171	0,9821	0,9962	0,9992	0,9998	0,9999	0,4807	0,7810	0,9701	0,9894

Wichtige Zahlenwerte

Größe	n	log n	Größe	n	log n	Größe	n	log n
π	3,141592	0,49715	g	9,81	0,99167	$\sqrt[3]{3:\pi}$	0,984745	0,99332—1
2π	6,283185	0,79818	g^2	96,2361	1,98334	$1:2g$	0,050968	0,70830—2
3π	9,424778	0,97427	$\sqrt{g}$	3,1320919	0,49583	$2\sqrt{g}$	6,264184	0,79686
$\pi:2$	1,570796	0,19612	$\pi:\sqrt{2}$	2,221442	0,34663	$\sqrt{2g}$	4,429447	0,64635
$\pi:3$	1,047197	0,02003	$2\sqrt{\pi}$	3,544908	0,54960	$\pi\sqrt{g}$	9,839757	0,99298
$\pi:4$	0,785398	0,89509—1	$\sqrt{2\pi}$	2,506628	0,39909	$\pi\sqrt{2g}$	13,91536	1,14350
π^2	9,869604	0,99430	$\sqrt{\pi:2}$	1,253314	0,09806	$\pi:\sqrt{g}$	1,003033	0,00132
π^3	31,006277	1,49145	$\sqrt{2:\pi}$	0,797885	0,90194—1	$\pi:\sqrt{2g}$	0,709252	0,85080—1
$\sqrt{\pi}$	1,772453	0,24857	$\sqrt{3:\pi}$	0,977205	0,98998—1	e	2,718282	0,43429
$\sqrt[3]{\pi}$	1,464591	0,16572	$\sqrt[3]{2\pi}$	1,845261	0,26606	e^2	7,389056	0,86859
$4\pi^2$	39,478418	1,59636	$\sqrt[3]{\pi:2}$	1,162447	0,06537	$1:e$	0,367879	0,56571—1
$\pi^2:4$	2,467401	0,39224	$\sqrt[3]{\pi:4}$	0,922635	0,96503—1	$1:e^2$	0,135335	0,13141—1
$\pi\sqrt{2}$	4,442882	0,64767	$\sqrt[3]{2:\pi}$	0,860254	0,93463—1	$\sqrt{e}$	1,648721	0,21715
$\frac{1}{\pi}$	0,318310	0,50285—1				$\sqrt[3]{e}$	1,395612	0,14476

Potenzen von e

x	e^x	e^{-x}	x	e^x	e^{-x}
0,1	1,105 171	0,904 8374	5,1	164,021 907	0,006 0967
0,2	1,221 403	0,818 7308	5,2	181 272 242	0,005 5166
0,3	1,349 859	0,740 8182	5,3	200,336 810	0,004 9916
0,4	1,491 825	0,670 3200	5,4	221,406 417	0,004 5166
0,5	1,648 721	0,606 5307	5,5	244,691 932	0,004 0868
0,6	1,822 119	0,548 8116	5,6	270,426 407	0,003 6979
0,7	2,013 753	0,496 5853	5,7	298,867 401	0,003 3460
0,8	2,225 541	0,449 3290	5,8	330,299 560	0,003 0276
0,9	2,459 603	0,406 5697	5,9	365,037 468	0,002 7394
1,0	2,718 282	0,367 8794	6,0	403,42 879	0,002 479
1,1	3,004 166	0,332 8711	6,1	445,85 777	0,002 243
1,2	3,320 117	0,301 1942	6,2	492,74 904	0,002 029
1,3	3,669 297	0,272 5318	6,3	544,57 191	0,001 836
1,4	4,055 200	0,246 5970	6,4	601,84 504	0,001 662
1,5	4,481 689	0,223 1302	6,5	665,14 163	0,001 503
1,6	4,953 032	0,201 8965	6,6	735,09 519	0,001 360
1,7	5,473 947	0,182 6835	6,7	812,40 583	0,001 231
1,8	6,049 647	0,165 2989	6,8	897,84 729	0,001 114
1,9	6,685 894	0,149 5686	6,9	992,27 472	0,001 008
2,0	7,389 056	0,135 3353	7,0	1 096,63 316	0,000 9119
2,1	8,166 170	0,122 4564	7,1	1 211,96 707	0,000 8251
2,2	9,025 013	0,110 8032	7,2	1 339,43 076	0,000.7466
2,3	9,974 182	0,100 2588	7,3	1 480,29 993	0,000 6755
2,4	11,023 176	0,090 7180	7,4	1 635,98 443	0,000 6113
2,5	12,182 494	0,082 0850	7,5	1 808,04 241	0,000 5531
2,6	13,463 738	0,074 2736	7,6	1 998,19 590	0,000 5005
2,7	14,879 732	0,067 2055	7,7	2 208,34 799	0,000 4528
2,8	16,444 647	0,060 8101	7,8	2 440,60 198	0,000 4097
2,9	18,174 145	0,055 0232	7,9	2 697,28 233	0,000 3707
3,0	20,085 537	0,049 7871	8,0	2 980,95 799	0,000 3355
3,1	22,197 951	0,045 0492	8,1	3 294,46 808	0,000 3035
3,2	24,532 530	0,040 7622	8,2	3 640,95 031	0,000 2747
3,3	27 112 639	0,036 8832	8,3	4 023,87 239	0,000 2485
3,4	29 964 100	0,033 3733	8,4	4 447,06 675	0,000 2249
3,5	33 115 452	0,030 1974	8,5	4 914,76 884	0,000 2035
3,6	36 598 235	0,027 3237	8,6	5 431,65 959	0,000 1841
3,7	40 447 304	0,024 7235	8,7	6 002,91 222	0,000 1666
3,8	44,701 185	0,022 3708	8,8	6 634,24 401	0,000 1507
3,9	49,402 449	0,020 2419	8,9	7 331,97 354	0,000 1364
4,0	54,598 150	0,018 3156	9,0	8 103,08 393	0,000 1234
4,1	60,340 288	0,016 5727	9,1	8 955,29 270	0,000 1117
4,2	66,686 331	0,014 9956	9,2	9 897,12 906	0,000 1010
4,3	73,699 794	0,013 5686	9,3	10 938,01 921	0,000 09142
4,4	81,450 869	0,012 2773	9,4	12 088,38 073	0,000 08272
4,5	90,017 131	0,011 1090	9,5	13 359,72 683	0,000 07485
4,6	99,484 316	0,010 0518	9,6	14 764,78 157	0,000 06773
4,7	109,947 173	0,009 0953	9,7	16 317,60 720	0,000 06128
4,8	121,510 418	0,008 2297	9,8	18 033,74 493	0,000 05545
4,9	134,289 780	0,007 4466	9,9	19 930,37 044	0,000 05018
5,0	148,413 159	0,006 7379	10,0	22 026,46 579	0,000 04540

Kleiner historischer Anhang

Pythagoras, 569 auf Samos geboren, wanderte nach Süditalien aus und gründete dort in der griechischen Kolonie Kroton den Pythagoreerorden. Durch seinen berühmten Satz über das rechtwinklige Dreieck kam er zu der Einsicht, daß es inkommensurable Größen gibt. Er starb um 496 als Opfer eines gegen den Orden gerichteten Aufruhrs.

Archimedes, geboren 287 in Syrakus, 212 bei Eroberung der Stadt durch die Römer ums Leben gekommen, bekannt durch seine Kreis- und Kugelberechnung; er gab die ersten Näherungswerte für π. Man weiß jetzt, daß er die Grundbegriffe der Infinitesimalrechnung besaß und zu handhaben wußte. Berühmt sind seine Arbeiten auf dem Gebiete der Mechanik.

Ptolemäus, Astronom und Geometer im zweiten Jahrhundert n. Chr. Er berechnete eine Sehnentafel. Die Sehne ist im Einheitskreis der doppelte Sinus des halben Winkels. Des Ptolemäus astronomisches Hauptwerk „Almagest" war durch Jahrhunderte das grundlegende Handbuch der Astronomen.

Neper (Napier), John, 1550—1617, schottischer Edelmann, berechnete eine große Logarithmentafel. Vielfach werden die natürlichen Logarithmen (mit der Basis e) als Npersche Logarithmen bezeichnet.

Bürgi, Jobst, 1552—1632, aus der Schweiz stammender Mechaniker und Uhrmacher, seit 1603 Mitarbeiter von Kepler am Hofe Rudolfs II. zu Prag, hat schon vor Neper eine Logarithmentafel berechnet.

Briggs, Henry, 1556—1630, setzte die Logarithmenberechnung Nepers fort und führte die Basis 10 ein.

Descartes, René, 1596—1650, berühmter Philosoph und Mathematiker, Begründer der analytischen Geometrie.

Newton, Isaac, 1642—1727, der unsterbliche Physiker und Mathematiker, Erfinder der Infinitesimalrechnung, Schöpfer der Gravitationstheorie.

Leibniz, Gottfried Wilhelm, geb. 1646 in Leipzig, gest. 1716 in Hannover, Staatsmann, Philosoph und Mathematiker, erfand gleichzeitig mit **Newton** die Infinitesimalrechnung.

Bernoulli, Jacob, 1654—1705, und Johann, 1667—1748, beide in Basel geboren, durch die Arbeiten von Leibniz stark angeregt. Jacob Bernoulli erfand die Variationsrechnung. Sie waren die führenden Mathematiker ihrer Zeit.

Taylor, Brook, 1685—1731, Verfasser der „Methodus incrementorum directa et inversa", worin die Taylorsche Reihe vorkommt, die aber schon vor Taylor Johann Bernoulli gefunden hatte.

Cramer, Gabriel, 1704—1752, ein schweizerischer Mathematiker, der die Auflösung linearer Gleichungssysteme behandelte.

Euler, Leonhard, 1707—1783, ein schweizerischer Mathematiker, der als Akademiker in Berlin und Petersburg wirkte, hat grundlegende Arbeiten auf den meisten mathematischen Gebieten geliefert und durch seine zahlreichen, umfangreichen Lehrbücher in der ganzen Welt einen starken Einfluß ausgeübt. Seine „Anleitung zur Algebra" ist ein auch für Laien verständliches Lehrbuch. Der Schneidergeselle, der es nach dem Diktat des großen Meisters niederschrieb, konnte den Inhalt vollständig erfassen.

Lagrange, Joseph, Louis, 1736—1813, begann als ganz junger Mensch mit bahnbrechenden Arbeiten über Variationsrechnung (Isoperimetrisches Problem). In der Theorie der linearen Differentialgleichungen verdankt man ihm die Methode der Variation der Konstanten und die Einführung der adjungierten Differentialgleichung. Als erster zeigte er, wie man eine lineare partielle Differentialgleichung mit n Veränderlichen integriert, und reduzierte eine beliebige partielle Differentialgleichung in x, y, z auf eine lineare mit fünf unabhängigen Veränderlichen. Am berühmtesten ist seine ,,Mécanique analytique", die Hamilton ein wissenschaftliches Gedicht nannte. In diesem Buch stehen die Lagrangeschen Bewegungsgleichungen, die er aus dem d'Alembertschen Prinzip herausarbeitete.

Laplace, Pierre Simon, 1749—1827, weltberühmter Mathematiker und Astronom, berühmt durch seine fünfbändige Mécanique céleste und seine Théorie analytique des probabilités.

Fourier, 1768—1830, großer theoretischer Physiker und Mathematiker. In seinem berühmten Buch ,,Théorie analytique de la chaleur" (Wärmeströmung) kommen die nach ihm benannten Reihen vor.

Gauß, Karl Friedrich, 1777—1855, nach allgemeinem Urteil der größte Mathematiker der Welt, begann mit aufsehenerregenden Arbeiten aus der Zahlentheorie (Disquisitiones arithmeticae), fand als 19jähriger Student mit Zirkel und Lineal konstruierbare reguläre Polygone (17-Eck, 257-Eck usw.) und setzte dadurch nach 2000jährigem Stillstand die Konstruktionen der antiken Geometer fort. Dann folgen aus Anlaß der Entdeckung des kleinen Planeten Ceres (1. 1. 1801) bahnbrechende astronomische Arbeiten, zusammengefaßt in dem klassischen Werk ,,Theoria motus corporum coelestium in sectionibus conicis solem ambientium". Gauß hat, ohne etwas darüber zu publizieren, die nichteuklidische Geometrie und die Theorie der analytischen, insbesondere der elliptischen Funktionen, aufgebaut. Er hat ferner die Grundlagen der Differentialgeometrie und der höheren Geodäsie geschaffen. Berühmt ist auch seine mathematische Behandlung der erdmagnetischen Erscheinungen und sein Aufbau der Methode der kleinsten Quadrate.

Wronski, Josef, Maria, 1778–1853, bedeutender und sehr phantasiereicher polnischer Mathematiker. Von ihm rührt eine sehr weitgehende Verallgemeinerung der Taylorschen Reihe her.

Bolzano, Bernhard, geb. 1781, Theologe, Philosoph und Mathematiker, wirkte an der Prager Universität und starb 1848. Man nennt ihn wegen seiner Vielseitigkeit den böhmischen Leibniz. Die tschechische Akademie ,,Societas scientiarum regia bohemica" veranstaltet eine Ausgabe seiner hinterlassenen Handschriften, unter denen sich eine Arbeit über stetige, nirgends differenzierbare Funktionen fand (40 Jahre vor Weierstraß!). In der Mengenlehre war Bolzano ein beachtlicher Vorläufer Georg Cantors. Er hatte bereits ein Beispiel für das berühmte Russellsche Paradoxon.

Poncelet, 1788—1867, großer französischer Geometer. Sein Hauptwerk ,,Traite des propriétés projectives des figures" ist grundlegend für die projektive Geometrie, die solche Eigenschaften der Figuren studiert, die bei Projektionen ihren Sinn behalten.

Cauchy, Augustin-Louis, 1789—1857, einer der größten französischen Mathematiker, Begründer der Theorie der analytischen Funktionen. Verfasser berühmter, grundlegender Lehrbücher. Er hat auch als mathematischer Physiker Großes geleistet.

Sturm, Charles, 1803—1855, berühmt durch sein Theorem über die Anzahl der Wurzeln einer algebraischen Gleichung zwischen a und b und durch die Grundlegung zur Sturm-Liouvilleschen Theorie der linearen Differentialgleichungen. Er wirkte an der Ecole Polytechnique in Paris.

Jacobi, 1804—1851, einer der scharfsinnigsten Mathematiker, auf allen Gebieten bahnbrechend, starker Förderer der Determinantentheorie und der Theorie der elliptischen Funktionen, hat auch in der Mechanik Hervorragendes geleistet.

Hamilton, 1805—1865, berühmter irischer Mathematiker, Schöpfer des Quaternionenkalküls, in der Mechanik berühmt durch das Hamiltonsche Prinzip.

Hesse, Otto, 1811—1874, bedeutender Geometer, hat viel zur Vereinfachung der Verfahrungsweisen der analytischen Geometrie beigetragen.

Weierstraß, Karl, 1815—1897, einer der größten Mathematiker der Neuzeit, berühmt durch seinen Aufbau der Funktionentheorie mit Hilfe der Potenzreihen, durch seine neuartige Theorie der elliptischen Funktionen, vor allem auch durch seine Forschungen auf dem Gebiet der Variationsrechnung. Auch große geometrische Arbeiten, z. B. über Minimalflächen, verdankt man ihm. Er gilt als der große Erneuerer der Mathematik durch Einführung der Forderung absoluter Strenge in den Beweisen.

Riemann, Bernhard, 1826—1866, großer Funktionentheoretiker, im Gegensatz zu Weierstraß mit geometrischen Methoden arbeitend, Urheber des wichtigen Begriffs der Riemannschen Flächen. Wichtige Arbeiten lieferte er über trigonometrische Reihen und über die Grundlagen der Geometrie, beschäftigte sich auch mit Problemen der mathematischen Physik.

Studnička, 1836—1903, bedeutender tschechischer Mathematiker, hat die Determinantentheorie stark gefördert und auch auf anderen Gebieten der Mathematik Hervorragendes geleistet.

Namen- und Sachverzeichnis

www.ingramcontent.com/pod-product-compliance
Lightning Source LLC
Chambersburg PA
CBHW081528190326
41458CB00015B/5485